Histoire de la Faculté libre de médecine et de pharmacie de Lille, de 1876 à 2003

Jacques Liefooghe, Henri Ducoulombier

Histoire de la Faculté libre de médecine et de pharmacie de Lille, de 1876 à 2003

publiée avec le soutien de
l'Université Catholique de Lille

Presses Universitaires du Septentrion
www.septentrion.com

Les Presses Universitaires du Septentrion
sont une association de six universités :

- Université des Sciences et Technologies de Lille, Lille 1
- Université du Droit et de la Santé, Lille 2,
- Université Charles-de-Gaulle – Lille 3,
- Université du Littoral – Côte d'Opale,
- Université de Valenciennes et du Hainaut-Cambrésis,
- Fédération Universitaire et Polytechnique de Lille.

La politique éditoriale est conçue dans les comités éditoriaux.
Six comités et la collection « Les savoirs mieux de Septentrion »
couvrent les grands champs disciplinaires suivants :

- Acquisition et Transmission des Savoirs
- Lettres et Arts
- Lettres et Civilisations étrangères
- Savoirs et Systèmes de Pensée
- Temps, Espace et Société
- Sciences Sociales

Publié avec le soutien
de l'Agence Nationale de la Recherche
et du Conseil Régional Nord — Pas de Calais

www.septentrion.com
Villeneuve d'Ascq
France

ISBN 978-2-7574-0114-9
ISSN 1284-5655

Livre imprimé en Belgique

Table des matières

DEUXIÈME PARTIE
LA VIE D'UNE FACULTÉ

Préface

Le 12 juillet 1875, est votée la loi déclarant la liberté de l'enseignement supérieur. Dès 1876, naissent en France cinq Universités catholiques à Paris, Angers, Lyon, Toulouse et Lille.

Grâce à la générosité et aux convictions ardentes de patrons chrétiens – dont Philibert Vrau et Camille Feron-Vrau – et au soutien actif des évêques de la Province ecclésiastique, l'Université catholique de Lille ouvre, en 1876-1877, cinq facultés : droit, lettres, sciences, théologie, médecine et pharmacie. Seule de son genre en France, cette dernière affiche son ambition de former des médecins et des pharmaciens chrétiens. Nombre d'entre eux se révèleront d'ailleurs être aussi des militants engagés aux plans religieux, social et, pour certains, politique. D'autres deviendront des missionnaires au service du développement, notamment en Afrique.

Sous l'impulsion du docteur Camille Feron-Vrau, homme de foi et de cœur, véritable fondateur de cette Faculté, se sont développés par ailleurs dans la ville de Lille dispensaires, maisons de soins et hôpitaux.

Que de chemin parcouru depuis novembre 1876 où les premiers étudiants faisaient leur rentrée rue de la Barre à Lille, dans l'ancien collège des Jésuites ! Cent trente-trois ans plus tard, la Faculté libre de médecine, qui a dû à regret abandonner sa section de pharmacie, accueille 950 étudiants et forme chaque année une centaine de praticiens. Elle dispose d'un ensemble hospitalier totalement rénové de 700 lits, répartis sur deux sites, Saint-Philibert à Lomme, Saint-Vincent de Paul à Lille où des projets d'extension sont en cours de réalisation. D'autres établissements (Mons, Cambrai…) ont rejoint récemment le groupe hospitalier et fournissent aux étudiants des stages appréciés.

La Faculté de médecine est au cœur du secteur santé de l'Université – un secteur dynamique et porteur de projets – qui rassemble près de 2 500 étudiants (École de sages-femmes, Instituts de formation en soins infirmiers, de cadres de Santé, d'aides-soignants, Instituts de formation en masso-kinésithérapie, en pédicurie podologie, Institut de communication médicale…)

Posséder une faculté de médecine a représenté et représente toujours aujourd'hui pour les responsables de l'Université catholique une spécificité forte, marquée par la recherche permanente de sens et une exigence éthique, qui commence par le respect de toute vie humaine, à la lumière de l'Évangile.

Fidèle à l'intuition de ses fondateurs, en cohérence avec les valeurs chrétiennes et animée par des acteurs passionnés au service de l'Homme, la Faculté libre de médecine se donne en ce début du XXIe siècle de nouveaux objectifs :

- maintenir et promouvoir ces valeurs dans un monde qui tend à privilégier l'avoir plutôt que l'être,
- prêter une attention particulière au handicap et au vieillissement. C'est le sens de l'audacieux projet « Humanicité », en cours de construction au voisinage de l'hôpital Saint-Philibert et qui constituera pour la Faculté et l'Université tout entière un nouveau pôle de formation et de recherche. L'œuvre des fondateurs se poursuit au service des plus faibles de la société.

Nous voulons exprimer ici notre profonde gratitude aux Professeurs Jacques Liefooghe et Henri Ducoulombier pour leur formidable travail d'historiens, conduit avec précision, persévérance et perspicacité depuis plus de cinq ans.

Ils nous livrent ici, avec fidélité et objectivité, l'extraordinaire témoignage de 133 ans d'histoire, une histoire en pleins et en déliés, en ombres et lumières. Leur travail rend hommage aux hommes qui ont su, au fil des années, conjuguer excellence universitaire et solidarité humaine dans le cadre de cette Faculté marquée par les valeurs chrétiennes.

Que ce témoignage incomparable éclaire et guide l'avenir de nombreuses générations futures de médecins.

Thérèse Lebrun
Président Recteur de l'Université catholique de Lille

Genèse de l'ouvrage

Octobre 1991. L'un de nous (J. L.) est admis à faire valoir ses droits à la retraite. En fait, il lui reste tant d'activités, universitaires et autres, que la transition est insensible. Cependant, germe déjà dans son esprit le projet d'écrire l'histoire de cette Faculté où il a passé près d'un demi-siècle et dont, pendant douze années de décanat, il a orienté le cours.

L'idée se renforce lorsqu'en juin 1996, il est invité à présenter à très grands traits cette histoire au cours d'une réunion de la Société Française d'Histoire de la Médecine, tenue à la Faculté même.

En décembre 2001, est créée à l'initiative du Pr Jacques Cousin, l'Association des anciens enseignants de la Faculté libre de médecine. C'est à l'occasion d'une réunion de son bureau en 2003 que le projet est présenté avec le souhait d'une collaboration. Celle-ci est immédiatement acquise par l'engagement du deuxième membre de notre « binôme » (H.D.), responsable par ailleurs du Comité d'histoire de la médecine de notre Faculté.

Un plan provisoire de l'ouvrage est rapidement élaboré et le travail commence par l'exploration des archives. Certes, l'histoire des premières décennies de la vie de la Faculté au sein de l'Université Catholique a été retracée à plusieurs reprises, mais sans dépasser le début du XXe siècle, hormis quelques relations ponctuelles d'inaugurations ou de célébrations d'anniversaires.

Un tel récit n'est pas sans susciter quelques **problèmes et questions**. Ce livre n'a rien d'un roman, même si certains épisodes en fourniraient aisément la matière… Il n'est pas davantage une apologie de l'unique Faculté catholique de médecine et de pharmacie de France, laquelle en ses débuts se voulait *rempart contre l'athéisme et le matérialisme*. Ce livre est une histoire, écrite par des hommes de formation scientifique, soucieux d'objectivité et de recherche de la vérité, afin que le lecteur trouve réponse à toutes les questions – ou presque – qu'il pourrait se poser. Toutes les sources ont été vérifiées et confrontées avec soin : il est peu de problèmes dont la solution n'ait pu être trouvée.

Mais peut-on tout dire, au risque de dévoiler des comportements ou des errements soigneusement cachés jusqu'ici ? La réponse n'est guère discutable pour les faits anciens, mais le respect des personnes et de leur mémoire impose la discrétion sur certains événements plus récents. Dans 50 ou 100 ans, d'autres pourront être plus explicites.

Une autre question s'est posée aussi : quand devions-nous nous arrêter ? Écrire l'histoire nécessite un peu de recul : l'année 2003, que nous avons prise pour terme de l'ouvrage, correspond à la fin d'une refonte hospitalière majeure, le transfert de l'hôpital Saint-Antoine et l'ouverture de la deuxième tranche de l'hôpital Saint-Vincent de Paul. À la Faculté, c'est le terme du décanat du Pr Albert Dutoit.

Après quelques années de collecte, nous nous sommes trouvés en possession de plus de 500 pages de texte ; un peu effrayés par un tel volume, alors qu'il restait tant de choses à dire, nous avons décidé de joindre au livre lui-même une disquette informatique (CD), où seront consignées des données secondaires, mais d'intérêt néanmoins réel, en particulier les biographies des personnes impliquées dans la création de la Faculté et celles des professeurs décédés.

Le problème des illustrations ne nous a guère embarrassés : nous avons choisi de les inclure dans le texte, plutôt que de les rassembler dans des pages hors texte : peut-être la qualité des images en souffre-t-elle un peu, mais la lecture du texte en est certainement facilitée.

En annexe de l'ouvrage, il était indispensable de dresser un index des personnes citées, et elles sont nombreuses ! Gageons que nombre de nos lecteurs commenceront par y rechercher leur nom et se reporteront d'abord aux pages correspondantes… une façon motivée de commencer la lecture…

Comment écrire **un livre à deux mains** ? Il se trouve que les tâches se sont réparties de façon spontanée. J. Liefooghe a assuré la plus grande partie de la recherche documentaire, facilitée par ses souvenirs personnels et une fréquentation régulière des diverses sources. La rédaction proprement dite est, pour la première partie du moins, l'œuvre presque exclusive d'H. Ducoulombier. Son coauteur, plus proche de la documentation utilisée, s'est investi davantage dans la seconde.

Le livre comporte en effet **deux parties**. La première, en dix-huit chapitres, déroule l'histoire de la Faculté de médecine et de pharmacie depuis son origine jusqu'en 2003. La découpe des chapitres est la plupart du temps commandée par des événements extérieurs : guerres, prescriptions légales ou réglementaires. Dans chaque tranche de temps, cette histoire est abordée sous plusieurs angles : enseignement, corps professoral, étudiants, établissements hospitaliers. Ces derniers sont en effet inséparables de la Faculté elle-même, tant ils sont essentiels à sa vie.

La seconde partie propose une présentation un peu différente, plus synthétique, des activités de la Faculté : les chaires et enseignements bien sûr, mais aussi les concours, les prix et récompenses, les activités scientifiques, la section de pharmacie. Ce sera l'occasion de quelques redondances, mais qui ne nous ont pas semblé rédhibitoires.

Cette écriture à deux mains comportait évidemment un risque, celui d'une hétérogénéité déroutante pour le lecteur. Nos styles sont différents et nos conceptions même de la rédaction également, l'un privilégiant les citations, qui alourdissent parfois le texte mais en garantissent l'authenticité, l'autre préférant les résumer en des synthèses plus concises… Nous nous sommes adaptés et les relectures systématiques de nos contributions réciproques ont permis un lissage des textes qui nous a paru satisfaisant.

Les lecteurs de la première heure ont été frappés par le caractère bien sombre, voire déprimant de cette longue histoire, au moins dans ses quinze premiers chapitres. Il est vrai que les difficultés de tous ordres qu'a connues la Faculté surtout dans ses débuts n'incitaient guère à l'optimisme. Persécution, discrimination, pauvreté chronique sont responsables de cet état de choses. Le plus surprenant est qu'en dépit de ces énormes problèmes, la Faculté ait survécu ; mieux, elle n'a jamais cessé de former des générations de médecins et de pharmaciens compétents et appréciés dans les villes et les villages où ils ont exercé leur art. Acceptant souvent d'assumer des responsabilités civiques, sociales ou politiques, ils n'ont pas hésité à afficher leurs convictions chrétiennes et à manifester un attachement profond à la « maison mère ».

On peut souligner aussi la reconnaissance au niveau national des qualités professionnelles de nombre de ses professeurs. Plusieurs de ces maîtres ont été membres de Sociétés nationales prestigieuses : académies de médecine, de chirurgie, de pharmacie ou présidents de leurs sociétés spécialisées : stomatologie, urologie, anthropologie, neurologie, biologie clinique, pneumo-phtisiologue, pharmacie…

Dès lors que les contraintes se sont un peu desserrées, à la faveur des « événements » de 1968, la Faculté libre de médecine a pu se développer et retrouver une dimension universitaire. Elle n'aurait pu le faire sans le soutien, les conseils et les encouragements des recteurs successifs de l'Université catholique, Gérard Lepoutre, Gérard Leman et Michel Falise, et la compréhension du doyen Henri Warembourg, qui présidait alors aux destinées de la jeune Université du droit et de la santé de Lille et des UER de Sciences médicales.

Reste la **question fondamentale** qui ne cesse de traverser ces 133 années d'existence, question lancinante qui obsède l'esprit de ses responsables, et de quelques autres : une Faculté catholique de médecine (et de pharmacie), à quoi ça sert ? Le dernier chapitre de notre ouvrage tentera d'y apporter quelques éléments de réponse. Nous laissons le lecteur juger de leur pertinence.

Mais nous ferions volontiers nôtres les paroles attribuées à Galilée au lendemain de sa condamnation : *Et pourtant elle tourne !*

Principales sources et ouvrages cités

Les *Archives de l'Université catholique* possèdent une masse de documents de tous ordres sur la vie de la Faculté, son développement, ses réussites, mais aussi ses angoisses, ses tensions et dissensions, souvent mises sous le boisseau dans les récits antérieurs…

Précieuse aussi la collection des *Bulletins des Facultés catholiques,* depuis les premiers *Bulletins de l'œuvre* jusqu'à la revue *Ensemble.*

La Faculté elle-même possède depuis l'origine les registres des inscriptions des étudiants, ceux des concours et examens, les dossiers des enseignants, au moins pour les dernières décennies, ainsi que les procès-verbaux des réunions du Conseil de faculté dont il a fallu d'abord dresser les tables de matières, un travail plutôt fastidieux !

Le *Journal des Sciences médicales de Lille,* organe de la Faculté, créé dès 1878, apporte lui aussi nombre d'informations essentielles : nouvelles universitaires, relation des fêtes et événements marquants, rapports annuels des doyens sur la vie de la Faculté. Une mention spéciale pour le « numéro des étudiants » qui, chaque année avant la rentrée, fait le point sur tous les aspects de son fonctionnement : accueil, règlements, programmes, examens, services hospitaliers, prix et concours, etc.

Enfin, il n'est pas jusqu'aux Archives départementales du Nord, aux Archives diocésaines de Lille et de Cambrai qui aient livré quelques documents d'un vif intérêt sur l'histoire de la Faculté.

Fallait-il y ajouter nos souvenirs personnels ? À l'évidence pour les années que nous y avons vécues comme étudiants, puis comme enseignants. Sont venus s'y joindre ceux de collègues et anciens qui spontanément ou sur notre sollicitation ont enrichi notre connaissance du passé.

S'ajoutent à ces sources quelques ouvrages et articles majeurs :

- Anonyme. *La Faculté de médecine et de pharmacie de l'Université catholique de Lille. Historique des difficultés qui précédèrent sa fondation.* Lille, Bergès et Paris, J.-B. Baillière, 56 p., 1879.
- Anonyme. *Des conditions d'organisation d'une Faculté libre de médecine.* Extrait du *Contemporain* des 1er oct., 1er nov. et 1er déc. 1875. Imp. J. Le Clerc et Cie, Paris, 1876, 64 p.
- Baunard L. (Mgr). *Les deux frères. Philibert Vrau, Camille Feron-Vrau,* 2 vol., 640 p. Maison de la Bonne Presse éd. Paris, 1910.
- Houzé de l'Aulnoit A. *De l'Assistance publique à Lille.* Imp. L. Danel, Lille, 1866, 119 p.
- Lesne E. (Mgr). *Histoire de la Fondation de l'Université catholique de Lille,* S.A. d'Imprimerie et d'Éditions du Nord, Lille, 1927, 155 p.
- Liefooghe J. *Histoire de la Faculté libre de médecine, des origines à nos jours. Histoire des sciences médicales,* 1997, vol.1, n° 2, pp. 161-204.
- Pierrard P. *La vie ouvrière à Lille sous le second Empire.* Bloud et Gay éd., Paris, 1965, 532 p.
- Pierrard P. *À propos du centenaire de la loi du 12 juillet 1875. Les origines de l'enseignement supérieur catholique à Lille. Ensemble,* 1975, 32e année, n° 1, pp. 3-32.
- Théry X. *Le commis-voyageur de Dieu, Philibert Vrau.* Chez l'auteur à Wambrechies, 2002, 350 p.

Ouvrages collectifs :

- *Vingt années de l'Université catholique de Lille – 1875-1895,* Desclée, De Brouwer et Cie, Lille, 1896, 120 p.
- *Livre d'Or du Cinquantenaire de la fondation de l'Université catholique de Lille,* Impr. du Nouvelliste et de la Dépêche, Lille, 1927, 334 p.
- *Entre science et foi, une Université catholique, 1877-2002,* Université catholique de Lille, 255 p.

Remerciements

Nos recherches ont été grandement facilitées par la disponibilité et la coopération de nombreuses personnes auxquelles nous exprimons notre vive reconnaissance.

Le Service central des archives de l'Université catholique nous a toujours accueillis avec bienveillance, nous en remercions les responsables, le frère Jean-Pierre Ribaut et, après lui, Mmes Catherine Masson, Corinne Desmettre et son assistante Audrey Macquart. Il en est de même de la conservatrice de la bibliothèque du patrimoine, Marie-Aurore Haingue.

Nous exprimons les mêmes sentiments vis-à-vis des archivistes du département du Nord, des diocèses de Lille (M. Frédéric Vienne) et de Cambrai (Mme Caroline Biencourt).

Une première rédaction terminée, nous avons sollicité en avant-première le regard de deux collègues auxquels nous avons demandé de nous faire part, « sans complaisance » de leurs impressions et de leurs remarques, tant sur le fond que sur la forme. L'un et l'autre étaient parmi les plus avides de découvrir cette histoire de notre Faculté. Les Prs Christian Vittu et Lucien Croccel ont joué le jeu avec application et franchise. Leurs avis ont été précieux et ont permis quelques améliorations significatives des textes. Nous les en remercions vivement. Il en est de même de quelques autres personnes, consultées sur tel ou tel point particulier, notamment des Prs Albert Dutoit, Gérard Forzy, Bernard Vanbockstael et de M. Jean Claude Lemahieu, de Mme Huart, descendante du Pr Desplats, de M. Paul Henri Guermonprez, parent lointain, mais admiratif, du Pr Guermonprez.

Une mention toute particulière pour le docteur Philippe Courivaud, ancien élève de la Faculté, passionné lui aussi par son histoire. Son aisance en informatique et son esprit fureteur nous ont valu nombre de documents et d'images inédits. Nous lui en sommes très reconnaissants.

Enfin, nos remerciements vont à Mme Thérèse Lebrun, président-recteur de l'Université catholique de Lille, qui a accepté sans réticence et en dépit de charges envahissantes, de présenter l'ouvrage à nos lecteurs, à Mme Geneviève Branquart qui nous a introduits dans le monde de l'édition, à Marie-Dominique Liefooghe pour le soin méticuleux avec lequel elle a fait la chasse aux coquilles et autres fautes typographiques du tapuscrit, ainsi qu'à MM. Jérôme Vaillant et Nicolas Delargillière, directeurs des Presses universitaires du Septentrion, qui ont pris en charge la publication et la diffusion du livre.

Malgré tout le soin que nous avons apporté à la rédaction de cet ouvrage, il se peut qu'il contienne encore quelques erreurs ou omissions. Nous prions nos lecteurs de nous en excuser et les remercions par avance de nous faire part de leurs observations (À l'adresse de la Faculté libre, 56 rue du Port 59000 Lille, ou par courriel : jliefooghe@nordnet.fr ou hducoulombier@h-max.net).

Abréviations utilisées dans les notes

Arch. ICL : Archives de l'Institut Catholique de Lille.

Arch.du Nord : Archives départementales du Nord.

Arch. dioc. : Archives diocésaines.

Bull. Fac. Cath : Bulletin des Facultés Catholiques de Lille.

J Sci Méd Lille : Journal des Sciences médicales de Lille.

Les passages imprimés en italique correspondent à des citations, généralement référencées en note.

Première partie.

Une histoire tourmentée

Chapitre I.
La fondation de l'Université catholique

Le contexte politique

L'histoire de la fondation de la Faculté libre de médecine et de pharmacie de Lille est indissociable de celle de l'Université catholique et ne peut être comprise que dans le contexte politique de ce dernier quart du XIXe siècle qui détermine à la fois les circonstances de sa gestation et ses premières difficultés[1]. Contemporaine de la naissance de la IIIe République, elle connaît les luttes politiques, religieuses, sociales et scolaires qui accompagnent sa lente et difficile maturation.

Au lendemain du désastre de la guerre franco-prussienne de 1870, l'Assemblée Nationale, élue le 8 février 1871, succède au gouvernement de la Défense Nationale ; elle siège à Bordeaux et, dès le 17 février, confie le pouvoir exécutif à Louis Adolphe Thiers. Après la signature des préliminaires de paix, elle se transporte à Versailles en mars et ratifie le traité de Francfort le 10 mai 1871. Avec férocité, l'exécutif versaillais réprime alors l'insurrection de la Commune de Paris. au cours de la *Semaine sanglante* du 22 au 28 mai 1871.

Après les élections partielles de juillet 1871, l'Assemblée nationale est très nettement conservatrice ; en mai 1873, la majorité *monarcho-cléricale*[2] exige la démission de Thiers, blâmé pour ses sympathies républicaines. Le Maréchal. Mac Mahon, chef de l'exécutif, préside le Conseil des ministres ; les vice-présidents sont tour à tour le duc A. de Broglie, E. Courtot de Cissey et L. Buffet. Avec eux, les conservateurs sont désormais au pouvoir sous le nom de coalition de *l'Ordre Moral*, mais les tentatives de restauration monarchique échouent en raison de l'intransigeance, *le grand refus* du dernier représentant en ligne directe de la branche aînée des Bourbons, le comte de Chambord.

1.– Les trois premiers chapitres font de larges emprunts à l'ouvrage de Mgr É. Lesne, recteur de l'Institut catholique de 1919 à 1940 : *Histoire de la fondation de l'Université catholique de Lille (1874-1877)* : S.A d'Imprimerie et d'Éditions du Nord, Lille 1927, 155 p., et à l'article de P. Pierrard : *À propos du centenaire de la loi du 12 juillet 1875. Les origines de l'enseignement supérieur catholique à Lille. Ensemble*, 1975, 32e année n° 1, pp. 3-32.

2.– P. Pierrard, *ibid.*, p. 21.

En janvier 1875, l'amendement Wallon proposant l'élection du président de la République par le Sénat et la Chambre des députés réunis en Assemblée Nationale est adopté à une voix de majorité (353 voix contre 352) : réglant la question des institutions de la France laissée en suspens par le pacte de Bordeaux, il est le premier acte fondant la IIIe République. Sont alors élaborées les lois constitutionnelles (24 et 25 février – 26 juillet 1875). Au cours de cette réforme constitutionnelle, le même Wallon, devenu ministre de l'Instruction et des Cultes, fait adopter le 12 juillet 1875 la loi sur la liberté de l'enseignement supérieur.

L'enseignement supérieur français à la fin du second Empire

L'enseignement supérieur est alors en plein marasme. En 1815, il existait en France six facultés de théologie catholique, deux facultés de théologie protestante, trois facultés de médecine, neuf facultés de droit, dix facultés de sciences et vingt-deux facultés de lettres, mais seules les facultés de droit et de médecine avaient quelque activité, car elles préparaient à une profession. Les facultés de lettres et de sciences n'avaient d'autre raison d'exister que la collation des grades, c'est-à-dire le baccalauréat et la licence.

Dans le Nord, l'Université de Douai, détruite en 1793, a perdu le rayonnement qu'elle avait jusqu'au XVIIIe siècle. Ce n'est qu'en 1854 qu'elle retrouve sa faculté des lettres et en 1856 sa faculté de droit, mais c'est à Lille qu'est créée à la même date une faculté des sciences illustrée par Pasteur. Toutes souffrent de la pénurie d'étudiants, de l'inadaptation des installations et de l'indifférence des pouvoirs publics. La médecine et la pharmacie connaissent le même sort.

La loi du 12 juillet 1875

Prolongement logique des lois qui ont fait éclater le monopole de l'Université napoléonienne, d'abord pour l'enseignement primaire (loi Guizot du 28 juin 1833), puis pour l'enseignement secondaire (loi Falloux du 15 mars 1850), la loi sur l'enseignement supérieur est en gestation depuis plusieurs années. Dès 1850, elle est mise à l'étude par le gouvernement de la IIe République : une commission, nommée par le comte de Falloux et comprenant des hommes politiques et des membres éminents de l'Université tels qu'Adolphe Thiers, Victor Cousin, Jean Baptiste Dumas, se met au travail. Celui-ci est interrompu par le coup d'État du 2 décembre 1851 et le second Empire élude la question pendant dix-huit ans.

En 1867, les catholiques fondent *la Société Générale d'Éducation et d'Enseignement* dont le premier objectif est la conquête de la liberté de l'enseignement supérieur : elle correspond, écrira plus tard Mgr Louis Baunard, à *une triple nécessité doctrinale, religieuse, morale de la France chrétienne.* À la veille de la guerre, Charles Kolb-Bernard, député du Nord, dépose sur le bureau du corps législatif une pétition de toute la France en faveur de l'enseignement supérieur libre[3]. De nouveau, une commission est nommée, présidée par M. Guizot dont les travaux commencent en mars 1870 ; très vite, on bute sur la question de la collation des grades qui sera *la*

3.– X. Théry : *Le commis-voyageur de Dieu. Philibert Vrau (1829-1905)*, éd. à compte d'auteur, 2002, p. 243. Cette pétition rassemblait 41 434 signatures.

pierre d'achoppement de l'avenir[4], mais les discussions sont interrompues par la guerre. La paix revenue, le 26 août 1871, le comte Hippolyte Jaubert, député du Cher, dépose à son tour un projet devant l'Assemblée nationale ; une nouvelle commission est nommée en décembre dont le président est M. Saint-Marc Girardin et le rapporteur M. É. Laboulaye. En août 1873, son rapport, reprenant les grandes lignes du projet préparé par *la Société Générale d'Éducation et d'Enseignement* et exposé par le comte Jaubert, est favorable au principe de la liberté de l'enseignement supérieur, mais, à l'Assemblée, les discussions sont vives et les résistances opiniâtres, menées par les partisans de l'école unique, laïque et obligatoire, tels Paul Bert et Jean Macé. Si les adversaires de la loi sont *bien obligés de défendre en théorie la liberté absolue et sans limite du haut enseignement*, en pratique, ils refusent *de la consacrer parce qu'elle pouvait profiter à l'Église*[5].

Ces travaux législatifs sont suivis avec le plus grand intérêt par les catholiques de toute la France. A Paris., en 1872, s'ouvre au 31, rue Madame, une *École libre de Hautes Études*, placée sous le patronage de Mgr Dupanloup et ce mouvement s'étend à la province à Lyon, à Toulouse, à Angers, où s'organisent des comités. Dans le Nord, depuis plusieurs années déjà, l'idée d'un enseignement supérieur catholique a germé dans les esprits. En 1860, l'abbé É. Hautcœur[6], prêtre du diocèse de Cambrai et docteur en théologie, s'affligeait de la pauvreté de l'enseignement théologique des grands séminaires et de l'indifférence du clergé face aux progrès de la science : *Qu'arrivera-t-il si le clergé se tient en dehors de tout le mouvement scientifique de l'époque ?*, écrivait-il. Il prêchait avec l'abbé Bouix, canoniste de renom, la nécessité de créer des centres d'instruction théologique de haut niveau, avant de lancer l'idée d'une Université catholique sur le mode de celle de Louvain, qui exerce alors sur les catholiques une véritable fascination[7], et dont il voit le siège à Douai. Un filateur lillois, Philibert Vrau, chef de file des catholiques du Nord, prend conscience avec eux de l'urgence à *refaire l'âme de la patrie* au lendemain des désastres, une réaction nationaliste qui se complète d'une réaction morale *contre la perversion des idées et des mœurs, contre la fausse direction donnée à la science et à l'enseignement*. Ils se persuadent qu'il faut lutter contre *le scientisme, le rationalisme et le matérialisme qui ont envahi l'enseignement supérieur de l'État*[8]. Ainsi, en 1872, la création d'une Université figure-t-elle à l'ordre du jour de l'assemblée des catholiques du Nord de la France. L'année suivante, le congrès des Comités Catholiques du

4.– P. Pierrard, *op. cit.*, p. 16.

5.– Discours de M. Keller à la *Société Générale d'Éducation et d'Enseignement* le 29 avril 1925.

6.– Édouard Hautcœur : né à Bruay-sur-Escaut en 1830, envoyé au séminaire français de Rome., il est ordonné prêtre en 1854, docteur en théologie en 1856. Il enseigne au grand séminaire de Cambrai et devient aumônier des Bernardines de Flines. Avec l'abbé Marie-Dominique Bouix (1808-1870), il fonde la *Revue des Sciences Ecclésiastiques*. Il sera le premier recteur des Facultés catholiques.

7.– L'université de Louvain paraît alors une Université libre dans toute la force du terme. Pour le chanoine Hautcœur, c'est une *institution vraiment grande, une institution digne de l'Église et de la Science. Revue des Sciences ecclésiastiques*, déc. 1860.

8.– De même, P. Pierrard évoque *l'université monopoliste (d'État) dont l'enseignement était imprégné de gallicanisme, de scientisme, de kantisme, de rationalisme et de positivisme [...] bref, de tous les virus condamnés par Pie IX dans le Syllabus (1864) [...] Aux « fils de Voltaire », vont répliquer les « fils des croisés », etc.* P. Pierrard, *op. cit.*, p. 11.

Nord et du Pas-de-Calais se réunit les 25 et 26 octobre sous la présidence du cardinal René-François Régnier, archevêque de Cambrai, assisté de Mgr Henry Monnier, évêque *in partibus* de Lydda, son auxiliaire, et de M. Antoine Théry, député légitimiste du Nord. Avec l'abbé Chrétien Dehaisnes, archiviste du département du Nord, le congrès aborde la question de l'enseignement supérieur. Membre de la commission de l'enseignement, M. Philibert Vrau propose la fondation d'une Université catholique pour le Nord de la France et, parmi les moyens pratiques pour y parvenir, insiste sur la nécessité de commencer par établir des cours publics de haut enseignement préparant aux diplômes. Quelques jours plus tard, Mgr Jean-Baptiste Lequette, évêque d'Arras, assure les membres du comité de Lille que *dans cette œuvre, les deux diocèses n'en feront qu'un.*

Camille Feron-Vrau

Philibert Vrau

Mgr É. Hautcœur

À la tête de ce mouvement, véritables chefs du catholicisme lillois, se trouvent deux hommes, *deux frères* pour reprendre l'expression de Mgr Baunard[9] : Philibert Vrau et Camille Feron-Vrau. Le premier, d'une foi ardente et mystique, veut faire de Lille *une ville sainte* : aussi modeste qu'actif, il est à l'origine de nombreuses œuvres et particulièrement de l'Institut Catholique de Lille. Son ami d'enfance, puis beau-frère, Camille Feron-Vrau, médecin avant d'entrer dans l'entreprise Vrau en 1866, se consacre alors à cette immense œuvre chrétienne et charitable. Plus réaliste et plus chaleureux que son beau-frère[10], c'est, nous le verrons, le véritable fondateur de la Faculté libre de médecine et de pharmacie et de ses établissements hospitaliers.

Le 24 novembre 1873, une réunion des notabilités des Comités catholiques et de l'enseignement secondaire libre décide de la formation d'un Bureau central présidé par Mgr Monnier et composé de l'abbé Ployart, vicaire général d'Arras et Gustave Théry vice-présidents, Gustave Champeaux et Louis Cavrois, secrétaires généraux, Paul Bernard trésorier, et de deux Commissions, l'une chargée des études, l'autre de la propagande et des fonds.

La Commission de propagande se confond avec le Comité des catholiques du Nord et rassemble de grands noms de la noblesse et de la

9.– Mgr Baunard, *Les deux frères. Philibert Vrau - Camille Feron-Vrau. 1829-1908.* Paris, Maison de la Bonne Presse, 1912, tome I, p. 197.

10.– *L'un eut l'apostolat de la Foi et de la prière, et l'autre se réserva celui de la Charité.* Discours du Pr Duret. *J Sci Méd. Lille*, 1908, 30e a, n° 28, pp. 25-38.

bourgeoisie lilloises : Henri et Paul Bernard, Philibert Vrau, Camille Feron-Vrau, Auguste Scalbert, Charles Verley, Gustave Théry, Louis Delcourt, le comte Jonglez de Ligne, le comte de Nicolaï, le comte de Caulaincourt. Le secrétaire en est aussi M. Gustave Champeaux[11]. Elle se réunit toutes les semaines et, par l'intermédiaire des Comités catholiques locaux, elle s'efforce d'éveiller la conscience des fidèles, suscitant la prière et les dons, d'agir aussi sur les députés pour qu'ils travaillent à faire voter le plus tôt possible la loi sur l'enseignement supérieur.

La Commission des études est présidée par M. Hautcœur, promu chanoine honoraire ; elle comprend, outre quelques personnalités laïques déjà nommées, l'abbé Eugène Van Drival d'Arras et l'abbé Chrétien Dehaisnes[12]. Le 15 décembre 1873, le chanoine Hautcœur trace les grandes lignes de l'édifice à construire qui comprendra cinq facultés : au sommet la Théologie *reine des sciences*, puis le Droit, les Arts subdivisés en Lettres et en Sciences, la Médecine enfin qui *réclame si impérieusement une réforme dans le sens spiritualiste et chrétien*[13], car c'est dans les facultés de médecine que *trône l'athéisme*. Il énumère les besoins énormes auxquels il faudra faire face : hommes, livres, collections, instruments, édifices. À son tour, M. Camille Feron-Vrau insiste sur la nécessité d'organiser des études médicales *au-dessus d'un intérêt purement utilitaire*[14]. Il ajoute : *On est médecin par son âme toute entière. Plus que le travail d'étude et de laboratoire, deux choses sont nécessaires : la philosophie et théologie médicales, et la morale professionnelle. Or, cela ne se trouve que dans la religion ; et c'est la religion dans la médecine que nous avons voulu introniser ici. Je n'ai jamais mieux compris la profession par ce côté supérieur et méconnu que depuis que je ne l'exerce plus*[15].

Avant même l'adoption de la loi dont la discussion a pris du retard, le projet d'Université catholique est donc bien amorcé. Déjà, les membres de la commission des études réfléchissent à un point capital, la collation des grades, question soulevée dès le 25 février 1872 dans une pétition de la *Société Générale d'Éducation et d'Enseignement* réclamant la liberté de l'enseignement et, pour les facultés libres, en concurrence avec celles de l'État, le droit de conférer les grades, autrement dit d'acquérir *une liberté*

11.– Gustave Champeaux : chef du secrétariat de la mairie de Lille, catholique militant, il encourt selon Mgr Baunard, *la disgrâce de son administration* et, engagé comme comptable dans la maison Vrau en 1872, il devient le bras droit de Ph. Vrau dans toutes ses activités : comités catholiques, congrès, Université catholique, etc. En particulier, il est secrétaire de Conseil permanent des Congrès eucharistiques. En 1893, il prend sa retraite pour raison de santé ; il décède en 1908.

12.– Eugène Van Drival chanoine (1815-1887), professeur et directeur au grand séminaire d'Arras, historien et auteur de nombreuses recherches historiques sur l'Artois.Chrétien Dehaisnes chanoine (1815-1897) : originaire d'Estaires, il a fait ses études ecclésiastiques au grand séminaire de Cambrai. Professeur d'histoire à Auchy, puis à Douai, conservateur des archives municipales de Douai, puis archiviste du département du Nord en 1872, il est un des promoteurs de la création des Facultés Catholiques dont il devient secrétaire général, puis vice-recteur jusqu'en 1888. Reprenant ses études historiques, il est alors président de la Commission historique du Nord et de la Société des Sciences, de l'Agriculture et des Arts de Lille. Il est aussi l'auteur de nombreux ouvrages d'histoire de l'art.

13.– É. Lesne, *Histoire de la fondation, op. cit.*, p. 4.

14.– *Ibid.*, p. 4.

15.– Mgr Baunard, *op. cit.*, I, p. 197.

vraie. Le chanoine Van Drival écrit au rapporteur du projet M. Laboulaye pour attirer son attention sur la nécessité d'accorder ce droit à toute Université réunissant les cinq facultés ; il en reçoit une réponse favorable. Toutefois, dans son rapport, M. Laboulaye émet une restriction en ce qui concerne le baccalauréat ès lettres et ès sciences qui resterait le monopole de l'État, ce que désapprouve la Commission des études réunie le 19 janvier. Si la future Université peut conférer la licence et le doctorat, pourquoi ne pourrait-elle pas délivrer le baccalauréat ?[16] Pour transmettre ces observations aux députés catholiques, la commission envoie à Versailles une délégation de quatre membres (MM. Ph. Vrau, de Caulaincourt, de Nicolaï et Jonglez de Ligne). Ils vont s'efforcer d'accélérer la procédure législative, mais, *à vrai dire, les délégués rapportent de leur laborieuse visite plus de protestations de dévouement que d'assurances du succès*[17].

Lille ou Douai ?

Dans sa séance du 19 janvier 1874, la Commission des études aborde cette question majeure : la création d'une Université catholique dans le Nord de la France étant décidée, quelle ville doit être choisie pour en être le siège ? Une implantation à Arras est d'emblée écartée, mais l'hésitation persiste entre Douai et Lille. Le choix du siège de la Faculté de médecine devient alors prédominant : Douai, riche de traditions universitaires dans le domaine du droit et des lettres, est aussi le siège du rectorat d'Académie, mais ne compte que 28 000 habitants et son Hôtel-Dieu semble fort restreint. M. Feron-Vrau, qui a pratiqué et enseigné la médecine à Lille, estime que seule une ville de plus de 100 000 habitants peut permettre un enseignement clinique large et varié. Lille compte alors 160 000 habitants au sein d'une agglomération plus importante encore et possède plusieurs hôpitaux dont le bel hôpital Sainte-Eugénie pratiquement achevé, ainsi que de vastes terrains à lotir depuis l'agrandissement de 1858. En définitive, à l'unanimité des quarante membres présents, il est décidé de réunir les cinq facultés dans la même ville et toutes les voix, sauf deux, portent leur choix sur Lille. Cette décision est sanctionnée par les évêques de la province en ces termes : *L'Université catholique du Nord sera complète : toutes ses Facultés, dominées par celle de théologie, seront réunies en un faisceau compact et dans une seule ville, cette ville sera Lille*[18]. Il reste à lui trouver une installation provisoire digne d'elle et de ses ambitions.

L'Hôtel de la rue Royale

Le 23 février 1874, l'ancien Hôtel de la Préfecture, récemment libéré par l'administration, est mis en vente : bâti sur 6 000 m² dans la rue Royale, *dans*

16.– Le débat est d'importance : si une faculté libre pouvait conférer le baccalauréat, *c'était toute la population scolaire de l'enseignement secondaire libre qui, naturellement passait de plain-pied aux Facultés libres pour cet achèvement et ce couronnement des études*, soit 2 400 élèves pour le seul diocèse de Cambrai. *C'était, pour l'Université catholique du Nord, une source assurée et intarissable de recrutement. C'était l'avenir, c'était le salut.* Mgr Baunard, *op. cit.* I, p. 202.

17.– *Ibid.*, p. 203.

18.– *Vingt années de l'Université Catholique de Lille 1875-1895*, sans nom d'auteur. Desclée, de Brouwer et Cie, Lille, 1896, p. 25. Notons que ces discussions se renouvelleront en 1888 lors du transfert à Lille des facultés d'État douaisiennes.

ce calme et aristocratique quartier[19], il avoisine l'institution des Dames du Sacré-Cœur qui aimeraient bien agrandir leur pensionnat avec cet imposant immeuble[20], mais la mise à prix de l'adjudication, soit un demi million de francs[21], est disproportionnée avec leurs ressources. Camille Feron-Vrau et Philibert Vrau leur proposent alors d'en faire l'acquisition, et d'en laisser la jouissance pour cinq ans à la future Université, moyennant un lourd loyer de 32 250 francs par an, soit plus de 100 000 €, représentant les intérêts du capital engagé. Cet accord, signé par les donateurs qui s'en portent garants, est un engagement définitif : dès lors, il n'est plus possible de reculer... Le 9 avril 1874, G. Champeaux déclare à l'assemblée générale des catholiques de France à Paris : *Vous en conviendrez, Messieurs, nous commençons sous d'heureux auspices.*

Le 23 novembre 1874, on décide d'ouvrir des cours libres de première année de droit, dans l'hôtel de la rue Royale. Une autorisation ministérielle est demandée pour chacun des trois professeurs désignés pour cet enseignement : elle est facilement obtenue, d'autant plus que le ministre de l'Instruction publique est le vicomte Arthur de Cumont[22], monarchiste et catholique, mais, faute de subsides, les quelques cours annexes de lettres et de sciences ne peuvent être mis en place. Des prospectus sont distribués, des affiches portant l'en-tête *d'Institut catholique pour l'enseignement supérieur* sont apposées sur les murs de l'hôtel académique. Ce document donne l'assurance, selon des *renseignements pris aux meilleures sources [...] que les étudiants en droit de l'Institut Catholique de Lille auront toute facilité pour prendre leurs inscriptions et subir les examens dans les facultés de l'État [...] Comme les droits d'inscription doivent être acquittés dans une faculté de l'État, les étudiants qui suivront les cours de l'Institut catholique n'auront de ce chef aucune condition pécuniaire à remplir.*

Il n'est pas inutile de citer encore quelques lignes de ce document, le premier imprimé en faveur de la future Université : *Les familles chrétiennes seront heureuses, sans aucun doute, de voir s'ouvrir un établissement qui leur offrira toute garantie au point de vue des connaissances et de la préparation aux examens, comme au point de vue des doctrines et de la direction. Elles auront à cœur de profiter des avantages qu'il présente, et par là d'aider au succès d'une œuvre dont elles recueilleront elles-mêmes le premier profit. Qu'on ne s'y trompe pas : l'avenir est tout entier dans cette œuvre. Ce sont les idées fausses répandues dans les classes dirigeantes qui sont la cause sinon unique, du moins principale, de l'état déplorable dans lequel se trouve notre société. Le remède est donc une réforme, donc une réorganisation de l'enseignement supérieur sur des bases différentes. À chacun d'y*

19.– A. Delassus, *Autour du berceau de la Faculté de médecine, Les Facultés catholiques de Lille,* T.1, 1905, p. 49 sq.

20.– Cet Hôtel est aussi appelé Hôtel de Wambrechies. Après les décrets Ferry de 1880, les Dames du Sacré-Cœur en furent dépossédées. C'est aujourd'hui le siège de l'évêché.

21.– Soit environ 1,6 millions d'euros. Approximativement, pour convertir les francs-or de l'époque, il convient de multiplier la somme par 3,2 pour l'obtenir en euros 2002. Selon Marie Feron-Vrau, les enchères dépassèrent la mise à prix de 500 000 F et Ph. Vrau ajouta 100 000 F *de sa poche*. Arch. Vrau in X. Théry, *op. cit*, pp. 244-245.

22.– Après le passage au pouvoir de M. Oscar de Fourtou (1873-74), celui de M. A. de Cumont (1874-75) fut discret. Ses adversaires reprochaient au Grand maître de l'Université de n'être pas bachelier. Il ne participa guère à la discussion de la loi sur la liberté de l'enseignement supérieur.

travailler dans la mesure de ses forces. Aux familles chrétiennes surtout de ne point exposer leurs enfants à la mortelle contagion qui a perdu tant de jeunes gens. Ce début est bien modeste, mais on espère qu'il *deviendra, sous la protection du Seigneur, un vaste et puissant édifice dans lequel les enfants des familles chrétiennes trouveront un asile*[23].

L'Hôtel de Wambrechies, actuel évêché

D'emblée, des difficultés surgissent : l'Académie ne tarde pas à adresser une série d'observations assorties d'autant de mises en demeure : le titre d'Institut catholique n'est pas autorisé ; l'assurance donnée aux étudiants qu'ils auront toutes facilités pour prendre leurs inscriptions et subir leurs examens devant les facultés de l'État ne repose sur aucun engagement de la part de celles-ci. Dès lors, les enseignants doivent s'incliner et les affiches ne portent plus que le titre *Cours publics de Lille…*

Entre-temps, la loi sur l'enseignement supérieur est de nouveau examinée à l'occasion d'un changement de ministère amenant M. H. Wallon à l'Instruction Publique. Les débats menés par les *ténors,* Dupanloup, Laboulaye du côté clérical ; Paul Bert, Jules Simon, Jules Ferry du côté laïque, sont particulièrement vifs. Comme le fait remarquer P. Pierrard, ils nous apparaissent aujourd'hui *sous un jour dramatique, car, en 1875, tout compromis entre laïques – convaincus du caractère possessif et intolérant du cléricalisme – et cléricaux – convaincus de posséder la seule vérité – est impossible. La France est littéralement coupée en deux […] Si bien que celui-ci (l'enseignement supérieur libre) souffre, depuis cent ans, du forceps de sa naissance, du sectarisme de certains de ses parrains et de ceux qui firent tout pour l'empêcher de naître*[24]. La loi

23.– Circulaire diffusée dans les diocèses de Cambrai et d'Arras.

24.– P. Pierrard : *À propos du centenaire de la loi du 12 juillet 1875, etc., op. cit.*, p. 20.

est votée le 12 juillet 1875 à l'Assemblée nationale par 316 voix contre 266 ; promulguée le 16, elle comporte 25 articles. L'article premier proclame en une seule phrase : *L'enseignement supérieur est libre.* L'ouverture d'un cours n'est soumise à aucune autre formalité qu'à une déclaration au recteur de l'Académie. Un établissement libre doit être administré par trois personnes au moins à qui incombe la déclaration prescrite. Tout établissement libre, pourvu qu'il compte le même nombre de professeurs, pourvus du grade de docteurs, que les Facultés de l'État qui comptent le moins de chaires, pourra prendre le nom de Faculté libre. Quand il réunira trois facultés, il pourra prendre le nom d'Université libre. Pour l'obtention des grades, les élèves de ces Facultés ont le droit de se présenter devant les Facultés de l'État, en justifiant du nombre d'inscriptions réglementaires qu'ils auront prises dans la Faculté libre. S'ils le préfèrent, ils pourront se présenter devant un jury spécial, dont les membres seront désignés par le Ministre de l'Instruction Publique et pris en nombre égal dans la Faculté de l'État et dans l'Université libre à laquelle appartiendront les candidats[25]. Cette disposition, refusant aux facultés libres la collation des grades et donc leur indépendance totale, a été adoptée par *le centre gauche, les libéraux, la Commission de l'Assemblée Nationale, le rapporteur Laboulaye lui-même* [qui ont reculé] *devant une solution large et hardie*[26]. Il semble qu'au dernier moment, les partisans de la loi, pour en faciliter le vote, ont accepté à titre de transaction le système des jurys mixtes. Si on estime généralement chez les catholiques que les droits que se réserve l'État n'étouffent pas la liberté qu'il proclame, la solution des jurys mixtes inspire quelques inquiétudes à des esprits clairvoyants qui trouvent cette liberté *bien parcimonieuse.* Un jour, il sera aisé aux adversaires de la liberté de l'enseignement de rétablir le monopole de l'État sur les examens et les diplômes. En 1910, Mgr Baunard écrira : *Nous n'avions ni la collation des grades, ni la liberté des programmes, ni les examens de philosophie, ni la collation du baccalauréat, etc. C'était une liberté boiteuse, s'appuyant sur l'institution hybride d'un jury mixte, une béquille qui fut bientôt brisée. C'était une liberté aptère, incapable d'un haut vol ; on lui avait rogné les ailes*[27].

Cependant, l*a voie nous est ouverte,* proclame une circulaire des Comités catholiques. *Il est temps d'agir,* ajoute Mgr Monnier, évêque auxiliaire de Cambrai. Dans l'immédiat, le support juridique de la nouvelle Université doit être établi ; dès le 2 août 1875, lors d'une réunion de la Commission chargée de la création d'une Université catholique du Nord, l'avocat G. Théry propose la constitution d'une société civile à capital variable. Au cours de la même réunion, la Commission décide d'ouvrir une faculté de droit complète menant à la licence et au doctorat, ainsi que quelques cours de lettres et de sciences, embryons de deux autres facultés, et des cours libres de médecine correspondant à l'enseignement d'anatomie et de physiologie

25.– Par un amendement dû à M. Auguste Paris, député du Pas-de-Calais, et auquel s'est rallié le ministre de l'Instruction publique H. Wallon, ces articles 13 et 14 de la loi instituent donc les jurys mixtes. L'article 14 précise : *Le jury spécial sera formé de professeurs agrégés des Facultés de l'État et de professeurs des Universités libres munis du diplôme de docteur.* La présidence appartient de droit à un membre de l'enseignement public.

26.– Discours de M. Keller, *op. cit.*

27.– Mgr Baunard, *op. cit.*, I, p. 208.

de première année, l'ensemble portant le nom d'Institut Catholique[28]. Le même jour, la Commission adresse un mémoire aux archevêques de Cambrai et de Reims et à leurs suffragants, les priant de prendre les mesures nécessaires pour assurer financièrement le lancement de l'université lilloise.

Mais, avant même cette réunion décisive, est survenu un premier avatar : par décision de son nouvel archevêque Mgr Benoit Langénieux, ancien vicaire général de Paris, la province ecclésiastique de Reims et ses suffragants d'Amiens, Beauvais, Soissons et Chalons, qui jusqu'alors ont fait cause commune avec les deux diocèses de Cambrai et d'Arras[29], font sécession et décident de s'agréger à l'Université catholique en formation à Paris sous la direction du cardinal Joseph Guibert. Cette sévère déconvenue prive les nordistes d'un abondant vivier d'étudiants... et d'une manne de dons. *Reculés que nous sommes à l'extrémité de la France, nous nous trouvons réduits à notre seule province ecclésiastique*, écrivent l'archevêque de Cambrai et l'évêque d'Arras dans une lettre circulaire du 27 juillet 1875. Ils ajoutent cependant : *Mais la population de ces deux derniers diocèses s'élève déjà à deux millions 200 000 habitants et elle monte chaque jour : Dieu nous aidera*[30]. Ajoutons que les deux diocèses comptent aussi 2 000 prêtres, 40 collèges et de nombreuses œuvres. Un mois plus tard, le 28 août, le cardinal Régnier et Mgr Lequette adressent à leur clergé une lettre commune lui demandant de concourir à la fondation de la nouvelle université. Le 28 octobre, le chanoine Hautcœur, promu recteur le 9 du même mois, le chanoine Nicolas Boulay et M. de Vareilles Sommières *administrateurs de l'établissement d'enseignement supérieur dénommé Institut catholique de Lille,* déposent devant l'Académie de Douai les déclarations requises par la loi et déclarent en faire l'ouverture dans un local sis rue Royale. Seule la faculté de droit est constituée ; quelques cours de philosophie, de sciences et de lettres y sont associés.

Le 18 novembre suivant, l'acte de constitution de la société civile dénommée *Institut catholique* est enregistré en l'étude de Me J. Lefebvre, notaire à Lille. Le conseil d'administration est formé de cinq mandataires : H. Bernard, directeur, C. Feron-Vrau, G. Théry, C. Verley et Ph. Vrau. Ils ont les attributions les plus étendues : acquisition, location ou donation de tous meubles et immeubles, etc., c'est-à-dire le pouvoir de *faire, en un mot, tout ce qu'ils croiront utile au bon fonctionnement de la société.*

Le même jour, une messe d'action de grâces est célébrée à la basilique Notre-Dame de la Treille. L'après-midi même, la Faculté de droit est inaugurée avec son corps enseignant au complet, sous la direction de son doyen, le comte de Vareilles-Sommières : cette cérémonie, peut-être illégale et sans doute prématurée, agace sérieusement les journaux de gauche, le

28.– Précisons ici les appellations successives de l'institution : Cours libres (1874), Institut Catholique (1875), Université Catholique (1877), Facultés Catholiques (1880), Fédération Universitaire et polytechnique de Lille (1974) et aujourd'hui de nouveau Université Catholique.

29.– Camille Feron-Vrau et le chanoine Van Drival avaient visité tous les évêchés et séminaires de la province de Reims et avaient recueilli plusieurs adhésions, mais le siège épiscopal de Reims était alors vacant.

30.– Bulletin de la Commission de propagande pour une Université catholique, cité par Mgr Baunard, *op. cit.*, I, p. 209. Notons que les sept diocèses des deux provinces de Reims et Cambrai totalisaient alors 4 407 230 habitants.

Progrès du Nord et l'*Écho du Nord*, d'autant plus que le maire de Lille, M. André Catel-Béghin, y assiste[31]. Dès le lendemain, les cours commencent.

Dès lors, les bénédictions papales affluent : en avril 1875, Ph. Vrau et M. de Caulaincourt s'étaient rendus à Rome pour soumettre au pape *quelques questions relatives aux Universités*, mais sans mandat précis de la hiérarchie ecclésiastique. Lue par Ph. Vrau, l'adresse au Saint Père se terminait par ces mots : *Bénissez, Très Saint Père, un effort destiné à prémunir la jeunesse française du venin des mauvaises doctrines*, etc.[32] Le pape faisait quelques réserves : *Je n'ai rien reçu du Cardinal à cet égard*, dit-il, mais il consentit à bénir leur ouvrage *pourvu que toutes choses soient faites sous la direction du premier pasteur*. Après le vote de la loi, le 4 novembre 1875, Pie IX adresse aux fondateurs un bref de félicitations et d'encouragement pour avoir *élevé ce rempart contre la science athée et matérialiste de l'époque*. Ph. Vrau et M. de Caulaincourt font un deuxième voyage en mai 1876 : ils sont alors *porteur (s) d'une lettre de l'archevêque et d'une très riche offrande du diocèse au Denier de Saint-Pierre*[33]. En octobre 1876, le chanoine Hautcœur est nommé officiellement recteur de l'Université et élevé à la prélature romaine. Le 12 décembre, un autre bref de Pie IX investit Mgr Monnier des fonctions de chancelier de l'Université[34] : d'abord pressenti pour les fonctions de recteur, il s'était désisté. En fait, plus tard, Mgr Lesne, recteur de 1920 à 1940, révèlera que l'élaboration des statuts de l'Université fut quelque peu laborieuse, notamment sur les questions de l'autorité et des fonctions respectives du chancelier et du recteur, et de la composition du conseil d'administration (un délégué des évêques, recteur, vice-recteur, doyens et 15 membres parmi les souscripteurs)[35].

Une bulle pontificale couronne enfin l'édifice universitaire en lui conférant la caution solennelle d'institution canonique : *En vue de préparer à la science, à ceux qui l'enseignent et à ceux qui travaillent à l'acquérir, un abri tranquille et formé de tout ce qui est nécessaire [...] nous érigeons, instituons et confirmons à perpétuité l'Université Catholique fondée à Lille, ville illustre du diocèse de Cambrai, dans laquelle on enseigne la Théologie, la Jurisprudence, la Médecine, la Philosophie et les Lettres, les Sciences physiques et mathématiques [...] Qu'il ne soit donc permis à aucun homme d'enfreindre ou de contredire témérairement cette page de Notre érection, institution, confirmation, réserve, indult, concession, dérogation et volonté. Si quelqu'un osait commettre un tel*

31.– P. Pierrard, *op. cit.*, p.24.

32.– Mgr Baunard, *op. cit.*, I, p. 205.

33.– *Idem*, pp. 212-213. De même, l'année suivante, la donation s'élevait à 400 000 francs. Selon Mgr Baunard, il faut ajouter à cette somme l'économie faite à l'instigation de Ph. Vrau sur les billets de train en 3e classe, soit 140 F... Notons qu'en retour, par un *motu proprio* du 12 avril 1895, le pape Léon XIII dotera une chaire de la Faculté de théologie par un don de 100 000 F (*Les Facultés catholiques de Lille*, Lille Taffin, 1895, ch. VI).

34.– Le chancelier nommé par Rome est garant de la doctrine chrétienne enseignée par l'Université. Dans sa lettre apostolique de janvier 1877, Pie IX déclare : *Dans l'Université catholique ainsi érigée, Nous voulons qu'il y ait toujours un Chancelier, à la nomination de Nous et de nos Successeurs les Pontifes Romains, qui représente Notre Personne [...] lui accordant tous les droits, honneurs et privilèges attachés à cet office, et, spécialement, le pouvoir de créer et d'instituer des docteurs et de conférer des grades honorifiques, soit par lui-même, soit par un autre, selon les lois de cette université et les décrets de Notre S. Congrégation des Études.* Aujourd'hui, le chancelier est l'évêque de Lille.

35.– Mgr E. Lesne : *Histoire de la fondation, etc., op. cit.*, p. 145-152 *attentat, qu'il sache qu'il encourt l'indignation de DIEU Tout-Puissant et de ses bienheureux Apôtres Pierre et Paul*[36].

Sous de tels auspices, l'entreprise ne peut que réussir ou du moins surmonter les obstacles.

La souscription

Dès lors, deux urgences s'imposent : trouver de l'argent, recruter un corps professoral. Un comité central de souscription est formé, présidé par M. H. Bernard, assisté de l'abbé Dehaisnes et de M. C. Verley. Il est décidé qu'un don de 100 000 francs donne droit au titre de fondateur de chaire, une offrande d'au moins 1 000 francs à celui de fondateur. Ces titres sont assortis de la remise d'un diplôme et… d'indulgences.

Instituées dès le 12 juillet, les souscriptions et quêtes permettent de recueillir en un an la somme considérable de 6,5 millions de francs selon le rapport de M. Bernard au congrès des catholiques de 1878[37]. Parmi les premiers donateurs, on trouve dès le 30 septembre 1875, le clergé du diocèse de Cambrai pour la somme de 566 195 francs. Un souscripteur anonyme a fait un don de 500 000 francs On peut penser qu'il s'agissait de Ph. Vrau, car si C. Feron-Vrau et Ph. Vrau figurent dans la deuxième liste pour la somme de 25 000 francs chacun, ils ont certainement donné beaucoup plus : *Ph. Vrau et sa famille firent des dons si considérables à l'Université catholique qu'ils peuvent être considérés comme ses principaux fondateurs*, déclare X. Théry qui détaille les sommes versées à l'Université catholique par la maison Vrau : en 1907, elles se sont élevées à 11 366 000 francs, auxquels il faut ajouter une somme de 1 239 000 francs à titre de réserve[38]. Une générosité d'une grande discrétion : dans une lettre de 1893 à Mgr Baunard, recteur, Ph. Vrau écrit : *Veuillez aussi, Monseigneur, vous dispenser d'écrire des lettres de remerciement. Cela n'est nullement convenable entre chrétiens qui travaillent à la même cause […] J'aurais seulement une demande à vous faire : c'est que l'origine des dons restât inconnue. C'est la condition* sine qua non *qui a été mise au début*[39]. Notons que M. Wallon lui-même, ministre de l'Instruction Publique, fut sollicité et répondit d'une

36.– Extraits de la lettre apostolique de Pie IX du 17 janvier 1877. Ces textes fondateurs prouvent que, dès son origine, l'Université se voulait *la fille soumise et tendre* de la Papauté, selon les termes de Mgr Baunard (*op. cit.*, p. 207). Au cours de son deuxième voyage à Rome en mai 1876 avec M. de Caulaincourt, Ph. Vrau déclarait à Pie IX : *Nous souhaitons avant tout que notre Université soit ultramontaine.* (*Idem*, p. 213).

37.– La liste des souscripteurs constitue un épais volume de 582 pages in 8 : *Souscription pour la fondation de l'Université catholique de Lille. Tableau des fondateurs. Détail de la souscription. Récapitulation complète par diocèses, archiprêtrés, grands doyennés, décanats, doyennés et paroisses. D'après les documents authentiques groupés et mis en ordre par le trésorier.* Imp. Ducoulombier Lille 1878. Le trésorier était M. Clabaut. À l'exception d'une seule famille, les fondateurs de chaire sont restés anonymes. Parmi les fondateurs « simples », on relève les noms du cardinal Régnier et de Mgr Lequette (chacun 10 000 F), Mgr de Lydda (8 000 F), le Père général de la Grande Chartreuse (10 000 F), Mgr Hautcœur (5 000 F), les prêtres de la Mission et les filles de la Charité des deux diocèses (50 000 F), les dames de la Sainte-Union (43 150 F), les Bernardines (25 000 F), etc.

38.– X. Théry, *op. cit.*, p. 161.

39.– Arch. Vrau, cité par X. Théry, *op. cit.*, pp. 94-95. À la mort de Ph. Vrau, son neveu Paul Feron-Vrau relate : *Sa succession était tellement réduite que nous avons craint les réclamations du fisc devant l'invraisemblance et pourtant l'exactitude de nos déclarations* (*idem*, p. 99).

façon courtoise : *J'espère que votre Grandeur comprendra que la charge dont je suis investi aujourd'hui dans l'Instruction publique ne me permet pas d'accepter son invitation.* Il en est de même de M. Jules Maurice, député et ancien maire... de Douai.

Il y eut au total 8 000 souscripteurs, cinq fondateurs de chaires, 1 610 fondateurs, prélats, communautés religieuses, membres du clergé ou laïcs, la plupart appartenant à la haute bourgeoisie catholique. Les sommes recueillies sont donc considérables : elles équivalent à plus de 20 M € 2002, mais suffiront-elles ? Par la suite, les souscriptions seront décennales, c'est-à-dire renouvelées tous les dix ans. Elles seront bien moins généreuses et Mgr Lesne écrira bientôt : *Les organisateurs voyaient nettement qu'ils s'étaient mépris quand ils avaient cru que la souscription suffirait à fonder l'Université, c'est-à-dire à la pourvoir des constructions, de l'outillage et enfin d'un capital dont le revenu pourvoirait aux besoins des budgets annuels, aux traitements des personnels universitaires et à l'entretien des bâtiments, des collections et laboratoires*[40].

Le projet de loi Waddington

Après le vote des lois constitutionnelles, l'Assemblée Nationale se sépare le 31 décembre 1875, laissant place aux nouvelles chambres qu'elle a instituées, le Sénat et la Chambre des Députés. C'est le début d'une République laïque, démocratique et parlementaire qui va durer 65 ans et se montrer, au moins jusqu'à l'Union sacrée de la Grande Guerre, sectaire et anticléricale.

À la veille des élections de 1876, la liberté de l'enseignement supérieur est vivement contestée. Candidat à Lille, Léon Gambetta déclare que cette loi *qu'on devrait plutôt appeler la loi de l'enseignement inférieur [...] est un instrument de division des esprits.* Il proclame *l'infériorité congénitale et l'impuissance nécessaire d'un enseignement supérieur libre* : les élèves, *si peu nombreux qu'ils soient seront élevés dans la haine des principes de justice, qui forment la base de notre droit naturel. Ils seront élevés chez nous comme des étrangers, ce seront des émigrés et des esprits hostiles qu'on formera à l'intérieur*[41]. En conclusion, il propose dans son programme l'abrogation de la loi du 12 juillet 1875.

Les élections sénatoriales de janvier 1876 ne donnent plus qu'une légère majorité aux conservateurs. Les élections législatives du 20 février voient la victoire des républicains de gauche : le premier ministre M. Louis Buffet démissionne, laissant la place à un ministère de centre gauche présidé par M. Jules Dufaure. Le ministre de l'Instruction Publique, M. William Waddington, bourgeois libéral, déclare le 15 mars son intention de revenir sur la question de la collation des grades et de supprimer l'institution des jurys mixtes.

C'est chose faite au cours des semaines suivantes : le projet de loi est déposé le 23 mars 1876 sur le bureau de la Chambre, il est examiné par une Commission composée de députés de gauche présidée par Paul Bert ; son

40.– E. Lesne : *op. cit.*, p. 29.

41.– Cité par E. Lesne, *op.cit.*, p. 31. La célèbre déclaration de Gambetta : *Le cléricalisme, voilà l'ennemi* est plus tardive : datant du 4 mai 1877, elle s'élevait contre l'intervention militaire en Italie souhaitée par les catholiques.

rapporteur M. Eugène Spuller tient ce propos menaçant : *Nous voulons aller lentement, mais sûrement.* L'émotion soulevée parmi les catholiques est considérable. Dès le 22 mars, Mgr Dupanloup écrit à un ami : *La collation des grades, c'est la liberté même de l'enseignement supérieur et la mesure annoncée si précipitamment par le ministre n'atteint pas seulement un détail, mais l'essence même de la loi*[42]. Il observe que les professeurs des Universités libres tomberont au rang de répétiteurs et préparateurs : *Ils n'auront pas un droit de plus et ne feront pas une autre besogne.* Leur enseignement perdra toute dignité, toute originalité, toute indépendance et M. de Mun à la Chambre répète : *Qui est maître de l'examen est maître de l'enseignement.*

Au Sénat, M. Laboulaye, professeur au collège de France, observe non sans humour que la proposition de loi équivaut à *effacer le nom d'Université libre et mettre à la place : Répétition et préparation pour le baccalauréat et la licence.* Les prélats, cardinaux, archevêques et évêques *du ressort parisien* s'adressent au président du Conseil : *Exclure les Facultés libres de toute participation à la collation des grades, c'est placer ces Facultés mêmes, leurs professeurs et leurs élèves, dans des conditions d'infériorité et de dépendance.* Une pétition est organisée parmi les catholiques ; en trois mois, elle recueille 126 000 signatures. Les évêques de Cambrai et d'Arras s'adressent au Sénat : *Notre Université libre de Lille qui, en ce moment, est menacée dans son avenir, est, pour nos religieuses populations, l'objet d'unanimes et très généreuses sympathies. À l'aide d'une souscription, dont le chiffre s'élève déjà à plusieurs millions, et sur la foi d'une législation que nous étions tous en droit de regarder comme sérieuse et durable, cette grande institution a été fondée avec une sécurité que tout semblait justifier alors ; elle a commencé à fonctionner avec succès, elle remplira prochainement toutes les conditions légalement requises pour compléter son existence*[43]. La décision appartient maintenant au Sénat qui, le 29 juin 1876, nomme une Commission présidée par M. Kolb-Bernard, sénateur du Nord, pour enquêter sur *les faits qui se sont produits depuis la loi du 12 juillet 1875, et qui ont été la conséquence de celle-ci.* Le recteur Hautcœur se charge de répondre point par point aux questions posées par la Commission : il énumère le montant des souscriptions qui est alors de 3 683 653 francs (11,8 M €) et celui des dépenses engagées pour l'installation de la Faculté de droit à l'hôtel de la rue Royale, par les projets de création de cours de sciences et de médecine rue de la Barre et par l'obtention d'une clinique à l'hôpital Sainte-Eugénie. *La création qui nous coûtera le plus et qui, cependant, a été regardée dès l'origine comme plus indispensable que toute autre, c'est celle d'une Faculté de médecine. Nous la commencerons en novembre prochain par un ensemble de cours qui représenteront les deux premières années d'études. Il faudra immédiatement un personnel de dix professeurs, dont six sont engagés déjà. Cette Faculté fera peser sur nous la lourde charge d'un budget annuel de 250 000 francs au moins (c'est ce que doivent coûter les nouvelles facultés officielles de Lyon et de Bordeaux), charge que nous avons assumée sur la foi d'une loi qui nous garantissait la possession d'un jury mixte*[44]. Cette réponse dûment appuyée sur des chiffres et des faits est largement utilisée par le rapporteur M. Auguste Paris, sénateur du Pas-de-Calais, qui conclut au rejet du projet de loi Waddington.

42.– Cité par É. Lesne : *Histoire de la fondation, etc., op. cit.*, p. 33.

43.– *Ibid.*, p. 34.

44.– *Ibid.*, p. 35.

Lors de la discussion qui s'élève dans la Haute Assemblée, personne ne revient sur le principe de la liberté de l'enseignement. Le ministre Waddington lui-même tente de persuader les catholiques de se contenter d'une liberté ainsi limitée : *Organisez-vous,* déclare-t-il, *fondez des Universités, faites tout ce qu'il faut pour qu'elles vivent, pour qu'elles donnent des garanties au pays, faites qu'elles inspirent la confiance*[45]. Parmi les opposants, Mgr Dupanloup, MM. Wallon, Laboulaye, le duc de Broglie, M. Paris, M. de Béhastel, n'ont aucune peine à souligner cette contradiction : une Université libre, rivée à la chaîne des examens passés dans une Université concurrente, ne peut disposer ni de ses programmes, ni de ses méthodes : à terme, elle est condamnée à végéter et à disparaître.

Le 21 juillet 1876, par 144 voix contre 139, le Sénat renonce à discuter les articles du projet de loi : la loi de juillet 1875 reste donc entière, mais la majorité est infime. Ce vote ne fait qu'écarter la menace suspendue sur la tête des créateurs de l'Université Catholique qui ne peuvent plus compter sur la bienveillance d'un gouvernement désormais hostile, menace bien ressentie comme telle, exacerbant les passions : le 14 octobre 1877, les élections ramènent à la Chambre une majorité de gauche, *acharnée à la perte du pays, avec un programme de démolition religieuse nationale dicté par les loges maçonniques et imposé par elles*[46].

Le 4 janvier 1877, l'institution, dont les facultés de droit (doyen de Vareilles Sommières) de lettres (doyen Amédée de Margerie) et de sciences (doyen Jules Chautard) sont officiellement reconnues, prend le nom d'Université catholique. Le 18 janvier, lors d'une messe solennelle en l'église Saint-Maurice, est lue la bulle pontificale ; à l'exception des professeurs de médecine dont la faculté n'est pas officiellement reconnue, les professeurs portent la robe de soie avec épitoge et le recteur la simarre rehaussée d'hermine. Une séance inaugurale se déroule ensuite en l'église Sainte-Catherine : certes, les difficultés à venir ne sont pas ignorées et M. de Vareilles-Sommières déclare : *Les catholiques peuvent s'attendre à tout, mais ils n'ont peur de rien,* et le recteur ajoute : *L'université catholique est née de la lutte, elle grandira et se fortifiera dans la lutte. Les efforts que l'on fait pour la renverser ne servent qu'à l'enraciner davantage*[47].

Trois mois plus tard, Ph. Vrau achète 1 800 m² de terrain dans les nouveaux quartiers du boulevard Vauban, de part et d'autre de la rue du Port, et progressivement la Société civile de l'Université catholique fait l'acquisition de 40 000 m², dont la famille Vrau garantit le financement. La première pierre du Palais académique est posée le 22 novembre 1879. Dans son homélie, Mgr Lequette, évêque d'Arras, n'hésite pas à comparer cette entreprise à la reconstruction par les Juifs de la ville de Jérusalem et de son temple au retour de leur captivité de Babylone, sous la menace de leurs ennemis : *Comme les Juifs, nous sommes entourés d'ennemis qui veulent entraver cette œuvre de restauration à laquelle nos catholiques se dévouent avec une ardeur si admirable. Nous aussi, pendant que, d'une main, nous posons les assises de notre*

45.– *Ibid.*, p. 36.

46.– Mgr Baunard, *op. cit.*, II, p. 16.

47.– Cité par É. Lesne : *Histoire de la fondation, etc., op. cit.*, p. 155.

Université, nous avons besoin de tenir dans l'autre l'épée de la défense, pour repousser des attaques qui se dressent autour de nous[48].

Cette création a été l'œuvre de chrétiens visionnaires, animés d'une foi inébranlable et d'une charité inépuisable. *Le miracle est qu'on finit par aboutir.* Aujourd'hui encore, on salue *l'extraordinaire réalisation que fut la création de l'Université catholique, création qui ne prend tout son sens et toute sa dimension que si on considère qu'elle est sans précédent à Lille, ville qui n'a pas de passé universitaire, et qu'elle se réalise plus de dix ans avant l'installation, au chef-lieu du département du Nord, du corps des facultés d'État*[49].

Et P. Pierrard de conclure : *Institution d'Église, née dans le cœur de quelques prêtres désireux de sortir la science ecclésiastique française de l'ensablement et d'opposer à des facultés de théologie officielles, moribondes et gallicanes, un vivant foyer alimenté à la fois par la recherche scientifique et par l'esprit romain et pouvant rivaliser avec les universités d'autrefois (Douai) et avec Louvain et les universités allemandes, l'Université catholique de Lille a été fondée, en fait, par des catholiques militants, aristocrates, industriels ou grands bourgeois plus zélés et plus généreux que savants, ultramontains de doctrine, conservateurs en politique, persuadés que le sort de la France résidait dans le retour en chrétienté par l'alliance de la monarchie et de l'Église et que la république laïque était un poison dont l'enseignement catholique constituait l'antidote.*

À une Université d'État somnolente mais qui, ouverte à tous les courants, n'est pas antireligieuse ni même anticléricale par nature, ils se persuadent qu'il faut opposer moins une université libre qu'une contre-université catholique. Le recrutement – professeurs et étudiants – l'esprit premier et la réputation de la « Catho » quelles qu'aient été les orientations ultérieures, ont été incontestablement marqués par cet esprit défensif que d'aucuns ont qualifié de réactionnaire[50].

Mais laissons maintenant l'Institut Catholique poursuivre sa route, pour consacrer notre propos à la seule Faculté libre de médecine et de pharmacie qui en fait partie.

48.– *Vingt années de l'Université catholique, etc., op.cit.*, p. 33.

49.– P. Pierrard, *op. cit.*, p. 32. Plus de dix années ont en effet séparé la création de l'Université catholique de celle de l'Université d'État. C'est en 1887-88 que sont transférées de Douai à Lille les facultés de droit et de lettres, ainsi que le siège de l'Académie. Au cours de la discussion à la Chambre des députés, le ministre de l'Instruction publique, Édouard Lockroy, déclare alors : *Si le projet [de transfert] était rejeté, ce rejet serait considéré demain, soyez-en convaincus, comme une grande victoire cléricale*, ce qui sous-entend bien des arrière-pensées politiques et idéologiques.

50.– P. Pierrard, *op. cit.*, pp. 31-32.

Chapitre II. Naissance de la Faculté libre de médecine et de pharmacie

L'état des lieux en 1875

Après la suppression par la Révolution de toutes les facultés du territoire français (1792), la Convention, sur le rapport d'Antoine Fourcroy, médecin et chimiste, décide la création de trois écoles de santé à Paris, Montpellier et Strasbourg : cette loi du 14 frimaire an III (4 décembre 1794) a le mérite de réunir les *deux branches de la même science*, médecine et chirurgie. Ces écoles de santé, devenues écoles de médecine en l'an IV, forment des officiers de santé, destinés à pourvoir aux besoins des armées de la République. Leur instruction est médiocre, sans durée minimale des études, sans examens, ni diplôme. Pendant le Consulat, leur nombre est porté à six par la création de trois écoles éphémères en pays conquis, à Mayence, Turin et Gênes. Le 19 ventôse an XI (11 mars 1803), à l'initiative du même Fourcroy, devenu directeur de l'Instruction publique, et sur le rapport de Michel Augustin Thouret[1], un décret du Premier Consul réforme profondément les études médicales : tout en prônant l'enseignement clinique *au lit du malade* (Fourcroy disait : *Peu lire, beaucoup voir et beaucoup faire...*), le décret scinde l'exercice de l'art en deux parties : l'une *vulgaire et commune*, l'officiat de santé ; l'autre *transcendante et supérieure*, le doctorat en médecine. Enfin, le décret du 17 mars 1808 incorpore les écoles de médecine à l'Université impériale et leur rend leur nom ancien de facultés : elles sont au nombre de dix pendant le Grand Empire.

Pour obtenir le doctorat, les étudiants doivent être titulaires des baccalauréats ès lettres et ès sciences restreint pour les mathématiques. Après trois ans d'études, ils doivent présenter une thèse devant une faculté, après y avoir effectué au préalable une quatrième année d'études et acquitté des droits élevés, de l'ordre de 1 000 francs à Paris.

L'officiat de santé, sorte de semi doctorat est nettement moins coûteux ; les candidats à l'officiat de santé peuvent s'inscrire en école de médecine ou en faculté avec un simple certificat de grammaire, mais, dès leur création, les officiers de santé font l'objet de vives critiques : *bornés aux soins les plus*

1.– Rapport de M.-A. Thouret : *Le Moniteur*, An XI, séance du 16 ventôse. Michel-Augustin Thouret (1749-1810) sera le premier doyen de la Faculté de médecine de Paris.

ordinaires, aux procédés les plus simples de l'art[2], il leur est interdit de pratiquer les grandes interventions chirurgicales, leur science principale consistant *à reconnaître les cas où ils ne doivent pas agir*. Il reste que ces demi-médecins, contraints d'exercer dans le département où ils ont été reçus à leur examen final, rendent de grands services dans les campagnes sous-médicalisées où ils sont au moins capables *de jargonner dans le dialecte du canton*[3]. Progressivement, se mettent en place dans vingt et une villes des écoles de médecine, dites *écoles secondaires,* préparant en trois années d'études à l'officiat de santé.

Au lendemain de la guerre de 1870, l'enseignement de la médecine est resté inchangé depuis le Consulat : en 1874, l'Assemblée nationale nomme une commission, dont le rapporteur est Paul Bert, chargée d'étudier l'exercice et l'enseignement de la médecine en France. Son rapport, d'un grand intérêt, souligne d'abord la diminution au fil des années du nombre de praticiens, docteurs en médecine et officiers de santé : de 18 099 en 1847, il est passé à 17 192 en 1866 et à 15 419 en 1872.

La situation de l'enseignement médical n'est guère brillante : *Les vœux des facultés, les rapports annuels des doyens, les publications des médecins français qui, officiellement ou non, communiquent les observations et les comparaisons qu'ils font à l'étranger, attirent l'attention sur notre degré d'infériorité relativement à l'installation des locaux, au nombre et à la rétribution du corps enseignant, à l'insuffisance et souvent à l'absence même de l'outillage scientifique*[4]. En 1874, Antoine Béchamp, faisant alors fonction de doyen de la Faculté de médecine de Montpellier, écrit au ministre : *Les facultés ne sont pas consultées, lorsqu'il s'agit de leurs moyens d'action ; et leurs vœux, quand elles en émettent, ou leurs réclamations, sont comme non avenus. Sans doute, on les vise, mais pour les écarter. On ne nous met pas d'entraves apparentes, mais on nous marchande ou on nous refuse le pain qui fait vivre.* L'auteur de cette lettre n'est autre que le futur doyen de la Faculté libre de médecine de Lille.

Conscient de ces insuffisances et dès 1875, le gouvernement établit dans les écoles secondaires de nouveaux cours complémentaires, améliorant ainsi leur organisation matérielle et leurs moyens d'enseignement. De plus, un décret du 14 juillet crée, sous le nom d'*écoles de plein exercice,* des établissements plus complets que les écoles secondaires, comprenant dix-sept professeurs titulaires et huit suppléants : elles ont le droit de recevoir les seize inscriptions réglementaires, d'organiser le stage hospitalier et de préparer aux examens de fin d'études, que les élèves sont encore tenus de passer devant une faculté de l'État.

À Lille

Après Amiens qui est la première ville à se doter d'une école secondaire en 1804, après Arras en 1806 et Douai en 1838, la ville de Lille ne possède

2.– *Ibid.*

3.– J.-J. Muneret : *Essai sur les moyens de former de bons médecins,* Paris 1791. Cité par J.-F. Lemaire : *La médecine napoléonienne,* Nouveau Monde Éditions, Paris, 2003, p. 164.

4.– Anonyme : *Les projets Ferry. J Sci Méd Lille,* 1879, n° 8, pp. 549-556. (Cite une brochure intitulée : *observations présentées à MM. les Sénateurs et députés, au nom des principes et des intérêts de la science, par le corps enseignant de l'Université catholique de Lille.* Lille, Bergès et Quarré, libraires).

que tardivement, par le décret du 12 août 1852, une école préparatoire recevant une centaine d'élèves dont la moitié ne vise que le simple officiat de santé[5]. À lui seul, le département du Nord ne compte pas moins de 400 officiers de santé[6]. En 1872, comme dans toutes les grandes villes de France : Lyon, Bordeaux, Toulouse, Marseille et Nantes, le conseil municipal lillois demande la transformation de son école secondaire en faculté. Après la visite de M. Chuffard, inspecteur général de l'Instruction publique, le rapport de P. Bert, chargé d'examiner les candidatures, écarte celle des Lillois : *Une faculté de médecine à Lille arriverait au maximum à réunir 311 élèves en supposant que tous les étudiants du Nord, du Pas-de-Calais, de la Somme, des Ardennes et de la moitié du département de l'Oise renonçassent à Paris. Lille se présente sous ce rapport même dans une situation toul à fait exceptionnelle, et qu'il est intéressant d'indiquer, tandis que les autres grandes villes possèdent un corps médical nombreux et qui présente une population d'un docteur pour 1 200 à 1 500 habitants. Lille est singulièrement dépourvu, puisqu'on n'y trouve que 43 docteurs, soit un par 3 677 habitants ; il est vrai qu'y fleurissent en même temps, 23 officiers de santé […] Un corps médical si peu nombreux et ainsi composé ne présente pas de grandes ressources pour constituer actuellement le personnel de la faculté, ni pour en assurer à l'avenir le recrutement régulier*[7]. En 1872, sur le rapport du Dr Victor Cazeneuve, directeur de l'École préparatoire, la charge annuelle est d'abord sous-estimée à 25 900 francs par le conseil municipal[8] ; en fait, elle s'élèverait à 240 000 francs en sus des frais de fondation estimés à plusieurs millions. Pour ces raisons, après un examen très approfondi et pas moins de trois lectures, l'Assemblée nationale, par son vote du 8 décembre 1874, refuse la création d'une faculté à Lille, comme à Angers, Nantes et Rennes, alors qu'elle en accorde une à Lyon (créée en 1877), à Bordeaux et, un peu plus tard, à Toulouse (1878) *sans doute parce que l'Université catholique de cette ville annonçait depuis quelque temps son intention de fonder elle-même une faculté de médecine*[9]. Mais, à Lille comme à Metz, Strasbourg et Paris au Val de Grâce, il faut compter avec l'apport des hôpitaux militaires d'instruction

---

5.– À Lille, en l'an XI, furent d'abord organisés à l'hôpital Saint-Sauveur des cours libres de clinique médicale, de clinique chirurgicale et d'opérations. Un décret du Premier Consul du 29 brumaire an XII établit les écoles secondaires de médecine, et, l'année suivante, des *jurys médicaux* chargés de contrôler les aptitudes des officiers de santé. Mais l'organisation de ces écoles secondaires n'obéissait à aucune règle commune et l'école de Lille n'offrait que des cours de pathologie et clinique médicale, de pathologie chirurgicale, de chimie et matière médicale, d'anatomie et opérations. En octobre 1840, les écoles secondaires sont transformées en *écoles préparatoires de médecine et de pharmacie*, à l'enseignement plus complet, et, le 14 juillet 1875, sont créées les *écoles de plein exercice*. Aimé Houzé de l'Aulnoit : *De l'Assistance publique à Lille*. Imp. L. Danel, Lille, 1866, p. 65-72.

6.– L'ensemble des cinq départements (Nord, Pas-de-Calais, Aisne, Somme et Ardennes) comprend alors 562 docteurs en médecine et 883 officiers de santé.

7.– Paul Bert : *Rapport fait au nom de la commission chargée d'examiner […] la proposition de M. Fourcand et plusieurs de ses collègues, relative à la création d'une Faculté de médecine et de pharmacie à Bordeaux, Toulouse, Nantes, Lille, Marseille*, Assemblée Nationale, séance du 3 déc. 1874, p. 78.

8.– Conseil municipal de Lille, séance du 12 juillet 1872 : Selon le Dr Cazeneuve, en supposant un effectif de 200 élèves et compte tenu des subventions de la ville et du département, ainsi que des droits d'inscription (l'enseignement n'est pas encore gratuit), l'excédent de dépenses serait de 25 900 francs.

9.– Anonyme : *Enseignement de la médecine, J Sci Méd Lille*, 1879, n° 3, pp. 222-223.

rétablis en 1814, car, ce que taisent les rapports officiels, nombreux sont les élèves qui, *après avoir complété leurs études dans (ces) établissements, se sont jetés dans la carrière civile,* selon les termes du baron Desgenettes à l'Inspection Générale du Service de Santé.

Certes, le ministre offre à la ville de Lille de transformer son école secondaire en école de plein exercice, proposition que rejette le conseil municipal à la date du 14 août 1875, tout en offrant de voter les fonds pour l'établissement d'une faculté. *S'il n'y a pas de faculté catholique,* déclare le député Pierre Legrand, *ne changeons rien à ce que nous avons. Si au contraire, il faut lutter, le gouvernement comprendra que nous devons le faire à armes égales et qu'il y a là un motif sérieux de créer.* M. André Catel-Béghin, maire de Lille (1873-1878) conclut : *Quant à vouloir dès aujourd'hui l'ouverture d'une Faculté à Lille, il faut en reconnaître l'impossibilité, les éléments faisant défaut ; le personnel manque pour ce haut enseignement.* Cette attitude est prudente : Marseille (26 novembre 1875) et Nantes (28 janvier 1878) sont dotées d'une école de plein exercice : bientôt ces deux villes s'aperçoivent qu'elles n'y gagnent absolument rien. Le décret du 20 juin 1878, modifiant les conditions d'étude et le régime des examens, leur enlève plus d'élèves que n'est susceptible d'en donner leur titre d'école de plein exercice : *Les municipalités, quoique républicaines, ont demandé à être débarrassées de cet onéreux cadeau d'Artaxerxès, qui leur coûte très cher et ne leur rapporte absolument rien.* Le mécontentement n'épargne pas les facultés, anciennes ou nouvelles : *Tout le monde est mécontent, Bordeaux réclame, Montpellier réclame, et Toulouse même est presque décidée à ne pas accepter ce cadeau ministériel, que les gens avisés qualifient de ruineux*[10].

Dans ces conditions, la création d'une Faculté libre de médecine à Lille est un audacieux pari : mais, née de la volonté des catholiques du Nord, créée *ex nihilo* par ses fondateurs l'abbé Hautcœur, Ph. Vrau et C. Feron-Vrau, dûment autorisée par la loi sur la liberté de l'enseignement supérieur, elle peut donc voir le jour dès le deuxième semestre de l'année 1875. C. Feron-Vrau en est le principal artisan : comme l'exprime Mgr Lesne, *il fera en quelque sorte son affaire personnelle de la grande œuvre de la création d'une faculté libre de médecine.* Son objectif est la formation de médecins chrétiens en réaction à l'enseignement officiel rationaliste et agnostique : *Dans les écoles de l'État, les jeunes gens arrivés à l'âge des passions, et aussi de la plus grande activité intellectuelle, sont livrés sans surveillance et sans direction suffisantes, aux hasards d'un enseignement tantôt spiritualiste, tantôt matérialiste et toujours sans contrôle ; les dangers sont plus menaçants encore pour les esprits que pour les cœurs*[11]. Mais cette création se fait dans un enthousiasme qui glisse vite vers l'utopie : ainsi, dans son rapport détaillé à l'Assemblée des catholiques du Nord et du Pas-de-Calais du 2 août 1875, plaidant la viabilité d'une faculté lilloise, le docteur C. Feron-Vrau avance les chiffres suivants : *À l'école de médecine de Lille, 137 étudiants sont inscrits dont 60 pour le doctorat. Avec Arras et Amiens, on monte à 220. À Paris, 245 étudiants viennent de l'Académie de Douai* et d'exprimer aussitôt un souhait bien hasardeux : *Il ne pourrait être qu'avantageux de voir disparaître ces écoles* [de médecine de Lille, Arras et

---

10.– Anonyme : *Les projets Ferry, loc. cit.*, p. 552.

11.– C. Feron-Vrau à l'Association Générale des catholiques de France, 20 mars 1881. *Bull. Fac. Cath.*, II, p. 168.

Amiens] *et de les remplacer par une faculté de médecine dont la place est naturellement indiquée dans notre future Université catholique. Une administration impartiale et éclairée ne restera sans doute pas indifférente à ces considérations lorsqu'elle se sera accoutumée au nouveau régime de la liberté de l'enseignement supérieur*[12]...

Avant même que les premières difficultés ne soient aplanies, C. Feron-Vrau proclame son but : *Et tout d'abord, nous voulons tous une Faculté de médecine digne de notre université catholique, une Faculté de premier rang par les aptitudes scientifiques non moins que par la valeur morale des maîtres, par la distinction et l'élévation scientifique de ses élèves, par son fonctionnement, par la richesse de son matériel et de ses collections, par l'ensemble des services qu'elle est appelée à rendre à un degré éminent à notre région, à la France et à la religion catholique*[13]. Aux besoins matériels, les organisateurs entendent donc bien joindre une exigence morale : *Par sa nature même, l'enseignement médical est porté à toucher aux plus hautes questions de philosophie et de morale. L'homme tout entier est de son domaine ; non seulement ses organes et ses fonctions, mais aussi son intelligence et ses facultés, le principe de sa vie, l'essence de son être, son corps et son âme enfin [...] L'enseignement de la médecine, confié à certaines mains, est celui qui peut offrir le plus de danger et qui peut ouvrir le plus largement la porte à la diffusion des idées les plus funestes*[14].

Mais un autre constat, douloureux celui-là, plaide en faveur de la création d'une faculté de médecine à Lille : depuis l'industrialisation à outrance installant *intra muros* 200 fabriques et augmentant la population *d'une manière disproportionnée à l'espace qu'elle occupait*[15], depuis l'annexion des communes suburbaines doublant encore pratiquement la population, la situation sanitaire de la ville est alarmante.

Certes, à la fin du second Empire, Lille n'est plus tout à fait la ville *sans attraits, malsaine, malpropre, mal éclairée* que décrit P. Pierrard[16] et les caves de Lille dénoncées par Victor Hugo, par Blanqui et Villermé ont pratiquement disparu[17]. Mais l'agrandissement de Lille que souhaitaient dans une lettre ouverte au maire 27 médecins lillois[18], n'a pas eu les effets escomptés : dans

---

12.– Rapport au Congrès des Comités catholiques du Nord. *Bulletin de la Commission pour la création d'une Université catholique dans le Nord de la France*, 2e année, n° 1, août 1875, pp. 41-63.

13.– Lettre de C. Feron-Vrau à Mgr Hautcœur, 10 fév. 1877.

14.– *Des conditions d'organisation d'une Faculté libre de médecine*. Extrait du *Contemporain* des 1er oct., 1er nov. et 1er déc. 1875. Imp. J. Le Clerc et Cie, Paris 1876, p.34. Cette intéressante brochure de 64 pages, non signée, pourrait être due à C. Feron-Vrau.

15.– Blanqui Adolphe : *Des classes ouvrières en France pendant l'année 1848*, in *Petits traités publiés par l'Académie des sciences morales et politiques*, Pagnerre, Paulin et F. Didot frères, Paris 1849, 255 p. Les résultats de cette enquête intéressant la ville de Lille et le département du Nord occupent les pages 81 à 119. On lit à la page 30 : *Nulle misère au monde n'est comparable à celle des habitants [...] du quartier Saint-Sauveur, à Lille.*

16.– P. Pierrard : *La vie ouvrière à Lille sous le second Empire*, Bloud et Gay, Paris 1965, 532 p., pp. 49-55.

17.– En 1859, il ne restait à Lille que 83 caves habitées ; dix ans auparavant, on en comptait 300.

18.– Lettre du 27 décembre 1854. Parmi les signataires, plusieurs médecins des pauvres : Cazeneuve, Binaut, Chrestien, Feron, Godefroy, etc. Ce dernier, Théodore Godefroy (1807-1869) était appelé *l'apôtre des Saint-Sauveur* : il lutta jusqu'à ses derniers moments contre l'insalubrité du quartier qu'il n'a jamais voulu quitter.

les nouveaux quartiers de Wazemmes, Fives, Moulins, Esquermes, on a bâti des cités sans aucun souci d'urbanisation et avec un maximum d'économie. On constate alors *la permanence du taudis lillois* selon le mot de P. Pierrard qui ajoute : *L'abcès du vieux Lille s'était vidé par la brèche des remparts déclassés*[19]. *Aux anciennes courées de Saint-Sauveur, de la rue des Étaques ou des Robleds, ont succédé des taudis plus infects que ceux du vieux Lille*[20]. La crise économique de 1867 a entraîné le chômage et la misère, les bureaux de bienfaisance comptent alors plus de 20 000 indigents dont les revenus sont inférieurs à 3,5 F par semaine[21]. Les établissements hospitaliers (hôpital Saint-Sauveur, hospice général, hospice Gantois, hôpital Saint-Roch[22]) sont surchargés et insuffisants : ils comptent au total 40 lits pour 10 000 habitants. Sous l'influence de la misère, de la sous-alimentation, de la promiscuité, de l'ignorance, la phtisie fait des ravages, les épidémies sont meurtrières, telles que le choléra des années 1849 et 1866, encore favorisé par le voisinage des canaux[23], la rougeole ou la fièvre typhoïde. En 1873, Alfred Houzé de l'Aulnoit peut écrire : *Il y aura toujours des pauvres parmi nous ; cette parole de l'Évangile reçoit à Lille une éclatante confirmation*[24]. La création d'un corps médical nombreux et instruit est donc indispensable.

19.– P. Pierrard, *La vie ouvrière, etc. op. cit.*, p. 107.

20.– *Le Progrès du Nord*, 19 juillet 1860. À la fin du siècle et après avoir visité 54 rues et courées de Wazemmes, C. Feron-Vrau fera les mêmes constatations : *Les logements ouvriers à Lille sont demeurés à peu près les mêmes qu'au temps de Villermé*, c'est-à-dire en 1837. C. Feron-Vrau : *Des habitations ouvrières à Lille*, 1899, Hist. Rég., T 43, p. 78. Le développement de la courée au sein d'un îlot induit des conditions particulières d'accès, par de longs boyaux percés dans le bâti préexistant, avec une ouverture sur la rue intégrée à une façade d'immeuble. Les équipements collectifs comprennent latrines, points d'eau et aussi une niche de dévotion ou un calvaire. Dans le vieux Lille, on distingue les courées, comprenant jusqu'à 20 logements, des « impasses » moins importantes, comptant 2 à 5 logis. Dans les quartiers plus récents, les « cours » peuvent réunir de 20 à 60 maisons. Elles se composent souvent d'un ensemble regroupant l'usine, l'hôtel particulier patronal et la courée ouvrière.

21.– En 1858, l'agrandissement de Lille a fait passer la population de 78 à 113 000 habitants et le nombre d'indigents inscrits sur les listes du bureau de bienfaisance de 15 000 à 26 500. Un revenu de 3,5 F par semaine, soit environ 11,2 €, est inférieur au seuil actuel de pauvreté.

22.– Le petit hôpital Saint-Roch, fondé en 1845 par les dames de la Conférence de Saint-Vincent de Paul et les filles de la Charité, s'établit en 1851 à Wazemmes dans la rue qui porte son nom. À la fin du Second Empire, il compte 35 lits dont 3 lits d'enfants. Il sera supprimé dès l'ouverture de l'hôpital Sainte-Eugénie.

23.– L. Wintrebert. *Le choléra à Lille en 1832, 1849 et 1866 ; circonstances qui ont paru favoriser son développement, principaux traitements employés ; déductions prophylactiques.* Lille, Danel, 1884 et *Le choléra. Ses ravages à Lille, en 1849 et 1866. J Sci Méd Lille*, 1884, n° 14, pp. 513-523 et n° 15, pp. 553-567. En 1849, on a dénombré 1 827 cas de choléra et 900 décès sur 75 000 habitants (avant l'agrandissement de la ville). En 1866, 4 860 cas, 2 224 décès (soit 45 %) sur 135 000 habitants. À l'hôpital Saint-Roch, il y eut du 15 juil. au 31 oct. 1866, 479 malades et 273 décès (soit 57 %). Par ailleurs, en 1883, sur près de 5 000 décès annuels, on dénombre 865 cas de phtisie pulmonaire et 518 cas de « bronchite ».

24.– Arch. du bureau de bienfaisance. Rapport manuscrit, présenté au ministre par Alfred Houzé de l'Aulnoit le 15 nov. 1873 : médecin, il était administrateur du Bureau de bienfaisance. Dans le même rapport, il présentait le quartier Saint-Sauveur comme *l'ensemble le plus complet de la hideuse misère*. Son frère Aimé Houzé de l'Aulnoit, avocat, était vice-président de l'Administration des Hospices.

Les cliniques : l'hôpital Sainte-Eugénie

La loi du 12 juillet 1875, dans ses articles 5 et 6 a clairement exposé les exigences requises pour ouvrir une faculté de médecine et de pharmacie :

> *Art. 5 : Les établissements d'enseignement supérieur, ouverts conformément à l'article précédent [prescrivant la déclaration obligatoire], et comprenant au moins le même nombre de professeurs pourvus du grade de docteur que les facultés de l'État qui comptent le moins de chaires, pourront prendre le nom de faculté libre des lettres, des sciences, de droit, de médecine, etc., s'ils appartiennent à des particuliers ou à des associations.*
>
> *Quand ils réuniront trois facultés, ils pourront prendre le nom d'universités libres.*
>
> *Art. 6 : S'il s'agit d'une Faculté de médecine, d'une Faculté mixte de médecine et de pharmacie, ou d'une École de médecine ou de pharmacie, la déclaration signée par les administrateurs devra établir :*
>
> *Que ladite Faculté ou École dispose, dans un hôpital fondé par elle ou mis à sa disposition par l'Assistance publique, de 120 lits au moins, habituellement occupés par les trois enseignements cliniques principaux : médical, chirurgical, obstétrical ;*
>
> *Qu'elle est pourvue :*
>
> *1° de salles de dissection munies de tout ce qui est nécessaire aux exercices anatomiques des élèves ;*
>
> *2° des laboratoires nécessaires aux études de chimie, de physique et de physiologie ;*
>
> *3° de collections d'étude pour l'anatomie normale et pathologique, d'un cabinet de physique, d'une collection de matière médicale, d'une collection d'instruments et appareils de chirurgie ;*
>
> *Qu'elle met à la disposition des élèves un jardin de plantes médicinales et une bibliothèque spéciale.*

Lors du vote de la loi, la Faculté ne possède encore aucun de ces éléments et la tache immense de les réunir est confiée à C. Feron-Vrau, qui, dès le 2 août 1875, se prononce nettement contre l'ouverture d'une simple école préparatoire : il ambitionne la création d'une faculté menant les étudiants au doctorat et il en énumère les exigences en chaires, laboratoires et cliniques. Dès ce moment, il détaille d'une façon très précise son projet de faculté dont il divise l'enseignement en cinq parties : les sciences dites accessoires (physique, chimie, histoire naturelle), l'étude de l'homme sain (anatomie, histologie, physiologie), le malade (pathologie générale, anatomie pathologique, thérapeutique), le médecin (cliniques médicale, chirurgicale et obstétricale, spécialités), diverses sciences (médecine légale, médecine comparée, histoire de la médecine). Faute de pouvoir remplir immédiatement les conditions requises pour ouvrir une faculté, il propose d'organiser dès le mois de novembre des cours libres de première année, les élèves prenant leurs inscriptions à Paris.

S'il est relativement facile de créer une faculté de lettres ou de droit, pour lesquelles il suffit pour satisfaire aux exigences de l'article 6 de la loi du 12 juillet, d'enrôler six à sept professeurs, et de disposer *des salles de cours, de conférence et de travail suffisantes pour cent élèves au moins et une bibliothèque spéciale,* il n'en est pas de même pour une faculté des sciences et moins encore pour une faculté de médecine en termes de locaux, matériel et personnel[25].

L'Hôpital Sainte-Eugénie en fin de construction
De haut en bas : Façade principale – Vue de la Porte des Postes avec le pavillon Olivier (à droite, l'octroi ; à gauche, les remparts).

Parmi les exigences de l'article 6 de la loi, celle de disposer *de cent vingt lits au moins, c'est-à-dire la question de l'hôpital est […] la plus importante à coup sûr et la plus difficile à résoudre*[26], mais elle se trouve immédiatement satisfaite par *un coup de maître* de la commission d'organisation. En 1866, l'Administration des Hospices de Lille a entrepris en effet la construction d'un vaste et bel hôpital de 400 lits, placé sous le vocable de Sainte Eugénie, en hommage à l'épouse de Napoléon III. Mais, le gros œuvre terminé après une dépense de plusieurs millions, elle ne dispose plus des ressources suffisantes pour aménager le nouvel édifice et le mettre en état de recevoir les malades : depuis 1869 en effet, elle est en conflit avec la municipalité qui ne verse plus aux Hospices la subvention destinée à secourir les indigents et

25.– *Des conditions d'organisation d'une Faculté libre de médecine, op. cit.*, p. 2.
26.– *Ibid*, p. 14.

elle refuse d'entamer son capital immobilier[27] : ainsi, depuis deux ans, ce magnifique hôpital reste fermé. C'est alors que le conseil d'administration de l'Institut Catholique, représenté par MM. Ph. Vrau, C. Feron-Vrau, H. Bernard, A. Scalbert, G. Théry Ch. Verley et Jonglez de Ligne, fait à la Commission des Hospices l'offre suivante par cette lettre datée du 21 août 1875 :

> *Les soussignés, agissant tant en leur nom qu'au nom de l'Université catholique du Nord en cours de formation, dont ils se portent forts et garants solidaires, ont l'honneur de faire l'offre ci-après à l'Administration des Hospices de Lille.*
>
> *Ils s'engagent à donner à l'Administration des Hospices de Lille une somme de 140 000 francs pour compléter l'ameublement des deux pavillons du fond de l'hôpital Sainte-Eugénie, aussitôt après la création de l'Université, sous cette réserve expresse que l'Administration des Hospices laisserait aux pharmaciens, médecins, chirurgiens et élèves en médecine, chirurgie et pharmacie de ladite Université, qui les rétribuerait, la direction des services sanitaires dans les deux pavillons dont il s'agit.*
>
> *Si l'Administration des Hospices accepte cette offre, les soussignés s'engagent à passer un acte authentique pour recevoir l'approbation de M. le Préfet.*
>
> *L'acte définitif de délivrance de la donation conditionnelle viendrait plus tard.*
>
> *Tous les frais seront à la charge de l'Université ou des soussignés qui se mettent, dès à présent, à la disposition de l'Administration pour donner toutes les explications nécessaires et arrêter les conditions à faire entrer dans l'acte de promesse de donation*[28].

Certainement opportune et sans nul doute avantageuse pour les deux parties, la proposition est discutée par la Commission des Hospices, dont le représentant n'est autre que M. Houzé de l'Aulnoit ; lors de cette réunion du 6 septembre 1875, les bases de la convention sont arrêtées et le 25 septembre, l'entente est conclue. Le 23 octobre, l'Administration des Hospices, sous la présidence de M. Catel-Béghin maire de Lille, accepte les termes de la convention qui est approuvée le 16 novembre par le baron Léon Le Guay, préfet du Nord. Elle est transformée en contrat dans l'étude de Maître Allègre les 22 et 24 décembre et finalement ratifiée par le préfet le 1er février 1876.

Voici le texte de ce contrat :

> *Art. 1er. L'Administration des Hospices s'engage pour le 1er octobre au plus tard, à ouvrir à l'hôpital Sainte-Eugénie de Lille et à mettre à la*

27.– Note de l'Administration des Hospices du 21 janvier 1874 et réponse du conseil municipal. *Écho du Nord* du 12 mars 1874.

28.– La dépense à couvrir pour l'aménagement de l'hôpital était estimée à 200 000 F (640 000 €), mais une bienfaitrice, Mme Castelain-Lebon avait fait une première donation de 60 000 F (192 000 €). Ainsi, une fois encore, la charité privée, très généreuse à l'époque, pouvait venir au secours de l'administration pour mener à bien une opération ambitieuse. Au milieu du XXe siècle, on pouvait encore lire sur des plaques émaillées fixées au pied des lits : « *Don de Mme Castelain Lebon* ».

disposition des services de clinique médicale et chirurgicale de l'Institut catholique de Lille, savoir :

1°. La partie des lits de deux pavillons de l'hôpital que ladite Administration affecterait aux malades et aux blessés et au minimum cent vingt lits, en attendant qu'elle puisse livrer les deux cents lits et les deux pavillons aux services précités de clinique pour lesquels elle les réserve expressément,

2°. Une salle devant servir à usage d'amphithéâtre, un cabinet pour le professeur et une salle d'autopsie.

Art. 2. Quand l'Institut catholique voudra adjoindre à ses cours existants des cours d'études pharmaceutiques, il en référera à l'Administration des Hospices qui facilitera la pratique de ces études autant qu'il lui sera possible.

Art. 3. Le personnel de la clinique de l'Institut devra se conformer au règlement intérieur de l'hôpital. Ce règlement sera adressé à l'Institut avant l'ouverture de l'hôpital Sainte-Eugénie. Si ledit personnel introduit dans ses services des sujets spéciaux, ceux-ci seront traités gratuitement s'ils sont indigents et ont leur domicile de secours à Lille, moyennant la rétribution réglementaire s'ils n'ont pas le domicile ou s'ils ne sont pas indigents.

Art. 4. Lorsque l'Administration reconnaîtra la nécessité de réviser le codex de ses établissements, les professeurs de clinique des Facultés qui existeront à cette époque seront consultés. Le codex modifié sera appliqué aux unes comme aux autres facultés[29].

Art. 5. De leur côté, et comme prix du droit qui leur est accordé, MM Henri Bernard, Feron-Vrau, Théry, Verley et Vrau, tant en leur nom personnel qu'au nom de la dite société pour le compte de laquelle ils agissent aux présentes, s'obligent solidairement entr'eux à verser dans la caisse de l'Administration des Hospices une somme de 140 000 francs. Cette somme sera exigible avant le 1er octobre 1876, et au fur et à mesure des besoins de l'Administration hospitalière, relatifs à Sainte-Eugénie et dont ladite Administration sera seule juge.

Art. 6. Il est stipulé que ladite somme de 140 000 francs est acquise irrévocablement à l'Administration des Hospices de Lille, quand bien même la Faculté libre de l'Institut ne pourrait être ouverte ou maintenue et aussi dans le cas où elle cesserait ou serait obligée de cesser ses cours pour quelque cause que ce soit, indépendante de l'Administration, sauf à reprendre le service si elle venait à être rétablie.

Art. 7. Tous les frais et droits auxquels donnera lieu l'ouverture de la présente convention seront supportés par les comparants de seconde part.

Dont acte en date des 22 et 24 décembre 1875.

Selon les termes de l'accord, les services cliniques doivent donc être prêts à fonctionner dès le 1er octobre 1876 au plus tard. La somme convenue une fois payée, la Faculté semble *maîtresse absolue des services consacrés à*

29.– Remarquons dans ce document que l'existence de deux facultés est dès à présent reconnue (Art. 4), mais que celle de la Faculté libre reste incertaine (Art. 6).

l'enseignement clinique [...] et jouit d'une indépendance absolue à l'égard de l'administration[30].

Fondation de la faculté d'État

Dès lors, la réaction du gouvernement issu du centre gauche ne tarde pas et, dès que l'existence du contrat entre l'Administration des Hospices et l'Université catholique est connue, toutes les objections faites à la création d'une faculté d'État à Lille disparaissent. Le 18 octobre 1875, M. Wallon, ministre de l'Instruction Publique, écrit au maire de Lille M. Catel-Béghin et lui propose de passer outre au vote émis par l'Assemblée Nationale en décembre 1874, si toutefois la ville consent aux sacrifices nécessaires. Trois jours plus tard[31], le conseil municipal vote cette résolution, texte fondateur de la Faculté de médecine et de pharmacie de Lille :

> *Art. 1er. – Le Conseil municipal, confirmant ses délibérations des 12 juillet 1872 et 14 août 1875, réclame avec insistance la création d'une Faculté de médecine à Lille, avec École supérieure de pharmacie.*
>
> *Art. 2. – La Ville s'engage à pourvoir immédiatement, à ses frais, cette faculté des bâtiments, du matériel et de la bibliothèque nécessaires à son fonctionnement. Les traitements des professeurs et fonctionnaires, les dépenses d'administration et de régie seront établis d'après le tarif réglementaire établi par le Ministre.*

La création des deux facultés est donc simultanée : *À lui seul, le rapprochement des dates suffit pour démontrer [...] que c'est aux premiers signes de vie de la Faculté catholique, que le projet officiel doit d'avoir été repris*[32].

Au Conseil supérieur de l'Instruction publique, le 30 octobre 1875, les opposants à une Faculté d'État n'ont aucune chance d'être entendus. Mgr Freppel[33], battu sur la question d'une Faculté de droit à Lyon, écrit à Mgr Hautcœur : *Le projet de création d'une Faculté de médecine d'État à Lille n'est qu'une machine de guerre contre la vôtre [...] On veut évidemment vous rendre toute concurrence impossible ou du moins extrêmement difficile.* Après une nouvelle inspection de M Chuffard assisté du chimiste M. Berthelot et les conclusions favorables du rapporteur M. Barth, le décret présidentiel est signé le 31 août 1876 : il prévoit vingt chaires magistrales, quatre cours complémentaires et un cours annexe pour sages-femmes. Il est publié au Journal Officiel le 12 novembre et la faculté de Lille peut ouvrir ses portes dès le mois de novembre 1876. Siégeant au même Conseil supérieur, Mgr Dupanloup avoue : *Nous avons été battus* et il écrit à Mgr Hautcœur : *J'espère [...] que vous n'en fonderez pas moins votre Faculté de Médecine. Les vœux ardents de tous les catholiques sont avec vous.* Aussitôt, le Dr Cazeneuve,

---

30.– *Des conditions d'organisation, etc., op. cit.*, p. 29.

31.– C'est-à-dire le 21 octobre 1875 : à deux jours d'écart donc, d'une part le Conseil municipal émet un vote fondant la faculté d'État ; d'autre part, le 23 octobre, le maire qui préside la Commission des Hospices, accepte les propositions des administrateurs de l'Université catholique. M. Catel-Béghin se verra reprocher cette attitude apparemment contradictoire.

32.– *La Faculté de médecine et de pharmacie de l'Université catholique de Lille. Historique des difficultés qui précédèrent sa fondation.* Lille, Bergès et Paris, J.-B. Baillière, 56 p., 1879. Cet opuscule non signé est sans doute dû au Pr H. Desplats.

33.– Mgr Émile Freppel (1827-1891), évêque d'Angers, député, théologien, apologiste et défenseur des droits de l'Église.

directeur de l'école secondaire, est nommé doyen de la faculté et le 1er septembre le ministre de l'Instruction publique désigne dix professeurs titulaires. Ainsi, les *professeurs de l'école secondaire se voient du jour au lendemain et au moment où ils devaient s'y attendre le moins, bombardés professeurs de faculté, selon la pittoresque expression du Journal des Débats*[34].

En quelques mois, le Conseil municipal échafaude son projet : par un vote du 19 juillet 1876, sans regarder à la dépense, il décide la construction de la nouvelle Faculté de médecine :

> *Le Conseil adopte, sans modification l'avant-projet arrêté pour la construction de la Faculté de médecine et que monsieur le Ministre de l'Instruction publique a bien voulu revêtir de sa signature ;*
>
> *Il émet le vœu que, sans qu'il puisse être rien changé aux dispositions intérieures, la façade reçoive une plus grande ornementation, et prenne un caractère plus architectural ;*
>
> *Il décide qu'un concours sera ouvert pour cet effet, entre les architectes autorisés, en résidence à Lille. Un délai de 10 à 15 jours au plus leur sera donné, à partir de la remise qui leur sera faite d'une autographie de l'avant-projet et d'un programme arrêté par l'Administration et la Commission. Le lauréat sera chargé de la direction de tous les travaux de l'édifice, sous le contrôle du service municipal des bâtiments. Il recevra 3 % pour honoraires.*
>
> *Il affecte à la faculté de médecine un terrain de 7 486 m2, sis place du Temple, sur lequel seront érigées les constructions ; et un autre terrain d'environ 2 000 m2, séparé du précédent par la rue Joséphine, pour être mis à usage de jardin botanique.*
>
> *Il vote, pour la construction de l'édifice, un crédit de 1 200 000 francs, dont le chiffre sera, au besoin, ultérieurement modifié, pour être mis en harmonie avec les devis définitifs du projet. Ce crédit sera rattaché au budget de 1876.*
>
> *Et un autre crédit de 200 000 francs, sur l'exercice 1877, pour assurer le fonctionnement de la Faculté, en couvrant l'excédent probable de ses dépenses sur ses recettes.*
>
> *Le fonctionnement de la dite faculté pendant le 4e trimestre de 1876 est assuré par l'inscription d'un crédit de 60 000 francs au budget de cet exercice*[35].

En quelque dix mois, la ville de Lille, qui, en décembre 1874, semblait impropre à l'implantation d'une faculté de médecine, se trouve dotée de deux facultés concurrentes et toutes deux, directement ou indirectement, doivent leur existence au même H. Wallon… Comme par enchantement Lille a damé le pion à Lyon et Bordeaux dont les facultés seront reconnues respectivement fin 1877 et fin 1878. Mais les hostilités ne font que commencer et ceux qui, en 1874, à la Commission des Études de l'Université

34.– Anonyme : *Les projets Ferry, op. cit.*, p. 552.

35.– En fait, la création de la faculté d'État n'a pas été chose aisée : trois ans plus tard, en 1879, elle se contente toujours des locaux affectés à l'école secondaire, rue des Fleurs (aujourd'hui boulevard Carnot). Le choix de l'ancien terrain a été abandonné, les projets primitifs sont agrandis. En nov. 1882, la Faculté se déplace rue Jean Bart, mais il faudra encore quelques années pour qu'un grand ensemble universitaire voie le jour.

catholique, estimaient que les professeurs des deux établissements *ne pourraient que s'entendre et avoir, les uns envers les autres, des sentiments d'estime*, que l'émulation ainsi établie *ne pourrait que profiter à la science*, ne tardent pas à perdre leurs illusions[36].

Le corps professoral

Dès lors que la faculté a la certitude de pouvoir disposer de services cliniques, il est possible d'envisager l'ouverture des cours, d'autant plus que la première année ne comprend que l'enseignement des sciences fondamentales, dites alors accessoires, de l'anatomie et de la physiologie. Cependant le corps professoral ne compte alors que cinq professeurs, dont l'enseignement exige d'ailleurs des laboratoires dûment organisés et outillés.

Pour ces raisons et à contrecœur, la Commission des études décide dans sa séance du 1er novembre 1875 d'ajourner l'ouverture des cours de première année jusqu'en novembre 1876 : elle en fait *un engagement moral que nous devons tenir*, déclare le recteur Hautcœur, mais ce ne sera pas trop d'un an pour créer des installations à l'abri de toute critique et compléter le corps professoral avec des recrues de qualité. D'urgence, il faut trouver une dizaine de professeurs pour ouvrir les cours des deux premières années. À terme, pour remplir les conditions de la loi du 12 juillet et au moins s'aligner sur la plus petite faculté de l'État, c'est-à-dire Nancy qui compte dix-sept professeurs titulaires et quinze agrégés, il faudra trouver une vingtaine de professeurs et huit suppléants ou agrégés[37]. Pour les fondateurs de la Faculté libre, il est indispensable de joindre à la garantie d'un enseignement chrétien une organisation irréprochable. Résolus de faire les sacrifices nécessaires, [les catholiques] *ne peuvent pas, ils ne veulent surtout pas faire moins que les Facultés de l'État [...] Il faut à leurs Facultés une organisation qui ne le cède en rien à celles de l'État*[38].

C'est encore C. Feron-Vrau qui s'attelle à cette tâche difficile et, à plusieurs reprises, fait le tour des facultés françaises de Paris à Montpellier et à Nancy, assisté de Ph. Vrau, de M. Champeaux et de l'abbé Dehaisnes, les

---

36.– Cependant, outre la création précipitée de la faculté de médecine de l'État à Lille, il faut reconnaître l'effort du gouvernement pour réformer l'enseignement de la médecine : dès le lendemain de l'adoption de la loi du 12 juillet, amélioration de l'enseignement dans les écoles secondaires et création des écoles de plein exercice, commission pour améliorer l'enseignement clinique dans les hôpitaux (sept. 75), reconstruction de l'École pratique et de l'hôpital des cliniques de la Faculté de médecine de Paris (janv. 76), relèvement du traitement des professeurs (janv. 76 et juill. 77), création de cours annexes de clinique avec participation des agrégés et même de médecins ou chirurgiens des hôpitaux (août 77), installation de maîtres de conférence, création des facultés de Lyon, Bordeaux et Toulouse, obligation d'assiduité des étudiants aux travaux pratiques, amélioration des bibliothèques et du matériel d'enseignement, augmentation de plus de 100 % des crédits alloués aux facultés de médecine, etc. Dans ce progrès indéniable, l'ouverture de la concurrence est encore considérée comme bénéfique : *Qui doit le plus à cette loi de 1875 si ce n'est l'Université elle-même, qui lui doit son relèvement, inachevé sans doute, et pour l'achèvement duquel elle a encore besoin du stimulant de la concurrence et de la liberté ?* Anonyme : *Les projets Ferry, op. cit.*, p. 556.

37.– En comparaison, la Faculté de Paris compte alors 29 professeurs titulaires et 26 agrégés chargés des cours complémentaires.

38.– *Des conditions d'organisation, etc., op. cit.*, p. 9.

missi dominici selon l'expression de P. Pierrard qui ajoute : *Mission souvent lassante, pleine de déboires, de déconvenues, de victoires avortées, d'offres intéressées venant de gens médiocres ou ambitieux. Il faut tenir compte des attaches locales, des convenances familiales, des intrigues corporatives, des répugnances touchant notamment au climat et au paysage du Nord, réputé brumeux et maussade... Le miracle est qu'on finit par aboutir*[39].

Lille même, nous l'avons dit, offre assez peu de ressources. Seul, le Dr Louis Wintrebert, licencié ès sciences physiques, accepte de quitter l'école secondaire de médecine, où il était professeur adjoint, pour la nouvelle faculté. Le jeune François Guermonprez, docteur en médecine de la Faculté de Paris est contacté par C. Feron-Vrau et accepte avec enthousiasme : dès octobre 1875, il l'aide dans ses recherches et lui adresse plusieurs notes concernant des médecins de Montpellier, de Nancy et surtout de Paris.

L'une de ces notes propose une dizaine de noms, dont celui d'Henri Desplats[40] qu'il a rencontré au Cercle Catholique du Luxembourg qu'ils fréquentaient tous deux. H. Desplats, ancien interne des hôpitaux de Paris, se préparant au concours de médecin des hôpitaux et admissible à l'agrégation, manifeste de grandes qualités de clinicien jointes à *une urbanité parfaite, un grand usage du monde et, surtout, un zèle incomparable pour la cause catholique.* Il accepte d'emblée les propositions de C. Feron-Vrau : *Je vous attendais, je suis votre homme,* déclare-t-il, mais il faut bien constater que son interlocuteur avait d'autres arguments comme le prouve ce contrat passé entre les deux hommes en décembre 1875.

> *Entre les soussignés*
>
> *Monsieur Henri Desplats, docteur en médecine, demeurant actuellement à Paris, rue Godot de Mauroy, 5, d'une part,*
>
> *Monsieur Feron Vrau, docteur en médecine, actuellement manufacturier à Lille, rue du Pont Neuf, 11, d'autre part,*
>
> *Il a été convenu ce qui suit :*
>
> *Monsieur Desplats s'engage à concourir dans toute la mesure de son dévouement et de ses moyens à la fondation et à la prospérité de l'Université catholique de Lille pendant une période de dix ans au moins à partir du 1er janvier 1876.*
>
> *Monsieur Feron Vrau, en considération de l'intérêt profond qu'il prend à la cause de l'Université Catholique, et désirant reconnaître d'une manière toute spéciale les services éminents qu'il reconnaît Mr Desplats capable de rendre à cette œuvre, s'engage à lui remettre directement, c'est-à-dire tout à fait en dehors de l'accord qu'il fera avec l'Université Catholique, les sommes suivantes :*
>
> *1° cinq mille deux cents francs pendant chacune des années 1876, 1877, 1878,*
>
> *2° trois mille deux cents francs pendant chacune des années 1879 et 1880*
>
> *3° douze cents francs pendant chacune des années 1881, 1882, 1883, 1884, 1885,*

39.– P. Pierrard, *À propos du centenaire de la loi du 12 juillet 1875. op. cit.*, p. 23

40.– Ainsi que le nom d'H. Duret alors interne de 4e année, avec une appréciation « moyenne ». Arch. ICL dossier PC1.

soit un total de versements s'élevant à vingt-huit mille francs.

Si pendant la période de dix années commençant au 1er janvier 1876, Mr Feron Vrau venait à décéder, Mr Philibert Vrau, son beau-frère et, à son défaut, les ayant-droit de l'un et l'autre seraient substitués à Mr Feron Vrau pour l'exécution des engagements précédents envers Mr le Docteur Desplats. Les susdits engagements seraient annulés de plein droit par le fait du décès de Mr Desplats.

Le présent accord n'aura d'effet entre les parties qu'après que Mr le Docteur Desplats aura contracté un engagement de dix années avec l'Université catholique et réciproquement.

Fait double à Lille le 16 décembre 1875

Signés : Philibert Vrau Camille Feron Vrau Dr Henri Desplats

Cette libéralité équivalant à près de 90 000 euros scellait l'adhésion du Dr Desplats qui doit assurer le service médical à l'hôpital Sainte-Eugénie dès l'ouverture d'une partie des lits en octobre 1876. Auparavant, il demeure à Paris où il seconde activement C. Feron-Vrau dans sa recherche de professeurs, l'acquisition des livres, instruments et collections nécessaires à la Faculté. Il désigne le Dr Jean-Baptiste Bouchaud, ancien interne des hôpitaux de Paris, récemment installé à La Souterraine. Ce dernier vient à Lille dès février 1876 : il assurera initialement l'enseignement de la pathologie externe. Plus tard, il sera nommé médecin de l'asile de Lommelet situé dans la commune de Marquette, dirigé par les Frères de Saint Jean de Dieu et hébergeant près de 300 malades mentaux. De Paris également, sont issus le Pr Gonzague Augier chargé de l'enseignement de l'anatomie pathologique et de l'histologie, le docteur Adrien César, chef des travaux anatomiques, et les Drs Challe et Bricart, respectivement chefs de clinique médicale et chirurgicale.

À Nancy, les jeunes agrégés pressentis se dérobent, inquiets à juste titre des attaques dirigées dès cette année 1876 contre le statut de l'enseignement supérieur libre. Seul est recruté pour l'enseignement de la chimie minérale et de la pharmacie M. Charles-Ernest Schmitt, pharmacien et docteur ès sciences, émigré de Strasbourg.

Antoine Béchamp

Henri Desplats

À plusieurs reprises, C. Feron-Vrau se rend à Montpellier, la plus illustre des facultés de médecine de province où, non sans difficultés, il s'attache une recrue de premier plan : Antoine Béchamp, pharmacien, docteur ès sciences et en médecine. Ses travaux, menés depuis vingt ans à Strasbourg, puis à Montpellier, lui donnent un renom scientifique indiscuté dans le domaine de la chimie et de la biologie : il enseignera donc la chimie organique et biologique. Son adhésion à la cause de la Faculté catholique de médecine semble acquise dès octobre 1875, mais il se fait quelque peu prier... À l'heure où la Chambre des députés issue des élections de février 1876 se réunit, Béchamp hésite encore ; un nouveau voyage à Montpellier de C. Feron-Vrau, accompagné de H. Desplats, s'avère nécessaire. M. Hautcœur lui écrit alors en lui proposant *la principale part de direction dans l'œuvre si importante, si capitale à tous égards de la fondation d'une Faculté catholique de médecine* ; autrement dit, il lui promet le poste de doyen et il ajoute : *Vous rendrez par là un immense service à la Science et à la Patrie, qui vous sont toutes deux si chères à des titres divers. La Religion aussi vous en saura gré tout particulièrement, car les médecins impies et matérialistes sortis en trop grand nombre des écoles officielles sont un redoutable fléau pour les âmes.* Il ajoute encore : *Espérons qu'aucune mesure injuste et violente ne viendra entraver nos efforts*[41].

En juin, lorsque la Chambre adopte la loi Waddington, Béchamp s'alarme encore, craignant que *le Sénat ne faiblisse* malgré le rapport de M. Paris et les interventions de Mgr Dupanloup et de M. Laboulaye. Il avouera plus tard qu'il n'a pas *quitté sans hésitation, ni regret, une chaire qu'avait illustrée Chaptal.* Il est sur le point de renoncer et il écrira aussi : *Au dernier moment, quand tout paraissait fini, une difficulté blessant ma délicatesse étant survenue, j'ai rompu ; et pour me faire revenir sur ma décision, on a cru devoir se faire accompagner par l'abbé Ohrand*[42]. En effet, une nouvelle fois, C. Feron-Vrau repart à Montpellier : enfin, en juillet, dûment encouragé par l'évêque de Montpellier, Mgr de Cabrières, Béchamp envoie sa démission au ministre. Il écrit alors au recteur de l'Université catholique : *Je me sens si peu de chose pour accomplir l'œuvre de Dieu, que, si je n'espérais pas dans sa protection et je n'avais la conviction d'accomplir sa volonté, je tremblerais bien plus que je ne le fais en considérant les difficultés de l'entreprise et la responsabilité que j'assume [...] Sans doute, les violents font des efforts désespérés et usent de toutes les ressources du pouvoir pour entraver le développement des universités catholiques, notamment de celle de Lille. Ils se démasquent ainsi et font bien voir que leur souci n'est pas la diffusion de l'enseignement, mais l'oppression des œuvres catholiques*[43]. Mais le Sénat *ne faiblit pas* et Béchamp quitte Montpellier en août 1876 : il part avec son fils Joseph, docteur en médecine et pharmacien, qui enseignera la chimie analytique et la toxicologie. Tous deux sont dès lors liés par un contrat de dix ans.

Avant de quitter Montpellier, Béchamp recommande un de ses élèves, le Dr Ernest Baltus, dont il fait le plus grand éloge. Il estime que, malgré son jeune âge (il est né en 1851), celui-ci ne peut entrer à la nouvelle faculté qu'en qualité de professeur. Il est donné satisfaction au futur doyen et M. Baltus sera, dès l'origine, professeur titulaire de physiologie. De Montpellier,

---

41.– Lettre du chanoine Hautcœur du 11 mars 1876. Arch. ICL, dossier PC1.

42.– Lettre de Béchamp au recteur le 30 nov. 1878. L'abbé Ohrand, ancien recteur d'une paroisse bretonne (où, disait-il plaisamment, « *j'ai deux vaches et deux vicaires* »), était docteur ès lettres de la faculté de Rennes et enseignait la littérature grecque à la faculté libre de Lettres.

43.– Discours de Béchamp à la Séance solennelle de rentrée de l'Université catholique le 12 novembre 1878. Au recteur de l'Académie de Montpellier, Béchamp déclare : *Je vais, dans la mesure de mes moyens, aider les Évêques à refaire la France.*

arrivent encore d'autres candidatures : en août, le Dr Gonzague Eustache, professeur agrégé (de médecine légale) à la Faculté depuis quatre ans, s'offre à remplir les fonctions de professeur d'anatomie jusqu'à l'ouverture de la clinique chirurgicale dont il postule la chaire. Également recommandé par A. Béchamp, le Dr Dominique Domec, arrivera à Lille en octobre 1877, pour enseigner l'anatomie : agrégé de chirurgie à Montpellier, il avait accepté de passer trois ans, de 1874 à 1877, à Quito (Équateur), pour y fonder une faculté de médecine avec un autre collègue.

Dans le corps de médecine militaire, on recrute le Dr Eugène Papillon, médecin militaire et, en dernier lieu, médecin-chef de l'hôpital militaire de Saint-Omer : le 25 octobre 1876, il se propose pour l'enseignement de la pathologie interne ou celui de pathologie et thérapeutique médicales avec un service de maladies des enfants ou de maladies des yeux ; Julien Jeannel, docteur en médecine, pharmacien inspecteur général du Service de santé, se chargera de la chaire de matière médicale et thérapeutique et de la direction des services de pharmacie ; Jean-Marie Redier, également médecin militaire, candidat à l'agrégation du Val-de-Grâce, arrivera à Lille en septembre 1877 pour assurer l'enseignement de la pathologie externe et, ce qui est tout à fait nouveau en France, de la stomatologie.

Pressenti, le Dr Sarrazin, médecin en chef de corps d'armée, décline l'offre, mais désigne un de ses anciens élèves de Strasbourg, le Dr Adolphe Faucon, ancien chirurgien militaire, qui exerce à Amiens et entrera en fonction dès les premiers mois de 1877. Dans la Marine enfin, est recruté le Dr Alfred Jousset, médecin de 1re classe, qui sera nommé professeur de médecine opératoire en juin 1877.

La plupart des professeurs ainsi recrutés seront immédiatement titulaires. On prévoit aussi huit postes d'agrégés : ce chiffre est inférieur au nombre d'agrégés des facultés de l'État, car ils ne seront pas chargés comme ces derniers de faire partie des jurys d'examens. Le personnel auxiliaire comprendra un chef des travaux anatomiques, un prosecteur d'anatomie et de médecine opératoire, un aide d'anatomie, un aide de physiologie, un chef des travaux chimiques et pharmaceutiques, quatre préparateurs de chimie, pharmacie, physique et histoire naturelle, cinq chefs de clinique. Renforcé encore par les professeurs de la Faculté des Sciences, MM. Chautard, Witz, Boulay, Cairol[44], le corps professoral est, en cette fin de l'année 1876, suffisant pour ouvrir au moins les deux premières années de médecine et de pharmacie et assurer le fonctionnement de l'hôpital Sainte-Eugénie : l'affiche annonçant *Ordre des cours et distribution du temps pour l'année scolaire 1876-1877* porte en effet les noms de treize professeurs, d'un chargé de cours et de cinq répétiteurs.

44.– M. Jules Chautard, professeur de physique et doyen de la Faculté des sciences de Nancy (1873), sera chargé de l'enseignement de la physique générale. Il n'aura pas moins d'hésitations et, devenu doyen de la Faculté libre des sciences, pas moins de vicissitudes qu'Antoine Béchamp ; Aimé Witz, *jeune et actif ingénieur*, est nommé chef des travaux de physique et il s'engage à préparer licence et doctorat ès sciences pour suppléer M. Chautard (il s'illustrera notamment par ses travaux sur les moteurs à gaz, à essence et à pétrole) ; l'abbé Jean Nicolas Boulay, docteur ès sciences, botaniste et géologue, est chargé de l'enseignement de la botanique générale (le jardin botanique porte encore son nom) ; François Cairol, docteur ès sciences, est chargé de la zoologie.

Ce recrutement initial des professeurs, dû essentiellement à C. Feron-Vrau, s'est accompli sous l'autorité des évêques fondateurs qui ont *seuls qualité pour en opérer ou en confirmer le choix*, mais la question se pose du recrutement ultérieur et, prudemment, C. Feron-Vrau propose : *Il nous semble que le corps professoral devra être appelé à donner son avis et à proposer des candidats.* Pour ce choix du corps professoral, il envisage dès 1875 la procédure des concours, *à condition d'examiner sévèrement et d'avance la liste des concurrents, de n'y inscrire que des noms offrant toutes les garanties désirables*[45].

Les premiers locaux d'enseignement : la maison Saint-Maur

En attendant la construction d'une nouvelle faculté, il faut trouver des locaux provisoires, mais adaptés : six laboratoires distincts (physique, chimie, pharmacie et toxicologie, histoire naturelle, physiologie, histologie), deux salles de cours dont un grand amphithéâtre, une salle d'anatomie, ainsi qu'un jardin botanique.

La meilleure solution serait de les installer à proximité des services cliniques qui vont s'ouvrir à l'hôpital Sainte Eugénie : à cet effet, les administrateurs de l'Institut Catholique contactent la Commission administrative des Hospices qui leur reste favorable : en sus des deux pavillons destinés à recevoir les malades, ils lui proposent de louer pour trois ans et moyennant un loyer annuel de 12 000 francs un troisième pavillon situé à droite de l'entrée de l'hôpital, ainsi qu'un terrain contigu de 3 000 m² où seraient établis l'amphithéâtre d'anatomie et le jardin botanique. Visée par la Commission des Hospices, cette nouvelle convention est présentée au préfet. Des plans sont établis par l'architecte des hospices, M. Auguste Mourcou, pour l'aménagement du pavillon et la construction prévue pour les travaux d'anatomie : un amphithéâtre de 62,5 m² recevant cinquante étudiants, une salle de dissection de mêmes dimensions comprenant dix tables, vestiaire, lavabos, cabinets d'étude, etc. Les aménagements nécessiteraient trois mois de travaux et 25 000 francs. Mais, à la suite de circonstances évoquées plus haut, le vent a tourné et le préfet M. Pierre Lizot, qui a succédé au baron Le Guay, refuse d'approuver la nouvelle convention. Les administrateurs en sont avertis le 17 juillet : il faut rechercher d'urgence d'autres solutions. Bientôt, une opportunité intéressante s'offre à eux quand ils apprennent que les Pères Jésuites quittent leur collège Saint-Joseph, sis au 78 rue de la Barre.

C'est en 1686 que mademoiselle de Sepmeries avait fondé à cette adresse la *Maison de la Noble Famille* destinée *à recevoir filles de pauvres gentilhommes des provinces de Flandre, Hainaut et Artois pour y être éduquées de 7 à 18 ans.* Un siècle plus tard, dès le début de la Révolution, cette institution toute chrétienne ne peut être tolérée : en 1791, elle est déclarée anticonstitutionnelle. Après inventaire, puis saisie de « *toutes les argenteries* » et du numéraire, la Maison de la Noble Famille, considérée comme *un abus et une injure aux lois de la République Française,* est fermée en septembre 1793. Elle devient alors un dépôt national géré par l'agence pour le commerce et l'approvisionnement et chargé d'entreposer tout ce que fournit *l'extraction en pays conquis [...] de tous les objets de commerce, agriculture, sciences et arts,*

45.– *Des conditions d'organisation, etc., op. cit.*, p. 41.

pouvant être utiles à la Nation et à l'Armée[46]. En 1796, lorsque sont créées les Commissions administratives des hospices civils, elle est intégrée dans le patrimoine des établissements de bienfaisance.

La Maison Saint-Maur, 78, rue de la Barre

Devenue propriété des Hospices de Lille, elle retrouve sa vocation première et elle est occupée de nouveau par des institutions d'enseignement, les Dames de Saint-Maur en 1860, puis les Pères Jésuites qui y installent leur première école Saint-Joseph, mais celle-ci prend un tel essor qu'ils entreprennent en 1875-76 la construction de leur grand bâtiment de la rue Solferino. En octobre 1876, ils y transfèrent leur collège et cèdent le bail du 78 rue de La Barre à l'Institut Catholique pour une durée de neuf ans et un loyer annuel de 8 000 francs (25 600 €), charges en sus. Le contrat est signé le 26 août 1876 dans l'étude de Maître Allègre, notaire à Lille, entre le R.P. Pillon, supérieur de l'école Saint-Joseph et la société anonyme à capital variable de l'Institut Catholique de Lille. Les signataires de l'acte sont H. Bernard, C. Feron-Vrau, G. Théry, Ch. Verley, Ph. Vrau, et le cautionnement est versé par Ch. Verley.

Dès la signature de l'acte, on entreprend les travaux d'aménagement nécessaires pour l'accueil des deux facultés de médecine-pharmacie et de sciences. La propriété est bâtie sur une surface de 3 500 m^2 ; les bâtiments

46.– Alain Gérard : *Un épisode méconnu de la Révolution : la Maison de la Noble Famille devient le principal dépôt des saisies révolutionnaires en Belgique*. Sté des Sciences, de l'Agriculture et des Arts de Lille, 4 octobre 1997.

occupent 860 m² au rez-de-chaussée et environ 600 m² à l'étage. On y accède par un large porche s'ouvrant au 78 rue de La Barre. Un corridor mène à une grande cour rectangulaire fermée de tous côtés : à gauche, une grande salle de 140 m² servira d'amphithéâtre ; à droite, des salles sont destinées initialement au cabinet du vice-recteur et à la salle de réunion des professeurs. Plus loin, un vestibule et un escalier permettent l'accès à l'étage. Au fond de la cour, se trouvent des laboratoires, des salles de travaux pratiques et un passage menant à un vaste jardin planté de vignes et d'arbres fruitiers dans lequel on placera le jardin botanique. Au fond du jardin, une porte s'ouvre sur la cour du Beau Bouquet.

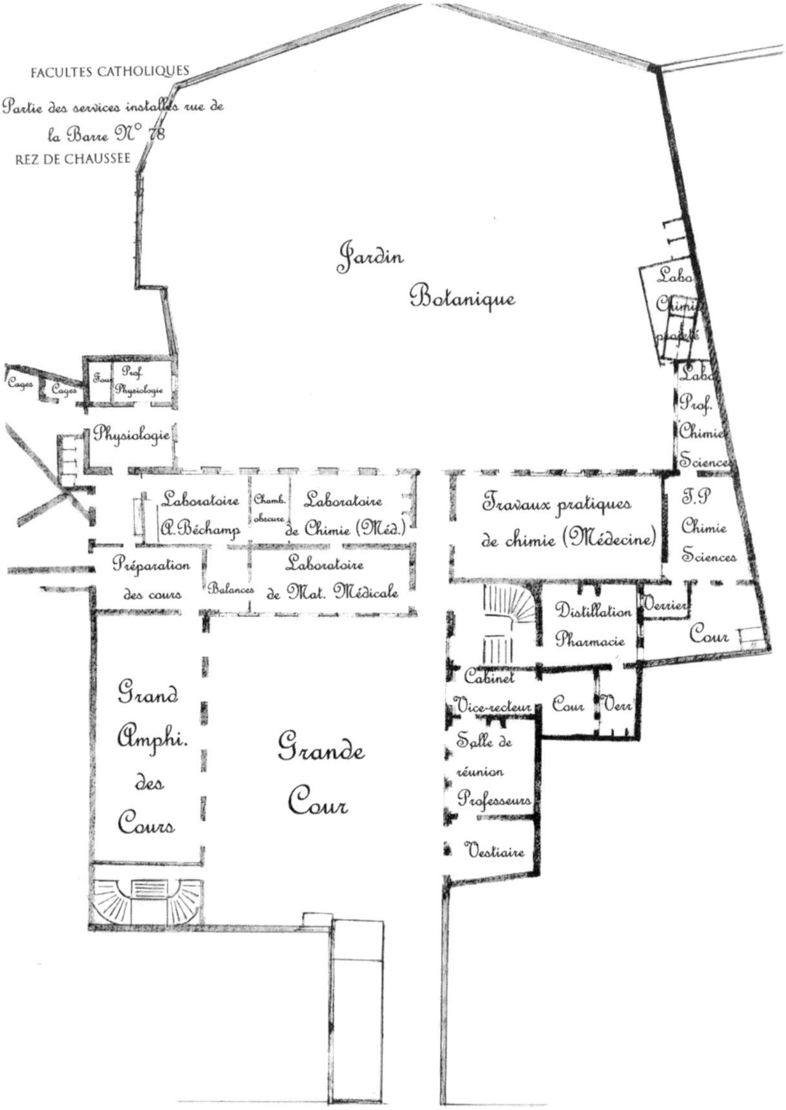

78

La Maison Saint-Maur. Plan du rez-de-chaussée

Les chaires de médecine occupent la majeure partie des locaux du rez-de-chaussée. Une large partie du bâtiment central est dévolue aux laboratoires de chimie organique du professeur Antoine Béchamp, offrant une façade de 23 mètres sur le jardin, au laboratoire de chimie analytique du Pr Joseph Béchamp, ainsi qu'à de plus petites pièces destinées à la physiologie (Pr Baltus) *dans une sorte d'arrière-cuisine*[47] et à la matière médicale (Pr Jeannel). Le premier étage est réservé au service de physique commun aux deux facultés, à la bibliothèque médicale et à une grande salle de cours affectée à l'enseignement des sciences naturelles. Les laboratoires et collections de botanique et de zoologie de l'abbé Boulay et de M. Cairol trouvent place au 2e étage.

La commission donne tous pouvoirs à M. Desplats et à l'abbé Boulay pour mener à bien les travaux confiés à M. Soudant, ingénieur-architecte de l'Université, qui sera sans cesse sollicité. Dès 1876, on aménage l'amphithéâtre, on installe 89 becs d'éclairage au gaz, une serre chauffée, une cour à chiens… En 1877, alors que les cours sont commencés, c'est une salle destinée à l'histoire naturelle médicale (Dr Guermonprez), puis, en 1878, un laboratoire de matière médicale. Un laboratoire d'histologie (Dr Augier) est bâti dans le jardin. M. Eustache est chargé de la bibliothèque qui reçoit un crédit de 21 507 francs pour les sciences, 13 632 francs pour la médecine, plus 6 000 francs de frais d'installation.

L'amphithéâtre d'anatomie de Saint-André

Un seul aménagement fait défaut : celui d'une salle de dissection qu'il n'est pas possible d'installer au cœur du vieux Lille pour des raisons évidentes de *décence et de salubrité suffisantes*[48]. On décide alors, en août 1876, de louer un terrain de 2 200 m² situé sur le territoire de Saint-André dans la deuxième zone des servitudes militaires, entre la route de Lille à Ypres et le chemin de Messines (devenu la rue de la Gare)[49]. De Lille, on y accède après avoir contourné la citadelle, franchi la Deûle au Pont Royal, emprunté la route d'Ypres, puis un chemin d'accès de 120 mètres. Selon les conditions autorisées par le génie militaire, on y construit *en charpente et terre, sauf pour les fondations et cheminées construites en dur,* un vaste édifice rectangulaire en forme d'H à double barre transversale, encadrant une cour promenade ; à droite de l'entrée, s'ouvrent une salle de collection de pièces anatomiques et le laboratoire d'histologie ; à gauche, lavabo, vestiaire et chapelle ; dans la cour, une bibliothèque et des cabinets de travail pour le professeur et le chef

47.– A. Delassus donne d'intéressants détails sur ces installations de la rue de La Barre. C'est là, dit-il, qu'il entendit les premiers *vagissements* du phonographe et qu'il vit les débuts du microphone et du téléphone ! Au départ de la faculté de médecine et de sciences, la Maison Saint-Maur accueillera l'hospice Stappaert. Lorsqu'A. Delassus visitera les lieux en 1905, la mère supérieure lui dira *l'étonnement de ses sœurs en face du monceau d'os de toutes sortes accumulés dans un puits de la cour…* A. Delassus, *Autour du berceau de la Faculté de médecine, op. cit.*

48.– E. Lesne, *Histoire de la fondation etc., op.cit.*, p. 82

49.– Ce terrain, appartenant à un certain M. Duquesne, fut loué pour un bail de 5 ans, prorogé de 2 ans en 1881. Une clause de l'acte prévoyait la possibilité de son achat par la société civile de l'Institut catholique au prix de 4 F le m² et, la construction de la gare à proximité permettant d'espérer une plus-value, il fut finalement acquis grâce aux fonds prêtés par la maison Vrau, puis loué à un tiers en février 1884 (20 F par mois) et enfin vendu en octobre 1884. Selon A. Delassus, les bâtiments sont devenus tour à tour blanchisserie, magasin d'huile, dépôt de marchandises, entreprise de « forages terrestres ».

de travaux ; au fond, l'amphithéâtre pour les cours et la salle de dissection dont l'achèvement est urgent. Après déclaration à la mairie de Saint-André et autorisation préfectorale, obtenue cette fois, mais avec retard, le 19 mars 1877, l'ensemble peut recevoir les premiers étudiants. La gêne est toutefois sensible : loin de réunir dans un même lieu tous les services, ces dispositions exigent des étudiants des déplacements importants : cliniques à Sainte-Eugénie, cours et travaux pratiques rue de La Barre, travaux anatomiques à Saint-André... C'est pour eux, tous les jours, un trajet de deux heures de marche : *Les étudiants en médecine,* écrit Mgr Lesne, *devaient traverser les anciens quartiers de la ville pour gagner au-delà des portes, à Saint-André, l'amphithéâtre de dissection et d'autre part, toute l'étendue de la vieille ville pour se rendre à l'hôpital, franchissant chaque fois, dans les deux sens, une petite lieue.* Le doyen envisage même *d'organiser un moyen de transport qui assurerait la régularité du service et l'assiduité des élèves.*

Cette situation a duré quatre années : à ce périple, il faut ajouter le retour aux premières maisons de famille situées rue des Tours, rue d'Angleterre, rue Négrier ou façade de l'Esplanade pour le repas du midi, les cours rue de La Barre, les soirées au cercle de la rue Marais dans le quartier Sainte-Catherine et de nouveau le retour à la maison de famille[50]. C'était, dit A. Delassus, *l'âge des jarrets d'acier !* Avec une randonnée quasi-journalière de 20 kms. Nous n'avions *ni omnibus, ni voitures, ni cars ! La rapide bicyclette n'était pas même ébauchée*[51] *!*

Un autre détail qu'A. Delassus puise dans ses souvenirs : le garçon d'amphithéâtre était un noir nommé Sirant, *le vieux zouzou d'Afrique* venu à Lille, par *quelles voies et quelle manière ?* Recevant une caisse de crucifix pour les différentes salles, ce Sirant dit à M. Domec : *J'ai reçu là une caisse de « Bons Dieux ». Ous qu'il faut les mettre ?* Sirant mourut *victime de sa profession, emporté par une piqûre anatomique.*

D'autres problèmes se présentent : il faut engager un prosecteur à 1 500 F et deux aides d'anatomie à 5 ou 600 F. Il faut aussi trouver *de la matière à dissection,* c'est-à-dire des sujets qui proviennent en nombre insuffisant de l'Asile de Lommelet. Il faut donc *peser sur les chefs de service de Sainte-Eugénie* et transporter les corps à Saint-André, c'est-à-dire s'entendre avec la police et acquérir une voiture. C'est chose faite en janvier 1877 ; il ne manque que le cheval... [52]

Officiat de santé et doctorat ?

Dès leurs premières réunions en septembre 1876, les professeurs de la nouvelle École (qui n'est pas encore Faculté et qu'on appelle alors école secondaire de médecine) ont débattu d'une question essentielle : préparera-t-elle à l'officiat de santé en même temps qu'au doctorat ? De même, la future faculté de pharmacie formera-t-elle des pharmaciens de 1e et de 2e classe[53] ?

50.– L'ouverture de la maison Saint-Louis, rue de la Barre, pratiquement en face de la Faculté de médecine, est plus tardive. La rue Marais est devenue la rue Jean Moulin.

51.– A. Delassus, *Autour du berceau de la Faculté de médecine, op. cit.*

52.– Lettre d'A. Béchamp au recteur du 20 août 1877. Arch. ICL dossier K2G1.

53.– Comme les officiers de santé, les pharmaciens de 2e classe ne sont pas bacheliers et n'ont qu'un certificat de grammaire ; ils ne peuvent exercer que dans le département qui leur a délivré le diplôme.

Lors de la réunion du Conseil du 7 septembre, le Dr Wintrebert expose les conditions d'inscription de l'étudiant qui doit fournir : certificat de naissance, certificat de vaccine, certificat du curé de la paroisse attestant qu'il est de bonnes vie et mœurs, certificat du chef de l'institution où il a fait ses études, diplôme de bachelier ès lettres et ès sciences restreint. À défaut de baccalauréat, la Faculté se contenterait du certificat de grammaire pourvu que le candidat prenne l'engagement de passer un examen d'entrée devant une commission qu'elle aura désignée et qui fonctionnera 15 jours au moins avant la réouverture des cours de l'école. Les aspirants au titre d'officier de santé ou de pharmacien de 2e classe seraient tenus à la même scolarité que les aspirants au doctorat ou au titre de pharmacien de 1re classe. Enfin, les élèves bacheliers ès lettres qui n'auront pas encore passé l'examen de sciences devront assister à une formation spéciale destinée à les mettre en mesure de subir cette épreuve le plus tôt possible.

Ces dispositions font l'objet de vives discussions : le Pr Desplats, appuyé par Camille Feron-Vrau prend immédiatement parti. N'oubliant pas *qu'un des arguments invoqués contre l'enseignement supérieur libre a été la crainte de l'abaissement des études et de l'avilissement des grades*, il plaide en faveur du seul doctorat : *L'Université, en n'admettant pas les candidats au diplôme d'officier de santé, témoigne ainsi de son désir de relever le niveau des études.* Il s'élève contre une sous-médecine, à l'origine d'un préjugé qui *détourne de la profession médicale, parce qu'elle n'est pas suffisamment honorée. Précisément, parce qu'elle [la Faculté] sera longtemps encore la seule de France, il faut que l'idée se répande dès sa fondation, qu'elle vise aux fortes études et qu'aucun des besoins scientifiques modernes ne reste chez elle sans satisfaction*[54].

Ainsi, les journaux annoncent que la Faculté de médecine, qui ouvre ses cours en novembre, ne recevra que des candidats au doctorat. *En prenant cette décision, les professeurs de l'Université Catholique ne se sont pas dissimulé qu'ils se condamnaient peut-être à n'avoir, pendant quelques années, qu'un petit nombre d'élèves, mais peu leur importe, pourvu que ces élèves fassent honneur à l'établissement d'où ils sont sortis*[55].

Pour la pharmacie au contraire, il est décidé de recevoir les étudiants des deux classes, soumis aux mêmes conditions de stage et de scolarité, en écartant cependant par un examen d'entrée ceux qui, pourvus du seul certificat de grammaire, n'auraient pas les aptitudes suffisantes.

Ainsi, en moins d'un an, on a réussi – semble-t-il – à satisfaire toutes les exigences de la loi pour l'ouverture de la Faculté libre de médecine et de pharmacie de Lille : mais de nouvelles difficultés ne vont pas tarder à survenir.

54.– Rapport du Dr Desplats à la Commission des études : E. Lesne, *Histoire de la fondation de l'Université, etc. Op. cit.*, p. 79.

55.– *Le Propagateur*, 15 sept. 1876

Chapitre III.
L'affaire de l'hôpital[1]

Une faculté de trop ?

Dès lors que deux facultés coexistent dans la même ville, l'une d'elles semble superflue, voire dangereuse aux yeux des partisans de la laïcité qui vont porter leurs attaques sur le dispositif indispensable au fonctionnement de la Faculté, c'est-à-dire les services hospitaliers de Sainte-Eugénie : ces attaques proviennent de tous les horizons, Chambre des députés, gouvernement, conseil municipal, administration préfectorale, presse de gauche[2].

Le 8 mai 1876, le Conseil d'hygiène et de salubrité de Lille[3] adresse au préfet un rapport « spontané » sur l'installation des vidanges de l'hôpital Sainte-Eugénie selon le « système diviseur » et, pour cette raison, lui demande de s'opposer à l'ouverture des services. Certes, le Conseil de salubrité est dans son rôle, mais cette intervention est alors considérée comme une manœuvre visant à *faire traîner en longueur les travaux* et comme une première tracasserie administrative. Après discussion, le système diviseur est d'ailleurs maintenu[4].

Au lendemain des élections législatives de février-mars 1876, Pierre Legrand, député du Nord, évoque à la Chambre la question de la Faculté

1.– C'est sous ce terme que sont exposées les premières épreuves de la Faculté par le recteur E. Lesne dans son ouvrage, *Histoire de la fondation de l'Université catholique de Lille, op. cit.*, p. 85.

2.– Aux élections de 1876, les républicains du centre ou de gauche gagnent 11 sièges sur 17 dans le Nord. À Lille, le conseil municipal est acquis à la gauche. À la mairie, M. Jules Dutilleul succède en 1878 à M. André Catel-Béghin.

3 .– Le Conseil d'hygiène et de salubrité, créé à Lille en 1828, est un organisme préfectoral dont la fonction est uniquement consultative. Il est formé de médecins (dont le médecin des épidémies), pharmaciens ou chimistes, ingénieurs, etc., nommés par le préfet pour quatre ans, ainsi que des chefs de division de la préfecture chargés de la salubrité de la voirie… et des hôpitaux.

4.– Anonyme : *Les administrations des hospices républicains et le corps médical. J Sci Méd Lille*, 1881, n° 5, pp. 355 356. On opposait le système diviseur ou séparatif (c'est-à-dire la fosse d'aisances) et le système unitaire (le tout à l'égout), ce dernier finissant par s'imposer. À Sainte-Eugénie, le maintien du système diviseur ne satisfait pas… les vidangeurs ; on reviendra sur la question en 1881.

libre de médecine. Dès le 15 mai, le ministre de l'Instruction publique du gouvernement Jules Dufaure, M. Waddington, qui vient de s'attaquer à la collation des grades et aux jurys mixtes, s'enquiert auprès du ministre de l'Intérieur M. Émile de Marcère de la validité du contrat passé entre l'Institut catholique et la Commission administrative des Hospices et approuvé par le préfet le 1er février. Dans toute cette affaire, M. de Marcère, député du Nord, fera d'abord preuve de modération et de retenue. Il adresse à M. Waddington une réponse prudente : si on l'avait examiné, écrit-il, *il est évident que le traité aurait paru conforme à la lettre, comme à l'esprit de la nouvelle loi, qui a pour but de créer la concurrence entre les Facultés libres et les Facultés de l'État*. L'écho de ces échanges parvient aux administrateurs de l'Institut Catholique : plutôt rassurés, ils effectuent le 27 mai un premier versement de 50 000 francs aux Hospices, acompte sur la somme de 140 000 francs que stipule le contrat.

Quelques semaines plus tard, nous l'avons vu, la nouvelle convention passée avec la Commission des Hospices pour la location d'un troisième pavillon et du terrain attenant a été soumise à l'approbation du préfet M. Lizot qui cherche à gagner du temps ; il a été mandé à Paris pour fournir des explications sur les deux conventions et il en est reparti avec des instructions précises : s'opposer à l'exécution du dernier traité et « *atténuer les conditions de la première convention, de manière à les rendre compatibles avec les intérêts de la Faculté de l'État* ». Le 11 juillet 1876, il s'exécute, annule la seconde convention et invite la Commission des Hospices à soumettre toute décision à l'avis du conseil municipal. Le président de la Commission des Hospices, M. Houzé de l'Aulnoit en informe immédiatement les administrateurs de l'Institut Catholique : la faille est donc découverte et le lendemain même, le conseil municipal écoute le rapport de M. A. Rigaut qui accuse l'Administration des Hospices d'avoir sacrifié le droit des pauvres et d'avoir vendu pour une somme dérisoire un hôpital qui avait coûté des millions... Ce contrat n'est pas valable, déclare-t-il, car il n'a pas été soumis à l'approbation du conseil municipal. Le 15 juillet, cette assemblée vote une motion protestant contre « *l'acte de mauvaise administration accompli* » et demande l'annulation de l'approbation préfectorale par le ministre de l'Intérieur. Immédiatement, le recteur M. Hautcœur ébauche un système de défense : l'accord avec les Hospices est intervenu avant la création de la faculté de l'État, *ce n'est donc pas l'Institut Catholique qui fait concurrence à la Faculté officielle, mais bien cette dernière qui essaie de s'établir sur un terrain déjà occupé. Loin d'être onéreuse aux pauvres, la convention leur ouvrait immédiatement un grand hôpital dont l'installation avait été abandonnée faute de ressources.*

Un problème juridique est donc posé : le Dr Desplats se déplace à Paris et rencontre l'ancien préfet Le Guay, devenu sénateur, qui juge le contrat inattaquable. Des juristes sont consultés : Maître Sabatier, avocat au Conseil d'État et à la Cour de Cassation, Maître de Germiny à la Cour d'appel de Paris, rappellent que la loi du 7 août 1851 soumet à l'approbation du seul préfet tout ce qui touche le service médical et hospitalier et ne renvoie à l'avis du conseil municipal que les budgets et les comptes. La convention est donc irrévocable et le recours en annulation demandé par le conseil municipal est irrecevable. On peut toutefois penser que la somme versée aux Hospices constitue une clause financière sur laquelle le conseil municipal aurait un droit de regard : il y a donc matière à plaider, ce qui sera amplement fait et M. Théry défendra pendant plus de vingt ans cette position : les Hospices restent propriétaires des biens, meubles et immeubles, et il ne peut être question d'aliénation[5].

Ainsi confortés, les administrateurs de l'Institut catholique entendent ne rien céder de leurs droits, allant jusqu'à adresser à la Commission des Hospices une mise en demeure d'exécuter le second traité. Mais, de nouveau, le préfet tarde à rendre sa décision, alors que le temps presse pour l'ouverture des cours au début de la prochaine année universitaire. Comme les marchés passés par la Commission des Hospices avec divers fournisseurs et entrepreneurs ne deviennent exécutoires qu'après approbation du préfet, les adjudications restent en souffrance et les retards s'accumulent. Le 4 août 1876, les administrateurs confirment à la Commission des Hospices leur intention de prendre possession des deux pavillons de Sainte-Eugénie dès le 1er octobre et ils attendent des Hospices leur installation dans les meilleurs délais. Ceux-ci s'informent auprès du préfet Lizot qui indique simplement qu'il attend des instructions du ministre quant aux décisions à prendre : *Je transmets,* écrit-il, *à M. le Ministre de l'Intérieur vos nouvelles demandes tendant à l'approbation des marchés et de diverses mesures ayant pour but les installations que nécessite la prochaine ouverture de l'hôpital Sainte-Eugénie. Je prie M. le Ministre de vouloir bien me mettre à même, dans le plus bref délai, eu égard à l'importance des intérêts engagés, de donner à ces propositions la suite qu'elles comportent*[6]. La situation reste cependant inchangée et, jusqu'au 1er novembre, aucune nouvelle approbation n'est accordée.

Les administrateurs décident alors de saisir les plus hautes instances de l'État et de s'adresser au Président de la République. À la demande du secrétaire M. Champeaux, le comte de Melun, ami personnel de Mac Mahon, se charge de le rencontrer et de le prier de faire cesser cette querelle. Il lui fait parvenir une note dénonçant le procédé, *voie détournée de traîner les choses en longueur et d'empêcher, au moins cette année, l'ouverture des cours* et il lui demande de désapprouver une mesure *réclamée par les ennemis de la religion et repoussée par tous ceux qui regardent le Maréchal comme le défenseur des intérêts moraux et religieux de la France*[7].

En même temps, le sénateur Kolb-Bernard s'adresse à M. de Marcère. Évoquant *le moyen dilatoire [...] l'abus de pouvoir,* il déclare : *Ce serait de la part du gouvernement la manifestation d'une hostilité systématique et passionnée dont la liberté de l'enseignement supérieur, si solennellement garantie, aurait hautement à se plaindre.*

Mais les adversaires de la Faculté libre ne désarment pas, dénonçant *la regrettable connivence de la Commission des Hospices avec l'Université catholique.*

5.– Notons que la loi municipale de 1884 (art. 120) réglera la question de la mise des établissements publics communaux à la disposition d'un particulier en prescrivant l'avis préalable du conseil municipal.

6.– Lettre du préfet Lizot à l'Administration des Hospices du 16 août 1876.

7.– Mac Mahon sera encore président de la République pendant trois ans ; après les élections de 1876 qui voient la victoire de la gauche, il essaiera d'intervenir dans la politique en renvoyant le ministère J. Simon et en prononçant la dissolution de l'Assemblée, mais, désavoué par les élections d'octobre 1877, de nouveau contraint de nommer un gouvernement républicain de gauche, il finira par se démettre en janvier 1879 après les élections sénatoriales qui lui sont également défavorables. L'Institut Catholique perdra alors son dernier soutien politique.

Le Dr Cazeneuve, doyen de la nouvelle faculté officielle, prétend que l'Administration des Hospices retire de Saint-Sauveur quatre-vingts des meilleurs lits pour les transporter à Sainte-Eugénie et les remplacer par de misérables couchettes. Monsieur Le Guay, écrit le sénateur Achille Testelin, a peuplé toutes les administrations de cléricaux et d'ennemis de la République. M. Catel-Béghin *est un autocrate décidément passé à l'ennemi.* Le nouveau préfet lui-même, M. Lizot, est suspect *d'agir contre nous* et A. Testelin prétend que l'exécution de la convention passée avec l'Institut Catholique *serait la ruine de la nouvelle Faculté et que par conséquent il est inutile que la ville dépense deux millions en bâtiments.* Il transmet enfin au ministre une protestation des médecins des hôpitaux de Lille qui s'indignent que l'Administration des Hospices pût confier le soin des malades aux médecins d'une faculté libre.

En définitive, la tactique dilatoire ne provoquant que le mécontentement de tous, il faut négocier : c'est l'avis du préfet Lizot et du ministre de Marcère qui écrit à M. Kolb-Bernard : *Je désire vivement que la question entre les deux Facultés ne soit pas portée sur ce terrain étroit du droit et qu'elle soit résolue par des arrangements amiables. Je crois que tout le monde y gagnerait et je n'ai pas besoin pour le démontrer de faire appel à des sentiments de modération, auxquels je sais que vous n'avez jamais été étranger. M. le ministre de l'Instruction publique est convaincu, comme je le suis moi-même, qu'une transaction serait équitable et qu'elle est possible ; il se propose d'y travailler avec l'autorité que lui donnent son esprit de conciliation et ses intentions si droites. Il se rendra à Lille dans ce but, afin de se mettre en rapport avec toutes les personnes intéressées dans cette affaire et je suis certain qu'il rencontrera de toutes parts des dispositions semblables aux siennes. Quant à moi, je puis vous donner l'assurance que je n'apporterai dans cette question que des sentiments d'équité et de justice, dont j'espère ne me départir jamais.*

M. de Marcère

Certes, mais la patience du ministre sera mise à l'épreuve au cours des négociations qui vont s'ouvrir…

Négociations

Intervient alors un épisode de quelques semaines qui semblerait aujourd'hui tragi-comique, tant les passions se sont exacerbées, si l'existence même de la Faculté n'était pas immédiatement en jeu.

La seule solution qui pût satisfaire les radicaux lillois était celle qui empêcherait la Faculté libre de s'ouvrir. À l'opposé, les administrateurs de l'Institut Catholique entendent ne rien concéder de ce qu'ils considèrent comme leur droit, mais se prêteraient volontiers à un accommodement qui assurerait la réalisation de leurs projets. Leurs adversaires s'opposent à l'attribution à la Faculté catholique d'un bel hôpital tout neuf, alors que l'hôpital Saint-Sauveur est une vieille bâtisse, placée dans un quartier populeux et dans des conditions d'hygiène détestables, ce que conteste la presse catholique : la plus ancienne salle de malades de Saint-Sauveur date de 1821, la plus récente de 1864 et le seul défaut de cet hôpital est d'être encombré, inconvénient qui disparaîtra à l'ouverture de Sainte-Eugénie[8].

Le ministre de l'Intérieur W. Waddington se rend à Lille le 8 septembre 1876 en compagnie du comte de Melun. Espérant concilier les différents intérêts, il est porteur d'une proposition recommandée par le préfet et le maire : partager la partie disponible de l'hôpital Sainte-Eugénie entre les deux facultés. Lors des réunions successives, au cours desquelles la légalité du traité n'est plus mise en cause, M. Henri Bernard, président du conseil d'administration de l'Institut Catholique, s'oppose à la partition de Sainte-Eugénie et, s'appuyant sur les arguments fournis par le Dr Desplats qui estime que Saint-Sauveur reste parfaitement utilisable pour des cliniques, il propose de diviser la ville en deux circonscriptions ayant chacune leur hôpital.

Une solution se fait jour, approuvée par le sénateur Testelin dès le 14 septembre : diviser la ville en deux circonscriptions, attribuer Sainte-Eugénie à la Faculté de l'État et Saint-Sauveur à la Faculté libre. M. Waddington est assez satisfait de cet arrangement : *Comme ils [les administrateurs de l'Institut Catholique] ont refusé péremptoirement le partage de Sainte-Eugénie et comme ils ont trouvé Saint-Sauveur assez bon pour la Faculté de l'État, je ne vois pas trop ce qu'ils pourraient dire.*

Le 21 septembre, les dits administrateurs décident d'abord de *s'appuyer fermement* sur leurs droits et, le 2 octobre, lendemain de la date fixée par le traité pour la mise à disposition des deux pavillons de clinique, ils mettent en demeure l'Administration des Hospices, par ministère d'huissier, de remplir ses obligations, puis, après une nouvelle délibération le 5 octobre, ils adoucissent leur position et écrivent au préfet : *L'Institut tient pour valides les contrats qu'il a passés, mais s'appuyant sur son droit, il examinera sans parti pris les propositions qui lui seront faites par l'Administration des Hospices, seule qualifiée pour demander des modifications à l'acte où elle est intervenue comme partie contractante.* Une solution se présente de nouveau : modifier la convention par un article additionnel qui substituerait l'hôpital Saint-Sauveur à Sainte-Eugénie. La convention serait ainsi avalisée, garantissant les droits de l'Institut Catholique. Le 12 octobre, *l'Écho du Nord*, organe de la Préfecture, annonce la division de la ville en deux secteurs, d'environ 80 000 habitants chacun, l'un affecté à la Faculté catholique avec Saint-Sauveur, l'autre à la Faculté d'État avec Sainte-Eugénie. Mais c'était sans compter avec la partie adverse débordant sur leur gauche à la fois le maire Catel-Béghin, le sénateur Testelin et le ministre. Le 12 octobre, *Le Progrès du Nord*[9]

8.– Ces données sont confirmées par Aimé Houzé de l'Aulnoit : *Toutes les parties de l'hôpital où ont été placés des malades ont été successivement construites de 1821 à nos jours.* Après de *graves irrégularités dans le service*, constatées de 1817 à 1831 et responsables d'une mortalité importante de 15 à 16 %, les trois salles d'hommes du 1er étage sur la rue Saint-Sauveur, appelées Ste Marie, St Jean et St Charles, ont été aménagées en 1830. Avec les installations ultérieures, elles ont permis d'abaisser la mortalité à moins de 10 % après 1840. A. Houzé de l'Aulnoit : *De l'Assistance publique à Lille, op. cit.*, p. 87.

9.– *Le Progrès du Nord* est un journal républicain fondé en 1867.

déclare : *Les gens qui veulent créer à Lille une forteresse cléricale ne travaillent pas pour la paix et ont l'habitude de tirer à eux toute la couverture* et, deux jours plus tard : *Consummatum est. La Faculté catholique l'emporte sur toute la ligne. Elle aura bien décidément Saint-Sauveur et la Faculté de l'État Sainte-Eugénie. Ainsi l'ont voulu, après le maire de Lille, après l'Administration des Hospices, après MM. Bernard, Vrau, Théry, Feron-Vrau et Verley, ainsi l'ont voulu, dirons-nous, de hautes, de très hautes influences. L'État tue, ou, si l'on veut, laisse mourir, à son berceau, la Faculté de l'État [...] Il y a eu d'abord, paraît-il, un semblant d'hésitation,* ajoute ce journal, *mais quand on a vu l'affaire si belle, si avantageuse, quand surtout on a deviné que la Faculté de l'État allait être réduite à sa ruine, alors on a daigné capituler et accepter.*

Du coup, au conseil municipal, le maire Catel-Béghin est mis en minorité et le ministre de Marcère est accusé d'avoir accepté une transaction rendant légal un contrat invalide. Le Dr Parise, chef du service de chirurgie à Saint-Sauveur, écrit à M. Testelin : *Vous êtes, vous, le premier créateur de notre Faculté, intéressé comme nous à notre œuvre. Éclairez M. le ministre sur une question qu'il me paraît avoir mal comprise. Je désire me tromper,* ajoute-t-il, *mais j'augure mal de l'avenir de la Faculté de l'État. Je suis surtout péniblement affecté de voir l'État battu par la Faculté catholique dès la première bataille avec elle.* Du coup, Sainte-Eugénie ne présente plus d'intérêt ; Saint-Sauveur au contraire *restera encore, pendant cinquante ans et plus, l'hôpital populaire, le plus connu, le plus suivi, l'Hôtel-Dieu de Lille.* Le Dr Wannebroucq[10] renchérit encore : *Nous ne pouvons pas abandonner Saint-Sauveur, l'hôpital central par excellence. Il fonctionne ; tous les services y sont en pleine activité ; nos cours peuvent s'y ouvrir demain ; les élèves en connaissent et en aiment la route. Sainte-Eugénie est au bout du monde. Les élèves n'iront qu'à regret et seront fatigués de la route avant d'avoir pris la peine d'examiner les malades. Le retour les achèvera et le travail de la journée sera perdu pour la plupart. L'hôpital n'est pas prêt et il ne le sera pas de longtemps. De plus, remarquez que cet hôpital sera surtout alimenté par le quartier flamand de Wazemmes et que la clinique faite sur des sujets qui ne comprennent pas un mot de notre langue et pour la plupart abrutis est presque impraticable. C'est de la médecine vétérinaire et non de la médecine humaine [...] Qu'on nous garde Saint-Sauveur...* Il ajoute encore : *Nous sommes unanimement d'accord pour demander que, si le ministre n'est pas en mesure de rompre le contrat, il le laisse exécuter strictement. La mort de la Faculté catholique sera plus lente que si on l'avait étouffée dans l'œuf, mais elle n'en est pas moins certaine.*

En visite dans le Nord, M. de Marcère est quelque peu surpris de recevoir la visite de trois professeurs de la Faculté d'État qui lui déclarent qu'ils préfèrent rester à Saint-Sauveur, que l'hôpital Sainte-Eugénie est trop éloigné du centre et qu'ils n'y trouveront point un nombre suffisant de malades pour leurs cliniques.

C'est l'impasse : pour trouver une issue, M. Waddington envoie à Lille M. Dumesnil chef de division de son ministère. Ses propositions sont les suivantes : pas d'article additionnel, mais suppression de l'ancien contrat, nouvelle convention à durée limitée, faisant intervenir la société civile (préfecture et conseil municipal), les Hospices et les deux facultés, et affectant Sainte-Eugénie à la Faculté d'État et Saint-Sauveur à la Faculté

10.– Médecin de l'hôpital Saint-Sauveur, il succédera dès 1878 au doyen Cazeneuve démis de ses fonctions au bout d'un an.

catholique. Mais, ni les administrateurs de l'Institut catholique décidés à maintenir leurs droits, ni le conseil municipal estimant cet arrangement encore trop favorable à l'Institut catholique, ne consentent à discuter. La mission de M. Dumesnil a échoué et l'ère des négociations est close ; le ministre de l'Instruction publique, battu sur toute la ligne, s'abstiendra désormais d'intervenir.

Très pertinemment, M. de Marcère, à qui revient la décision, résume la question dans une lettre au préfet : *Ceux qui avaient revendiqué avec le plus d'instance l'installation de la Faculté de l'État à Sainte-Eugénie, ont regretté cette translation, du moment qu'elle leur a été accordée ; les signataires du traité de 1875, tout en se prêtant à l'installation de la Faculté libre à l'hôpital Saint-Sauveur, ont refusé de modifier cette convention irrégulière autrement que par un acte additionnel ; du côté du Conseil municipal enfin, il est bien douteux, ce point de départ étant donné, que les négociations entreprises avec le désir si sincère d'une transaction, poursuivies avec tant de persévérance par M. le Ministre de l'Instruction publique, aient chance d'aboutir.*

Selon M. Kolb-Bernard, M. de Marcère est d'assez mauvaise humeur : *Je croyais tout arrangé,* lui dit le ministre, *mais voici que la Faculté officielle et le conseil municipal se mettent à la traverse... La difficulté, c'est qu'il n'y a peut-être pas place pour deux facultés à Lille.* Faute d'un accord, il doit maintenant trancher, mais les mots *convention irrégulière* qu'il a employés laissent deviner l'orientation de son choix.

La décision de M. de Marcère

Le 31 octobre 1876, les administrateurs de l'Institut catholique, imperturbables dans leur résolution déposent au secrétariat de l'Académie de Douai la déclaration légale d'ouverture des cours de médecine prévue le 16 novembre. *En attendant la construction définitive de l'établissement qui, à bref délai, lui permettra d'être reconnu comme faculté, l'intention des déclarants est de le faire fonctionner comme École.* Le même jour, le recteur Hautcœur écrit à M. Waddington et à M. de Marcère. À ce dernier, il déclare : *Vous ne l'ignorez pas, M. le Ministre, dans l'organisation de l'enseignement supérieur catholique, c'est la Faculté de médecine qui est réclamée avec le plus d'insistance, c'est celle dont la nécessité est le plus généralement reconnue. D'ailleurs la situation est engagée, un personnel nombreux de professeurs est dès à présent à notre charge, des locaux ont été construits ou aménagés, des collections ont été créées ; tout cela représente un capital énorme qui ne peut avoir été dépensé en pure perte. En conséquence, nous avons fait les déclarations prescrites par la loi.* Espérant que la question pendante soit promptement tranchée, il estime qu'une interruption *momentanée* de la clinique n'est pas dommageable *pendant quelques mois* et n'empêche pas l'ouverture de l'école qui n'admet pour l'instant que des étudiants de première et deuxième année, non astreints aux stages cliniques. De leur côté, les familles sont informées du contretemps et on tente de les rassurer sur ses conséquences.

Entre-temps, la presse radicale se déchaîne dans des attaques dont la grossièreté le dispute à la sottise : *Si demain,* écrit le XIXe Siècle, *une faculté libre de médecine homéopathique ou toute autre vient à se fonder en France, lui permettra-t-on de prendre, elle aussi, une part de nos hôpitaux pour les traiter à sa guise et faire sur eux ses expériences ? Et voici une autre hypothèse qui n'est plus gratuite. S'il plaît à des professeurs de l'Université catholique de Lille, convaincus des vertus thérapeutiques de la Salette ou de Marie Alacoque, de traiter leurs malades par l'eau de Lourdes et de leur administrer en ordonnances des médailles bénites, des chapelets et des neuvaines, la ville de Lille peut-elle consentir à ce que des malades qui se sont confiés à elle, soient soumis à ces prescriptions et à bien d'autres.* Le *Progrès du Nord* du 17 octobre renchérit encore dans l'injure anticléricale : *À quoi bon cette Faculté catholique qui n'est qu'une superfétation. On veut sans doute fabriquer des médecins, sentinelles vigilantes auprès des clients, qui avertiront leurs confrères de l'école de droit et du séminaire, quand un malade opulent sera sur le point de trépasser, afin d'envisager, traiter et résoudre avec lui l'importante question de la bourse ou la vie... éternelle, sur le grand chemin du paradis ! Et tout cela au nom de la bonne cause et de l'ordre moral, afin de grossir le budget de ceux qui prétendent que leur royaume n'est pas de ce monde.*

Le 31 octobre, M. de Marcère prend parti : il adresse au préfet du Nord un arrêté annulant les arrêtés préfectoraux qui ont ratifié le contrat passé entre les Hospices et l'Institut catholique. Selon le Ministre, cette convention tombe sous l'application de la loi du 7 août 1851 exigeant pour les acquisitions, échanges et aliénations, l'avis du conseil municipal et le préfet Le Guay a donc outrepassé ses pouvoirs.

L'arrêté du Ministre précise ainsi :

> *Considérant que la convention intervenue entre la Commission administrative des hospices de Lille et l'Institut catholique de Lille n'entre pas dans la catégorie des objets énumérés en l'article 8 de la loi du 7 août 1851 et que la Commission administrative a le droit de régler, avec l'approbation du préfet, sans l'intervention du Conseil municipal.*
>
> *Considérant que ladite convention tombe manifestement par voie d'analogie sous l'application des articles 9 (§2) et 16 (§1er) de la loi précitée, aux termes desquels la délibération des Hospices portant sur « les acquisitions, échanges, aliénations des propriétés de ces établissements et leur affectation aux services, doivent être soumises à l'avis du Conseil municipal » ; qu'en approuvant ladite convention, sans que le Conseil municipal eût été appelé à en délibérer, le préfet du Nord a méconnu les prescriptions de la loi et excédé ses pouvoirs et qu'il y a lieu, dès lors, de faire à ses décisions l'application du deuxième paragraphe de l'article 6 du décret-loi du 25 mars 1852 ;*
>
> *Arrête :*
>
> *Art. 1er.- Sont annulés :*
>
> *1° L'arrêté de M. le Préfet du Nord en date du 16 novembre 1875, autorisant la Commission administrative des hospices de Lille à traiter avec l'Université libre du Nord pour l'installation, dans l'hôpital Sainte-Eugénie, des cliniques médicale et chirurgicale de ladite Université.*
>
> *2° L'arrêté de M. le Préfet du Nord, en date du 1er février 1876, approuvant la convention passée les 22 et 24 décembre 1875 entre l'Administration des hospices de Lille et l'Institut catholique.*
>
> *Art. 2.- M. le Préfet du Nord est chargé de l'exécution du présent arrêté, qui sera notifié à la Commission administrative des hospices de Lille et aux représentants de l'Institut catholique.*
>
> *Paris, le 31 octobre 1876.*
>
> *Signé : de Marcère.*

Le coup est rude : intervenant *onze mois après l'autorisation préfectorale, six mois après le début de la polémique dans les journaux de la région et de Paris, quatre mois après la demande d'annulation votée par le Conseil municipal, [...] lorsque les professeurs étaient arrivés, que le programme des cours était affiché, que les élèves étaient inscrits*[11], l'arrêté semble ruiner les espoirs de fonder une faculté libre de médecine. Le 4 novembre, Mgr Hautcœur écrit au recteur de l'Académie de Douai : *L'arrêté de M. le Ministre de l'Intérieur, qui annule notre convention avec l'Administration des Hospices nous met pour le moment hors d'état de faire autre chose que des cours libres. En attendant que l'affaire soit vidée devant le Conseil d'État, nous n'avons plus de clinique et par conséquent nous ne pouvons prétendre à être reconnus comme école. Veuillez donc surseoir à une inspection des locaux et des collections qui serait à présent sans objet.* Une note est publiée dans les journaux et au bas de l'affiche annonçant le programme des cours de l'année 1876-1877 : *Un arrêté inattendu de M. le Ministre de l'Intérieur invalidant le contrat relatif à l'Hôpital Sainte-Eugénie met l'Institut catholique dans l'impossibilité de donner, pour le moment, des inscriptions de médecine et de pharmacie. Les jeunes gens qui voudraient suivre les cours, sont invités à s'entendre le plus tôt possible avec l'Administration de l'Institut catholique, rue Royale, 70.*

On ouvre en novembre les cours d'une première année et, faute de pouvoir donner encore à cet organisme naissant la qualité de faculté, les élèves prendront à Paris leurs inscriptions, en poursuivant leurs études à Lille, comme l'avaient fait précédemment les auditeurs des cours libres de droit[12].

Au Conseil d'État

Mais aussitôt connue la décision du ministre, les administrateurs de l'Institut catholique décident de porter l'affaire devant le Conseil d'État où, le 7 novembre, Maître Sabatier dépose un recours : en raisonnant *manifestement par voie d'analogie*, le ministre semble bien avoir excédé ses pouvoirs. C. Feron-Vrau, parti à Paris, recueille des propos rassurants : même si le Conseil d'État annulait la convention, la Commission des hospices pourrait accorder Saint-Sauveur à la Faculté libre. Certes, mais en quoi ce nouvel accord serait-il plus valable que le premier ?

Au Conseil d'État, l'affaire traîne quelque peu en longueur. Maître Sabatier plaide pour l'Institut catholique ; la Commission des Hospices, admise le 6 janvier 1877 à faire connaître son point de vue, adhère aux conclusions de l'Institut catholique et demande l'annulation de l'arrêté ministériel. Il en est de même du commissaire du gouvernement et, le 2 mars 1877, l'arrêt du Conseil d'État donne gain de cause à l'Institut catholique :

> *Le Conseil d'État,*
> *[...] ouï M. Denet, conseiller d'État en son rapport,*
> *Ouï Me Sabatier, avocat de l'Institut catholique en ses conclusions,*
> *Ouï Me David, maître des requêtes, commissaire du gouvernement, en ses conclusions ;*
> *Considérant, etc.*
> *Le Conseil d'État décide :*
> *Art. 1er. – La décision ci-dessus visée du ministre de l'Intérieur, en date du 31 octobre 1876, est annulée.*

11.– *Historique des difficultés, etc., op. cit.*, p. 44.

12.– É. Lesne : *Histoire de la fondation etc., op. cit.*, p. 109.

On devine l'allégresse avec laquelle fut reçue cette nouvelle parmi les administrateurs, les professeurs, les étudiants et leurs proches. Une messe d'actions de grâce est célébrée le 7 mars dans la chapelle de la rue Royale. Désormais, l'ouverture de la Faculté libre de médecine devient possible.

Certes, le conseil municipal, désavoué, demande *la révocation immédiate des administrateurs des Hospices qui ont si gravement lésé les intérêts qu'ils étaient chargés de gérer*, mais le préfet lui-même doit s'incliner, valider les marchés laissés en souffrance et permettre la reprise des travaux qui sont achevés en trois mois.

Plus tard, en mars 1879, M. P. Legrand, dans un discours à la Chambre des députés, attaque vigoureusement l'Administration des Hospices de Lille, qualifiant le contrat de *frauduleux* et s'attirant une réponse indignée des administrateurs. Plus tard encore, de 1902 à 1908, la question de la validité du contrat sera portée à plusieurs reprises devant les tribunaux : tribunal civil, Cour d'appel de Douai, Cour de cassation. Défendue par Me Théry, elle ne sera plus remise en cause.

Le 25 juin, lors de la bénédiction de la chapelle de l'hôpital Sainte-Eugénie par le doyen de Saint-Maurice, on note la présence du préfet du Nord, du maire de Lille, des membres de la Commission des Hospices, du recteur de l'Université libre et des doyens des deux facultés de médecine.

À l'issue de la cérémonie, le maire de Lille déclare ouvert l'hôpital Sainte-Eugénie et remet au recteur de l'Université catholique le service des cliniques médicale, chirurgicale et obstétricale de 125 lits et 10 berceaux mis à la disposition des professeurs de la Faculté libre, sauf à compléter les 200 lits dans le plus bref délai, et Mgr Hautcœur déclare installés dans les fonctions de professeurs, médecins traitants :

- service médical : MM. les docteurs Desplats et Papillon,
- service chirurgical : MM. les docteurs Eustache et Faucon,
- service obstétrical : M. le docteur Bouchaud et N. (en attendant l'arrivée du Pr Vanverts).

Le même jour, la déclaration officielle de l'ouverture de la Faculté est adressée à l'Académie de Douai. Quelques jours plus tard, M. Fleury, recteur de l'Académie et M. Anthoine, inspecteur d'Académie en résidence à Lille, effectuent la visite des laboratoires et du jardin botanique de la rue de La Barre, de l'amphithéâtre d'anatomie de Saint-André, des services de Sainte-Eugénie et se montrent satisfaits : un travail immense a été accompli. Huit jours plus tard, le 6 juillet 1877, la Faculté libre de médecine est enfin légalement reconnue. À quelques jours de la fin de l'année universitaire, il était temps !

Chapitre IV.
1876-1882 : des débuts difficiles

Les étudiants et les études

Le 16 novembre 1876, alors que l'accord avec l'Administration des Hospices vient d'être invalidé par M. de Marcère, s'ouvrent donc *les cours libres de médecine* à la Maison Saint-Maur, au 78, rue de la Barre, dans ce qui n'est encore, selon les termes de la première réunion des professeurs du 29 août 1876, qu'une école secondaire de médecine. Une première rencontre, qui se veut cependant *conseil de faculté*, ne réunit que trois professeurs autour du doyen A. Béchamp : son fils Joseph, Baltus, Desplats et M. Witz ingénieur architecte chargé de l'aménagement des locaux, mais, le lendemain, s'y joignent Bouchaud, Wintrebert, ainsi que le recteur Hautcœur, C. Feron-Vrau et l'abbé Dehaisnes[1].

Ils ne sont pas nombreux non plus, ces premiers étudiants de l'année 1876-77, qui, inscrits à Paris, attendent l'ouverture des cours. On peut les imaginer, venant aux nouvelles rue de la Barre, errant au milieu des échafaudages et des plâtras, des travaux sans cesse interrompus et repris, dans une atmosphère d'incertitude et d'inquiétude, mais ils s'impatientent car rien n'est prêt, en particulier les laboratoires et l'amphithéâtre d'anatomie de Saint-André dont l'achèvement demandera encore plusieurs semaines. À l'issue du conseil du 16 novembre, le doyen fait appeler les élèves dispersés dans les bâtiments, leur souhaite la bienvenue et leur annonce que leur impatience légitime va être satisfaite.

Après le départ des timides et des craintifs, une trentaine d'étudiants, dont deux de 2e année, sont présents au premier cours du doyen Béchamp. Un témoin relate l'ambiance : *Notre vénéré chef, que nous ne pouvions encore appeler doyen s'agenouilla, pour la première fois, dans le grand amphithéâtre et invoqua les lumières de l'Esprit Saint avant de commencer son cours devant trente élèves. Il était beau de voir ce maître aux cheveux blanchis, descendu hier d'une chaire illustrée par vingt années de travaux, consentant à se faire le répétiteur de trente élèves pour le triomphe d'un principe*[2]. Répétiteur, tel est bien le terme employé par le doyen lui-même qui manifeste bientôt son inquiétude et, tout

1.– En trois semaines, le conseil se réunira encore cinq fois. Avant la fin de l'année, il se complétera par l'arrivée de Jeannel, Eustache, Guermonprez, César et Papillon.

2.– Anonyme : *La Faculté de médecine et de pharmacie de l'Université catholique de Lille. Historique des difficultés, etc., op. cit.*, p. 45.

en se désignant comme *l'homme qui, outre les tracas, les soucis de l'organisation, les devoirs de son enseignement, a été obligé, à son âge, de se faire répétiteur et même préparateur de son cours,* il redoute *que nous ne fassions complètement banqueroute à nos engagements*[3].

Les cours aux étudiants des premières années sont consacrés presque uniquement *à l'étude de ce que l'on est convenu d'appeler les sciences accessoires, introductives ou préparatoires, à savoir la physique, la chimie, l'anatomie, les sciences naturelles, l'histologie et la physiologie [...] sciences qui sont, non pas accessoires, mais fondamentales*[4].

L'affiche annonçant l'ouverture des cours porte les noms d'une douzaine de professeurs, y compris les enseignants de la Faculté des sciences : l'effectif est suffisant pour commencer les cours, mais une *déplorable lenteur* retarde jusqu'en mars 1877 les séances de dissection que dirigera à l'amphithéâtre de Saint-André le chef des travaux anatomiques, M. César. Il est d'ailleurs grand temps car, à quelques semaines des examens, les deux étudiants de 2e année n'ont jamais disséqué. Par ailleurs, MM. Desplats et Bouchaud leur donnent des leçons de pathologie interne et de pathologie générale, afin de leur permettre d'exercer les fonctions d'internes provisoires à Sainte-Eugénie.

À quatre reprises durant l'année, les étudiants ont dû se rendre à Paris plusieurs jours pour prendre leurs inscriptions trimestrielles et, en juillet, se présenter aux examens. Au total, ils auront perdu deux mois et demi sur les neuf mois de scolarité. Énervement, angoisse, c'est *une curieuse situation d'être inscrits officiellement dans une faculté de médecine de l'État, d'être « supposés » en suivre les cours et de vivre en réalité dans une Faculté libre qui portait ses fruits avant sa naissance*[5].

Malgré l'arrêt favorable du Conseil d'État du 2 mars et à l'approche de la date des examens, le doyen s'alarme de *la situation déplorable que subissent nos élèves, nos collègues et moi [...] L'illusion n'est plus possible. La Faculté ne sera pas constituée à temps [...] Les élèves ne cachent plus leur mécontentement [...] Les volontés s'énervent, l'enthousiasme s'éteint, la confiance disparaît. Des pensées de découragement s'affirment autour de moi.* Il préconise de suspendre les cours et de préparer d'urgence les étudiants aux examens de juillet *en suivant autant que possible les programmes de Paris [...] J'ai fait tout ce qui était en mon pouvoir pour conjurer le désastre.* Et de décliner *toute responsabilité pour le passé, pour le présent et pour l'avenir*[6].

3.– Lettres d'A. Béchamp au recteur les 5 et 8 janvier 1877, quelques jours avant l'inauguration officielle de l'Université. Arch. ICL, dossier K2G.

4.– A. Béchamp : *Discours à la séance solennelle de rentrée de l'Université du 13 nov. 1877.* C'est à raison que Béchamp appelle fondamentales ces sciences dites accessoires qui, pense-t-on à l'époque de la fondation, *resteront toujours pour le vrai médecin des sciences subordonnées et tributaires ; la clinique ne cessera pas d'être la source la plus sûre et la plus féconde du véritable savoir médical.* Mais, contrairement aux dires de Béchamp, l'anatomie n'est pas alors considérée comme *science accessoire.*

5.– A. Delassus, *Autour du berceau de la Faculté de médecine, op. cit.*

6.– Lettre d'A. Béchamp au recteur du 31 mai 1877. Arch. ICL dossier K2G.

Mais, après de rares défections, ils sont encore un peu plus de vingt étudiants à la fin de l'année universitaire[7], *ces intrépides jeunes gens qui sont restés jusqu'au bout, confiants dans la parole de leurs maîtres et dans le bon droit*[8]. *In extremis* début juillet, lorsqu'intervient enfin l'autorisation officielle de l'Académie, vingt-deux élèves obtiennent *le passage des facultés ou des écoles officielles dans les facultés libres [...] Ils sont aussi les premiers qui y ont pris leurs inscriptions pour y subir leur examen de fin d'année*[9].

Aux examens, vingt étudiants sont admis, dont les deux de deuxième année, deux sont ajournés. Aussi, dans son discours de rentrée de l'année 1877-78, le doyen Béchamp se montre enfin rasséréné et résolu : *Messieurs, il faut réussir*, déclare-t-il, et pour cela, il fait appel à l'union de tous : *Messieurs les fondateurs, mes chers collègues, mes chers élèves, nous nous aimerons et nous nous entendrons, bien qu'il soit encore plus difficile de s'entendre que de s'aimer*, des propos qui témoignent apparemment d'un certain désenchantement, car Béchamp est aussi clairvoyant quand il lance cet avertissement : *Tant qu'une Faculté de médecine, en France, ne compte pas 600 élèves et ne produit pas 150 docteurs par an (et vous avez décidé de n'admettre que des docteurs), on a le droit de dire que son succès est douteux, car elle ne fait pas ses frais et a besoin de la charité pour vivre.*

Le déclic se produit dès le début de l'année universitaire 1877-78. Cent-cinq étudiants sont inscrits, dont dix-neuf en pharmacie : ce sont surtout des étudiants de première (50) et deuxième année (25) ; sept étudiants sont inscrits en troisième année et quatre en quatrième et tous le sont en vue du doctorat.

Les enseignements sont aménagés, la discipline est renforcée ; l'assiduité des élèves est obligatoire à tous les cours et travaux pratiques[10], les contrôles sont plus sévères et plus fréquents. L'article 5 du règlement précise : *Une place fixe est assignée à chaque élève dans les amphithéâtres et salles de cours et une liste indiquant en regard de chaque nom le numéro de la place choisie est mise à la disposition du professeur*. L'article 6 ajoute : *Au moyen de cette liste, l'appariteur prend, pendant le cours, les noms des élèves absents*. L'examen de fin d'année est précédé d'un premier examen passé à la fin du semestre d'hiver ; ils donnent

---

7.– A. Delassus cite les noms de 18 étudiants de 1ère année, dont lui-même, de deux étudiants de 2e année, Van Oye et Cochez qui ont commencé leurs études à l'École préparatoire de médecine et de pharmacie de Lille et de deux étudiants en pharmacie. Cinq viennent du département du Nord, trois du Pas-de-Calais, neuf d'autres départements en particulier de l'Ouest et un de Suisse. Delassus remarque qu'en 1905 un tiers de ces étudiants de 1re année a disparu : l'un d'eux est mort de variole, un autre de diphtérie.

8.– A. Béchamp : *Discours, etc. du 13 novembre 1877, op. cit.*

9.– *Ibid.* Pour ces étudiants, il s'agit de leur 4e inscription, les trois premières étant prises à Paris *où l'on ne connut évidemment que leurs noms et leur argent* (A. Delassus, *ibid.*). Le rapport de M. Bardoux, ministre de l'Instruction publique, au président de la République sur les inscriptions prises dans les universités catholiques depuis 1875 (J.O. du 21 nov. 1878) fait en effet état de 21 inscriptions à la Faculté libre de médecine de Lille pour l'année 1876-77.

10.– Dès 1876, l'enseignement devait avoir *un caractère essentiellement pratique et bien plus complet que celui des facultés de l'État [...] La fréquentation de l'école pratique deviendra obligatoire pour tous les élèves. Supplément à la Semaine religieuse du diocèse de Cambrai.* 7 oct. 1876. Ce n'est qu'à partir de novembre 1879 qu'une circulaire ministérielle rend les travaux pratiques obligatoires dès la première année dans les facultés d'État.

lieu à un classement pour chaque année avec attribution de prix[11]. À la fin de l'année 1877-78, les résultats sont jugés satisfaisants : on compte 22 ajournés sur 78, dont 16 sur 65 en médecine et 6 sur 13 en pharmacie, chiffres témoignant selon A. Béchamp de la juste sévérité des examinateurs, mais aussi du fait que certains élèves sont plus préoccupés par la préparation du baccalauréat que par les cours. En effet, à défaut de baccalauréat et du moins pour cette première année, la Faculté s'alignant sur les écoles de médecine accepte, après un examen d'entrée, des candidats qui ne possèdent que le certificat de grammaire et qui doivent régulariser leur situation en cours d'année, mais cette disposition transitoire a cessé dès que l'école est devenue faculté[12]. De même, les bacheliers ès lettres, qui représentent les deux tiers des étudiants de première année, doivent préparer le baccalauréat ès sciences « restreint » en même temps que les examens de première année de médecine et assister à des conférences spéciales : ce baccalauréat ès sciences restreint comprend des épreuves de mathématiques, physique, chimie, histoire naturelle, mécanique et cosmographie, mais, en 1877, le doyen constate des *manques importants en mécanique, cosmographie, physique, géologie*[13].

Le corps enseignant

De multiples négociations et tractations se poursuivent toute l'année 1877, après nombre de candidatures, de propositions, de refus, de retards (Pr Domec) et déjà de défections (dont celle d'Adrien César, chef des travaux anatomiques, dès juillet 1877). Restent à pourvoir, à la veille des vacances, les chaires d'*anatomie et pathologie chirurgicale, anatomie pathologique et médecine légale, pathologie médicale*[14]. À la rentrée 1878, certaines chaires sont encore inoccupées : celle d'anatomie pathologique et d'histologie sera dévolue à M. Augier en cours d'année ; en 1879, celle de physique médicale sera attribuée à M. Witz et celle de pathologie externe à M. Redier. Trois chaires « spéciales », envisagées par C. Feron-Vrau, ne verront jamais le jour : ce sont la philosophie médicale, l'étude des maladies mentales et de psychologie médicale et l'histoire des doctrines médicales, cette dernière destinée à montrer *par l'histoire et l'exemple du passé, la fausseté, le danger et les conséquences funestes des doctrines médicales qui ont entraîné l'esprit humain dans de mauvaises voies*[15].

On peut se demander quelle est la valeur réelle de ce corps professoral : en dehors des doyens Béchamp et Chautard, de Jeannel occupant un rang élevé dans le service de santé militaire, mais proche de la retraite, d'Eustache et de Domec, jeunes agrégés de Montpellier (tous deux ont 31 ans en 1876),

---

11.– Les étudiants sont notés selon le barème suivant : extrêmement satisfait, très satisfait, bien satisfait et satisfait.

12.– C'est en 1879 qu'un arrêté ministériel impose à tous les étudiants de posséder les deux diplômes de bachelier (ès lettres et ès sciences) dès la 1re inscription, mesure bénéfique car ce nouvel ordre de choses *ne permettra plus aux étudiants de ne pas préparer leur baccalauréat, sous prétexte qu'ils ont des cours de médecine à suivre, et de ne pas suivre les cours de médecine sous prétexte qu'ils préparent leur baccalauréat*, mais qui n'est pas sans conséquence sur le recrutement. H. Desplats : *Discours à la séance solennelle de rentrée du 11 nov. 1879*.

13.– Lettre d'A. Béchamp au recteur du 20 janvier 1877. Arch. ICL dossier K2G.

14.– *Ibid.*, du 20 juillet 1877.

15.– *Des conditions d'organisation, etc., op. cit.*, p. 30.

de Schmitt, 38 ans, agrégé de l'école de pharmacie de Strasbourg, de Wintrebert et d'Adolphe Faucon, enseignants d'écoles de médecine respectivement à Lille et Amiens, de Papillon, âgé de 38 ans, répétiteur à la faculté de Strasbourg, la plupart de ces professeurs sont jeunes et à vrai dire peu titrés : Baltus, médecin de l'hôpital de Frontignan, a 25 ans ; le fils Béchamp, médecin et pharmacien, a 29 ans ; Desplats est interne des hôpitaux de Paris, candidat à l'agrégation, et n'a que 33 ans ; Redier sera titularisé à 30 ans, Jousset et Adolphe Faucon à 31... Tout ceci suscitera bientôt la critique et on ne manquera pas de dire que ces jeunes professeurs ont été attirés par de confortables rémunérations.

En effet, dès le premier projet de création de la Faculté de médecine, il était convenu d'en payer correctement les professeurs. *Pour amener des hommes qui ont fait leur réputation scientifique ou professionnelle par un long labeur et qui ont pris racine dans une cité ou une province, pour les amener à abandonner une position péniblement acquise, il est indispensable de leur offrir une suffisante compensation*[16].

Or, à Paris, chaque professeur titulaire perçoit un traitement fixe de 7 000 F et un traitement « éventuel » de 3 000 F représentant les droits de présence aux examens de fin d'études ou de thèses, soit un total de 10 000 F. Dans les nouvelles facultés, telles que Bordeaux, le traitement d'un professeur titulaire est de 6 800 F (5 000 F fixe et 1 800 F éventuel). Le traitement d'un agrégé est de 2 500 F, somme à laquelle s'ajoutent 1 500 F s'il est chargé de cours complémentaires. Un chef de travaux anatomiques (ou chimiques et pharmaceutiques) perçoit 2 500 F, un chef de clinique 1 000 F, etc. *Il sera difficile de faire moins dans les universités libres qui voudront avoir des professeurs vraiment distingués ; et, dans certains cas, il faudra sans nul doute aller au-delà*[17].

Selon l'article 5 du règlement de l'Université catholique, les professeurs titulaires reçoivent un traitement minimum de 6 000 F, augmentant de 1 000 F après cinq ans de *bons et loyaux services dûment constatés*[18]. Le traitement maximum est fixé à 12 000 F, sauf exceptions décidées par le Conseil d'administration. Les professeurs suppléants pourvus du titre de docteur reçoivent un traitement de 3 500 F, auquel s'ajoute une indemnité supplémentaire de 500 F par trimestre s'ils enseignent d'une manière effective, soit 1 500 F pour une année scolaire de trois trimestres.

On sait que quelques professeurs ont obtenu des garanties : outre H. Desplats qui, en sus de son salaire, reçoit de C. Feron-Vrau une confortable gratification, E. Papillon avoue que *ces questions d'intérêt ont été correctement réglées* : son contrat lui assure 8 000 F par an les deux premières années, puis 9 000 F les trois années suivantes et enfin 10 000 F[19]. Eustache en août 1876 et Domec en juillet 1877, ont accepté de venir à Lille pour un traitement identique[20]. Le doyen Béchamp a bénéficié de conditions particulières : son contrat prévoit en effet un traitement annuel de 12 000 F auquel s'ajoutent

16.– *Des conditions d'organisation etc., op. cit.*, p. 13.

17.– *Ibid.*, p. 14. Notons qu'à cette date, il faut multiplier le chiffre en francs-or par le coefficient 3,20 pour obtenir l'équivalent en euros.

18.– *Université catholique de Lille. Règlements divers. Échelles de traitements, etc.* Imp. Ducoulombier, Lille 1878.

19.– E. Papillon : *Quelques réflexions sur les Universités catholiques*, Silac 1884.

20.– Lettre de Béchamp du 10 août 1876. Arch. ICL, dossier K2G.

un préciput de doyen de 3 000 F, un logement dans les bâtiments de l'Université à construire ou une indemnité compensatrice de 3 000 F, ainsi que des frais de déplacement à concurrence de 8 000 F[21].

Aux rémunérations des professeurs, titulaires et suppléants, et du personnel auxiliaire, s'ajoutent les frais de fonctionnement, d'entretien des locaux et d'équipement des laboratoires : en 1879, deux nouveaux laboratoires sont créés, l'un d'anatomie pathologique à Sainte-Eugénie, l'autre de travaux pratiques de physique, rue de la Barre. Les prévisions budgétaires de 250 000 F par an s'avèrent rapidement dépassées et suscitent une légitime inquiétude.

Cela étant, les services hospitaliers fonctionnent bien, tant à l'hôpital Sainte-Eugénie que dans les dispensaires nouvellement créés et cet ensemble permet à la fois, selon les vœux des fondateurs, un enseignement clinique complet et de qualité, ainsi que l'exercice d'une médecine humaine et chrétienne.

L'hôpital Sainte-Eugénie

Le 24 septembre 1853, en voyage officiel à Lille, l'empereur Napoléon III avait visité les établissements hospitaliers et s'était ému de la situation de l'hôpital Saint-Sauveur, *ce vaste asile de la souffrance*[22]. En quittant les lieux, il avait laissé une somme de 2 000 F destinée aux plus nécessiteux et en particulier à un enfant de onze ans, Augustin Dewaele, qui avait eu le bras broyé dans un engrenage et avait été amputé.

En effet, toujours encombré malgré les constructions et les aménagements récents, Saint-Sauveur est devenu insuffisant et pose de graves problèmes de salubrité. Dans les années 1860, la mortalité est de l'ordre de 9 à 10 % des hospitalisés. En deux mois de l'année 1864, une épidémie de fièvre puerpérale entraîne la mort de 18 femmes sur 38 accouchées[23]. Il ne paraît pas judicieux d'envisager de nouveaux agrandissements : à l'époque, on pense que *ces grands hôpitaux [...] peuvent devenir une source de désastres immenses, lorsque la contagion les envahit*[24] et on recommande de ne pas excéder si possible 4 à 500 lits. Il faut d'autre part permettre l'accès aux soins pour les habitants des quartiers récemment annexés à la périphérie sud-ouest de Lille : Wazemmes, Esquermes et Moulins.

La décision de créer un nouvel établissement est prise par l'Administration des Hospices le 29 janvier 1859 : *Il permettra de faire rentrer l'hôpital Saint-Sauveur dans des conditions normales. L'administration pourra alors supprimer les dortoirs placés dans les greniers ; et, dans les autres parties de*

21.– Contrat signé par les membres du Conseil d'administration des Facultés catholiques dont Ph. Vrau et C. Feron-Vrau. L'article 9 du règlement prévoit cependant que *la situation des professeurs admis à l'époque de la fondation avec un traitement supérieur au minimum sera réglée par une délibération spéciale du Conseil d'administration*. Le même règlement institue une caisse de retraite des fonctionnaires, professeurs et employés de l'Université : moyennant une retenue de 5 % sur tous les traitements (fixes ou éventuels), la pension versée après trente années de service et soixante ans d'âge égale la moitié du traitement moyen, c'est-à-dire du traitement des cinq dernières années d'exercice, etc.

22.– Aimé Houzé de l'Aulnoit, *op.cit.*, p. 5.

23.– *Ibid.*, p. 107.

24.– *Ibid.*, p. 118.

l'édifice, réduire le nombre des lits. La santé publique ne pourra que gagner à ces utiles changements[25]. Une esquisse du projet est adoptée par une commission médicale choisie par l'Administration des Hospices parmi les médecins et chirurgiens lillois. Le 8 mars 1865, la construction de l'hôpital dans le quartier d'Esquermes est déclarée d'utilité publique par décret impérial. Les plans de l'architecte A. Mourcou[26] sont approuvés le 17 mars 1866 par la Commission des Établissements civils et les travaux, soumissionnés par adjudication à l'entreprise E. Rouzé, commencent dès le 15 août de la même année. Retardés par la guerre, ils ne sont achevés qu'en 1873[27] ; mais le coût de la construction a largement dépassé les estimations initiales et s'élève, hors équipement mobilier, à près de 3,5 millions de francs-or (soit plus de 11 millions d'euros). Faute de subsides, ce n'est qu'en 1876, nous l'avons vu, que son ouverture est rendue possible par la convention signée entre l'Administration des Hospices et l'Institut catholique.

L'hôpital Sainte-Eugénie a la forme d'un vaste quadrilatère. Le bâtiment en façade sur le futur boulevard Montebello abrite sur deux niveaux les locaux administratifs dont le bureau des entrées, les logements de fonction du directeur et de l'aumônier, les internats, etc. Au milieu, s'élève une arche monumentale où s'ouvre un portail flanqué de *pilastres bagués* et surmonté d'un édicule abritant une statue de la Charité, œuvre du sculpteur Félix Huidiez (qui est également l'auteur des frontons de la Préfecture).

Dans le hall d'entrée, de chaque côté du porche, un escalier mène aux deux corps de bâtiments, symétriques, dénommés « aile droite » et « aile gauche ». En face, le hall s'ouvre sur une grande cour d'honneur, prolongée par une cour de service en contrebas. Bâtie à cheval sur les deux cours, la chapelle occupe une position centrale. Derrière elle, une aile basse comprend la pharmacie, la lingerie, l'économat général, et, sur deux niveaux, la communauté des religieuses. À chaque angle du quadrilatère, s'élève un pavillon en ressaut. Bâti en brique, en pierre, et aussi en grès sur les pavillons, doté de hautes cheminées, de grandes fenêtres, couvert d'ardoises, l'ensemble est imposant et ne manque pas d'allure.

Chaque aile latérale, divisée en deux pavillons, comporte un rez-de-chaussée et deux étages : on y accède par une galerie de communication perpendiculaire à la façade et deux galeries transversales, qualifiées de promenoirs, entre lesquelles sont aménagés de petits jardins. À l'aile droite, 200 lits sont alloués aux services de la Faculté libre. Une délibération de la Commission administrative des hospices du 21 juillet 1876 indique de façon précise leur localisation. Le rez-de-chaussée est affecté « aux blessés », c'est-à-dire occupé par le service de chirurgie : deux grandes salles communes de vingt-deux lits (les hommes à Saint-Pierre, les femmes à Saint-Augustin), deux petites salles de six lits (Saint-Paul et Saint-Jean), séparées des grandes

25.– *Ibid.*, p. 118.

26.– Auguste Mourcou (1823-1913), architecte des hospices de Lille, est également celui de l'hôpital psychiatrique de Bailleul. Très consciencieux, il effectue plusieurs voyages à Paris et en Belgique, visitant et étudiant de nombreux établissements de santé.

27. Toutefois, deux pavillons de l'hôpital ont servi d'ambulance pendant la guerre de 1870-71. *Les salles de ces pavillons, disposées pour 22 lits seulement ont reçu les unes jusqu'à 58 malades, les autres 40 blessés ; les salles destinées à 6 lits ont reçu jusqu'à 15 ou 16 malades ou 10 blessés [...] Aucun blessé n'a gagné la pourriture d'hôpital à Sainte-Eugénie, quoique 5 ou 6 fussent atteints à leur arrivée.* Rapport de la Commission des arts insalubres. Lefebvre-Ducrocq, Lille, 1873.

salles par un vaste escalier, une salle d'opération, une salle des plâtres, une salle de pansement.

Hôpital Sainte-Eugénie. Aile droite

Le service de médecine, dit « des fiévreux », occupe les deux étages selon la même distribution : deux salles d'hommes (Saint-Honoré et Saint-Laurent), deux salles de femmes (Saint-Louis et Saint-Joseph), quatre petites salles : Saint-Alexis et Saint-Charles au premier étage, Saint-Édouard et Saint-Adrien au second, trois ou quatre chambres particulières appelées on ne sait pourquoi « cabinets 6 », des offices, des bureaux de médecins, un réfectoire des internes, etc. Au-delà du service des femmes, les petites salles Saint-Roch au premier, Saint-Hippolyte au second[28], constituent un service d'enfants de huit lits qui semble avoir fonctionné bien au-delà l'ouverture de l'hôpital Saint-Antoine, comme l'indiquent les nombreuses observations d'enfants publiées dans le *Journal des Sciences médicales* sous la signature de H. Desplats ou de H. Duret[29].

Au total, lors de son ouverture, dans son organisation de novembre 1877, l'aile droite de l'hôpital offre une capacité de 186 lits, soit six de clinique obstétricale, 112 lits de clinique médicale et 68 lits de clinique chirurgicale.

Chaque pavillon est desservi par un monte-charge, inséré dans le grand escalier et permettant les mouvements de matériel et la circulation des malades couchés. L'aération, la ventilation, le chauffage sont des modèles pour l'époque et permettent de répondre à la grande préoccupation des médecins : l'évacuation des miasmes responsables de la contagion. Ainsi, la capacité d'air allouée à chaque lit est de 53 m^3 ; le chauffage est assuré par des calorifères et l'architecte y a joint *à la grande satisfaction des malades, des cheminées ventilatoires qui, en procurant l'agrément et les effets hygiéniques du feu apparent, concourent énergiquement à la ventilation.* Ces cheminées

28.– Ultérieurement, les salles Saint-Alexis et Saint-Charles seront affectées aux tuberculeux. Saint-Hippolyte deviendra une salle de radioscopie et d'insufflation pour pneumothorax, Saint-Roch une salle de cours et Saint-Arsène la salle de radiologie (en 1907).

29.– On note encore l'hospitalisation de nombreux enfants en chirurgie pendant la seconde guerre mondiale, jusqu'à 80 en 1944.

ventilatoires, *qui n'existent nulle part ailleurs*, sont au nombre de 36 : lors des essais, la grande cheminée du premier pavillon peut évacuer 230 m^3 d'air par heure et par lit, à la grande satisfaction des hygiénistes : ainsi conçu, *l'ensemble de cet hôpital satisfait, autant que les données locales le permettaient, à ce que l'on peut désirer pour un grand hôpital*[30].

Premier édifice lillois à assurer la distinction entre hôpital et hospice, décrétée en 1851, [l'hôpital Sainte-Eugénie] privilégie le recrutement des malades au sein de quartiers regroupant le plus souvent une population pauvre et particulièrement sensible aux agressions épidémiques [...] Élevé peu avant la révolution pastorienne qui évince radicalement, en 1875, les conceptions hygiénistes jusqu'alors en cours, l'hôpital lillois use de principes constructifs qui améliorent sans conteste les conditions de vie des malades et leur prise en charge médicale[31].

Les services de l'hôpital Sainte-Eugénie ouvrent le 25 juin 1877 et, dès le lendemain, reçoivent les premiers malades. Initialement, ce sont pour la plupart des indigents admis gratuitement avec un billet d'entrée délivré par le médecin d'un dispensaire du Bureau de Bienfaisance de son quartier. Dès l'origine, a été instituée une sectorisation divisant la ville de Lille en deux circonscriptions : la Faculté de médecine de l'État *dessert l'ancienne Ville, Fives, Saint-Maurice et Moulins-Lille*, la Faculté libre *dessert une partie de la nouvelle Ville, les banlieues d'Esquermes, de Vauban et de Wazemmes*, la limite de répartition étant représentée par les boulevards de la Liberté et d'Italie (aujourd'hui boulevard J.-B. Lebas), prolongés par la rue d'Arras. Cette disposition est restée en vigueur jusqu'aux années 1950. Si l'on en croit E. Papillon, ce partage, voulu par le ministre De Marcère au lendemain de l'arrêt du Conseil d'État, n'était pas équitable : les quartiers réservés à la Faculté libre ont 63 000 habitants et 9 141 indigents (36 %), ceux de la Faculté d'État 99 000 habitants et 14 248 indigents (64 %)[32].

Les *pensionnaires*, c'est-à-dire les non indigents, doivent dès l'admission consigner le prix de 30 journées de séjour et s'engager par écrit à poursuivre les versements par une personne solvable, *de 30 en 30 jours, jusqu'à guérison ou sortie de l'établissement*. Les plus aisés peuvent être admis en *maison de santé* : l'hôpital Sainte-Eugénie dispose de la sienne, devenue le pavillon Olivier, située à l'angle des boulevards Montebello et de Metz, et où seuls les médecins issus de la faculté d'État peuvent faire admettre leurs malades.

Initialement, les services de la Faculté libre sont au nombre de quatre, dirigés par deux médecins et deux chirurgiens. Le service de médecine est assuré par les professeurs Desplats et Papillon. De fin juin à fin octobre, il reçoit 436 malades. Pendant la même période, 64 accouchements y sont pratiqués, car l'obstétrique dépend alors de la médecine. En novembre 1877, la décision du doyen de transférer la maternité au service de chirurgie et de la confier à M. Eustache en attendant l'arrivée de M. Vanverts, entraîne quelques contestations. Cette petite maternité, située salle Saint-Adrien au second étage, ne comporte que six lits et une petite salle de travail attenante.

30.– Commission des arts insalubres, *op.cit.*

31. V. Langlet : *La cité hospitalière régionale*, Lille, Imp. La Monsoise, 2004, p. 4.

32.– E. Papillon : *Réforme dans l'enseignement clinique. Des ressources hospitalières de Lille - Clinique et policlinique. Projet d'organisation*, Imp. Lefebvre-Ducrocq, Lille 1877, 16 p., p.7. L'auteur tire ces chiffres de la brochure de A. Houzé de l'Aulnoit : *Statistique du paupérisme*. Société des Sciences, 1876, p. 199.

La durée d'hospitalisation n'excède pas 7 ou 8 jours : à la fin de l'année, sur 82 accouchements, on ne déplore qu'un seul décès maternel dû à une dystocie du bassin, mais cinq mort-nés. Un détail : sur ce chiffre de 82 parturientes, on relève 28 femmes mariées et 54 célibataires : les femmes « comme il faut » n'accouchent pas à l'hôpital...[33]

Le service de chirurgie est assuré par le Pr G. Eustache, bientôt secondé par le Pr A. Faucon. De juin à octobre, il reçoit 189 « blessés » ; quatre décès sont à déplorer. Comme à la maternité, *les bons résultats obtenus sont dus aux conditions hygiéniques très satisfaisantes jusqu'alors de nos salles*, précise M. Faucon qui donne au lit du malade des leçons cliniques appréciées.

Chaque chef de service est assisté par un chef de clinique : M. Challe en médecine, M. Bricart, puis M. Dujardin en chirurgie. Deux élèves de fin de 2e année, MM. Cochez et Van Oye sont internes provisoires. Ultérieurement, quatre postes d'internes sont prévus : un en clinique obstétricale, deux en clinique chirurgicale et un en clinique médicale[34]. Le pharmacien en chef est M. Demandre, ancien pharmacien aide-major de 1re classe à l'école du Val de Grâce et chef des travaux pharmaceutiques. Il est assisté de trois internes en pharmacie qui suivent les professeurs lors de la visite : ils inscrivent sur un cahier spécial toutes les prescriptions médicamenteuses et apprennent à les confectionner à la pharmacie. Deux laboratoires sont prévus : un laboratoire de recherche analytique sous la direction du pharmacien et un laboratoire d'anatomie pathologique sous la direction du professeur de clinique, installé en 1879.

Tout, ou presque tout, est donc en place, dès le début, pour recevoir les étudiants et leur prodiguer un enseignement « au lit du malade » dans les meilleures conditions. Presque tout en effet, car A. Delassus évoque les difficultés initiales : *Les sœurs*, écrit-il, *dinaient autour d'un tonneau qui leur servait de table.* Les internes sont logés sous les combles. *Nous occupions, quoique modestes fonctionnaires, une situation « élevée » à l'hôpital, 69 marches au-dessus du sol ! De nos chambres, on ne pouvait voir que le ciel, car nos fenêtres étaient à 1m75 du plancher : aussi n'étions nous guère distraits par les bruits du boulevard [...] L'administration ne nous gâtait guère, grand Dieu ! Ce qu'il a fallu de marches, démarches, contremarches, engagements financiers, pour obtenir non pas du feu dans la salle à manger — il n'y en eut jamais – mais le percement d'une porte pour faire communiquer la salle avec une chambre voisine ! Celle-ci était chauffée quand le vent était bon, la cheminée non obstruée et le charbon monté par Pierre, l'ineffable infirmier, à qui l'on disait au mois de mai que les carreaux étaient sales et qui répondait : « Mais, Monsieur, il n'y a pas six mois que je les ai lavés ! »*

33.– En France, le pourcentage de naissances « naturelles » est alors de 8,5 %. Dans la Seine, il est de 24 %, dans le Nord et Pas-de-Calais de 10 à 11 %. À Lille, la « natalité illégitime » est de l'ordre de 25 %. Elle est plus élevée encore à Saint-Sauveur qu'à Sainte-Eugénie : 1 009 filles mères pour 287 femmes mariées de 1839 à 1864, soit 77,85 %. Nous verrons les conséquences de ce fait sur la surmortalité infantile.

34.– Une certaine imprécision persiste sur les noms des premiers internes de Sainte-Eugénie. Si Van Oye et Cochez, à l'issue de leur 2e année, ont bien été les premiers internes provisoires, il existe des contradictions entre les différentes sources pour les nominations suivantes, après concours. On relève les noms de Van Oye, Jaffus,, mais A. Delassus cite également les noms de Gayrard et Deschamps, dont on ne trouve plus la trace ensuite. A. Delassus, *Autour du berceau de la Faculté de médecine, op. cit.*

Les jours d'hiver, quand la graisse se figeait par trop dans le bouillon, quand la sauce se prenait en bloc dans la saucière, quand nos doigts bleuis tenaient maladroitement la fourchette, on transportait la table entière dans une chambre quelconque et le repas s'achevait, sans confort sans doute, mais avec la bonne humeur de notre âge qui nous faisait prendre en patience ces petites misères.

Dans un grenier, qu'on est bien à vingt ans !

Qu'importe ! Malgré cela ou à cause de cela, cette vie de l'internat était exquise. Une réelle amitié nous unissait dans une vie commune de tous les instants, les allées d'hôpital nous offraient un vaste champ d'études, les jardins avec leurs grands arbres, leurs allées ombreuses nous délassaient de la science austère : que pouvions-nous désirer de plus ? C'était trop beau ! Aussi, sous le prétexte que le cas n'était pas prévu, l'internat de la Faculté catholique fut-il expulsé de l'hôpital bien avant les congrégations et s'il y a encore un interne de garde, il n'y a plus d'internat[35].

Pendant plus de cent ans, tous les étudiants, presque tous les externes et internes, passeront par l'hôpital Sainte-Eugénie devenu « La Charité » en 1882. Ils garderont le souvenir de ces immenses salles communes où gisent les malades dans une promiscuité qui serait aujourd'hui insoutenable, des longues visites du patron qui passe de lit en lit, escorté des assistants, de l'interne et des externes portant le grand carton des observations, des religieuses en cornette silencieusement efficaces, des examens et des pansements effectués au vu de tous, des insuffisants respiratoires auxquels les garçons de salle apportent à grand-peine les lourdes bouteilles d'oxygène, des mourants enfin isolés derrière un simple paravent de toile[36].

Toutefois, la formation clinique en hôpital ne couvre pas, tant s'en faut, tous les aspects de l'activité médicale. Elle méconnaît la pathologie courante, celle de la pratique quotidienne, comme certaines maladies relevant de soins spécialisés. *Le programme de C. Feron-Vrau ne comportait pas seulement l'enseignement des trois grandes cliniques. Aux deux cents lits de l'hôpital de la Charité [...] il faudrait en ajouter, disait-il, cent autres au moins et il les destinait aux cliniques complémentaires dont il prévoyait l'établissement. Dans sa pensée, cette Faculté, qu'il voulait au premier rang, comprendrait une clinique pour chacune des spécialités "basées, écrit-il, sur l'âge, le sexe des malades, le siège, la nature ou le traitement des diverses affections". Il veut que maîtres et étudiants puissent étudier séparément les maladies des enfants, celles des vieillards, les maladies des femmes, les maladies des yeux, celles de la peau, des voies urinaires, les maladies mentales et nerveuses, etc.*[37]

35.– A. Delassus, *Autour du berceau de la Faculté de médecine, op. cit.*, p. 87. Cette suppression de l'internat a sans doute coïncidé avec la décision de l'Administration des Hospices, prise en 1881, de réduire les services de médecine et de chirurgie et d'expulser la maternité (Cf. chapitre V). Dès lors « l'internat », déplacé entre « le chauffoir » et les appartements du directeur, est réduit à une étroite pièce unique, dont le lit fut beaucoup plus tard, vers 1950 , transféré à l'étage.

36. Ce n'est que dans les années 1960 que les salles du rez-de-chaussée et du second étage seront cloisonnées. Nous verrons plus loin les tentatives d'amélioration de ces conditions d'hospitalisation.

37.– Mgr Lesne : *La polyclinique Saint-Philibert et l'histoire des services hospitaliers de la Faculté de médecine. Les Fac. Cathol. de Lille*, 24e année, 1933, n° 3, pp. 59-71.

Les dispensaires

Dans l'acception de l'époque, les dispensaires sont des établissements destinés à fournir gratuitement aux indigents des soins ambulatoires et des médicaments, voire le cas échéant le bénéfice de petites interventions. Ce genre d'établissement est encore rare en France[38] ; il en est un au Havre, créé en 1875, mais ils sont courants à l'étranger, en Allemagne, en Angleterre, en Autriche.

En mars-avril 1877, C. Feron-Vrau s'informe auprès du baron de Gogern, président général de la Confrérie de Saint-Vincent de Paul à Vienne, sur le fonctionnement d'une policlinique[39] fondée en 1872 dans la capitale autrichienne. Il reçoit du Pr Drasche une réponse mitigée : la policlinique de Vienne assure des consultations spécialisées pour malades indigents ; elle emploie une douzaine de médecins, assistés de trois à cinq jeunes médecins ou étudiants. Les fonds ont été facilement recueillis au début, mais plus difficilement par la suite. Pour plusieurs raisons, la policlinique est l'objet d'une *lutte violente* des médecins de Vienne : discrimination entre riches et pauvres, délégation de pouvoirs aux étudiants, détournement des malades vers les cabinets privés des médecins[40].

Cependant, en mai 1877, C. Feron-Vrau écrit à M. Boré, supérieur général des Sœurs de Saint-Vincent de Paul à Paris : *L'hôpital Sainte-Eugénie va fournir à notre Faculté les 200 lits qui suffiront légalement à l'enseignement clinique ; mais il y a bien loin des ces exigences légales aux besoins réels qui sont ici presque illimités. Ce sont des milliers de malades qu'il nous conviendrait d'accueillir chaque année, soit pour l'instruction et l'éducation de nos élèves, soit pour le service charitable de la classe pauvre [...] Nous aurons créé pour les malades un foyer d'ardente charité, d'autant plus propre à l'éclosion d'une race de médecins chrétiens, dont nous aurons pratiquement préparé le cœur comme l'esprit au premier de leurs devoirs. Les religieux et religieuses y seront la vivante et constante personnification de cette charité chrétienne qui voit Jésus-Christ dans chaque malade, surnaturalisant ainsi par la religion l'exercice d'un art qui, sans elle, tendrait à abaisser dans le matérialisme grossier le niveau moral de la profession et de ceux qui l'exercent, praticiens et étudiants*[41].

Ainsi, dans l'esprit de C. Feron-Vrau, les dispensaires présentent une double facette, universitaire et charitable, tout à fait dans la ligne des objectifs de l'Université catholique. Utiles aux étudiants qui y côtoient la médecine au quotidien, ils offrent aux pauvres un précieux service de bienfaisance. Lorsqu'il présente son projet au Conseil d'administration de l'Université en mai 1877, il souligne : *On verrait s'accomplir ainsi un bien immense au point de vue social, au point de vue scientifique et au point de vue charitable, pour le plus grand honneur de notre chère Université catholique.*

38.– Toutefois, un *dispensaire ophtalmique* avait été créé à l'hôpital Saint-Sauveur en décembre 1862. Les consultations pour indigents étaient assurées par le Dr A. Testelin. A. Houzé de l'Aulnoit : *De l'Assistance publique à Lille*, p. 97.

39.– Dès cette époque, et aujourd'hui encore, on utilise indifféremment et tout aussi valablement les termes de *policlinique* (clinique de ville) ou *polyclinique* (clinique polyvalente).

40.– Arch. des Éts Vrau (communiquées par M. X. Théry) : *Fondation des dispensaires Saint-Raphaël et Saint-Camille*. PC IX-3.

41.– Cité par Mgr Baunard : *Les deux frères, etc., op. cit.*, p. 224-225.

En novembre 1877, le recteur envoie à Londres les docteurs Redier et Jeannel pour y étudier le fonctionnement des hôpitaux et policliniques[42]. La Faculté de médecine est évidemment impliquée dans ce projet : une Commission des dispensaires est créée en mai 1877, comprenant le docteur Feron-Vrau, représentant le recteur, le doyen Béchamp, les professeurs Jeannel, Papillon, Eustache, Desplats et Baltus, c'est-à-dire le groupe de la première heure. Elle doit chercher des locaux appropriés, en prévoir les aménagements, préciser les modalités de fonctionnement et élaborer un règlement. Il est entendu qu'il y aura un dispensaire pour les hommes, un autre pour les femmes et les enfants.

Dès le mois de mars, le professeur Papillon avait proposé d'acquérir une grande maison située rue Jean sans Peur, mais le consentement du propriétaire était incertain. Fin mai 1877, les choses ont bien avancé. Deux maisons ont été louées en pleine ville, l'une au 32 de la rue des Fossés : 14 mètres de façade, 28 de profondeur, treize pièces au rez-de-chaussée, onze à l'étage, l'autre au 72 de la rue de Paris, face à l'église Saint-Maurice : vingt pièces réparties sur deux niveaux autour d'une cour intérieure.

Le service du dispensaire de la rue de Paris sera assuré par trois Sœurs de Saint-Vincent de Paul dont Camille Feron-Vrau a obtenu aisément le concours auprès du supérieur des Prêtres de la Mission et des Filles de la Charité : la supérieure, sœur Rony, a déjà été désignée, elle est venue visiter les locaux et a réservé six pièces pour sa communauté.

Le dispensaire de la rue des Fossés sera confié aux religieux Camilliens, dont Camille Feron- Vrau a découvert l'existence et la vocation particulière de « serviteurs des malades » en décembre 1876, à l'occasion d'un appel de fonds adressé à son beau-frère Philibert. C. Feron-Vrau n'a eu aucune peine à convaincre le Père Tezza, supérieur de la petite communauté de Notre Dame de la Chaux à Cuisery (Saône et Loire) de l'intérêt d'une implantation à Lille, où les religieux pourront diriger les activités du dispensaire et garder des malades en ville, tandis que les novices recevront leur formation à la faculté de théologie.

Dès lors, Feron-Vrau voue aux Camilliens une affection particulière et indéfectible en l'honneur de son saint patron ; il les comble de ses libéralités et bâtit pour eux la Maison Saint-Camille, rue de la Bassée. Il construit aussi avec eux, dans les années 1890, un édifice spirituel original remarquable, la *Pieuse association des malades et des serviteurs des malades*. Les Camilliens resteront à Lille 25 ans, jusqu'à leur expulsion définitive en 1902, après avoir été chassés une première fois en 1880.

Il faut choisir un nom pour ces deux dispensaires. Camille Feron-Vrau en propose plusieurs : Maison Saint-Raphaël, Saint-Côme, Saint-Luc, *ou tout autre saint patron affilié à la profession médicale*. Finalement, c'est Saint-Raphaël qui est choisi pour le dispensaire de la rue de Paris (Raphaël est l'archange qui dans la Bible a guéri le vieux Tobie de sa cécité[43] : les consultations pour les maladies des yeux y seront longtemps prédominantes) ; pour le

42.– J.-M. Redier : *Écoles de médecine et dispensaires de Londres*. Rapport au recteur, 1er décembre 1877, Lille, Impr. Lefebvre Ducrocq, 51 p.

43.– Le jeune Tobie ou Tobit guérit son père grâce au remède (du fiel de poisson) que lui a donné l'archange Raphaël. D'autre part, en hébreu, Raphaël signifie *Dieu guérit*.

dispensaire de la rue des Fossés, réservé aux hommes, Saint-Camille est évidemment retenu.

Le fonctionnement des dispensaires est défini : ils offrent une consultation de médecine, une de chirurgie et des consultations spéciales (c'est-à-dire de spécialités) pour les maladies des yeux, celles des enfants, les maladies de la peau et syphilitiques, celles de la bouche et des dents, ce qui est une première en France. Une pharmacie fournit les médicaments : ceux-ci sont préparés par la pharmacie de l'hôpital Sainte-Eugénie sur ordonnance des médecins, et sous réserve de l'accord de l'Administration des Hospices, qui sera aisément obtenu.

Les malades sont traités gratuitement, mais sous condition qu'ils soient inscrits au bureau de bienfaisance de leur commune ou, à défaut, qu'un prêtre ou une religieuse attestent leur situation de pauvreté. Dans chaque dispensaire, une petite infirmerie est établie à l'étage, où les malades peuvent être accueillis s'il en est besoin pour quelques jours au plus, les femmes à Saint-Raphaël, les hommes à Saint-Camille. Passé ce délai, ils doivent être dirigés sur l'hôpital.

Le choix des médecins chargés des consultations était chose délicate, comme l'évoque Camille Feron-Vrau devant le Conseil d'administration : *Relativement au choix des médecins et chirurgiens, on conçoit qu'il puisse se présenter des compétitions entre MM. les professeurs pour la pratique de telle ou telle spécialité ; il faut une pratique assez longue de plusieurs années parfois pour faire un bon spécialiste, de telle sorte que d'un commun accord il faudrait établir les services spéciaux sans nommer les chefs de service… Ces fonctions pourraient être d'ailleurs temporaires. On demandera à la faculté de faire des propositions : la commission permanente chargée de l'organisation de la faculté de médecine décidera en dernier ressort.*

C'est ainsi que se passent les choses : la répartition se fait sereinement, plusieurs médecins se mettant à la disposition de la Faculté sans exprimer de souhait particulier. Toutefois, comme le souligne le Pr Papillon en février 1878, *les dispensaires de l'Université catholique une fois constitués, les professeurs de clinique en furent exclus….*

Ce mode d'affectation peut paraître étonnant aujourd'hui, mais il faut se rappeler que l'omnivalence du diplôme de docteur en médecine n'était pas alors un vain mot : tout docteur possédait de larges compétences dans les domaines considérés de nos jours comme spécialisés. La chirurgie elle-même ne faisait pas l'objet d'un exercice exclusif.

On attribue ainsi sur leur demande les consultations des maladies des enfants au Pr Wintrebert, celles des maladies des yeux au Dr Dujardin, celles des maladies de la bouche et des dents au Pr Redier, celles des maladies de la peau et syphilitiques au Pr Vanverts, accoucheur, remplacé en mars 1878 par le Pr Domec, anatomiste et chirurgien, celles des maladies nerveuses et mentales au Pr Bouchaud, celles des maladies des femmes au Pr Eustache. La consultation de médecine est confiée au Pr Baltus, celles de chirurgie au Pr Jousset. Le Pr Jeannel, nommé directeur des dispensaires, assure le contrôle de la pharmacie.

Le dispensaire Saint-Raphaël ouvre ses portes le 15 octobre 1877, les trois sœurs s'y étant installées dès le 30 juin. À cette date, fonctionnent trois consultations, celles de médecine et de chirurgie trois fois par semaine et celle des maladies de la bouche et des dents tous les jours. Mi-novembre, s'ouvrent la consultation quotidienne des maladies des yeux et, trois fois par semaine, celle des maladies des femmes et des maladies nerveuses, celle des maladies de la peau et syphilitiques ; la consultation pour enfants prend également en charge les vaccinations gratuites. Plus tard, on ouvre des consultations de l'oreille et du larynx (en 1886), des voies urinaires (en 1902), etc.

Certes, les conditions d'accueil ne sont pas idéales : *Les dispensaires naissants,* écrit Mgr Lesne, *se donnaient dans de vieilles maisons [...] À part la Charité [...] tout le reste est étroit, incommode et antique*[44]. Le loyer est lourd : 400 F par an (soit 1 280 €). Le traitement de chaque sœur est de 700 F auxquels s'ajoutent 200 F pour le trousseau.

Cependant, tout au moins au dispensaire Saint-Raphaël, le succès est immédiat : en six semaines, 1 303 consultations sont enregistrées, plus de 35 par jour en novembre. Au premier trimestre de 1878, la moyenne s'élève à plus de 44 par jour (*sans défalquer les dimanches et jours fériés*), la moitié de ce nombre étant à mettre au compte de l'ophtalmologie. La charge de travail est telle qu'une quatrième sœur est demandée ; le Conseil d'administration donne son accord sans réticence en février 1878. À la fin de l'année 1878, on totalise 10 286 consultations ; en 1878-79, 12 629 pour 3 913 malades inscrits. Encore faut-il noter que le service est interrompu pendant les vacances universitaires, du 15 août au 1er octobre, une pratique plusieurs fois contestée par les médecins, en particulier par le Pr Guermonprez qui propose sa candidature[45].

La maison Saint-Camille est inaugurée le 15 août 1877 par le Père Tezza, nommé peu auparavant pro-provincial pour la France. Le Père Carcereri en est le supérieur, le Père Joseph Franceschini le procureur ; sont présents aussi trois autres Pères et cinq frères, un effectif bien supérieur aux besoins du fonctionnement du dispensaire. L'Université n'accepte de prendre en charge pour le dispensaire que trois personnes à raison de 2 600 francs par an, plus 1 000 francs pour leur installation. Les autres clercs seront gardes-malades en ville, tandis que les Pères qui sont prêtres apporteront leur service à plusieurs paroisses de la ville.

À vrai dire, les consultations prévues dans cette maison ne fonctionnent guère : *Longtemps,* écrit Mgr Lesne, *le dispensaire Saint-Camille s'est contenté de doubler celui de Saint-Raphaël ; en particulier, jusqu'en 1914, il y eut de part et d'autre, consultations de médecine et consultations de chirurgie, mais, en même temps, les spécialités se faisaient exclusivement dans l'une ou l'autre des deux maisons*[46]. En novembre 1877, on tente d'y transférer la consultation pour les enfants du Dr Wintrebert ; c'est un échec. Dès le 19 décembre, dans son premier rapport, le Pr Jeannel réfute le principe de la séparation des sexes,

---

44.– Mgr Lesne : *Cinquante ans d'enseignement supérieur libre à Lille, in Livre d'Or du Cinquantenaire de la fondation de l'Université catholique de Lille,* 1927, Imp. du Nouvelliste et de la Dépêche, Lille, 334 p.

45.– Lettres du Pr F. Guermonprez à M. C. Feron-Vrau des 26 mai et 9 juin 1881. Arch. des Éts Vrau : *Fondation, etc., op. cit.* PC IX-3. En 1880, le recteur a décidé la fermeture de tous les services des dispensaires du 15 août au 1er novembre : Rapport du Pr J. Jeannel sur le service des dispensaires pendant le 2e trimestre 1880. Arch. ICL. Dossier P1U.

46.– Mgr Lesne : *La polyclinique Saint-Philibert, etc., op. cit.,* p. 63.

qui n'est *pas indispensable, ni nécessaire, ni même praticable*. Il propose de tout regrouper à Saint-Raphaël, sauf à hospitaliser à Saint-Camille les malades masculins et d'y créer éventuellement une consultation des maladies des voies urinaires. Il demande donc la transformation de la grande salle du rez-de-chaussée en quatre chambres d'hospitalisation, ce qu'accepte l'autorité administrative.

Ainsi, dès le premier trimestre de 1878, plus de 200 journées d'hospitalisation sont enregistrées au bénéfice d'indigents. Dès cette période, est évoquée la possibilité de recevoir des malades payants : c'est l'embryon d'une future Maison de santé (qu'on appellera plus tard clinique). La Commission permanente a déjà prévu des prix de journée : 4 F par jour pour les ecclésiastiques, 5 F pour les civils, un tarif que le Pr Jeannel estimera un peu plus tard excessif et susceptible de rebuter d'éventuels clients — il propose 2 et 3 F. Il a sans doute raison : de janvier à fin juin, la maison n'accueillera que deux malades payants sur les seize hospitalisés. Les durées de séjour dépassent largement les cinq jours qu'avait prévus le règlement initial, puisqu'elles s'étendent de 13 à 33 jours et même 54 jours !

Est demandée aussi l'installation de douches et bains médicaux : cette idée chère au Pr Desplats, fervent partisan des traitements physiques (hydrothérapie, thermothérapie, électrothérapie...). ne se concrétisera qu'en 1882.

Le mode de fonctionnement du dispensaire Saint-Camille ne satisfait guère le docteur Feron-Vrau. Il souhaitait autre chose pour cette maison dédiée à son saint patron et surtout, il voulait avancer dans la réalisation du "programme camillien", ce projet rêvé avec le Père Tezza lors de leur première entrevue : ramener à Lille le noviciat des Camilliens de France. Il faut bâtir ; le docteur Feron cherche donc du terrain à cette fin. En avril 1878, son notaire Me Lefebvre lui en signale un rue de la Bassée : 6 000 m^2 de surface environ, 37 mètres de front à rue. À la même date, il reçoit d'un certain abbé Desplanque, curé de Lambersart, un don de 80 000 F (soit 256 000 euros) pour aider à la construction du dispensaire des Camilliens et d'un asile de vieillards (ce sera l'Asile des Cinq Plaies de Notre Seigneur).

Le terrain est acheté par Camille Feron-Vrau (61 000 F soit 195 000 €) ; un architecte est choisi, les plans sont dressés. L'Université est informée, mais ne participe aucunement à l'opération immobilière. Le 1er décembre 1878, au Congrès catholique de Lille, l'abbé Baunard, professeur à la faculté de théologie, raconte avec quelque emphase l'arrivée providentielle des Pères Camilliens à Lille en soulignant que *les bons pères avaient la bourse moins large que le cœur* et qu'ils étaient *aux prises avec une tyrannie implacable, acharnée qui s'appelle l'argent*. Il appelle, bien sûr, les catholiques du Nord à mettre de nouveau la main à la poche et présente aux congressistes les plans et dessins de cette future maison de santé. On construira d'abord le bâtiment de façade qui abritera le dispensaire et, aux étages, quelques chambres et le logement de la petite communauté, la chapelle et l'aile gauche avec les locaux de service : salle d'opération, lingerie, bains et douches. Plus tard, dans l'aile droite, sera bâtie une maison religieuse qui *peut-être un jour recevra un noviciat et un scolasticat où se recruteront les rangs de nos futurs élèves de notre faculté de théologie*. (Elle sera effectivement construite en 1888). Enfin est prévu dans un avenir plus lointain l'aménagement du grand jardin, la construction de bâtiments destinés à accueillir malades payants et d'un presbyterium pour les prêtres âgés ou malades. Cette grande annexe ne verra jamais le jour.

Le résultat de ce nouvel appel fut modeste : dans les relevés de comptes tenus avec rigueur par Camille Feron-Vrau, on trouve à quatre reprises en 1879 des mentions sibyllines : *reçu espèces en compte* pour un montant total de 20 000 F. Peut-être s'agit-il de dons consécutifs à cet appel ?

Toujours est-il que la construction commence très vite. Le 23 février 1879, est bénie la première pierre de la chapelle. Quatorze mois plus tard, la chapelle, le bâtiment de façade et l'aile gauche sont édifiés. Les Pères emménagent le 10 avril 1880. Le 6 mai, en la fête de l'Ascension, la chapelle est bénie par Mgr Monnier, chancelier de l'Université. On a quand même fait l'économie d'une flèche dessinée sur les croquis initiaux ainsi que des constructions qui devaient rattacher l'édifice aux ailes.

Maison de santé Saint-Camille. Façade rue de la Bassée

Maison Saint-Camille. La chapelle

Le 23 juillet, les dernières factures sont réglées par le docteur Feron-Vrau, qui peut faire l'addition : l'opération aura coûté 380 160, 67 francs (soit

1 216 000 €). Si l'on déduit le don Desplanque et quelques autres, il aura eu à sa charge 320 160 F, soit plus d'un million d'euros....

Cette large contribution posait le problème du droit de propriété. Le don de l'abbé Desplanque avait été fait aux Camilliens, Camille Feron-Vrau avait fourni le terrain et financé le surplus, mais, dans sa grande générosité, il avait déjà résolu la question. Dès avril 1879, donc au début de la construction, il avait adressé au Père Carcereri, supérieur de la communauté lilloise, une lettre qu'il a peut-être regrettée quelques années plus tard. Il y stipulait en effet l'abandon aux Pères Camilliens de la jouissance perpétuelle de la Maison Saint-Camille, rue de la Bassée, de la chapelle et du jardin.

En retour, le Père Carcereri lui vouait une reconnaissance tout aussi perpétuelle et s'empressait de transmettre à la maison mère de Rome cette splendide offrande. La réponse vint le 22 août sous forme d'un acte officiel approuvant la décision du chapitre de Lille, lequel s'engageait à perpétuité à célébrer chaque mois une messe pour le bienfaiteur et les membres de sa famille, vivants et défunts. Cela méritait bien ceci !

Le dispensaire emménage en mai 1880 dans ses nouveaux locaux : deux consultations s'ouvrent, l'une pour les maladies des enfants (Pr Augier), l'autre pour les maladies des yeux (Pr A. Faucon), à raison de trois séances hebdomadaires. On propose une base de recrutement des patients : à Saint-Camille, ceux qui habitent au nord du boulevard de la Liberté, à Saint-Raphaël, ceux du sud de ce boulevard. À Saint-Camille, le nombre de consultations trimestrielles est compris entre 180 et 220, soit 3 à 4 par jour ouvrable ; on compte 30 à 50 journées d'hospitalisation, dont 80 à 90 % sont gratuites. À Saint-Raphaël, dans les huit spécialités, les chiffres sont nettement supérieurs, de l'ordre de 4 à 5 000 consultations par trimestre[47].

Ces dispensaires coûtent cher à l'Université : le déficit annuel est de l'ordre de 23 000 F (soit 73 000 €) pour ces deux premières années, auxquels il faut ajouter six cents francs d'indemnité pour chaque médecin qui y exerce. C. Feron-Vrau en est conscient : on envisage même un moment de fermer le dispensaire Saint-Camille, mais les retombées morales de cette œuvre charitable l'emportent sur les considérations financières. C. Feron-Vrau et un autre membre du Conseil d'administration, Louis Delcourt, créent pour alléger cette charge *l'Œuvre de l'Assistance médicale.* Celle-ci met à la disposition du public au prix de cinq francs des carnets de cinq bons valables un an. Chaque bon confère à son porteur le droit à deux consultations avec soins médicaux, chirurgicaux et médicaments ; trois bons valent une journée d'hospitalisation. (Il se peut que ce système ait été repris d'une pratique constatée par le Pr Redier lors de son voyage d'études à Londres en décembre 1877). Trois cents affiches annonçant l'initiative ont été imprimées ; elles seront apposées aux porches des églises, dans les maisons religieuses et les écoles catholiques. Un tract rédigé par C. Feron-Vrau indique les lieux et la nature des consultations proposées. *Moyennant ces cartes qu'on peut appeler* bons de santé *les personnes charitables peuvent assurer, à peu de frais, les secours médicaux à toutes les personnes dont elles se font les*

47.– Pr J. Jeannel : Rapports trimestriels sur le fonctionnement des dispensaires de 1879 à 1881. Arch. ICL. Cet écart persistera les années suivantes : selon le rapport du 19 novembre 1885 du Pr L. Wintrebert qui a succédé au Pr Jeannel à la direction des dispensaires, le nombre de consultations pour l'année 1884 est de 15 600 à Saint-Raphaël et de 3 300 à Saint Camille.

protecteurs et qu'elles veulent assister. Ce paternalisme peut sembler choquant aujourd'hui : il ne l'était pas à l'époque et pouvait rendre aux pauvres des services appréciés, mais son rendement ne fut pas à la hauteur des espérances. On comptait sur 3 000 F (9 600 €) de recettes, le premier exercice rapporta 2 902 F, dont il fallait déduire 600 F de frais de fonctionnement ; les années suivantes, le produit dépassa à peine 1 000 francs, au point que le Conseil d'administration décida de supprimer cette *œuvre improductive, gênant le fonctionnement du dispensaire*. Dans le même temps, le Pr Jeannel demande et obtient d'être remplacé à la direction des dispensaires par le Pr Augier, nommé directeur adjoint.

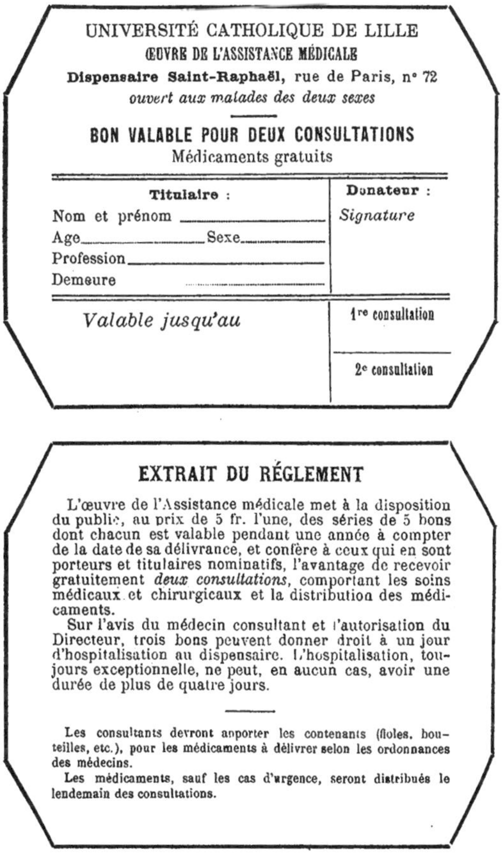

UNIVERSITÉ CATHOLIQUE DE LILLE
ŒUVRE DE L'ASSISTANCE MÉDICALE
Dispensaire Saint-Raphaël, rue de Paris, n° 72
ouvert aux malades des deux sexes

BON VALABLE POUR DEUX CONSULTATIONS
Médicaments gratuits

Titulaire :	**Donateur** :
Nom et prénom ____	*Signature*
Age ____ Sexe ____	
Profession ____	
Demeure ____	
Valable jusqu'au	1re consultation
	2e consultation

EXTRAIT DU RÈGLEMENT

L'œuvre de l'Assistance médicale met à la disposition du public, au prix de 5 fr. l'une, des séries de 5 bons dont chacun est valable pendant une année à compter de la date de sa délivrance, et confère à ceux qui en sont porteurs et titulaires nominatifs, l'avantage de recevoir gratuitement *deux consultations*, comportant les soins médicaux et chirurgicaux et la distribution des médicaments.

Sur l'avis du médecin consultant et l'autorisation du Directeur, trois bons peuvent donner droit à un jour d'hospitalisation au dispensaire. L'hospitalisation, toujours exceptionnelle, ne peut, en aucun cas, avoir une durée de plus de quatre jours.

Les consultants devront apporter les contenants (fioles, bouteilles, etc.), pour les médicaments à délivrer selon les ordonnances des médecins.

Les médicaments, sauf les cas d'urgence, seront distribués le lendemain des consultations.

Bon de consultation

À peine installés de quelques mois dans leur nouvelle maison, les Pères Camilliens connaissent une lourde épreuve : les lois anticléricales de 1880 expulsent de France les congrégations religieuses masculines non autorisées. Les Jésuites, mais aussi les Camilliens sont frappés, car ils sont presque tous étrangers. On s'y attendait depuis juillet et les Pères avaient préparé leur repli : le 10 octobre, les novices et les scholastiques quittent Lille pour le Tyrol et le dispensaire ne fonctionne pas pendant le premier trimestre 1881. Par la suite, les Camilliens reviennent discrètement, mais, en 1902, tous devront partir : le dispensaire sera fermé pendant plus d'un an, puis reprendra son activité sous une nouvelle direction. Plus tard, en 1921, il sera géré par les sœurs Augustines jusqu'en 1933.

En 1887, le dispensaire Saint-Raphaël sera transféré de la rue de Paris à la rue du Port, au n° 86, où un grand bâtiment de style néo-flamand a été érigé, *on devine grâce à quelles libéralités nouvelles*[48]. Deux ans plus tard, la Maternité Sainte-Anne l'y rejoindra, lorsque l'aile droite en sera construite. Dès lors, les maisons de santé offrent *à la catégorie de malades qui ne fréquentent pas les dispensaires, des soins très appréciés*, mais il n'est possible *d'hospitaliser que rarement et par faveur singulière quelques malades indigents. Les dispensaires, eux, sont toujours réduits à un petit nombre de salles de consultation, privés des lits que requiert l'enseignement clinique tel qu'il est compris aujourd'hui*[49].

Dispensaire Saint-Raphaël, rue du Port

En effet, une question reste posée : les étudiants ont-ils tiré profit de cette institution, créée en grande partie pour eux ? La réponse est mitigée. En août 1878, le rapport du Pr Jeannel indique que *quelques étudiants assistent de temps en temps aux consultations, mais aucun n'est attaché spécialement à un service déterminé, ce qui s'explique d'ailleurs par leur petit nombre*. L'éloignement des dispensaires de la Faculté, rue de la Barre ou de l'hôpital de la Charité, boulevard Montebello explique sans doute aussi cet absentéisme.

Trois mois plus tard, Jeannel relève que certains *prêtent leur concours aux pansements et aux opérations*. Le Pr Redier propose des conférences hebdomadaires sur les maladies de la bouche et des dents, suivies par six à huit étudiants. Au premier trimestre de 1879, des cours et conférences sont donnés chaque jour et l'assiduité est meilleure. Jeannel propose que les médecins des dispensaires puissent effectuer des visites et des opérations à domicile, aidés par deux ou trois étudiants de 4e année… mais le vice-recteur refuse que ces étudiants assurent seuls ces visites. Jeannel voit enfin d'un

48.– Mgr É. Lesne : *ibid*, p. 64.

49.– *Ibid*, p. 64.

bon œil la présence de quelques étudiants de la faculté d'État à ces consultations.

Concours et médailles. Sociétés savantes et publications[50]

Dès la fondation de la Faculté, la création d'une société savante est décidée, ainsi que celle d'un journal. En 1878, est fondée la *Société des Sciences Médicales de Lille* et en novembre de la même année paraît le premier numéro du *Journal des Sciences médicales de Lille.*

De même, ce n'est qu'après un temps de latence de près de deux ans, destiné à permettre aux étudiants d'acquérir un peu de maturité et d'expérience, que les premiers concours sont organisés : adjuvat d'anatomie, puis externat et internat en médecine, internat en pharmacie.

Dispensaires, sociétés savantes, concours : la Faculté met en place des éléments essentiels à son fonctionnement, mais de nouveau elle est gravement menacée dans son existence.

Lourdes menaces

Après les élections sénatoriales de 1879, remportées par la gauche et la démission de Mac Mahon, Jules Grévy est élu président de la République : avec la nomination de Jules Ferry dans les ministères Waddington (février 1879) et Freycinet (décembre 1879), la menace se précise : *Le 31 janvier 1879,* écrit Mgr Baunard[51], *arrivait à la présidence l'homme qui, lui, signerait tout, l'avocat Grévy.* Aussitôt, « la guerre scolaire » s'allume *dans une ambiance de haine opposant les conservateurs aux républicains, le curé à l'instituteur ou au pharmacien, la "calotte à la gueuse"*[52]. Paul Bert, le premier, élabore un projet de loi, dont l'exposé des motifs comporte cette phrase éloquente : *Il est prouvé une fois de plus que dans les pays constitués comme le nôtre, tout ce qu'on enlève à l'État, on le donne à l'Église.* Parmi les six articles qui le constituent, on note une certaine contradiction entre l'article 1 qui proclame encore : *L'enseignement supérieur est libre,* et l'article 6 qui conclut : *La loi du 12 juillet 1875 est abrogée.* L'article 3 prévoit la gratuité des inscriptions. L'article 4 stipule : *Les établissements privés d'enseignement supérieur ne pourront prendre les titres de Faculté ni d'Université. Les certificats d'étude qu'on y jugera à propos de décerner aux élèves ne pourront porter les titres de baccalauréat, de licence ou de doctorat.*

Les conséquences de ce projet sont immédiatement appréciées par les responsables de la Faculté : *Le projet prive les Facultés libres de tout revenu en décidant que les inscriptions, preuves de stage scolaire, seront gratuites ; il les prive aussi de toute autorité en réservant à l'État la collation des grades ; il fait plus, il démarque les Universités et Facultés libres en les privant de leur propre nom, de leur héritage séculaire qu'il transporte à l'Université de l'État ; il fait plus encore, il les chasse de la langue française en les privant de toute une catégorie de mots désormais rayés de leur vocabulaire et devenus propriété de l'État : Agrégé, Docteur, Licencié, Bachelier. Le projet annule les contrats conclus sous la foi d'une loi*

50 – Cf. les chapitres XXI et XXII.

51.– Mgr Baunard : *op.cit.*, p. 17-18.

52.– M. Guivarc'h : *Farabeuf Louis, Hubert (1841-1910).* Ed. Pariente, Paris 2003. Ami de P. Bert, proche de J. Ferry et de Clemenceau, le grand anatomiste que fut Farabeuf était un républicain radical, athée et anticlérical.

solennellement promulguée, et sacrifie les intérêts d'une classe nombreuse de citoyens ; il viole le principe fondamental de notre droit public, l'égalité devant la loi, en créant des incapacités arbitraires dans l'exercice de l'enseignement ; enfin, il rétablit au profit de l'État, ou plutôt de la majorité aujourd'hui régnante, le plus dangereux des monopoles. L'auteur de cette analyse, J. Jeannel, conclut en admonestant P. Bert : *Vous obligez à s'enrôler contre vous, [...] tous ceux de vos admirateurs qui comprennent la liberté, l'égalité, la fraternité autrement que les despotes aujourd'hui légiférants, demain sanguinaires, qu'apporte le flot changeant du suffrage universel, pour les reprendre, hélas ! toujours trop tard entre des ruines et des tombes*[53].

Quelques semaines plus tard, il ajoute encore en dénonçant le *despotisme absolu* de la théorie développée par M. Spuller et soutenue par M. P. Bert : *Et quel despotisme ! Non pas le despotisme d'un potentat contenu par le frein des responsabilités qu'il assume et des révoltes qu'il prépare, mais le despotisme anonyme, oligarchique, changeant, toujours renouvelé, c'est-à-dire le plus dangereux, le plus humiliant, le plus accablant. Pour échapper à un tel despotisme, aucun sacrifice, pas même celui de la vie, ne saurait coûter aux hommes de cœur*[54].

De même, le Pr G. Eustache attaque avec vigueur le ministre de l'Instruction publique : *Le changement de gouvernement du 30 janvier a amené un changement dans le ministère. M. Jules Ferry a succédé à M. Bardoux comme ministre de l'Instruction publique et des Beaux-arts et comme grand'maître de l'Université. Ses titres littéraires sont la publication, en 1861, des* Comptes Fantastiques de M. Haussmann *; ses titres moraux, son mariage purement civil ; ses titres administratifs, sa déplorable imprévoyance à la mairie de Paris pendant le siège*[55] *; ses titres parlementaires, ses interminables discours à l'Assemblée Nationale. Tout permet de craindre que, dans sa nouvelle position, il n'acquière de nouveaux droits à l'animadversion publique. Il a déjà commencé par la destitution de tous les chefs de division de son ministère*[56], et Mgr Baunard renchérit : *Avec Jules Ferry, l'âme damnée des Loges au ministère de l'Instruction publique [...] l'anticléricalisme tenait pour trente ans au moins le gouvernail de la France. Le 20 mars, M. Ferry déposait sur le bureau des Chambres son néfaste projet de loi dont l'article le plus saillant était l'interdiction faite aux membres des congrégations non autorisées de toute participation à l'enseignement soit public, soit privé (art. 7).*

La polémique est violente autour du projet Bert-Ferry qui soulève dans le pays une émotion considérable : les anticléricaux entendent défendre tout particulièrement *ce fameux article 7 qui interdisait l'enseignement public et privé aux membres des congrégations religieuses non autorisées. La France n'a pas oublié le discours célèbre dans lequel, aux applaudissements de tout le parti républicain, il [Paul Bert] flagella si rudement l'odieuse morale des jésuites (5 juillet 1879)*[57]. À

53.– J. Jeannel : *À Monsieur Paul Bert, professeur à la Faculté des Sciences de Paris, député de l'Yonne. J Sci Méd Lille*, 1879, n° 6, pp. 434-436.

54.– J. Jeannel : *L'État grand éducateur. J Sci Méd Lille*, 1880, n° 9, p. 626-28.

55.– Effectivement, Jules Ferry (1832-1893) a dénoncé les opérations financières douteuses du baron Haussmann, le contraignant à la démission en 1869. À son tour préfet de la Seine, puis maire de Paris à la chute du Second Empire, il s'est vu reprocher son incapacité à empêcher la disette pendant le siège, ce qui lui valut le surnom de « Ferry-Famine ». Franc-maçon, il appartenait à la loge de la Clémente Amitié.

56.– Anonyme : *Nouveau ministre de l'Instruction publique. J Sci Méd Lille*, 1879, n° 5, pp. 364-365.

57.– Ferdinand Buisson : *Nouveau Dictionnaire de pédagogie et d'instruction primaire*, édition 1911, *in* article consacré à Paul Bert. F. Buisson était député radical-socialiste, collaborateur de J.

l'opposé, les protestations n'émanent pas seulement des associations catholiques, mais aussi de milieux moins directement intéressés, où l'on défend le principe de la liberté ou plus simplement l'idée que la libre concurrence peut créer l'émulation. Ainsi lit-on dans *Lyon Médical* un article intitulé : La loi *contre* l'enseignement supérieur : *La suppression des droits d'inscription, l'augmentation des droits d'examen, l'attribution de ceux-ci aux Facultés de l'État rend difficile, impossible peut-être l'existence de Facultés, d'Écoles enseignant les mêmes matières que l'État. C'est une restriction qui, pour être déguisée ou plutôt détournée, n'en est pas moins une atteinte sérieuse à la liberté*[58]. Le *Journal de Médecine de Bordeaux* ajoute : *Il faudrait prendre garde, en voulant détruire le privilège, d'atteindre et de blesser la véritable liberté, la liberté absolue d'enseigner, dont nous sommes le partisan énergique et convaincu*[59]. La *Revue Médicale Française et étrangère* rappelle que *pour stimuler le zèle universitaire, [...] on employa le moyen le plus efficace : on proclama la libre concurrence. [...] Redevenu possesseur de son monopole, l'Université retombera peu à peu, c'est à craindre, dans son insuffisance magistrale. [...] Le seul remède préventif à employer contre cette déplorable perspective est la concurrence, et la concurrence, c'est la liberté*[60]. Un journaliste du *Progrès Médical* écrit : *Le projet de loi Ferry est détestable. [...] Il n'est pas raisonnable de prétendre qu'il est un pas vers l'établissement de la liberté. [...] Il est un pis-aller pour empêcher la théocratie de mettre la main sur une partie du pouvoir public. [...] Il est contraire au droit,* mais il conclut : *Ces réserves faites, le projet de M. J. Ferry nous parait mériter toute approbation.* On n'est plus à une contradiction près...

Jules Ferry

Et dans les journaux, circule une pétition rédigée par un ancien professeur d'université et proposée à ses collègues à l'intention des élus :

> *Au nom surtout de l'Université [...] dont (le projet) froisse les sentiments de loyauté et de justice en la faisant juge et partie dans sa propre cause ;*
>
> *Dont il menace de refroidir le zèle et d'amoindrir les résultats, en lui enlevant toute concurrence, et, par suite, toute émulation ;*
>
> *À laquelle il fait une véritable injure, en donnant à chacun le droit de penser et de dire qu'impuissante à lutter par ses propres forces contre les*

Ferry, inspecteur général de l'Instruction publique, libre penseur (mais non franc-maçon), président de la Ligue des droits de l'homme et, à ce titre, prix Nobel de la paix en 1927.

58.– *Lyon Médical,* 23 mars 1879.

59.– *Journal de médecine de Bordeaux,* 29 mars 1879.

60.– *Revue médicale Française et étrangère,* 12 avril 1879. Ces articles sont cités par G. Eustache dans le *J Sci Méd Lille,* 1879, n° 7, pp. 483-486.

> *congrégations religieuses, elle a besoin d'être aidée par la proscription et la violence ;*
>
> *Par ces motifs, et beaucoup d'autres, les soussignés, membres de l'Université, ont l'honneur de vous prier de vouloir bien, purement et simplement, rejeter le projet en question, et en ce faisant, vous aurez bien mérité de la République, de la France, de la famille, de l'Université et du bon sens*[61].

À la Chambre des députés, la discussion est animée. *Faisons acte de majorité politique,* déclare le rapporteur qui est encore M. Spuller. Et, alors que J. Ferry se défend de lutter contre l'Église (*La République serait insensée,* dit-il, *si elle nourrissait la pensée d'une lutte contre le catholicisme*), Paul Bert n'hésite pas à déclarer que *l'Église était seule en cause dans le débat,* et, à l'extrême gauche, M. Noël Madier de Montjaud, dit Madier-Montjau et soixante-dix-huit députés demandent tout simplement de *mettre le clergé hors la loi.* Le 9 juillet, la loi est adoptée par la Chambre des députés, mais, le 20 août, elle échoue devant la commission sénatoriale et elle est rejetée par le Sénat, après les déclarations libérales de J. Simon, Dufaure et Littré.

Le statu quo

Ce nouveau répit ne rassure qu'à moitié les dirigeants de l'Institut catholique, qui restent néanmoins résolus : *Si l'on force nos étudiants à verser dans la caisse de l'Université officielle le prix de l'enseignement que nous leur donnons, la générosité de nos concitoyens saura combler le vide et réparer l'injustice. Si l'on oblige nos élèves à se faire juger exclusivement par des rivaux de leurs maîtres, préparés et formés comme ils le sont, nos élèves sauront affronter cette épreuve et en sortir avec honneur*[62].

Pour l'instant, c'est le *statu quo.* L'année se termine et, à la séance solennelle de rentrée du 11 novembre 1879, le Pr Desplats en fait le bilan : *Pendant l'année 1878-79, malgré la malveillance d'une partie de nos gouvernants et la constante incertitude du lendemain, nous avons vécu et un peu grandi.* Le nombre des élèves a en effet légèrement progressé de 105 à 112, dont 20 en pharmacie et 92 en médecine (30 en 1ère année, 37 en 2e, 18 en 3e et 7 en 4e). Quarante d'entre eux sont originaires du département du Nord, quinze du Pas-de-Calais, cinquante proviennent de trente-sept départements de l'ouest, du Midi et du centre, ce qui fait espérer une audience nationale.

Les résultats ont été satisfaisants et le nombre d'ajournés est resté faible. Un étudiant, M. Giamboni, venant de l'Université catholique de Rome, a passé ses examens terminaux devant un jury de l'État ; un autre M. Van Oye a subi son 1er examen de doctorat devant un jury mixte, qui fonctionne donc pour la première (et dernière…) fois le 17 novembre 1879 et il a obtenu la mention *extrêmement satisfait*[63]. Deux autres enfin ont concouru et obtenu leur admission à l'école du service de Santé du Val-de-Grâce.

61.– Anonyme : *Les projets Ferry. J Sci Méd Lille,* 1879, n° 8, p. 556.

62.– Mgr Hautcœur : *Enseignement supérieur libre. Université catholique de Lille. J Sc Méd Lille,* 1879, n° 11, pp. 768-770.

63.– Le jury mixte n'a donc fonctionné qu'une seule fois : Van Oye a dû subir son second examen [et sa thèse de doctorat] devant la faculté de Paris où il a, du reste, obtenu la mention *très bien satisfait.* Quant à Giamboni, de retour en Italie, il a dû y subir un nouvel examen.

L'enseignement clinique est assuré et les services hospitaliers fonctionnent bien, tant à Sainte-Eugénie que dans les dispensaires. Une ombre cependant : en avril 1879, au cours d'une épidémie de variole survenue à Sainte-Eugénie, un étudiant nommé Antoine Jaffus, venant de la Faculté de Montpellier où il a pris ses huit premières inscriptions, interne nommé au premier concours et titulaire du prix de l'internat, contracte la maladie et il meurt des suites de complications à Rennes les Bains (Aude) le 14 novembre[64].

C'est le Recteur qui tire les conclusions de cette année 1879 : *Dans l'espace de deux ans, l'Université catholique de Lille a fait surgir de terre, pour ainsi dire, l'une des plus vastes organisations scolaires qui existent. Ses laboratoires, ses collections scientifiques, sa bibliothèque, forment un ensemble de moyens d'étude dont n'approchent pas bien des établissements qui disposent des ressources du budget et qui existent, quelques-unes du moins, depuis trois quarts de siècle. L'initiative privée a produit ces merveilles et cependant elle est loin d 'avoir dit son dernier mot. Est-ce pour cela que l'on veut nous proscrire ? Est-ce parce que nous ne faisons aucun emprunt forcé à la bourse des contribuables ? Nous ne demandons point les faveurs officielles, mais au nom de la liberté nous réclamons contre des projets d'oppression.*

La loi Ferry

Après une année de discussions, la loi est promulguée le 18 mars 1880 : l'article 7 a été supprimé, rejeté par le Sénat et remplacé par celui-ci : *Aucun établissement d'enseignement supérieur, aucune association formée en vue de l'enseignement supérieur, ne peuvent être reconnus d'utilité publique qu'en vertu d'une loi*, mais les autres articles sont tout aussi *liberticides*. L'article 1er de la loi stipule que *les examens et épreuves pratiques qui déterminent la collation des grades ne peuvent être subis que devant les Facultés de l'État* : c'est donc la suppression des jurys mixtes. L'article 3 est inchangé : *Les inscriptions prises dans les Facultés de l'État sont gratuites* : il impose donc aux étudiants des établissements libres de prendre leurs inscriptions dans les facultés de l'État et de payer le montant des frais d'examens. L'article 4 interdit aux établissements libres d'enseignement supérieur de prendre le nom d'université, mais, contrairement au projet de P. Bert, leur conserve le qualificatif de faculté. Avec l'article 5, il réserve exclusivement à l'État la collation des grades : *Les titres ou grades universitaires ne peuvent être attribués*

64.– C'est le premier mort de notre Faculté. Trois cas familiaux, dont un mortel chez une petite fille de 5 ans, sont à l'origine de cette épidémie de 12 cas. Une petite fille de 18 mois contracte la maladie à l'hôpital et décède. Outre l'interne, sont atteints un externe, deux infirmiers, un garçon de pharmacie, une religieuse et trois malades. On peut s'étonner que, plus de 80 ans après la découverte de Jenner, les étudiants en médecine et le personnel hospitalier, comme d'ailleurs une grande partie de la population, ne soient pas correctement vaccinés et revaccinés. En mai 1881, un deuxième étudiant de la Faculté, G. Lernoult, meurt également d'une variole sans doute contractée à l'hôpital. En 1883, on lit dans le *J Sci Méd Lille* du 5 novembre (p. 838) : *Il serait désirable que* [la revaccination] *fût rendue obligatoire pour les étudiants en médecine. Nous n'aurions pas ainsi le regret d'en voir mourir tous les ans quelques-uns de la vérole.* Au cours d'une 2e épidémie survenue en mars 1891 avec un cas princeps et trois cas secondaires, le Pr Desplats a prescrit la revaccination de tous les malades, de tout le personnel et des nouveaux malades à l'admission.

qu'aux personnes qui les ont obtenus après les examens ou les concours réglementaires, subis devant les professeurs ou les jurys de l'État.

La presse de gauche semble satisfaite. Ainsi, la veille même du vote, *La République Française* écrit : *Les Universités catholiques dépouillées du prestige que leur donnait auprès des familles leur part dans la collation des grades, et n'inscrivant plus à leur budget des recettes l'impôt précieux que l'État leur abandonnait en dépit de tous les principes, les Universités catholiques privées, par conséquent, de l'appui de l'État et réduites aux conditions de la liberté pure et simple, vivront-elles longtemps encore ? Peut-être ; mais elles ne vivront que pour mourir lentement. Leurs beaux jours sont passés.*

Le projet ministériel a donc été amendé et la polémique s'apaise bien que, venu à Lille le 23 avril pour poser la première pierre de la Faculté mixte de médecine et de pharmacie (place Philippe le Bon), le ministre de l'Instruction publique soit fraîchement reçu par les étudiants catholiques et les anciens élèves des Jésuites[65]. Dans un article d'avril 1880, H. Desplats tire les conclusions de l'application de la loi : *Les Universités catholiques [...] subissent en ce moment une véritable expropriation, sans indemnité.* Cependant, *elles conservent les noms et les attributs des Facultés, puisqu'elles peuvent donner, comme par le passé et comme les facultés de l'État, des inscriptions et un enseignement complet ; elles restent maîtresses de leurs élèves qu'elles pourront prendre au début de leurs études et conduire, sans les abandonner, jusqu'à la fin, etc.* H. Desplats n'a pas *un mot de regret* pour les jurys mixtes, si ce n'est qu'on les a *supprimés sans motifs ou plutôt avec la seule intention de nous abaisser et de nous nuire.* Il ajoute : *Les élèves [...] ne devront compter ni sur l'indulgence du jury, ni sur un heureux hasard qui désignerait pour eux les questions les plus faciles [...] L'obligation d'envoyer tous leurs élèves devant les Facultés de l'État fait donc un devoir aux Facultés libres d'avoir une scolarité plus sévère et un enseignement plus complet.* H. Desplats conclut : *La loi nouvelle est un pas en arrière dans la voie de la liberté [...] elle est devenue heureusement inoffensive*[66]..., ce qui reste à prouver.

Mais, s'ajoutant aux menaces d'un environnement politique hostile, apparaissent dès 1878 des crises sérieuses qui agitent la Faculté de médecine et mettent en péril l'institution même.

65.– Anonyme : *Discussion au sénat de la loi sur le Conseil Supérieur de l'Instruction publique. J Sci Méd Lille,* 1880, n° 3, pp. 209-214. Place Philippe le Bon, J. Ferry fulmina : *On a dit que la ville de Lille était d'un certain point de vue, une citadelle du cléricalisme. Messieurs, nous élevons ici citadelle contre citadelle, dans le vaste champ de la Liberté* (Cité par P. Pierrard : *Lille et les Lillois, op. cit.,* p. 201). Par contre, *sous le beau soleil du Midi, il (J. Ferry) était acclamé par des populations aveuglées d'enthousiasme et (où) ses oreilles étaient agréablement caressées par les cris de : Vive l'article 7 ! À bas les Jésuites ! Ibid.*

66.– H. Desplats : *Situation faite aux facultés catholiques existantes par la loi du 18 mars 1880. J Sci Méd Lille,* 1880, n° 4, pp. 221-228.

Chapitre V.
Crises et menaces

« L'âge de fer »

Le corps professoral de la jeune Faculté n'est pas homogène : par leur âge, leur origine géographique, leurs titres, leurs intérêts et leurs ambitions, voire même leur caractère, les professeurs diffèrent profondément. De là naissent des discordes, des désunions et bientôt, à l'occasion d'évènements apparemment futiles, des conflits ouverts et violents. Alourdie par les menaces politiques, l'ambiance devient délétère et il faut tout le poids de l'autorité rectorale, elle-même mise en cause, pour conjurer la crise et éviter le pire.

C'est, écrit Mgr Lesne[1], l'âge de fer : *La crise qui s'ouvre, était peut-être inévitable dans un milieu formé d'hommes venus de tous les points de l'horizon et de mentalités fort diverses, quoique d'une égale bonne volonté, quelques-uns d'âge mûr ou même ayant blanchi déjà sous le harnois, qui ont contracté ailleurs des habitudes et apportent des idées faites. Les intellectuels et les savants ont, plus peut-être que d'autres, un amour propre chatouilleux et un caractère indépendant. Un recrutement qui a porté d'un seul coup sur une soixantaine de professeurs pouvait-il du reste éviter tout mécompte ? Tel n'est pas le maître consciencieux, appliqué, désintéressé qui avait été annoncé. Un autre, vieilli avant l'âge, se révèle, en dépit d'un passé chargé d'honneur, notoirement insuffisant. Tel autre joint à une science universellement appréciée une brusquerie, les fantaisies et les emportements d'un enfant. Dans une maison toute neuve, les règles et constitutions très récentes n'ont l'appui d'aucune expérience et ne sont pas renforcées par les traditions, complétées par un coutumier. Entêtements, passions, compétitions, et une fois au moins, semble-t-il, de la part d'un égaré, manquement grave à l'honneur, quelle tristesse de rencontrer ces hôtes inattendus au sein d'une Université Catholique ! Le chef, organisateur incomparable, d'une énergie peu commune, en vertu précisément de ces éminentes qualités, aux prises avec des gens têtus et récalcitrants, leur opposait un front d'airain. Le fer croisait le fer et ce furent de terribles batailles : Sénat académique constitué en cour judiciaire, causes évoquées au tribunal des évêques, appels à Rome, litiges transportés même devant les tribunaux civils, émoi et dissension du corps professoral, étonnement de l'opinion, applaudissements ironiques des adversaires qui marquaient les coups, quel scandale ! Les démons*

1.– Mgr É. Lesne : *Cinquante ans d'enseignement supérieur, etc.*, in *Livre d'or du Cinquantenaire de l'Université catholique, op.cit.*, p.132.

déchaînés sur la maison s'en donnaient à cœur joie ; ils avaient juré de la détruire et, au dedans comme au dehors, ils en firent cent fois plus qu'il n'eût été besoin pour la jeter par terre.

L'affaire Papillon-Faucon

Dès 1877, alors que chacun s'installe dans ses fonctions, deux professeurs, Eugène Papillon et Adolphe Faucon, tous deux anciens médecins militaires, chefs de service à Sainte-Eugénie et enseignant l'un la clinique médicale, l'autre la clinique chirurgicale, se signalent par leur attitude d'opposition et de critiques, à l'origine de nombreux incidents qui se succèdent et s'enchevêtrent.

En mai 1877, lorsque les dispensaires de la Faculté sont constitués, les professeurs de clinique en sont *proscrits* et le Pr Papillon proteste : *On éloignait ainsi de la lutte les meilleurs combattants,* dit-il, alors qu'aux dispensaires de la Faculté de l'État, *les cinq professeurs* [de clinique] *occupent le premier rang*[2]. Il se retire alors de la Commission des dispensaires, s'opposant ainsi au Pr Julien Jeannel qui en est le directeur, et, sans le communiquer à la Commission, diffuse un mémoire sur le fonctionnement des dispensaires[3]. Puis, en octobre 1877, avec son collègue A. Faucon qui partage ses vues, il crée au 128 rue Solferino, près des Halles centrales, *l'Institut Policlinique de Lille* destiné à traiter les maladies des femmes, des yeux, du larynx et de la gorge[4]. Tous deux engagent *les élèves les plus zélés de la Faculté* à les assister et à bénéficier de leur enseignement. Une grande pancarte signale l'entrée de ce dispensaire privé et des annonces paraissent dans un journal « politique » *Le Propagateur* et, un peu plus tard, dans *l'Avenir médical du Nord de la France,* journal qu'ils fondent eux-mêmes en janvier 1878.

Le 8 décembre 1877, le recteur accepte dans cet *Institut* le principe de consultations et de soins gratuits aux malades, mais non l'enseignement aux élèves. Tel n'est pas l'avis du Pr Jeannel qui est membre du Sénat académique et qui adresse à cette assemblée une protestation signée par tous les médecins des dispensaires. Dans sa séance du 14 janvier 1878, le Sénat approuve les termes de cette lettre et déclare qu'il craint de *voir cette institution semer la désunion et l'esprit d'indiscipline au sein de l'Université.*

La crise est ouverte et, dans les nombreuses lettres échangées entre les professeurs de clinique, Jeannel et le doyen, le ton monte. A. Faucon évoque *une coalition sournoise et odieuse* dont il accuse Jeannel en ces termes : *C'est un acte de rancune et de vengeance personnelle* ou encore : *Le Sénat a été trompé à mon endroit par celui qui, abusant de la situation, a cru pouvoir dans l'ombre se faire le promoteur d'imprécations calomnieuses.* En réponse, Jeannel ironise en parlant de la *boutique Solferino* et constate : *Notre faculté deviendrait inhabitable si nos relations entre collègues devaient prendre le caractère provocant et haineux qu'indique la réclamation de notre confrère.*

2.– Lettre de E. Papillon du 4 fév. 1878. Arch. ICL, dossier K2G.

3.– E. Papillon : *Réforme dans l'enseignement clinique. Op. cit.* Dès l'introduction, Papillon précise : *Ce travail m'est personnel. Mes collègues n'en partagent point toutes les idées ; sur certains points, il heurte même une tendance opposée…*

4.– A. Faucon désirait surtout créer une clinique ophtalmologique pour poursuivre des travaux qu'il menait, dit-il, depuis 1866 à Amiens.

D'autres incidents s'ajoutent à la question des dispensaires : en août 1877, E. Papillon s'indigne de ce que la clinique obstétricale ouverte depuis six semaines n'ait pas de forceps. À la rentrée de novembre, co-chef de service avec le Pr H. Desplats, il réclame au doyen la jouissance d'un cabinet avec *l'outillage scientifique : instruments, livres, microscope.* Malgré un accord de principe, il réitère sa demande avec une insistance telle qu'A. Béchamp lui répond qu'il tient désormais sa correspondance *comme non avenue [...] Je n'ouvre plus, ou ne lis plus les papiers qu'il m'adresse.* Le Pr Desplats à qui l'on propose de partager son cabinet avec Papillon *ne veut pas avoir un si dangereux co-partageant* et menace de cesser son service si on l'y contraint. Un autre conflit oppose encore A. Faucon à M. Demandre, responsable du service pharmaceutique à Sainte-Eugénie. On en connaît mal les raisons : il est question de vols de térébenthine, puis d'une prescription contestée de solution concentrée ou saturée de chlorure de zinc, mais la conséquence en est que *MM. les internes en pharmacie qui sont chargés de suivre les visites de MM. Faucon et Papillon se sont vus refuser ce matin l'entrée des salles*[5].

Adolphe Faucon

En janvier 1878, A. Faucon proteste de nouveau : des instruments de chirurgie (une bande d'Esmarch et un tourniquet de J.-L. Petit) ont été empruntés dans *l'arsenal du service* pour le cours de matière médicale de Jeannel et n'ont pas été restitués.

Le doyen est excédé et déclare : *Il y en a deux, qui, à eux seuls, me donnent plus de tracas que tous les autres ensemble*[6], ou encore : *J'estime que la Faculté et le doyen ne sont pas suffisamment défendus.* Il prie même le recteur de *le défendre contre les grossièretés d'un fléau*[7]. Le Pr Jeannel, quant à lui, écrit à A. Faucon en février 1878 : *Je regrette que vous persistiez dans le rôle de fléau du corps dans lequel vous êtes entré avec nous,* et au recteur : *Je crois que Papillon sera notre éternel fléau et je voudrais le tenir dans une quarantaine rigoureuse. Quant à ce gros boursouflé de Faucon qui s'est laissé amadouer et griser par son collègue, je crois qu'on pourrait le ramener à de bons sentiments ; d'ailleurs chacun s'accorde à lui reconnaître un mérite réel.*

À la même date, la crise atteint son paroxysme lorsque, désignés pour faire partie de la commission de l'internat et de l'externat présidée par Jeannel et comprenant en outre Desplats, Eustache et Vanverts, Faucon et Papillon refusent de se rendre au domicile du président où doit se tenir la réunion. Au Conseil de faculté du 2 mars suivant, ils demandent si les

5.– Lettre d'A. Béchamp du 22 nov. 1877. Arch. ICL, dossier K2G.

6.– Lettres d'A. Béchamp au recteur des 22 nov. et 4 déc. 1877. *Ibid.*

7.– Lettres d'A. Béchamp au recteur des 9 et 12 mars 1878. *Ibid.*

commissions ne doivent pas se réunir au siège de la Faculté ; le doyen Béchamp répond *que les convenances ont été observées*. Le Conseil ayant décidé de s'en tenir à l'ordre du jour, E. Papillon proteste : *Quiconque sème l'injustice, trouve l'abîme et récolte la tempête !* Ces paroles sont considérées comme injurieuses, le Pr Eustache demande le vote d'un blâme, ce que le doyen refuse d'abord, mais Papillon décide de se retirer, suivi de Faucon ; après leur départ, la motion de blâme est votée à l'unanimité et communiquée au recteur, au Sénat académique et à la Commission permanente du Conseil d'administration (qui n'est d'ailleurs pas compétente).

Le doyen demande alors au recteur l'autorisation de ne plus convoquer Faucon et Papillon aux réunions du Conseil de faculté, mais Mgr Hautcœur refuse, car cela équivaut à une suspension partielle. Au Conseil du 8 mars, Faucon et Papillon sont donc présents : on lit une lettre du recteur qui déclare d'abord que *le secret le plus absolu doit être observé sur ce qui se passe dans les séances des facultés [...] quand il s'agit d'affaires aussi graves qui intéressent à la fois l'honneur de nos collègues et l'avenir de l'Université. On se rendrait gravement coupable en laissant transpirer ces choses dans le public et parmi les étudiants*, puis il se contente d'un appel à maintenir l'union et la paix *si désirables dans un grand corps*. Tel n'est pas l'avis du Pr Desplats qui considère que *la faculté ne peut, sans se déjuger, se réunir*, ni celui de la majorité des professeurs qui, par la voix du Pr Jeannel, déclarent : *Depuis plusieurs mois, les séances de la faculté ont été troublées par des insinuations hostiles ou des paroles injurieuses de la part de deux de nos collègues, qui, se séparant de nous, ont entrepris un enseignement non délibéré et non consenti par la faculté. C'est pour ce motif que, dans notre dernière réunion, nous avons émis le vœu que ces messieurs ne soient plus convoqués aux séances. L'autorité supérieure n'ayant pas encore pris les mesures nécessaires pour faire cesser cet état de chose qui rend nos délibérations impossibles, nous avons l'honneur de vous déclarer que nous nous retirons*. Tous les membres de la Faculté quittent alors la salle, à l'exception de Papillon et Faucon, et du doyen Béchamp qui déclare que la Faculté n'est plus en nombre et lève la séance.

Un *Conseil de famille*, formé de Jeannel, Bouchaud et Vanverts, est appelé à donner son avis, mais Jeannel, ne voulant pas être juge et partie, se récuse ; il est remplacé par Schmitt. Le rapport de Vanverts, exposant l'ensemble des faits, est sans appel : il insiste sur *la situation faite depuis trop longtemps déjà par MM. Faucon et Papillon, situation qui enlève tout sentiment de confraternité et amène des conflits continuels indignes d'hommes qui portent le nom de catholiques.* Il rend hommage au doyen *dont la patience et la bonté ont été en toute circonstance jusqu'à la dernière limite*. Il décrit les séances du Conseil de faculté rendues *insupportables à tous et bientôt impossibles [...] La désorganisation de la Faculté était imminente ; chacun voyait avec appréhension arriver le jour des séances, prévoyant chaque fois quelque incident fâcheux et voyant à la suite de chaque incident, se détacher quelque pierre de l'édifice si péniblement élevé [...] Ces réunions laissaient dans l'esprit de tous un sentiment de tristesse profonde et de véritable dégoût [...] Bien des fois de grossières injures ont été adressées à M. le doyen ; des menaces et des provocations ont été faites contre plusieurs membres et notre secrétaire n'a pas voulu, avec raison, conserver et perpétuer dans le registre des procès-verbaux le souvenir de ces regrettables incidents*[8].

8.– Pr Vanverts : *Rapport du conseil de famille*. Arch. ICL, dossier K2G.

Cependant le recteur cherche encore l'apaisement et le Sénat académique désigne une commission de conciliation formée des doyens de Margerie, Didiot et Chautard. Le 18 mars 1878, cette commission propose que MM. Faucon et Papillon suppriment du libellé de leur policlinique *tout ce qui peut paraître faire appel aux étudiants,* ainsi que l'inscription actuelle *Institut policlinique* jugée trop voyante, remplacée par une plaque de marbre. Elle accepte que l'interruption et la reprise des consultations soient annoncées six fois par an dans les journaux politiques. MM. Faucon et Papillon exprimeront leurs regrets de tout ce qui, dans la vivacité de la discussion, a pu leur échapper de blessant pour M. le doyen Béchamp et M. le Pr Jeannel. De son côté, la Faculté est invitée à retirer son ordre du jour du 2 mars et à préparer un règlement intérieur qui déterminera son fonctionnement.

Cette solution ne convient pas du tout à MM. Béchamp et Jeannel : *La déclaration contenue dans cette pièce, loin de mettre fin au pénible incident dont il est question aurait pour résultat de l'envenimer.* Ils demandent la suppression de l'Institut policlinique ou tout au moins l'interdiction absolue de l'annonce des consultations gratuites et refusent de retirer l'ordre du jour du Conseil du 2 mars. Jeannel offre alors sa démission du Sénat académique, mais le recteur le prie de n'en rien faire.

Sur les conseils du doyen de Margerie, sur les instances du doyen Béchamp et celles de Jeannel considérant *qu'une nouvelle indulgence aura pour effet de renouveler tous nos orages antérieurs,* Mgr Hautcœur se décide à sévir : à la séance du Conseil de Faculté du 6 avril, on lit une lettre du recteur qui *blâme de la façon la plus énergique l'attitude que MM. les professeurs Faucon et Papillon ont prise en plusieurs circonstances vis-à-vis de la Faculté et de ses représentants officiels, ainsi que les expressions et formules blessantes dont ils ont usé dans leur correspondance.* Il invite les professeurs à reprendre *avec calme leurs travaux et leurs réunions* et, s'adressant à A. Faucon le 3 avril 1878, il déclare : *Outre le ton raide et violent qui règne d'un bout à l'autre, ces lettres*[9] *contiennent des insinuations et des menaces qui mériteraient une mesure plus sévère peut-être, mais pour lesquelles je me contente cette fois encore de vous infliger un blâme officiel. Si ces faits intolérables venaient à se renouveler, je serais obligé d'entamer devant le Sénat académique des poursuites disciplinaires.*

Dans l'urgence, en avril 1878, on élabore et on soumet aux délibérations du Sénat académique, puis à la sanction de Mgr le chancelier et de NNSS les évêques, un *Règlement général de la discipline du corps enseignant.* Selon son article 16, *les peines disciplinaires sont le blâme, la censure, l'exclusion pour un temps limité ou pour un temps indéfini de la faculté ou du Sénat académique, la suspension avec ou sans traitement, la révocation.* L'exclusion ne peut être prononcée que par le recteur (art. 24), la sentence de révocation est préparée par le recteur au Sénat académique, mais elle ne devient définitive que par la sanction du Chancelier et des évêques. Ce règlement prévoit également l'institution d'un *tribunal d'honneur* dans les facultés de droit et de médecine. À la même date, un projet de *règlement moral* est élaboré par le Conseil de famille pour *consolider et perpétuer les sentiments chrétiens de bienveillance et d'estime réciproques.*

9.– À son tour, A. Faucon a assailli le doyen d'un flot de lettres qu'il numérote : on en dénombre plus de quarante en avril 1878, un véritable *fatras épistolaire.*

Sur le fond de l'affaire, le Sénat académique juge que le président d'une commission peut en convoquer les membres au siège de la faculté ou, s'il le juge à propos, à son propre domicile et il estime que les décisions de la commission de l'internat sont valides. D'autre part, une commission est chargée d'examiner le conflit avec le service pharmaceutique de Sainte-Eugénie.

Le Pr Faucon s'incline devant ces décisions. Dès le 11 avril 1878, il promet que *ces intempérances de langage qui sont tout le côté fâcheux de cette affaire ne se reproduiront pas : elles ne peuvent que compromettre les causes les plus justes.* Cependant, les conflits persistent : la policlinique de la rue Solferino reste ouverte et la querelle avec le service pharmaceutique de Sainte-Eugénie reprend de plus belle. A. Faucon réclame tout simplement *la subordination du service pharmaceutique au service médical* et multiplie les plaintes contre M. Demandre, signalant par exemple que certaines analyses demandées à la pharmacie n'ont pas été effectuées[10] : ce conflit ne prendra fin qu'en mars 1879 après la décision de confier les examens aux laboratoires de la Faculté.

Le journal *l'Avenir Médical* poursuit sa parution mensuelle et, dans son numéro d'octobre 1878, il s'en prend à une *eau hygiénique, une liqueur prophylactique des maladies vénériennes,* dont les prostituées de Bordeaux *consomment environ 300 litres par mois,* et qui rendrait leur *commerce inoffensif.* L'auteur de l'article l'estime *sans valeur scientifique,* ne procurant qu'une *fausse sécurité* : *La véritable prophylaxie est non point fournie par le pharmacien, mais indiquée par la morale.* Or, la formule de la dite liqueur est due à... Jeannel qui proteste avec véhémence et propose d'obliger tous les auteurs à soumettre au recteur leurs articles destinés à la publication ! Après un nouvel échange de lettres au ton parfois vif[11], l'affaire est portée devant le Sénat académique qui nomme une commission : les deux auteurs encourent un nouveau blâme. De nouveau, Faucon se soumet. Il déclare ne plus participer à la policlinique ni au journal. Le 13 novembre 1878, il rentre dans le rang et revient siéger au Conseil de faculté. En 1882, les professeurs de clinique étant admis à exercer aux dispensaires, il sera chargé à Saint-Camille des maladies chirurgicales et des maladies des yeux. En 1883, il sera élu au Sénat académique et, lorsqu'il disparaîtra en 1884, à l'âge de 43 ans, il laissera le souvenir *d'un remarquable chirurgien, professeur distingué, un savant dont le mérite était incontestable*[12].

Le Pr Papillon par contre refuse de se soumettre : certes, à son tour, il décide de fermer la policlinique et met fin à la publication de *l'Avenir Médical,* mais, en novembre 1878, il fait l'objet d'une véritable enquête menée par une commission désignée par le Sénat académique et encourt une première censure. Les témoignages recueillis tant auprès de ses collègues de la Faculté que de la supérieure et des religieuses de l'hôpital sont accablants : absences injustifiées, négligences ayant entraîné des accidents graves, service fait avec une rapidité et une exigence scandaleuses,

---

10.– M. Demandre avait *accepté de faire bénévolement et à titre provisoire des analyses sommaires qui peuvent éclairer le diagnostic.* Parmi ces analyses contestées, on note l'analyse d'un liquide d'hydrocèle : M. Demandre n'avait sans doute pas tort... Correspondance des 14 janv. et 8 fév. Arch. ICL, dossiers K6G et K7G.

11.– Arch. ICL, dossier K4G.

12.– L. Wintrebert : Discours à la séance de rentrée de novembre 1884.

enseignement aux élèves qualifié de dérisoire, usurpation du titre d'agrégé de Strasbourg alors qu'il n'était que répétiteur et a échoué au concours d'agrégation de cette faculté, manque au respect de la hiérarchie et de la discipline, supercheries pour dissimuler ses fautes, propos et actes contraires à la morale et à la bienséance[13]. Entendu au Sénat académique le 7 janvier 1879, Papillon conteste la régularité et la validité de la procédure et se retire. Interrogé ensuite par la commission, il récuse la plupart des accusations, qu'il présente comme autant d'infamies. En février 1879, il encourt encore un arrêté de censure et, le 1er mars, il lui est enjoint de ne plus participer à aucune réunion officielle de l'Université. Dès lors, les choses se calment quelque peu. En décembre 1880, le recteur lui demande de reprendre sa place au Conseil de faculté, ce qu'il refuse avec hauteur : désormais, il n'y paraîtra plus. En août 1882, lorsque l'Administration des Hospices supprime une chaire de clinique sur deux à Sainte-Eugénie (cf. infra), il s'estime *dépossédé de sa situation.* Admis à faire valoir ses droits à la retraite, à moins qu'il ne préfère occuper la chaire de pathologie et thérapeutique générales qui lui est proposée, il refuse. Et lorsque, dans son discours de rentrée de novembre 1882, le vice-doyen indique que *par suite de modifications apportées dans le service de l'hôpital Sainte-Eugénie, M. le docteur Papillon a été admis à la retraite* : il se cabre et exige que l'on précise que c'est sur sa demande. Après de longues négociations sur le montant de sa retraite, il publie un pamphlet intitulé *Quelques réflexions sur les Universités catholiques,* dont voici le début : *La création des Universités catholiques fut une erreur ; elle porte préjudice aux forces vives de la nation ; et, de toutes les œuvres que les catholiques ont fondées, il n'en est point d'aussi onéreuse, de moins utile et de plus instante pour faire abroger les privilèges de l'Église et faire rentrer le clergé dans la condition des autres citoyens français.* Il dénonce la campagne en faveur de la liberté de l'enseignement comme *une entreprise de réaction politique.*

Il poursuit : Les *facultés catholiques n'ont été qu'une illusion. Il y est entré beaucoup trop de coteries ; aussi paraissent-elles devenir moins des établissements d'instruction que des instruments de propagande sociale et politique. Elles tendent à désorganiser le pays et ne peuvent donner à la jeunesse qu'une moyenne d'instruction inférieure à celle distribuée dans les facultés de l'État.* Après des arguments assez spécieux comme la comparaison avec l'Université de Louvain qui, en Belgique, *a divisé les familles et attisé les haines politiques,* après des propos oiseux sur la création d'un cours *d'apologétique religieuse* à la Faculté et l'utilisation odieuse du suicide de deux étudiants, l'un en pharmacie, l'autre en droit, Papillon critique plus précisément le recrutement des professeurs et la faiblesse des effectifs étudiants.

Ainsi, dit-il, *l'un des professeurs, avant de venir à Lille était médecin ; à son arrivée, il était anatomiste ; puis passe à la clinique chirurgicale ; et, subissant une nouvelle métamorphose, devient accoucheur.* On reconnaît là G. Eustache, ancien agrégé de Montpellier où il a enseigné pendant quatre ans et dont, à vrai dire, le passage de l'anatomie à la clinique chirurgicale, puis à la clinique

13.– Parmi les appréciations les plus sévères, on note celles du Pr Redier qui a pourtant été amené à la Faculté par Papillon lui-même ; il fait état de la mauvaise réputation de celui-ci à l'armée où on l'appelait *l'infect* et où son départ a été qualifié de *bon débarras* ! L'opinion de Jeannel qui l'a rencontré à Metz pendant le siège de 1870 était alors moins défavorable : *esprit aventureux et frondeur, vif et cultivé, grand porteur de nouvelles, polémiste à tout vent ; en somme, aimable et gai compagnon…*

obstétricale lors de la suppression d'un service à Sainte-Eugénie, n'avait rien d'étonnant.

Puis Papillon attaque un médecin qui est sans doute M. Bouchaud : Un *autre, réputé accoucheur, prenait la clinique chirurgicale qu'il quitte pour la pathologie médicale.* J. Jeannel, bien sûr, n'est pas épargné : *Un autre, pharmacien militaire, rendu à la vie civile par la limite d'âge (62 ans), venait enseigner la thérapeutique, cette science des indications morbides qui implique une indispensable pratique des malades*[14]. *Le pharmacien disparaît, sa chaire passe au chargé de cours de zoologie.* Redier, chargé du dispensaire des maladies de la bouche et des dents, est à son tour vilipendé : *Un autre médecin, aide-major dans un corps de troupe à cheval, quitte l'armée et arrive comme dentiste, puis on lui attribue la chaire de pathologie chirurgicale.* Enfin, la carrière de M. Vanverts est critiquée en ces termes : *Un autre, médecin d'un des bureaux de charité de Lille, entre comme médecin légiste, puis passe accoucheur.* Il aurait pu ajouter que Vanverts avait été aussi médecin en chef de l'Asile de Lommelet de 1862 à 1866[15].

Ces critiques, en partie justifiées, seront reprises par les adversaires de la Faculté dont ils qualifient les professeurs de *maîtres Jacques.* Toutefois, nous l'avons dit, le titre de docteur en médecine est alors polyvalent ; il n'y a pas de frontière bien définie entre les spécialités et les enseignants de l'école de médecine de Lille, devenus du jour au lendemain professeurs de faculté, ne sont pas plus qualifiés.

Après avoir examiné le nombre d'étudiants qui, pour beaucoup, dit-il, sont *retenus par des emplois réguliers, tels qu'internes, préparateurs, aides, etc.* ou *rivés par des prêts d'argent,* après avoir critiqué les maisons de famille où, ancien médecin militaire, il voudrait voir un système éducatif surveillé et discipliné à l'instar de l'école de santé de Strasbourg qu'il a connue, Papillon conclut à la nécessité de *corriger une loi qui émascule la nation.* Il est en quelque sorte prophétique quand il écrit : *En France, une nouvelle loi de recrutement est à l'ordre du jour ; cela n'est plus douteux, séminaristes et congrégationnistes* (sic) *passeront sous les drapeaux. Les Universités catholiques auront, par leurs agissements, hâté l'application de cette mesure*[16] *; comme il faut s'y attendre, elles auront, dans un temps peu éloigné, déterminé la séparation de l'Église et de l'État ; détermination regrettable cette fois, car une certaine dose de religion est nécessaire à la bonne santé du corps social.*

14.– E. Papillon ignore ou ne dit pas que J. Jeannel était docteur en médecine (1838) et ancien professeur de matière médicale et thérapeutique à l'École de Santé de Bordeaux.

15.– E. Papillon semble oublier que c'est sur sa proposition et à l'unanimité que Vanverts a été autorisé à quitter la médecine légale pour se charger de la clinique obstétricale. Le doyen dit de Vanverts : *Homme instruit, droit et de cœur [...] S'il se charge de la médecine légale, qu'il n'a pas choisie et qu'il fera pour nous servir, c'est qu'il se sent capable de la faire. Du reste, nous n'avons guère le droit d'être exigeants et difficiles* : lettre d'A. Béchamp au recteur du 30 sept. 1877. Il reste que les travaux de Vanverts témoignent d'un bel éclectisme : de l'*Étude médi-colégale sur l'aliénation mentale* (en 1870) à *La stérilité chez la femme* (en 1878), en passant par *Un cas d'éléphantiasis des arabes* (1875). Il fut également le premier à réaliser une césarienne à Lille.

16.– Effectivement, le slogan *Les curés, sac au dos !* sera souvent entendu jusqu'à la Grande Guerre et même au-delà. La création des Universités catholiques n'en est pas pour autant responsable.

Tel quel, avec ses reproches parfois justifiés et ses outrances, ce « brûlot » est repris par la presse de gauche dont le *Progrès du Nord* qui, dans son numéro du 3 octobre 1884, se réjouit de *l'énorme effondrement de cet enseignement clérical, si solide en apparence, si nul en réalité.* Le tort fait à l'institution est important, mais le pire reste à venir, car le doyen A. Béchamp reste amer et fragilisé. Il écrit en effet au recteur : *Je suis fatigué des luttes stériles. Je n'étais pas préparé à rencontrer de tels éléments de dissolution,* ou encore : *J'ai peine à me défendre depuis la terrible maladie qui a si cruellement ébranlé, il y a huit ans, toute ma constitution et que divers incidents à Lille n'ont pas contribué à raffermir [...] Ah ! dans les Facultés de l'État, il y a longtemps que le ministre aurait ma démission...*[17].

La défection d'A. Béchamp

Doyen « désigné » de la Faculté de médecine, Antoine Béchamp a des titres scientifiques brillants qu'il a acquis à Strasbourg et à Montpellier. Sa thèse de doctorat en médecine sur la synthèse de l'urée[18], ses travaux sur les fermentations, puis sur la maladie des vers à soie, ses travaux chimiques ont retenu l'attention. Menés depuis 1858, ils aboutissent en quelques années à la découverte des zymases et (hélas !) à la théorie des microzymas. S'appuyant sur des expériences imparfaites menées *avec un matériel impur,* cette théorie est bien oubliée aujourd'hui ou jugée *discordante*[19].

Mais il ne semble pas que la querelle qui s'élève alors entre A. Béchamp et certains de ses collègues, soit de nature scientifique, du moins pour l'instant. Les cliniciens, que les travaux de Béchamp font peut-être sourire, ne prennent conscience que lentement de toute la portée des théories de Pasteur et à l'hôpital ils commencent à appliquer les prescriptions de Lister qui ont fait leur preuve pendant la guerre de 1870, à vrai dire dans les rangs prussiens. Ce n'est qu'en 1881 que A. Faucon, utilisant cette méthode à Sainte-Eugénie depuis deux ans, puis à la maternité Sainte-Anne, peut écrire : *J'en appelle à tous ceux de ma génération qui, s'inspirant des idées de Pasteur et appliquant la méthode de Lister, ont pu comparer ce qu'étaient les services de chirurgie et d'accouchements à l'époque où ils faisaient leurs études à ce qu'ils sont aujourd'hui entre leurs mains*[20].

17.– Lettre de Béchamp au recteur du 5 avril 1878. Arch. ICL, dossier K2G.

18.– Antoine Béchamp, *Essai sur les substances albuminoïdes et sur leur transformation en urée,* Strasbourg, 1856, Impr. Silberman. Citons également sa thèse de physique : *De l'action chimique de la lumière,* Strasbourg, 1853, Impr. Silberman, 52 p. et sa thèse de chimie : *Recherches sur la pyroxiline,* idem, 31 p. À noter que cette dernière était dédiée... à Louis Pasteur, auquel A. Béchamp s'affrontera durement plus tard.

19.– J. Théodoridès : *Des miasmes aux virus.* Ed. L. Pariente 1991. Les thèses de Béchamp ont été défendues, non sans outrance, par certains auteurs dont le Dr Hector Grasset : *L'œuvre de Béchamp,* Paris, 1913, largement cité par François Guermonprez : *Béchamp. Études et souvenirs.* A. Legrand Paris 1927, et le Dr Philippe Decourt : *Béchamp et Pasteur,* Arch. Inter. Claude Bernard, 1971. Citons aussi l'étude de Marie Nonclercq : *Antoine Béchamp,* Maloine éd. Paris, 1982, 250 p. Aujourd'hui encore, il existe à Paris un centre international de recherche A. Béchamp, refuge des thèses vitalistes, anti-vivisectionnistes, anti-pastoriennes et anti-vaccinalistes.

20.– A. Faucon : *De l'emploi de la méthode antiseptique comme moyen préventif de la fièvre puerpérale. J Sci Méd Lille,* 1881, n° 11, pp. 721-736 et n° 12, pp. 793-817, et 1882, n° 2, pp. 65-81.

Il ne semble pas non plus qu'interviennent des questions d'intérêt, bien que A. Béchamp revienne sur les termes du contrat et sur la promesse de C. Feron-Vrau *de le loger dans les nouveaux bâtiments de l'Université à construire,* à proximité de son secrétariat et de son laboratoire, promesse qui, reconnaît-il, n'a pas été écrite dans le contrat, mais il rappelle les documents que C. Feron-Vrau lui a montrés lors des pourparlers d'engagement, en particulier une brochure datée de 1876 prévoyant *un secrétaire agent-comptable, un employé de secrétariat, un garçon de bureau, un concierge appariteur,* toutes dispositions auxquelles le conseil d'administration s'est vu contraint de renoncer. Dès lors, Béchamp commence à perdre ses illusions et avoue : *Oh ! Je comprends bien, très bien le contrat. J'aurais dû écouter mes doutes avant de le signer [...] Je ne voulais pas venir à Lille...*, et un peu plus tard, il écrit : *Je reste découragé et de plus ma confiance a diminué. J'en suis à regretter d'avoir cru trop facilement à de belles paroles, à de belles promesses*[21].

Les exigences de Béchamp étaient-elles excessives ? L'administration a-t-elle tenu ses engagements, tous ses engagements ? C. Feron-Vrau n'a-t-il pas été bien imprudent de dire à Béchamp pour vaincre ses dernières hésitations : *De l'argent, nous en avons tant que nous voulons*[22] ? N'y a-t-il pas surtout une querelle d'autorité entre le recteur soucieux de garder la prééminence sur une Université centralisée et le doyen de la Faculté de médecine jaloux de ses prérogatives ? La lecture attentive des archives permet de lever le voile que l'on a jeté sur les raisons de cette crise et que dénonce H. Grasset dans son plaidoyer en faveur de Béchamp : *Je n'ai jamais su le fin mot de l'histoire. Le peu que je sais, et qui n'est pas à négliger dans la question, est épars dans quelques lettres qu'il m'écrivit à partir de 1900,* et, plus loin : *Je ne connais rien des faits qui se sont passés à l'Institut catholique de Lille. Personne n'a voulu me renseigner*[23].

Le recteur Hautcœur semble très jaloux de son autorité et d'un caractère peu amène : *Cerveau puissant, volonté indomptable, magnifique dans ses conceptions, inflexible dans ses jugements, brusque, redoutable dans ses colères*[24]. Il ne peut que s'affronter avec A. Béchamp, savant *probe et consciencieux*[25], mais aussi digne et compassé : pour son cours, il revêt le frac et la cravate blanche, et se fait précéder par l'appariteur muni de la chaîne d'argent. Vis-à-vis des étudiants, il a *des manières chaleureuses, il sait s'emparer de la confiance et de l'affection de ses élèves* [26] et ceux-ci, dit-on à Strasbourg, l'applaudissent à la fin du cours. Mais il se montre autoritaire ; sa préoccupation essentielle est l'enseignement auquel il veut *se consacrer de toutes ses forces.* Au mépris des horaires, ses cours se prolongent jusqu'à une heure et demie ; au mépris des programmes, ils s'étalent sur deux ans, alors que, après la réforme de 1878, l'enseignement des matières « accessoires » doit être complet la première année.

21.– Lettres d'A. Béchamp au recteur des 20 juillet et 30 septembre 1877. Arch. ICL, dossier K7G.

22.– Idem du 30 nov. 1878 : une lettre de plus de 8 pages d'une écriture serrée.

23.– Dr H. Grasset : *L'œuvre de Béchamp, op. cit.*, pp. 66 et 82.

24.– Mgr Lesne : *Cinquante ans d'enseignement, etc., op.cit.* p. 125.

25.– Dr Rappin : *Considérations sur l'étiologie des maladies infectieuses.* Nantes 1933.

26.– Lettre du recteur de l'Université de Strasbourg au ministre de l'Instruction publique du 29 nov.1856 (citée par M. Nonclercq).

Tout en revendiquant l'autorité du doyen, il se montre incapable d'en exercer les fonctions. Pour la Faculté, il a, nous l'avons vu, de grandes ambitions : il veut en faire une institution nationale y attirant au moins 600 étudiants et formant 150 médecins par an. Adversaire de la centralisation parisienne, il préconise, à la manière des institutions allemandes, *l'existence de plusieurs centres universitaires complets, richement dotés et autonomes*[27] et il souhaite une faculté indépendante de l'administration et disposant de fonds à discrétion. À la maison Saint-Maur, il occupe certes avec son fils les plus vastes locaux, mais, dit Guermonprez[28], *il escomptait des laboratoires et des services abondamment pourvus, largement ouverts et généreusement outillés*. Dès décembre 1876, il demande la nomination de deux assesseurs, puis du personnel, des assistants, un secrétariat particulier à la Faculté, mais il refuse la désignation d'un vice-doyen. Ses exigences se heurtent au refus des autorités administratives, en l'occurrence du recteur Hautcœur et aux conceptions d'autres collègues, conscients de ce que les fonds ne sont pas inépuisables et qu'ils doivent être équitablement répartis : en particulier, selon F. Guermonprez, il s'oppose à Henri Desplats qui a *de l'habileté, de la souplesse et beaucoup de désir de plaire* et qui, *minimaliste, se serait contenté d'une école préparatoire de médecine et de pharmacie*[29].

La correspondance de Béchamp avec le recteur témoigne à la fois de sa lassitude et de sa susceptibilité. Dès juillet 1877, il s'indigne à propos d'une phrase de la *Semaine religieuse* évoquant *la persévérance et l'activité des directeurs de la Faculté* et il dénonce *cette fâcheuse tendance que j'ai déjà dû constater ailleurs qui veut amoindrir le doyen*. Quelques jours plus tard, il apprend que les professeurs de clinique font connaître directement leurs desiderata à l'architecte de l'hôpital Sainte-Eugénie et proteste : *Je n'entends agir que dans la limite de* [l'autorité] *qui m'a été attribuée, mais pour le bien de notre œuvre, je la veux incontestée*[30]. Il s'estime l'objet de critiques. *Je rencontre de la part de quelques collègues résistances et mauvais vouloir évident et de la part de l'un d'eux jusqu'à un manque de respect hautain [...] J'ai tenu, Monseigneur, à vous bien montrer l'hostilité imméritée qui se manifeste contre le doyen de la faculté de médecine. Sa tâche est très laborieuse et difficile ; il ne faut pas la lui rendre impossible*[31].

Un an plus tard, c'est avec véhémence qu'il réclame satisfaction : *Si j'insiste avec plus de force aujourd'hui, c'est que je me reproche amèrement d'avoir tant tardé. Votre persistance à me répondre par une fin de non recevoir, m'oblige à vous tenir un langage plus précis. Monseigneur, je sollicite l'exécution d'engagements qui, pour n'être pas libellés dans un contrat, n'en sont que plus sacrés, je ne dis pas pour des catholiques, mais simplement pour d'honnêtes gens. Je ne veux plus me taire. J'ai des promesses formelles : leur exécution est devenue indispensable.*

27.– A. Béchamp : *Rapport sur les travaux de la Faculté de Montpellier pendant l'année scolaire 1873-74.*

28.– F. Guermonprez : *Béchamp. Études et souvenirs, op. cit.*

29.– Cette assertion semble confirmée bien plus tard par les termes très sévères d'une lettre de G. Eustache au recteur Baunard le 8 février 1888 : *Il [H. Desplats] a voulu et veut une petite École, une petite boîte dont il tiendra la clef : il a découragé tout travail pour ne favoriser que l'intrigue.*

30.– Lettres d'A. Béchamp au recteur des 7 et 11 juillet 1877. Arch. ICL, dossier K2G.

31.– *Ibid.*

Je suis ici pour faire œuvre d'enseignement ; on ne m'en fournit pas les moyens [...] je ne peux pas céder car il s'agit de l'œuvre pour laquelle j'ai tout sacrifié et à l'occasion de laquelle on est en train de me faire perdre la bonne réputation que j'ai apportée ici. Pour l'intérêt de cette œuvre qui engage l'honneur des catholiques de Lille et le mien comme celui des hommes de cœur qui m'ont suivi ou que j'ai contribué à faire venir ici ou à faire nommer professeur, je dois vous déclarer, Monseigneur, que je ne cesserai pas de demander la constitution sérieuse et complète de la Faculté de médecine avec un secrétariat sérieux, muni du personnel nécessaire.

J'ai accepté le décanat dans les conditions où je l'avais vu fonctionner : on n'y a pas mis de restriction. Je ne dis pas que je ne veux pas céder sur ces points, mais je dis que je ne peux pas céder.

Encore une fois, Monseigneur, je suis venu ici pour faire œuvre d'enseignement. Je demande qu'on me laisse m'y consacrer de toutes mes forces et qu'on ne vienne pas à chaque instant me troubler par des difficultés sans cesse renaissantes[32].

Trois mois plus tard, Béchamp n'a pas obtenu satisfaction, notamment sur la question du secrétariat que les évêques ont refusé : *Vous avez passé outre à mes réclamations et, vous appuyant sur l'avis de votre commission, vous m'avez enlevé, sans me consulter, les agents dont j'avais déclaré avoir besoin. En fait, aujourd'hui, pour que les services de la rue de la Barre puissent fonctionner sans trop de secousses, je suis forcé d'être mon propre préparateur et souvent de faire le travail d'un manœuvre !* [33]

À la lecture des longues lettres que Béchamp adresse au recteur ou directement aux évêques de la province[34], on peut mesurer son découragement : *Je n'ai pas pu empêcher que de grandes fautes soient commises [...] L'avenir de la faculté de médecine est gravement menacé [...] La plupart des services marchent mal, faute d'un personnel suffisant, de professeurs, de chefs de travaux et de préparateurs. En fait, certaines parties de l'enseignement positivement annoncées n'ont pas été données. Les conférences promises n'ont pas eu lieu. Ces faits graves ont été remarqués par les élèves eux-mêmes et ils ont réclamé. Les élèves et les parents d'élèves disent tout haut que nous ne remplissons pas les promesses de nos prospectus. C'est le cœur navré que je me vois obligé de faire ces tristes confidences. Mais il y a péril et il faut parler.* On peut résumer l'essentiel de ses griefs en trois points : (1) la fausse position du doyen *qui n'a pas d'autorité, n'a pas d'initiative [...] On a pris des résolutions contraires à ses propositions sans le prévenir* ; (2) le mécontentement des professeurs : *l'administration nous traite non pas comme des hommes dont elle a besoin, mais comme si nous avions été conquis à prix d'argent* : Béchamp évoque là le cas d'Eustache (cf. supra) *qui a été traité comme il l'a été pour une misérable affaire de quelques francs* et celui de César *qu'on a laissé partir* ; (3) enfin, le désarroi des finances avec un déficit s'élevant à 400 000 francs : *on a fait des créations hâtives et ces créations n'ont pas eu pour objet le but réel en vue duquel l'Université a été fondée : l'enseignement !* Et Béchamp conteste la fondation des dispensaires (dont la Faculté aurait pu se passer pendant deux ans encore) ainsi que celle des maisons de famille *qui n'ont pas donné les résultats qu'on espérait*[35].

32.– Lettre de Béchamp du 30 oct. 1878, Arch. ICL, dossier K7G.

33.– *Ibid.* du 25 janv. 1879.

34.– Lettre de Béchamp du 26 sept. 1878. *Ibid.*

35.– Lettre de Béchamp à Mgr Lequette. *Ibid.*

À la même date, le recteur se plaint auprès des évêques : *M. Béchamp est un chimiste éminent, un homme de cœur et un vrai chrétien, mais les qualités d'administrateur lui font absolument défaut. Les services restent à peu près à l'abandon,* et concernant les finances, il ajoute : *Il pousse sans cesse à des dépenses qui ne seraient pas justifiées pour notre situation actuelle et qui même parfois seraient complètement inutiles. C'est ce qui rend la plupart du temps nos rapports difficiles et pénibles.* À la Faculté de médecine, *tout le monde souffre, tout le monde est mécontent du doyen [...] Une situation non seulement pénible, mais inquiétante*[36].

Bref, la tension monte et le 29 octobre 1878, Béchamp décide de renvoyer au recteur *toutes les lettres de la Faculté qui sont du ressort d'un secrétariat ou qui concernent l'application des nombreux règlements qui régissent l'enseignement de la médecine et de la pharmacie et cela jusqu'à complète organisation de la Faculté et du décanat avec les conditions où je l'ai accepté.* Le recteur estime que cette situation n'est *ni régulière, ni possible* et qu'il y aura *des mesures à prendre* : il propose de nouveau la nomination d'un vice-doyen, ce que Béchamp refuse.

Après l'affaire Papillon, les incidents se multiplient : lors du discours du doyen à la séance de rentrée de l'Université en novembre 1878, certains professeurs estiment que A. Béchamp n'a pas fait une mention suffisante de leurs travaux et protestent sous la signature de J. Jeannel : *Le compte-rendu de M. le doyen Béchamp a blessé la plupart des professeurs à divers points de vue et tellement que le comité de rédaction du Journal des Sciences médicales de Lille a décidé que ce compte-rendu ne serait pas inséré, à la grande colère du doyen. Ne serait-il pas possible de faire au doyen une obligation formelle de la communication à la faculté avant la séance de rentrée de son projet de compte-rendu ? Cette communication semble d'ailleurs commandée par les convenances. Il semble qu'une initiative à cet égard de Mgr le Recteur aurait l'avantage d'accentuer son autorité trop méconnue*[37]. Mais le doyen refuse de céder sur ce point : aussi, dès le numéro de mars 1879, son nom disparaît de la couverture du Journal des Sciences médicales.

Quelques semaines plus tard, la lutte ouverte éclate lors de l'examen des programmes pour l'année 1879-80 : Béchamp, sans considération pour la nouvelle réglementation, refuse d'assurer l'enseignement de la chimie organique en un an. À la séance du Sénat académique du 19 mai 1879, il exige que ses cours restent semestriels et se retire. À la séance du 14 juillet, *avant que le Sénat examine le programme des cours de la Faculté de médecine, M. le doyen de cette Faculté présente des observations à la suite desquelles, après avoir déclaré qu'il ne se regardait plus en fait comme doyen, il se retire*[38]. *Mgr le recteur donne connaissance au Sénat du rapport de la Commission chargée de préparer l'affiche de la Faculté de médecine. Pour aplanir les difficultés que ce travail a soulevées, le Sénat nomme une commission composée de MM. Didiot, de Vareilles, Chautard et Boulay* [doyens ou membres éminents des autres facultés] *chargés de faire les propositions et de préparer les amendements qu'elle jugera convenables*[39].

36.– Lettre de Mgr Hautcœur du 23 août 1878, adressée sans doute au Chancelier et lui demandant de transmettre ses doléances à NNSS les évêques de la province.

37.– Lettre de J. Jeannel à Mgr Hautcœur du 13 décembre 1878. Arch. ICL, dossier K11G.

38.– Il semble que les propos échangés aient été vifs : dans une lettre datée du lendemain, le recteur parle de *plusieurs scènes violentes*.

39.– Arch. ICL, dossier K18G.

Le 25 juillet, dans une lettre au recteur, Béchamp lui fait part du mécontentement des étudiants convoqués à l'examen de physique alors que les cours ne sont pas terminés et déclare : *On me croit encore quelque autorité et, jusqu'à ce que vous ayez décidé à mon sujet, je n'ai pas cru devoir dire qu'en réalité je n'étais plus doyen.* Le même jour, au Sénat académique, le recteur signale *la situation fâcheuse de la faculté de médecine dont le doyen abandonne en fait la direction.* Après discussion, le Sénat décide de mettre Béchamp en position de congé et de procéder à la nomination de deux assesseurs. Au scrutin secret, ces deux assesseurs sont nommés : ce sont Desplats, qui vient d'être élu membre du Sénat académique par ses pairs, et Eustache, mais ce dernier, ami de Béchamp, refuse cette nomination dans des termes qui démontrent bien la gravité de la situation : *A ce moment plus que jamais, il est nécessaire pour notre pauvre faculté de médecine dont les ressorts craquent de tous côtés qu'il y ait une direction unique, intelligente, active, ferme et droite, entièrement à l'abri des conflits que peut amener un partage d'activités entre deux égaux. C'est le seul moyen capable d'empêcher ou de retarder tout au moins la désunion absolue du corps professoral et par conséquent la destruction de la faculté par elle-même*[40]. En définitive, c'est Schmitt qui accepte le poste de second assesseur.

Le 31 juillet 1879, le recteur convoque à l'Hôtel académique le Conseil de faculté, en l'absence de Béchamp, pour l'informer des décisions prises : mise en congé du doyen, nomination de deux assesseurs. Il avoue en préambule *comment les difficultés pour l'organisation de la faculté de médecine ont été depuis le début pour l'Autorité Académique beaucoup plus considérables que toutes les difficultés qui ont pu s'élever avec les administrations municipale et préfectorale. Ces difficultés pesaient d'un aussi grand poids sur toutes les personnes intéressées à l'administration...* Sans vouloir *accuser qui que ce soit,* le recteur ajoute : *Il est cependant notoire que par son attitude en diverses circonstances et en particulier pendant la séance du Sénat Académique du 14 juillet, M. le doyen a mis l'autorité dans la nécessité de prendre une détermination.* Après sa lettre du 25 juillet, *l'avis unanime du Sénat académique, conforme d'ailleurs à l'avis de Mgr le Recteur, a été qu'il convenait de considérer M. le doyen comme étant en congé.* En conclusion, le recteur déclare *qu'il est heureux de voir la fin d'une situation tendue, qui a été si pénible. Il ne doute pas que chacun comprendra combien il est nécessaire de s'inspirer des sentiments de concorde, d'union et de subordination hiérarchique pour le bien de l'Université*[41], un évident rappel à l'ordre !

Mais les esprits ne sont pas calmés pour autant. En janvier 1879, Mgr Hautcœur écrit encore à l'évêque d'Arras : *Notre cher doyen de la Faculté de médecine est toujours bien monté ; les relations avec lui sont extrêmement difficiles et pour ainsi dire impossibles [...] Cet excellent M. Béchamp m'a fait hier une scène que l'on ne fait pas à un domestique [...] C'est d'autant plus triste qu'il n'y a pas de remède : tout cela tient à un état mental sur lequel les moyens normaux n'ont aucune action et qui ôte, j'en suis convaincu, à M. Béchamp, la responsabilité de ses actes.*

La question reste celle de l'enseignement de la chimie organique qu'il est nécessaire de terminer en 1re année. Après une résolution votée par le Sénat, le recteur y revient en décembre 1879 et se heurte au refus obstiné de

40.– Lettre de M. Eustache au recteur du 27 juillet 1879. *Ibid.*

41.– Compte rendu du Conseil de faculté : séance extraordinaire du 31 juillet 1879.

Béchamp : *Je me refuse à n'être qu'un préparateur ! Les ennemis de l'enseignement libre ont assez répété que les universités catholiques se réduisaient à la préparation des examens !* Joseph Béchamp est pressenti pour assurer le complément des cours au semestre d'été, mais il se fait prier et demande un supplément de traitement. En définitive, le premier assesseur H. Desplats charge M. Monnet, professeur suppléant en pharmacie, de donner des conférences complémentaires de chimie organique.

A. Béchamp est excédé : dans une lettre adressée directement le 15 mars 1880 à NNSS les évêques, il attaque vigoureusement le recteur : *Je résiste à des erreurs d'administration parce qu'elles détruisent la faculté de médecine, ruinant et déshonorant l'œuvre à laquelle j'avais courageusement dévoué ma vie, parce que grâce à son action incertaine et variant sans cesse, les opinions sont indécises, la division partout, la confiance nulle part. Parce qu'il n'écoute personne et qu'on ne s'entend pas sur les moyens et encore moins sur les hommes. Parce que l'intrigue et la faveur, non le bon sens et la justice, prévalent seules. Parce que les intérêts et l'amour-propre sont partout en jeu. Parce que rien de stable n'est organisé, que tout est mouvant et qu'on détruit un jour ce qu'on a édifié la veille. Parce qu'il veut avoir l'air de tout diriger en prenant la responsabilité de rien. Bref parce qu'il veut nous forcer à vivre d'expédients. Je suis décidé à résister encore.*

À l'inverse, le recteur insiste sur le dérangement mental du doyen : *Notre pauvre M. Béchamp est plus malade que jamais [...] S'abandonnant à une violente colère, il m'a accablé d'invectives et d'outrages*[42]. À l'évêque de Montpellier, il écrit : *Béchamp se croit persécuté par tout le monde, voit partout des manœuvres et des influences occultes ; il dénature nos paroles et nos actes [...] J'ai essuyé de sa part les scènes les plus violentes, les plus scandaleuses, les plus incroyables*[43].

Début 1880, les évêques estiment qu'il *est temps de mettre un arrêt à ces excentricités fâcheuses*, mais ce n'est qu'en avril 1881 qu'un blâme est infligé à Béchamp. L'administration prend alors l'avis de Me G. Théry qui conseille de mettre le doyen en demeure de reprendre ses fonctions et qui, devant le refus obstiné de celui-ci, estime qu'il est préférable de temporiser. Tel est également l'avis d'une commission nommée par le Sénat et comprenant les doyens Didiot, de Margerie et de Vareilles, qui expriment le désir de trouver une solution pacifique (décembre 1881). Un vice-doyen est alors nommé pour trois ans : le Pr L. Wintrebert est élu par le Conseil de faculté le 26 décembre, il sera prorogé en 1884 et, lorsqu'il mourra, la même année, l'intérim sera assuré par le Pr Bouchaud.

Ce n'est qu'en 1886 que cette affaire trouvera son épilogue : pendant quelques années, Béchamp restera doyen « *nominal* », mais il n'apparaîtra plus dans les réunions de la Faculté. Il continuera son enseignement, toujours réparti sur deux ans, pendant le seul semestre d'hiver. Il poursuivra ses recherches, en conflit ouvert avec Pasteur, son école et ses théories microbiennes.

L'affaire Eustache

Entre-temps, d'autres affaires sont survenues, mineures peut-être, mais ne faisant qu'augmenter la lassitude de Béchamp et l'exaspération du recteur. L'une d'elles intéresse le Pr Eustache : sollicité pendant l'été 1878

42.– Lettre du recteur le 30 déc. 1879 à un destinataire non mentionné. Arch. ICL, dossier K7Gc.

43.– Lettre du recteur le 30 déc. 1879 à l'évêque de Montpellier. *Ibid.*

pour remplacer le Pr Faucon qui demande *in extremis* un congé du 15 août au 1er octobre, il accepte à condition de recevoir 200 F supplémentaires. Le doyen transmet la demande au recteur, arguant qu'il ne peut désigner personne, n'ayant pas d'agrégé ; le recteur répond que cela dépend de la commission permanente. En définitive, c'est le Dr Vanverts qui offre ses services et qui est chargé du remplacement.

L'attitude d'Eustache est jugée sévèrement par le recteur qui en rend compte au chancelier : *Une de nos plaies se montre à jour dans le dossier que je vous transmets. La question d'argent occupe une place beaucoup trop considérable parmi les mobiles qui font agir quelques-uns de nos professeurs de médecine. M. le doyen est loin de les retenir dans cette voie : il pousse sans cesse à des dépenses qui ne seraient pas justifiées par notre situation actuelle et qui même parfois seraient complètement inutiles. C'est ce qui rend la plupart du temps nos rapports difficiles et pénibles. En outre M. le doyen appuie de son autorité les revendications pécuniaires les plus étranges et les moins fondées. Ce n'est pas la première fois que ce fait se produit à l'occasion de M. le professeur Eustache. Aussi ai-je dû parler d'une manière un peu ferme. Je dois dire du reste que M. Eustache est un homme distingué, faisant très bien son service. Il est à regretter seulement qu'il ait cette faiblesse et que M. le doyen l'encourage*[44].

L'affaire Jeannel

L'affaire Jeannel, plus tardive, est similaire : chargé de la direction des dispensaires, mission qu'il a acceptée sans augmentation de traitement et dont il s'acquitte avec zèle, il déclare en juin 1882 que son contrat ne l'obligeait nullement à *diriger et à administrer deux dispensaires comprenant 8 à 10 services de consultations gratuites et deux infirmeries*, etc.

Julien Jeannel

Là aussi, la discussion tourne bientôt autour d'une question d'argent : initialement, en novembre 1876, *M. Feron-Vrau m'a expliqué que les honoraires des professeurs étant fixés à 6 000 Frs et ces chiffres n'étant pas en rapport avec ma position scientifique et administrative, on y ajouterait 3 000 Frs au titre de pharmacien en chef de l'hôpital futur*[45], titre qu'en qualité d'ancien pharmacien inspecteur général, il considère d'ailleurs comme une déchéance : il désire le titre de *directeur du service pharmaceutique*. Le 1er juillet 1882, il réclame : *J'aurais dû être augmenté de 1 000 Frs après cinq ans. Je ne les ai pas vus et ne les ai pas réclamés.* Le recteur lui propose alors de *réclamer une retraite méritée* (il a 68 ans), mais Jeannel s'indigne de ces *procédés blessants et même outrageants.* À

44.– Lettre de Mgr Hautcœur du 23 août 1878. Arch. ICL, dossier K3G.

45.– Ce titre deviendra d'ailleurs caduc à la nomination de M. Demandre.

son tour, il menace de porter l'affaire devant la justice : *L'attitude dénuée de précautions de politesse que vous prenez envers moi comme une espèce de malfaiteur m'oblige à vous rappeler mon âge, ma position sociale, la confiance que j'ai témoignée à l'institution dont vous êtes le chef, les services que je lui ai rendus,* etc[46].

L'affaire en reste là : Jeannel prend un congé de longue durée, puis quitte la Faculté en 1883, sans doute amer et déçu lui aussi ; sa chaire de thérapeutique et matière médicale est alors confiée au Dr Guermonprez. Il reste à Lille pendant quelques années, puis se retire à Villefranche-sur-Mer jusqu'à sa mort en 1895, à l'âge de 91 ans.

L'affaire Redier

L'affaire Redier prêterait à sourire si elle ne confirmait l'existence de clans dans le corps professoral et l'excessive susceptibilité de ses membres. Au Conseil de faculté du 14 février 1883, le Pr Desplats demande au vice-doyen L. Wintrebert de former une commission chargée d'indiquer au professeur suppléant F. Guermonprez l'orientation à donner à l'enseignement de matière médicale et thérapeutique dont le recteur vient de le charger pendant le congé du titulaire J. Jeannel, à vrai dire sans l'avis de la Faculté. Une vive discussion s'engage : le vice-doyen et G. Eustache estiment que la Faculté n'a pas à mettre en discussion les décisions du recteur, non plus que les capacités de M. Guermonprez, ce que H. Desplats conteste. Il demande de nouveau la formation d'une commission : le vice-doyen refuse et lève la séance. H. Desplats proteste et le Pr Redier s'écrie : *Laissez lui lever la séance à ce fumiste !* L'injure est lancée ; le secrétaire général de l'Université est alerté : il tente de calmer le jeu, mais Redier, qui veut bien retirer ses propos, refuse de présenter des excuses. Bien plus, il ajoute lors de la séance suivante du 21 février : *J'ai perdu là la seule occasion de vous culbuter...* Indignation de L. Wintrebert qui porte l'affaire devant le Sénat académique. Celui-ci nomme une commission d'enquête de trois membres qui entend le plaignant, l'accusé et quelques témoins. M. Redier reconnaît que le mot *culbuter* était impropre : *démasquer* eut été plus approprié... Et d'accuser M. Wintrebert d'hostilité à son endroit, ainsi que quelques collègues auxquels il reproche de constituer *une coterie.*

Le 12 mars, le Sénat académique délibère et vote la censure à l'encontre du Pr Redier. Les choses en resteront là. Plus tard, le Pr Redier sera élu à son tour au Sénat académique.

L'affaire Jousset

Curieuse affaire que celle-ci où un professeur démissionnaire se voit refuser sa réintégration dans l'Université.

En 1877, le docteur Alfred Jousset a près de 31 ans lorsqu'il est engagé à l'Université catholique comme professeur de pathologie chirurgicale. On ne sait comment ce médecin de la Navale, formé à Rochefort, et qui a bourlingué à Cayenne, au Sénégal, à Fort de France et aux Indes avant d'être nommé médecin des Forges de la marine de La Chaussade[47], accède à ce titre après avoir refusé celui de chargé de cours. C. Feron-Vrau signe son contrat

46.– Lettre de J. Jeannel au recteur le 29 sept. 1882, Arch. ICL, dossier K11G.

47.– Forges fondées par Babaud de la Chaussade (1706-1792) dans le Berry et le Nivernais.

avec un traitement de 6 000 F par an, malgré l'opposition du doyen Béchamp qui l'estime trop peu titré.

En décembre 1879, pour des raisons familiales, il présente sa démission, acceptée par le recteur et le Conseil supérieur ; on saura plus tard qu'il y fut en quelque sorte contraint par son beau-père, chef d'entreprise, qui vient de perdre son fils dont il ne pouvait se passer. Il avoue d'ailleurs que son enseignement est fort peu suivi, tant en pathologie externe qu'en médecine opératoire, les étudiants de 3e et 4e années, qui ne sont alors que six et quatre, le désertent régulièrement, certains pour passer l'après-midi à jouer au Cercle, d'autres parce qu'ils sont tenus par leurs fonctions d'internes. Dans son discours à la séance de rentrée de novembre 1880, H. Desplats exprime les regrets de la Faculté : Jousset venait de recevoir une distinction de l'Académie de médecine pour un mémoire sur l'hygiène, la physiologie et la pathologie dans les climats chauds.

Mais en décembre 1883, A. Jousset demande à revenir à l'Université et à occuper *une chaire vacante* : seule la médecine légale est alors sans titulaire et l'ancien médecin de la marine a quelques connaissances en la matière. Sollicitée par le recteur, la Faculté nomme une commission (Prs Bouchaud, Desplats et Faucon) qui exprime un avis défavorable pour défaut de titres appropriés, et parce qu'*il n'est pas bon d'encourager les désertions en permettant à l'un des déserteurs de notre Faculté de reprendre sa place au premier signe de sa volonté.* La Faculté entérine cet avis. À son tour, le Sénat académique nomme une commission qui enquête sur le candidat et ses titres et donne un avis favorable, car la Faculté a besoin d'un professeur de médecine légale. Mais le Sénat ne suit pas cet avis : *À son grand regret,* le recteur transmet donc cette décision au Dr Jousset qui se dit *péniblement surpris.* En dépit d'ultimes interventions extérieures, dont celle de sa belle-mère (*Bon médecin, bon chrétien,* assure-t-elle), le recteur maintient sa décision *malgré ses sentiments personnels* : le Dr Jousset poursuivra sa carrière en ORL à Lille jusqu'en 1911.

Mais revenons en arrière, au tout début des « affaires » : en fermant, provisoirement, le dossier Béchamp à l'issue du Conseil de faculté extraordinaire de juillet 1879, le recteur a annoncé pour la rentrée suivante la pose de la première pierre des constructions destinées à l'administration de l'Université. C'est chose faite, nous l'avons vu, le 22 novembre 1879, sous la présidence de Mgr Lequette, évêque d'Arras, qui, après une vigoureuse homélie, insère dans la *pierre angulaire* quelques médailles.

À la veille de la discussion par les députés d'une loi *qui doit décider de la vie ou de la ruine des Universités catholiques,* c'est un acte de foi et d'espoir.

Les décrets Ferry

Nous avons rappelé les deux lois Ferry, restées dans la mémoire des catholiques sous le nom de *lois scélérates.* La première, datée du 28 février 1880, réforme le Conseil supérieur de l'Instruction publique : elle en fait un organisme exclusivement pédagogique et en exclut toute personnalité étrangère à l'enseignement. Sur un total d'une soixantaine de membres, le nouveau Conseil ne compte que quatre membres de l'enseignement libre nommés par le président de la République sur proposition du ministre : leur voix restera donc discrète.

Les conséquences de la seconde loi Ferry promulguée le 18 mars, nous l'avons vu, sont sévères : plus d'Université catholique, plus de jury mixte, plus de droits d'inscription[48]. La suppression des jurys mixtes et l'inconvénient de faire passer les examens devant un jury de l'État ne paraissent pas insurmontables... à certains professeurs : à l'opinion du Pr H. Desplats que nous avons cité et qui n'a *pas un mot de regret pour les jurys mixtes*, on peut ajouter celle d'Augier : *Nous ne pouvons accorder une grande importance à l'objection par laquelle on nous dit que le système du jury d'État obligerait les professeurs à tenir compte devant les élèves des opinions personnelles des membres du jury sur tel ou tel point de la science.* Certes, libre de son enseignement, le professeur n'a pas à se préoccuper de ce détail et peut refuser d'être considéré comme un simple répétiteur. Quant aux examens, il déclare : *Nous sommes tentés de dire : les examens seront plus difficiles pour nos élèves, eh bien ! tant mieux ! Nous devrons ainsi mieux les enseigner et ils auront l'obligation de mieux apprendre, etc.*[49] Certes, mais c'est faire bon marché de l'inquiétude des étudiants et du souci de leurs parents. L'avenir montrera bien, et à maintes reprises, que l'intérêt de l'étudiant est de se procurer les cours de l'examinateur devant lequel il se présente, surtout dans les matières fondamentales et dans quelque faculté que ce soit, s'il veut avoir une chance de réussir son examen. Il nous suffit d'imaginer un étudiant de la Faculté libre exposant la théorie du microzyma à un examinateur pastorien !

Cependant, le ministre de l'Instruction publique poursuit son entreprise de laïcisation de l'enseignement. Que l'article 7 ait été repoussé par le Sénat lui importe peu : le 29 mars 1880, il prend deux décrets selon lesquels ne peuvent enseigner que les congrégations autorisées ; les autres, dont les Jésuites en particulier, sont expulsées de leurs locaux dans un délai de trois mois et sont remplacées par des laïcs. L'agitation s'amplifie, Freycinet doit démissionner ; il est remplacé à la tête du gouvernement par... Jules Ferry lui-même qui, avec persévérance, met en application ses décrets[50]. Mais des décrets n'ont pas force de loi : bien souvent et pendant vingt ans, ils seront ignorés ou contournés. Dans le Nord en particulier, *l'administration n'appliqua pas toujours avec la même vigueur la nouvelle politique. Les frères Cambon qui se succédèrent à la Préfecture de 1879 à 1886, y étaient hostiles. Le décret sur l'expulsion des congrégations de 1880 fut appliqué avec lenteur et partiellement* [51]... en attendant Waldeck-Rousseau et « le père Combes ».

À la rentrée de 1880, le Pr Desplats, faisant fonction de doyen, commence son rapport annuel par ces mots : *En ces jours de deuil où chacun se demande ce*

48.– Dès la promulgation de la loi, les facultés libres délivrent effectivement les inscriptions à titre gratuit, mais prélèvent encore des droits de bibliothèque (10 F) et des frais de travaux pratiques (15 F par inscription pour les quatre premières, 10 F pour les quatre suivantes, etc.) En avril 1887, les droits d'inscription seront rétablis dans les facultés d'État, à raison de 30 F par trimestre.

49.– G. Augier. *L'enseignement de la médecine par les Facultés de l'État. J Sci Méd Lille*, 1883, n° 2, pp. 139-147.

50.– Il n'est pas dans notre intention de critiquer l'œuvre de J. Ferry qui, par les lois du 16 juin 1881 et du 29 mars 1882, institue l'enseignement gratuit, laïque et obligatoire, fondement de la République démocratique et laïque : il nous appartient seulement d'en apprécier l'impact sur notre institution.

51.– B. Ménager : *Soixante ans de luttes politiques et religieuses* in *Histoire des Pays-Bas Français* par L. Trenard, 2 vol. 582 et 422 p., 1972, Privat éd. Toulouse, p. 473. Paul Cambon (1843-1924), préfet du Nord de 1877 à 1882, sera ambassadeur à Londres en 1898. Son frère Jules (1845-1935) lui succède à la préfecture du Nord de 1882 à 1887.

qui restera des institutions catholiques, mais il énumère les raisons d'espérer : le nombre d'étudiants a un peu diminué, 90 au lieu de 112, mais cette diminution, surtout sensible en première année, est peut-être due au nouveau règlement des études. L'hôpital Sainte-Eugénie a reçu 3 000 malades, le dispensaire Saint-Raphaël a donné plus de 14 000 consultations. Le dispensaire Saint-Camille, transféré rue de La Bassée, est beaucoup moins fréquenté avec 603 consultations.

L'officiat de santé

À la demande des curés des paroisses rurales, ajoute le Pr Desplats, on reconsidère la question de l'officiat de santé. En janvier 1880, le chanoine Graux, vicaire général d'Arras, adresse au recteur un long plaidoyer, très bien argumenté, en faveur de l'admission de candidats à l'officiat de santé. Dans le Pas-de-Calais, dit-il, on dénombre 103 docteurs en médecine et 198 officiers de santé : *Nous condamnons tous les candidats à l'officiat, qui doivent être plus tard les seuls médecins de nos campagnes, à aller puiser un enseignement trop souvent matérialiste et impie dans les Écoles de médecine de l'État et nous laissons ces mêmes campagnes à l'influence funeste de ces médecins qui deviendront presque fatalement irréligieux et hostiles à nos principes autant qu'à notre action.* On reconnaît donc que la profession médicale garde une influence considérable *jusque dans les plus humbles recoins de notre pays [...] Laisser aux mains de nos adversaires une force aussi puissante est un danger dont la gravité n'avait pas apparu* (sic) *dès le début avec toutes ses conséquences.* Il convient donc *de ne pas se désintéresser des besoins d'une partie considérable de la population, celle des campagnes*[52].

Les causes de ce revirement sont donc multiples et il ne s'agit pas seulement d'étoffer le recrutement. Un constat s'impose en effet : malgré la création de plusieurs facultés de province, dont certaines sont peu viables (et même, selon le mot du doyen Lortet de Lyon, *souffreteuses*), malgré la suprématie de la faculté de Paris (où cependant, sur 5 030 étudiants, 2 649 seulement passent leurs examens et où, selon Farabeuf, 15 % fréquentent les salles de dissection), les écoles secondaires de médecine restent actives, après une sérieuse réorganisation.

Un abaissement du niveau des études ne serait pas à craindre sous quelques conditions : examen d'entrée préalable, scolarité identique à celle des aspirants au doctorat et examens spéciaux en cours de scolarité. L'ambition de la Faculté serait de faire un officier de santé *agréé ou gradé de l'Université catholique [...] un être à part, un "doctus non doctor "*.

La décision de préparer à l'officiat de santé est donc prise dès cette année sous ces trois conditions jugées indispensables. Son effet sur le recrutement est immédiatement favorable et, en 1882-83, sur seize étudiants de 3e année, neuf se destinent au doctorat et sept à l'officiat[53]. Ces dispositions sont donc judicieuses : elles seront d'ailleurs reprises dans le décret du 1er août 1883

52.– A. Faucon, *Rapport sur la question des officiers de santé, J Sci Méd Lille*, 1880, n° 5, pp. 357-362.

53.– Parmi les candidats à l'officiat de santé, ceux qui possèdent le baccalauréat ès lettres peuvent se présenter au doctorat si, après deux ans de pratique médicale, ils possèdent le diplôme de bachelier ès sciences « restreint ».

de J. Ferry : examen d'entrée, seize inscriptions obligatoires, sessions d'examens annuelles, trois examens définitifs[54].

1881-1882

Les dernières années de la maison Saint-Maur connaissent un calme relatif. De nouveau, le nombre des étudiants dépasse la centaine, venant de toutes les régions de France. On compte même un Arménien et plusieurs Algériens, jeunes orphelins recueillis par les Pères Blancs dits « Pères du Désert », élevés dans la religion catholique et envoyés en France pour faire leurs études par l'Œuvre des Étudiants algériens de Mgr Lavigerie.

Les résultats des examens de doctorat de 4e année sont satisfaisants, à Paris (18 examens avec deux échecs et deux thèses), un peu moins à Lille (20 succès et 5 échecs). En pharmacie, les résultats sont similaires. Par contre, les examens de première année n'ont pas donné satisfaction avec cinq admissions sur treize étudiants (deux sur trois à Paris et trois sur dix à Lille), ce qui semble encore lié au fait que les deux tiers des étudiants préparent à la fois le baccalauréat ès sciences et le premier examen de doctorat[55].

Mais, si tout se passe relativement bien du côté des études, les tracasseries administratives continuent. Début 1881, accusée de complaisance vis-à-vis de l'Institut catholique par les autorités municipale et préfectorale, l'Administration des Hospices est totalement remaniée : dix membres de la Commission se trouvent exclus dont bien sûr MM. Houzé de l'Aulnoit, vice-président et P. Bernard[56]. Toutefois, l'administrateur en exercice de l'hôpital Sainte-Eugénie est maintenu, ce qui semble d'abord rassurer les médecins, mais les conséquences de cette reprise en main ne se font pas attendre. Le 28 janvier 1881, les Hospices annoncent que le petit service d'obstétrique de Sainte-Eugénie sera supprimé à partir du 15 février, sous prétexte qu'il n'était pas prévu dans le contrat. *Résister n'était pas possible, parlementer n'était pas digne*, commente le Pr Desplats. Au total, du 17 juin 1877 au 15 février 1881, ce petit service de Sainte-Eugénie a pratiqué 644 accouchements (soit 175 par an) dont 585 de femmes célibataires ; on a dénombré neuf décès maternels dont cinq infections puerpérales ayant entraîné une fermeture temporaire en juin 1880 et 4 % de morts nés[57].

On doit déménager en catastrophe : on trouve un asile provisoire dans une maison au n° 23 de la rue du Marché où on installe une douzaine de lits, rapidement occupés. Pendant les sept premiers mois de cette petite unité qui s'appelle désormais Maternité Sainte-Anne, on enregistre 150 naissances. Le chef de service en est d'abord le Pr A. Faucon qui a remplacé le Pr Vanverts

---

54.– G. Augier : *L'enseignement de la médecine par les Facultés de l'État. op. cit.* G. Augier a ce commentaire ironique : *On serait tenté de croire en lisant son décret qu'il [J. Ferry] s'est inspiré de nos règlements. Nous ne le disons pas trop haut de peur de lui nuire auprès de ses amis…*

55.– Cf. Chapitre 7 la réforme de l'enseignement de 1878.

56.– *Nouvelles : J Sci Méd Lille*, 1880, n° 3, p. 218. Depuis 1878, le président de la Commission était M. Brassart. L'un des derniers actes de l'ancienne Commission a été le vote d'une somme de quinze cents francs pour l'achat d'un chemin de croix pour la chapelle de Sainte-Eugénie.

57.– G. Eustache : *La clinique d'accouchements de la faculté libre de médecine de Lille. J Sci Méd Lille*, 1888, n° 36, pp. 217-225, n° 37, pp. 241-253 et n° 38, pp. 265-271. À noter qu'une maternité de la faculté d'État s'est ouverte à l'aile gauche de Sainte-Eugénie en 1879.

décédé le 1er novembre 1880 à l'âge de 48 ans, puis, six mois plus tard, le Pr Eustache qui vient de perdre son poste à l'hôpital Sainte-Eugénie.

En effet, à la même date, l'Administration des Hospices enjoint également à la Faculté de réduire le nombre de services de l'hôpital Sainte-Eugénie de quatre à deux, alors que jusque-là les 200 lits étaient desservis par deux médecins et deux chirurgiens. C'est une décision unilatérale de l'Administration qui n'a pas la charge de rémunérer ces praticiens, une *interprétation stricte du contrat primitif passé avec les Hospices, (qui) non seulement réduisait à un seul service les deux services de clinique médicale et les deux services de clinique chirurgicale primitifs, mais obligeait la faculté à installer ailleurs les services de pharmacie et celui de clinique obstétricale*[58]. Dès lors, le médecin doit visiter chaque matin quelque 146 malades et le chirurgien 76 « blessés ». Le Conseil de faculté décide que les chefs de service exerceront en *alternance semestrielle*, Papillon et Eustache pendant le semestre d'été, Desplats et Faucon pendant l'hiver[59]. Cette solution boiteuse sera d'ailleurs éphémère : en septembre 1882, l'Administration des Hospices n'accepte plus qu'un seul chirurgien et un seul médecin à Sainte-Eugénie. Ce seront H. Desplats en médecine, A. Faucon en chirurgie.

Le Pr Eustache proteste : arrivé à Lille en octobre 1876 comme professeur d'anatomie, il avait l'assurance d'être nommé professeur de clinique chirurgicale dès l'ouverture de l'hôpital Sainte-Eugénie en mars 1877, alors qu'il n'était pas encore question d'un second professeur. A. Faucon, lui, est arrivé en juin 1877 : G. Eustache peut donc prétendre à une certaine antériorité. L'intention de l'Administration des Hospices de supprimer un poste de professeur de clinique chirurgicale, datant de janvier 1881, ne lui a été transmise, dit-il, qu'en mars 1882. Comme la dite administration n'accepte *comme chefs de service que les professeurs dont le nom lui a été communiqué au 31 octobre 1881, moment du renouvellement annuel du personnel,* et comme son nom n'a pas été porté à ce moment, il se trouve évincé, alors que son collègue resté en fonction obtient de l'Université une indemnité supplémentaire de 2 100 F[60]. Il reçoit cependant de divers responsables l'assurance que sa suspension n'est que momentanée. Le 30 juin 1882, le recteur lui propose une permutation de chaire, lui laissant le choix parmi les chaires vacantes : *Jamais,* écrit G. Eustache, *dans l'Université de l'État que j'ai quittée pour l'Université catholique, il ne se serait trouvé personne pour signer une telle injonction* ! Bien que s'estimant spolié et comme déchu, *après six ans de bons et loyaux services [...], du titre de chirurgien d'hôpital [qui] amène après lui la considération extérieure et aussi la clientèle,* il accepte la conciliation : après quelques tractations, faute d'obtenir sa désignation comme chef du service chirurgical de Sainte-Eugénie qu'il réclame encore, il accepte la chaire de

58.– Mgr Lesne : *Histoire de la fondation, etc., op. cit.* A. Delassus ajoute : *L'Administration des hospices déclara que le contrat qu'elle avait signé avec l'Université portait le mot service chirurgical au « singulier » et non au pluriel. C'était une singulière chicane préjudiciable à tout le monde, mais en particulier au malade [...], une interprétation pharisaïque du contrat. A. Delassus, Autour du berceau de la faculté de médecine, op. cit.*, pp. 89-90.

59.– Conseil de faculté du 7 février 1881.

60.– On ne sait pourquoi A. Faucon fut préféré à G. Eustache. Dans le mémoire où il expose l'historique de l'affaire, ce dernier pense que l'on comptait sur ses *sentiments de dévouement et de religion [...], sur sa bonne éducation et sur son aversion pour tout scandale public*. L'on a vu qu'apparemment A. Faucon était moins accommodant.

clinique obstétricale et de gynécologie[61], moyennant une augmentation de son traitement, porté à 10 500 F et avec la mention *que le service et le cours des sages-femmes font partie intégrante des devoirs qui m'incombent dans cette nouvelle fonction.* L'affaire est donc réglée et, dans son nouvel état, G. Eustache ne déméritera nullement. À la même date, le départ du Pr Papillon résout le problème du service de médecine.

Comme l'ensemble de l'Université, la Faculté de médecine est fragilisée par ces diverses affaires, les nouvelles dispositions légales et les manifestations d'un radicalisme politique antireligieux. Elle va connaître maintenant les conséquences de *l'âge de fer* sur les plans du recrutement et des finances.

Cependant, en cette fin d'année 1881, s'élèvent rue du Port de vastes constructions, dues à la générosité du même bienfaiteur, destinées à accueillir la Faculté libre de médecine et de pharmacie et à remplacer, du moins partiellement, ses services jusqu'alors *disséminés, incommodes, insuffisants* [62]. Progressivement, la rue de La Barre va fermer ses portes : en six ans, elle a reçu *259 élèves nouveaux, 220 pour la médecine, 39 pour la pharmacie. Trente-huit de ces étudiants sont devenus docteurs ; douze ont obtenu leur diplôme de pharmacien [...] L'Œuvre n'en est encore qu'à ses débuts et cependant elle a déjà fait ses preuves [...] Bientôt sortira de notre Faculté, selon la parole du Saint-Père, une ample moisson d'hommes également distingués par leur valeur morale et leur habileté dans l'art du médecin*[63].

Une nouvelle page s'ouvre...

61.– Conseil de faculté du 8 sept. 1882.

62.– H. Desplats, premier assesseur : *Rapport à la séance solennelle de rentrée* du 10 nov. 1881.

63.– L. Wintrebert : *ibid.* le 15 nov. 1883. Le vice-doyen cite le bref de Léon XIII du 28 mai 1883.

Chapitre VI.
1882-1914 : La Faculté dans ses murs. La laïcisation. Nouveaux procès

Nouvelles constructions

Les baux de location arrivant à expiration, l'Université et ses facultés sont contraintes de déménager : le 1er mars 1881, l'hôtel de la rue Royale doit être rendu aux Dames du Sacré-Cœur et les locaux des facultés de sciences et de médecine de la rue de la Barre – dont l'Administration des Hospices est propriétaire – doivent être libérés au plus tard le 1er octobre 1884.

Le Palais académique

Il faut donc bâtir sur les 50 hectares acquis par Ph. Vrau et C. Feron-Vrau dans le quartier Vauban de part et d'autre de la rue du Port. Il n'y a là, à l'époque, qu'un *lacis de bras de rivières et de fossés utilisés pour le trempage des toiles et la préparation des lins où, parmi un fouillis de hautes herbes, serpentent les sentiers [...] des tourbières dont il faudra fixer le sol mouvant*[1]. C'est une entreprise de longue haleine dont la durée est d'abord estimée à 15 ans, mais nul ne pense alors qu'il faudra un demi-siècle pour voir son achèvement. Après des voyages d'études à l'étranger et en particulier en Allemagne, les administrateurs et l'architecte Louis Dutouquet, originaire de Valenciennes, se prononcent pour le style gothique du XIIIe siècle. La première pierre du Palais académique est posée le 21 novembre 1879 par l'évêque d'Arras Mgr Lequette, mais le premier bâtiment achevé grâce à un don généreux est la maison de famille Albert le Grand, située à l'angle du boulevard Vauban et de la rue François Baes, dont la première pierre a été posée le 1er juin 1879 : elle pourra donc recevoir les services administratifs de la rue Royale en attendant que les bâtiments universitaires soient terminés et disponibles, puis les facultés de droit et de lettres[2]. Un peu plus tard, la maison Saint-Louis (1880-81) va abriter quelque temps le Séminaire académique.

1.– É. Lesne : *Cinquante ans d'enseignement supérieur à Lille. Livre d'or du Cinquantenaire etc., op.cit.*, p. 127.

2.– La maison Albert le Grand accueillera encore en 1880-81 les élèves du collège Saint-Joseph après l'expulsion des Jésuites, puis, en juin 1881, le premier Congrès eucharistique international.

Le Palais académique est réalisé en trois étapes : en novembre 1881, le bâtiment longeant la rue F. Baes reçoit la bibliothèque et, à l'angle de cette rue et du boulevard Vauban, un pavillon abrite les services administratifs. Les facultés de droit et de lettres constituent une deuxième tranche en novembre 1884. Enfin, en 1885, le Palais académique est prolongé jusqu'à la rue du Port pour accueillir la Faculté de théologie et le Séminaire[3].

La Faculté de médecine et de pharmacie

À la même date est entreprise la construction de la nouvelle Faculté de médecine et de pharmacie. C'est également l'œuvre de l'architecte Dutouquet : *due à l'inépuisable générosité d'un bienfaiteur que Dieu connaît bien*, elle est menée à bien en moins d'un an : commencée en avril, *elle touche pratiquement à sa fin en novembre 1881*[4], mais l'aménagement intérieur demandera encore plusieurs mois.

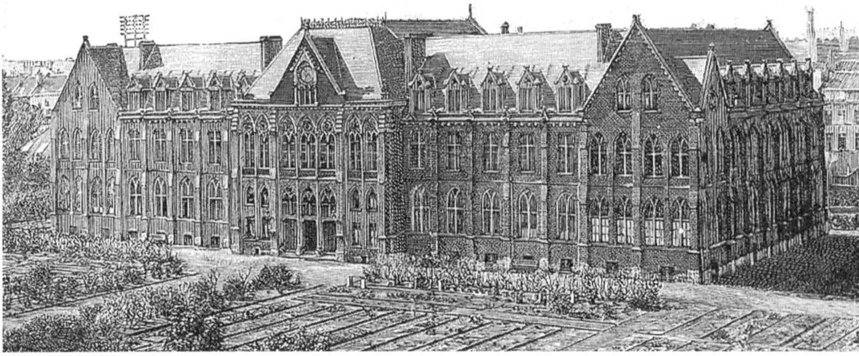

La Faculté en fin de construction

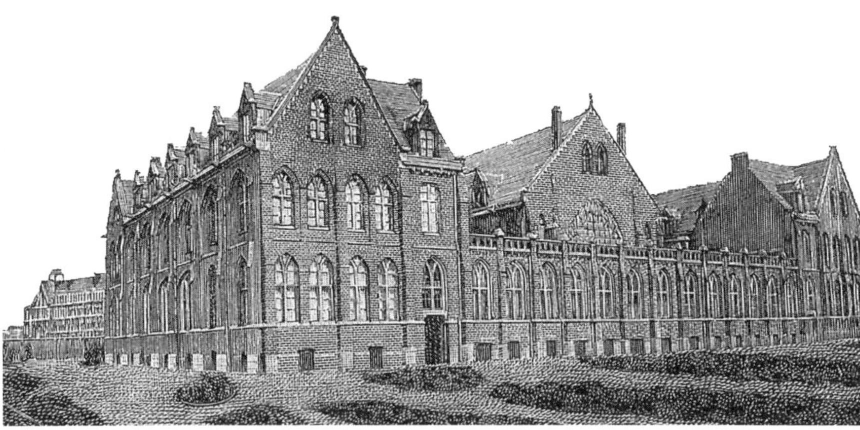

Façades est et sud

3.– Ce n'est qu'en 1913 qu'est entreprise la construction des deux ailes encadrant la cour d'honneur ouverte sur le boulevard Vauban. Les travaux de la chapelle seront interrompus par la Grande Guerre ; ils ne seront achevés qu'en 1922. L'aile droite recevra la faculté de droit en 1925 et l'*Aula maxima* sera inaugurée lors des cérémonies du cinquantenaire en 1927.

4.– Discours d'H. Desplats à la séance de rentrée du 10 novembre 1881. Le bienfaiteur anonyme est bien entendu Camille Feron-Vrau.

Il est intéressant de comparer les descriptions de l'époque que l'on doit à L. Wintrebert ou à Mgr Hautcœur, ainsi que les plans que nous reproduisons, avec l'aspect actuel de la Faculté[5].

Initialement, l'édifice est presque isolé, au milieu d'un jardin botanique qui n'est pas encore planté et d'un quartier qui n'est pas bâti, en dehors des premières constructions du Palais académique. Le grand bâtiment rectangulaire, dont la façade principale mesure 65 mètres, est formé d'une partie centrale et de deux ailes symétriques laissant de chaque côté une cour intérieure.

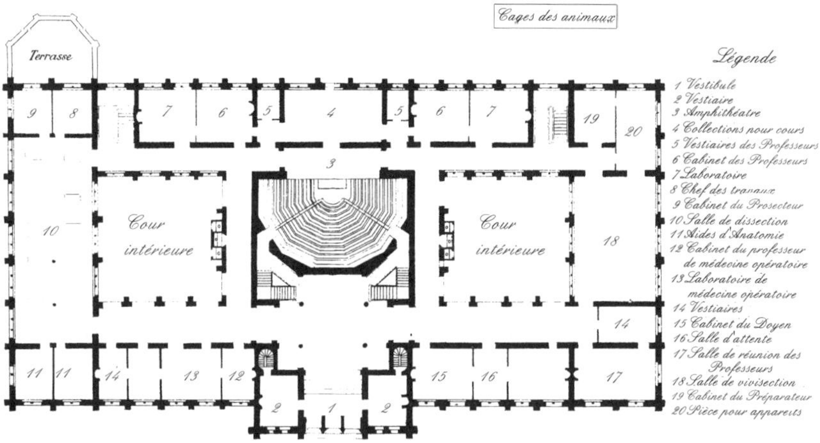

Plan du rez-de-chaussée

La partie centrale comprend un grand vestibule dont la voûte est supportée par des colonnes en pierre de Soignies *du plus bel effet*, et surtout le grand amphithéâtre dont la hauteur est celle du rez-de-chaussée et de l'étage des bâtiments attenants. Il est éclairé *par une immense fenêtre ogivale placée à la partie supérieure qui comprend toute sa largeur* et par *deux rosaces latérales.* Équipé de gradins avec tablettes et dossier, cet amphithéâtre est alors considéré comme *un petit chef-d'œuvre.* Derrière lui, se trouve une salle des collections et des préparations en vue des cours.

Au rez-de-chaussée, l'aile gauche est occupée entièrement par l'anatomie et la médecine opératoire : on y trouve une grande salle de dissection, de 22 mètres sur 8, bien éclairée des deux côtés et équipée d'une dizaine de tables. À l'entrée, se trouve un vestiaire avec armoires numérotées, lavabos *larges et commodes*[6]. Dans ce vestiaire, s'ouvrent successivement le cabinet et le laboratoire du chef de travaux, puis le cabinet du prosecteur. La salle elle-même est garnie d'ardoises permettant à l'étudiant de dessiner. Les tables de dissection, des escabeaux à trois pieds, des pupitres pour les livres et les instruments, un squelette sous verre, des ossuaires à la disposition de l'élève

5.– L. Wintrebert : *Les nouveaux locaux de la faculté libre de médecine et de pharmacie. J Sci Méd Lille*, 1882, n° 11, pp. 802-805 et Mgr Hautcœur : *Les Facultés Catholiques ; plans et vues des édifices élevés de 1879 à 1887*, Lille, Desclée 1887. Nous suivrons l'évolution des différentes affectations.

6.– L'ensemble de ces détails sur l'organisation de l'enseignement se trouve dans l'article anonyme : *Faculté de médecine et de pharmacie, J Sci Méd Lille*, 1894, n° 46 (numéro des étudiants), pp. 467-512.

forment le mobilier. Les tables sont recouvertes de zinc, facilement attaqué par les divers liquides conservateurs : *Nous souhaiterions les voir rapidement remplacées par des tables recouvertes en ardoises, dont l'entretien serait facile et qui ne trancheraient plus avec l'aspect coquet et propret* (sic) *de la salle et du reste du mobilier.* À chaque extrémité de la salle, s'ouvrent d'un côté l'atelier du préparateur du musée, de l'autre le cabinet des aides d'anatomie et la salle des injections. En 1895, on estime que la salle d'anatomie est devenue trop petite et on l'agrandit en fermant la cour intérieure de gauche d'un double plafond vitré, créant *un hall aussi élégant que spacieux.* À la même époque, au rez-de-chaussée, à droite et en façade, on aménage un second amphithéâtre, « le petit amphi », pour les auditoires moins nombreux (salles 15 et 16 sur le plan).

Le hall de la Faculté

Salle d'anatomie agrandie en 1895 par couverture de la cour intérieure.

L'aile droite comprend le cabinet du doyen, une salle de réunion des professeurs et les locaux affectés à la physiologie avec un aquarium et, *horresco referens,* une grande salle de vivisection.

Au premier étage, sont logés les divers services de médecine proprement dite : en façade, *une salle de cours longue de 14 mètres et large de 8, éclairée sur une de ses faces par sept belles fenêtres ogivales artistement ciselées, [...] peut être considérée comme la plus belle de l'établissement.*

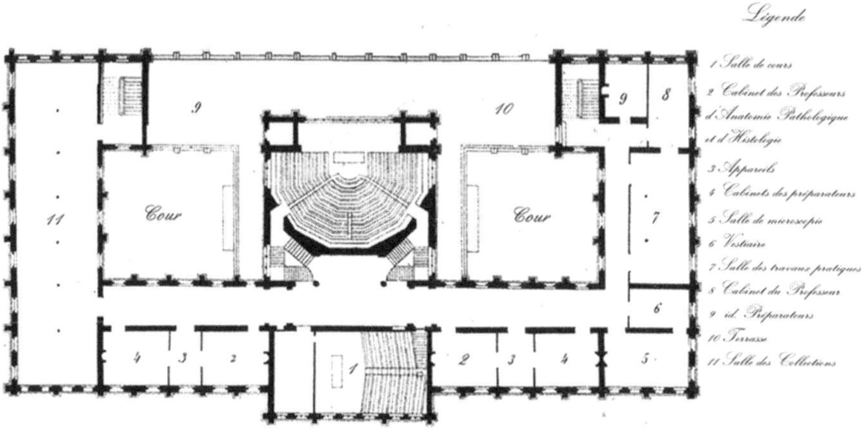

Plan du 1er Étage

L'aile droite est consacrée à l'hygiène et à la médecine légale [...] L'aile gauche est tout entière occupée par la magnifique salle des collections d'anatomie normale et d'anatomie pathologique.

Au sous-sol se trouve *une chapelle mortuaire. C'est là que se dit la messe à l'intention de chaque personne dont la dépouille mortelle sert à l'instruction des élèves. Le sous-sol renferme encore une glacière, des calorifères, etc.*

Les combles fourniraient au besoin de vastes salles de collections, on pourrait même y installer plusieurs services. L'espace et la lumière n'y manquent pas.

Telle est dans son ensemble la nouvelle école catholique de médecine.

Au point de vue utilitaire, nous pouvons dire sans hésitation qu'elle condense tout ce qu'on a imaginé de mieux jusqu'à ce jour. Guidé par les indications des professeurs, l'architecte a su disposer avec ordre et méthode les différents locaux. L'air et la lumière y arrivent à profusion pour la plus grande satisfaction des lois de l'hygiène et le plus grand bien-être des professeurs et de leurs élèves.

Au point de vue artistique, les hommes spéciaux comme les simples amateurs s'accordent à louer l'aspect tout à la fois sévère et grandiose de l'édifice : l'architecte, dans la conception de l'ensemble et des détails, s'est inspiré des remarquables constructions élevées par les maîtres flamands du moyen âge, sans craindre d'apporter aux règles du treizième et du quatorzième siècles les modifications nécessitées par l'usage auquel est affecté le monument. C'est une œuvre qui fait le plus grand honneur au talent de M. Dutouquet.

Pour la rentrée de 1882, sont installés les services de physiologie, d'histologie normale, d'anatomie pathologique, d'hygiène et de médecine légale, ainsi que les collections. Dès le mois de novembre, la Faculté peut accueillir les étudiants de 2e et de 3e années. Les bâtiments de Saint-André affectés à l'anatomie et à la médecine opératoire sont donc abandonnés : leur sort a été évoqué plus haut. Les enseignements de physique, chimie, histoire naturelle, pharmacie, toxicologie et matière médicale sont encore donnés au 78, rue de La Barre.

Le 7 novembre, à l'issue de la messe du Saint-Esprit, le recteur Hautcœur bénit les nouveaux locaux et les cours commencent le même jour.

Les choses vont ensuite plus lentement. Ce n'est qu'en 1885 que *la chimie, la physique et l'histoire naturelle heureusement liées au sort de la Faculté des*

Sciences [prennent] *possession de leurs nouveaux locaux rue de Toul* et que *l'installation définitive de la faculté de médecine* [est] *accomplie*[7].

Le grand amphithéâtre

En fait, en 1887, le doyen Desplats signale au recteur que les travaux exécutés donnent certes satisfaction, mais qu'ils ont été arrêtés faute de crédits : l'installation des services d'anatomie, d'anatomie pathologique, d'histologie et de médecine opératoire doit être achevée. Il faut encore terminer le musée et la salle de travaux pratiques d'histologie ; il faut transporter et installer les laboratoires de matière médicale et thérapeutique, l'hygiène et la médecine légale[8]. En réponse, le recteur s'informe sur le degré d'urgence des travaux et décide que le musée attendra.

Le 1er juillet 1893, est inaugurée la statue de Saint Luc qui ornera désormais le vestibule de la Faculté : cette statue représente l'évangéliste *sous les traits d'un vieillard à la barbe longue et touffue. Dans la main droite, il tient une plume, dans la main gauche, un manuscrit. À ses pieds, se trouve couché un taureau ailé qui symbolise l'évangéliste médecin. C'est l'œuvre du sculpteur Denonvilliers.*

Une commission composée des Prs Guermonprez, Redier et Lavrand a réussi en quelques mois à recueillir les fonds nécessaires, trouver le statuaire, choisir l'œuvre et veiller à ce qu'elle soit prête au jour dit. La souscription, réservée aux professeurs, étudiants et anciens élèves de la Faculté, ainsi qu'aux membres de la Société saint Luc, saint Côme et saint Damien, est couverte en quelques jours. La bénédiction de la statue par Mgr Sonnois, archevêque de Cambrai, a lieu dans le jardin devant le porche en présence de quatre évêques et d'une foule nombreuse, professeurs, ecclésiastiques, étudiants dont la bannière est portée par M. Camelot,

7.– H. Desplats : *Rapport à la séance de rentrée du 29 nov. 1888.*

8.– Lettre d'H. Desplats au recteur du 12 déc. 1887.

premier interne[9]. Dans son discours, le Pr Redier souligne l'action du Pr Guermonprez, *collègue infatigable, organisateur vraiment extraordinaire, dont le zèle n'a d'égal que le désintéressement.* Puis, le recteur Mgr Baunard prononce une brève allocution et le Pr Guermonprez lit le texte de l'adresse à SS le pape Léon XIII. La fête se termine au cercle de la rue de l'Orphéon par un grand banquet réunissant professeurs, étudiants et anciens étudiants qui se donnent rendez-vous l'année suivante.

L'installation de la statue dans le vestibule est plus tardive, sans doute faute de socle : elle date du 18 octobre 1893, le jour de la fête de Saint Luc. Le piédestal en pierre des Ardennes contient un tube de plomb fermé du sceau de l'Université et contenant l'adresse votive en parchemin, des pièces de monnaie au millésime de l'année et diverses médailles dont celle de l'Université datée du 1er juillet 1893. Ce socle définitif, d'abord situé au centre exact du vestibule, a été déplacé vers le fond au milieu du XXe siècle.

Ainsi patiemment agencée et installée, la Faculté est prête à recevoir, selon sa vocation première, les étudiants de tous les horizons. Mais, de nouveau, elle doit faire face à des attaques, sournoises ou violentes, mais répétées, d'ennemis résolus à sa perte.

Le contexte politique

La fin du XIXe siècle voit une IIIe République sérieusement ébranlée par les affaires et les scandales. Après l'affaire Wilson qui contraint Grévy à la démission, c'est le boulangisme, le scandale de Panama, les troubles sociaux (fusillade de Fourmies) et surtout l'affaire Dreyfus (1896-1899) qui divise la France en deux camps irréconciliables : une droite nationaliste, patriote et cléricale, mais aussi souvent revancharde et antisémite, et une gauche républicaine, radicale et socialiste, mais aussi souvent sectaire, anticléricale et antimilitariste[10].

Dans le Nord, et ce n'est pas nouveau, *les deux citadelles*[11], la laïque et la catholique, s'affrontent : dès 1868, est intervenu *un fait capital, unique dans la France du Second Empire [...], la laïcisation des écoles tenues par les Frères des Écoles chrétiennes de Lille*[12]. Sous l'action de G. Masure, journaliste et *terrible*

9.– Le souvenir de cette cérémonie subsiste encore sous forme d'une photographie géante exposée dans un couloir de la Faculté.

10.– Même si les querelles se sont aujourd'hui apaisées, il nous semble utile de retracer cette histoire qui a profondément marqué les esprits pendant plusieurs générations.

11.– P. Pierrard : *Lille et les Lillois*, Bloud et Gay, Paris 1967, p. 205.

12.– P. Pierrard : *La vie ouvrière, etc., op. cit.*, pp. 422-427.

polémiste et de M. Mercier, journaliste, conseiller municipal et franc-maçon, et après de multiples vexations, les Frères des Écoles chrétiennes, qualifiés d'*ignorantins* doivent quitter leurs sept écoles lilloises.

À la fin du siècle, la mairie est solidement tenue[13] par le radical Géry Legrand (1881-1896), puis le socialiste Gustave Delory (le premier maire socialiste de France : 1896-1904). En 1891, le docteur Paul Lafargue est le premier député du parti ouvrier ; deux ans plus tard, Jules Guesde est élu à Roubaix.

En France, la gauche s'est donc imposée : après un gouvernement républicain modéré avec le président Sadi Carnot et Raymond Poincaré à l'Instruction publique, la guerre antireligieuse est rallumée malgré l'initiative du Cardinal Lavigerie lors du *toast d'Alger* en 1890 et l'encyclique de Léon XIII de 1892 recommandant aux catholiques *le ralliement* à la République. Elle reprend de plus belle lorsque Pierre Waldeck-Rousseau, célèbre avocat, président du conseil de 1899 à 1902, *froid comme un brochet dans sa gelée*[14], s'émeut de voir les décrets Ferry inappliqués et souvent détournés. Il fait voter la loi sur les associations du 1er juillet 1901, bien connue des créateurs d'associations à but non lucratif, mais dont l'article 13 vise en particulier les congrégations religieuses désormais soumises à une autorisation préalable. En janvier 1902, le Conseil d'État arrête que l'autorisation s'impose à toute école où enseignerait ne fût-ce qu'un seul congréganiste. Son successeur à la présidence du Conseil, Émile Combes, *une cervelle de vieux curé, non pas même retournée, mais détournée de ses voies*[15] selon le mot de Clemenceau, voit la victoire des radicaux aux élections de 1902 après une campagne d'une violence extrême. Symbole de l'anticléricalisme, il fait voter la loi du 7 juillet 1904 interdisant l'enseignement à toutes les congrégations et ferme en quelques jours plus de 2 500 écoles confessionnelles, mais, victime de ses propres excès, il tombe après le scandale de l'affaire des fiches[16]. À son tour, sous la présidence d'Émile Loubet, Maurice Rouvier fait voter le 9 décembre 1905, la loi de séparation de l'Église et de l'État, dont le rapporteur est A. Briand. Mettant fin au Concordat napoléonien, elle affirme la neutralité de l'État et garantit la liberté de conscience.

Ensemble, d'un geste magnifique, nous avons éteint dans le ciel des étoiles qu'on ne rallumera plus, exulte R. Viviani. Les biens détenus par l'Église deviennent la propriété de l'État et *les inventaires* de ces biens suscitent de violentes réactions[17]. Pie X, intransigeant et qui n'a pas été consulté, interdit aux

13- En 1897, sur 34 membres, le conseil municipal comprend 23 radicaux-socialistes et 11 républicains modérés.

14.– Cité par M. Guivarc'h : *Farabeuf, op. cit.*, p 161.

15.– Émile Combes était un ancien séminariste, ce que ses adversaires politiques et les caricaturistes ne manquent jamais une occasion de rappeler.

16.– Le général André, ministre de la guerre, avait demandé au Grand Orient de France de rédiger des fiches sur les opinions religieuses des officiers, désirant promouvoir l'avancement des plus laïcs et républicains. Révélé par les journaux de droite, le scandale éclate : à la Chambre, le député Gabriel Syveton gifle le général André, qui démissionne, suivi par le gouvernement Combes.

17.– L'archevêque de Cambrai, Mgr Sonnois, octogénaire, est brutalisé devant son sanctuaire et décède quelques jours plus tard. À Boeschèpe, le 6 mars 1906, au cours d'une bousculade dans l'église, un boucher de 35 ans Géry Ghysel est tué par un étudiant en droit, fils du catholiques de former les associations cultuelles prévues par la loi. Mais, sous la présidence d'A. Fallières et le gouvernement Clemenceau, la conciliation aboutit à l'apaisement. Les lois de 1907 règlent la question des édifices appartenant aux évêchés et aux *fabriques,* c'est-à-dire aux associations gérant les biens paroissiaux (2 janvier) et permettent aux croyants de se réunir sans autorisation préalable (28 mars).

La laïcisation

Mais à vrai dire, avant même ces derniers évènements, la guerre religieuse n'avait jamais cessé : dès 1881, la laïcisation des hôpitaux était entreprise à Paris où elle était voulue par le conseil municipal et les directeurs de l'Assistance publique. Menée avec persévérance pendant plusieurs années, bénéficiant de l'appui de quelques médecins tels que Désiré Magloire Bourneville et Louis Hubert Farabeuf, elle chasse successivement des hôpitaux de l'Assistance publique toutes les congrégations religieuses, remplacées par des infirmières laïques.

La question agite le milieu médical. Jusqu'à la veille de la guerre, le *Journal des Sciences Médicales de Lille* fait une large part aux débats et s'associe aux protestations presque unanimes des médecins de l'Assistance publique de Paris. Des pétitions recueillent de nombreuses signatures de médecins des hôpitaux de Paris : 95 en 1881 et plus de 100 en 1885, en pure perte d'ailleurs.

À Paris, la laïcisation, poursuivie avec *un acharnement qui manque d'élégance* (*Le Temps*), va se terminer par la chute des deux derniers bastions : l'Hôtel Dieu et Saint Louis. Dans l'armée, le général André, le ministre de *l'affaire des fiches,* signifie leur congé à toutes les sœurs des hôpitaux militaires à partir du 1er août 1904.

En province, la laïcisation est à la fois plus tardive et plus discrète. À Lille, dès 1881, les vexations visent les sœurs Augustines[18]. Le 6 mai, l'administration enjoint à la communauté de l'hôpital Saint-Sauveur de changer la supérieure. La supérieure générale, Mère Monique refuse : *Nous desservons depuis des siècles les hôpitaux de Lille.* En 1882, l'Administration des Hospices veut ramener le nombre de sœurs à 19 : Mère Monique rétorque que le contrat prévoit 31 religieuses, toutes demandées expressément par l'administration. Celle-ci demeure inflexible, surchargeant les sœurs de travail par cette restriction. La Mère générale proteste auprès du maire, en vain !

En 1882, l'hôpital Sainte Eugénie est débaptisé et devient *la Charité,* mais on ne sait s'il s'agit là d'un acte de laïcisation ou du désir d'effacer un souvenir du Second Empire. En fait, cette modification n'est pas mal

---

percepteur Caillet chargé de l'inventaire. L'émotion est énorme, le gouvernement Rouvier démissionne le lendemain et, au Sénat, Clemenceau déclare renoncer à exposer des vies humaines *pour compter quelques chandeliers* : les inventaires sont suspendus et ne seront jamais repris.

18.– Dans le Nord, les Augustines de Cambrai comptent neuf communautés à Cambrai, Seclin, Comines et Lille (Saint-Sauveur, La Charité, le pavillon Olivier, la Maison Saint-Raphaël et la maternité Sainte-Anne). Quatre communautés sont autorisées, deux font l'objet d'un avis défavorable, les trois derniers cas n'ont pas été tranchés.

accueillie par les catholiques : *au point de vue de l'histoire de la médecine française, le nouveau nom ne saurait déplaire : il a eu sa part de gloire à Paris, à Lyon. Au point de vue catholique, on peut voir, sans aucune répugnance, le nom d'une sainte remplacé par celui de l'une des trois vertus théologales*[19].

Dès 1896, le maire G. Delory mène certes une politique anti-cléricale (il fait fermer 16 écoles en 1903), mais reste très réservé sur la laïcisation des hôpitaux que réclament avec vigueur certains conseillers municipaux tel Ch. Debierre : *Considérant que les congrégations religieuses sont devenues des foyers de propagande anti-républicaine et d'excitation à la guerre sociale [...], j'émets le vœu que les hôpitaux, les hospices et les bureaux de bienfaisance soient laïcisés*[20]. Mais la municipalité se heurte à une Administration des Hospices où siègent des représentants nommés par le préfet et qui s'avère plus conservatrice[21]. Le préfet Paul Vatin et son successeur Louis Vincent mènent une politique prudente ; P. Vatin est même accusé de jouer double jeu : alors qu'il pourchasse les écoles congréganistes, il ne remet pas en cause globalement la présence des Augustines dans les hôpitaux lillois[22]. La presse de gauche proteste : *Si M. le préfet du Nord pense que ses délégués aux hospices poursuivront la laïcisation des hôpitaux et la disparition de la faculté catholique de médecine de l'hôpital de la Charité où elle fait l'œuvre d'instruction et de propagande cléricale, il se berce de singulières illusions* (*Progrès du Nord,* 14 janvier 1900), ou encore : *Cet étrange fonctionnaire, à peine débarqué dans le pays, n'a eu d'autre souci que de se ménager les bonnes grâces de la réaction en conservant à celle-ci tous les emplois, toutes les fonctions, toutes les délégations dont l'avait comblé M. Laurenceau, le préfet de M. Méline*[23] *[...] Poursuivre les Assomptionnistes à Paris et aider leurs amis en province, c'est une comédie indigne du gouvernement* (*La Lanterne,* 15 janvier 1900).

En 1902 et parce qu'ils sont étrangers, les Pères Camilliens sont chassés de leur dispensaire de la rue de La Bassée et définitivement expulsés. Dans le reste du département du Nord, la situation est inégale : l'hôpital maritime de Berck est laïcisé par une décision du Conseil municipal de Paris dont il dépend, puis, à Cambrai et à Calais, la laïcisation gagne les cliniques privées. Considérés comme une atteinte à la liberté des médecins de choisir leurs collaborateurs, ces faits soulèvent une protestation générale à laquelle les membres de la Faculté catholique s'associent pleinement. *Pour ouvrir un Institut, pour faire fonctionner une clinique, il faut des infirmières et on ne peut trouver que des infirmières congréganistes ; comme il n'est permis de se servir de ce personnel qu'avec une autorisation préfectorale, il faut en conclure que les médecins*

19.– Anonyme : *Laïcisation, J Sci Méd Lille,* 1885, n° 4, p. 127.

20.– Conseil municipal du 15 juin 1900. Charles Debierre était médecin, professeur d'anatomie, vénérable de la loge *La lumière du Nord* pendant plus de 30 ans, conseiller municipal et adjoint au maire.

21.– S. Évrard : *Lille : un exemple de prudence politique face à la laïcisation des hôpitaux* in *L'hôpital entre religions et laïcité du Moyen Âge à nos jours,* sous la direction de J. Lalouette, Letouzey et Ané, Paris, 2006, pp. 87-101.

22.– À la Charité, les sœurs Augustines quitteront l'aile gauche en 1958, puis l'aile droite en 1968. En 1971, il y aura encore 75 religieuses hospitalières à Lille et Seclin dont 33 au CHR, mais la crise des vocations entraîne peu à peu leur disparition. En 1991, Sœur Marie-Michel part en retraite : c'était la dernière religieuse du CHR.

23.– Jules Méline, chef du gouvernement (1896-1898), M. Laurenceau, préfet du Nord (1897-1898).

seuls qui seront bien avec M. le préfet et ses amis auront le droit d'avoir une clinique[24]. Le Pr Guermonprez, qui a fondé lui-même une clinique de rééducation dans l'ancien Carmel de Lille, 252, rue Nationale, prend la tête d'un mouvement national de protestation. En 1909, il crée *l'Association médicale française des cliniques privées,* dont l'objet principal est de défendre la liberté de choix du « personnel de soignage ». Il lance une pétition auprès des médecins de toute la France, qui recueille en quelques mois 1 200 signatures. Il prie avec insistance le député Constant Groussau[25], son collègue de la Faculté de droit, de déposer une proposition de loi qui reconnaisse cette liberté. Groussau finit par s'exécuter, mais ne réussira qu'à obtenir un apaisement provisoire. Ce n'est qu'en juillet 1913 que le ministre de l'Intérieur et des Cultes accepte de « tolérer » des religieuses dans les cliniques privées, tout en reconnaissant que la loi de 1902 est inapplicable.

Plusieurs articles du *Journal des Sciences Médicales* sont consacrés à cette question de la laïcisation : *Oser par sectarisme et par haine de la religion, pour satisfaire des passions basses et inavouables, attenter à la sécurité des malades, leur enlever la confiance et la tranquillité morales nécessaires à leur guérison, torturer ainsi de pauvres êtres affaiblis et diminués par la maladie, qui n'ont plus le moyen de se défendre comme des êtres sains et vigoureux, est à notre avis le plus abominable des crimes*[26]. La mesure est comble lorsqu'on apprend qu'il existe un projet d'expulsion des Petites Sœurs des pauvres et on lit : *projets de loi sectaires et imbéciles* ou bien encore : *mesure tellement inique et absurde qu'elle en paraît invraisemblable*[27]. À la veille de la guerre, le Pr Lavrand, rappelant le souvenir de saint Camille, écrit : *En cette période de laïcisation à outrance, dans ce retour à la barbarie, d'autant plus condamnable et effroyable qu'il s'agit de pauvres, de malades, de déshérités de la fortune sous tous les rapports [...] saint Camille nous assistera et, une fois encore, il attaquera l'ennemi satanique de l'homme, il lui résistera énergiquement, il le vaincra et annihilera toutes ses tentatives infernales*[28].

24.– G. Lemière : *Les cliniques, établissements congréganistes. J Sci Méd Lille,* 1910, n° 4, pp. 90-95.

25.– Henri-Constant Groussau (1851-1936). Dès l'âge de 24 ans, docteur en droit, il participe avec Gabriel de Vareilles-Sommières à la fondation de la Faculté de droit de la toute nouvelle Université catholique. Il y enseigne jusqu'en 1902. Monarchiste, il fait partie des ralliés à la République à la suite des propos de Léon XIII. Il s'engage alors en politique : de 1902 à 1932, il est constamment élu député dans différents cantons du Nord. Interlocuteur politique et consultant juridique de la plupart des évêques et cardinaux français, il fut qualifié d'avocat-conseil de l'Église de France. Sa rigueur et son respect des personnes lui firent d'ailleurs gagner l'estime de tous, même de ses adversaires, ainsi Jean Jaurès : *Monsieur Groussau sait - et je le lui ai dit souvent - quelle estime j'ai, je puis dire, nous avons, pour la ferveur de sa conviction, pour la loyauté de sa parole.*

26.– Anonyme : *Libre choix du personnel des Cliniques privées. J Sci Méd Lille,* 1912, n° 5, pp. 111-118. L'auteur est sans doute le Pr F. Guermonprez.

27.– Dr Le Fur : *Correspondance hebdomadaire du comité catholique de défense religieuse,* n° 868 de janv. 1912.

28.– H. Lavrand : *L'infirmité de Saint Camille. J Sci Méd Lille,* 1914, n° 28, pp. 40-44 et n° 29, pp. 65-71.

Tout cessera, le 2 août 1914, lorsque sera proclamée l'Union sacrée. Dès la déclaration de guerre, un télégramme du ministre de l'Intérieur, L. Malvy[29] aux préfets met fin à la laïcisation.

De la conspiration du silence…

Plus encore que de l'hostilité déclarée, les dirigeants de l'Université se plaignent de « la conspiration du silence » qui règne autour de l'institution, un terme que l'on retrouve dès 1881 dans l'appel en faveur de la Faculté libre de médecine : *Nous nous plaignons du silence de nos amis,* écrit l'auteur qui est sans doute C. Feron-Vrau, *mais nos ennemis semblent, pour des raisons opposées, suivre la même conduite […] Quant à la conspiration du silence, elle a enrôlé le corps médical presque tout entier et même la presse et les sociétés savantes*[30]. Les termes sont identiques sous la plume de Champeaux en 1884, de Wintrebert en 1885, de Mgr Baunard en 1888 et d'H. Desplats en 1890. Ce dernier déclare : *C'est, dit-on, un défaut des catholiques de ne pas faire assez de cas de leurs amis, et d'aider trop facilement à la fortune de leurs ennemis […] La conduite tenue vis-à-vis de notre faculté en est un frappant exemple. Tandis qu'on invoque son existence et le grand danger qu'elle fait courir à l'enseignement officiel pour justifier des mesures dont la légitimité et l'urgence n'apparaissent pas d'abord, on n'en tient pas compte lorsqu'il s'agit simplement d'énumérer les établissements où se donne l'enseignement de la médecine. On craindrait de lui faire une réclame en la comptant. Ainsi, tous les ans, au commencement de l'année scolaire, certains journaux publient le programme des cours de divers établissements ; tous y figurent : les Facultés, les Écoles de plein exercice, les Écoles préparatoires, les écoles spéciales ; on y ajoute même des facultés étrangères, anglaises, allemandes, belges : Louvain et Beyrouth y trouvent leur place ; mais il n'est jamais question de Lille. Ignorerait-on notre existence ? Non, Messieurs, mais on veut nous faire oublier*[31].

Au mieux, on s'ignore : en 1892, lorsque le président Sadi Carnot visite l'hôpital de la Charité, il se fait présenter les médecins de la Faculté officielle par M. Olivier, président de la Commission des Hospices ; il consent à serrer la main de MM. Desplats et Duret, visite quelques salles de malades de l'aile gauche, mais s'abstient de rentrer dans celles de l'aile droite.

… aux agressions déclarées

Sournoisement, les mesures hostiles se succèdent. Ainsi, en 1896, la Commission des Hospices décide que la maison de santé annexée à l'hôpital de la Charité, c'est-à-dire le pavillon Olivier, initialement réservé aux médecins et chirurgiens attachés au service de l'aile gauche, est désormais ouverte à tous les professeurs et agrégés de la faculté de médecine de l'État[32]. Trois ans plus tard, l'Administration des Hospices étend ce droit à tous les médecins de Lille, mais en excepte les médecins et chirurgiens attachés à un titre quelconque à l'Université catholique. *Il y a là un déni de justice qui suscite à Lille une désapprobation générale […] C'est une injure gratuite de les frapper d'ostracisme. Cette mesure s'explique d'autant moins qu'à la Maison de santé de Saint-Camille, rue de la Bassée, qui dépend de l'Université catholique, tous les*

29.– Louis-Jean Malvy (1875-1949), ministre de l'Intérieur de 1914 à 1917 dans les ministères Viviani, Briand et Ribot.

30.– *Appel en faveur, etc., op. cit.*

31.– H. Desplats : *Discours de rentrée du 20 nov. 1890.*

32.– Anonyme : *Tribune de nos lecteurs. J Sci Méd Lille,* 1896, n° 52, pp. 628-631.

docteurs en médecine peuvent traiter leurs clients et qu'il n'est pas rare que des professeurs de l'Université de l'État viennent donner leurs soins à des malades[33]. C'est en effet à cette époque, selon G. Eustache, que le second étage de la Maternité et du dispensaire Saint-Raphaël au 86 rue du Port, est transformé en maison de santé payante où tous les médecins de la ville peuvent traiter leurs malades, en lieu et place du sanatorium pour femmes enceintes et du service de gynécologie initialement prévus.

L'année suivante, cependant, on s'aperçoit que *la Commission administrative des Hospices ne partage pas les opinions, les idées et la manière de voir de la majorité du Conseil municipal.* À la suite de la nomination du Dr Rouzé par la Commission des Hospices, le Conseil municipal approuve le Dr Debierre, adjoint au maire, qui émet le vœu *que les fonctions de médecin et de chirurgien des hôpitaux ne soient plus confiées qu'à la suite d'un concours et que seuls les élèves des facultés de l'État puissent prendre part à ce concours.* Cette décision suscite une lettre de protestation du doyen H. Desplats (réélu doyen après G. Eustache), mais aussi les réserves de *l'Écho du Nord* habituellement peu favorable à la Faculté libre : *Ce n'est pas aux opinions qu'il convient de s'arrêter, mais au mérite et à la science.* On peut lire aussi dans le *Nord Médical : Je ne vois aucune raison plausible pour éliminer les anciens élèves de la Faculté catholique.*

De même, en 1902, *les médecins issus de la Faculté et qui ont passé tous leurs examens devant les facultés de l'État sont* ipso facto *déclarés inaptes à remplir les fonctions de médecins du bureau de bienfaisance ou de médecins de l'état civil*[34]. L'année suivante, un concours pour la nomination d'un médecin chargé du service municipal des filles vénériennes annexé à Saint-Sauveur, n'est ouvert qu'aux médecins français ayant fait leurs études dans une faculté de l'État, etc.

En 1909, une motion du Conseil général, votée à une large majorité et, il faut le dire, malgré l'avis du préfet, établit que les médecins de l'Assistance médicale gratuite (AMG)[35] seront choisis parmi les anciens élèves de la faculté de l'État, à l'exclusion de tout médecin ayant été élève des facultés catholiques. Mais une question est posée : *Que faire lorsqu'il n'y a qu'un médecin dans un village et qu'il est issu de cette faculté ?*[36] Mgr Margerin, recteur de 1908 à 1920, proteste officiellement contre cet *ostracisme* dans lequel il voit surtout une origine politique. Il écrit : *Je reconnais volontiers que nous n'avons pas de socialiste [...] Comme à la Faculté de l'État, nous avons des monarchistes et des républicains, certains même de ces derniers très convaincus et ardents,* et il n'hésite pas à comparer le préfet à Ponce Pilate.

D'autres vexations encore : des étudiants de 5e année, dont un interne nommé au concours, se voient refuser l'autorisation préfectorale de remplacer un confrère. Un étudiant en instance de thèse, remplaçant un

33.- Anonyme : *Le libéralisme administratif à Lille. J Sci Méd Lille,* 1899, n° 3, pp. 69-70 et G. Eustache : *La Maternité de la Faculté libre de médecine de Lille 1881-1907. J Sci Méd Lille,* 1907, n° 25, pp. 577-613, n° 28, pp. 25-33 et n° 29, pp. 49-57.

34.- H. Desplats : *Discours de rentrée du 4 nov. 1902.*

35.- L'AMG a été instituée par la loi du 18 juil. 1893. Jusqu'en 1918, le médecin de l'AMG reçoit une (faible) rétribution annuelle par malade indigent ; plus tard, il est payé à l'acte.

36- Conseil général du Nord. Séance extraordinaire du 28 déc. 1909 sur le fonctionnement de l'Assistance publique. Arch. du Nord, 1N153.

confrère décédé, est le même jour *reçu docteur avec éloges et condamné pour exercice illégal de la médecine*[37].

En 1893, le doyen H. Duret déclarait : *Les dossiers de nos étudiants remis aux Facultés de l'État au moment des examens ne nous sont pas rendus [...] C'est seulement grâce à l'obligeance de M. le secrétaire de la Faculté de l'État de Lille [...] et d'autre part grâce aux renseignements recueillis près des élèves que le doyen peut, chaque année, dans son rapport, vous rendre compte des principaux résultats*[38]... De même, en 1902, H. Desplats avoue ne pas être en possession des résultats des examens : *les renseignements, par respect du secret professionnel, ne nous sont plus communiqués depuis deux ans*[39]. En 1906, H. Duret reprend encore : *Les résultats, pour diverses raisons, nous en sont imparfaitement connus ; ce qui établit un des nombreux inconvénients d'une liberté tronquée*[40] et, ajouterons-nous, une insupportable humiliation.

Le départ d'Antoine Béchamp

En juillet 1886, arrivé au terme de son contrat de dix ans et septuagénaire, A. Béchamp est invité à prendre sa retraite, ainsi d'ailleurs que M. Chautard, doyen de la faculté des sciences. Le Pr H. Desplats, élu vice-doyen par ses pairs, est nommé doyen par l'autorité universitaire et NNSS les évêques *jusqu'à ce que la question de l'annualité du décanat* [c'est-à-dire la durée du décanat] *ait été résolue par la cour de Rome.* À la même date, le Conseil supérieur de l'Université supprime cinq chaires, officiellement pour des raisons financières dues à *l'insuffisance de la souscription décennale* : *Quand il s'agit de renouveler la souscription consentie pour dix ans lors de la fondation de l'Université, on s'aperçoit avec effroi que les libéralités promises chaque année par les souscripteurs tombent d'environ 700 000 francs à quelque 300 000. La dure loi d'économies, parfois funestes, se fait alors sentir [...] on ne supprime pas de facultés, on sacrifie des chaires de moindre rendement*[41]. Les chaires supprimées sont au nombre de deux en sciences, une en lettres, deux en médecine, celle de chimie organique d'Antoine Béchamp et celle de chimie analytique et toxicologie de son fils. Ces deux enseignements sont regroupés en une chaire de chimie médicale que l'on propose... à Joseph Béchamp[42].

Averti le 29 juillet, Antoine Béchamp s'insurge, annonce qu'il se maintient, rencontre l'archevêque de Cambrai auquel il déclare : *Cela fera du scandale, mais je n'en aurai pas la responsabilité.* Il menace de porter l'affaire devant la justice, éventualité que ne semble pas redouter Mgr Hautcœur : *Un procès avec la Société civile n'est pas à craindre, je le pense. Dans tous les cas, il ne faudrait pas hésiter. Nous n'avons absolument rien à perdre, même dans l'hypothèse la plus défavorable. Au contraire, tout est perdu si nous reculons. C'est la banqueroute matérielle et morale*[43]. Mais tel n'est pas l'avis des juristes : Me Théry, avocat de l'Université, évoque *les difficultés et les inconvénients* d'un procès dès que, *au lieu de juges indépendants et équitables, l'Université trouverait*

37.– H. Desplats : *Discours de rentrée du 4 nov. 1902.*

38.– H. Duret : *Discours de rentrée de nov. 1893.*

39.– H. Desplats : *Ibid., 4 nov. 1902.*

40.– H. Duret : *Ibid., nov. 1906.*

41.– Mgr Lesne : *Cinquantenaire de l'université, etc., op.cit.*, p. 131.

42.– En définitive, l'enseignement de la chimie minérale, de la chimie organique et de la chimie médicale sera maintenu et assuré par le Pr Schmitt et M. Lenoble, chargé de cours.

43.– Lettre de Mgr Hautcœur au chancelier du 1er déc. 1886. Arch. ICL, dossier K18G.

des juges excessivement malveillants[44]. Tel est également l'avis de Me Bételand, avocat à la Cour d'appel de Paris, qui écrit le 27 juillet : *La mesure de la mise à la retraite, dans les conditions où elle se produit, est en contradiction avec les droits garantis à M. A. Béchamp par son contrat. Nous estimons en conséquence qu'il est fondé à demander le maintien de sa position et, à défaut, la réparation sous forme de dommages-intérêts du préjudice qui lui serait causé.* Du coup, Mgr Hautcœur se sent désavoué : *Je vous remercie de vouloir bien me regarder comme recteur de l'Université,* confie-t-il au chancelier le 14 janvier 1887, *alors que le vide se fait de plus en plus autour de moi et que l'on cherche à se passer de mon intervention dans les affaires les plus importantes et les plus directement de ma compétence.*

Une transaction intervient en mai 1887 : l'ex-doyen percevra un capital de 100 000 F en versements échelonnés et une retraite de 6 000 F par an. Le 16 juillet 1887, A. Béchamp quitte son laboratoire *après avoir secoué,* dit Grasset, *la poussière de ses sandales à la porte de l'Université catholique.* Il est plein d'amertume et de rancœur et se croit persécuté, en butte même à une accusation de matérialisme, dont il se défend : *J'ai connu des matérialistes et de ceux qui se disent athées, qui étaient pleins de droiture et d'honnêteté ; et, dans le même temps, j'ai connu à l'Université catholique des cardinaux, des archevêques, des évêques, des prêtres et des catholiques laïques qui étaient à la fois sans droiture et sans honnêteté [...] Votre assertion selon laquelle j'aurais mérité d'être disgracié par les chefs de l'Université catholique comme enseignant le matérialisme, est absolument fausse. Non, M. le docteur, on ne m'a pas " obligé à me retirer " ; on m'a expulsé non pour cause de matérialisme, mais à cause de la dignité de ma conduite. Je n'étais pas docile. Je voulais qu'on respectât les engagements, que j'avais exigés dans l'intérêt de la Science et de l'Enseignement. Ils ont violé les traités, je leur ai fait un procès, qu'ils n'ont pas laissé plaider.*

Je n'ai donc pas été surpris que [...] un méchant prêtre qu'on avait fait recteur de l'Université catholique et Monsignorisé, ait essayé de nommer une commission de théologiens pour faire mettre le livre du Microzyma à l'Index. Ah ! Si nous avions été au temps de Galilée, de Savonarole, et surtout de Jeanne d'Arc, comme le méchant Monsignor aurait bâti là-dessus un joli procès d'hérésie, qui m'aurait conduit au bûcher[45].

Ce ne sont peut-être là que propos d'un homme âgé, malmené, aigri et peu à peu abandonné[46], qui suscite même la commisération de son adversaire : *Ce malheureux vieillard n'est pas responsable des faits qui lui ont été si pénibles et qui ont fait tant de tort*[47], écrit Mgr Hautcœur, mais comment ne pas s'émouvoir à la lecture de cette lettre de Béchamp à sa fille Marie :

44.– Lettre de Me G. Théry au recteur du 8 avril 1886. Arch. ICL, dossier K20Ga.

45.– Lettre de Béchamp au Dr Vittaut, citée par F. Guermonprez, *op. cit.* et datée selon lui de 1888 et par Grasset, *op.cit.*, p. 82.

46.– À l'exception de quelques fidèles comme le Pr Guermonprez, le Dr Grasset ou encore le D[r] Ch. Friedel qui l'accueille dans son laboratoire de la Sorbonne, Béchamp est abandonné de tous, surtout après l'incident du congrès de Copenhague où Pasteur lui inflige *une magistrale et dure leçon [...] avec l'assentiment des collègues du doyen malmené dont bien peu, je pense (ou plutôt j'en suis sûr) adoptent les conceptions de leur doyen [...] De ce que la théorie du mycrozyma* (sic) *est une fantaisie indémontrée, il ne s'ensuit pas que les collègues de son auteur ne peuvent produire d'excellentes choses. Écho du Nord* du 7 juin 1886.

47.– Lettre de Mgr Hautcœur datée du 26 juil. 1879 et sans doute adressée à Mgr Monnier.

Je te demande pardon. Je n'ai pas osé t'écrire, tant je me sentais incapable de le faire avec modération. Je n'aurais pas pu m'empêcher de laisser voir l'amertume qui était (?) au fond de mon cœur ; je suis beaucoup plus calme ; l'exemple du Christ que les Pharisiens ont fait mourir sur la croix m'a fortifié. L'épreuve a été rude, difficile à supporter, mais après tout ce n'est qu'une épreuve. J'espère que Dieu me tiendra compte de ma soumission, et que Joseph et vous autres vous ne souffrirez pas plus que vous ne pourrez supporter de ma folle aventure, et de ma confiance dans ces prétendus catholiques qui, couverts de la peau de la brebis, sont venus au nom de Dieu pour me séduire. Hélas ce n'étaient que des loups dévorants.

Je me suis dit, ma chère Marie, que nous sommes entre les mains de Dieu […] J'aurais pu mourir de chagrin, j'aurais même pu, dans un mouvement de révolte, accuser Dieu et perdre la foi. Eh bien, le bon Dieu m'a conservé la vie avec la foi, et il m'arrive même de prier pour ceux qui, en violant ce grand commandement : « Tout ce que vous voudrez que les hommes fassent pour vous, faites le pour eux, car c'est cela la loi et les Prophètes », m'ont fait tant souffrir et qui ont ôté à un jeune père de famille le pain quotidien, le moyen d'élever sa famille en le spoliant de sa propriété, de sa chaire de Professeur ; et enfin au point de vue religieux, qui ont tari une source lumineuse qui ne coulait que pour l'Église. Sois donc rassurée sur mon compte ; j'espère que Dieu me donnera encore de bons jours pour vous aimer comme vous méritez de l'être[48].

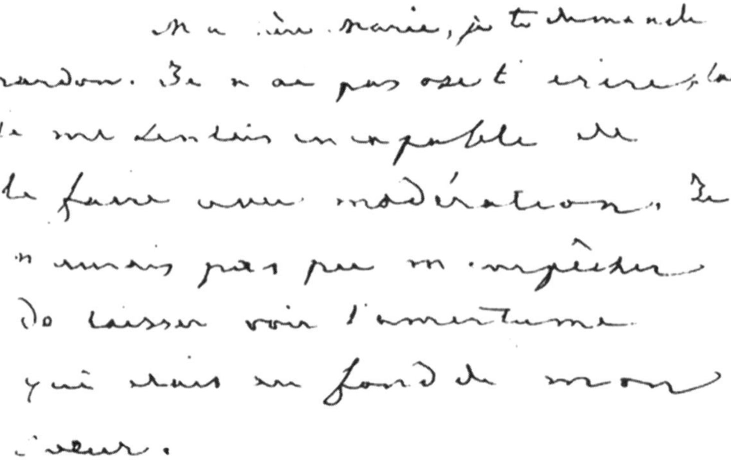
Ma chère Marie, je te demande pardon. Je n'ai pas osé t'écrire, tant je me sentais incapable de le faire avec modération. Je n'aurais pas pu m'empêcher de laisser voir l'amertume qui était au fond de mon cœur.

Début de la lettre d'A. Béchamp à sa fille Marie (sept. 1888)

48.– Cette lettre citée et reproduite dans le livre de M. Nonclercq est datée du Havre le 6 septembre 1888. Son écriture hachée et parfois illisible, bien différente des écrits antérieurs de Béchamp, ses propos même traduisent bien son désarroi. À noter que Marie était l'aînée de ses quatre enfants ; elle a épousé un pharmacien nommé Casser et un de ses fils a été préfet du Haut-Rhin. L'analyse graphologique de l'écriture d'A. Béchamp est intéressante : en voici les conclusions. *Une personnalité haute en couleurs, riche de multiples talents et aptitudes, mue par une soif d'avoir, de connaître, d'agir, d'élargir son horizon, dont le caractère faible, individualiste, impulsif, prédispose aux débordements, aux comportements excessifs et contradictoires.* Bruno Liefooghe, 15 nov. 2006.

L'ouvrage de M. Nonclercq consacré à A. Béchamp

Le procès de Joseph Béchamp

Après avoir accepté d'abord la nouvelle chaire de « chimie médicale », Joseph Béchamp la refuse avec hauteur par fidélité à son père[49] : *Comment aurais-je pu accepter une chaire qui n'est pas abandonnée par son titulaire,* écrit-il à H. Bernard le 5 octobre 1886. Après avoir encouru un blâme et une menace de censure pour absences répétées aux séances du Conseil de faculté[50], il se trouve révoqué à son tour, au motif que le contrat passé le 24 juin 1875 est arrivé à expiration.

En février 1888, il intente donc un procès à NNSS les évêques de la province ecclésiastique de Cambrai ainsi qu'à la Société civile des Facultés catholiques pour rupture du contrat, au motif que celui-ci assure selon lui l'inamovibilité du professeur et non un exercice de dix ans. Arguant que cette mesure de révocation *a été prise sans droit de qualité par ledit conseil et en tout cas sans motif légitime,* il assortit cette plainte d'une demande d'indemnité de 200 000 F (640 000 €).

49.– Dans une lettre au recteur, J. Béchamp écrivait le 13 mars 1881 : *J'ai toujours rempli mes devoirs de professeur [...] Je ne puis oublier ce que je dois à mon père dont la conduite n'a jamais eu d'autre mobile que le plus absolu dévouement et la plus complète abnégation.*

50.– Alors que son père n'apparaît plus au Conseil de faculté à partir de juillet 1879, Joseph Béchamp fait acte de présence le 8 déc. 1879 lorsqu'on discute de l'étalement de l'enseignement de chimie organique sur toute l'année. Il est encore présent de fév. 1882 à fév. 1885 et n'apparaît plus à partir de nov. 1886 lorsque H. Desplats est nommé doyen.

Quelques jours avant le procès, le 9 février 1888, Mgr Hautcœur est promu chancelier de l'Université, une promotion que l'on ne peut qu'interpréter comme un désaveu : en effet, cette nomination est atypique, car Mgr Hautcœur n'est pas évêque ; elle ne peut venir que du Saint-Siège, mais n'a pas laissé de traces dans les archives de l'Université... *Laissant*, selon les termes habiles de Mgr Lesne, *à des mains plus souples, plus délicates, le soin de panser les blessures,* Mgr Hautcœur est remplacé par Mgr Baunard.

Les amis de J. Béchamp tentent encore d'empêcher le procès. C'est notamment le cas du Pr Eustache : bien qu'il ait désiré que sa démarche reste *absolument personnelle et confidentielle,* il écrit au nouveau recteur le 8 février 1888 à la veille de sa nomination. Il attribue le renvoi de Joseph Béchamp, *un de nos meilleurs professeurs, sinon le meilleur,* aux menées des *ennemis acharnés du nom Béchamp,* désignant *la rancune impitoyable* de Mgr Hautcœur et *les rancunes tenaces* du Pr H. Desplats, accusé d'être *la cause première et peut-être unique de nos tracas intérieurs [...] Il a arrêté la faculté de médecine dans son essor.* Analysant les faits, G. Eustache ne trouve aucun avantage au renvoi de J. Béchamp ; bien au contraire, il en souligne les inconvénients : manquement à la charité, ruine de la carrière d'un père de famille de 40 ans, violation du principe de l'inamovibilité des professeurs (qui vient d'être proclamée dans les nouveaux statuts le 16 juin 1887), et enfin procès amenant les évêques en justice et conduisant les magistrats à *fouiller dans notre histoire, dont ils éplucheront beaucoup plus les bas-fonds que les nobles tendances, etc.* G. Eustache conclut à la réintégration amiable de J. Béchamp : *Tous les autres collègues* (à l'exception sans doute d'H. Desplats) *verront sinon avec enthousiasme, du moins avec satisfaction la fin de difficultés qui ne nous amèneront aucun avantage et qui peuvent être au contraire le point de départ de conséquences terribles autant pour notre bonne réputation que pour notre existence.*

Mais peut-être est-il trop tard : Mgr Baunard ne veut – ou ne peut plus – arrêter le procès. Joseph Béchamp fait alors parvenir à la presse un mémoire où, après l'exposé des faits, il s'attaque violemment à l'institution des Facultés catholiques :

Quand le 28 mai, jour où la situation de M. Béchamp père fut réglée par une transaction, son fils écrivit qu'il acceptait alors la chaire de chimie médicale, désormais vacante, la Société civile des Facultés catholiques lui signifia son congé. En effet, le 8 juin 1887, M. H. Bernard, président du Conseil d'administration de cette Société, lui écrivit : « Vous avez passé, à la date du 24 juin 1876, avec la Société civile des Facultés catholiques, un traité qui nous liait réciproquement pour dix années. Le terme expirait à la fin de l'année scolaire 1885-86. Par conséquent, à cette date nous recouvrions de plein droit notre liberté réciproque ».

Et plus loin, Joseph Béchamp décrit sa déception :

> *Au lieu d'un corps professoral homogène, Joseph Béchamp ne rencontra à l'Université que discussions intestines, haines de prêtres, jalousies, rivalités, en un mot l'anarchie la plus complète ; à la tête, un recteur, ancien aumônier de religieuses cloîtrées, que rien n'avait préparé au rôle qu'il remplit ; puis un conseil d'administration composé de négociants ; enfin un conseil d'Évêques, institué pour tout dominer, mais qu'on lance parfois par-dessus bord, au moyen d'invocations à Rome, quand on veut se soustraire à son autorité.*

> *De là des poursuites disciplinaires multipliées à tel point qu'en 10 ans, M. le recteur Hautcœur en a plus exercé à lui seul, contre ses professeurs, qu'il n'y en a eu depuis 50 ans, dans toutes les facultés de l'État.*
>
> *On a vu successivement à Lille deux doyens et un professeur révoqués ; un professeur, objet de deux blâmes successifs ; deux maîtres frappés de censures ; un autre traité tout à coup d'incapable, et qu'on voulut traduire devant une commission, chargée de lui faire passer des examens ! Un professeur fut également poursuivi, en 1883, et frappé de la peine de la censure, pour avoir, en pleine séance de faculté, interpellé le vice-doyen avec trop de vivacité*[51].
>
> *Tout cela donne une singulière idée de la paix, de l'harmonie, et de la charité chrétienne qui règnent dans l'Université catholique.*

Joseph Béchamp prétend aussi que la Faculté de médecine est illégale puisqu'elle ne compte pas *le nombre minimum de professeurs-docteurs* prévu par la loi de 1875 et qui serait de 21.

Mais le procès devient vite celui du doyen Antoine Béchamp que, dans sa plaidoirie, Me Théry, défenseur de la Société civile, attaque dans ces termes :

> *En 1877, il commence ses incartades [...] Il prétendait, sans avoir égard à aucune considération, se faire une petite faculté à lui tout seul ; et, ses collègues n'ayant pas consenti à s'annihiler complètement devant lui, il refusa de remplir ses fonctions de doyen, ce qui ne l'empêcha pas d'en conserver le traitement.*
>
> *Il organisa son enseignement comme il lui plût et sans tenir compte des avis de l'autorité académique.*
>
> *De plus, il le prenait de haut en toute occasion, affirmant qu'il ne reconnaissait à personne la moindre compétence en face de lui. Quand on lui opposait la nécessité d'un enseignement mieux adapté aux programmes :" Je ne suis pas préparateur d'examens, répondait-il. Je fais de la science pour la science ! " C'est ainsi que, pendant huit ans, il toucha un traitement pour les fonctions de doyen qu'il ne remplissait pas du tout, et pour un enseignement qu'il ne professait qu'à moitié.*

Sur le fond de l'affaire, les défenseurs n'eurent pas de difficulté à démontrer que le contrat ne liait l'Administration des facultés que pour une durée de dix ans. Le jugement prononcé le 1er mars 1888 débouta Joseph Béchamp de sa requête.

Tout le procès a été suivi par la presse : le *Progrès du Nord* s'est délecté des *révélations* de Joseph Béchamp et, tout en regrettant que le Tribunal ait *jugé selon le droit* et non *selon l'équité*, les journaux de gauche se réjouissent du coup porté à l'Institut catholique. Ainsi, lit-on dans un article du *Petit Nord* du 3 mars, dont l'en-tête représente un catafalque : *C'est le coup de grâce ! Et maintenant que la faculté catholique de médecine repose en paix !* Dans les journaux « *réactionnaires* » par contre, on souligne la mauvaise prestation de l'ex-doyen et un journaliste, qui a assisté au procès, conclut : *Un savant estimable sans doute quoi qu'on en dise, mais qui a lamentablement déprécié son mérite par l'intransigeance de son tempérament et par l'incroyable aveuglement de*

51.– Il s'agit de l'affaire Redier.

son orgueil [52]. Un procès détestable en tout cas, qui a fait aux Facultés catholiques un tort considérable.

À la mort de Béchamp en 1908, l'auteur de la (courte) notice biographique parue dans le *Journal des Sciences Médicales* écrit encore : *La doctrine du microzyma semble avoir définitivement succombé devant la théorie bactérienne [...] Si l'homme avait été d'un caractère plus facile, s'il avait su faire les concessions nécessaires et avouer que la vérité ne jaillit pas toute entière de la première découverte, il aurait tenu une place plus grande parmi ceux qui nous ont conduits vers l'épanouissement de la théorie des bactéries et surtout vers le rôle joué par les produits solubles, dont beaucoup ont de multiples analogies avec les zymases de Béchamp*[53].

Nouveau procès de l'hôpital

En 1887, la Commission administrative des Hospices enjoint à la Faculté libre de quitter les services de l'hôpital de la Charité à compter du 1er octobre 1888 : la lettre adressée le 12 décembre au secrétaire G. Champeaux donne *huit jours pour prendre connaissance de la demande des Hospices pour plaider en nullité de la convention relative à l'Hôpital Sainte-Eugénie.* Le refus des administrateurs de l'Institut catholique est catégorique : *Les services que nous occupons à l'hôpital de la Charité (autrefois Sainte-Eugénie) nous ont été attribués en vertu d'une convention régulièrement convenue, régulièrement autorisée et confirmée par arrêt du Conseil d'État. Nous entendons maintenir entièrement les clauses de cette convention*[54]. Les choses en restent là pendant cette période de calme relatif qui dure une quinzaine d'années, sans doute parce que la majorité des membres de la Commission des hospices écarte l'éventualité d'un procès.

La lutte reprend le 26 février 1902 lorsque la Commission vote à une voix de majorité, celle d'un membre nommé expressément par le préfet, la dénonciation du contrat ou éventuellement son rachat. Les Facultés catholiques ayant décidé de défendre leurs droits, l'affaire est portée devant le tribunal civil de Lille et plaidée par Maître G. Théry. Selon l'Administration des Hospices, l'affaire est un « désastre financier » qui lèse les intérêts des pauvres et des indigents. Elle demande l'annulation de l'acte et subsidiairement le rachat du droit concédé, pour trois raisons : avant son approbation par le préfet, le contrat n'a pas été soumis à l'avis du Conseil municipal ; il crée un droit de jouissance contraire aux principes de la propriété et en outre il viole le droit inaliénable et imprescriptible des Hospices de nommer les médecins et chirurgiens des hôpitaux.

La plaidoirie de Me Théry reprend point par point ces arguments : concernant les conséquences financières du contrat, il démontre que l'Université catholique a la charge des médecins et des pharmaciens ainsi que du laboratoire qu'elle a installé, soit 15 000 F par an ou 390 000 F en 26 ans, auxquels il faut ajouter la dotation initiale de 140 000 F, toutes charges

52.– Compte rendu de presse d'A. Maron. *La vraie France,* Lille 17 février 1888.

53.– Anonyme : *Nécrologie. M. le Professeur Antoine Béchamp. J Sci Méd Lille,* 1908, n° 19, pp. 444-448.

54.– Lettre du 15 juillet 1887.

que l'Administration des Hospices n'a pas dû supporter[55]. L'avocat ne manque pas de préciser que le prix de journée d'hospitalisation est en 1900 de 2,59 F à Saint-Sauveur et 2,39 F à Sainte-Eugénie et il peut ironiser : *Il semble qu'après avoir subi ce désastre pendant 26 ans, les administrateurs, plus soucieux des intérêts des pauvres que ceux qui se sont succédés pendant ces 26 années, viennent faire appel à la Justice pour sauver de la ruine le patrimoine des pauvres*[56]. Les autres arguments avancés par l'Administration des Hospices sont aussi battus en brèche :

1. Concernant l'absence d'approbation du Conseil municipal, le délai de prescription de dix ans est dépassé.
2. Le personnel médical de la Faculté ne jouit que du droit d'exercer la clinique au lit du malade et doit respecter le règlement intérieur de l'hôpital. Les admissions des malades, le pouvoir de sanction disciplinaire, la réglementation des concours restent du ressort de l'Administration des Hospices.
3. En laissant à la Faculté libre le pouvoir de nommer les médecins, les Hospices font acte d'administration et nomment par délégation.
4. Enfin, concernant un éventuel rachat du contrat assimilé par les Hospices à une rente et relevant de l'article 530 du Code civil, Me Théry démontre que l'acte contesté n'appartient en aucune façon à cette catégorie et que le consentement doit être bilatéral.

Finalement, la cour *déclare les Hospices mal fondés dans leurs demandes, fins et conclusions tant principales que subsidiaires, les en déboute et les condamne aux dépens.* Cette décision est confirmée en février 1903 par la Cour d'appel de Douai (avocat : Me Théry) et le 11 juin 1907 par la Cour de Cassation (avocats : Mes Chabrol et Hannotin de Paris).

Une fois encore la Faculté est sauvée, mais ses membres qui ont suivi le procès avec attention et anxiété, ne sont pas entièrement rassurés par l'arrêt en première instance. Ils restent mobilisés en face des sectaires qui proclament que *le droit commun, c'est encore trop pour nos adversaires*[57]. Lorsqu'on célèbre le 25e anniversaire de la Société Anatomo-Clinique, son secrétaire déclare : *L'heure n'est pas pour nous aux festivités, c'est le moment de la persécution, c'est l'heure du combat*[58]. En 1905, le doyen H. Duret proclame : *Des mains artificieuses s'efforcent d'élargir une plaie que porte, dans son flanc, notre Faculté catholique de médecine, depuis bientôt trente ans ! On veut la déposséder des deux services cliniques qu'elle a fondés à l'hôpital Sainte-Eugénie. Nous gardons confiance encore, dans la justice suprême du pays : elle s'élèvera au-dessus des querelles des esprits ! Aux temps où nous vivons, l'horizon est sombre, les nuages montent, des éclairs les parcourent*[59]. En 1907, alors que le Conseil

55.– Dans le détail : 2 professeurs de clinique à 2 000 F, 2 assistants de clinique à 2 000 F, un chef de clinique chirurgicale à 1 800 F, un chef de laboratoire à 2 300 F, frais de laboratoire 650 F, un pharmacien chef à 2 500 F, frais de clinique médicale (achat de médicaments nouveaux ne figurant pas dans le Codex des Hospices) 500 F, frais de clinique chirurgicale 800 F.

56.– G. Théry : *Procès de l'hôpital Sainte-Eugénie devant le tribunal civil de Lille.* Ducoulombier éd. Lille 1902, 48 p.

57.– H. Béranger : *Congrès de la Libre Pensée* 25 déc. 1903.

58.– G. Lemière : *À nos lecteurs. J Sci Méd Lille,* 1903, n° 1, pp. 5-7.

59.– H. Duret : *Séance de rentrée de nov. 1905.*

Général à son tour et à quelques voix de majorité, émet le vœu de la suppression pure et simple des Facultés libres[60], Mgr Baunard écrit : *Il serait inutile de se le dissimuler, [...] l'aveugle flot de haine contre nous monte, monte toujours*[61].

Mais d'autres nuages s'amoncèlent et il ne faudra rien moins que l'*Union Sacrée* devant les périls extérieurs pour que les querelles s'apaisent pour un moment.

60.– Le 10 avril 1907, après une longue discussion où sont évoqués en particulier le principe de liberté et les services rendus par la Faculté (Maternité, dispensaires, hôpital d'enfants), ce vœu est adopté par 28 voix contre 20. Signé par MM. Ghesquière rapporteur, Delesalle, Saint-Venant, etc., il est déposé auprès du préfet le 29 sept. 1908. Conseil Général du Nord. Arch. du Nord, 1N151 (1907) et 152 (1908).

61.– Mgr Baunard : *Séance de rentrée de nov. 1907.*

Chapitre VII.
1882-1914 : l'enseignement — les étudiants

Réformes de l'enseignement

Durant ces quelque trente années qui l'ont amenée à maturité, la Faculté libre de médecine et de pharmacie a connu plusieurs réformes de l'enseignement médical : elle s'y est adaptée aisément et les a parfois même anticipées.

Pour plus de clarté, nous invitons le lecteur à se reporter au tableau ci-joint exposant les réformes successives de 1878 à 1894. Remarquons qu'avant la réforme de 1878, ce n'est qu'en troisième année que l'étudiant était interrogé sur la pathologie et la médecine opératoire. Les examens définitifs portaient sur l'ensemble de l'enseignement des quatre années, contraignant le candidat à se remettre à la dissection et à la médecine opératoire, et surtout à revoir la matière du troisième examen. Celui-ci était particulièrement redoutable, car il portait sur les sciences dites accessoires, physique, chimie, histoire naturelle : *Oubliées – ou à peu près – pendant trois ou quatre ans, elles étaient le cauchemar des étudiants et la désolation des maîtres*[1]. Aucun de nos étudiants, semble-t-il, n'a passé ses examens sous ce régime.

En 1878, l'accès aux études médicales par le baccalauréat ès lettres et ès sciences restreint est maintenu, ainsi que la durée des études de quatre ans. Les examens dits de doctorat sont au nombre de cinq. Le premier examen sanctionne la première année : il porte sur les « sciences accessoires » et il est dit « définitif » et « sans retour » : au grand soulagement des étudiants, on ne reviendra plus sur ces matières. Il n'y a pas d'examen en fin de deuxième année, mais à l'issue de la troisième année, un examen en deux parties sanctionne les études d'anatomie d'une part, de physiologie et d'histologie d'autre part. Ce n'est qu'en fin de quatrième année après la 16e inscription que se place le troisième examen portant sur la pathologie, puis le quatrième (hygiène, médecine légale, thérapeutique). Le cinquième examen est celui des « cliniques » suivies de la thèse. Pour l'étudiant, c'est donc une multiplication et une répartition inégale des examens *en plein cours d'études, au milieu de l'année.* Après les décrets Ferry supprimant les jurys mixtes de 1880, il doit tous les passer devant une faculté de l'État, à Lille, à Paris ou ailleurs.

1.– A. Delassus : *La réforme des études médicales, J Sci Méd Lille,* 1894, n° 46, p. 455-461.

Très tôt, la Faculté libre prend conscience de l'insuffisance de l'enseignement clinique et, la première en France, impose à tous ses candidats trois années de stage dans les hôpitaux, disposition que, curieusement, les règlements officiels n'appliquent alors qu'aux officiers de santé ; elle institue également le stage obligatoire en maternité.

En 1885, on constate qu'il existe en fait une cinquième année au cours de laquelle il n'y a plus de scolarité, mais où l'étudiant *prépare à sa guise ses trois derniers examens, ainsi que la thèse qui couronne les études.* Deux ans plus tard, la Faculté libre innove en décidant d'inclure dans la scolarité le semestre d'hiver de la cinquième année pour faire *une plus large place à l'enseignement des spécialités et faire concorder les études avec les examens de doctorat*[2].

Dès 1887, on étudie l'instauration d'une année préparatoire consacrée à l'enseignement des sciences accessoires et confié aux facultés des sciences[3]. Là encore, cette disposition est anticipée par les Facultés libres où, dès l'origine et par souci d'économie, la faculté des sciences participe largement aux enseignements de physique, de chimie et d'histoire naturelle (zoologie et botanique), d'ailleurs communs à la médecine, à la pharmacie et à la licence ès sciences.

En 1890, la suppression de l'officiat de santé est envisagée : elle suscite un débat que tranche la loi du 30 novembre 1892 : *Nul ne peut exercer la médecine en France s'il n'est muni du diplôme de docteur en médecine, délivré par le gouvernement français à la suite d'examens subis devant un établissement d'enseignement supérieur de l'État (Facultés, Écoles de plein exercice et Écoles préparatoires réorganisées conformément aux règlements rendus après avis du conseil supérieur de l'Instruction publique).*

Les décrets du 31 juillet 1893 applicables à la rentrée de 1894 modifient profondément le cursus des études médicales. Pour prendre leur première inscription en médecine, les étudiants doivent produire le diplôme de bachelier de l'enseignement secondaire lettres et philosophie (le baccalauréat ès sciences restreint disparaît donc, mais les élèves munis de ce diplôme suivent encore l'ancien régime) et le certificat d'études physiques, chimiques et naturelles, en abrégé le PCN, délivré par les facultés des sciences après une année d'études. Suivent les études de médecine proprement dites qui durent quatre ans en 16 inscriptions. Les examens au nombre de cinq sont encore répartis irrégulièrement durant le cursus (cf. tableau). En pratique, les « cliniques » et la thèse font déborder la durée des études sur une cinquième année, soit un total de six ans. Les travaux pratiques deviennent obligatoires, ainsi que les stages dans les hôpitaux pendant trois ans, y compris un stage obstétrical de trois mois. Un décret prévoit le « rattrapage » des officiers de santé qui, pour obtenir le diplôme de docteur en médecine, doivent, après autorisation ministérielle et moyennant finances, subir les troisième et cinquième examens de doctorat et présenter une thèse. Autre disposition transitoire, les étudiants de première année peuvent encore se présenter aux épreuves du baccalauréat ès sciences restreint : au début de 1894, c'est le cas de 30 étudiants de la Faculté libre, dont huit seront reçus.

2.– Anonyme : *Distribution de l'enseignement. J Sci Méd Lille,* 1887, n° 43, p. 404.

3.– J. Voituriez : *Les sciences accessoires dans les facultés de médecine. J Sci Méd Lille,* 1887, n° 39, pp. 306-309.

Tableau des Inscriptions et Examens pour le Doctorat en Médecine

AVANT 1878 Titres requis – Baccalauréat ès lettres et ès-sciences restreint	**DE 1878 à 1894** Titres requis – Baccalauréat ès lettres et ès-sciences restreint	**RÉFORME DE 1894** Baccalauréat – (Lettres – Philosophie)
1re Année 1re à 4e inscriptions *Examen dit de fin d'année :* Physique – Chimie – Histoire naturelle	**1re Année** 1re à 4e inscriptions *Examen définitif :* Physique – Chimie – Histoire naturelle médicale	**Année préparatoire** (Faculté des Sciences) 4 inscriptions Physique – Chimie – Histoire naturelle non médicale **1re Année** 1re à 4e inscriptions *Pas d'examen*
2e Année 5e à 8e inscriptions *Examen de fin de 2e année :* Anatomie – Physiologie – Histologie	**2e Année** 5e à 8e inscriptions *Pas d'examen*	**2e Année** 5e et 6e inscriptions *1er Examen* Anatomie — Dissections 7e et 8e inscriptions
3e Année 9e à 12e inscriptions *Examen de fin de 3e année :* Pathologie interne – externe Médecine opératoire	**3e Année** 9e et 10e inscriptions *2e Examen – 1re partie* Anatomie — Dissections 11e et 12e inscriptions *2e Examen – 2e partie* Physiologie – Histologie	*2e Examen* Physiologie – Histologie Physique et chimie biologiques **3e Année** 9e à 12e inscriptions
4e Année 13e à 16e inscriptions *Examens définitifs* 1er Anatomie, Physiologie, Dissections 2e Pathologie interne – externe, médecine opératoire 3e Chimie, Physique, Histoire naturelle 4e Hygiène, Médecine légale, Thérapeutique 5e Cliniques médicale, chirurgicale, obstétricale.	**4e Année** 13e à 16e inscriptions *3e Examen – 1re partie* Pathologie externe, Médecine opératoire, Accouchements *3e Examen – 2e partie* Pathologie générale Pathologie interne *4e Examen* Hygiène, Médecine légale, Thérapeutique *5e Examen – 1re partie* Clinique externe Clinique obstétricale *2e partie* Clinique interne	**4e Année** 13e inscription *3e Examen – 1re partie* Médecine opératoire – Anatomie topographique Pathologie externe – Accouchements Pathologie générale – Parasites animaux, végétaux – Microbes 14e à 16e inscriptions *4e Examen* Hygiène, Médecine légale, Thérapeutique, Pharmacologie avec applications des sciences physiques et naturelles. *5e Examen – 1re partie* Clinique externe Clinique obstétricale *2e partie* Clinique interne

Les études de pharmacie comprennent un stage de trois ans chez un pharmacien, validé par un examen portant sur des connaissances pratiques, puis trois ans d'études théoriques sanctionnées par un examen intérieur en première et troisième années et trois examens définitifs. Les pharmaciens de seconde classe sont dispensés de certains examens et ne peuvent exercer que dans un seul département.

Ces décrets de 1893 accordent aux écoles secondaires le droit de faire passer les deux premiers examens de doctorat, c'est-à-dire jusqu'à la fin de la troisième année. En novembre 1893, le doyen H. Duret effectue une démarche auprès du ministre de l'Instruction publique, demandant que la Faculté libre soit assimilée, non pas même à une école de plein exercice, mais à une simple école secondaire[4] : cette assimilation lui donnerait droit de faire passer les deux premiers examens, sous la présidence d'un professeur d'une faculté d'État. L'intérêt de garder le contrôle des examens et des étudiants jusqu'à la fin de la troisième année est évident : H. Duret y voit *un acte de justice et un progrès dans la liberté,* mais il essuie un refus : *La loi du 18 mars 1880, ayant disposé que les étudiants des Facultés libres subiraient devant les Facultés de l'État, tous les examens et épreuves qui déterminent la collation des grades, il n'était pas du pouvoir du ministre de modifier cette disposition*[5].

En 1902, une réforme de l'enseignement secondaire permet l'accès aux facultés des bacheliers de l'enseignement dit moderne (sciences et langues vivantes). Cette disposition est critiquée : des associations d'enseignants et même d'étudiants l'accusent de favoriser la pléthore médicale et d'abaisser le niveau intellectuel des futurs médecins. Il leur est donné satisfaction et, en 1910, l'Association générale des médecins de France considère que l'étude des langues anciennes (latin et grec) est nécessaire pour assurer la culture intellectuelle indispensable à la formation des médecins : *Espérons que désormais aucune réforme en sens contraire ne rouvrira aux jeunes gens sans culture classique les portes de nos Facultés*[6]. Mais, au fil des années et du progrès scientifique, on s'apercevra bientôt que les étudiants formés en sciences passent aisément la « terrible » épreuve du PCN et l'étude des matières dites accessoires.

En 1909, une nouvelle réforme porte la durée des études médicales à cinq ans, soit 20 inscriptions, après le PCN[7]. L'enseignement est à la fois théorique, technique et pratique. Le stage hospitalier est obligatoire neuf mois par an pendant ces cinq ans ; à partir de la troisième année, les stagiaires sont associés aux consultations et, au cours de la cinquième année, l'étudiant peut choisir son stage en France ou à l'étranger. Les examens se

4.– Rappelons qu'au contraire des écoles secondaires de médecine, les écoles de plein exercice instituées par le décret du 14 juillet 1875 avaient le privilège de délivrer toutes les inscriptions nécessaires pour l'obtention du titre de docteur en médecine ou pharmacien de 1re classe : elles gardaient donc les élèves durant toute leur scolarité et leur faisaient subir les examens de fin d'année, à l'exception des examens probatoires conduisant au titre de docteur en médecine ou de pharmacien de 1re classe, ces derniers examens devant se passer obligatoirement devant une faculté de médecine ou une école supérieure de pharmacie.

5.– Réponse du recteur de l'Académie de Lille au nom du ministre et réponse similaire du Conseil supérieur de l'Instruction publique : *Rapport du doyen H. Duret à la séance de rentrée de nov. 1893.*

6.– P. Legendre : *La vie du médecin,* Paris, Maloine 1936.

7.– Décret du 12 janv. 1909 de G. Doumergue, ministre de l'Instruction publique.

déroulent maintenant en fin d'année ; en première année, anatomie et histologie ; en deuxième année, mêmes matières et physiologie ; en troisième année, obstétrique ; en quatrième année, pathologies interne et externe ; en cinquième année, thérapeutique, hygiène et médecine légale, puis les examens de clinique. L'enseignement des cliniques spéciales, au nombre d'une dizaine, est envisagé. Pour la cotation des examens, après avoir adopté un curieux système de notation à l'aide de boules blanches, rouges et noires (deux blanches = très bien, deux noires éliminatoires, etc.), on revient à la notation classique : extrêmement satisfait, très satisfait, bien satisfait, satisfait, mal et nul.

Pour les étudiants de la Faculté libre, l'allongement de la durée des études était prévisible et souhaitable ; l'institution du PCN, des stages hospitaliers et du stage obstétrical ne fait que confirmer une situation bien établie. Mais pour la Faculté, les difficultés s'accroissent dès 1894 : il faut renforcer l'enseignement, celui de l'anatomie en particulier qui reste la matière essentielle. L'histoire naturelle médicale, la médecine légale doivent être réinstallées ainsi que la bactériologie qui a fait son apparition. À la rentrée de 1894, le doyen peut se montrer satisfait des progrès réalisés : *Sur un grand nombre de points,* dit-il, *nous resterons en avance quant à l'enseignement de la pathologie élémentaire, à l'obligation des stages hospitaliers dès la première année, au stage obstétrical et aux diverses cliniques de spécialités,* mais il ne peut cacher les difficultés : *Au moment où le nombre de nos élèves augmente, où la durée de la scolarité va être accrue d'un an, nos besoins croissent en proportion et nous devons, sous peine de déchéance, augmenter nos ressources*[8]. Ces difficultés s'aggraveront encore avec la réforme de 1909.

Pour tous, étudiants et Faculté, une disposition du décret de 1893 est particulièrement gênante : c'est celle de l'article 12 que le recteur de l'Université de Paris rappelle dans une note officielle adressée au doyen de la Faculté libre. À partir de novembre 1895, *tout étudiant sera tenu de soutenir sa thèse devant la faculté qui lui aura fait subir les quatrième et cinquième examens.* Autrement dit, l'étudiant qui ambitionne le titre de docteur en médecine de la faculté de Paris est dans l'obligation d'y prendre ses dernières inscriptions : cette disposition, reprise par l'article 41 du décret de 1909, ne peut avoir qu'un effet négatif sur le recrutement.

Les effectifs d'étudiants

Comme l'a noté le doyen Eustache à la rentrée de 1894, l'effectif étudiant a atteint un maximum qu'il ne dépassera plus avant plusieurs années (cf. tableau) : il est alors de 245 en début d'année, mais une vingtaine d'étudiants disparaissent en cours d'année. Avant cette date, l'effectif a stagné pendant quelques années, de 1878 à 1883, en raison sans doute de la menace des lois Ferry ; il ne s'est maintenu que grâce à l'apport des candidats à l'officiat de santé, puis a progressé lentement.

En 1899, cinq ans après le chiffre record de 1894, le nombre de thèses atteint 40, puis, de nouveau, on observe un fléchissement marqué en raison des nouvelles menaces que font planer les procès de 1902 à 1907. Pendant l'année scolaire 1905-1906, seize thèses sont présentées : onze à Lille et cinq à

8.– G. Eustache : *Discours à la séance de rentrée de nov. 1894.*

Paris. À la veille de la première guerre mondiale, l'effectif total oscille autour de 130 étudiants[9].

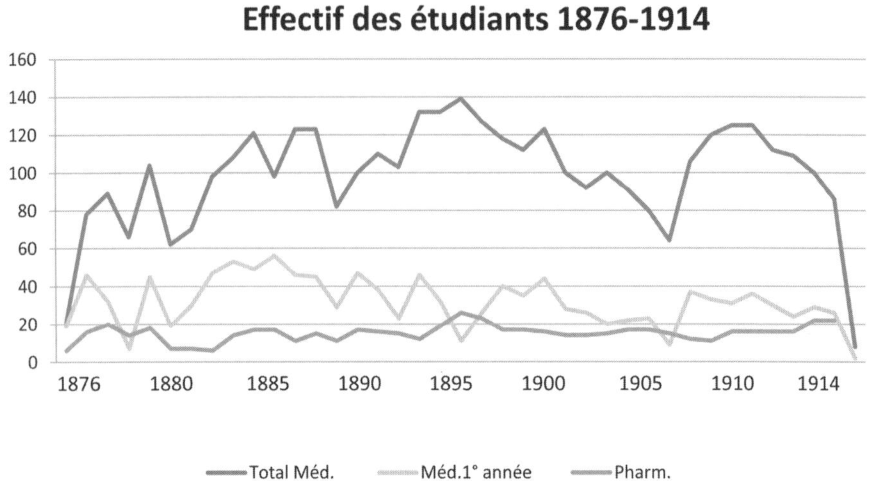

N.B. : Les « creux » de recrutement correspondent aux lois et décrets Ferry de 1880 et 1888, ainsi qu'à la loi de séparation des églises et de l'État de 1905.

En 1888, soit onze ans après l'ouverture de la Faculté, le doyen H. Desplats pouvait faire un bilan rétrospectif : 533 étudiants se sont inscrits, 121 ont terminé leurs études, soit 70 médecins, 38 pharmaciens et 13 officiers de santé. Ces chiffres permettent de juger de l'importance de l'érosion des effectifs : moins du tiers des étudiants ont terminé leurs études, 152 (soit 28 %) ont quitté la Faculté pour s'inscrire ailleurs, 60 étudiants ont renoncé à la médecine, 150 sont encore en cours d'études ; il faut y ajouter 40 étudiants qui n'ont pas pris d'inscription, parce qu'ils ont interrompu leurs études, qu'ils sont en cours d'examens ou au service militaire.

En dehors des défections habituelles au tout début des études, l'érosion se produit surtout au cours de la dernière année ; ces défections en fin d'études ne peuvent que s'accentuer à partir de 1895 après le décret ministériel cité ci-dessus stipulant que *tout étudiant est tenu de soutenir sa thèse devant la faculté qui lui aura fait subir les quatrième et cinquième examens.*

Par contre, les résultats des premiers examens peuvent être considérés comme satisfaisants : dès l'institution du PCN, on compte 75 à 80 % de succès. Au cours des années suivantes, les résultats sont encore meilleurs à

9.– Curieusement, le nombre des étudiants en médecine en France est alors très difficile à apprécier. En 1898, un certain F. Lot y consacre plus de 6 mois de correspondance et aboutit au chiffre de 9 314 étudiants, chiffre à accepter avec réserves : certaines facultés comme Paris comptent les sages-femmes et les chirurgiens-dentistes. Dans beaucoup de facultés, sinon dans toutes, un artifice de comptabilité consiste à considérer comme régulièrement inscrits les étudiants à scolarité interrompue, c'est-à-dire les étudiants qui ne sont pas restés 5 ans sans faire acte de scolarité. D'autres facultés enfin comme Bordeaux ou Lille se caractérisent par *l'indigence des résultats.* À la Faculté libre, les chiffres sont sensiblement différents selon les sources, notamment entre les rapports des doyens ou le registre des inscriptions. Ainsi, le chiffre avancé par le doyen Eustache en 1894 totalise certainement 203 étudiants en médecine pour le doctorat, 43 candidats à l'officiat de santé… et les défections en cours d'année.

Paris où ils dépassent 90 % qu'à Lille où ils sont de l'ordre de 80 %. Ainsi, en 1889, on dénombre à Paris 92 % de succès sur 81 examens et à Lille 79 % sur 97. Par la suite, le nombre d'examens présentés à Paris diminue sensiblement : en 1894, il est de 24 examens avec 93 % de succès, mais de 248 à Lille dont 83 % de succès. Plus tard le nombre de thèses soutenues à Paris décroît également : en 1900, sur 30 thèses, 24 sont soutenues à Paris ; en 1905, sur 16 thèses, 11 sont lilloises.

Manifestement, seuls les étudiants fortunés peuvent multiplier les déplacements à Paris ; les plus doués aussi, qui ambitionnent les titres enviés d'externe, d'interne ou d'aide d'anatomie de Paris, créant ainsi une « fuite des cerveaux » au détriment de la Faculté libre. Certains médecins, auréolés du prestige des concours parisiens, reviennent cependant à Lille et font carrière au sein de la Faculté libre, à l'instar de Paul Vallin et Léon Derville dont la carrière s'est malheureusement interrompue prématurément pour l'un comme pour l'autre.

Il va de soi que les étudiants « moyens » choisissent la faculté la moins exigeante : ainsi, en 1905, le Pr Redier signale que la réputation d'indulgence des professeurs de l'école de médecine de Nantes a entraîné *un véritable exode de nos étudiants vers la Bretagne*[10]. À Paris, le fait qu'examinateurs et candidats ne se connaissent pas est une *garantie d'équité*. À Lille, écrit Redier, on constate, dans l'immense majorité des cas, *justice et même bienveillance de la part des examinateurs*. Il existe cependant *certaines irrégularités [...] des juges à marottes et à idées bizarres*. Il poursuit : *Juges et candidats doivent s'aborder, les uns avec bienveillance, les autres avec confiance ; ces conditions existent généralement ; si, dans quelques circonstances, il en a été autrement, la faute n'en doit être imputée qu'à certaines personnalités et non point au corps auquel elles appartiennent.*

Mais un jour viendra où les *irrégularités* se multiplieront, allant non seulement jusqu'à compromettre les études de candidats malchanceux, mais encore à mettre en danger l'institution elle-même. Après le refus de la collation des grades à laquelle a droit toute université, après le refus du contrôle des premiers examens comme une simple école préparatoire de médecine, les inégalités devant les examinateurs, dues à quelques individualités, représentent une réelle menace pour les étudiants et leurs parents. En 1904, devant le fléchissement des effectifs, le doyen H. Desplats écrit : *Les temps difficiles que nous vivons ne permettent pas l'augmentation du nombre de nos étudiants ; il faut presque de l'héroïsme pour affronter le danger de la tare cléricale et pour en faire courir le risque à ses fils*[11].

Origine géographique des étudiants

Si le recrutement des étudiants reste numériquement insuffisant, leur origine répond aux vœux des fondateurs de l'Université catholique qui souhaitaient une faculté nationale. Dès 1880, sur 103 étudiants, la moitié vient du Nord-Pas de Calais, 34 d'autres départements et 18 sont étrangers

10.– J. Redier : *À propos des examens des étudiants en médecine. Examinateurs et candidats. J Sci Méd Lille*, 1905, n° 34, pp. 306-309.

11.– H. Desplats : *Discours à la séance de rentrée de nov. 1904.*

dont trois italiens et sept algériens[12]. En 1893, sur 100 nouveaux étudiants, les proportions sont les mêmes : 41 viennent du Nord et du Pas-de-Calais, 27 de Normandie ou de Bretagne, 37 d'autres régions de France dont treize de l'Est, onze de l'Aveyron et du Tarn[13] et quelques étrangers. Sans nul doute, ces résultats sont dus à une propagande active, menée par les fondateurs et les autorités ecclésiastiques, appuyée par des rapports notamment à l'Assemblée Générale des catholiques de France ou d'appels en faveur de l'Université catholique à la Société générale d'Éducation et d'Enseignement. On peut citer ceux de C. Feron-Vrau en 1881, de G. Champeaux en 1884, de L. Wintrebert en 1885. En mai 1892, l'appel de Mgr Baunard s'achève par un vœu *pour le recrutement par toute la France de la Faculté catholique de médecine de Lille.* Ces appels sont relayés par les « tournées » qu'effectuent les vice-recteurs successifs dans les établissements secondaires et qui reçoivent un accueil favorable notamment dans les provinces catholiques de l'Ouest.

Les inscriptions

Pour prendre sa première inscription, l'étudiant doit fournir un dossier : certificat de naissance, autorisation parentale s'il est mineur, diplôme du baccalauréat et certificat de bonne conduite délivré par le directeur de l'établissement secondaire dont il est issu ou le curé de sa paroisse. Il doit encore solliciter l'autorisation préalable du vice-recteur auquel il rend une visite personnelle. Vers 1895, les droits d'inscription pour l'ensemble des études sont de l'ordre de 1 650 francs-or soit plus de 5 000 €.

Dans le détail :

Seize inscriptions à 30 F	480 F
Bibliothèque : 10 F/an	40 F
Huit examens à 30 F	240 F
Huit certificats d'aptitude à 25 F	200 F
Travaux pratiques 1re année	60 F
2e année	40 F
3e année	30 F
4e année	20 F
Thèse	100 F
Certificat d'aptitude	40 F
Diplôme	100 F
soit un total de 1 350 F (ou 4 320 €) auxquels il faut ajouter 300 F (960 €) pour le PCN en faculté des sciences.	

Certes des réductions sont possibles et on lit parfois sur l'autorisation d'inscription délivrée par le vice-recteur la mention : « dispensé de scolarité », mais, en pratique, le coût des études les réserve à des étudiants issus de milieux aisés : propriétaires, industriels, négociants, professions libérales. On a pu calculer que les frais d'études médicales représentaient

12.– Les étudiants algériens, recrutés par Mgr Lavigerie, sont encore au nombre de six en 1881, puis de 18 les années suivantes ; ils disparaissent avant 1884, date à laquelle, selon le Pr Papillon, ils vont *à Malte où se trouve une école de médecine anglaise.*

13.– Dans le Tarn et l'Aveyron, deux médecins anciens de la Faculté font une propagande active en sa faveur.

5 787 heures de travail d'un manœuvre en 1880, 5 000 heures en 1911 et 2 090 heures en 1920. Aujourd'hui, ils sont de l'ordre de 129 à 344 heures. Pendant longtemps et pratiquement jusqu'en 1940, les frais de scolarité à la Faculté libre sont restés équivalents à ceux des facultés de l'État ; l'inégalité des subventions a ensuite creusé l'écart que l'on connaît aujourd'hui[14].

En 1880, on crée une « caisse d'avances » qui fonctionne à l'aide de générosités privées et qui, dès la rentrée 1881, prête aux étudiants sans intérêt et sur un simple engagement d'honneur de *rembourser plus tard, à un moment dont ils seraient juges*[15]. De plus, après l'appel de Mgr Freppel en 1881, des bourses sont créées dans quelques diocèses, à Rouen ou au Mans par exemple. L'Union catholique de Seine-Inférieure octroie une bourse à un étudiant normand à condition qu'il revienne exercer dans sa région d'origine. De même, la bourse créée par la famille van Kempen en 1895 est destinée à un étudiant en médecine originaire des Flandres et désigné par l'archiprêtre de la région : elle couvre les frais de séjour en maison de famille et les frais d'inscription.

Le règlement des études

Sans doute n'est-il pas inutile de rappeler quelques articles du règlement initial de l'Université, même si, de toute évidence, certaines dispositions ont été ensuite amendées ou inappliquées.

> Titre II. De la discipline religieuse et morale.
>
> Art. 10. Le premier devoir des étudiants est de mener une vie vraiment chrétienne. Ils considèreront leur qualité d'élèves des Facultés catholiques comme un engagement d'honneur auquel ils s'attacheront à rester fidèles par leur travail, par leur conduite, par leur esprit de discipline et de confraternité chrétienne.
>
> Art. 15. Les étudiants se rappelleront que pour mener une vie digne d'un étudiant catholique, ils doivent éviter le théâtre, la fréquentation des cafés, les maisons de jeu, les compagnies suspectes et dangereuses.
>
> Art. 16. Il leur est interdit d'écrire dans les journaux, de former des associations et de faire des démonstrations collectives sans autorisation préalable.
>
> Art. 17. L'assistance aux cours tels qu'ils sont indiqués sur le tableau de chaque faculté est obligatoire.

14.– J.-L. Catoir : *Divers aspects de la médecine de la fin du XIXe siècle à nos jours à travers l'étude d'une famille de médecins.* Thèse Nice 1984, utilisant les sources de J. et J. Fourastié : *Pouvoir d'achat, prix et salaires.* Coll. « Idem », Paris 1977.

15.– *Bull. Fac. cath.*, juil. et déc. 1880. C'est en 1897 que le ministre de l'Instruction publique institue les bourses d'études. D'une valeur de 1 200 F pour une année, elles sont attribuées sur concours, où sont admis les étudiants ayant obtenu la note « bien » à leur dernier examen (et pour la 1re année à ceux qui ont obtenu la note « bien » au baccalauréat lettres - philosophie et 75 points à l'examen du PCN). Le département du Nord alloue également des subventions à trois étudiants après concours, et la ville de Lille accorde quelques secours en nombre variable à quelques étudiants. L'accès à ces bourses, réservé aux étudiants des facultés de l'État, est donc loin d'être aisé.

> Art. 21. Chaque étudiant occupe dans les salles de cours la place qui lui a été assignée. Il doit répondre à l'appel fait par le Professeur.
>
> Art. 22. Les absences des étudiants sont signalées chaque jour au vice-recteur. Le relevé des absences du mois est envoyé à la famille.
>
> Art. 23. À la fin de chaque trimestre, la liste des étudiants qui auront manqué trois fois en moyenne à chaque cours sera remise aux professeurs de ces cours réunis en commission sous la présidence du doyen. La commission décidera, s'il y a lieu, d'accorder ou de refuser à ces étudiants l'inscription suivante.
>
> Art. 26. Trois fois par an, des bulletins relatifs au travail et au progrès des étudiants sont envoyés à leur famille.

Les maisons de famille

Initialement, le règlement de l'Université prescrit encore : *Les étudiants qui sortent directement du collège et n'habitent pas chez leurs parents, doivent, pendant leurs trois premières années d'études, fixer leur résidence dans l'une des maisons de famille créées par l'administration des Facultés catholiques. Après ces trois années, les étudiants peuvent loger ailleurs que dans les maisons de famille, mais seulement dans des maisons autorisées par le vice-recteur.* En effet, dès sa fondation, *l'Université Catholique s'est préoccupée de trouver pour les étudiants un régime de vie également éloigné des étroits règlements du collège et d'une liberté sans frein. On a, dans ce but, fondé les* Maisons de famille, *où les jeunes gens retrouvent avec les salutaires sauvegardes du foyer domestique, les joies, les facilités et les mutuels avantages de la vie d'études en commun. Ces établissements sont dirigés par des prêtres dévoués, professeurs aux facultés, à qui une pratique déjà longue de la jeunesse académique rend plus facile et plus fructueux leur délicat ministère. Usant plus d'affection que d'autorité, ils veulent être les amis plutôt que les maîtres de leurs étudiants et par ces voies de charité ils ont épargné à un grand nombre bien des naufrages. Cette direction douce sait être forte en même temps, elle veille et surveille avec les yeux comme avec le cœur ; elle rend ainsi aux familles chrétiennes le plus signalé des services, en sauvegardant la vertu et l'avenir même de leurs enfants*[16]. On retrouve ainsi, constamment exprimé en des termes paternalistes, le souci de mettre la jeunesse à l'abri du « naufrage ».

Dès 1878, on incite alors *les ordres religieux, les congrégations et les associations enseignantes à ouvrir des maisons de famille qui recueillent non pas exclusivement, mais principalement leurs élèves*. Entrant dans ces vues, la Société de Saint-Bertin[17] a fondé dès novembre 1877 la maison dite de Saint-Bertin, de taille réduite, au 15 de la rue d'Angleterre. À la même date, les frères dominicains dirigent 46, façade de l'Esplanade la maison Albert le Grand. La maison Saint-Eubert, 22 rue des Tours, plus grande, est placée sous le patronage direct de l'Université, ainsi qu'un quatrième établissement alors en voie de construction. On note un an plus tard une maison Saint-

16.– *Maisons de famille. J Sci Méd Lille,* 14e a, 1893, n° 43 (numéro des étudiants), pp. 453-456.

17.– La Société Saint-Bertin, société civile de prêtres enseignants créée en 1834 dans le diocèse d'Arras, possède ou dirige une dizaine d'établissements à Saint-Omer, Dohem, Marcq-en-Barœul, Bergues, Lille et Arras.

Louis, rue de la Barre en face de la Faculté et une maison Notre-Dame, rue Négrier, *une installation de fortune.*

Dans ces premières maisons de famille, le règlement est uniforme : court exercice de prière, matin et soir, et repas en commun ; un certain temps consacré à l'étude, une rentrée à heure fixe. Le prix de pension est de 1 500 F (4 800 €) à Saint-Bertin, 1 200 F (3 840 €) à Albert le Grand, 900 F (2 880 €) à Saint-Eubert. Le chauffage, l'éclairage des chambres et le blanchissage ne sont pas compris. *Le prix doit être versé à l'économat de l'Université, rue Négrier, 20. S'inscrire au siège de l'Université, rue Royale, 70*[18].

En fait, selon les termes de Mgr Lesne[19], *tout était imprévu, disparate, dispersé, inconfortable,* les maisons de famille ne sont guère appréciées : de fait, à Saint-Bertin, sept chambres sur seize sont occupées, à Albert le Grand douze sur quarante, à Saint-Louis quatorze sur quinze, à Saint-Eubert 34 sur 39 et, lit-on en 1880, *nous avons proposé de fermer la Maison Saint-Eubert,* qui d'ailleurs, *au point de vue de l'ordre intérieur et de la conduite des étudiants [...] a laissé à désirer*[20]. Après sa fermeture, on lit dans le même Bulletin : *Espérons que les habitudes de piété, d'ordre, de travail, de régularité qui distinguait dès lors une partie de cette maison, sont à l'avenir tout à fait générales et qu'il n'y a plus de perturbateurs qui empêchent les autres de travailler. Au reste, ces empêchements au travail, que l'on a singulièrement exagérés, n'atteignent que ceux qui les recherchent, ou du moins qui ne veulent pas s'y soustraire*[21].

Plus tard, après la fermeture des autres établissements, trois maisons de famille subsistent : Albert le Grand (1879-80), boulevard Vauban, plus spécialement destinée aux étudiants en droit, mais acceptant quelques étudiants en médecine, Saint-Louis (1880-81) au 60, rue du Port et Saint-Michel au 86, boulevard Vauban, cette dernière ouverte en 1893. La maison Saint-Louis, plus spécialement affectée aux étudiants en médecine, peut recevoir environ 60 jeunes gens. Contiguë au jardin botanique et à la Faculté de médecine, elle est bâtie selon un style néo-flamand et compte un bâtiment central sur trois étages et deux ailes latérales. Au sous-sol, se trouvent les cuisines, les dépendances et la salle à manger ; au rez-de-chaussée, la chapelle à l'aile gauche, une vaste salle de jeux et une salle de lecture à l'aile droite. Les deux salles réunies servent chaque année à la fête et au banquet de la Faculté de médecine. Aux étages, les chambres d'étudiants sont disposées en deux rangées. Le prix de la pension complète est de 1 000 F (3 200 €). L'horaire quotidien est le suivant : messe non obligatoire à 6h45, déjeuner de 7h15 à 8h15, dîner à midi, souper à 7h, prière en commun, couvre-feu à 10h du soir, heure à laquelle les étudiants doivent être rentrés, sauf cas particulier. Les dimanches et jours de fête, a lieu la bénédiction du Saint Sacrement.

Il est probable que, dès sa promulgation, ce règlement n'a pas été appliqué dans toute sa rigueur : la mesure fixant la rentrée à 10 h et le renvoi d'un étudiant suscitent *quelque émotion parmi notre jeunesse,* écrit le recteur. *Dans un moment d'effervescence, bon nombre de nos élèves s'étaient oubliés jusqu'à conclure entre eux une sorte de pacte de résistance. L'esprit révolutionnaire a*

18 – *Maisons de famille, op. cit.*

19 – Mgr Lesne : *Cinquantenaire de l'Université catholique, op.cit.,* p. 126.

20.– Bulletin Fac. Cath., 1880, pp. 89-90.

21.– *Ibid.,* 1881, p. 89.

pénétré partout de nos jours : il semble qu'on n'ait plus même la notion de l'autorité. Enfin cependant tout cela est tombé. La réflexion est venue, et l'esprit de foi aidant, on est rentré dans l'ordre pour les fêtes de Noël, sans que nous ayons eu à sévir, – il eut fallu frapper trop de jeunes gens d'ailleurs très bons, – et sans que les mesures qui avaient causé cette émotion aient été rapportées[22].

La Maison Saint-Louis

Le principe même de ces maisons de famille est d'ailleurs critiqué. Le doyen Béchamp pense que l'Université ne devait pas s'engager dans cette entreprise onéreuse, responsable d'un déficit de 100 000 francs, et que les maisons de famille *n'ont pas donné les résultats qu'on espérait.* D'autres, comme E. Papillon, *estiment le règlement trop libéral, regrettent l'absence de bibliothèque et de salle d'étude, souhaitent même un régime d'éducation surveillée avec conférences et interrogatoires hebdomadaires à l'instar des écoles du service de santé militaire*[23].

En quelques années, le règlement va s'assouplir et la majorité des étudiants loger en ville : ainsi, au banquet de la Faculté de 1887, dénombre-t-on 45 étudiants en maison de famille sur un total de 110[24].

S'ils logent hors de la métropole, les étudiants effectuent un long trajet en chemin de fer, puis à pied. Ainsi dans les années 1880, un étudiant nommé Sosthène Catoir qui habite à Thiennes près d'Aire sur la Lys se lève tous les jours à 4 h 15, prend le train de 5 h qui arrive à Lille à 8 h. Le soir, il rentre chez lui à 20 h et cela du lundi au samedi, des premiers jours de novembre à fin juillet avec quatre jours de vacances à Noël et deux semaines à Pâques. Devenu aide d'anatomie en 3e année, il bénéficie alors d'un petit salaire lui permettant de résider à Lille[25].

À ce périple, il faut ajouter les longues marches à pied de la Faculté aux services hospitaliers de la Charité ou de Saint-Antoine et même jusqu'en

22.– Lettre du recteur au chancelier du 30 déc. 1878.

23.– E. Papillon : *Quelques réflexions sur les Universités catholiques, op. cit.,* 1884.

24.– On ne leur demande d'ailleurs qu'une participation de 2 F alors qu'elle est de 4 F pour les autres : lettre du Pr Desplats au recteur du 1er juil. 1887.

25.– J.-L. Catoir : *Divers aspects de la médecine de la fin du XIXe siècle à nos jours, etc., op. cit.*

1882, à l'amphithéâtre de Saint André « hors les murs ». Les bicyclettes sont encore rares, les tramways hippomobiles (1873) lents et incommodes ; le « train-tramway » à vapeur apparaît en 1881 et ce n'est qu'en 1902 que les premiers tramways électriques traversent le quartier Vauban vers Lomme ou Haubourdin.

Les horaires

TABLEAU RÉCAPITULATIF.

Heures	LUNDI	MARDI	MERCREDI	JEUDI	VENDREDI	SAMEDI
Médecine. — Première année.						
8 1/2	Trav. prat. ch.				Trav. prat. ch	
9 1/2		Physique		Physique		Trav. pr. zool.
11 ..						
2 ..					Trav. pr. bot.	
3 ..	Botanique	Chimie	Botanique	Chimie		Chimie
4 ..	Zoologie		Zoologie			
Médecine. — Deuxième année.						
8 ..	Clinique	Cliniques	Cliniques	Cliniques	Cliniques	Cliniques
1 ..	Dissections	Dissections	Dissections	Dissections	Dissections	Dissections
3 1/2	Anatomie	Anatomie		Anatomie	Anatomie	Anatomie
5 ..	Histologie	Patholog. élém			Histologie	Patholog. élém
Médecine. — Troisième année.						
8 ..	Cliniques	Cliniques	Cliniques	Cliniques	Cliniques	Cliniques
1 ..	Dissections	Dissections	Dissections	Dissections	Dissections	Dissections
3 1/2	Anatomie	Anatomie		Anatomie	Anatomie	Anatomie
5 ..	Histologie	Patholog. ext.		Patholog. ext.	Histologie	Pathlog. ext.
Médecine. — Quatrième année.						
8 ..	Cliniques	Cliniques	Cliniques	Cliniques	Cliniques	Cliniques
3 ..	Clin. mal. enf.	Cl. mal. yeux.	Clin. mal. enf.	Cl. mal. yeux.	Clin. mal. enf.	Cl. mal. yeux.
5 .	Accouchem.	Patholog. ext.		Patholog. ext.	Accouchem.	Patholog. ext.
Médecine. — Cinquième année.						
8 ..	Cliniques	Cliniques	Cliniques	Cliniques	Cliniques	Cliniques
2 ..	Hygiène	Médec. légale.	Tr. prat. d'hyg.	Médec. légale.	Hygiène	Tr. pr. méd. lég.
3 ..		Cl. mal. nerv.		Cl. mal. nerv.		Cl. mal. nerv.
4 ..	Thérapeut.		Thérapeut.		Thérapeut.	
5 ..						
Pharmacie. — Première année.						
8 1/2	Trav. pr. chim.				Trav. pr. chim.	
9 1/2		Physique		Physique		Trav. pr. zool.
11 ..						
2 ..					Tr. prat. bot.	
3 ..	Botanique	Chimie	Botanique	Chimie		Chimie
4 ..	Zoologie		Zoologie			
Pharmacie. — Deuxième année.						
10 ..			Tr. prat. bot.		Pharmacie	
11 ..	Minéralogie					
2 ..			Tr. pr. pharm.		Tr. pr. pharm.	
3 ..		Chimie	Matière méd.	Chimie	Matière méd.	Chimie
4 ..		Botanique				Botanique
5 ..	Matière médic.					
Pharmacie. — Troisième année.						
9 1/2		Physique		Physique		
10 ..			Tr. prat. bot.		Pharmacie	
11 ..	Minéralogie					
2 ..			Tr. pr. pharm.		Tr. pr. pharm.	
3 ..						
4 ..		Botanique				Botanique
5 ..	Matière méd.		Matière méd.		Matière méd.	

Vu et approuvé :

Le Recteur des Facultés catholiques, E. HAUTCŒUR. — *Le Secrétaire Général*, C. DEHAISNES. — *Le Doyen de la Faculté de Médecine et de Pharmacie*, H. DESPLATS.

Horaire des cours du semestre d'hiver 1893-94

Tels qu'ils apparaissent sur les affiches de la Faculté avant la réforme de 1893, les programmes des cours ne semblent pas surchargés : en 1re année, les cours de physique, de chimie, d'histoire naturelle (botanique et zoologie) et d'apologétique[26] sont communs aux étudiants en médecine et en pharmacie. S'y ajoutent pour les étudiants en médecine deux à trois heures de pathologie élémentaire. Au total, 15 heures de cours et trois heures de travaux pratiques par semaine pendant le semestre d'hiver ; dix heures et demie de cours et sept heures et demie de travaux pratiques dont deux heures et demie d'herborisation l'été. Les étudiants ont donc beaucoup de temps libre, trop même, estime le vice-recteur, qui leur impose en 1893 la fréquentation des dispensaires Saint Camille et Saint Raphaël tous les après-midi et deux matinées par semaine *pour les occuper car ils ne sont pas assez tenus.* Tel n'est pas l'avis des professeurs de clinique qui se plaignent de cette présence encombrante de près de cent étudiants sans aucune connaissance de base, si bien que cette décision est rapidement rapportée[27].

À partir de la deuxième année, le matin, tous les étudiants sont en stage clinique à la Charité ; une vingtaine d'entre eux sont externes et participent aux examens et aux soins. Les autres, au nombre d'une trentaine, sont répartis par moitié en médecine et en chirurgie et bénéficient de l'enseignement *au lit du malade* : sous la direction d'un chef de clinique ou d'un interne, ils examinent, palpent, auscultent. Parfois, ils suivent la visite du « patron » et, en fin de matinée, assistent à sa leçon clinique ou à un cours de pathologie élémentaire donné par un assistant.

Pendant le semestre d'hiver seulement, l'après-midi est consacré à la dissection, tous les jours de 13 h à 15 h30 sous la direction du prosecteur et des aides d'anatomie. L'accès aux dissections est subordonné à un examen préalable d'ostéologie. En deuxième année, on dissèque les membres ; en troisième année, la tête, le cou et les viscères. Si les moyens de conservation des corps ont rendu la dissection bien moins pénible qu'autrefois, le premier contact avec le cadavre reste une épreuve. Bientôt, dans le froid et les odeurs de phénol (puis de formol), la pipe à la bouche et le cache-nez autour du cou, on se retrouve tous les jours devant son nerf radial ou son artère poplitée. Mais, grâce aux plus anciens, l'ambiance se réchauffe : on chante, on gouaille, on ose quelque plaisanterie macabre. Un jour, la découverte dans la rue d'une jambe à demi disséquée fera quelque scandale… Les cadavres nécessaires aux dissections sont les corps des indigents non réclamés par leur famille : ils proviennent des hôpitaux, de la Charité où un accord avec l'Administration des Hospices réserve à la Faculté libre ceux de l'aile droite, et plus souvent de l'asile d'aliénés de Lommelet. Les aides d'anatomie doivent accompagner le garçon d'anatomie pour transporter les corps en charrette à bras recouverte d'une bâche et ce n'est pas sans un malin plaisir que les convoyeurs dévoilent le contenu de leur chargement aux douaniers de l'octroi !

Pour les étudiants de deuxième et troisième années, la dissection est suivie du cours magistral du Pr Rogie ou de son suppléant le Pr Vallin. Chaque maître traite à fond un ou deux chapitres du programme, par exemple l'appareil digestif ou le système nerveux central ; aux étudiants d'apprendre le reste par eux-mêmes. Les cours sont illustrés par des dessins tracés sur le tableau noir à la craie de couleur ou par des planches murales

---

26.– Le cours d'apologétique (une heure par semaine) est assuré par l'abbé Moureau, professeur à la faculté de théologie.

27.– Conseil de faculté du 6 déc. 1893.

ou encore des pièces anatomiques choisies dans le musée du premier étage. Celui-ci s'enrichit au fil des ans des préparations faites par les candidats aux concours d'adjuvat ou de prosectorat. L'enseignement de l'anatomie et les dissections s'achèvent par le 2e examen de doctorat à la fin du semestre d'hiver de la troisième année.

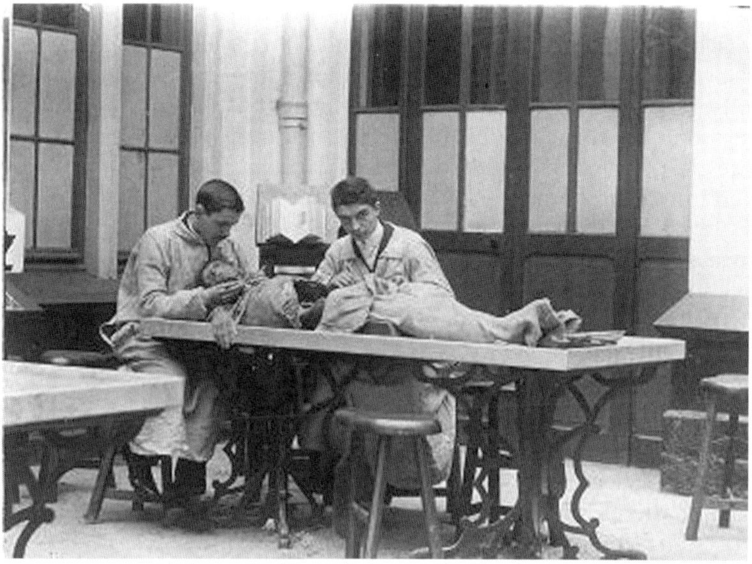

Séance de dissection en salle d'anatomie

Pendant le semestre d'été, les étudiants de deuxième année jouissent l'après-midi de leur liberté, d'autant plus qu'ils n'ont pas d'examen de fin d'année ; les étudiants de troisième année assistent aux consultations des dispensaires. En fin d'après-midi, ils rejoignent la Faculté pour les cours d'histologie, de physiologie, d'anatomie pathologique et de pathologie.

En quatrième année, l'enseignement est surtout clinique, à l'hôpital le matin, aux dispensaires l'après-midi. Deux à trois heures de cours ont lieu de 15 à 18h : pathologie, obstétrique, thérapeutique, hygiène et médecine légale et aussi médecine opératoire, enseignement pour lequel l'étudiant revient en salle d'anatomie, son manuel de Farabeuf ouvert devant lui pour lier une artère, désarticuler un doigt ou réséquer une côte. Indispensable alors à tout médecin, cet enseignement a disparu aujourd'hui.

Viennent ensuite les derniers examens de doctorat que l'étudiant passe quand il est prêt et qu'une session est organisée. C'est enfin la thèse inaugurale soutenue à Paris ou à Lille.

L'assiduité

Dès le début du fonctionnement de la Faculté, l'assistance aux cours pose problème et, malgré les contrôles, l'absentéisme sévit. En avril 1878, on constate que si les étudiants sont plus assidus aux cours et aux divers travaux pratiques, les examens et les feuilles d'absences prouvent leur *faiblesse générale*. D'ailleurs l'absentéisme ne concerne pas que les cours ; le recteur se plaint aussi de ce que *la messe et la prédication du dimanche dans la chapelle de l'Université n'aient pas réuni toujours le nombre d'étudiants sur lequel on pouvait compter*[28].

Les choses s'améliorent en fin d'année : *les cours ont bien marché depuis Pâques,* écrit encore le recteur, *la discipline s'est organisée ; les absences des étudiants ont enfin pu être constatées régulièrement. Aussi, tandis que les examens de Pâques avaient laissé beaucoup à désirer, les examens de fin d'année ont été excellents et très remarquables dans l'ensemble*[29]. Les examens semestriels de février et de juin, intérieurs à la Faculté, sont en effet boudés par les étudiants, bien qu'ils permettent leur classement et l'attribution de prix aux meilleurs d'entre eux. Pour beaucoup, la raison de cette désaffection est la nécessité de préparer en même temps le baccalauréat ès sciences restreint. Ainsi, en juin 1893, la moitié seulement se présente à ces examens, mais, en février 1894, après suppression de cette exigence, la participation est meilleure atteignant 80 %, 13 étudiants cependant ont une note inférieure à la moyenne. En principe, le règlement prescrit que l'échec à l'examen semestriel interdit l'inscription suivante, mais cette disposition semble très vite inapplicable. De même, ni les bulletins de notes d'assiduité, ni les lettres éventuelles d'avertissement ne sont adressées aux familles et, quoi qu'on fasse, l'absentéisme, s'aggravant encore en 3e et 4e années, restera une préoccupation permanente du Conseil de faculté.

Lorsqu'intervient le nouveau programme de 1893 comportant de nouvelles matières, et augmentant la charge des cours, on pense avoir *une ressource pour les faire travailler, leurs notes d'examens internes devant être communiquées aux juges officiels.* En fait, déclare le doyen, *cette obligation existe depuis dix ans, mais on n'en tient aucun compte.* Toutefois, cette année-là, qui marque l'apogée de la Faculté avant la Grande Guerre, les résultats des examens devant les facultés officielles sont de nouveau satisfaisants et H. Duret déclare : *Les succès de nos étudiants devant les facultés de Paris ou de Lille sont constants et souvent remarquables*[30].

Les associations d'étudiants

Très précocement, les étudiants éprouvent le besoin de se regrouper en associations régionales et corporatives, moyennant l'autorisation réglementaire et indispensable du vice-recteur.

Ainsi, en décembre 1891, seize étudiants bretons de la maison Saint-Louis décident la création d'une association : elle est constituée le 2 janvier 1892 sous le nom d'*Association celtique des étudiants des Facultés catholiques de Lille.* Dès la première réunion, le Pr F. Guermonprez en est nommé membre d'honneur[31] et y apporte le buste de Laennec. En mai, on fête la saint Yves et

28.– *Bulletin Fac. Cath.* 1881, p. 90.

29.– Lettre du recteur au chancelier du 23 août 1878.

30.– Discours du doyen H. Duret à la séance de rentrée de nov. 1893.

31.– Sans doute, F. Guermonprez doit-il à ce titre d'avoir, en août 1897, traité le crâne de saint Yves exposé dans la cathédrale de Tréguier. À la demande d'un étudiant de la faculté, F. Le Gueut, président de l'Association celtique des étudiants, lui-même alerté par l'archiprêtre de la cathédrale, F. Guermonprez a présidé à la restauration de la relique atteinte de moisissure : en grande pompe, après ouverture soigneuse du reliquaire, le crâne a été immergé longuement dans un bain antiseptique, puis recouvert de deux couches d'enduit. Ce qu'il faut retenir de ce petit fait, c'est la description très précise du crâne et tout particulièrement l'hypertrophie de la région temporo-sphénoïdale gauche, en regard, note Guermonprez, de on va promener en canots sur la Deûle. Après le banquet et les toasts, on chahute quelque peu : après la réunion du 18 mai 1893, une échauffourée oppose des étudiants sans doute éméchés et des cochers de fiacre, d'où s'ensuit une fuite éperdue dans le square Rameau, le jardin du curé du Sacré-Cœur, dans les halles et jusqu'à un hangar à bois, rue des Stations…

D'autres associations régionales voient le jour, mais moins nombreuses et moins actives que celle des bretons : dans les manifestations et défilés, dans et hors la Catho, c'est toujours la bannière des bretons qui est en tête.

En 1893, à la fête de saint Luc, est fondée l'*association pharmaceutique des Facultés catholiques de Lille,* faisant suite à l'union amicale des étudiants en pharmacie : elle réunit les professeurs, les anciens étudiants de la Faculté et les élèves en cours d'études. La même année, est créée l'*association amicale des internes et anciens internes de la Faculté catholique de médecine*, réunissant les anciens internes titulaires et provisoires nommés au concours et ayant au moins six mois d'exercice dans les services de la Faculté. Il existe également une *Association des anciens étudiants des Facultés catholiques* qui, alternativement dans deux ou trois facultés, attribue chaque année un prix de 100 francs à l'auteur du meilleur travail sur un sujet de son choix. Ainsi, en 1894, le prix est-il attribué à M. Camelot pour son *Étude sur l'hématosalpinx*[32].

Ce n'est que plus tard, en 1910, que voit le jour l'*Association corporative des étudiants en médecine de la Faculté* (ACEM). Le 26 janvier, les statuts en sont établis ; 150 étudiants s'inscrivent et prennent part aux élections de leurs délégués (deux pour les quatre premières années et trois pour la cinquième année). Le 4 février, le bureau est constitué : le premier président est un interne *à la barbe fleurie, un lorrain* nommé Lucien Bertrand[33]. Le but de l'ACEM est de *resserrer l'union et l'amitié entre les étudiants de cette faculté, grouper les étudiants d'aujourd'hui, les médecins de demain, que leur formation à la Faculté catholique et le sectarisme de nos gouvernants mettent souvent dans des conditions spéciales pour l'exercice de leur profession […] Elle constitue en un mot une personnalité agissante, forte et respectée*[34].

Initialement, il semble que l'autorité universitaire ait vu d'un bon œil la création de l'association. En juin 1910, à l'occasion du banquet de la saint Luc à l'hôtel Delannoy, suivi de la soirée récréative avec punch à la Maison des Étudiants, *M. le doyen fait appel à l'esprit de solidarité et de discipline des étudiants, maintenant surtout qu'ils sont groupés en association corporative ; il compte bien que le bon ordre régnera toute la fête*[35]. Il n'en était pas toujours ainsi…

---

la région du langage articulé… or, on sait que saint Yves était réputé pour son éloquence. Il est d'ailleurs le patron des avocats ! F. Guermonprez. *Conservation du chef de saint Yves à Tréguier en Bretagne,* Morel éd. Lille, 1897, 58 p.

32.– *L'Amicale de la Faculté libre de médecine* ne sera créée qu'en 1933 ; elle deviendra ultérieurement l'*Association des Anciens de la Faculté libre de médecine*

33.– Lucien Bertrand, né le 14 janv. 1883, a pris sa 16e inscription en 1908. Interne des hôpitaux, il est ensuite médecin des Forges et Aciéries de Lorraine. Il meurt à Denain le 15 oct. 1912, à l'âge de 29 ans, d'une affection contractée au chevet d'un malade.

34.– *L'escholier lillois,* n° 2, 2 fév. 1910.

35.– Conseil de faculté du 7 juin 1910.

Détente et loisirs

S'il y a cent ans, la vie quotidienne de l'étudiant manque sans doute de confort ; elle n'est pas pour autant morne et sans relief. Dans les maisons de famille, la vie en commun crée les conditions d'une camaraderie conviviale. Chez tous les étudiants en médecine, s'exprime nettement l'esprit de corps. Plus encore – de nombreux faits l'attestent – la condition d'étudiant catholique resserre-t-elle les liens de solidarité face à l'hostilité ambiante. Le *Chant des Étudiants Catholiques,* dû à Émile Massart, président de l'Association pharmaceutique, traduit bien cet esprit corporatiste :

LIBERTÉ ! (Chant des Étudiants de l'Université catholique de Lille)

1

Joyeux et fous, menant tapage
Tels que l'on vit aux anciens temps
Les Escholiers du Moyen âge
Voici venir les étudiants.
Voici le monôme qui passe :
Nous délaissons jusqu'à demain
Anatomie et droit romain,
Bourgeois et manants, faites place !

2

Joignant à l'amour de la France
L'amour de l'Université
Sans connaître la défaillance
Nous luttons pour la liberté.
Notre cause est grande, elle est sainte
Étant jeunes, nous serons forts
Si nous unissons nos efforts
Pour défendre le droit sans crainte.

REFRAIN

Étudiants Lillois, en avant !
Que notre mot de ralliement
Soit un cri de jeune vaillance :
Pour Dieu ! Pour la France !
En avant !

3

Quand il faut venger une insulte,
La fleur de Lille à nos bérets,
Gaiement, et quoi qu'il en résulte,
Pour batailler nous sommes prêts.
Les lois pour nous seront sévères,
Mais la prison nous trouble peu ;
Et que plus tard, s'il plaît à Dieu,
Nos enfants imitent leurs pères !

4

À d'autres les faveurs publiques,
Et l'appât des titres flatteurs !
Nous les étudiants catholiques,
Nous dédaignons ces vains honneurs.
Nous voulons vivre à notre guise
Et nous narguons la pauvreté.
Indépendance et Liberté
Voilà notre fière devise.

Maison des étudiants, 125, rue Meurein

L'étudiant de 1900 n'est donc pas enclin à la mélancolie. Certes, ses loisirs sont bien différents de ceux d'aujourd'hui : malgré les interdits, il fréquente les estaminets et les cafés, et surtout le Cercle des étudiants fondé en 1884 et occupant d'abord un vaste immeuble de la rue de l'Orphéon. Il y trouve une vaste salle appelée « tabagie », un restaurant, une salle de conférences et une salle des fêtes. Il a à sa disposition journaux, revues, piano, jeux, billards et consommations. Là, on organise tournois de jeux, concerts, conférences, représentations théâtrales, auxquels assistent les professeurs, les étudiants, les membres honoraires du cercle et leurs familles. En 1900, le Cercle des étudiants quitte la rue de l'Orphéon et s'installe au 125, rue Meurein, siège aujourd'hui du restaurant universitaire de l'AEU (Association d'Entraide Universitaire).

En 1894, la fête de saint Luc, prévue le 30 juin, mais retardée de quelques jours en raison de l'assassinat du président de la République Sadi Carnot, a lieu le 4 juillet[36]. C'est la huitième édition de cette manifestation qui s'est déroulée successivement à la Maison Saint-Louis, au Cercle des étudiants, puis dans la salle des fêtes de l'œuvre Saint Léonard, rue Léon Gambetta. Le banquet est suivi d'un concert et d'une revue dite *burlesque*. Si le Pr Delassus apprécie ce qui n'a été *qu'un long éclat de rire, soulignant les épigrammes à fleur de peau distribués de-ci de-là avec beaucoup d'esprit*, ces saillies ne sont pas du goût de tout le monde : trois jours plus tard, le doyen G. Eustache déclare au Conseil de faculté que *tout le monde a été péniblement impressionné par la mauvaise tenue des étudiants au cours de la fête. Pour éviter le retour de pareil tapage, n'y aurait-il pas lieu de modifier soit la date, soit l'organisation de la fête ?* Et le Pr Redier de renchérir : *le tapage est peu de chose, ce qu'il faut relever, ce sont les chansons grivoises, les moqueries à l'adresse des différentes personnes. Il y a une tendance à l'immoralité. Il faut l'enrayer.* Tout le monde est d'accord pour estimer qu'il est temps *d'appeler l'attention de l'autorité sur cet état de choses.* Bien après les vacances, on rappelle en mai 1895 que *les désordres qui se sont produits l'année dernière et dont le souvenir n'est pas encore effacé nécessitent une modification du programme*, mais comme personne n'est d'accord sur une proposition précise, on ne change rien et désormais tout se passera dans le calme : la fête de saint Luc et la revue se maintiendront.

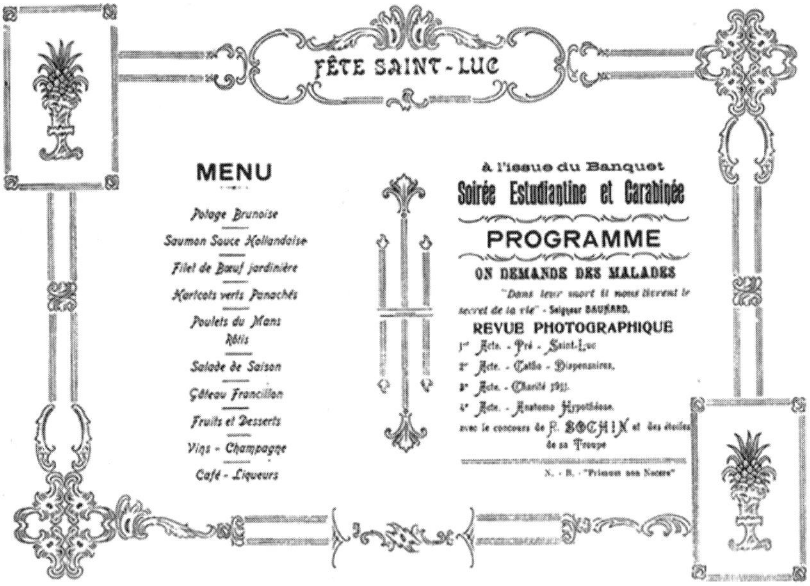
FÊTE SAINT-LUC

MENU

Potage Brunoise
Saumon Sauce Hollandaise
Filet de Bœuf jardinière
Haricots verts Panachés
Poulets du Mans Rôtis
Salade de Saison
Gâteau Francillon
Fruits et Desserts
Vins - Champagne
Café - Liqueurs

à l'issue du Banquet
Soirée Estudiantine et Carabinée

PROGRAMME

ON DEMANDE DES MALADES
"Dans leur mort ils nous livrent le secret de la vie" - Seigneur BAUFARD.
REVUE PHOTOGRAPHIQUE
1er Acte. - Pré - Saint-Luc
2e Acte. - Catho - Dispensaires.
3e Acte. - Charité 1911.
4e Acte. - Anatomo Hypothèses.
avec le concours de R. BOCHIN et des étoiles de sa Troupe

N. - B. - "Primum non Nocere"

Les distractions des étudiants sont donc, en général, paisibles, sinon innocentes. L'hiver, au café autour du poêle ou plus simplement dans la chambre de l'un d'eux, ils se réunissent en petits groupes pour parler,

36.– La fête de saint Luc se situant sur le calendrier le 18 octobre, c'est-à-dire avant la rentrée universitaire, on a décidé de la déplacer fin juin ou tout début juillet à la veille des vacances. Cette manifestation comporte, outre la messe, une réunion de la Société Saint-Luc, une séance de la Société des Sciences médicales et une séance de la Société anatomo-clinique, suivies du banquet.

chanter, boire et fumer. Tous ont une formation littéraire classique et manient aisément la langue française ; certains composent des chansons ou écrivent des poèmes. L'un d'eux, René Tribolet de Miraumont, fils de médecin originaire de Landas, se signale par une œuvre poétique sensible et délicate dont un recueil *Les Virginales* est édité en 1887. Il disparaît à l'âge de 25 ans d'une fièvre typhoïde contractée à Paris où il préparait sa thèse.

L'été, on se promène, parfois on va canoter sur la Deûle avec une embarcation louée non loin de la Faculté, à la porte de Dunkerque. Cette promenade au fil de l'eau est d'ailleurs à l'origine d'une affaire sérieuse qui défraye la chronique au printemps 1893 et que l'on a appelée l'incident de l'octroi, devenue bientôt l'affaire du *Progrès*. Voici comment P. Pierrard la résume : *Le 16 mars 1893, trois étudiants de la Catho vont faire une promenade sur la Deûle. Au retour, ils remettent à la préposée une pièce de 10 F ; comme elle n'avait pas de monnaie, elle appela un agent de l'octroi qui découvrit que la pièce était fausse. Police, menottes, interrogatoire au commissariat du 5e arrondissement, confrontation avec le garçon de la brasserie Becker où l'un des étudiants, la veille, avait changé 20 F. On relâcha les jeunes gens, mais le lendemain, les agents de l'octroi furent conspués par les étudiants catholiques. Le* Progrès du Nord *les blâma vivement dans son numéro du 18. Le soir à 6 heures 30, deux cents étudiants de la Catho, armés de gourdins, se rendirent dans les bureaux du journal, rue Nationale, brisèrent les vitres, renversèrent les caractères, houspillèrent les journalistes. La police en arrêta trente-quatre, dont vingt et un étudiants en médecine, qui furent interrogés toute la nuit par le procureur de la République (*La Dépêche *l'accusa d'avoir fait du zèle !). Sept passèrent en correctionnelle ; ils furent condamnés à des amendes de 25 à 100 F. Ils firent appel : malgré la défense de maître Parentz, qui en profita pour faire le procès du* Progrès du Nord, *les amendes furent triplées*[37] !

Ainsi, *mélange parfois détonant d'intelligence et de sottise, d'élans poétiques et de déchaînements grivois, d'enthousiasme ardent pour de nobles causes et d'insouciance navrante*[38], le comportement étudiant a donc peu changé au cours des décennies.

37.– P. Pierrard : *Lille et les Lillois,* Bloud et Gay, Paris, 1967, p. 209.

38.– Le chapitre a fait de larges emprunts à l'article de J. Liefooghe : *La vie d'un étudiant en médecine il y a cent ans.* Revue *Ensemble,* 1994, n° 3, pp. 165-179.

Chapitre VIII.
1882-1914 : le corps professoral

Au cours de cette trentaine d'années, cinq doyens se succèdent : Henri Desplats, Gonzague Eustache, Henry Duret, Gonzague Augier, Ernest Baltus. Plusieurs fois réélus, H. Desplats et H. Duret exercent trois mandats entre 1887 et 1908. E. Baltus sera doyen avant et après la Grande Guerre[1].

En novembre 1877, le corps professoral comprenait quinze titulaires de chaires, dont trois professeurs de sciences, le doyen Chautard, l'abbé Boulay et M. Witz, et deux ou trois chargés de cours. Cet effectif, suffisant pour assurer l'enseignement de toute la scolarité, est bientôt modifié.

Après les défections précoces d'Adrien César et d'Alfred Jousset, c'est en 1880 le décès à l'âge de 48 ans d'Alfred Vanverts, qui a occupé la chaire de médecine légale, puis celle d'accouchements. En 1882, Dominique Domec, professeur d'anatomie, puis de médecine opératoire, demande un congé pour cause de maladie, retourne en Équateur et meurt à Quito un an plus tard, âgé de 39 ans. La même année, Eugène Papillon est admis à faire valoir ses droits à la retraite dans les conditions que nous avons retracées.

L'effectif du corps professoral devient donc insuffisant et, en tout cas, inférieur à l'effectif obligatoire prescrit par la loi de 1875, c'est-à-dire au moins égal à celui de la plus petite faculté de l'État. Le 4 mars 1883, le Conseil de faculté prend conscience de cette faiblesse et estime *qu'il y a urgence à compléter notre personnel.* On dénombre alors quatorze titulaires et six suppléants, alors que la faculté de Nancy compte 20 titulaires et 12 agrégés, et celle de Lille État 20 à 22 titulaires et six agrégés. On signale qu'il n'y a pas de titulaire en anatomie, ni en médecine légale, ni en pathologie générale et qu'il est souhaitable de dissocier l'histologie de l'anatomie pathologique, ainsi que la thérapeutique de la matière médicale. Au total 23 chaires semblent nécessaires : *Si nous voulons compléter notre enseignement et assurer notre recrutement ultérieur, c'est donc sur l'organisation du corps des suppléants par sections bien déterminées que doivent porter nos premiers vœux et les premiers efforts de notre autorité supérieure ; hors de cela, il n'y a point d'issue*[2]. On propose donc de créer cinq sections d'enseignement, chaque section

1.- Voir en annexe la liste des 22 doyens de la Faculté de sa fondation à nos jours. Sept d'entre eux : H. Desplats, H. Duret, E. Baltus, J. Liefooghe, Ph. Choteau, J. Cousin et A. Dutoit ont exercé plusieurs mandats.

2.– Conseil de faculté du 4 mars 1883.

pouvant avoir un ou plusieurs suppléants : sciences physiques ; sciences naturelles ; anatomie, physiologie et histologie ; chirurgie et accouchements ; médecine.

De fait, plusieurs professeurs suppléants sont nommés au cours des années suivantes : en 1884, Agile Delassus, chef des travaux anatomiques, et Hubert Lavrand (section médecine), puis en 1890, Pierre Bernard (section sciences naturelles), Paul Vallin (section anatomie), Joseph Toison (section anatomie, histologie) et Léon Derville (section médecine).

Survient alors le décès d'Adolphe Faucon, âgé de 43 ans. Il sera remplacé par Henry Duret comme chef de service de chirurgie à la Charité. Ce sont ensuite le décès du vice-doyen L.Wintrebert à 52 ans, ainsi que les départs des Béchamp père et fils et de Julien Jeannel. Ce dernier est suppléé, puis remplacé par François Guermonprez dans la chaire de thérapeutique et matière médicale. En juin 1892, le nombre de chaires occupées n'est toujours que de douze et le doyen H. Duret, demande au recteur de pourvoir les chaires vacantes par nomination de titulaires et d'adjoints. Deux ans plus tard, il n'a pas encore obtenu satisfaction : *On se contente de renouveler les mandats des suppléants,* écrit-il en constatant qu'A. Delassus est nommé depuis neuf ans et les autres suppléants depuis cinq ou six ans.

Le 11 avril 1894, une commission composée de H. Desplats, H. Duret et F. Guermonprez dépose son rapport : *La Faculté peut être fière de ses jeunes professeurs [...] On peut se demander pourquoi les professeurs disparus ont été remplacés par des professeurs suppléants. Or deux chaires au moins sont vacantes : médecine légale et hygiène. Aux premières années de son existence, notre faculté comptait 14 professeurs titulaires et ce n'était qu'un minimum. Aujourd'hui, la même série ne comporte plus que 10 noms [...] Cette diminution est telle que notre faculté vient au point de vue du nombre de professeurs après la dernière des écoles préparatoires*[3]. Adoptant ce rapport, la Faculté exprime de nouveau le regret que le mandat des professeurs suppléants n'ait pas été renouvelé en temps opportun. Elle émet le vœu que tous les professeurs suppléants qui ont plus de sept ans de service universitaire soient élevés au rang de professeurs titulaires et signale à l'autorité académique la vacance depuis plusieurs années des chaires de médecine légale et d'hygiène. Elle demande enfin que ces chaires soient remplies par des professeurs titulaires nouvellement promus. Mais les observations de la Faculté restent sans écho. Seuls sont créés deux postes d'assistants de clinique médicale et chirurgicale, attribués respectivement à Paul Vallin et Léon Derville, tandis que Jules Voituriez est nommé chef des travaux anatomiques.

Les difficultés financières expliquent, bien entendu, les réticences de l'administration. En 1895, une nouvelle souscription décennale, c'est-à-dire étalée sur dix ans, est lancée auprès des catholiques avec l'approbation de NNSS les évêques et de Sa Sainteté Léon XIII[4], mais ses résultats resteront bien inférieurs aux espérances.

3.– Rapport au Conseil de faculté du 11 avril 1894.

4.– Par un bref du 31 mars 1895 adressé aux évêques, le pape se félicite de la libéralité des catholiques qu'il conseille d'encourager et d'accroître encore. Toutefois, il demande *de ne pas oublier dans quelles nécessités pressantes se trouve le Siège apostolique, afin que [...] les fidèles soient amenés à apporter, selon leurs moyens, leur large part au denier de saint Pierre, pour le bien de l'Église et de la foi.*

Les plus anciens suppléants, Agile Delassus et Hubert Lavrand, proposés pour le titulariat par le Conseil de faculté d'août 1892, protestent auprès du recteur : *Nous occupons depuis des années des chaires magistrales possédées avant nous par des titulaires et nous rendons les mêmes services qu'eux sans bénéficier d'aucun des avantages attribués à cette fonction. D'autre part, Monseigneur, ce nous est un motif de profonde déception de voir que nous deux les plus anciens professeurs suppléants, proposés en première ligne pour l'avancement par la faculté, nous nous trouvons à l'heure actuelle dans une situation inférieure à celle de nos collègues moins anciens.* Ils s'adressent également au Conseil d'administration, lui demandant de *nous préserver du découragement qui tend à s'emparer de nous en présence d'une situation inférieure dont nous ne verrions pas l'issue*[5].

Le corps professoral de la Faculté en 1905
De gauche à droite :
- En haut, A. Besson, R. Bosquier, L. Thilliez, C. Carrez, L. Derville, G. Lemière, E. Camelot, L. Danel, H. Lavrand
- En bas, F. Guermonprez, Ch. Rogie, H. Duret, J.-B. Bouchaud, H. Desplats, G. Eustache, E. Baltus, V. Faucon

En 1895, deux professeurs suppléants sont encore nommés : Jules Voituriez en anatomie et Georges Lemière en bactériologie et hygiène. Mais, en 1896, la situation reste inchangée : on ne dénombre alors que dix professeurs titulaires en médecine et quatre en pharmacie. À ce nombre s'ajoutent deux professeurs adjoints, l'un en médecine, l'autre en pharmacie, onze suppléants dont trois en pharmacie et un prosecteur d'anatomie. Comme le fait remarquer le doyen G. Eustache, après l'institution du PCN, *il n'y a plus à la Faculté de médecine trace d'enseignement de la physique médicale, de la chimie médicale et de l'histoire naturelle médicale, alors que les facultés officielles*

5.– Lettres de Delassus et Lavrand au Conseil d'administration du 7 déc. 1894.

comptent des chaires magistrales de cette nature[6]. La même année, malgré la demande expresse de la Faculté et *les instances réitérées des candidats*, la titularisation d'A.Delassus et d'H. Lavrand est encore reportée en raison *surtout du peu de ressources dont nous disposons*[7], mais, en juillet 1897, le recteur propose de *créer une douzième chaire et de l'arrêter à ce nombre*[8].

La situation s'aggrave encore lorsqu'en un an, la Faculté perd coup sur coup quatre jeunes collaborateurs : en 1898, Paul Vallin, professeur suppléant et assistant de clinique chirurgicale, disparaît à l'âge de 42 ans, laissant une veuve et neuf enfants dont l'aîné n'a pas 13 ans. Suppléant depuis 11 ans, il était de ceux qui réclamaient avec insistance le titulariat. À ses obsèques, le doyen H. Desplats exprime ses regrets bien tardifs : *La justice elle-même doit compter avec la nécessité et, dans notre faculté, elle ne permet pas de récompenser tous ceux qui le méritent.*

La salle du Conseil de Faculté vers 1900
Sur le mur, les portraits des disparus : L. Wintrebert, A. Faucon, L. Jeannel, A. Vanverts et D. Domec. Sur la cheminée, le buste de Laennec.

La même année, Albert Didier, chef des travaux de physiologie et de physique biologique, meurt à l'âge de 31 ans, puis Constant Lienhart, professeur adjoint de botanique, âgé de 48 ans. En 1899, Pierre Bernard, professeur suppléant de zoologie et créateur d'un laboratoire de photographie médicale, père de sept enfants, disparaît à l'âge de 40 ans.

Au fil des années qui suivent, les nominations se succèdent et comblent les vides. En 1900, Léonce Thilliez (maladies des yeux) remplace Alfred Dujardin ; il est nommé suppléant en 1903. J. Toison, A. Delassus et H.

6.– Lettre du 20 janv. 1896 au recteur. Arch. ICL, dossier P2D.

7.– Réunion du Conseil supérieur du 3 décembre 1896. H. Lavrand sera nommé adjoint en décembre 1897.

8.– Lettre du recteur du 6 juillet 1897.

Lavrand sont enfin titularisés en 1901. En 1904, c'est le tour de J. Voituriez qui était professeur suppléant et assistant de clinique chirurgicale depuis sept ans, et de G. Lemière (microbiologie et hygiène). À la veille de la Grande Guerre, quatre suppléants sont encore nommés : Robert Bosquier (pathologie générale élémentaire), Adrien Besson (médecine légale), Maurice D'Halluin (radiologie) et Léon Vouters (clinique médicale).

En 1913, dans un corps professoral très rajeuni : on retrouve encore quelques-uns des *fondateurs* : le doyen E. Baltus, G. Augier, F. Guermonprez, Ch. Rogie. On compte alors 16 titulaires et quatre suppléants en médecine, trois titulaires et trois suppléants en pharmacie, huit maîtres de conférences dont cinq en médecine[9]. Les pertes ont été lourdes : en 1905, Charles Schmitt, professeur de pharmacie et de chimie, disparaît à 64 ans. En 1909, Léon Derville, qui a été assistant de clinique médicale pendant 25 ans et n'a été nommé professeur titulaire de dermatologie-syphiligraphie qu'en 1901, meurt après *une vie toute de travail, de bonté et de droiture* ; son maître H. Desplats salue ses qualités : *savoir étendu, rectitude d'esprit, dévouement inlassable.* À son tour, H. Desplats disparaît en 1912, unanimement regretté par ses collègues et ses élèves. G. Eustache part en retraite en 1907, de même que J.-B. Bouchaud en 1908 et H. Duret en 1911. Bouchaud est remplacé à Lommelet par le Dr Sablé ; c'est A. Delassus qui remplace d'abord Eustache en obstétrique, puis Duret en chirurgie. Surtout, en trois ans, l'Université perd deux de ses principaux fondateurs : Philibert Vrau en 1905 et Camille Feron-Vrau en 1908.

Cérémonie du 4 juillet 1908.- Buste de C. Feron-Vrau

Le souvenir de Camille Feron-Vrau est aussitôt célébré avec émotion. À la fête de saint Luc, la Faculté toute entière assiste à l'érection de son buste dans le grand amphithéâtre et H. Duret prononce un discours rappelant *ses pérégrinations à travers toute la France à la recherche de professeurs chrétiens [...] sa participation vraiment royale*[10] dans la fondation de la Faculté, de la maison

9.- Apparaissent alors, à la veille de la guerre, des noms bien connus des plus anciens d'entre nous : Émile Camelot, professeur de pathologie externe, Carlos Lepoutre, chef des travaux anatomiques et, à la faculté des sciences, Henry Boulangé en zoologie.

10.- Anonyme : *Inauguration du buste de M. le Docteur Camille Feron-Vrau. J Sci Méd Lille,* 1908, n° 28, pp. 25-38.

Saint-Camille et de l'Hôpital Saint-Antoine. Le buste, œuvre de Mme Redier, a longtemps orné le grand amphithéâtre et se trouve aujourd'hui dans un couloir de la Faculté : *physionomie calme, résolue et doucement souriante avec un reflet d'exquise bonté.* Une plaque de marbre porte ces mots : *À la mémoire du Dr Camille Feron-Vrau son fondateur et insigne bienfaiteur, la faculté de médecine et de pharmacie a érigé ce buste en souvenir du passé, en exemple pour l'avenir – le 4 juillet 1908.*

À cette occasion, le professeur Agile Delassus compose quelques vers comme c'est alors la coutume[11] :

Nous voulions vous garder chère et noble image
Car c'est votre maison et de la base au faîte
Si les pierres pouvaient révéler leurs secrets
Elles diraient bien haut de votre main discrète
Les largesses sans nombre et les dons ignorés.

Dans son ensemble, ce corps professoral s'est montré d'une grande valeur, qu'il s'agisse de professeurs issus de promotion interne ou venus de l'extérieur. En 1893, dans une lettre au ministre de l'Instruction publique, le doyen H. Duret pouvait les présenter ainsi : *Le corps professoral de la faculté catholique de médecine jouit d'une légitime considération. Il comprend un chirurgien des Hôpitaux de Paris, deux agrégés de Faculté, cinq anciens internes des Hôpitaux de Paris, quatre docteurs ès sciences, des licenciés, des membres de la Société de chirurgie de Paris, de l'Académie de médecine de Belgique, etc.*

Aujourd'hui encore, les noms de H. Desplats, H. Duret, G. Eustache, G. Augier entre autres, ont laissé une empreinte durable. D'autres ont été quelque peu oubliés : c'est par exemple le cas du Pr F. Guermonprez.

Le cas Guermonprez et l'affaire Crud

C'est une figure en tous points originale que celle du Pr François Guermonprez, ouvrier de la première heure, adhérant totalement à l'objectif de l'Université naissante : recréer une société chrétienne. On verra bientôt ses engagements vigoureux dans ce sens.

Maître de conférences d'histoire naturelle médicale (section zoologie), il devient en 1883 suppléant du Pr J. Jeannel en matière médicale et thérapeutique, puis titulaire de cette chaire en 1885.

Mais il lui faut d'autres terrains pour exprimer ses talents : nommé en 1875 médecin de la Compagnie du chemin de fer du Nord, il s'intéresse aux accidents du travail et à leur prise en charge. Dès 1878, il commence à travailler sur ce sujet et, en 1884, publie un premier ouvrage sur la *Pratique chirurgicale des établissements industriels*[12]. Désormais, il a trouvé sa voie. En

11.– En 1929, au cours de sa retraite, le Pr A. Delassus a édité un recueil de 98 pièces : *Esquisses poétiques*, dans le goût de l'époque et dont les titres expriment bien les préoccupations du moment : *Patrie, Art, Morale, Famille, Classe des petits, Nature.* Citons par exemple le sonnet *Luxure* :

Quand la luxure,	*Noble prestance,*	*Et l'avarie,*	*Le cerveau sombre*
Par sa morsure	*Vouloir, esprit,*	*Par la carie*	*Dans la nuit sombre*
Entame un corps	*Intelligence,*	*Troue os et peau.*	*Puis le tombeau…*
Hier sain et fort,	*Tout se flétrit ;*		

12.– F. Guermonprez : *Pratique chirurgicale des établissements industriels.* Baillière éd., Paris, 1885, 352 p.

octobre 1885, avec l'appui d'un industriel lillois, Étienne Batteur, il crée une *maison de secours* pour les blessés de l'industrie, rue Stappaert, puis rue Chevreul, petites rues à proximité de la rue des Postes.

F. Guermonprez

Un premier conflit surgit en novembre 1895, lorsque le doyen Eustache, professeur d'obstétrique, donne lecture en séance de faculté, d'une lettre de la Congrégation de l'Inquisition Apostolique, présidée par le pape lui-même, interdisant totalement la pratique de « l'avortement prématuré », une lecture qui *provoque une profonde émotion au sein de la Faculté.* On s'interroge sur son authenticité, peu contestable ; on en demande une nouvelle *traduction officielle, non pas seulement littérale mais explicative, afin de savoir jusqu'à quel point l'interdiction posée [...] oblige en conscience le médecin.* C'est alors que F. Guermonprez révèle qu'il *est l'un des médecins qui ont sollicité de Rome la règle de conduite à suivre dans certains cas par le médecin chrétien, en particulier [il] avait demandé s'il était permis de faire ce qu'il était défendu d'enseigner. N'étant pas d'accord sur ce point avec certains de ses collègues, en particulier pour l'avortement prématuré, [il] avait demandé à être éclairé. La lettre de la Congrégation de l'Inquisition est la réponse à sa demande.* Le débat n'ira pas plus loin, semble-t-il, mais l'on peut penser qu'il laissera quelques traces...

Une autre affaire éclate dix-huit mois plus tard, à propos des **Instituts orthopédiques de l'abbé Crud**, à Sens et à Lille. Elle va durer plusieurs années et alimenter de vives discussions au Conseil de faculté, au Conseil supérieur des évêques, dans le *Journal des Sciences Médicales de Lille* et dans la presse tant nationale que régionale, tant médicale que politique.

En décembre 1894, s'est ouvert à Sens (Yonne) un Institut orthopédique dirigé par un certain abbé Philibert Crud qui, après avoir exercé ses talents au Canada, puis aux États-Unis pendant 26 ans, souhaite en faire bénéficier ses compatriotes. Ses méthodes – essentiellement des manipulations, semble-t-il, mais elles sont plutôt secrètes – paraissent efficaces sur de nombreuses affections ostéo-articulaires, congénitales ou acquises. En tout cas, l'abbé est certainement coupable d'exercice illégal de la médecine, délit dont la répression est toute récente[13], mais son succès populaire est incontestable. Il semble que le Pr F. Guermonprez ait rencontré l'abbé Crud lors d'un voyage aux États-Unis : le retrouvant en France, il est nommé (ou

13. L'exercice illégal de la médecine constituait une contravention selon la loi du 19 ventôse an XI. Il a été érigé en délit par la loi du 30 novembre 1892 qui, fort logiquement, en a fait une infraction d'habitude : ce délit devant protéger le monopole des médecins en matière de santé, il était parfaitement cohérent qu'il sanctionne une véritable activité en rapport avec la médecine, et non quelques actes isolés.

se fait nommer), en juillet 1896, directeur scientifique de l'Institut et en informe le doyen Eustache et Mgr Monnier, chancelier de l'Université. De son côté, l'Institut de l'abbé Crud se recommande dans sa publicité du patronage de l'Université catholique de Lille.

La réaction est immédiate : la Faculté, consultée, adopte à l'unanimité – en l'absence de Guermonprez – les motions suivantes :

1. Il ne convient pas que l'Université catholique de Lille contracte un lien quelconque avec l'Institut Crud.
2. Un professeur de l'Université catholique ne peut être le directeur médical d'un tel établissement[14].

Le Conseil supérieur des évêques fait siennes ces conclusions et prie Guermonprez de renoncer à ces fonctions, ce qu'il fait dès le 23 juillet 1896. Mais l'opinion publique continue à faire le lien entre les deux établissements : *Au midi, comme à l'est, on nous croit les patrons de l'établissement Crud,* est-il dit près d'un an plus tard au Conseil de faculté.

F. Guermonprez n'en reste pas là en effet ; sans doute a-t-il pu observer sur ses blessés de l'industrie les heureux effets d'une convalescence accompagnée, dirions-nous aujourd'hui, de réadaptation et rééducation. Il garde des liens avec l'Institut de Sens où il a délégué l'un de ses élèves, le Dr J. Salmon. Il réussit surtout à persuader l'abbé Crud de transférer à Lille cet Institut orthopédique et, le 30 septembre 1896, il participe en première ligne à la pose de la première pierre de l'Institut orthopédique de Lille-Canteleu, fondé par l'abbé et sa sœur Mlle Zoé Crud, et appelé Institut du Sacré-Cœur. La cérémonie est présidée par Mgr Pascal Delannoy, évêque d'Aire et de Dax. Parmi les donateurs, se trouvent deux professeurs de la faculté libre de droit, MM. Ory et Douvrin[15]. Bientôt, F. Guermonprez est accusé de servir de prête-nom aux *pratiques délictueuses de M. le curé de Sens,* de mettre son diplôme et son titre de professeur au service d'un *charlatan.* La presse médicale dénonce ses agissements et il encourt un blâme de la Société de chirurgie de Paris, à défaut d'une radiation. Entendu à une réunion de la Société, Guermonprez le prend de haut : *Je rends service à la science et à l'humanité en contrôlant l'institut orthopédique de Sens,* mais il ajoute : *Cet honorable ecclésiastique commettait en effet le délit d'exercice illégal de la médecine : il opérait à tort et à travers et faisait souvent du mal [...] Cette institution, autrefois entachée de charlatanisme, va devenir un établissement scientifique de premier ordre. Du reste, cela ne vous regarde pas : j'ai le droit de faire ce qu'il me plaît... etc.* Un tel discours ne pouvait que déplaire... L'ordre du jour de la Société est sans appel : *La Société de chirurgie, après avoir entendu les explications fournies par M. Guermonprez au sujet de la situation qu'il occupe à l'Institut orthopédique de Sens (maison de l'abbé Crud), considère comme absolument contraire à la dignité de l'un de ses membres le fait de prêter son concours, sous quelque forme que ce soit, à un homme qui, de notoriété publique, pratique l'exercice illégal de la médecine.*

À la Compagnie du chemin de fer, ses absences injustifiées, ses négligences de service sont le prétexte à sa révocation le 6 janvier 1887 après 21 ans de service : l'affaire Crud n'y est évidemment pas étrangère : *Il ne pouvait être à la fois à Sens et à Lille.*

14.– Conseil de faculté, séance extraordinaire du 15 juil. 1896.

15.– Arch. ICL, dossier K26G.

Une violente campagne de presse[16], locale et régionale, s'élève alors contre Guermonprez : tous les articles soulignent *la triste chute, l'écrasante défaite* de Guermonprez, ses *sottes rodomontades* et l'invitent à *cacher son impudence sous le voile du silence.* C'est trop demander à Guermonprez qui se défend avec véhémence et... maladresse. Il met en cause en effet et à tort le Dr Worms, médecin chef de la Compagnie du chemin de fer, son président le baron Alphonse de Rotschild et même le grand rabbin.

L'Institut CRUD de Canteleu-Lambersart

Inflexible sous l'orage, il ne cède pas : contre vents et marées, s'ouvre donc à la fin de l'été 1898, aux portes de l'Université, un nouvel et splendide Institut orthopédique. Il bénéficie du soutien des évêques de la province et il est recommandé dans diverses publications catholiques. Le service médical est assuré par le Dr Salmon et par un autre ancien élève de Guermonprez, le Dr Douvrin. Dès l'ouverture, six religieuses de la Sagesse sont recrutées[17].

Un curieux projet de convention entre les donateurs du terrain (Mmes Grulois et Gonnet), Mlle Zoé Crud et les Facultés catholiques prévoit d'une part qu'*au cas où l'Institut orthopédique serait vendu par Mlle Zoé Crud aux Facultés catholiques, les donatrices autoriseraient les dites Facultés à y traiter les quatre spécialités suivantes : maladies des yeux, des voies urinaires, blessures par accidents et orthopédie,* d'autre part *au cas où les Facultés catholiques se verraient privées des cliniques de l'hôpital de la Charité, les donatrices autoriseraient également le transfert dans l'Institut orthopédique des cliniques obstétricale et chirurgicale.* On ignore si cette convention a été signée, mais on reconnaît là une parade contre la menace toujours présente d'une expulsion de l'aile droite de la Charité, qui mettrait la Faculté dans l'impossibilité d'assurer les

16.– *Journal de médecine de Paris* du 31 janv. 1897, *Gazette hebdomadaire de médecine et de chirurgie* de Lereboullet, Achard et Broca à la même date, *Concours médical* du 6 fév. 1897, *Réveil du Nord, Progrès du Nord* des 10, 11 et 12 fév. 1897, *Écho du Nord* des 10 et 12 fév. 1897 et *L'Égalité de Roubaix-Tourcoing* des 12 et 16 fév. 1897.

17.– J. Caniot : *Les promenades lambersartoises,* chez l'auteur, 1987-88, 5 tomes, 1366 p., T.1, p. 82, T.2, pp. 320-324, t. 3, p. 522.

enseignements cliniques et donc de subsister. Ce fut un souci constant des administrateurs et en particulier de Camille Feron-Vrau[18].

Mais, si officiellement la Faculté se défend d'avoir quelque lien que ce soit avec cet Institut, elle attend septembre 1898 pour le confirmer publiquement dans... le *Journal des Sciences médicales de Lille,* à diffusion somme toute limitée[19]. Le chancelier Hautcœur est dans l'embarras : à C. Feron-Vrau qui lui demande en octobre 1898 d'intervenir, il répond *qu'il ne peut le faire contre l'autorité épiscopale qui soutient l'abbé Crud.* De plus, plusieurs professeurs de la faculté de droit étant largement impliqués dans l'affaire, il ne peut risquer *de faire éclater un vif dissentiment entre la faculté de médecine et celle de droit et autres.* Malgré une intervention auprès du recteur du Dr Vanneufville, président de l'Association des anciens internes de la Faculté, lui demandant un acte public désolidarisant la Faculté et l'Université catholique de l'Institut Crud, les choses en restent là[20].

Cependant, la question des **maisons de secours** se superpose à celle de l'Institut Crud : en avril 1898, une deuxième maison est créée à Roubaix par un autre industriel, M. Eeckman ; d'autres sont en projet à Tourcoing, à Armentières dont le promoteur désigné est toujours le Dr Guermonprez. C'en est trop pour certains praticiens qui voient dans ces maisons une concurrence déloyale et la dénoncent de nouveau au doyen de la Faculté par la voix du Dr Vanneufville. Le doyen, qui est alors le Pr Desplats, en fait part au Conseil de faculté le 9 novembre 1898. H. Duret affirme qu'*il n'est pas admissible qu'un de nos collègues travaille contre nous, contre nos élèves et nous fasse un tort considérable. Il faut qu'on arrête [...] ce zèle intempestif [...] L'intérêt de la Faculté est en jeu, nos hôpitaux, nos dispensaires ne voient plus les blessés industriels. L'installation de la maison de secours nuit au développement de nos institutions hospitalières.*

Une commission est créée, qui présente son rapport le mois suivant. On revient donc, en janvier et février 1899, sur les deux sujets qui fâchent, l'Institut Crud et les Maisons de secours. Du premier, le doyen s'est vu interdire par le recteur d'en parler dans son discours de rentrée, mais il a eu l'occasion d'éclairer l'archevêque de Cambrai à ce propos, lequel aurait conclu : *La Faculté de médecine est en état de légitime défense et de légitime opposition.* En ce qui concerne les maisons de secours, la Faculté propose de déléguer trois de ses membres (Desplats, Duret et Delassus, tous trois adversaires déclarés de Guermonprez) à l'assemblée générale des patrons chrétiens qui se tient à Mouvaux le 24 mars. Quant à sanctionner le Pr Guermonprez, elle n'a pas pouvoir de le faire pour ces motifs, sauf celui de constituer un *jury d'honneur* devant lequel le professeur incriminé comparaîtrait et pourrait se justifier. Ses quatre membres sont nommés en février, mais le dit jury ne se réunira jamais : *Nous ne sommes pas soutenus par l'autorité supérieure, qui est circonscrite,* dit encore Duret.

Le doyen Desplats écrit donc une lettre explicative aux patrons chrétiens et la rencontre prévue a bien lieu : elle laisse l'impression que *ces messieurs se*

18.– Arch. ICL, dossier K26G.

19.– H. Desplats : *À propos de l'Institut orthopédique. J Sci Méd Lille,* 1898, n° 39, pp. 299-300.

20.– Arch. ICL, dossier K26G ; *Réunion de l'Association des Anciens Internes des Facultés catholiques. J Sci Méd Lille,* 1898, nos 47-48, pp. 518-524 et anonyme : *La réclame de l'Institut Crud. J Sci Méd Lille,* 1898, n° 45, pp. 446-449.

sont ralliés à une combinaison satisfaisante, acceptée par nos anciens élèves, est-il dit dans la séance du Conseil du 4 mai. H. Duret y envisage une solution : *Vu la loi [de 1898] sur les accidents de travail, ne faudrait-il pas organiser à Saint-Camille la prise en charge des blessés de l'industrie ?* Question délicate, rétorque le doyen, car le Syndicat médical de Lille se préoccupe de la question : *Il ne faudrait pas porter ombrage à nos confrères de Lille…*

F. Guermonprez, quant à lui, reste en contact étroit avec les patrons chrétiens qui, écrit-il au recteur le 31 janvier 1899, ont apprécié sévèrement la lettre du doyen Desplats et n'ont pas changé leur opinion sur les maisons de secours. Il continue à travailler, à voyager, à former des étudiants dont plus de cent sont passés dans ces maisons. Il en tire la matière de 48 thèses de doctorat et continue à publier dans diverses sociétés et dans les revues médicales. En certains domaines, il apparaît comme un pionnier : il est l'un des premiers à réaliser la restauration du pouce par pollicisation d'un doigt, c'est-à-dire en utilisant un doigt (le médius dans l'observation princeps) comme un pouce opposable, lorsque celui-ci est coupé ou arraché. Il intervient avec autorité au 5e Congrès international des accidents du travail et des assurances sociales, tenu à Paris en 1900 et il en rédige les conclusions. Il tente de les appliquer en mettant en place un service hospitalier pour les accidentés du travail, complétant les maisons de secours. Il forme le projet de créer un tel service à la Maison Saint-Camille, dans des locaux inoccupés ou sous-occupés. Il a l'accord de C. Feron-Vrau, fondateur et propriétaire des lieux (il les cédera en janvier 1901 aux Facultés catholiques) ; il a celui des Pères Camilliens qui gèrent la maison et celui des compagnies d'assurances, même si l'une d'entre elles est réticente au fait que l'établissement affiche un caractère religieux. Mais, proposant de travailler à un tarif inférieur au tarif syndical « ouvrier », il obtient aisément son aval. L'objectif chrétien n'est pas perdu de vue : Guermonprez voit dans cet accord l'occasion de mettre en œuvre les directives de l'encyclique *Rerum novarum* du pape Léon XIII (1891) et de ramener peut-être à la pratique religieuse les ouvriers qui s'en sont éloignés.

Ce projet irrite au plus haut point l'Association des anciens internes et le Syndicat médical de Lille en raison de la concurrence illicite que constitue le non-respect du tarif syndical. La Faculté elle-même s'estime compromise : le Conseil de faculté du 13 novembre 1901 demande la suppression pure et simple de ce service, en dépit des protestations de Guermonprez, pour une fois présent en séance. Mais, bien qu'elles soient désormais propriétaires des lieux et qu'elles aient nommé un administrateur auprès des Pères Camilliens, les autorités académiques ne réagissent pas.

Bien plus, Guermonprez fait part à cet administrateur le 2 avril 1902 d'une extension de son activité sous la forme d'un atelier de mécanothérapie, technique qu'il étudie depuis plusieurs années et dont il a vu les effets bénéfiques à Paris, Anvers, Milan, Bonn et Essen. La rééducation est pour lui un dernier temps, bien souvent indispensable à la guérison complète. Il acquiert donc *pour un millier de francs, une installation encore primitive* : elle fonctionne dès février 1902.

Toutes ces activités font l'objet d'enseignement. Dans une lettre de 23 pages au recteur, Guermonprez avance avoir inspiré plus de 80 thèses de doctorat et reçu la collaboration de plus de 150 étudiants ; il transporte à Saint-Camille les conférences cliniques qu'il donnait à la maison de secours, sur les soins aux blessés de l'industrie. À la grande satisfaction des étudiants, il assume donc ses fonctions de professeur, même s'il confie, sans l'approbation du Conseil de faculté, des conférences de thérapeutique au Dr David.

En définitive, ses collègues et l'Association des anciens internes obtiennent satisfaction et, à la faveur sans doute de l'expulsion des Camilliens en décembre 1902 et de la réorganisation de la maison Saint-Camille qui s'en suit, il en est *expulsé avec son service spécial de chirurgie des accidents du travail, son personnel et son matériel de mécanothérapie.* Il installe alors son service tant bien que mal dans une maison particulière au 104 boulevard Vauban.

En février 1903, à son tour, le Pr Lemière, secrétaire du syndicat médical de Lille, va porter la contradiction chez les patrons chrétiens à Mouvaux, ce que Guermonprez ressent très mal. En juin, il écrit au prorecteur le chanoine Rambure[21] : *Il y a sept ans que mes collègues ont rompu les relations confraternelles entre eux et moi.* Il expliquera un peu plus tard pourquoi il déserte volontairement les réunions de la Faculté, pour *éviter le scandale.*

En 1906-1907, administrateur délégué d'une Association des maisons de santé, il fait l'acquisition de l'ancien Carmel au n° 250-254 rue Nationale pour la somme de 196 000 francs (soit près de 630 000 €) : il y installe dans de vastes locaux son service de rééducation, équipé notamment de nombreux appareils de mécanothérapie, ce qui est à l'époque une innovation presque unique en France. Il en est là lorsque la guerre éclate : nous verrons plus loin que les déboires de Guermonprez vont le poursuivre longtemps encore, mais indiquons dès à présent le destin de l'Institut Crud. En 1899, l'abbé Crud a été condamné pour exercice illégal de la médecine, mais il reste aumônier jusqu'en 1901, date à laquelle il donne sa démission. L'Institut semble prospère et l'on engage un troisième médecin, le Dr Chantrelle. Mais, pendant la Guerre, en décembre 1915, les Allemands expulsent les religieuses et les malades, et occupent l'établissement. En 1918, après la libération de Lille, un contingent indien caserne dans l'Institut et un soldat, par inadvertance, provoque l'incendie du bâtiment. Il n'en reste aujourd'hui que quelques vestiges dans l'avenue de Soubise à Lambersart.

Ainsi prit fin une entreprise certainement louable dans son principe, mais sans doute maladroitement menée par les différents protagonistes, entre l'entêtement de Guermonprez et l'opposition farouche de ses collègues.

Il va sans dire que tous les professeurs de la Faculté n'ont pas connu les mêmes problèmes.

Une vie aisée

On peut se demander en effet quelle était la vie de ces maîtres de la première heure. La situation financière d'un Antoine Béchamp, nous l'avons vu, était certainement enviable ; il en était probablement de même pour les professeurs, ou du moins pour ceux – les plus nombreux – qui exerçaient en clientèle. Les confidences de Mme Desplats , née Valentine Grandgeorge, sont

21.– En 1903, les évêques nomment un prorecteur chargé de seconder le recteur Baunard : ils désignent pour cette fonction le chanoine Rambure, professeur à la Faculté des lettres.

à cet égard révélatrices[22]. Arrivée à Lille en mars 1876, la famille Desplats réside d'abord 127, rue Beauharnais (devenue rue Jacquemart Giélée) ; dès septembre 1879, elle peut s'installer dans la *grande maison* qu'Henri Desplats a fait construire boulevard Vauban à côté de la maison de famille Albert le Grand. En 1889, il possède aussi une villa *Le Chalet Notre-Dame* à Wimereux. Il est père d'une famille nombreuse : neuf enfants, dont une fille décédée en bas âge, trois autres filles dont l'une sera l'épouse d'Albert Didier décédé à 41 ans et dont il recueille les trois enfants, cinq garçons dont René qui exercera à la Faculté, et 44 petits-enfants.

Au rez-de-chaussée de la *grande maison*, se trouvent le bureau, la salle d'examen et le cabinet d'électricité (avec une vieille *machine à plateaux*) qui a pris la place de la cuisine reléguée au sous-sol et plus tard, un appareil à rayons X dont le générateur est dans la cave. L'électricité est réservée au salon et à la véranda ; ailleurs, les becs Auer assurent l'éclairage. Seuls le salon, la salle à manger, le bureau et la chambre de madame sont chauffés ; dans la véranda, trône un gros calorifère. Madame reçoit le jeudi, jour où son mari ne consulte pas, au salon dans les grandes occasions ou plus habituellement dans sa chambre. Au cours des trois décanats d'H. Desplats, elle reçoit les professeurs de la Faculté et leur famille tous les jeudis soirs. Dans la journée, elle réside dans sa chambre d'où elle dirige la maison ; grâce à un tuyau acoustique, elle donne ses ordres à la cuisinière au sous-sol et s'impatiente si le dîner n'est pas prêt, car, à heure fixe, *Monsieur va rentrer de l'hôpital.* Le soir après le souper, H. Desplats arpente le vestibule en récitant son chapelet.

La domesticité est nombreuse : une cuisinière qui servira pendant 50 ans, une femme de chambre, un valet de chambre, un cocher qui, en voiture à cheval, conduit le matin les enfants à l'institution du Sacré-Cœur, puis le docteur à l'hôpital où il reviendra le rechercher à midi, ainsi que quelques intérimaires : lessiveuse, couturière à la journée, femme des gros ouvrages, etc.

Au total, une existence laborieuse, mais aisée et bourgeoise, une omniprésence autoritaire du *pater familias* dont l'épouse écrit : *Je ne vois pas trace de défaillance dans sa vie depuis que je l'ai connu, et cela remonte à 49 ans !*

De nos lectures et à l'exception de F. Guermonprez qui, d'une générosité frisant l'imprévoyance, a consacré tout son argent et toute son énergie pour réaliser son rêve de chirurgie réparatrice des accidents de l'industrie, on peut induire que le train de vie d'un G. Eustache, d'un G. Augier, d'un H. Duret devait être similaire.

Engagement religieux et politique

À l'instar d'Henri Desplats, on pouvait s'attendre à ce que le corps professoral de la première heure soit animé d'une foi chrétienne souvent militante. Nous y reviendrons au dernier chapitre de cet ouvrage. Qu'il s'agisse de la défense de la foi ou des bonnes mœurs, de la pratique religieuse et de celle de la charité, ces enseignants ont une conduite exemplaire. Et la persécution dont ils subissent les assauts ne fait sans doute que stimuler leur zèle.

22.– Mme H. Desplats : *Le Docteur Henri Desplats.Souvenirs écrits par Valentine en l'année 1913 et eassemplés par Paule Huart-Boucher..*

Dans ces années de laïcisation à outrance, l'engagement religieux va le plus souvent de pair avec l'engagement politique. Là encore, l'un des plus résolus est F. Guermonprez : monarchiste, il fonde avec l'historien P. de La Gorce un comité royaliste, puis adhère à l'Action française et en devient le président pour la région du Nord. Il écrit de nombreux articles dans le *Nord Patriote,* de la même obédience. Il est bien entendu antisémite, tout en reconnaissant que ses entreprises ont été davantage contrées *par ses collègues de la faculté que par les juifs et les francs-maçons...*

Le Pr H. Duret partage ces opinions avec plus de virulence même : dans sa lutte contre l'ennemi qu'il désigne comme *le spectre odieux de la franc-maçonnerie,* il met en garde les étudiants contre *une puissance [...] qui a pris une influence considérable [...] A votre tour, vous les anciens, vous l'avez rencontrée à votre entrée dans la vie professionnelle, et vous savez avec quelle véhémence elle vous a chassés ou exclus des postes officiels, si profitables à vos rivaux [...] On vous a dit, Mrs les étudiants, ce qu'étaient les disciples de l'Accacia* (sic) *et quels projets destructeurs ils prennent, dans leurs repaires, contre la religion, l'Église et la Société*[23]. En 1898, il présente un rapport sur *les moyens d'empêcher la laïcisation des hôpitaux* où il attaque vigoureusement la franc-maçonnerie certainement responsable du *souffle destructeur de la laïcisation*[24], mais où il se montre aussi xénophobe et antisémite : il décrit *la Patrie envahie par les cosmopolites de toutes les races, de tous les horizons [...] Quels sont ces envahisseurs, ces saccageurs, ces protagonistes de toutes les laïcisations ? Ce sont des politiciens juifs et francs-maçons*[25].

Ces propos traduisent bien l'état d'esprit des maîtres de la Faculté. Les étudiants ne sont pas en reste comme l'attestent plusieurs anecdotes : tous sont, à n'en pas douter, patriotes, cocardiers et revanchards. Ainsi, à la séance de rentrée de 1891, les lauréats de la Faculté qui effectuent leur service militaire et viennent, en uniforme, chercher leurs prix sont accueillis par *un tonnerre de bravos et les cris enthousiastes de « Vive l'Armée ! »*. En 1895, à la fête de saint Luc, un orateur souhaite voir déployer *le drapeau tricolore barré de noir, celui de l'Alsace-Lorraine [...] en attendant que la jeunesse patriotique arrache d'un bras vainqueur la bande noire.* En 1896, M. Witz, doyen de la Faculté des sciences, fait une conférence sur les rayons X et *déclare que cette découverte est allemande, mais les rayons X [...] sont encore un mystère et il croit que ce sera un français, c'est-à-dire un physicien de ce pays qui possède au plus haut degré l'esprit clair, pratique, vulgarisateur, qui éclaircira cet X.*

23.– H. Duret : discours à l'inauguration de la statue de C. Feron-Vrau dans le grand amphithéâtre en 1908. *Fête de Saint-Luc. J Sci Méd Lille,* 1906, n° 27, p. 18-23. La branche d'acacia est un symbole maçonnique.

24.– Il suffit de relever parmi les noms que nous avons cités ceux des « frères initiés » : J. Grévy et son gendre Wilson, J. Ferry, P. Bert, J. Macé, R. Viviani, É. Combes, D.-M. Bourneville, L. Gambetta, M. Rouvier, A. Briand et, dans le Nord, Ch. Debierre, A. Testelin, etc. *Dictionnaire des Francs-maçons français.* M. Gaudart de Soulages et H. Lamart, Albatros Paris, 1981, 589 p.

25.– H. Duret : *Rapport au Congrès de l'Assemblée générale des catholiques du Nord et du Pas-de-Calais. J Sci Méd Lille,* 1898, n° 47-48, pp. 487-503. H. Duret cite à trois reprises les propos de J. de Biez, délégué général de la ligue antisémitique de France et ne fait qu'évoquer l'affaire Dreyfus, *un grand procès de trahison.*

L'adversaire commun est bien identifié et, à la mort de Jules Ferry, les étudiants de la Catho vont chanter leur joie sous les fenêtres du *Progrès du Nord* devenu leur cible préférée.

Certaines attitudes, certains propos, que l'on retrouve à l'époque dans les milieux catholiques, dans la presse[26] et même la hiérarchie, nous paraissent aujourd'hui bien outranciers, mais sans doute, à défaut d'être justifiables, sont-ils explicables par le harcèlement que subissent alors les institutions catholiques et notamment l'Université.

26.– Ainsi, durant l'affaire Dreyfus (1894-1906), le journal *La Croix* se montre violemment anti-dreyfusard et antisémite. À la même époque, on pouvait lire régulièrement dans le Journal *La Croix du Nord* cette mention en haut de la page de publicités : *La Croix du Nord ne traitant à aucun prix avec les maisons juives, les lecteurs qui profitent de sa publicité ont la certitude morale de ne pas acheter chez les juifs cosmopolites qui ruinent, à leur profit, le commerce français.*

Chapitre IX.
1877 — 1914 : les établissements hospitaliers

L'Hôpital Sainte-Eugénie — la Charité

Dès leur ouverture en juin 1877, les services de l'aile droite de l'hôpital Sainte-Eugénie fonctionnent de façon satisfaisante : avant la fin de l'année, on compte 436 entrées en médecine, 189 en chirurgie et 64 accouchements. Durant l'année 1878-79, les entrées atteignent le chiffre de 3 016 qui ne sera jamais dépassé : en effet, la suppression de la maternité en 1881 et, en 1884, le remaniement du découpage de la ville en secteurs limitent quelque peu le recrutement qui reste dès lors un peu inférieur à 2 000 entrées par an. Un autre handicap est d'importance : l'absence de consultations externes dont H. Duret exprime le besoin dès 1889 et qui ne seront pas autorisées avant longtemps[1].

En 1888, selon un état officiel de l'Administration des Hospices, les deux ailes de la Charité reçoivent 4 541 malades ou blessés : 3 872 sortent guéris, 368 sont décédés (8,1 %) et il en reste 301. La maison de santé ou pavillon Olivier en reçoit 223. Les deux ailes font presque jeu égal. En comparaison, l'hôpital Saint-Sauveur reçoit durant la même période 2 889 malades, dont 275 mourront (9,5 %).

Le recrutement ne semble donc pas influencé par les différentes avanies qu'a subies la Faculté libre et que rappelle le Pr Augier en 1913 : l'Administration des Hospices *obligea nos collègues à assurer sans répit, toute l'année, le service médical et chirurgical, alors que dans toutes les facultés et dans les plus petites écoles de médecine, il y a deux professeurs de clinique médicale et chirurgicale.* Il souligne aussi *la suppression de la consultation externe de l'hôpital, [...] le remaniement, à notre détriment, des quartiers de la ville où se recrutent les malades de l'hôpital, [...] cette sorte de conjuration permanente et d'hostilité sourde, par lesquelles on s'efforçait de gêner le développement des services cliniques et de décourager les maîtres distingués qui en avaient la charge.*

Grâce à eux [H. Desplats, A. Faucon, H. Duret et G. Eustache] *et aux autres collaborateurs dont ils ont su s'entourer et entretenir le zèle, la Faculté de médecine a pu assurer à nos étudiants une formation clinique vraiment remarquable.*

À force de dévouement, de loyauté dans les rapports administratifs et de services rendus aux malades, la situation finit par devenir meilleure : la détente, après de

1.– Conseil de faculté du 9 nov. 1889.

longues et dures années, fut surtout obtenue lorsque la Cour de cassation [...] reconnut la validité du contrat qui avait mis la Faculté libre en possession de l'aile droite de l'hôpital Sainte-Eugénie[2].

Pour une grande part, ces résultats sont donc dus aux chefs de service : par convention avec l'Administration des Hospices, ils sont nommés par le recteur de l'Université catholique sur proposition du doyen de la Faculté. Rappelons brièvement leurs attributions et devoirs, tels qu'ils ont été codifiés dans le règlement du service de santé édicté par cette administration en 1877.

Le chef de service est le maître dans son service : il assure *la direction du traitement des malades, mission dans laquelle il est aidé par ses élèves ; il a la police de la salle et de l'amphithéâtre pendant sa visite ou ses leçons et possède un pouvoir disciplinaire en cas d'infraction à ses ordres.* Sa liberté de prescription est étendue, mais a néanmoins des limites : ainsi, il *ne peut prescrire d'autre médicament que ceux prévus au codex adapté, sauf dans certains cas exceptionnels sur lesquels l'administration aura été préalablement appelée à se prononcer* (art.19). Il possède tout pouvoir concernant l'admission et la sortie des malades dans la mesure où ces patients correspondent aux exigences administratives en vigueur, c'est-à-dire respect de la sectorisation de la ville et justificatifs pour les indigents.

Au chapitre des obligations, figurent les horaires de présence ; celle-ci est requise dès 8 h du matin, dimanches et fêtes inclus ; le professeur est tenu de faire une contre-visite pour les cas graves. Il doit tenir un registre concernant les cas les plus sérieux dont les données essentielles sont communiquées aux services d'épidémiologie et à l'administration. Il doit enfin établir un rapport annuel de son activité. *À la suite de ce rapport ou dans le cours d'une année lorsque l'administration le leur demande, les médecins et chirurgiens émettent leur avis sur les changements, réparations ou constructions qui, dans l'intérêt des malades et des blessés, exigent des dispositions spéciales* (art.118).

Les chefs de service et leurs assistants sont rémunérés par l'Université catholique. En 1877, leurs émoluments annuels sont de 2 000 F (soit environ 6 400 €) pour le chef de service de médecine et 1 800 F (5 760 €) pour le chef de service de chirurgie. Lorsqu'en 1880, l'Administration des Hospices n'admet plus qu'un seul chef de service en médecine comme en chirurgie, celui-ci reçoit de l'Université deux allocations supplémentaires de 1 500 F (4 800 €) pour l'enseignement pendant le semestre d'été et de 800 F (2 560 €) pour les soins aux malades[3].

Initialement, l'Université rétribue également le pharmacien de l'hôpital comme le prévoit l'article 6 du règlement : *À l'hôpital Sainte-Eugénie, sont attachés un pharmacien de 1re classe et un suppléant nommés et rémunérés par la Faculté libre de médecine.* Le premier pharmacien de l'hôpital était M. Demandre, qui a quitté Sainte-Eugénie à la fin de l'année 1880 et a été

2.– G. Augier : *Éloge funèbre d'Henri Desplats prononcé le 28 juin 1913. J Sci Méd Lille,* 1913, n° 31, pp. 97-113 et n° 32, pp. 121-139.

3.– En 1911, bien plus tard, le personnel médical étant augmenté d'un assistant et d'un chef de clinique, ce supplément n'a plus de raison d'être, mais il est décidé de ne pas *toucher aux droits acquis du P*r *Desplats.* Conseil de Faculté du 1er mars 1911. Rappelons qu'à cette époque, le temps plein hospitalier n'existe pas et que chaque chef de service exerce en clientèle privée.

remplacé jusqu'en 1902 par M. Albéric Baelde, pharmacien et chef de travaux de pharmacie à la Faculté. L'Administration des Hospices se montre alors hostile à toute proposition de la Faculté libre concernant son successeur ; en 1902, elle nomme donc un nouveau pharmacien, M. Edmond Leclair, ancien de cette Faculté, et décide d'organiser elle-même le concours d'internat en pharmacie : désormais, les pharmaciens de la Charité, dont le service s'étend aux deux ailes, sont recrutés et rémunérés par l'Administration des Hospices.

Dans les deux services, les soins aux malades sont assurés par les sœurs hospitalières Augustines de Cambrai. Dans la grande tradition augustinienne qui les a vues servir à l'hôpital Saint-Sauveur dès sa fondation (1215), à l'hospice Comtesse (1236) et à l'hospice Gantois (1462), leur communauté de Cambrai fondée en 1844 par Mgr Pierre Giraud, archevêque de la province, et reconnue par un décret impérial de 1853, est dirigée par Mère Monique. À la demande de la Commission administrative des Hospices de Lille, une trentaine de sœurs sont affectées à l'hôpital Saint-Sauveur et à l'hospice Gantois[4]. En 1877, à l'ouverture de l'hôpital Sainte-Eugénie, douze sœurs sont demandées pour desservir l'aile droite, puis 22 sœurs pour l'ensemble de l'hôpital. Leurs attributions sont celles des surveillantes actuelles : elles ont la responsabilité d'appliquer les prescriptions médicales, de diriger ou d'effectuer les soins infirmiers, de veiller à la propreté du service, ainsi qu'à la discipline, etc. Pour un témoin, l'hôpital est *un petit Éden avec ses couloirs vitrés, ses escaliers monumentaux, ses salles peintes et vernies [...] Les Sœurs qui les desservent sont bien les plus enragées frotteuses que j'aie jamais rencontrées. Depuis la poignée de la sonnette de la porte d'entrée jusqu'aux robinets des tonneaux au fond des caves, en passant par les cuisines resplendissantes, tout est astiqué, brillant, reluisant comme un sou neuf*[5].

Au **service de médecine** sont attribués 122 lits, dont 106 sont affectés à la médecine générale, dix aux malades contagieux plus ou moins isolés dans les « cabinets 6 » et six à la crèche[6]. Le service comprend aussi *une salle d'examen et un cabinet noir pour les examens laryngoscopiques et ophtalmoscopiques. Un laboratoire pour les recherches chimiques, microscopiques et bactériologiques lui est annexé*[7]. En fait, ce laboratoire est rattaché à la pharmacie, ce qui ne va pas, nous l'avons vu, sans entraîner des difficultés. Dès 1897, le Pr Desplats demande en vain la création d'un laboratoire de clinique indépendant. Le recteur refusant les crédits nécessaires, H. Desplats s'insurge : *Je renonce désormais à le rappeler et me borne à vous redire que l'enseignement de la clinique médicale est absolument insuffisant dans notre Faculté, que le professeur y manque de moyens de travail indispensables et que les*

4.– Chassées des hôpitaux par la Révolution, les sœurs Augustines sont revenues à Saint-Sauveur sous la première Restauration le 4 mars 1816. En 1822, suite à de graves dysfonctionnements, la supérieure a été contrainte à la démission, ce qui a conduit à l'élaboration d'un règlement « pour le service des malades » et pour « le service des officiers de santé », en vigueur à Saint-Sauveur, puis étendu à Sainte-Eugénie. A. Houzé de l'Aulnoit : *De l'assistance publique à Lille, op.cit.*, pp. 79-80.

5.– J. Cornély. Compte rendu d'une visite à la Faculté catholique de médecine. L'hôpital Sainte-Eugénie. *Bulletin de l'œuvre des Facultés catholiques de Lille,* 6e a., n° 61, oct. 1884, pp. 344-351.

6.– *J Sci Méd Lille,* 1913, n° 44, p. 435. La crèche est sans doute ce qui subsiste à cette date des lits de pédiatrie après l'ouverture de l'hôpital Saint-Antoine.

7.– *Ibid.*

élèves sur plusieurs points importants n'y reçoivent pas l'instruction à laquelle ils ont droit[8], mais une lettre du recteur du 10 décembre 1896, à un destinataire non précisé, demande de surseoir à toute décision concernant les demandes d'H. Desplats *dont la nécessité et l'urgence sont loin d'être reconnues même parmi ses meilleurs amis.*

Il semble que H. Desplats ait enfin obtenu satisfaction en 1902, lorsque la direction de la pharmacie de l'hôpital échappe à la Faculté libre ; un laboratoire fonctionne alors dans une petite salle du 1er étage de l'aile droite près de la salle Saint-Alexis, sous la direction du Dr Bosquier jusqu'en 1913, puis du Dr Fiévez : ils y effectuent des examens courants : hémogramme, glycémie, azotémie, examens bactériologiques directs.

En 1907, est créé à la Charité aile droite un service de radiologie-électrologie confié au Dr René Desplats. Il se situe dans une salle du 1er étage à l'angle du boulevard Montebello et de la façade ouest du bâtiment. Toutefois, dès 1899, quatre ans après l'invention de Roentgen, les patients de l'aile droite pouvaient bénéficier des apports de la radiologie grâce à l'appareil à rayons X du laboratoire de physique du Pr A.Witz à la Faculté libre des sciences, au prix d'un déplacement important et de 10 F par cliché pour un malade hospitalisé, 20 F pour un malade de clientèle, 30 F pour un « malade aisé » et de 10 F pour une radioscopie[9].

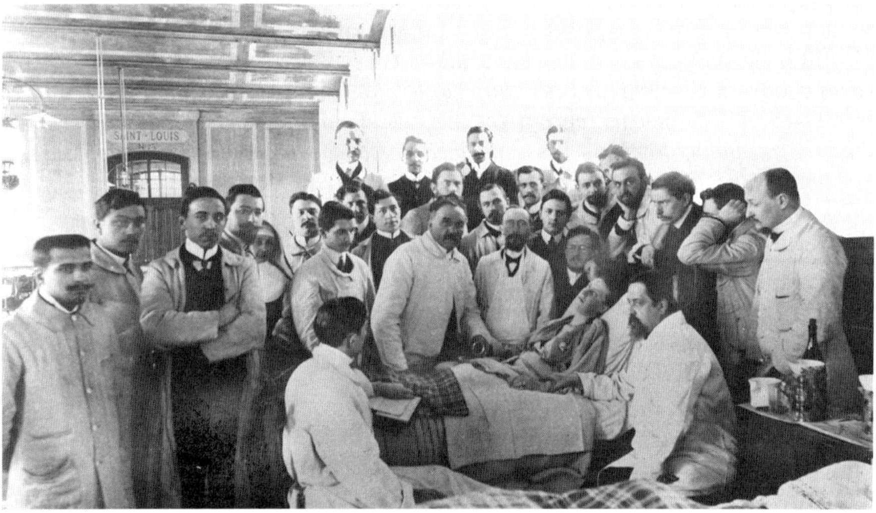

La « visite » du Pr H. Desplats dans la salle Saint-Louis
À sa gauche, ses assistants R. Bosquier et L. Danel. En face de lui, L. Derville.

Dès l'ouverture de l'hôpital, Henri Desplats, *ouvrier de la première heure,* est chargé de la clinique médicale de l'aile droite de la Charité. Pendant 37 ans, il exerce les fonctions de chef de service : ses visites quotidiennes qui débutent tous les matins à 8 h, ses leçons cliniques bihebdomadaires, son

8.– Correspondance de H. Desplats au recteur du 8 oct. 1896 au 23 fév. 1897.

9.– Conseil de faculté du 10 janv.1899. Faute de crédits, M. Witz est dans l'obligation de se faire rémunérer. Le doyen H. Duret propose que, pour les malades payants, il y ait des jours et des heures fixés d'avance : en somme, examens sur rendez-vous et honoraires gradués sont déjà de mise… À noter que dès les premiers examens, A. Witz remarque que les mèches iodoformées arrêtent les rayons X.

enseignement au lit du malade resteront dans le souvenir de ses étudiants et de ses pairs : *Son esprit parfaitement ordonné savait apporter dans son enseignement cette lucidité parfaite, cette merveilleuse synthèse d'idées générales qui était sa caractéristique et d'où découlait naturellement une clinique logiquement thérapeutique. Un sens clinique très sûr et particulièrement avisé, une érudition très étendue puisée autrefois à l'école des Maîtres les plus éminents, une parole toujours élégante et facile contribuaient au succès d'un enseignement dont l'organisation solide imprima une empreinte si forte et si durable aux générations nombreuses d'étudiants qui se succédèrent depuis la fondation de l'Université [...]. Ces leçons au lit du malade sont restées fidèlement gravées dans la mémoire de tous ses élèves : il leur donnait là le meilleur de sa science, il leur donnait aussi tout son cœur*[10].

Le service de chirurgie occupe le rez-de-chaussée de l'aile droite : il comprend 70 lits, 34 pour les hommes, 24 pour les femmes et 12 pour les enfants. Après la mort d'A. Faucon, il est placé sous l'autorité du professeur Henry Duret, ancien chirurgien des hôpitaux de Paris, qui arrive à Lille en octobre 1884. Sa candidature a été approuvée par le Conseil de faculté : *Ses doctrines, au point de vue scientifique, sont orthodoxes et son enseignement sera franchement chrétien.* Cependant, sa nomination est d'abord refusée par Mgr Alfred Duquesnay archevêque de Cambrai. H. Duret a été en effet l'élève de Charcot dont on souligne *la déplorable notoriété matérialiste ;* plus grave encore, il a donné des cours aux infirmières, concourant donc *à la formation des ces infirmières qui remplacent nos religieuses, une œuvre des plus impies de notre époque !* Il faut toute l'habileté de C. Feron-Vrau qui s'indigne que cette candidature soit discutée par des *zelanti* absolument incompétents en la matière, et qui finit par arracher l'accord de l'archevêque[11]. La Faculté dès lors recrute un maître de grande valeur qui va mener pendant 27 ans une remarquable carrière de chirurgien, d'enseignant, de chercheur et de chef d'école.

Henry Duret

Tous les matins, à 8 h 30, H. Duret fait la visite, complète, méthodique et sans hâte, interrogeant les étudiants et les assistants, s'irritant parfois d'une réponse inadéquate, mais retrouvant vite son indulgence naturelle. Trois fois par semaine, pendant toute l'année, il donne une leçon clinique marquée de son érudition et de la sûreté de son sens clinique ; parfois l'importance du sujet (la coxalgie, les hernies par exemple) nécessite une série de leçons que l'on retrouve transcrites dans le *Journal des Sciences médicales.* Sa maîtrise

10.– G. Augier : *Éloge funèbre du professeur H. Desplats, op. cit.*

11.– Une lettre de Duret révèle ses hésitations : *Je ne m'illusionne pas : il me sera impossible de retrouver ce que j'ai perdu. Que Dieu ait pitié de moi !* Il estime que sa démission de chirurgien des hôpitaux de Paris est *le sacrifice le plus dur de tous.* Lettre d'H. Duret au recteur Hautcœur du 28 août 1884.

chirurgicale, faite à la fois de sûreté et de rapidité, est notoire : *L'intervention commençait, silencieuse, sans heurts ; mais son tempérament de lutteur s'accommodait mal d'une lenteur calculée ou d'une méthode trop étroite. Les gestes se précipitaient, les mouvements se faisaient plus rapides, plus nerveux, les commandements se multipliaient, soulignés par le geste. La voix impérative se haussait au gré des incidents et les aides même les plus exercés avaient souvent fort à faire pour seconder une telle activité. Mais par-dessus tout planaient une telle sûreté, une maîtrise si complète, une présence d'esprit si lucide que l'opération la plus dramatique donnait l'impression de la sécurité absolue : ses élèves ne peuvent avoir aucune souvenance d'avoir jamais vu le maître marquer, esquisser même une hésitation ou une crainte. Reculant l'audace jusqu'à ses dernières limites, fort de ses immenses connaissances anatomiques, menant toujours l'opération jusqu'au bout des difficultés, sa maîtrise grandissant même avec elles, il donnait vraiment l'impression irrésistible de la puissance*[12].

La maternité Sainte-Anne, rue du Marché

À la mort du Pr Vanverts, premier titulaire de la chaire d'accouchements de la Faculté, le service de la petite maternité de six lits de l'hôpital Sainte-Eugénie est assuré en alternance par les deux chirurgiens, A. Faucon et G. Eustache. Lorsqu'en février 1881, l'Administration des Hospices décide la suppression de cette maternité non prévue dans le contrat, c'est A. Faucon qui procède à *l'aménagement et l'appropriation des nouveaux locaux*[13] de la rue du Marché et assure le service jusqu'en novembre 1881. Puis, G. Eustache, évincé du service de chirurgie de Sainte-Eugénie dans les circonstances que nous avons relatées, assure le service obstétrical pendant le semestre d'hiver 1881-82 et accepte finalement la chaire de clinique obstétricale au 1er novembre 1882. Quatre ans plus tard, lorsqu'on lui offre la chaire de clinique chirurgicale rendue vacante par le décès d'A. Faucon, il refusera, préférant rester *professeur de clinique obstétricale et de gynécologie : L'étude approfondie que j'ai faite de l'obstétrique et de la gynécologie m'en ont* (sic) *démontré tout l'intérêt et toute l'importance tant doctrinale que sociale, et je suis convaincu que je puis peut-être rendre de plus grands services à l'Université catholique en continuant à suivre cette nouvelle voie qu'en reprenant mon ancien enseignement.* Il demande en outre des lits spéciaux pour les cas gynécologiques et un service de gynécologie *si jamais la Faculté fait construire une maternité*[14].

La maternité provisoire, désignée dès lors sous le nom de Sainte-Anne, est installée 23, rue du Marché dans une grande maison bourgeoise, au centre du quartier populeux de Wazemmes : elle entre en activité le 15 mars 1881. Ouverte d'un côté sur la rue, de l'autre sur une grande place, possédant une cour jardin suffisamment spacieuse, elle permet, malgré quelques défectuosités, *une aération et une ventilation très convenables*[15].

Le rez-de-chaussée est occupé par le parloir, la salle de cours et de consultation, la cuisine et la salle à manger du personnel. Une aile latérale est momentanément destinée à une salle d'isolement, qui ne servira

12.– A. Besson : *Le docteur Henry Duret. J Sci Méd Lille,* 1921, n° 17, pp. 285-293.

13.– G. Eustache : *La clinique d'accouchements de la Faculté libre de Lille. J Sci Méd Lille,* 1889, nos 43, 44, 46, 49 et 1890, n° 2.

14.– G. Eustache : *Lettre au recteur* du 28 oct. 1886.

15.– G. Eustache : *La clinique d'accouchements, etc.,* op. cit.

d'ailleurs que deux fois, et à une chapelle mortuaire qui deviennent bientôt la salle à manger et la salle de garde des internes. Le premier étage comprend sept pièces : au milieu, une salle de travail bien aérée ; à une extrémité, le dortoir des religieuses, puis la lingerie, des chambres d'accouchées à un ou deux lits. Au second étage, trois pièces dont la chapelle, une chambre à un lit, une autre à quatre lits. Au-dessus de l'aile latérale, trois chambres pour l'interne et les externes. Au total, huit lits d'hospitalisation et un lit de travail qui doit rester disponible en permanence.

En fait, les conditions d'hygiène sont loin d'être parfaites : cubage d'air jugé insuffisant, parquets de vieux bois disjoints par places, murs recouverts de papier peint, *véritable nid à microbes.* Mais ces problèmes ne sont pas insurmontables grâce à une propreté *toujours excessive* et à l'antisepsie dont G. Eustache est un partisan convaincu. La petitesse de la structure entraîne cependant un encombrement permanent, dû également au fait que *toute femme en travail qui se présente est admise et soignée,* sans distinction d'état-civil, de lieu de naissance et même, ajoute G. Eustache, sans distinction de religion.

La Faculté de médecine dispose donc d'une *maternité libre, exclusivement subventionnée par elle, sans le concours ni matériel, ni moral, ou plutôt avec l'opposition et même l'inimitié tantôt sourde, tantôt au grand jour de l'Administration publique, de la municipalité ou de l'État*[16]. Ce point est à souligner : *La Faculté est libre de faire chez elle tel règlement qui lui conviendrait, de recevoir qui lui conviendrait, et à tel moment qui lui conviendrait aussi.* Mais bien sûr, cette liberté a un prix, car, si la maternité accueille toutes les femmes, elle le fait gratuitement, la plupart étant d'ailleurs indigentes. Chaque femme reçoit une layette à la sortie. Seules quelques chambres sont réservées à des personnes aisées. Les frais de fonctionnement sont assurés par de généreux donateurs, en l'occurrence la famille Vrau.

Le service de la maternité est assuré par les sœurs Augustines qui, dès l'expulsion de la maternité de l'hôpital Sainte-Eugénie, ont suivi son transfert rue du Marché. Dès le 9 février 1881, Mère Monique a assuré le recteur Hautcœur de sa collaboration *quelque gêne que nous devrions nous imposer ainsi que vous en avez connaissance.* À la fin du mois, un accord est signé entre les Facultés catholiques et la congrégation pour assurer les soins dans la maternité improvisée. L'artisan de ce transfert a été sans nul doute Sœur Saint-Sébastien qui présidera 34 ans aux destinées et vicissitudes de la maternité Sainte-Anne.

La maternité de la rue du Marché a fonctionné pendant huit ans et demi, du 18 mars 1881 au 10 juillet 1889. Durant cette période, 1 848 accouchements ont été effectués, soit 217 par an, un chiffre faible, mais il faut tenir compte de la capacité d'accueil, d'une durée d'hospitalisation de dix jours en moyenne et de la fermeture annuelle de la maternité pendant 45 jours durant l'été. On note que 1 167 femmes sont célibataires, soit 62,6 % et 357 sont *en récidive de grossesse* : la plupart d'entre elles sont orphelines ou de nationalité étrangère, belges en majorité, et G. Eustache fait appel aux membres de la Société de Saint François Régis qui tente de régulariser *les unions illicites. Les filles mères et même les filles mères en état de récidive dominent*

16.– *Ibid.*

dans notre statistique, précise-t-il. Il n'en est pas de même dans l'institution de la Charité maternelle (que nous verrons) où seules les femmes mariées sont admises. De même, dans les maternités de la faculté d'État, seules sont admises les femmes résidant effectivement dans la commune depuis plus de six mois. Ainsi, en cette fin du XIXe siècle, l'opprobre qui pèse sur les filles mères s'estompe très progressivement et, à cet égard, la conduite de la Faculté est exemplaire[17].

La maternité de la rue du Marché (1881-1889)

Quarante et une femmes ont un rétrécissement du bassin, le plus souvent d'origine rachitique et ce sont elles qui motivent des interventions obstétricales redoutables : 13 accouchements prématurés artificiels, 123 forceps dont 35 au détroit supérieur, 21 versions par manœuvres internes, six embryotomies et une seule césarienne que G. Eustache qualifie d'opération *de nécessité, de désespoir si l'on veut, [...] d'ultima ratio*[18]. On déplore 17 morts maternelles, soit 0,91 %, dont 13 sont dues à l'infection et deux aux interventions obstétricales, mais la mortalité maternelle diminue encore jusqu'en juillet 1887 et devient nulle après cette date. Ces résultats, un peu meilleurs qu'à Sainte-Eugénie, sont satisfaisants pour l'époque. Dus à l'application stricte du règlement édicté en 1884 où dominent les

17.– En 1842, le Pr Cazeneuve, futur doyen de la faculté d'État, était l'un des seuls qui osait écrire : *Qu'on n'accuse pas trop l'ouvrière... esclave de l'usine, de l'air, du logement, de la vie chère... et qui est mère à 15 ans.* V. Cazeneuve : *Rapport sur les opérations de révision dans le Nord.* Lille Danel, 1842, p. 42.

18.– La malheureuse parturiente, porteuse d'un rétrécissement du bassin, était en travail depuis plus de 8 jours. La césarienne a été réalisée après plusieurs tentatives d'extraction par forceps au détroit supérieur, mort de l'enfant, céphalotripsie, et a été suivie du décès maternel.

prescriptions d'hygiène et d'antisepsie[19], ils constituent un progrès considérable par rapport aux redoutables épidémies de fièvre puerpérale qui sévissaient dans les maternités avant l'application des méthodes listériennes[20].

Pendant ces huit ans et demi, 18 internes se sont succédé ; le premier d'entre eux est A. Delassus qui remplacera plus tard G. Eustache. En 1881, il pratique le premier accouchement à la maternité Sainte-Anne. Traditionnellement, l'internat de la maternité est attribué au plus ancien des internes ayant déjà 18 mois à deux ans de service dans les hôpitaux. Selon le règlement, *l'interne préside à tous les accouchements, fait la visite des femmes accouchées deux fois par jour, le matin à huit heures et le soir à cinq heures, tient à jour le cahier de statistiques, assure le service hebdomadaire des vaccinations, il rédige sur un cahier spécial les observations qui ont présenté quelque particularité. Il a la direction des externes qui sont ses subordonnés. Il ne peut quitter la maternité quand il y a une femme en travail, et lorsqu'en dehors de ce cas, il lui arrive de s'absenter, il doit marquer sur un tableau ad hoc l'endroit où on pourra le trouver rapidement en cas de besoin.*

Les externes ne peuvent quitter la Maternité pendant les quarante-huit heures de leur stage. Ils accompagnent l'interne dans ses visites, prennent régulièrement matin et soir la température des femmes accouchées, font les pansements ou petites opérations nécessaires, rédigent le procès-verbal de tous les accouchements auxquels ils assistent, et prennent l'observation détaillée de toutes les femmes accouchées du service. Ces observations sont lues aux prochaines leçons cliniques et remises au chef de service au moment de la sortie des femmes. Les externes ne peuvent donner aucun ordre ni procéder à aucune intervention quelconque dans le service, sans être assistés de l'interne qui seul est responsable devant le chef de service et l'administration.

Ce stage obstétrical réel et effectif est propre à la Faculté libre : tous les étudiants de quatrième année, par roulement de 48 heures d'affilée, assistent à près de 60 accouchements, en font eux-mêmes une trentaine et pratiquent quelques opérations obstétricales, notamment l'application de forceps. Pendant cette période, *huit générations d'étudiants ont reçu dans cette maison hospitalière une instruction pratique indispensable*[21]. En 1907, G. Eustache rappelle que ce service, facilité par le nombre restreint d'étudiants (15 à 20 en moyenne), est pratiqué depuis 25 ans à la Faculté libre et conclut :

19.– Après le congrès de Londres de 1881 traitant de *l'antisepticisme en obstétrique* (et 35 ans après les travaux de Semmelweiss), on utilise surtout le sublimé corrosif prôné par Tarnier pour la désinfection des mains et du matériel et en injections intra-utérines (au 1/2 000e puis au 1/4 000e après la délivrance).

20.– Sous le Second Empire, dans l'ancienne maternité de Saint-Sauveur, la mortalité maternelle comprise habituellement entre 1,5 et 4, 75 %, atteint 9,07 % en 1859 et 11,5 % en 1864.

21.– H. Desplats : *Discours à la séance solennelle de rentrée* du 21 nov. 1889. En 1883, à la Faculté de Paris, le Pr Pinard estime que *bon nombre de docteurs arrivent à leur thèse sans avoir examiné une femme enceinte et sans avoir vu un accouchement.* Le stage en maternité sera rendu obligatoire dans toutes les facultés et écoles par le règlement du 12 mars 1891 : il intervient après la 16e inscription, dure un mois, de 9 à 22 h : le stagiaire n'est ni logé, ni nourri et, comme le fait remarquer G. Eustache, l'auteur du règlement semble ignorer que la plupart des accouchements ont lieu la nuit. Ce n'est qu'au Congrès des Praticiens d'avril 1907, que le Pr Pinard émet le vœu d'organiser un service permanent de garde étendu à tous les élèves.

Nouvelle preuve que la Liberté est seule capable de réaliser un progrès véritablement complet ! [22]

La maternité Sainte-Anne, rue du Port

Le 2 octobre 1889, la maternité Sainte-Anne *déménage sans bruit* et prend possession de son installation jugée alors définitive au 86, rue du Port, dans le prolongement du dispensaire Saint-Raphaël. D'emblée, G. Eustache, qui n'a pas été consulté pour la réalisation du projet, ne cache pas son désappointement : *Quelquefois, les plans fournis par les médecins, ont été adoptés et exécutés [...] Le plus souvent, ou le médecin n'a pas été consulté ou bien s'il avait dressé un projet, il a eu la déception et le regret de voir son projet considéré comme non avenu. L'architecte juge en dernier ressort qu'il est seul capable de construire un édifice qui réponde aux mille et mille indications et aux mille et mille besoins que presque toujours il ignore. C'est ce qui a eu lieu pour la construction de notre nouvelle maternité. Un beau jour, on nous a présenté plans et façade dressés par l'architecte depuis longtemps déjà, et, malgré nos protestations, nous n'avons eu d'autre rôle que celui de supprimer ou d'ajouter une ou deux cloisons, et d'utiliser au mieux les espaces rectangulaires qu'on nous livrait ! C'est ce qui explique que la nouvelle maternité ne réalise pas l'idéal du genre, qu'on aurait pu presque atteindre sans augmentation des dépenses !*

Toutefois, après ce mouvement d'humeur, G. Eustache admet que *beaucoup des inconvénients des plans adoptés ont pu être réduits presque à néant, et nous pouvons dire que l'hygiène de la nouvelle maternité est à peu près complètement assurée*[23].

Dispensaire Saint-Raphaël Maternité Sainte – Anne
Rue du Port, 86

La façade du bâtiment, de style ogival, a un développement de 52 m sur la rue. La profondeur du terrain est de 40 m, ce qui donne une superficie de plus de 2 000 m^2 dont un peu plus du tiers est bâti, le reste étant un jardin. La construction est en briques, agrémentée de pierres aux angles et aux fenêtres ; elle a un sous-sol élevé du côté de la rue, de niveau avec le jardin et trois étages superposés, le troisième en mansarde n'étant pas utilisé. Elle est

22.– G. Eustache : *La Maternité Sainte-Anne de la Faculté libre de médecine (1881-1907). J Sci Méd Lille,* 1907, n° 25, pp. 577-593, n° 26, pp. 601-613, n° 28, pp. 26-33, n° 29, pp. 49-57.

23.– G. Eustache : *La clinique d'accouchements de la Faculté libre de médecine de Lille. J Sci Méd Lille,* 1890, n° 2, pp. 26-27.

formée de deux ailes latérales réunies par une partie médiane, en saillie sur la façade arrière.

L'aile gauche forme le dispensaire Saint-Raphaël avec son entrée à l'extrémité du bâtiment. La partie médiane et l'aile droite *forment la maternité proprement dite dont l'entrée est la porte grillée du milieu.* Les sous-sols abritent à gauche la cuisine, le réfectoire, etc ; à droite, ils doivent être occupés par une installation hydrothérapique complète et une étuve à désinfection.

Le rez-de-chaussée de la maternité comprend une grande salle de cours au milieu, faisant une saillie en rotonde du côté jardin, le cabinet du professeur servant également de salle de consultation de gynécologie, le cabinet de la Supérieure, le logement des internes et externes, isolé par une porte vitrée. Le premier étage est occupé par la maternité proprement dite : à l'aile gauche, communauté des religieuses et lingerie, au milieu et en façade la chapelle, puis neuf salles dont une salle de travail à deux lits, une salle en rotonde du côté jardin renfermant six lits et une couveuse pour deux enfants, quatre chambres à quatre, deux et un lit, un office, soit 13 lits pour accouchées et deux lits de travail.

Initialement, le second étage du bâtiment est destiné à loger, d'un côté les femmes enceintes pendant les quinze derniers jours ou le dernier mois de la grossesse, véritable *sanatorium de grossesse,* et de l'autre un petit service de gynécologie de six à huit lits. *Hélas !,* écrit G. Eustache, *le malheur des temps et la méchanceté de certains ne l'ont pas permis ainsi !* De fait, lorsque l'Administration des Hospices décide de refuser l'accès du pavillon Olivier aux professeurs de la Faculté libre, il est décidé de transformer ce second étage en une maison de santé payante ouverte... à tous les médecins de la ville.

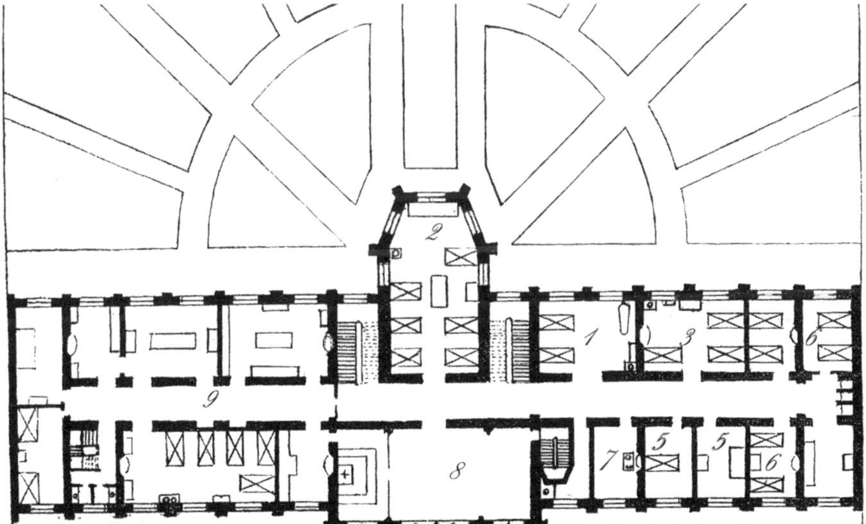

1 Salle de travail
2 Chambre d'accouchées
3 idem
4 Chambre d'accouchées
5 Chambre d'isolement
6 Chambre du personnel
7 Office
8 Chapelle
9 Communauté

Le service de la maternité reste confié aux sœurs Augustines de Cambrai auxquelles les Filles de la Charité, qui ont fondé et organisé le dispensaire Saint-Raphaël, ont laissé la place, un tel service ne relevant pas de leurs attributions. La supérieure est sœur Saint-Sébastien, *menue, nerveuse, toujours en mouvement, promenant partout l'œil du maître avec douceur et fermeté. Bonne, pieuse comme un ange, bref, le modèle du genre.* Après plus de trente ans de service, elle est suivie par Mère Valentine, *aimable et discrète comme un bouton de lys,* puis par sœur Marguerite *pleine d'attention*[24].

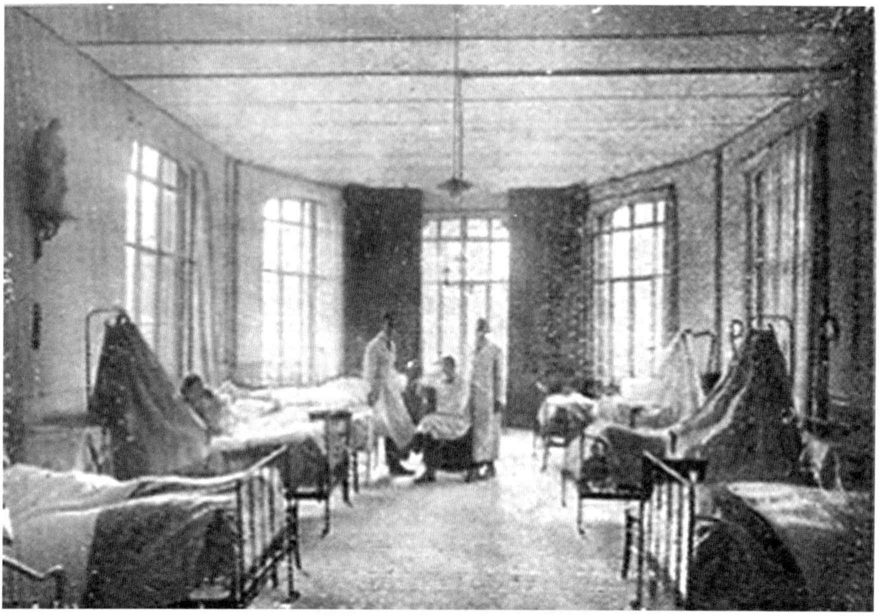

Maternité rue du Port
Chambre d'accouchées en rotonde (en 2 sur le plan)

Trois professeurs d'obstétrique se sont succédé à la maternité Sainte-Anne jusqu'en 1914 : le premier, G. Eustache prend sa retraite en 1907 et décède en 1910 ; Agile Delassus lui succède pendant quatre ans, puis devient professeur de clinique chirurgicale en 1911 ; Jules Voituriez assure alors le service jusqu'en 1914 et pendant toute la Grande Guerre. Les internes se succèdent tous les semestres et l'on relève des noms qui nous sont familiers : Prosper Piet (55e), Alexandre Bonnet Laborderie (58e) qui devient assistant de A. Delassus à la création de ce poste, Ernest Klein (60e).

Gonzague Eustache

Comme à la maternité de la rue du Marché, toute femme en travail est admise, la seule réserve étant *d'avoir de la place disponible.* Il est même

24.– A. Delassus : *Discours au cinquantenaire de la Maternité Sainte-Anne le 18 mars 1931. J Sci Méd Lille,* 1931, n° 13, pp. 219-226.

possible à la femme enceinte de garder l'anonymat et, comme le souligne G. Eustache, *notre maternité a été, est et sera une maternité secrète, chaque fois que les femmes nous le demanderont [...] Pas de tracasseries, pas d'enquêtes, je ne dirais même pas de curiosités administratives*[25].

Œuvre de charité et d'assistance, cette maternité coûte cher : avec douze lits, elle peut fournir 4 230 journées d'hospitalisation, ramenées à 3 800 en raison de la fermeture annuelle. En calculant la journée au prix de 2,50 F, prix de revient établi par l'Administration des Hospices, la dépense annuelle est de 10 000 F (soit 32 000 €), sans compter les frais de construction et d'installation, mais l'Administration de l'Université catholique a prévu une dépense de 15 000 F (48 000 €), puis de 18 000 F par an (57 600 €). En 1907, après 26 ans de fonctionnement, G. Eustache en estime le coût à 468 000 F (près de 1,5 million €) fournis par la seule charité des catholiques[26].

En outre, l'œuvre des layettes, fondée par Madame H. Desplats, fournit à chaque enfant, à la sortie de maternité, deux layettes complètes. Par contre, l'établissement d'une consultation de nourrissons n'a pas été possible pour des raisons financières, la distribution de secours en nature et en argent s'avérant trop onéreuse.

De 1889 à 1911, la maternité réalise une moyenne de 330 accouchements par an, ce qui reste un chiffre faible, même en tenant compte d'une fermeture annuelle de deux mois et parfois même de près de deux mois et demi. Le pourcentage de mères célibataires diminue nettement, atteignant à peine 21 % en 1907 et 18,65 % de 1907 à 1911.

Le nombre de dystocies sévères par rétrécissement du bassin est également en diminution : les interventions obstétricales sont mieux codifiées, moins agressives. Les indications de la césarienne[27] (il y en eut huit entre 1889 et 1911) sont plus précoces. Pendant la même période, on relève 483 forceps, 87 versions, cinq symphyséotomies, 14 embryotomies, deux basiotripsies, trois hystérectomies.

La morbidité est faible : on note 5,6 % d'infections puerpérales survenues dans le service, mais, de 1889 à 1907, aucune mort maternelle n'est due à l'infection ; huit décès sont survenus, dus à des causes diverses. Après 1907, aucun décès n'est secondaire aux interventions, deux décès surviennent après une infection non imputable au service. Au total, la mortalité maternelle est de 3 ‰ (25 décès en 26 ans).

25.– G. Eustache : *La maternité Sainte-Anne, etc., op. cit.*, pp. 603-604.

26.– À ce titre, la maternité Sainte-Anne a mérité la médaille d'or à la Section Sociale de l'Exposition de Lille de 1902. En se retirant en 1907, après plus de 25 ans de service, G. Eustache estime qu'il a travaillé *pour le plus grand bien de la science, de l'instruction spéciale, mais aussi pour le plus grand bien de la classe ouvrière de notre ville et le plus grand allégement de ses finances municipales*... G. Eustache, *ibid.*, p. 577.

27.– Initialement, les indications de la césarienne considérée comme une intervention de la dernière chance, étaient bien tardives. *Ibid.* Dès 1879, G. Eustache (*J Sci Méd. Lille*, 1879, n° 7), étudiant une statistique américaine d'une centaine de cas, s'en déclarait partisan et concluait que le succès de l'intervention est d'autant plus compromis qu'elle est plus tardive (après un travail de 26 heures... à 15 jours). Un peu plus tard M. Vanverts, chargé de la petite maternité de Sainte-Eugénie, expose deux observations de césariennes réalisées en juillet 1879 pour dystocie pelvienne : une femme est décédée d'hémorragie, les deux enfants sont vivants.

Par contre, le nombre de mort-nés est constant : 3 % jusqu'en 1907, 3,3 % en 1911, alors qu'en 1906 l'état civil de Lille fait état de 373 mort-nés sur 5 821 naissances, soit 6,4 %.

À la maternité Sainte-Anne, fonctionne aussi une consultation de gynécologie : de 1907 à 1911, elle accueille une moyenne de 1 913 patientes par an. Elle permet de former les étudiants à la gynécologie pratique et elle n'accepte que deux à trois stagiaires à la fois pendant un mois, réalisant une excellente *école d'examen et de diagnostic*[28].

La maternité de la Sainte-Famille et l'école de sages-femmes

Les sœurs de la Charité Maternelle, originaires de Metz, exercent la profession de sages-femmes, soit à domicile, soit dans leur établissement. À la demande de C. Feron-Vrau qui les a rencontrées en Lorraine, elles arrivent à Lille en 1872 et s'installent place du Concert à proximité de l'usine Vrau. Elles font surtout des accouchements à domicile et connaissent des conditions de vie assez pénibles. En 1874, elles déménagent au 10, rue du Nouveau Siècle et s'agrandissent en 1878 par l'acquisition de deux maisons voisines.

En 1877, un contrat est signé entre sœur Alexis, supérieure générale de la congrégation et H. Bernard, président de la Société civile de l'Université catholique : *La congrégation s'engage à faire à ses frais les constructions et appropriations nécessaires pour l'établissement d'une maternité pouvant servir à l'instruction des élèves sages-femmes de l'Université catholique [...] L'enseignement, la scolarité, la discipline seront confiés à l'Université catholique.*

Le 15 septembre 1879, grâce à une souscription ouverte par C. Feron-Vrau, la première pierre d'une nouvelle maternité est posée place Sébastopol. Elle est inaugurée le 4 novembre 1881 sous le vocable de Maternité de la Sainte-Famille ; comprenant initialement 40 lits, elle dispose de vastes chambres sur deux étages dont chacun, à l'époque, est fermé et ouvert alternativement six mois de l'année, donnant ainsi toute garantie d'hygiène. Les sœurs logent en façade, côté place Sébastopol et les parturientes côté jardin.

Le service est assuré par le professeur de clinique obstétricale de la Faculté, en particulier par G. Eustache pendant plus de 25 ans, jusqu'à son départ à la retraite en 1907 : *(sa) verve et (sa) fougue faisaient la joie des étudiants et des futures sages-femmes*[29]. La maternité de la Sainte-Famille réalise une moyenne de 225 accouchements par an, mais, contrairement à la maternité Sainte-Anne, ne reçoit que des femmes mariées. Son budget est de 20 000 F annuels, auxquels s'ajoutent la distribution de layettes et les secours de diverses natures, *autant d'économisé*, dit G. Eustache, *pour l'Administration des hospices, le bureau de bienfaisance et le budget de la ville !*

Ainsi, bien que ne faisant pas partie intégrante de la Faculté, la maternité de la Sainte Famille accueille son école de sages-femmes fondée en 1882. Initialement, on distingue les sages-femmes de 1re classe titulaires du brevet

28.– A. Delassus : *Maternité Sainte-Anne et dispensaire de gynécologie. Fonctionnement et statistiques (1907-1911), J Sci Méd Lille,* 1911, n° 40, pp. 337-352 et n° 41, pp. 361-376.

29.– J.-P. Ribaut : *L'école de sages-femmes des Facultés catholiques de Lille.* Brochure éditée à l'occasion du centenaire de l'école. À sa retraite, G. Eustache est remplacé à la direction de l'école par le Pr Jules Voituriez.

élémentaire et les sages-femmes de 2e classe soumises à un examen d'entrée, une distinction qui sera supprimée pendant la première guerre mondiale. Au nombre d'une dizaine, les élèves sont toutes internes et leur instruction pratique est particulièrement soignée : elles assistent à tous les accouchements, y prennent une part active sous la direction d'une religieuse sage-femme en chef et donnent les soins consécutifs à l'accouchement.

Maternité de la Sainte-Famille, 14, Place Sébastopol

L'enseignement théorique est assuré par le professeur d'obstétrique. *Il aura pour le seconder dans cette tâche la supérieure qui a elle-même le diplôme de sage-femme, ainsi que plusieurs religieuses de la maison [...] Les religieuses consentent à se charger du logement, de la nourriture et de l'entretien de chaque élève moyennant une somme de 600 F par an. Exceptionnellement elles recevront des externes à la condition qu'elles puissent se loger en ville chez de proches parents qui présentent des garanties sérieuses de moralité*[30].

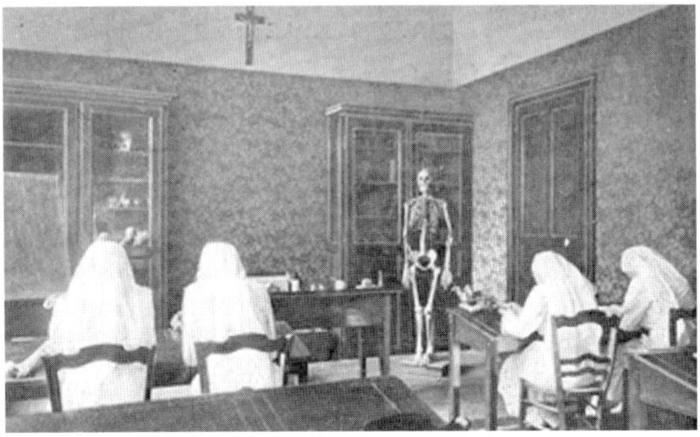

L'école de sages-femmes

Lors de la fondation, C. Feron-Vrau estimait que l'école remplirait sa mission si elle fournissait chaque année à la région Nord – Pas-de-Calais une quinzaine de sages-femmes appelées à exercer leur activité tant en ville qu'à

30.– Anonyme : *École de sages-femmes de la Faculté Catholique de médecine. J Sci Méd Lille,* 1882, n° 21, pp. 812-813.

la campagne. Les dix premières années, cet objectif est près d'être réalisé, l'effectif de l'école atteignant ou dépassant la vingtaine d'élèves. Vers 1895, un fléchissement se fait sentir qui ne manqua pas d'inquiéter G. Eustache[31] : *Nous regrettons la diminution des élèves sages-femmes, ces précieuses auxiliaires du médecin dans l'exercice de sa profession, et qui, lorsqu'elles sont sages comme le veut leur appellation, peuvent tant pour la sécurité des familles et le progrès de la population. Malheureusement, les bourses que prodigue si généreusement l'État aux frais de nous tous, les contribuables, nous font une terrible concurrence pour le recrutement*[32].

À la veille de la guerre de 1914, après plus de trente ans de fonctionnement, différents aménagements paraissent nécessaires à la bonne marche de l'école : nécessité d'un nouvel internat pour les élèves, transformations importantes à réaliser dans la maternité en raison des progrès de la technique. Les évènements vont retarder longtemps encore l'exécution de ces travaux pourtant indispensables.

L'hôpital Saint-Antoine de Padoue

Il n'existe point à Lille d'hôpital d'enfants, constate en 1866 A. Houzé de l'Aulnoit[33] : jusqu'en 1845, le règlement de l'hôpital Saint-Sauveur interdisait l'admission d'enfants de moins de sept ans. Ce n'est qu'en juillet de cette année que la Commission des Hospices décide d'y établir 30 lits destinés à recevoir les enfants d'indigents de 18 mois à sept ans. En pratique, 21 lits sont installés dans le service des femmes, dans une salle de vingt mètres sur six située sous les combles : on n'y reçoit l'année suivante que 56 enfants de moins de cinq ans et 81 de cinq à dix ans. À cette petite unité, il faut ajouter trois lits d'enfants dans le petit hôpital Saint-Roch. En comparaison, selon P. Pierrard, Saint-Sauveur compte alors 81 lits pour galeux et syphilitiques dont 39 lits dans un pavillon pour « filles publiques »[34].

L'hospitalisation des enfants n'est pas habituelle en ces temps-là : l'enfant malade est soigné à domicile où la mère essaye *des remèdes plus nuisibles les uns que les autres.* Des administrateurs comme Houzé de l'Aulnoit, des médecins comme Castelain et Gosselet militent pour la création d'un hôpital d'enfants : *Quelles précautions a-t-on prises pour redresser l'enfant courbé sous sa misère originelle ?* écrit ce dernier en 1847[35].

Or, à Lille, la mortalité infantile, *la dîme mortuaire* selon le mot de Bertillon, est effrayante, nettement supérieure à la moyenne nationale. Les chiffres avancés par Gosselet en 1847 sont tels qu'ils motivent l'enquête officielle d'une commission menée par Godefroy, qui les confirme. En 1878, L. Wintrebert, professeur d'hygiène, chargé des maladies des enfants au dispensaire de la Faculté libre, reprend cette étude limitée aux enfants de

31.– J.-P. Ribaut : *op. cit.*.

32.– Rapport du doyen Eustache pour l'année 1894-1895 : *Bulletin de l'œuvre des Facultés catholiques de Lille* 1895-1896, p. 37.

33.– A. Houzé de l'Aulnoit : *De l'assistance publique à Lille, op. cit.* p. 92.

34.– P. Pierrard, *La vie ouvrière, etc. op.cit.* En 1859, sont hospitalisés à Saint-Sauveur 266 vénériens et 132 « filles publiques » soit un total de 398 adultes vs 155 enfants.

35.– A. Gosselet : *De la création d'un hôpital pour les enfants à Lille.* Lille, 1847, 20 p.

moins d'un an. Les résultats en sont accablants[36] : pendant les trois années qui ont précédé l'enquête, près du quart des enfants (24,5 %) n'ont pas atteint la fin de la 1re année, alors que la proportion est de 17,8 % dans la France entière.

Due surtout aux maladies infectieuses, la mortalité infantile atteint un maximum pendant les mois d'été et, de 1853 à 1877, on note une très nette augmentation de la mortalité par affections gastro-intestinales. La misère et ses corollaires : ignorance, logement sordide, sous-alimentation, naissance illégitime, sont les grands responsables de cette surmortalité. L. Wintrebert confirme les chiffres avancés par Gosselet et Godefroy et dénonce une *inégalité effrayante* : de 1873 à 1877, la mortalité infantile est de 17,39 % dans le quartier bourgeois de la rue Royale ; elle atteint 51,97 % rue de Juliers et 64,11 % rue des Étaques, ruelles sordides du vieux quartier Saint-Sauveur. Ainsi, conclut-il, *Rue des Étaques, sur trois enfants, il en meurt deux avant l'âge de 5 ans.*

Les chiffres ultérieurs ne montrent aucune diminution : en 1883, la mortalité des enfants de 0 à 5 ans représente 47,2 % de la mortalité totale de la ville de Lille. De 1891 à 1895, dans le département du Nord, la mortalité des enfants de moins d'un an reste la plus lourde de France (28,3 %)[37].

En 1877, malgré l'ouverture de l'hôpital Sainte-Eugénie, qui offre au total dans les deux ailes 34 lits d'enfants, dont 16 dans le service de médecine de l'aile droite, les possibilités d'hospitalisation pédiatrique restent nettement insuffisantes. Ancien médecin du bureau de bienfaisance et de l'hôpital Saint-Sauveur, C. Feron-Vrau ne méconnaît rien du problème ; il est également convaincu de la nécessité d'enseigner aux élèves la médecine de l'enfant. Sa rencontre avec sœur Saint-Paul en 1877 est décisive.

Mère Saint-Paul

Anne-Marie Feron-Vrau

Religieuse franciscaine de la Propagation de la Foi, sœur Saint-Paul est arrivée à Lille en mai 1877 avec l'intention de fonder un établissement recevant des femmes incurables et des handicapées mentales. Elle est favorablement accueillie par Mgr Régnier qui l'autorise à quêter pour cette œuvre et par C. Feron-Vrau qui met à sa disposition son savoir-faire et sa générosité. Avec l'aide de quatre bienfaitrices, Mmes Feron-Vrau, Bernard,

36.– L. Wintrebert : *De la mortalité des enfants du 1er âge dans la ville de Lille,* Séance de l'Académie de médecine du 5 nov. 1878. *J Sci Méd Lille,* 1879, n° 1, pp. 191-204, n° 2, pp. 236-252 et n° 4, pp. 385-400.

37.– Dr Oui : *La mortalité des enfants du 1er âge à Lille. Causes et remèdes, Écho Médical du Nord,* 1901, n° 43, pp. 497-507.

Charvet et Colson, une maison est louée au 286, rue Notre-Dame (actuellement rue Gambetta) et, très vite, les pensionnaires affluent : dès 1878, 50 femmes sont entassées jusqu'au grenier. Grâce aux généreuses donations et aux quêtes, un vaste terrain est acquis boulevard Vallon (qui devient le boulevard Victor Hugo en 1880). En novembre 1879, la première pierre est posée et, le 27 octobre 1880, les sœurs franciscaines s'installent dans l'édifice encore inachevé, érigé sous le vocable d'Asile des Cinq Plaies de Notre Seigneur Jésus-Christ, encore appelé Asile des Incurables. Le 5 novembre 1881, le recteur Mgr Hautcœur bénit la chapelle de l'asile, scellant ainsi l'union entre l'hospice et la Faculté libre de médecine. Les docteurs Augier et Lavrand dispensent leurs soins aux pensionnaires de l'établissement qui comprend 210 lits dès 1893. Outre les religieuses, on compte 18 demoiselles auxiliaires et quelques bénévoles.

Le 26 septembre 1887, Anne-Marie, la seule fille des époux Feron-Vrau, décède à l'âge de 18 ans[38]. Cette jeune fille se rendait souvent à l'Asile des Cinq Plaies, participant aux soins des malades et partageant le modeste repas de la communauté. À son décès, M et Mme Feron-Vrau viennent confier leur généreux projet à Mère Saint-Paul : construire un hôpital d'enfants avec le montant de la dot qu'ils réservaient à leur fille. Le terrain contigu à l'Asile des Incurables, sur le boulevard Victor Hugo, est disponible. Les plans du nouvel hôpital sont confiés à un architecte roubaisien, P. Destombes (1850-1919) qui a également réalisé l'Asile des Cinq Plaies ; les travaux commencent en juin 1888. Achevé en 1890, placé sous le patronage de saint Antoine de Padoue, l'hôpital est inauguré le 16 octobre. Dans son discours, Mgr Baunard décrit avec emphase cette demeure aux *proportions si harmonieuses, et qui se présente à nous dans cette riante beauté [...] de salles spacieuses et élevées où l'air circule si abondant, parmi des flots de lumière, ce jeune palais qui ouvre ses deux bras comme des ailes*[39]. Ce n'est pas là qu'un exercice de style, car le contraste est grand avec les habitations miséreuses qui l'entourent. S'adressant avec éloquence et émotion aux dames bienfaitrices, Mgr Baunard évoque le sort habituel de l'enfant malade :

> *Mesdames, que de fois, dans vos charitables visites à la demeure du pauvre, vous avez rencontré étendu sur un grabat un petit enfant de quatre, de six, de dix ou de douze ans, aux prises avec la maladie et la souffrance, la tête brûlante de fièvre ou le front ruisselant de sueur, la poitrine haletante, les yeux hagards, les membres dévorés par un mal inexorable, qui ne trahissait sa présence que par des gémissements. Dans cette chambre, souvent la seule chambre de la famille et commune aux frères et aux sœurs, un air froid ou fétide, un linge malpropre, une nourriture grossière, une potion insipide posée sur un escabeau au chevet de cette petite créature de Dieu : voilà tout ce qu'a pu procurer à cet*

38.– C. Feron-Vrau et son épouse ont eu cinq enfants : quatre garçons dont seul le second, Paul, a survécu et une fille Anne-Marie (1868-1887).

39.– *Inauguration de la Maison Saint-Antoine de Padoue. Hospice des Enfants Malades. Discours prononcé par Mgr Baunard, recteur des Facultés catholiques le 16 octobre 1890.* Lille Taffin-Lefort 1893. Mgr Baunard était professeur d'éloquence sacrée et s'exprimait *avec aisance, dans le style fleuri de l'époque.* Lors de l'inauguration, l'entrée principale porte une inscription en lettres d'or : *Je suis née d'une pensée de foi pendant un jour d'épreuve* et plus loin dans l'entrée, une autre plus discrète déclare : *Elle s'est envolée au ciel, mais elle revit ici par sa charité. J Sci Méd Lille,* 1890, n° 43, pp. 403-408.

infortuné une tendresse aussi ardente, aussi dévouée que la vôtre ; car, Mesdames, la mère de l'enfant pauvre aime son enfant comme vous ; et le plus souvent même, elle s'en occupe plus que vous.

Que si vous lui demandez pourquoi le cher petit malade manque de tout, elle vous montrera son misérable réduit, le maigre salaire de son mari, la face blême et chétive de ses nombreux enfants ; et sur son visage à elle, vous lirez le sillon creusé par les privations, et peut-être aussi la trace de ses larmes. Il ne faut donc pas, Mesdames, la blâmer, mais la plaindre ; elle fait tout ce qu'elle peut.

L'Hôpital Saint-Antoine, boulevard Victor Hugo, à l'origine

En bordure du boulevard V. Hugo, se trouve d'abord un petit bâtiment, comprenant l'internat et la conciergerie, et prolongé de chaque côté par une clôture en briques. Au milieu de ce bâtiment, s'ouvre le porche d'entrée, surmonté d'une niche abritant la statue de saint Antoine. Au-delà d'une petite cour pavée, se trouve le bâtiment central, adossé à l'annexe de l'Asile des Cinq Plaies et comprenant un rez-de-chaussée auquel on accède par un perron et deux étages dont le second est mansardé. En entrant, on trouve, en face, le grand escalier et, de chaque côté, un couloir central permettant l'accès aux différentes structures : salles de consultations, pharmacie comprenant *deux pièces luxueusement installées* et, à l'étage, lingerie, oratoire, salles de bains, etc. Sur le bâtiment central, se greffent deux ailes destinées aux salles d'hospitalisation comprenant chacune 12 à 14 lits avec des *cabinets spéciaux pour les malades gravement atteints.*

Légalement, l'hôpital Saint-Antoine est géré par la Société Civile de l'Asile libre des Incurables constituée le 24 avril 1880 : société civile par actions, dirigée par un conseil d'administration, elle fait suite à une société civile tontinière fondée en 1878 pour gérer l'Asile des Cinq Plaies. En 1898, elle sera transformée en société anonyme et, bien plus tard, en 1969, en l'Association Feron-Vrau.

En pratique, et en vertu du contrat passé avec les fondateurs, c'est la Mère supérieure de la communauté qui assure la direction des deux œuvres[40] : gestion administrative et financière, entretien et aménagement des locaux, etc. Les soins infirmiers sont confiés aux sœurs franciscaines « à perpétuité » selon le vœu des fondateurs : leur communauté se renforce rapidement et, dès 1894, elle compte 42 sœurs au service des femmes âgées ou infirmes et des enfants. Initialement, il n'y a pas de personnel salarié, mais ici aussi beaucoup de bénévoles, de « demoiselles auxiliaires » qui rendent de grands services.

Hôpital Saint-Antoine. Façade principale

Sur le plan médical, seul fonctionne d'abord le service de médecine confié au professeur Augier, assisté d'un interne[41] : il ne compte que vingt lits, sur les soixante initialement prévus, puis trente lits en 1891. Il reçoit gratuitement les enfants de deux à douze ans atteints de maladies aiguës[42]. Les consultations, complétées par la fourniture de médicaments, sont également gratuites.

Gonzague Augier

40.– En 1907, Mère Saint-Paul est remplacée par Mère Ignace, puis sœur Hélène en 1914.

41.– Le premier interne de Saint-Antoine, en novembre 1890, s'appelait Joseph Roubion.

42.– Cependant, lorsqu'en 1895, l'âge de l'enfant est noté sur le registre d'admission, on constate que de nombreux enfants de moins de deux ans sont admis.

Rapidement, des services complémentaires doivent être installés : en 1891, le pavillon Saint-Roch, *tout à fait indépendant et isolé du bâtiment principal,* reçoit les enfants atteints de maladies contagieuses : dans les mois qui suivent son ouverture, on y reçoit huit cas de variole. L'année suivante, cette installation est complétée par la création d'un service indépendant pour la diphtérie ; la même année, on installe un service de désinfection avec une étuve à vapeur sous pression. Lille, dit-on, est après Paris la seule ville où se trouve une telle installation de ce genre due exclusivement à l'initiative privée.

Des difficultés financières surviennent rapidement : l'ouverture de chaque nouveau lit coûte 6 000 F (19 200 €) et les frais de fonctionnement sont incomplètement couverts par la générosité des donateurs. Ainsi, après leur don initial, les époux Feron-Vrau mettent à la disposition de la Société Civile de l'Asile des Incurables, le produit d'un don de 150 000 F (480 000 €) :

> *En souvenir de leur fille, Mademoiselle Anne-Marie Feron-Vrau, décédée à Lille le 26 septembre 1887, M. et Mme Feron-Vrau ont fait don manuel à la Société Civile de l'Asile libre des Incurables, des fonds nécessaires à l'achat d'un terrain sis à Lille, Boulevard Victor Hugo, en vue de servir à l'érection d'un hôpital d'enfants sous le vocable Saint Antoine de Padoue et contigu à l'asile des incurables.*
>
> *Ce don manuel a été fait sous diverses conditions notamment sous celle suivante : Les services médical, chirurgical et pharmaceutique seront faits à perpétuité par les professeurs de la Faculté Catholique de médecine de Lille lesquels auront le droit d'y faire la clinique.*
>
> *Pour réaliser ce qui précède, M. et Mme Feron-Vrau font avec la Société des Facultés Catholiques les conventions suivantes :*
>
> *- Art.I. : M. et Mme Feron Vrau verseront dans le délai de 3 ans à la Sté des Facultés Catholiques une somme de 150 000 francs à produire un revenu annuel d'au moins 5 000 francs.*
>
> *- Art. II. : La Sté des facultés C. s'engage à employer le revenu de cette somme à assurer le traitement des médecins, chirurgiens et pharmaciens chargés du service de l'hôpital St Antoine de Padoue et à couvrir les frais des services médical, chirurgical et pharmaceutique, en ce compris les médicaments.*
>
> *- Art. III. : Si après avoir largement pourvu aux dits frais et services il se trouvait un reliquat, la Sté des Facultés C. en aurait la disposition en s'inspirant toutefois du désir de M. et Mme Feron Vrau de voir le dit reliquat employé au profit de l'hôpital St Antoine de Padoue.*
>
> *- Art. IV. : En cas de suppression de l'hôpital St Antoine de Padoue pour une cause quelconque ou s'il devenait impossible de le faire desservir par les professeurs de la Faculté C. de médecine, la Sté des Facultés C. ferait des fonds l'usage qui lui paraîtrait le mieux correspondre aux intentions de M. et Mme Feron Vrau.*
>
> *Lille, le 17 février 1891*

Intervenant quelques mois après l'ouverture de l'hôpital, cette donation est bien destinée à couvrir les frais de fonctionnement, mais très vite elle se révélera insuffisante : pendant plus de vingt ans, l'hôpital Saint-Antoine fonctionnera comme un grand dispensaire avec un secteur d'hospitalisation réduit et sans service de chirurgie.

En 1910, le Pr Augier demande l'ouverture d'une consultation externe pour les maladies chirurgicales des enfants, comme dans toutes les facultés de médecine. Le recteur lui répond : *Ni M. Feron-Vrau, ni la supérieure n'ont les ressources nécessaires pour créer ce service.* Il ajoute : *J'ai même dû consentir sur les instances de Mme la supérieure à la fermeture du service des maladies contagieuses (rougeole, scarlatine, coqueluche, etc.) à cause des frais supplémentaires.* Mais le Pr Augier renouvelle sa demande : habituellement, dit-il, il appelait MM. Camelot ou Delassus et, depuis deux ans, son fils Dominique, chef de clinique chirurgicale : *Cela ne nécessiterait guère de charge supplémentaire : 500 F sur le budget de l'hôpital, 200 F pour les instruments sur mon budget propre, une religieuse supplémentaire.* Enfin, avec l'accord du recteur en octobre 1910, Dominique Augier est nommé responsable du service de chirurgie et, en mai 1912, assistant de clinique chirurgicale, fonction qu'il assumera avec compétence jusqu'à son départ pour Rennes en 1919, après le décès de son père. Cependant, ce service aura longtemps une activité limitée ; beaucoup d'enfants seront encore opérés à l'hôpital de la Charité, comme en témoignent les communications de Duret ou de Delassus à la Société anatomo-clinique, et cela jusqu'à la deuxième guerre mondiale.

Ainsi, jusqu'en 1914, le nombre d'hospitalisations reste très faible : 52 pendant les derniers mois de 1890 (dont dix décès, soit 19 %), 290 pour l'année 1892. Le chiffre de 300 hospitalisations annuelles n'est dépassé qu'en 1894 et en 1901 ; il baisse encore après cette dernière date (192 en 1912) et ne progressera de nouveau qu'en 1923. La durée moyenne de séjour est par contre très élevée : en moyenne de 26 jours en 1893, 36 jours en 1903 : le taux d'occupation des lits disponibles est donc assuré.

Le nombre de consultations est par contre très satisfaisant : près de 15 000 dès 1891, près de 20 000 en 1894, il diminue ensuite sensiblement jusqu'en 1914 (8 712 en 1912). Ces consultations, assurées par le Pr Augier et l'interne, mais aussi par des praticiens bénévoles de la ville, sont régulièrement suivies par les étudiants de 3e et 4e années. Une fois par semaine, le Pr Augier donne une leçon clinique sur les cas présentant un intérêt particulier. Pendant 27 ans, *le petit père* poursuivra cette pratique et cet enseignement marqués par sa simplicité, sa compétence et son amour des enfants.

Les dispensaires

En cette fin de siècle, le fonctionnement des dispensaires reste très satisfaisant[43]. En 1887, le **dispensaire Saint-Raphaël** s'est déplacé de la rue de Paris à la rue du Port. Les consultants y accèdent par la petite porte de gauche. Dans un large vestibule, s'ouvrent de gauche à droite la salle d'attente, les salles de consultation et la pharmacie, et une salle de cours en face de l'entrée principale. Au deuxième étage, des chambres sont réservées aux femmes qui ont à subir quelque opération : à droite, des chambres isolées où le prix de pension est de six francs par jour, à gauche, des salles à plusieurs lits où le prix est de trois francs. Les malades sont reçus l'après-midi, de telle sorte que les étudiants de 4e et 5e années peuvent assister tous les jours aux consultations, ceux de 2e et 3e années pendant le semestre d'été. Toutes les consultations sont gratuites. Les médicaments sont fournis gratuitement aux indigents et à ceux qui ont quatre enfants.

43.– *J Sci Méd Lille,* 1894, n° 46 (numéro des étudiants), pp. 491-494.

Le dispensaire est dirigé par les sœurs Augustines. Dans les années 1890, il comprend six services distincts : affections du système nerveux (Pr Bouchaud), maladies internes (Pr Baltus), affections chirurgicales (Pr Faucon), maladies cutanées et syphilitiques (Pr Derville, deux après-midi par semaine), clinique ophtalmologique (Pr Dujardin, trois consultations par semaine et une matinée opératoire), maladies de la bouche et des dents (Pr Redier). Détail intéressant : ce dernier service comporte un enseignement théorique pendant l'hiver et pratique pendant l'été : les élèves, répartis en trois séries, traitent les malades sous la direction du professeur. Chaque étudiant a son fauteuil, ses malades, ses instruments et ses médicaments et peut s'exercer au traitement de ses patients pendant trois mois.

Le dispensaire est fermé du 15 août au 15 septembre. Le nombre de consultations est important et croît chaque année : 12 000 en 1891-92, 13 512 en 1893-94.

Le dispensaire **Saint-Camille**, dirigé par les pères Camilliens jusqu'à leur expulsion en 1902, a une activité moindre : 7 390 consultations en 1893-94. Situé au rez-de-chaussée, il comprend à gauche une salle d'attente, à droite la salle de consultations et la salle d'opérations, puis la pharmacie qui, là aussi, délivre les médicaments aux malades indigents.

À l'étage, la maison Saint-Camille comprend 35 lits dont le prix de journée varie de trois à cinq et six francs par jour, selon la chambre occupée et la nature des soins. Le service de chirurgie, consultations et opérations, est assuré par le Pr Delassus ; le service de médecine par le Dr Bernard pendant l'hiver et le Dr Voituriez pendant l'été ; l'ORL par le Dr Lavrand.

Au sous-sol, une installation de balnéothérapie, créée à l'initiative du Pr Desplats, permet des bains médicamenteux, bains de vapeur, sulfureux, alcalins, etc. ainsi que des douches chaudes ou froides.

Écoles d'infirmiers et d'infirmières

À ces dernières réalisations, il convient d'ajouter la création en 1892, à l'initiative du Pr Duret et dans le cadre de la maison Saint-Camille, d'une école d'infirmiers et gardes-malades. *Fondée sous le patronage exclusif d'un homme de bien,* cette école décerne en 1893 le diplôme d'infirmiers à plusieurs religieux Camilliens[44]. Le programme des cours comporte anatomie (Pr Duret), physiologie (Dr Voituriez), hygiène et médecine (Dr Lavrand), petite chirurgie (Pr Delassus), petite pharmacie et administration des médicaments (Pr Guermonprez). Notons que cette institution a été saluée favorablement par… le Dr Bourneville, champion de la laïcisation, qui l'estime apte à fournir *des auxiliaires plus instruits que par le passé et, partant, mieux à même de donner des soins intelligents aux malades.*

C'est encore le Pr Duret qui, en 1905 contribue au développement à Lille de la Société de Secours aux Blessés Militaires (fondée en 1864 par Henri Dunant) : il crée, avec M. Reuflet, délégué régional de la Croix Rouge française, un dispensaire école où l'enseignement est assuré par les professeurs de la Faculté libre : en 1914, 300 infirmières auront ainsi été

44.– Anonyme : *École d'infirmiers à Saint-Camille. J Sci Méd Lille,* 1893, n° 29, p. 72. *L'homme de bien* est bien entendu C. Feron-Vrau.

formées. Le dispensaire donne aussi aux dames volontaires des rudiments de secourisme et de soins aux blessés.

Ainsi, dispensaires, hôpitaux, maternités, écoles, édifiés et maintenus avec persévérance, représentent un ensemble de soins et d'enseignement d'une grande qualité : en quelque trente années, ils sont devenus le socle inébranlable de la Faculté qui pourra résister au choc des deux guerres et au marasme de l'entre-deux-guerres.

Bruits de bottes

Mais, au début de ce XXe siècle, la lecture de certains articles du *Journal des Sciences Médicales* suscite l'inquiétude. Et ce n'est pas seulement l'instauration de l'impôt sur le revenu par la loi Caillaux (1909) : loi qui permet *la spoliation des citoyens aisés et travailleurs par les démagogues et les paresseux,* ou encore : *Cet impôt prépare le plus formidable engin d'oppression individuelle que la France aura connue depuis plusieurs années*[45].

La laïcisation, la séparation des Églises et de l'État, la dénatalité française sont les problèmes de l'heure. Surtout la tension internationale s'aggrave : en 1905, après les expéditions de Tunisie et de Madagascar, *le Journal des Sciences Médicales* s'indigne de *la criminelle imprévoyance vis-à-vis des malades et des blessés.* Il souhaite une meilleure organisation du service de santé aux armées et réclame avec vigueur son indépendance : *Le jour où le service de santé sera placé à côté du commandement, on ne reverra plus de crimes de lèse patrie, de lèse humanité qu'on a toujours eu le grand tort de laisser impunis.* En 1913, l'Instruction sur le service de santé en campagne n° 21 est reproduite dans les colonnes du journal : on y lit qu'il convient de *sacrifier l'individu à l'intérêt du plus grand nombre* et aussi des consignes qui s'avéreront bientôt néfastes, prônant par exemple *l'abstention primitive et l'intervention secondaire aussi précoce que possible, quand elle est indiquée.* Début 1914, une large place est faite dans les colonnes du *Journal* à une étude de *la psychologie du combat,* empruntée à la Gazette des Hôpitaux[46].

Enfin, une note ajoutée au numéro de juillet 1914 annonce : *La mobilisation générale et l'état de guerre nous mettant dans l'impossibilité de continuer le service du Journal, nous informons nos abonnés qu'à dater de ce jour, nous suspendons la publication du Journal des Sciences Médicales jusqu'à une époque indéterminée.*

Tout progrès, tout maintien même du potentiel existant allaient être totalement interrompus pendant cinq ans, dans cet *anéantissement physique*[47] que connaîtront Lille et sa région.

45.– Dr Le Pon : *L'Opinion* du 10 janv. 1909.

46.– A. Gaullieur. *La psychologie du combat. J Sci Méd Lille,* 1914, n° 14, pp. 329-333 et n° 15, pp. 350-355.

47.– A. Gérard : *Les grandes heures de Lille,* Perrin Paris, 1991, 558 p.

Chapitre X.
La guerre de 1914-1918

Le 28 juin 1914, à Sarajevo, un jeune nationaliste serbe, Gavrilo Princip, assassine l'archiduc François-Ferdinand, héritier du trône d'Autriche-Hongrie, et son épouse. Un mois plus tard, l'Autriche déclare la guerre à la Serbie et, par le jeu des alliances et des intérêts, ce qui aurait pu n'être qu'une nouvelle guerre balkanique, devient une guerre européenne, puis mondiale. Le 1er août, la France mobilise avec enthousiasme comme l'attestent les écrits de l'époque : *Chacun ralliait le Drapeau et, de toute la puissance de sa foi et de son patriotisme, se préparait à affronter l'immense et insondable avenir*[1], ou encore : *Toute la jeunesse disponible court au devoir.* Le 3 août, l'Allemagne, qui a déjà violé la neutralité belge, déclare la guerre à la France. Désormais, *le Moloch moderne a déclenché l'infernale machine et l'effrayante moissonneuse de la mort, dès le deux août, commence son épouvantable besogne qui ne devait cesser que cinquante et un mois plus tard*[2].

L'entrée en guerre

Dès le début des hostilités, les médecins non mobilisés de la Faculté participent activement à l'accueil et aux soins des blessés dans différents établissements. Début août, dès le sixième jour de la mobilisation, un premier hôpital, désigné sous le nom d'hôpital territorial n° 4, est installé dans le bâtiment du collège Saint-Joseph dit de Saint-Cyr qui fait face au boulevard Vauban : chacun des trois étages permet de créer un service de chirurgie avec une grande et deux petites salles, ainsi qu'une salle d'opération. Les chefs de service en sont les professeurs Duret, Faucon et Thilliez, ce dernier se chargeant particulièrement des maladies des yeux. Les malades atteints d'affections internes occupent l'infirmerie du collège dans un autre bâtiment et sont soignés par le Pr Baltus. La pharmacie du collège est annexée et les services en sont dirigés par deux pharmaciens, MM. Lenoble, professeur à la faculté de sciences, et Jules Vanbockstael. Une salle de radiographie est installée par le Pr D'Halluin ; elle permet, entre autres, le repérage des projectiles.

1.– A. Besson : *À nos lecteurs. J Sci Méd Lille,* 1919, n° 32, pp. 121-122.

2.– A. Delassus : *La Faculté Catholique de médecine pendant la guerre. J Sci Méd Lille,* 1919, n° 32, pp. 131-136.

En neuf jours, le Palais académique devient l'hôpital du territoire n° 10 : les salles du rez-de-chaussée sont vidées de leur mobilier scolaire et garnies de lits empruntés au séminaire académique et aux maisons de famille. Trois services chirurgicaux sont créés, dirigés par les professeurs Duret, Delassus et Camelot, aidés des docteurs Lepoutre, Rogie, Dominique Augier et Van Oye. Chaque service comprend une grande salle de 22 à 25 lits et deux salles plus petites de 12 à 16 lits. Deux salles d'opération, septique et aseptique, sont installées du côté de la rue du Port. Une salle de radiographie est également confiée au P^r^ D'Halluin ; la pharmacie est gérée par MM. Carrez, Willot et Raquet. Une cohorte d'infirmières dont six majors assurent les soins et les veilles de nuit : elles sont issues pour la plupart du dispensaire école de la Croix Rouge où l'enseignement par les professeurs de la Faculté libre va se poursuivre pendant toute la durée de l'occupation, pour former infirmières, secouristes et brancardiers[3].

Rue du Port, la maison Saint-Louis accueille les militaires malades. Ils sont examinés par les médecins de la Faculté : Lavrand, Augier, Bosquier, Danel et autres. D'autres formations sanitaires sont installées au collège Notre-Dame de la Treille, au dispensaire école de la Croix Rouge, à l'institution Blanche de Castille et à la gare centrale. Ces formations hospitalières reçoivent environ un millier de blessés des premiers combats, venant du Cambrésis, de l'Artois et bientôt de Lille même.

Sept tombes dans le jardin de la Faculté

Bien que déclarée ville ouverte, Lille est défendue par quelques éléments d'infanterie territoriale, de goumiers, de chasseurs à pied et à cheval, au total 4 000 hommes et une batterie de 75. Cela justifie aux yeux des Allemands un bombardement violent de 5 000 obus qui frappe surtout le quartier de la gare, les rues du Molinel et de Paris, le quartier de l'hôpital militaire et, à l'ouest, la rue Patou, le Palais Rameau et le boulevard Vauban : 900 immeubles sont détruits, 3 000 sont plus ou moins endommagés. L'Université catholique elle-même est touchée : elle reçoit dix-sept obus sur

3.- H. Duret : *Les blessés et les malades de la guerre à l'Université Catholique. Bulletin de guerre des Facultés catholiques de Lille.* 2e série, n° 10, janv.-fév. 1919, pp. 471-478.

ses bâtiments, dont deux sur la Faculté de médecine détruisant le laboratoire de bactériologie ; cinq autres touchent la Faculté des sciences et l'école d'électricité. Boulevard Victor Hugo, l'asile des Cinq Plaies et l'hôpital Saint-Antoine sont ébranlés par les explosions.

Blessés à mort pendant la défense de Lille, sept soldats, français et anglais, sont enterrés provisoirement dans le jardin de la Faculté de médecine : ils y seront encore en novembre 1919[4].

L'occupation

Lille capitule le 13 octobre. Dans sa proclamation, le commandant militaire allemand Wahnschaffe cite les noms des 60 otages, choisis parmi les notables : Monseigneur Charost, le préfet Trépont, les députés Delory et Ghesquière, le maire Delesalle ainsi que les six adjoints et huit conseillers municipaux, des industriels comme MM. Wallaert, Leblan, Thiriez, Pollet, des magistrats, des avocats et des professeurs de médecine. Plus tard, en 1917, seront également pris en otages le Pr Toison, MM. H. Bernard et M. Bonduel, président et membre du Conseil d'administration de l'Institut catholique, Paul Feron-Vrau, fils de Camille, déporté en Pologne, et en 1918 l'épouse du doyen Thilliez.

Dès leur arrivée et en dépit de la résistance que leur oppose le Pr Duret[5], les chirurgiens allemands, progressivement *de salle en salle, de lit en lit*, prennent la place des Français dans les hôpitaux improvisés. Seule une douzaine de blessés français, regroupés en deux salles de la Faculté de droit, sont hébergés sur place jusqu'à Pâques 1915[6].

Une occupation extrêmement dure commence : elle va durer quatre ans et six jours. Elle sera marquée par une contribution de guerre exorbitante de 184,5 MF, endettant la municipalité pour de nombreuses années, marquée aussi par la réquisition des matières premières, les perquisitions et visites domiciliaires, les rafles telles que celles du 22 au 29 avril 1916 qui enlèvent 9 500 habitants de Lille, 7 005 de Roubaix et 3 850 de Tourcoing, la déportation à la campagne de plus de 10 000 personnes, en particulier de jeunes filles, pendant cinq mois, et la déportation en Allemagne de civils[7]. Le couvre-feu est fixé à 21 heures ; il est interdit de sortir de l'agglomération de Lille-Roubaix-Tourcoing sans un laissez-passer payant. Le rationnement est sévère, malgré l'aide des comités hispano-américain et hollandais. La ration de pain est limitée de 300 à 500 g et la malnutrition devient générale.

4.– Mgr E. Lesne : *L'Université Catholique sous l'occupation allemande. Les Facultés catholiques de Lille*, 10, 1919, pp. 101-140 et H. Duret : *Ibid.* Une chapelle mortuaire a été établie dans la Faculté de médecine par les dames de la Croix Rouge. Le colonel Clémençon, blessé et atteint de gangrène gazeuse, décède malgré l'amputation. Il est enseveli avec deux autres combattants dans la pelouse du collège Saint-Joseph, près de la chapelle.

5.– Pour ces faits, le 23 février 1921, H. Duret recevra la Légion d'honneur avec la citation suivante : *Médecin chef des hôpitaux auxiliaires, en a assuré le fonctionnement régulier, retardant pied à pied avec la plus grande énergie, jusqu'à la limite du possible, la main mise par l'autorité allemande sur ces hôpitaux.*

6.– H. Duret : *Ibid.* : *Bulletin de guerre des facultés catholiques de Lille, op. cit*, p. 475.

7.– Des déportations d'otages civils des régions occupées ont lieu en novembre 1916 et en janvier 1918, au nombre de 300 en 1916 et de 1 000 (600 hommes et 400 femmes) en 1918. Vingt-six otages hommes ont trouvé la mort en Lituanie, morts de froid, de faim, par manque de soins ou même dévorés par les rats.

La Croix Rouge de Lille en 1915-16. Au 1er plan, on reconnaît MM. C. Lepoutre, H. Duret, A. Calmette, E. Camelot et J. Delépine

À la rentrée universitaire de 1914, le recteur renonce à inscrire des étudiants pour cette année. Toutefois, le registre des inscriptions en médecine et pharmacie ne reste pas vierge : un étudiant de quatrième année s'inscrit en novembre, trois suivront en cours d'année et un prendra quand même ses premières inscriptions : il s'agit de Jules Dereux, futur professeur et doyen de la Faculté, âgé alors de 18 ans.

Plusieurs professeurs ont été mobilisés : Guermonprez (volontaire malgré ses 65 ans), Lemière, Voituriez, Vouters, Battez, mais la plupart sont restés à Lille, dispensés des obligations militaires en raison de leur âge comme le doyen Baltus, les Prs Bouchaud, Duret et Delassus, en raison de leurs charges de famille ou encore pour raisons de santé.

Durant cette année universitaire, la Faculté et les dispensaires sont donc fermés. La maternité tourne au ralenti. Seul l'hôpital de la Charité continue à fonctionner sous la surveillance de l'autorité allemande. Le Palais académique est occupé et le sera pendant toute la guerre : il sert d'hôpital, d'école, voire de casernes temporaires, *c'est-à-dire d'écuries !*[8] Les facultés de médecine et de sciences échappent heureusement aux menaces renouvelées de logement des troupes. Les collections et les instruments de laboratoire sont ainsi sauvegardés. Nombre d'entre eux et notamment les cuivres sont rapidement mis en lieu sûr.

L'Université est même sollicitée par l'Administration des Hospices pour héberger ses pensionnaires : la maison des étudiants de la rue Meurein devient un asile de convalescents. En mars 1918, les pensionnaires de l'Hôpital général sont *mis à la porte par les nobles représentants de la Culture* et les vieillards trouvent un refuge à la maison Saint-Louis, les femmes sont accueillies par les sœurs de la Charité maternelle de la place Sébastopol et celles de l'Asile des Cinq Plaies, tandis que l'hôpital Saint-Antoine reçoit dix-neuf enfants atteints de teigne pour la plupart.

La reprise

À l'automne 1915, le recteur Mgr Alfred Margerin décide la reprise de la plupart des enseignements ; la Faculté de médecine rétablit donc ses cours le

8.– Mgr E. Lesne : *L'Université catholique sous l'occupation allemande, op. cit.*

25 octobre. Le doyen est Agile Delassus succédant à E. Baltus. Cinq étudiants prennent leurs inscriptions en médecine, dont deux en première année, et un seul en première année de pharmacie. Pour l'ensemble de l'Université, on n'enregistre que 66 étudiants en 1915. En octobre 1916, ils sont 134, dont onze en médecine et un en pharmacie. L'année suivante, on compte 195 inscrits, dont dix en médecine et un en pharmacie, en dépit des restrictions de circulation imposées entre Lille et Roubaix-Tourcoing en octobre 1917. Dans ces dernières villes, des cours universitaires sont organisés pour les élèves du secteur ; une section de préparation au certificat de physique, chimie et sciences naturelles (PCN) fonctionne dans le laboratoire privé du Pr Willot à Roubaix, que Madame Willot a mis à la disposition de l'abbé Moronval après l'arrestation de son mari.

Agile Delassus

À Lille, les enseignements, sans doute fort limités, se donnent dans des salles de la maison Saint-Raphaël qui a le privilège de bénéficier d'un peu de chauffage pendant la saison froide, car elle accueille encore de nombreux malades, en chambres et en consultations. Les cours sont organisés à la demande ; dans certaines disciplines, on recommande simplement l'usage des manuels. Encore faut-il pouvoir les sortir de la bibliothèque *qui n'est ouverte que quelques instants chaque semaine*[9]. Les dissections anatomiques sont maintenues à la Faculté de médecine, mais sans doute avec un programme allégé. En 1918, il faut insister auprès de l'Administration des Hospices pour que les cadavres non réclamés de l'aile droite de la Charité soient remis à la Faculté libre, comme prévu dans un accord antérieur.

Les difficultés sont encore aggravées par la mise en œuvre de la réforme des études médicales décrétée en novembre 1911 et applicable à partir de la rentrée 1913. Si elle ne modifie guère le cursus des premières années, elle instaure une année d'études supplémentaires et des enseignements nouveaux, dont la pathologie générale, la médecine expérimentale et la stomatologie : la Faculté libre n'est pas préparée à l'enseignement des deux premières dont le contenu est d'ailleurs laissé à l'initiative de chaque faculté. Heureusement, en septembre 1917, la Faculté d'État accepte de fournir ses programmes, dont copie est remise aux enseignants concernés. La réforme multiplie aussi les travaux pratiques, répartis sur les cinq années d'études.

Malgré ces difficultés, les résultats aux examens sont plus que satisfaisants ; on peut néanmoins supposer une certaine indulgence de la part des examinateurs.

9.– Mgr E. Lesne : *Ibid.*

En pharmacie, le professeur Carrez prend en charge personnellement le cursus des deux étudiants inscrits de 1915 à 1917, avec l'aide du Dr Carlos Lepoutre et d'Édouard Levis, pharmacien.

En août 1915, les réunions mensuelles du Conseil de faculté reprennent à la maison Saint-Raphaël sous la présidence du doyen Delassus. Celles de la *Société des Sciences médicales ont été* relancées dès février 1915 par le Pr Duret[10]. Par contre, la *Société anatomo-clinique,* plus spécialement destinée aux étudiants, suspend ses séances durant toute la guerre.

Les activités hospitalières

Après une année de fermeture, **les dispensaires** Saint-Raphaël et Saint-Camille rouvrent leurs portes aux indigents en octobre 1915. De cette date à juillet 1919, le premier donne 40 602 consultations, le plus gros contingent étant assuré par le Pr Thilliez, chargé des maladies des yeux. Le dispensaire Saint-Camille compte une moyenne de 140 consultations par semaine, mais il n'est plus donné gratuitement de médicaments qui sont devenus rares et atteignent des *prix fabuleux*[11].

Par contre, **la maternité Sainte-Anne**, rue du Port, qui recevait 300 à 400 mères par an et où le Dr Alexandre Bonnet-Laborderie a pris en charge le service, en remplacement du Pr Voituriez, voit s'effondrer sa fréquentation : 84 naissances en 1915, 18 en 1916, 15 en 1917, 36 en 1918 ; moins défavorisée, la maternité de la Sainte-Famille enregistre encore 450 naissances durant ces quatre années. Les causes de cette dénatalité sont évidentes : la plupart des hommes jeunes sont mobilisés et les conditions de vie ne favorisent guère la procréation ; de surcroît le recrutement des accouchées est limité à la seule ville de Lille.

En avril 1917, l'asile d'aliénés de **Lommelet** où le Dr Sablé a remplacé le Pr Bouchaud en 1912, est réquisitionné par les Allemands et tous ses pensionnaires sont évacués.

Pendant toute la guerre, **l'hôpital de la Charité** avec ses 410 lits est le seul établissement hospitalier de la ville habilité à recevoir les malades et blessés de Lille et de sa banlieue immédiate.

Lors de la défense de Lille en octobre 1914, de nombreux soldats blessés y ont été amenés ; trente-deux y sont morts. Mais durant l'occupation, l'établissement ne reçoit plus aucun militaire français ou allemand. Dès le 23 octobre en effet, l'occupant a réquisitionné à son usage l'hôpital Saint-Sauveur. Cette situation entraîne fréquemment un réel encombrement de la Charité – jusqu'à vingt brancards supplémentaires dans le service de chirurgie de 80 lits de l'aile droite – et une promiscuité dénoncée en vain par les médecins, car se côtoient là *les fleurs du bitume, les filles de bar et de respectables mères de famille*[12].

L'Administration des Hospices ayant décidé qu'il n'y aurait plus qu'un seul corps d'internes, l'aile droite, dont tous les internes sont partis au front,

10.– J. Delépine : *La Société des Sciences médicales de Lille pendant la guerre. J Sci Méd Lille,* 1920, n° 1, pp. 9-12, n° 2, pp. 31-35, n° 3, pp. 48-52, n° 4, pp. 64-68.

11.– Mgr E. Lesne : *L'Université catholique, etc., op. cit.*

12.– A. Delassus : *La Faculté catholique, etc., loc. cit.,* p.133.

reçoit donc durant toute la guerre des internes de la faculté d'État qui remplissent d'ailleurs très bien leurs fonctions.

En médecine, où le Pr Léon Vouters et son assistant le Dr Maurice de Vaugiraud sont mobilisés, c'est le Pr G. Augier qui ajoute à sa charge de l'hôpital d'enfants celle de la Charité, aidé par le Pr Lavrand. À son décès en 1917, il est remplacé par le Pr Baltus et le Dr Sablé.

En chirurgie, le service est assuré par le Pr A. Delassus, aidé des docteurs Dominique Augier, Émile Camelot et Joseph Delépine : grâce à une bonne organisation des soins et au dévouement des chirurgiens et des internes, il répond aux besoins de façon satisfaisante. Les blessés sont des victimes des obus antiaériens allemands qui, n'atteignant pas leur cible, explosent en retombant au sol, touchant *par centaines* des civils innocents. Le 11 janvier 1916, à 3 heures 30 du matin, la terrible catastrophe de l'arsenal allemand des Dix-Huit Ponts, boulevard de Belfort, rase le quartier de Moulins[13]. On relève 104 victimes civiles (des familles entières ont été anéanties), 300 à 400 blessés, dont 116 grièvement. Les Allemands reconnaissent officiellement 30 morts. À la Charité, où la plupart des blessés sont hospitalisés ainsi qu'à Saint-Antoine, de nombreuses vitres sont brisées, accentuant de façon dramatique les difficultés de chauffage.

Les services de médecine continuent à accueillir la pathologie habituelle, aggravée par les restrictions alimentaires et la pénurie de combustible, d'autant que les hivers sont rigoureux. Celui de 1915-16 connaît en outre une épidémie de typhoïde dont l'origine hydrique est très probable : on incrimine le *système de distribution d'eau qui ne s'est mis en place que tardivement et reste encore très incomplet*[14]. En outre, les Allemands ont creusé des tranchées avec feuillées du côté d'Emmerin où se trouvent les champs captants pour la ville de Lille. L'occupant impose l'hospitalisation de tous les typhiques si bien qu'en novembre 1915, l'hôpital connaît en quelques jours un afflux de malades, souvent gravement atteints. Le Pr Augier en rapporte vingt observations à la *Société des Sciences Médicales*. Une campagne de vaccination est déclenchée qui limite certainement les dégâts : ainsi, à l'Asile des Cinq Plaies, le Dr Lavrand vaccine 155 des 180 pensionnaires : il n'y aura aucune malade. La plupart des patients hospitalisés n'ont pas été vaccinés ou l'ont été trop tard. L'administration doit ouvrir deux établissements de fortune, l'école Récamier pour accueillir les malades non contagieux et l'ancien couvent des Bleuets de la rue Boileux pour recevoir les typhiques. On recense en tout près de 3 000 malades, 1 800 hospitalisations et 245 décès : parmi ces derniers, figurent un infirmier, une infirmière, deux internes et une religieuse[15].

Durant le même hiver, précoce, long et très froid, apparaissent les premiers cas de scorbut, atteignant enfants et adultes : le Pr Baltus en collige

13.– L'explosion a détruit de nombreuses maisons des rues de Ronchin (actuellement rue Jean Jaurès), Desaix et Kellermann, c'est-à-dire le site actuel de l'hôpital Saint-Vincent de Paul.

14.– D. Bernard, C. Boussemart, L. Dremière et al. : *Lille au fil de l'eau*. Lille, "La Voix du Nord", 2001. Dans les « courées », la distribution d'eau était particulièrement défectueuse.

15.– F. Combemale : *L'Hôpital de la Charité pendant l'occupation allemande. 12 octobre 1914 - 17 octobre 1918. Bull. de la Soc. des Sciences, de l'Agriculture et des Arts de Lille*, 1931-32, pp. 104-137.

17 observations dont sept chez des enfants[16] présentant une forme paralytique (maladie de Barlow) propre à égarer le diagnostic. L'Administration des Hospices développe dans toutes les parcelles de terre disponibles la culture de légumes verts et en particulier celle du cresson alénois, réputé riche en vitamine C, afin de tenter de combattre cette carence. On constate aussi une recrudescence de la tuberculose. La mortalité dans la ville de Lille atteint en 1916 des taux élevés, jusqu'à douze décès par jour.

L'hiver 1917-1918 est tout aussi rigoureux : la Commission des Hospices doit se résoudre à abattre les arbres situés dans l'enceinte de l'hôpital pour chauffer un peu les salles de malades, mais la température n'y dépasse jamais 18°C. C'est également en octobre 1917 que l'autorité d'occupation décrète la saisie de la laine à matelas, remplacée par du crin ou du varech, afin de fabriquer des capotes de laine pour l'armée ; elle recueille ainsi 1 640 kg de laine à l'hôpital de la Charité. La maison Saint-Raphaël subit le même sort : une opérée du jour se voit ainsi retirer brutalement son matelas.

En 1918, c'est une épidémie de dysenterie qui commence à s'étendre, avec une mortalité importante aggravée par la dénutrition. Puis, apparaît la terrible grippe espagnole avec ses pneumopathies foudroyantes.

La libération de Lille le 17 octobre 1918 ne diminue en rien l'activité de l'hôpital. De nombreux blessés civils continuent à arriver, victimes de grenades ou d'obus abandonnés. On découvre aussi les premiers gazés par le chlore ou l'ypérite.

À l'hôpital Saint-Antoine, qui ne vit que de la générosité de certains fournisseurs et de la fidélité des bienfaiteurs, les difficultés sont majeures.

À la mort de son père, Paul Feron-Vrau était venu avec son épouse assurer la Mère supérieure qu'ils continueraient les libéralités de ses parents tant qu'ils le pourraient, c'est-à-dire 6 000 F tous les deux mois (soit 9 600 €/mois) et 18 wagons de charbon par an pendant deux ans, et peut-être plus longtemps. Il est douteux que la famille Feron-Vrau ait pu maintenir pendant la guerre ces dons destinés tant à l'Asile des Cinq Plaies qu'à l'hôpital. En novembre 1914, la Mère supérieure, Mère Hélène, parvient à éviter la réquisition par les Allemands du premier étage de l'hôpital, puis, en avril 1916, l'installation d'un poste d'observation sur les toits : une tradition orale prétend qu'elle ait agité les risques de contagion.

Le quotidien est assuré tant bien que mal. Dans le journal de Mère Hélène, on lit à la date du 5 août 1915 : *Mme Paul Feron-Vrau nous envoie 100 kg de morue…* et plus loin : *on reçoit de Bruxelles, en cachette, trois kg de tapioca, deux boîtes de lait…* Les dons en espèces sont plus rares : ainsi, le 24 octobre 1916, *un monsieur laisse à la portière une enveloppe pour la Supérieure contenant 1 000 F* (soit 3 200 €).

L'activité des services, encore soutenue en 1915 avec plus de 12 500 consultations et 119 hospitalisations, chute brutalement les années suivantes : 63 hospitalisations en 1916, 73 en 1917 dont 12 décès, 3 573 consultations en 1918.

16.– E. Baltus : *Scorbut des enfants et scorbut des adultes au cours de l'épidémie de 1917 à Lille. J Sci Méd Lille*, 1919, n° 40, pp. 264-65. C'est peu de temps avant la guerre, en 1913, que E.V. Mc Collum (É.-U.) commence à mettre en place la nomenclature des vitamines et qualifie de vitamine C la substance hydrosoluble qui protège du scorbut.

Le service de médecine est assuré par le Pr G. Augier et, après sa mort, par le Dr Henri Deherripon. Dans le service de chirurgie, le Dr Dominique Augier reçoit des blessés, des enfants, mais aussi des adultes civils et militaires.

Joseph Willot

Docteur en pharmacie, professeur de pharmacie à la Faculté, Joseph Willot est un *homme d'une intelligence supérieure et d'une haute valeur morale*[17]. Roubaisien, il a une officine et un laboratoire rue du Vieil Abreuvoir. Il s'associe à M. Firmin Dubar, industriel et administrateur de l'Institut Technique Roubaisien, à l'abbé Jules Pinte qui dispose d'un appareil de télégraphie sans fil au même Institut et à Mme Reboux, propriétaire du Journal de Roubaix. Ce petit comité se réunit au domicile roubaisien de M. Dubar, 63 rue du Curoir, et communique les nouvelles à Mgr Charost, au préfet F. Trépont, au sénateur G. Dron, maire de Tourcoing et au Dr Calmette, directeur du service de santé de la région. Fin décembre 1914, ils élaborent ensemble un journal clandestin, ronéotypé, le *Journal des occupés... inoccupés,* d'abord bimensuel, puis hebdomadaire qui, *répandant la lumière de la vérité, soutiendrait les énergies, raffermirait les courages.* Puis, en février 1915, J. Willot crée à Lille *La Patience* avec les abbés G. Delépine[18] et Lemère : le premier numéro, ronéotypé à 250 exemplaires, est distribué à Lille, Roubaix et Tourcoing. Bientôt une presse d'imprimerie permet de tirer 6 à 700 exemplaires du journal devenu quotidien. Afin de brouiller les pistes et d'échapper à la police allemande, le journal paraît simultanément sous différents titres tels que *Les Nouvelles Françaises, l'Écho de France, La Voix de la Patrie, L'Hirondelle de France, La Prudence.* Les risques d'une telle entreprise sont considérables : la publication est suspendue de novembre 1915 à janvier 1916, puis reprend sous le titre de *L'Oiseau de France* en un format réduit à un ou deux feuillets.

L'abbé Jules Pinte — M. Joseph Willot — M. Firmin Dubar
(*Le Monde Illustré* du 5 mars 1923)

Suite à une dénonciation, la police allemande finit par démanteler le réseau fin 1916. L'abbé Pinte est incarcéré en octobre, puis M. F. Dubar et Mlle Dominique Nollet qui a remplacé l'abbé Pinte à l'écoute, mais ces deux

17.– H. de Forge et J. Mauclère : *Feuilles françaises dans la tourmente. Les héros de la presse clandestine dans le Nord envahi (1914-1918).* Berger Levrault, Paris 1932.

18.– Gaston Delépine (1878-1963) : maître de conférences à l'Université catholique en 1903, professeur de géologie, doyen de la faculté des sciences (1923-26 et 1937-40), recteur des Facultés catholiques (1940-49).

derniers sont libérés après la publication d'un nouveau numéro du journal. Le 19 décembre 1916, après une descente de police, d'ailleurs infructueuse, à la Faculté libre des sciences et à l'Hôtel Académique, J. Willot et ses trois typographes sont arrêtés ainsi qu'à nouveau F. Dubar. Le 17 avril 1917, les trois responsables du journal sont condamnés par un tribunal allemand à 10 ans de prison et Mlle Nollet à deux ans et demi. Les autres membres du Réseau sont condamnés à des peines moindres de quelques mois. Willot, Pinte et Dubar sont déportés en Allemagne à la forteresse de Rheinbach, puis à Brandebourg et de nouveau à Rheinbach où ils sont soumis à une réclusion absolue.

Cette captivité dure dix-neuf mois, jusqu'à l'armistice[19]. J. Willot étudie, médite et prie ; il subit à Bonn une grave intervention chirurgicale qui le laisse très affaibli. À son retour, il connaît la gravité du pronostic et se prépare à la mort : il s'éteint au milieu des siens, réconforté par sa foi et son patriotisme, le 31 mars 1919[20].

En France libre : Le Bulletin de Guerre des Facultés catholiques

Professeurs et étudiants de l'Université catholique, mobilisés ou non, sont nombreux hors de la zone occupée. En juillet 1915, le chanoine Dutoit, vice-recteur, récemment libéré d'une captivité de dix mois, se trouve à Limoges où, avec l'encouragement de l'évêque Mgr Quilliet, il lance le *Bulletin de guerre des Facultés Catholiques* destiné à établir un lien entre toutes ces personnes dispersées. Il en fait *le refuge de l'âme, plus vivante que jamais de l'Alma mater, l'écho de ses enseignements, le témoin et l'organe de ses sollicitudes, le messager des joies et des deuils.* Le premier numéro date d'août 1915. En quinze jours, le bulletin recueille 300 noms ; il ira jusqu'à 1 250 ! Plusieurs membres de la Faculté de médecine prennent une part importante à sa rédaction et sa diffusion. Le Pr F. Guermonprez apporte fréquemment des témoignages vécus ; un étudiant de deuxième année, Camille Lermigeaux, entretient au sein de sa promotion *sa belle cohésion de vaillance et de bon esprit.*

Dès le premier numéro, avec l'hommage rendu à Mgr Hautcœur, chancelier de l'Université décédé le 22 mai 1915, s'ouvre une série de notices nécrologiques sous la rubrique *Nos deuils en marge de la guerre.* Dès ce numéro aussi, s'ouvre la rubrique *Comment ils sont morts,* qui fait toucher du doigt l'effroyable hécatombe. On y trouve aussi le relevé des citations et décorations, des articles de fond, les *Bibliographies de guerre,* la rubrique des succès universitaires, l'analyse d'ouvrages parus durant le conflit et aussi

---

19.– Le Pape lui-même est intervenu pour demander la grâce de J. Willot *particulièrement cher au Saint-Siège en sa qualité de professeur de l'Université catholique de Lille, qui est très étroitement rattachée au Saint-Siège. Archivi Segreto Vaticano,* 244 24C, fasc. 343, n° 28476, 21 mars 1917. Cette intervention de Rome était donc antérieure au verdict. Mlle A. Becker, qui cite cette action du Pape (*Oubliés de la Grande Guerre. Humanitaire et culture de guerre,* Relief Hachette Littérature Paris 2003, 396 p.) indique que la mention *particulièrement cher au Saint-Siège* a été barrée *sur la copie conservée au Vatican.*

20.– Mlle D. Nollet, incarcérée à Siegburg pendant 13 mois, a été graciée le 8 septembre 1918 après l'intervention de Mgr Gasperi, mais a passé encore trois mois à Holzminden (duché de Brunswick) où ont été déportées 400 femmes. En janvier 1919, M. et Mme Willot, Mlle Nollet seront cités à l'ordre de la Nation, puis J. Willot, F. Dubar et l'abbé Pinte recevront la Légion d'honneur. Plus tard, Mme Willot (qui a continué la publication de l'*Oiseau de France* après l'arrestation de son mari) et Mlle Nollet seront également décorées.

des *gerbes de poèmes dont la tonalité patriotique correspond à l'idéal du Bulletin et qu'il s'empresse de reproduire [...] 27 pièces de vers publiées en quatre ans !* [21]

Le bilan

Dès 1915, le *Bulletin de guerre* fait état de 49 morts, 30 blessés, 20 prisonniers. En 1916, il cite le chiffre de 100 morts ou disparus. Le dernier numéro de 1918 totalise près de 250 morts ou disparus dont 181 étudiants de l'Université et 21 de la Faculté de médecine et de pharmacie. Plus tard, dans le Livre d'or édité à l'occasion du cinquantenaire de l'Université, la liste s'est allongée à 307 noms d'étudiants et anciens étudiants et elle n'est peut-être pas exhaustive : *parmi nos anciens étudiants, il est peut-être des héros, inconnus de nous, autres martyrs « quorum nomina Deus scit »*. Dans cette liste détaillée, on relève les noms de 41 médecins, pharmaciens et étudiants de la Faculté. La plupart sont morts face à l'ennemi. Plusieurs médecins sont morts, victimes d'une maladie contractée dans les tranchées ou au chevet des malades (notamment de la grippe espagnole en 1918) ou encore des suites d'une intoxication par les gaz de combat. Un médecin meurt du typhus au camp de Cassel, un autre décède à Alger le jour même de l'armistice, des suites de sa captivité ; un autre est victime de son dévouement le lendemain 12 novembre. Le Dr Robert Villette de Dunkerque est assassiné par les bolcheviks à Odessa le 18 mars 1919, alors qu'il n'a pas voulu abandonner ses blessés lors du repli des troupes françaises.

À cette longue liste, il faut ajouter les noms de ceux qui, sans appartenir à la Faculté, en étaient très proches : les Prs Baltus et Faucon ont chacun deux fils tués à l'ennemi en 1915. Le Pr Witz, doyen de la Faculté des Sciences, perd un fils la même année.

La pensée des disparus est évidemment très présente durant l'immédiat après-guerre : dès janvier 1919, le Pr Guermonprez est l'un des premiers à demander qu'on en garde la mémoire. Une plaque commémorative, apposée dans le vestibule de la Faculté, est inaugurée solennellement le 26 juin 1920, jour de la fête de saint Luc. Elle porte *inscrits sur le marbre en lettres de sang* trente-quatre noms, ceux de 13 anciens et de 21 étudiants de la Faculté morts pour la France (la liste n'est donc pas exhaustive). La souscription lancée parmi les anciens, les professeurs et les étudiants couvrant largement le coût de la plaque, il est décidé de consacrer l'excédent à la célébration d'une messe du souvenir *à perpétuité*.

Après le décès du Pr J. Willot, le Pr Carrez prend l'initiative, avec les Prs Guermonprez et Raquet, d'ériger un buste à sa mémoire. Cette œuvre en bronze, due à son ami H. Soubricas (qui collabora avec lui à l'*Oiseau de France*) est remise solennellement au recteur Lesne en 1920 en présence de Mme Willot, de l'évêque de Lille, du recteur d'académie et d'une foule émue. Peu après, le buste est placé sur un socle de granit dans l'allée centrale du jardin botanique menant à la Faculté de médecine et de pharmacie, où il se trouve encore. Chaque réunion de l'association des Anciens étudiants en

21.– J.-P. Ribaut : *Un miroir de la vie universitaire : la revue des Facultés Catholiques de Lille (1879-1979). Revue Ensemble*, 1979, n° 4, pp. 251-267. Depuis 1879, cette revue portait en exergue la devise : *Si Deus pro nobis quis contra nos ? (Si Dieu est avec nous qui sera contre nous ?)*. Celle-ci disparaît en 1914 : peut-être était-elle trop proche du *Gott mit uns* inscrit sur les ceinturons allemands ?

pharmacie comprendra dans son programme le pèlerinage au monument du Pr Willot.

Pendant presque un an, le *Journal des Sciences médicales* consacre lui aussi une rubrique régulière retraçant la carrière de la plupart de ces *héros* et célébrant les mérites et les hauts faits des survivants admis dans l'ordre de la Légion d'honneur ou décorés de la Croix de guerre et de la Médaille militaire.

Au total, la Faculté a fourni neuf médecins et un pharmacien majors de 1re classe, 44 médecins et un pharmacien majors de 2e classe, 187 médecins ou pharmaciens aides-majors de 1re ou 2e classe, 80 médecins ou pharmaciens sous-aides-majors ou auxiliaires. Pour l'ensemble de l'Université, on dénombre 43 Légions d'honneur, 22 médailles militaires et 365 Croix de guerre représentant 537 citations à l'ordre de l'armée. Au lendemain de la guerre, trois professeurs de la Faculté de médecine sont faits chevaliers de la Légion d'Honneur : ce sont F. Guermonprez, A. Besson et J. Voituriez, puis J. Willot, Gustave Battez et René Desplats. Plus tard, les Prs Duret, Lemière, Courty et le Dr Defaux seront également décorés et F. Guermonprez sera élevé au grade d'officier.

Enfin, ces années de guerre ont vu la disparition de Mgr Monnier, ancien chancelier de l'Université, et de Mgr Hautcœur, chancelier. À la Faculté de médecine, on déplore la disparition du Pr G. Augier, décédé accidentellement malgré les soins de Delassus et Camelot, du Pr J.-B. Bouchaud, mort en 1917 à l'âge de 82 ans, d'A. Jousset, ancien professeur, du Pr Redier, du Dr Alexandre Bonnet-Laborderie, maître de conférences. Ce dernier, père de huit enfants, disparaît à l'âge de 38 ans après de lourdes épreuves ; il a vu sa maison incendiée lors des bombardements, a perdu un enfant et a été condamné par les Allemands à trois mois de prison pour un certificat *peut-être un peu trop pessimiste, arraché par un malade à sa bonté*[22].

À la fin de la guerre et outre les pertes humaines, le Nord offre un spectacle de désolation et le tableau final des destructions dépasse toutes les prévisions. En décembre, l'envoyé spécial du *Morning Post* décrit Lille comme *une ville morte, à l'extrémité d'un désert.* Des villes, des villages entiers ont été anéantis et ne sont plus que des tas de gravats. Pendant plus de quatre ans, le Nord a connu l'exploitation méthodique de toutes ses ressources tant économiques qu'humaines. Aux destructions dues aux combats et aux bombardements, s'ajoute la mise à sac des bâtiments, des entreprises et des moyens de transport.

En témoigne notamment la lettre adressée en octobre 1918 à l'Académie des sciences par cinq membres ou correspondants restés en pays occupé et qui viennent d'être libérés. Parmi les signatures, on note celles de deux de nos maîtres, Henry Duret et Aimé Witz[23].

C'est au tribunal de l'histoire qu'il appartiendra d'apprécier l'utilité militaire de la destruction méthodique de toutes nos usines, [...] du pillage de nos propriétés

22.– L. Thilliez : *Le cinquantenaire de la Faculté de médecine. J Sci Méd Lille,* 1927, n° 14, pp. 222-238.

23.– Académie des sciences, séance du 28 oct. 1918. Lettre de Henry Parenty, Édouard Laguesse, Henry Duret, Aimé Witz et Albert Calmette. Dans une séance précédente, l'Académie a décidé que *les scientifiques ne reprendront leurs contacts professionnels avec leurs collègues d'outre-Rhin qu'après « réparations et expiations ».* Cité par A. Becker : *Oubliés de la Grande Guerre, etc., op. cit.,* pp. 355-357.

privées, de la réquisition forcée de nos meubles, de nos matelas, de nos vêtements, de nos objets d'art, de nos ustensiles de ménage, de l'emprisonnement ou de la déportation d'une multitude de nos concitoyens pour simple refus de travailler pour l'armée allemande. Mais il ne nous apparaît pas qu'on puisse excuser ou justifier des tortures cruellement et froidement infligées à toute une population sans défense, et nous estimons que ceux qui les ont ordonnées doivent en être rendus moralement et civilement responsables [...] Sans le moindre égard pour nos personnes ni pour nos institutions scientifiques [...] nous avons été l'objet de perquisitions domiciliaires [...] Que dire surtout de l'atroce cruauté avec laquelle presque tous nos enfants de 14 à 18 ans ont été arrachés à leur famille et éloignés des écoles pour aller, en même temps qu'un grand nombre de vieillards de 60 à 65 ans, former, sur la ligne de feu, des bataillons de travailleurs ? [...] Le nombre est immense de ces pauvres enfants et de ces pauvres vieux, que nous n'avons plus revus, ou dont la santé est irrémédiablement compromise.

Après ce récit, d'un ton violent, qui évoque aussi les envois d'otages à Holzminden et la mort du professeur de chimie Buisine[24], les auteurs crient vengeance et réclament la condamnation de l'Allemagne.

Ainsi, exsangue et ruiné, le Nord, a perdu 9 % de sa population. Lille ne compte plus que 125 000 habitants dont l'état sanitaire est alarmant. Malgré la paix revenue, la population du Nord va encore rester de longs mois isolée du reste de la France : voies de communication rompues, ponts et écluses détruits, chemin de fer – voies et matériel – hors d'usage.

À l'Université, les dégâts sont énormes : les constructions, dont l'entretien a été nul pendant quatre ans, ont beaucoup souffert ; les installations de chauffage et d'éclairage sont inutilisables. Les appareils de laboratoire sont rongés par l'humidité et la rouille.

Lille est libérée par l'armée anglaise le 17 octobre 1918. Le maire Ch. Delesalle déclare : *Mes chers concitoyens. Enfin le terrible cauchemar qui pesait sur nous s'est dissipé ! Lille est délivrée et le cri si longtemps étouffé sur nos lèvres peut sortir librement : Vive la France !* Mais l'exaltation de la victoire ne parvient pas à masquer l'ampleur du désastre : il faut panser les blessures, se remettre au travail et la tâche est immense.

24.– Alphonse Buisine, professeur de chimie à la Faculté des sciences (État), est déporté en Lithuanie et y meurt fin mars 1918.

Chapitre XI.
1919-1929 : l'après-guerre. Un rétablissement difficile

À la fin de la Grande Guerre s'ouvre une période de vingt ans que l'on nomme aujourd'hui l'entre-deux-guerres et qui n'a été qu'un long armistice. Dans une France victorieuse, mais épuisée, les premières années d'après-guerre sont marquées au plan politique par une relative stabilité et un calme apparent. Certes, la Grande Guerre et l'Union sacrée ont apaisé bien des conflits, même s'il persiste une sourde hostilité ou, au mieux, une feinte indifférence des autorités envers la Faculté libre. En 1924, le Cartel des gauches, entraînant la démission du président A. Millerand et la formation d'un gouvernement radical-socialiste, suscite bien un réveil de l'anticléricalisme et menace de nouveau les congrégations religieuses, mais le sursaut immédiat des catholiques stoppe ces velléités.

Nous divisons cette période en deux chapitres correspondant à deux décennies : les années 1919-1929 voient, non sans mal, la Faculté réparer ses dommages, reconstituer son corps professoral, et reprendre sa croissance en dépit de nouvelles difficultés. À la fin de cette décennie, 1929 est une année charnière : elle marque le début d'une crise économique mondiale, mais aussi la mise en œuvre en France des Assurances sociales et, pour la Faculté, la nécessité de choix décisifs. La seconde décennie, une nouvelle avant-guerre, connaît une relative stabilité alternant épreuves et réalisations, dans un climat de lourdes menaces.

Difficile reprise

Après l'armistice du 11 novembre 1918, accueilli avec un immense soulagement, la démobilisation s'étale jusqu'au milieu de l'année 1919. Dès leur retour, les enseignants reprennent leur poste sans difficultés, sous la direction du doyen Agile Delassus, reconduit dans ses fonctions par le recteur. Les étudiants libérés progressivement s'inscrivent à tout moment de l'année, en cumulant fréquemment les quatre inscriptions requises à la faveur d'une autorisation du recteur d'académie facilement obtenue. On aménage des programmes d'enseignement accéléré, en particulier pendant l'été 1919. Des sessions spéciales d'examens sont organisées ; on conseille aussi aux étudiants de présenter aux jurys leurs états de service militaire, avec titres et distinctions. En février 1919, les concours d'internat et d'externat sont rétablis : la moitié des places est réservée aux anciens militaires.

À la tête de l'Université, Mgr Émile Lesne a succédé à Mgr A. Margerin décédé en 1919. Malgré le jugement abrupt de certains professeurs[1], le nouveau recteur va s'investir efficacement dans la restauration de la Faculté de médecine.

Celle-ci se trouve dans une situation grave. Les propos du doyen Delassus à la séance de rentrée du 18 novembre 1920[2] sont bien optimistes : *La Faculté de médecine n'est pas morte ; elle n'est même pas endormie. Elle vit, elle travaille. Tout va bien à bord,* répète-t-il l'année suivante. En fait, la guerre a laissé de graves séquelles, matérielles et morales. La renaissance sera longue et difficile, comme en témoignent les rapports alarmants des doyens Baltus (doyen en 1922), Thilliez (en 1925) et d'autres professeurs de la Faculté. Ils furent sans doute rédigés à la demande des autorités supérieures[3].

Un premier rapport anonyme datant probablement de 1923 identifie trois points sur lesquels il y aurait lieu de faire porter les efforts :

- Reconstitution matérielle : installation du chauffage central et de l'électricité, réorganisation des laboratoires,
- Réforme de la mentalité des étudiants : reprise en main de l'internat, *une force à canaliser et à utiliser* ; suppression de l'Association Corporative des Étudiants en Médecine (ACEM) qui est devenu *un Soviet, dont les délégués traitent de puissance à puissance avec le doyen,*
- Recrutement du corps enseignant : sur les douze professeurs nommés depuis douze ans, cinq seulement ont subi un concours d'entrée[4], six autres ont été recrutés à l'extérieur[5] : *On avoue son impuissance à former une élite et l'on s'abaisse au rang d'école secondaire. On décourage les éléments jeunes qui appartiennent en propre à la Faculté. On supprime les traditions et on ruine l'esprit de la maison [...] Pour remédier à cet état de choses, il convient que le Recteur tienne compte des conseils techniques de la Faculté [...] pour tout ce qui regarde généralement la vie de la Faculté, en particulier pour le choix des professeurs et pour l'appréciation de leurs titres scientifiques.* Entre autres, *qu'en matière de recrutement, on n'ait recours*

1.– Ainsi, le Pr F. Guermonprez, dont on connaît le goût pour la polémique, écrit le 15 déc. 1920 à Mgr Chollet, lui signalant *une série de graves erreurs par lesquelles Mgr Lesne a porté préjudice à la Faculté de médecine et de pharmacie.* Dans une lettre à Mgr Quilliet du 25 juin 1921, il reproche encore au recteur d'avoir dit, à la fête de saint Luc, une messe basse, *lugubre,* au lieu d'une *messe solennelle et festive.* (Arch. Dioc. de Lille). De même, du moins initialement, le Pr L. Thilliez juge le recteur *cassant et autoritaire.*

2.– Rapport de M le Pr Delassus : *J Sci Méd Lille,* 1920, n° 48, pp. 370-376.

3.– Arch. I.C.L. Ces différents rapports sont conservés dans le dossier PZc.

4.– Les cinq professeurs nommés après concours sont C.Lepoutre et A. Bernard, prosecteurs et chefs de clinique, A. David et J. Delépine, chefs de clinique et A. Delattre, prosecteur. Il s'agissait de vrais concours, mais que l'on dirait aujourd'hui « mineurs » par rapport à l'agrégation. À ces cinq professeurs, il faut ajouter H. Deherripon, également issu de la Faculté.

5.– Viennent *de l'extérieur* les professeurs Vouters, Barbet, de Vaugiraud, Battez, Courty et Cappe de Baillon. À ces six membres, *qui ont eu d'emblée des situations importantes ou un avancement rapide,* il convient d'ajouter le professeur Billet, alors pressenti : il y a là, répète l'auteur du rapport, *une disproportion frappante en faveur de l'élément étranger.* Quant à Barbet, maître de conférences d'anatomie, il n'est resté que peu de temps à la Faculté, de novembre 1913 à la mobilisation de 1914.

aux personnalités étrangères qu'à titre exceptionnel et que toutes les nominations soient faites au concours.

L'auteur rapporte des faits précis : ainsi, l'administration *a réorganisé complètement la Maison de santé Saint-Camille sans demander aucun avis médical, ni celui du doyen, ni celui de la Commission des dispensaires, ni celui d'aucun chirurgien opérant dans la Maison.* Il revient sur la nomination *à titre étranger* du professeur Billet *auquel on offre comme joyeux avènement la clinique chirurgicale infantile et l'on en dépossède froidement M. Lepoutre.* De même, avec la nomination des professeurs Battez et Courty, *la Faculté aurait tendance à devenir une succursale du Val-de-Grâce*[6]*...*

Le rapport du professeur F. Guermonprez, daté du 1er mai 1924, est moins agressif, mais non moins pessimiste : *Il est exact que la faculté catholique et libre de médecine et de pharmacie, la seule qui existe en France, est mise en péril depuis ces dernières années. On s'est mépris, quand on a généralisé aux dépens des professeurs de cette Faculté le reproche d'indifférence et d'incurie. Leur silence a été plus d'une fois inspiré par une sollicitude exagérée pour les besoins des autres facultés. Une pareille discrétion doit prendre fin. Il est temps de dire que la confiance des familles n'est plus justifiée, que la formation commencée dans les collèges catholiques n'est point continuée, que les étudiants n'ont pas ce qui leur est nécessaire, que l'institution elle-même périclite à ce point que, s'il n'y est point pourvu à bref délai, elle est proche de sa ruine.*

F. Guermonprez expose quelques faits concrets : Les locaux sont rendus inhabitables *par la privation de chauffage depuis l'hiver 1913-1914 [...] Les séances du Conseil de faculté sont habituellement écourtées par la dissémination prématurée des professeurs, qui se sentent touchés par la menace immédiate d'une maladie* a frigore *[...] Les professeurs, qui travaillent, sont obligés de fuir les locaux inhabitables et désertiques.* En dehors des deux amphithéâtres, le service de matière médicale est utilisé par tout le monde, mais, dans la grande salle de ce service, *le puissant calorifère qu'on y allume donne une telle fumée que les professeurs et étudiants sont mis en fuite dans des quintes de toux intolérables [...] L'enseignement de la matière médicale est devenu nécessairement incomplet, faute d'éclairage artificiel suffisant pour l'hiver...*

En mai 1924 également, le doyen Baltus confirme *les conditions les plus défectueuses du fonctionnement* des laboratoires de la Faculté. *Chose incroyable [...] tout chauffage a été supprimé d'une façon générale pour n'être maintenu, et encore d'une façon intermittente, que dans le grand et le petit amphithéâtres, tous deux munis de poêles que le concierge allume une ou deux heures avant les cours [...] Les laboratoires sont devenus inhabitables et même dangereux pendant la majeure partie de l'année scolaire. On n'y peut travailler que trois mois par an, avec un matériel de plus en plus dégradé par le froid et l'humidité. D'autre part, le personnel domestique est tout à fait insuffisant [...] Les professeurs les désertent.* Et de détailler la grande misère des différents laboratoires : physiologie, parasitologie, physique, bactériologie. *Seul le laboratoire d'anatomie fonctionne d'une manière à peu près satisfaisante, mais le préparateur excellent qu'il a la chance de posséder étant payé de façon insuffisante, il y a lieu de redouter le départ de ce précieux auxiliaire, ce qui serait le signal d'une déroute.* Le doyen confirme les dires de F. Guermonprez concernant le laboratoire de matière médicale

6.– On peut relever quelques inexactitudes dans ce rapport anonyme : en fait, Vouters et Courty sont anciens élèves de la Faculté et Battez n'est pas un ancien médecin militaire..

qui *a changé de destination. Par suite de la température hospitalière qu'on est assuré d'y trouver et qui contraste avec le froid glacial des autres salles, on a pris l'habitude de l'utiliser pour les objets les plus divers, voire même pour les conférences d'externat. C'est moins un laboratoire qu'un chauffoir public...*

Ernest Baltus

Un autre rapport du 6 août 1925, lui aussi anonyme, mais probablement rédigé par le père Loiselet[7] et adressé à Mgr J. Chollet, archevêque de Cambrai et président du Conseil supérieur, est d'un ton plus dramatique encore : *La Faculté catholique de médecine agonise lentement.* Pourquoi ? Certes, son recrutement augmente d'année en année[8], mais, malgré le *coût élevé de la vie à Paris, très peu d'élèves terminent chez nous. Pour expliquer cette situation, il faut invoquer des causes d'ordre scientifique et d'ordre moral :* les professeurs *se désintéressent de leurs élèves, font le strict minimum, sacrifient trop à la clientèle. Il est vrai que les traitements d'avant-guerre n'ont pas été suffisamment relevés [...] Ils ne font pas suffisamment œuvre scientifique : production scientifique nulle pour certains, insuffisante pour la plupart. Quelques jeunes éléments introduisent même des mœurs de dichotomie éhontée, dont rougissent certains praticiens indépendants.*

En ce qui concerne les étudiants, *l'internat qui donnait jadis le ton n'existe plus,* les internes de la Faculté sont disséminés. *Plus d'esprit de corps, plus de tradition, plus d'action morale sur les collègues, sur l'ensemble des étudiants. Il est inadmissible de rencontrer en ville des internes de la Catho affichant leurs maîtresses. Inadmissible d'avoir dans leurs rangs un communiste qui déblatère contre la patrie [...] Préoccupation trop évidente de se procurer de l'argent par des remplacements à toute époque de l'année [...] On a vu certain samedi le service de chirurgie dépourvu de chef (en permission motivée), d'assistant, de chef de clinique et d'internes. La Société anatomo-clinique, qui a été fondée pour les internes et qui devrait être alimentée par eux, ne reçoit rien ou presque. Les « patrons » ne produisent pas, les internes non plus, les externes encore moins. L'ACEM est un foyer de désordre et d'action soviétique. Où est l'enseignement ? Comment sont soignés les malades ? La mentalité des étudiants est à redresser.*

Le rapporteur formule quelques propositions concrètes :

- Fonder un hôpital complet, grand et moderne, qui serait une clinique payante (l'hôpital gratuit est menacé de disparition puisqu'il n'y a plus d'indigents),

7.– Le père Joseph Loiselet S.J était docteur en médecine avant d'entrer dans la Compagnie. Envoyé en mission comme médecin de dispensaires et léproseries à Madagascar, il est ensuite professeur à la faculté française de médecine de Beyrouth ; en 1923, il vient à Lille enseigner la parasitologie.

8.– Selon ce rapport : 15 élèves de 1re année en 1922, 20 en 1923, 22 en 1924, 35 au moins en 1925.

- Donner au corps enseignant une juste idée de ses devoirs,
- Exiger des cours bien préparés et une production scientifique plus intense,
- Épurer l'internat (avant le concours) et le corps étudiant des éléments de déliquescence,
- Supprimer l'ACEM : on y parle trop des droits des étudiants, pas assez de leurs devoirs.

Monseigneur Chollet est donc alerté. Très attaché à la Faculté de médecine, il réagit rapidement en envoyant au recteur, au doyen et sans doute à quelques professeurs un questionnaire détaillé reprenant les différents points évoqués ci-dessus : manque de malades, carence de certains professeurs, crise de l'internat, comportement de l'ACEM, création d'un nouvel hôpital. Quatre réponses sont dans le dossier, celles du doyen Baltus, en fin de mandat, du père Loiselet, du doyen Thilliez nouvellement élu et du recteur Lesne : même si elles aboutissent aux mêmes conclusions ; il semble intéressant de les détailler.

Le doyen Baltus tend à calmer le débat : il prend la défense de ses collègues et estime qu'il est *excessif de prétendre que [...] les services cliniques manquent à la fois de professeurs et de malades. La vérité est que les professeurs, en raison des exigences d'une clientèle dont ils ne peuvent se désintéresser ou pour d'autres causes, n'ont pas toujours l'exactitude désirable et cela est d'un mauvais effet sur les étudiants [...] En revanche, la dispersion excessive de certaines catégories de malades (tuberculeux, contagieux) par le fait de mesures administratives exigées elles-mêmes par les lois de l'hygiène, a diminué d'une manière certaine et très fâcheuse nos ressources d'enseignement.*

Les professeurs ne se désintéressent pas des étudiants : ceux-ci, *par suite d'une tradition généralisée dans tous les centres d'enseignement, même à Paris, s'abstiennent de suivre la grande majorité des cours purement théoriques.*

Il n'est pas exact de prétendre que les professeurs publient peu, à moins que l'on ait en vue que les gros ouvrages. Ils publient beaucoup au contraire, surtout dans l'ordre clinique [...] La pénurie n'existe que pour les travaux de laboratoire, en raison de la défectuosité de leur installation, de leur outillage, de l'absence de personnel auxiliaire.

On s'est demandé encore si certains jeunes praticiens pratiquaient la dichotomie en clientèle [...] Ces confrères peu délicats se trouvent-ils dans nos rangs ? On murmure le nom d'un chirurgien et d'un médecin, mais cet humiliant soupçon ne saurait atteindre la majorité du corps professoral dont le désintéressement et l'esprit de charité sont universellement reconnus.

Il est malheureusement exact que l'internat ne forme plus un corps ayant de bonnes traditions et exerçant une action salutaire [...] Ces jeunes gens sont trop portés à gagner de l'argent par des remplacements et ce reproche est applicable à un grand nombre d'élèves de 3e et 4e année. Cette tendance est tellement accentuée que, au cours de mes deux décanats, j'ai fait afficher en permanence à la faculté, les dispositions législatives qui punissent ces infractions si dangereuses pour la santé publique.

Quant à l'Association corporative des étudiants en médecine, on en est encore à chercher les avantages alors que ses inconvénients sont des plus manifestes. Non contente de se constituer en agence de remplacements, elle est devenue peu à peu un foyer d'insubordination. Mais sa suppression serait une mesure aussi impopulaire qu'inopérante... Il y avait jadis un aumônier attaché au cercle des étudiants. Peut-être serait-il bon de le rétablir en faisant choix d'un prêtre doué de beaucoup de tact et de zèle.

Il serait extrêmement avantageux pour la faculté d'avoir un hôpital lui appartenant en propre, mais à la condition que les malades reçus dans cet établissement pussent servir à l'instruction des élèves. Serait-ce le cas d'un hôpital payant, c'est-à-dire d'une maison de santé ?

La réforme de l'internat est bien souhaitable, mais bien difficile à réaliser. Un des plus grands obstacles est dans la camaraderie de nos élèves avec les internes de l'État. Jadis nos internes étaient dans des conditions plus favorables au développement de leur esprit de corps ; ils prenaient leur repas en commun dans une maison de famille ; ils disposaient d'un local et d'une bibliothèque au dispensaire Saint-Raphaël. Tout cela a été supprimé au détriment de la cohésion du corps de l'internat.

Non sans vigueur, le père Loiselet reprend les propositions et accusations énoncées dans son premier rapport : *En dehors du professeur de clinique médicale, il n'existait plus d'enseignement clinique. Est-il vrai que bon nombre de professeurs se désintéresseraient des étudiants ? Oui, la course à la visite empêche tout [...] Les jeunes sont plus difficiles, mais un peu d'affection de la part des professeurs les attirerait et les retiendrait.*

Personne ne publie, sauf D'Halluin [...] Lorsqu'on demande à l'un d'entre nous : quels sont vos collègues ? Qu'ont-ils publié ? Nous répondons Duret, car le mal n'est pas d'aujourd'hui.

Sur la question de la dichotomie, le père Loiselet a une opinion nuancée : *Si elle existe – et elle existera toujours – et si l'autorité la défend, elle se cachera [...] Au reste, pourquoi condamner la dichotomie, pratiquée et resserrée en de certaines bornes ?*

En ce qui concerne les internes, *après le concours, la plupart ne travaillent plus, parce que les professeurs n'y tiennent plus la main.*

Les remplacements sont la plaie de la Faculté catholique. Il est absolument nécessaire de couper ce mal dans sa racine.

L'ACEM *a donné jusqu'ici des fruits d'indépendance et d'irrespect : je crois que c'est tout ce qu'elle a donné.*

Un hôpital spécial aux Facultés catholiques ? *Oui certes [...], mais que d'argent faudrait-il engouffrer dans cette fondation, qui devrait être importante.*

Parmi les actions à mener, le père Loiselet propose d'épurer l'ACEM et l'internat, de rappeler les professeurs à la conception de leurs devoirs et de rétablir la discipline chez les étudiants.

Dans une lettre complémentaire à Monseigneur Chollet, le père Loiselet souligne de nouveau *la désaffection des étudiants* qui s'est manifestée par *un vide sérieux dans les rangs de la 5e année.* Une des raisons de cette désaffection est que *les services de clinique sont jugés insuffisants,* mais il ajoute que la charge est trop lourde pour un seul professeur, alors que dans toutes les facultés, il existe deux professeurs de clinique médicale et deux professeurs de clinique chirurgicale.

Le rapport du professeur Thilliez, datant sans doute du début de son décanat, partage cette appréciation très sombre de la *crise que traverse en ce moment notre faculté de médecine.* Il la voit surtout du côté des étudiants dont la mentalité a beaucoup changé depuis la guerre : *Une jeunesse qui n'est plus celle de jadis : indépendance, réalisme, utilitarisme font de nos jeunes gens des masses difficiles à manier. Le P.C.N. marche normalement parce que l'étudiant sait qu'il est surveillé et dirigé. L'entrée en médecine est le début de la liberté. De mauvaises traditions y sont établies ; d'emblée, il les suit et, de mois en mois, puis d'année en année, il oublie tous les règlements d'assiduité, d'assistance aux cours, etc. L'assistance aux cours décroît avec la scolarité : seuls les travaux pratiques ont encore quelque succès parce que les livres ne peuvent les remplacer. On ne va plus aux cours théoriques. Cette consigne est donnée par quelques étudiants qui sont des meneurs qu'il est nécessaire de dépister et d'expulser sans délai. Une première sélection devrait se faire après l'année de P.C.N. Les éliminations suivantes se feraient sur des faits avérés et signalés [...] Le doyen n'a aucun pouvoir effectif. Il n'est pas chargé de la discipline qui incombe au vice-recteur. Cette épuration va-t-elle diminuer les effectifs ? Sans doute, mais quand on saura, dans les familles, que l'on renvoie les cancres, les brouillons, les paresseux, et qu'on ne garde qu'une élite, alors, mais alors seulement, on demandera à faire partie de la maison et nous refuserons du monde, après une période de diminution passagère.*

À voir inefficaces, faute de sanctions réelles, les décisions prises en séance de Faculté, à voir les vœux rester à l'état de lettre morte, les réclamations tomber dans le silence et l'oubli, les professeurs eux-mêmes sentent s'éteindre le feu sacré et l'ardeur qu'ils avaient en eux. Faire son cours devant un ou deux ou trois étudiants, au lieu de dix, vingt, trente et plus qu'il devrait avoir, ne saurait stimuler le professeur...

Le professeur Thilliez propose donc en premier lieu le rétablissement de la discipline, non seulement chez les étudiants, mais aussi chez les professeurs eux-mêmes et le personnel subalterne.

Mgr E. Lesne

Il appartient au recteur Monseigneur E. Lesne de faire la synthèse de ces différents rapports, ainsi que des réponses de quelques professeurs de clinique qu'il a interrogés. Ses propos rejoignent ceux du père Loiselet. La carence de certains professeurs n'est pas douteuse : tel chirurgien[9] reconnaît n'avoir pas donné régulièrement ses leçons cliniques. Son assistant et lui-même n'arrivent *à l'hôpital qu'à 9 h 1/2 après avoir opéré en clientèle* et *chacun se réserve de s'absenter de l'hôpital deux jours par semaine, par roulement entre eux, en faveur de leur clientèle. L'un d'eux est d'une conscience professionnelle peu sûre.*

9.– Dans son rapport du 26 octobre 1925, Mgr Lesne cite bien sûr les noms des professeurs incriminés qu'il nous semble préférable de ne pas mentionner.

En médecine, le professeur L. Vouters, d'une santé chancelante (il a été gazé pendant la guerre) *n'a pu, l'an dernier, paraître à l'hôpital, depuis décembre jusqu'à Pâques. Son assistant [...] a médiocre autorité en raison de son peu d'exactitude, de sa chasse à la clientèle.* Le manque de malades, surtout net en médecine, est dû à l'absence de services de contagieux et de tuberculeux.

Une réponse du professeur Billet, nouveau venu dans la Faculté, est intéressante : pour lui, *l'enseignement clinique est insuffisant,* du fait des maîtres qui *n'ont pas fait et ne font pas école.* Alors que *partout ailleurs il existe au moins deux services de clinique médicale et deux de clinique chirurgicale,* l'enseignement d'un seul maître, fut-il excellent, lasse les étudiants et explique le départ de nombreux étudiants qui *vont chercher à Paris des ressources cliniques moins maigres et moins usées que les nôtres*[10].

Les publications sont faibles : *les professeurs sont trop absorbés par leur clientèle pour produire.* Les professeurs Billet et Loiselet observent qu'à un certain nombre d'exceptions près, les notes présentées à la Société anatomo-clinique ou parues dans le Journal des Sciences Médicales sont médiocres. *Des étudiants parlent à mots couverts de cours où sont professées des erreurs, des méthodes périmées.*

En ce qui concerne l'ACEM, si *toutes les personnes consultées sont d'accord qu'elle présente plus d'inconvénients que d'avantages, tous estiment qu'une suppression brusque, décrétée d'autorité, ne serait ni comprise, ni admise des étudiants.*

Quant aux remplacements, ils sont *légitimes et bienfaisants au cours de la 5e année : c'est un stage très utile pour les futurs praticiens [...] Les pouvoirs publics ferment les yeux en dépit des règlements qui n'admettent à des remplacements que les étudiants pourvus de 16 inscriptions [...] Une interdiction des remplacements pourrait faire le vide.* Faute d'un contrôle des présences en 4e et 5e année, il faudrait rétablir les certificats de stage *que l'État avait cessé de réclamer.*

L'internat souffre d'une base de recrutement insuffisamment large *par suite du désistement et du départ des meilleurs,* mais aussi *d'une vie exclusivement menée à l'hôpital où désormais par décision de la Commission des Hospices, les internes logent et prennent leur repas*[11], d'où des rapports plus fréquents et plus familiers avec les internes de l'État dont la fréquentation est estimée nocive[12]. La réforme de l'Internat s'avère délicate : son règlement a été récemment remanié par la Commission des Hospices qui a rejeté toute clause au sujet de l'esprit et de la moralité des candidats. Reste la possibilité d'établir, s'il y a lieu, avant le concours, un triage et d'exclure les *indésirables...,* ce qui devrait être fait dès les premières années.

Et le recteur propose des solutions : élimination à l'issue du PCN, d'ailleurs effective depuis deux ans, élimination, plus délicate, en cours

10.– Dans le détail, à la rentrée de 1926, deux étudiants sortant de 3e année et quatre étudiants sortant de 4e année (sur 18) se retirent. Selon le Pr Billet, le dernier concours d'internat a été déplorable avec 3 candidats, dont deux sortent de 3e année, pour 3 places. Pour le clinicat, *on est le plus souvent trop heureux de prendre le candidat unique qui s'est présenté.*

11.– Auparavant, tous les internes prenaient leur repas dans une maison de famille. Dès lors, l'interne de Sainte-Anne et celui de Saint-Camille ont seuls leur table à la maison Saint-Louis.

12.– *Le milieu de l'État médical* est décrit par L. Thilliez comme *révolutionnaire, anticlérical, débauché : la fournaise !* Notes manuscrites de L. Thilliez. Arch. I.C.L. dossier P5C1 d'études, bonne tenue des feuilles de présence aux cours et à l'hôpital, action personnelle du doyen auprès des professeurs et des étudiants (alors que, dit-il, *l'action décanale a été médiocre ces dernières années [...] Le temps, le goût, le tempérament ont fait défaut*). La création d'un hôpital propre à la Faculté est certes *très désirable,* mais il faudrait pour cela *un organisme étranger, mais favorable aux facultés,* tel qu'un *consortium de patrons.* À défaut d'un nouvel hôpital, il serait possible d'augmenter les ressources cliniques par la création de cliniques de spécialités (voies urinaires, maladies de la peau, clinique des yeux). Saint-Camille pourrait fournir quelques lits : *tout tient à la dépense et surtout au personnel.* Après le départ de la maternité, Saint-Raphaël aura aussi des disponibilités de locaux. L'inconvénient actuel est de *partager les lits hommes et femmes en deux maisons assez distantes. Ce pourrait être une période transitoire,* si tout au moins, *la communauté l'acceptait.* Dans les deux maisons, quelques malades pourraient être *demi-payants.* L'asile des Cinq Plaies pourrait être utilisé pour une clinique médicale des incurables. Toutefois, là aussi, il faudrait tenir compte *des défiances des Franciscaines et de leur souci de garder leur autonomie.* Il faudrait remplacer le Pr Lavrand par un médecin venu de l'extérieur et capable également de suppléer le Pr Vouters à la Charité. L'hôpital Saint-Antoine a encore des *ressources importantes de locaux inutilisés...* Enfin, *l'absence ou l'insuffisance des services complémentaires [...] fait un grand tort à la faculté.* Ainsi, il est indispensable de créer un laboratoire d'analyses et de recherches bactériologiques. De même, le service de radiologie et de radiothérapie de Saint-Camille, pourvu grâce à une société américaine, d'un fort beau matériel, ne fonctionne pas encore, après trois ans d'attente...

Un nouveau décanat

S'appuyant sur les conclusions alarmantes de ces rapports, un nouveau décanat va mettre en œuvre les réformes qui s'imposent. Le 1er novembre 1925, quelques jours après ce rapport de Mgr Lesne, le professeur Léonce Thilliez, titulaire de la chaire d'ophtalmologie, prend les fonctions de doyen et prétend les exercer pleinement : *Il n'y avait en fait pas de doyen,* note-t-il[13]. D'emblée, il prend possession du cabinet du doyen qui, au cours du décanat précédent, était annexé au laboratoire de physiologie. En quelques mois et après quelques tensions, il acquiert la confiance du recteur avec lequel *les rapports sont devenus très aimables*[14]. Désormais, les deux hommes vont travailler au redressement de la Faculté : la tâche ne sera pas aisée en raison, semble-t-il, d'une sourde opposition d'une partie du corps professoral, formée d'anciens professeurs issus de la Faculté et manifestement hostiles à toute réforme. La correspondance du doyen Thilliez avec Mgr Chollet ou avec le père Loiselet témoigne de ses difficultés et parfois de sa lassitude[15].

13.– Notes manuscrites de L. Thilliez. *loc. cit.*

14.– Lettre du doyen à Mgr Chollet du 5 novembre 1926. Arch. I.C.L., dossier P5C1.

15.– Ici encore, cette correspondance contient parfois des appréciations fort péjoratives sur certains membres du corps professoral qu'il nous semble préférable d'occulter. Ainsi, par exemple, lorsque le doyen apprend que tel professeur (dont il dit ailleurs *Quand en serai-je débarrassé* ?) cesse son enseignement, son commentaire est simplement : *Ouf !*

Léonce Thilliez

En témoigne aussi la lettre des étudiants adressée au doyen et au recteur : datée du 25 novembre 1926, c'est-à-dire un an après la prise de fonction du doyen Thilliez, elle porte 78 signatures. Sans ambages, les étudiants dénoncent *l'insuffisance, depuis longtemps notoire, de l'enseignement reçu à la Faculté catholique de médecine.* Les lacunes sont nombreuses et graves : *infériorité flagrante* des cours fondamentaux de pathologie, cours de chimie biologique et de bactériologie *aux mains de professeurs qui se révèlent en dessous de leur tache,* désaffection de l'hôpital de la Charité où *la moitié de nos salles sont vides [...] le service de l'aile droite n'est plus représenté à la consultation qui trie et canalise les malades à leur entrée à l'hôpital,* dispensaires dont la fermeture annuelle est *une plaie [...] qui affaiblit chaque fois pour de longs mois le recrutement des malades,* manque de moyens des services de dermatologie et d'urologie malgré la compétence des chefs de service, pas de véritable enseignement clinique obstétrical.

La conclusion est sans ménagement : *Il faut bien reconnaître que si la plupart des étudiants parviennent à se mettre en mesure d'exercer convenablement la profession médicale, et si d'autre part quelques-uns de nos maîtres se sont acquis par leurs travaux une juste réputation scientifique, ce n'est pas grâce à notre Faculté, mais bien malgré elle ou du moins sans elle.*

Tout en reconnaissant les efforts déployés par le doyen Thilliez, ce réquisitoire se termine par quelques demandes expresses : s'étonnant des *largesses accordées à d'autres membres plus heureux de l'Université catholique nous emplissant d'une légitime jalousie*[16], les étudiants demandent d'une part des laboratoires actifs et modernisés (tel laboratoire est *totalement improductif* ; tel autre *malgré son urgente nécessité n'existe pas,* d'autre part un recrutement professoral rigoureusement contrôlé par un concours d'agrégation.

Dans son *rapport sur l'état de la Faculté de médecine* adressé au recteur en fin 1926, le doyen ne donne pas tort aux étudiants : *Après examen, il résulte que sur un grand nombre de points, leurs réclamations sont justifiées.* Il confirme *les graves insuffisances* de la clinique médicale de la Charité, de la clinique obstétricale où *le professeur n'a pas fait dans son année trois mois de service*, des dispensaires qui, *devenus une succursale du Bureau de bienfaisance, [...] ont perdu leur raison d'être.*

16.– En dehors de Guermonprez qui évoque la *sollicitude exagérée pour les besoins des autres facultés,* on ne trouve pas cette plainte dans les autres rapports. Nous verrons qu'elle est cependant fondée.

Quelques cours sont bien faits et suivis par les étudiants, tel celui du Pr Parturier qui est un *véritable succès* ; d'autres sont *totalement inexistants* et, pour certains, *inexistants depuis 30 ans. On se plaint des élèves : c'est facile !*

L. Thilliez expose alors les remèdes à apporter à cette situation. La première est certainement de restaurer l'autorité du doyen et ses pouvoirs : *Rien de ce qui est capital ne regarde le doyen,* déclare-t-il, ou encore : *Il faudra faire acte Mussolinien...* Avec l'appui du recteur et le soutien de quelques professeurs *qui désirent réellement l'intérêt de la faculté,* il va appliquer son programme pendant deux ans.

Bâtiments et locaux

Locaux, appareils, collections ont beaucoup souffert de la guerre. Les fonds manquent et, de toutes parts, on recherche des subsides ; ainsi, le chanoine E. Dimnet[17] se rend aux États-Unis où il donne des conférences dans les églises, les universités, les cercles et les salons. Il recueille ainsi plus d'un million de francs. Mais, apparemment, la priorité est donnée à l'Hôtel académique dans la perspective de la célébration du Cinquantenaire de l'Université. En 1922, la chapelle absidiale peut être achevée ainsi qu'en 1925 l'aile droite abritant les facultés de droit et de lettres.

À la Faculté de médecine, tant bien que mal, on répare les dégâts et on cherche à s'équiper. Le doyen *fait plâtrer* le second étage pour installer le laboratoire central de chimie biologique, ainsi que la salle de travaux pratiques de chimie et de pharmacie, en raison de l'augmentation du nombre d'élèves en pharmacie : en janvier 1928, la section de pharmacie peut prendre possession des ces locaux. À l'instigation du père Loiselet, il fait l'acquisition de 42 microscopes pour les laboratoires d'anatomie pathologique et d'histologie. L'appareillage des laboratoires de physiologie est *complètement renouvelé et [...] soutient la comparaison avec celui des installations de physiologie les plus perfectionnées*[18]. L'année suivante, les laboratoires de bactériologie, de chimie biologique et d'anatomie pathologique sont installés ou réaménagés.

Recrutement des professeurs

Avant même le décanat de L. Thilliez, le recteur Mgr Lesne a nommé plusieurs professeurs de premier rang, mais non sans difficultés : *Cette question du recrutement des professeurs n'est probablement pas de mon ressort,*

17.– Chanoine Ernest Dimnet (Trélon 1866-Paris 1954). Agrégé d'anglais, licencié ès lettres, ordonné prêtre en 1903, il a été professeur aux collèges Saint-Jean de Douai, puis Stanislas de Paris. Il a vécu longtemps aux États-Unis et a publié de nombreux ouvrages en langue anglaise, notamment *The art of thinking* qui a connu la notoriété outre-Atlantique. Une citation de lui est assez célèbre : *Ideas are the root of creation.* Il semble que ce soit après son succès à l'agrégation d'anglais (et celui de l'abbé Lesne à l'agrégation d'histoire), que le ministère ait interdit l'agrégation aux ecclésiastiques, décision confirmée par l'arrêt du Conseil d'État concernant l'abbé Bouteyre le 10 mai 1912. Cette décision n'a été abrogée qu'en 1970 !

18.– *Livre d'or du Cinquantenaire de la fondation de l'Université catholique de Lille.* Imp. du Nouvelliste et de la Dépêche Lille 1927, p. 164. À noter qu'en 1923, le budget des laboratoires est de 15 400 francs, dont 3 000 francs pour l'anatomie et la médecine opératoire.

avoue L. Thilliez au début de son décanat, *car chez nous, rien de ce qui est capital ne regarde le doyen…*[19].

Dès avril 1919, le docteur Gustave Battez, agrégé de physiologie des facultés et en provenance d'Alger, est recruté comme professeur suppléant du Pr Baltus, titulaire de la chaire. Dès novembre, il est titularisé *à titre personnel*, mais il est rappelé par le ministre en 1923.

De même, en 1922, le Pr Charles Rogie, professeur d'anatomie depuis 1883 et âgé de 72 ans, refuse sa mise à la retraite. En 1921, il a été prorogé d'un an au-delà de la limite d'âge de 70 ans prévue par les statuts, mais, l'année suivante, il demande une nouvelle prorogation de deux ans, alléguant que sa pension de retraite lui sera insuffisante pour vivre… Autre difficulté que soulève le recteur, le statut sous lequel Rogie a été recruté le rend inamovible, alors que la limite d'âge a été adoptée ultérieurement. Cependant, depuis plusieurs mois, des démarches sont en cours pour pourvoir à son remplacement et Henry Billet[20], professeur au Val-de-Grâce est pressenti. Le 8 février 1922, à la demande du recteur, le Conseil de faculté nomme une commission chargée d'examiner sa candidature ; à cette occasion, le doyen adresse au Pr Rogie un vibrant hommage au *savant et vénéré maître*, puis, le 8 mars, le Conseil réuni en comité secret se prononce en faveur de la nomination du Pr Billet, confirmée par le recteur à la date du 1er avril suivant. Ch. Rogie est donc contraint à la retraite ; outre de belles paroles, on ne sait s'il a bénéficié de dispositions financières spéciales. À l'issue de l'affaire, une lettre de Mgr E. Lesne datée du 22 avril 1922 le présente comme *un savant dont les travaux sont réputés mais qui est vieilli et depuis très longtemps n'a aucune autorité sur ses étudiants*. Charles Rogie ne décédera que bien plus tard, en 1935.

André Le Grand

Henry Billet

Le Pr Henry Billet a donc la charge de l'anatomie ; il tente de pallier les insuffisances du laboratoire en matériel et personnel. En 1924, il adresse directement au recteur un exposé des besoins les plus immédiats : le seul personnel est un dessinateur, monsieur Jules Van Pottelsberghe, *sachant non seulement dessiner, mais encore modeler, sculpter et connaissant la préparation et la conservation des pièces anatomiques, au courant de la typographie, de la lithographie et de la photogravure*, mais il n'est pas payé *à hauteur de sa compétence*. Cette demande est restée vaine, puisque, de fait, M. Van

19.– Lettre de L. Thilliez au R.P. Loiselet en mars 1926. Arch. I.C.L., dossier P5C1.

20.– H. Billet (1881-1952), agrégé du Val-de-Grâce en 1912, médecin consultant de l'armée d'Orient et médecin chef de l'hôpital de Florina pendant la guerre (son assistant est alors Louis Courty), il est en 1920 titulaire de la chaire de chirurgie d'armée au Val-de-Grâce.

Pottelsberghe quitte la Faculté l'année suivante[21] et qu'en 1927, H. Billet renouvelle sa demande d'un préparateur et d'un garçon de laboratoire.

Catholique convaincu, H. Billet avait une très haute idée de l'enseignement supérieur libre. Les plus anciens d'entre nous en ont gardé le souvenir : *il entrait dans l'amphi d'une façon un peu solennelle, introduit par son aide de laboratoire ; puis, après avoir jeté un regard sur son auditoire, il invoquait le Saint-Esprit par un Veni Sancte Spiritus auquel il tenait beaucoup.*

L'apport de personnalités extérieures à la Faculté s'amplifie sous le décanat de L. Thilliez.

En 1926, André Le Grand (1895-1951), médecin des Asiles nommé au concours, déclaré agrégeable en physiologie, est nommé suppléant, puis titulaire de la chaire de physiologie et chef de service à l'Asile d'aliénés de Lommelet.

Autre recrue de valeur, Léon Reverchon (1879-1936), agrégé du Val-de-Grâce en 1911, titulaire de la chaire de chirurgie spéciale après la guerre, est présenté par H. Billet. En 1927, il est nommé professeur de clinique otorhinolaryngologique et chargé du cours de pathologie externe. Compétent, aimé des étudiants, il disparaît brusquement en 1936 à l'âge de 57 ans.

En 1928, est recruté, non sans difficultés, Robert Archer, bactériologiste en retraite des hôpitaux de l'armée : il est chef du laboratoire de bactériologie et de sérologie qu'il s'efforce de moderniser, alors que G. Lemière occupe toujours la chaire d'hygiène et de bactériologie.

Nous verrons plus loin les nominations à la Charité des professeurs Rieux et L. Langeron. Ces nominations successives étoffent le corps professoral : en 1929, toutes les chaires seront occupées, soit au total 24 professeurs titulaires dont cinq en pharmacie, un professeur adjoint, trois professeurs suppléants (dont un en pharmacie) et deux maîtres de conférences. Parmi eux, l'anatomie pathologique (Louis Danel), la parasitologie (R.P. Loiselet), l'histologie et embryologie (Joseph Toison titulaire et le père Pierre Cappe de Baillon S.J. suppléant, mais, selon le doyen, *les deux professeurs ne s'entendent pas*), la médecine légale (Adrien Besson), la physique (Maurice D'Halluin), la matière médicale (François Guermonprez), la thérapeutique, l'hydrologie et la climatologie (Alphonse David, suppléant).

En 1927, l'enseignement de la chimie biologique est dévolu à M. Marcel Paget, docteur en pharmacie, licencié ès sciences, nommé maître de conférences : il succède à Édouard Levis, décédé à 39 ans alors qu'il possédait les mêmes titres.

Dans la section de pharmacie, le corps enseignant est également consolidé, comme il sera précisé au chapitre XX.

En 1927, le service d'urologie est transformé en chaire (Pr Carlos Lepoutre). En 1929, trois chaires magistrales de clinique sont pourvues : ce sont la chaire de clinique chirurgicale infantile confiée à H. Billet, de clinique

21.– J. Van Pottelsberghe est l'auteur des statues d'A. Béchamp érigée à Bassing et de F. Guermonprez exposée au salon de 1930 et actuellement dans le couloir du secrétariat de la Faculté. Selon une correspondance de F. Guermonprez avec Mgr Chollet, il semble également l'auteur des bustes de Mgr Hautcœur et de Mgr Baunard.

médicale infantile dévolue à H. Deherripon et de clinique dermatologique et syphilitique attribuée à Louis Danel.

La plupart de ces nominations se font maintenant sur avis du Conseil de faculté, sont approuvées par le recteur et prononcées par le Conseil supérieur. À beaucoup d'enseignants, ces choix semblent arbitraires et il leur paraît nécessaire de régulariser les promotions. En décembre 1929, le Conseil de faculté décide : *Sauf exception légitimée par une valeur exceptionnelle, les postes vacants ne seront désormais attribués qu'aux seuls candidats pourvus du titre d'agrégé des facultés officielles ou de la Faculté libre de médecine. Pour l'obtention de ce dernier titre, un concours public sera institué devant un jury mixte composé de professeurs de notre faculté et de professeurs ou agrégés d'autres facultés, de médecins ou chirurgiens des hôpitaux de Paris et de Lyon.* La première agrégation est celle de Maurice Favreau qui succède au Pr Voituriez à la chaire de clinique obstétricale et gynécologique.

Cette réforme, demandée dans tous les rapports de 1925-26, est bien accueillie par les étudiants qui, par la voix de l'ACEM, *remercient les autorités universitaires de l'institution des concours pour la nomination des professeurs de la Faculté libre de médecine*, mais, de surcroît, souhaitent *que, dans tout concours, l'impartialité la plus entière soit de règle, qu'en particulier le candidat étranger ne soit pas accompagné de son « patron » comme membre du jury ; les membres du jury étant choisis dans des facultés ne présentant pas de candidats*[22].

La Faculté et l'Action française

Comme celle des enseignants, la mentalité des étudiants a changé depuis la guerre : besoin d'indépendance et de liberté, contestation, revendication, *mauvais esprit*, absentéisme aux cours et aux stages. En plusieurs occasions, ils exposent leurs doléances, manifestent ouvertement leur opposition ou encore, on vient de le voir, leur approbation.

Des incidents des plus violents surviennent après la condamnation par Rome de l'Action Française (A.F) de Charles Maurras en 1926. En effet, de nombreux étudiants et professeurs manifestent leur soutien à l'extrême droite : tel patron n'est-il pas appelé *le camelot du roi*[23] ?

En 1927, le vice-recteur Dutoit[24], dont L. Thilliez dit qu'il est *impopulaire, veut tout faire et ne fait rien, ne sait pas prendre les étudiants*, veut imposer à ceux-ci l'envoi à Rome d'une adresse de soumission sans limites. Il recueille péniblement quatre-vingts signatures et met alors en œuvre des mesures de rétorsion : il agit pour empêcher un étudiant de l'Action Française d'être élu président de la Fédération et en fait exclure un autre élu vice-président[25]. Il

22.– Lettre du président et des délégués de l'ACEM datée de juin 1930. Il semble que cette dernière revendication n'ait pas été suivie d'effet.

23.– La Fédération nationale des Camelots du roi est une organisation de jeunesse française rattachée au mouvement monarchiste l'Action française de Charles Maurras.

24.– Henri-Edouard Dutoit : vice-recteur de 1916 à 1920, secrétaire général de l'Université de 1920 à 1923, puis de nouveau vice-recteur de 1925 à 1928, vicaire général du diocèse de Cambrai en 1929, évêque d'Arras en 1931.

25.– Il est difficile d'apprécier la part des étudiants des Facultés catholiques dans l'organisation étudiante d'Action Française. En dehors du vice-président exclu par le vice-recteur, on sait que le président en était le fils du marquis de Vareilles-Sommières, doyen de la Faculté libre de droit. Selon des rapports de police, sur 250 personnes assistant à une réunion de interdit aux étudiants d'assister à une conférence organisée par l'A.F. Après chahuts, distributions de tracts et manifestations, et à la veille des vacances de Noël, le Conseil de discipline de l'Université prend des sanctions : deux étudiants sont exclus définitivement, un troisième pour un mois. Un *Comité de défense des étudiants* appelle alors à la grève à deux reprises en janvier et en mai 1928. On ignore aujourd'hui l'ampleur de ces manifestations : selon le journal l'Action Française et *en dépit des menaces du vice-recteur* (qualifié par ailleurs de *démocrate acharné*), la grève de janvier est *complète* en Médecine, *très importante au Droit, aux Lettres et aux Écoles*. En mai, *l'ordre de grève* (est) *exécuté par beaucoup d'étudiants dans diverses facultés*[26]. Tel n'est pas l'avis du vice-recteur qui, dans un communiqué aux journaux, peut assurer qu'il ne s'est rien passé. Au Conseil de faculté du 11 janvier, le doyen lit une lettre du vice-recteur *concernant et précisant les devoirs des étudiants vis-à-vis de l'Action Française [...] Il rappelle les sanctions prises par le Conseil de discipline vis-à-vis de certains fauteurs de désordre. Certaines manifestations ont suivi ces mesures ; les sanctions nécessaires ont été appliquées.* Lors du Conseil suivant, le 8 février, on lit *une lettre d'un ancien étudiant protestant de l'affection des anciens pour l'Alma Mater et déplorant la conduite des étudiants dans les incidents récents. M. le doyen l'a remercié de son attachement à la Faculté et à ses maîtres et lui a montré que les incidents peu sérieux avaient été intentionnellement grossis par une certaine presse...* De même, au Conseil du 6 juin 1928, une lettre de Mgr le recteur fait état d'un *blâme officiel infligé à un professeur d'une faculté pour avoir figuré dans un cortège de l'Action Française*. La vérité se trouve sans doute à mi-chemin des deux versions ; en dehors des déclarations officielles, il faut tenir compte des propos plus confidentiels tels que ceux du doyen Thilliez qui écrit au R.P. Loiselet : *Vous savez sans doute que les étudiants font une véritable révolution contre l'administration qui pour le moins n'est pas adroite. Des affiches sur les murs réclament la démission du vice-recteur*[27]. Il reste que le dit vice-recteur cesse ses fonctions en 1928 ; il est remplacé par l'abbé Daniel Allaert.

Le recrutement des étudiants

Au lendemain de la guerre, l'effectif est encore réduit : en 1919-20, à l'application du nouveau régime des études datant de 1913, de nombreux étudiants migrent à la faculté d'État. Puis leur nombre croît de nouveau : de 58 en 1920, il passe à 80 en 1921. De 1922 à 1925, le nombre d'étudiants admis en 1re année, après un PCN dont les résultats sont habituellement excellents, passe de 15 à 35, mais, nous l'avons vu dans différents rapports, l'érosion est importante au fil des années et intéresse surtout les meilleurs éléments : *Très peu d'élèves terminent chez nous,* écrit le doyen.

---

l'Action Française, la plupart provenaient des Facultés catholiques (*Arch. du Nord* M/154/238, rapports des 11 déc. 1923, 10 mai 1925 et 9 déc. 1925). Parmi les professeurs et notabilités, en dehors de F. Guermonprez, on peut citer Aimé Witz, doyen de la Faculté des Sciences ou encore G. Théry, membre du Conseil d'administration des Facultés catholiques. La tradition monarchiste sera plus tard entretenue par d'autres professeurs tels qu'Antoine Delattre et Vincent. Cordonnier.

26.– Journal *L'Action Française* des 6 janv. et 24 mai 1928.

27.– Lettre de L. Thilliez au R.P. Loiselet de janv. 1928. Arch. I.C.L., dossier P5C1. Sous la même plume et à la même date, on passe donc *d'incidents peu sérieux* à une *véritable révolution.*

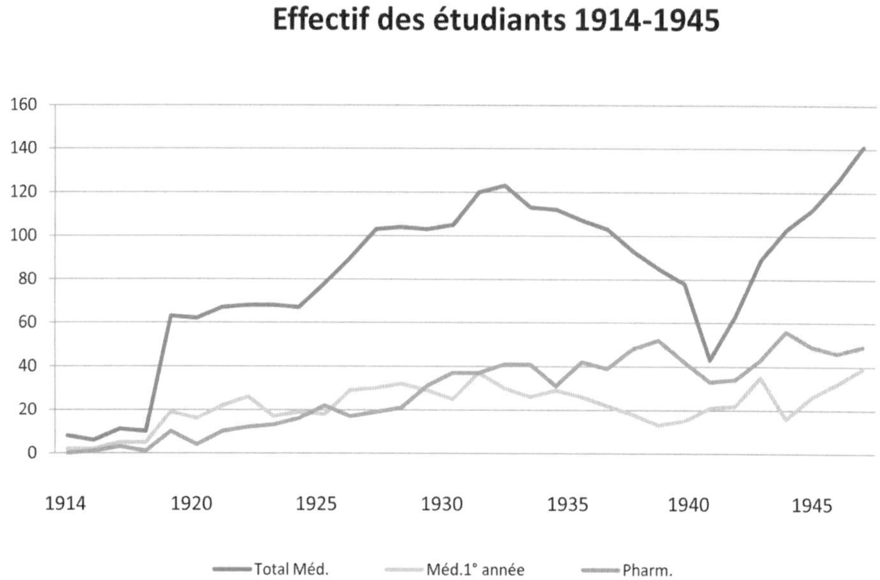

Malgré cette augmentation d'étudiants de 1re année, le recrutement reste donc insuffisant. Le 5 juin 1926, Mgr Chollet archevêque de Cambrai et Mgr Quilliet, évêque de Lille et chancelier de l'Université, adressent à l'ensemble de l'épiscopat français une *lettre circulaire en faveur de la faculté catholique de médecine et de pharmacie : Pourquoi les diocèses riches n'iraient pas plus loin, en fondant une bourse (5 000 Frs par an) ou même seulement une demi-bourse (2 500 Frs par an) pour l'entretien ininterrompu à la Faculté catholique de médecine d'un étudiant originaire du diocèse, moyennant l'engagement pris par lui de venir s'établir à l'issue de ses études dans le même diocèse pour y exercer la médecine générale, de toutes la plus charitable et la plus influente.* L'idée n'est pas nouvelle, mais on ignore si cette supplique a été suivie d'effet…

Grande nouveauté dans le recrutement : la présence d'une étudiante en 1922 ! La question s'était déjà posée en 1908 : la lettre de candidature d'une jeune fille était alors transmise par le doyen *à l'autorité supérieure*[28] : on n'en connaît pas la réponse, sans doute négative. En novembre 1917, l'administration envisage l'admission des jeunes filles à l'Université catholique comme *l'une de ces nécessités dont il faut s'accommoder,* selon l'aveu même du recteur Lesne et donc, il faut bien le dire, à contrecœur[29]. Cette éventualité est évoquée au Conseil de faculté du 10 juillet 1919, sous la forme d'une question posée par le recteur : *Quelles dispositions la faculté de médecine compte prendre dans cette perspective ?* Après discussion, il est décidé que

28.– Conseil de faculté du 3 juin 1908. Les premières femmes médecins issues de la Faculté de Paris étaient étrangères (Élizabeth Garrett : thèse en juin 1870). La première française, Madeleine Brès, s'est inscrite en 1868 et a passé sa thèse en 1875. Elle n'a pu se présenter aux concours hospitaliers : ce n'est qu'en 1881 que l'administration de l'Assistance publique a admis les candidates au concours de l'externat, puis à celui de l'internat en 1885. Pendant longtemps, les Françaises resteront minoritaires : ainsi, en 1887, on compte à Paris 114 étudiantes en médecine dont 70 Russes, 20 polonaises et 12 Françaises.

29.– Lesne E. : *L'Université catholique sous l'occupation allemande. Les Facultés Catholiques de Lille,* 10, 1919, pp. 101-140.

chaque professeur prendra les mesures qui conviennent. La première inscription féminine en novembre 1922 est celle de Mlle Marguerite Sorne, originaire de Metz ; elle quitte la Faculté en 1925, mais elle a fait des émules. On relève une inscription féminine en 1923, celle d'une jeune fille d'origine russe en 1925 qui abandonne en fin de 1re année, trois inscriptions en 1926 dont Mlle Thérèse Sénellart qui prend sa 20e inscription en 1932 et a donc terminé ses études à la Faculté libre, Mme Adrienne Degouy-Boulangé âgée de 34 ans et Mlle Claire Pernet qui, originaire de Lyon, prend sa 17e inscription. En pharmacie, la première inscrite est Mlle Jeanne Lucienne Assemaine en 1924, puis on relève une inscription en 1926 et deux en 1927. À cette occasion, le P[r]. Guermonprez souligne à juste titre l'intérêt qu'il y aurait pour les communautés religieuses hospitalières à envoyer des élèves se former dans notre faculté Un vœu qui mettra d'ailleurs bien longtemps à se réaliser : il faudra attendre la loi de 1941 sur la pharmacie pour régler le problème de la préparation et de la délivrance de médicaments par les communautés religieuses, qui ne sont pas sans inquiéter les pharmaciens…

Des maisons de famille sont proposées aux jeunes filles : maison Sainte Marguerite, rue du Gros Gérard, transférée en 1933 au 308 rue Gambetta, maisons Nazareth ou Béthanie.

Une préoccupation constante des étudiants est le service militaire. Presque tous sont sursitaires et le font donc à la fin de leurs études, diplôme en poche. La loi du 1er avril 1923 (art.37) sur le recrutement de l'armée les concerne, car elle instaure une préparation militaire, facultative, étalée sur deux ans et sanctionnée par un brevet : à ceux qui l'ont suivie, s'ils sont docteurs en médecine ou internes, elle donne l'avantage de ne faire qu'un an de service dont 6 mois comme médecin auxiliaire et 6 mois comme médecin aide-major de 2e classe. En l'absence de brevet, la durée du service est de 18 mois. L'étudiant ayant moins de 12 inscriptions sert comme infirmier.

Les programmes

L'enseignement est toujours régi par le décret du 29 novembre 1911, applicable à la rentrée de 1913 : durée des études fixée à cinq ans après le PCN, stage hospitalier de neuf mois par an dès la première année. En fin d'études, deux mois de stage sont consacrés à l'étude des spécialités : dermatologie, psychiatrie, stomatologie, ophtalmologie, ORL, clinique médicale infantile et maladies contagieuses. Chaque année est sanctionnée par un examen final et la fin des études par trois examens de clinique.

Les examens ne comportent pas d'épreuves écrites, mais des interrogations orales et des travaux pratiques. Une première session a lieu en juin-juillet, une seconde en octobre-novembre.

- En 1re année, oraux d'anatomie, histologie, embryologie. Travaux pratiques d'anatomie et d'histologie,
- En 2e année, oraux de physiologie, physique, chimie, bactériologie. Travaux pratiques de physique et chimie médicales, de bactériologie.
- En 3e année, oraux d'anatomie pathologique, de médecine expérimentale et de parasitologie. Travaux pratiques d'anatomie pathologique et de parasitologie.
- En 4e année, examen oral en deux parties ; pathologie médicale, chirurgicale et accouchements d'une part, pathologie générale d'autre

part. Travaux pratiques d'anatomie médico-chirurgicale et de médecine opératoire.

- En 5e année, oraux d'hygiène, de médecine légale et déontologie, de thérapeutique et hydrologie, de pharmacodynamie. Travaux pratiques de pharmacodynamie.

Les examens cliniques ont lieu après validation de tous les stages obligatoires et accomplissement de la scolarité. Passés dans un service de clinique au siège de la faculté ou école, ils comportent un examen de malade d'un quart d'heure suivi de la rédaction de l'observation pendant une demi-heure, et un examen récapitulatif,.

Enfin, un décret du 31 juillet 1920 rend obligatoire la tenue d'un livret universitaire présenté à chaque examen : c'est une occasion pour la Faculté libre de manifester une certaine autonomie en y inscrivant ses appréciations, mais il est difficile de dire si les jurys en ont parfois tenu compte…

Les examens

Au lendemain de la guerre, les résultats sont excellents : plus de 95 % de succès en 1920. La proportion est la même l'année suivante et le doyen Delassus *rend hommage à l'impartialité du jury*. Puis, le pourcentage de succès diminue et, après avoir évoqué en 1923 la sévérité accrue du nouveau régime, on constate des échecs inattendus à certains examens passés devant les facultés des sciences (PCN) ou de médecine de l'État. Les programmes sont traités différemment par les enseignants des deux facultés et cette situation ne peut que s'aggraver à mesure que les connaissances médicales se développent, en particulier dans les sciences fondamentales. Certains enseignements sont d'ailleurs tout à fait insuffisants, tel que celui de chimie en 1926 à tel point que le professeur de l'État propose aux étudiants de la faculté libre d'assister à son cours et que le doyen L. Thilliez *ferme les yeux…* Mais on en vient aussi à douter de l'impartialité de certains examinateurs dont un sectarisme anticlérical *résiduel* s'impose à l'évidence au fil des années et des échecs.

Or, en 1920, un règlement stipule que les étudiants peuvent choisir la faculté devant laquelle ils désirent passer leurs examens. En 1928, le doyen de la Faculté libre sollicite des renseignements auprès de la faculté de Nancy ; les négociations amorcées vont bientôt aboutir.

Les hôpitaux. La Charité

L'hôpital de la Charité n'a pas cessé de fonctionner pendant toute la guerre, au delà même de sa capacité d'accueil, mais ces quatre années n'ont fait qu'en accentuer le retard technique. Ainsi, pendant longtemps, le service de radiologie du Pr R. Desplats s'est limité à un seul appareil de radioscopie. En 1920, l'Administration des Hospices consent à attribuer une somme de 11 271 francs pour la remise en état de l'installation, à charge pour la Faculté libre d'en assumer les frais de fonctionnement. La même année, la Croix Rouge américaine, par l'intermédiaire de la Croix Rouge Française et de la *Fraternelle des Régions Libérées*, lègue à l'aile droite différents appareils et un don de 25 000 francs en remerciement des soins donnés aux soldats américains. Grâce à ces apports successifs, en quelques mois, le service de radiologie est entièrement rénové et installé dans une salle du 1er étage, l'ancienne salle Saint-Arsène, à l'angle du boulevard Montebello et de la façade ouest. Mais, en fait, le service de radiologie pâtit de *l'insuffisance de celui qui en est chargé et qui en interdit le fonctionnement pendant ses vacances !*

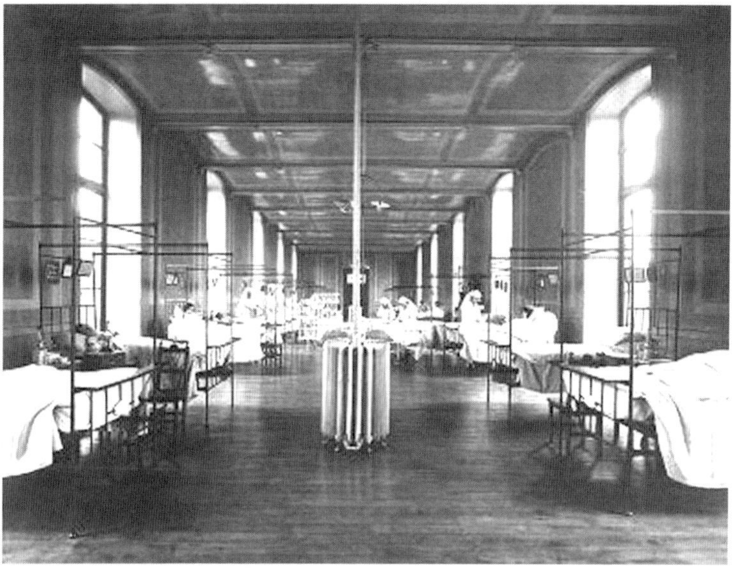

Hôpital de la Charité. Salle Saint-Augustin vers 1930

Le laboratoire de clinique, situé dans une petite salle du 1er étage, est géré par le Dr Fiévez jusqu'en 1925, puis par le Dr J. Defaux, chef de clinique en 1922 : il devient vite insuffisant et, selon le doyen, *n'a aucun rendement,* mais on y recourt encore pour quelques examens courants d'hématologie et de bactériologie. De plus en plus souvent, les examens sont confiés aux laboratoires de la Faculté, laboratoire de biochimie du Pr Paget et de microbiologie du Pr Archer. Cette inflation des examens biologiques n'est pas sans inquiéter précocement les cliniciens. Ainsi, le doyen Thilliez déclare : *Le rôle du médecin ne consiste pas seulement, en effet, comme on le croit trop souvent actuellement, à réunir les résultats fournis par les examens de laboratoire et, grâce à eux, à élaborer un diagnostic et instituer un traitement.* Cette réflexion pertinente et toujours d'actualité, date de 1929 !

Les progrès sont donc lents et incomplets. L'aile droite de la Charité et plus particulièrement **le service de médecine** connaissent de gros problèmes. Un rapport du doyen Thilliez au recteur[30] fait état d'un jugement sévère daté du 22 novembre 1926, dont on ne connaît pas l'auteur : insuffisance des soins de propreté aux malades, régime alimentaire impossible, négligences dans la surveillance, insuffisance ou absence des services annexes. Dans son exposé, le doyen incrimine en premier lieu l'absence de direction médicale : le Pr Léon Vouters, qui a remplacé H. Desplats en décembre 1912, a été gazé dans les tranchées de Verdun et a gardé une santé chancelante. Titulaire de la chaire de clinique médicale dès la fin de la guerre, très apprécié des étudiants, c'était *un clinicien né, travailleur infatigable et toujours averti, d'une énergie indomptable dont l'enjeu fut sa vie.* Mais il ne peut assurer son service que quelques mois par an et son assistant *manque d'autorité et de valeur pédagogique […] Les internes sont*

30.– Archives I.C.L., dossier P5C5.

indisciplinés, sans guide, sans déférence pour l'assistant, le chef de clinique et le personnel religieux. Les élèves sont abandonnés à eux-mêmes, plus ou moins assidus et ne travaillent pas. Le relâchement a gagné le personnel hospitalier : les malades sont sales, le personnel infirmier insuffisamment surveillé fait ce qu'il veut [...] L'instrumentation, à visée diagnostique ou thérapeutique, n'a jamais existé par suite de la négligence du chef de service et de l'exiguïté des crédits mis à sa disposition...

Le recrutement des malades souffre de ces carences[31]. *Plus de la moitié des lits sont inoccupés,* dit L. Thilliez. La cause en est *l'absence de l'un des nôtres à la consultation de l'hôpital depuis 30 ans, par suite de l'incurie de nos anciens chefs de service.*

J.-B. Rieux

À la mort de L. Vouters en mars 1926, à l'âge de 47 ans, deux candidats se présentent à sa succession : le médecin général Jean-Baptiste Rieux, âgé de 54 ans, et le docteur Francis Bordet, beaucoup plus jeune. J.-B. Rieux a été agrégé d'hygiène en 1912, puis professeur d'expertise et législation militaires au Val-de-Grâce en 1921. D'une conduite héroïque pendant la guerre, il est, selon le médecin général, *la plus noble incarnation de ce que doit être le médecin d'armée.* Présenté par H. Billet, proposé par la Faculté en avril 1926, il est nommé par le recteur à la chaire de clinique médicale et à la chefferie du service de médecine de la Charité. Le 14 mai, il donne sa leçon inaugurale intitulée *De la méthode en clinique médicale.* D'emblée, il est adopté par les étudiants qui se pressent à ses cours : c'est en effet un *grand travailleur médical, enseigneur de haute qualité [...] personnifiant l'érudition, la probité et la modestie,* mais, dès le 7 juin 1926, il annonce au doyen *son renoncement définitif à la chaire de professeur de clinique médicale à votre Faculté. Le recteur en connaît la raison...* que nous ne connaissons pas. Sans doute, la maladie grave de son épouse qui décédera en 1927, la nostalgie qu'il ressent de Paris et de son *cher Val-de-Grâce,* la lourde tâche qu'il entrevoit, l'ont-ils conduit à cette décision. Le doyen Thilliez est atterré : il comptait sur lui *pour relever la faculté [...] et son départ lui porterait un coup terrible, car il prêtera à toutes sortes d'interprétations.* Le recteur refuse la démission de Rieux qui, après bien des tractations, abandonne le service de la Charité, mais accepte de garder la chaire de clinique médicale et d'assurer une consultation à l'asile des Cinq

31.– Dans le détail, dès 1920, on note que l'aile droite de la Charité a reçu 3500 malades ou blessés en deux ans. Les mêmes chiffres sont relevés les années suivantes : en moyenne 1500 entrées annuelles avec un minimum de 1337 en 1928 et un maximum de 1765 en 1929. Ces chiffres sont bien inférieurs à ceux de l'hôpital Saint-Sauveur. Jusqu'en 1930, il y a plus d'entrées en chirurgie qu'en médecine. La durée moyenne de séjour est élevée : 30 jours en médecine, 20 jours en chirurgie.

Plaies[32]. Mais cette solution n'est guère satisfaisante : la consultation, dans un établissement pour *incurables*, est peu fréquentée par les malades et les étudiants. En juillet 1927, Rieux est transféré dans la chaire de pathologie interne et ne vient de Paris à Lille qu'un seul jour par semaine. En avril 1928, il écrit à L. Thilliez : *Si je n'écoutais que mes préférences, je me retirerais tout à fait de la Faculté. Je reste uniquement pour Elle et pour vous, monsieur le doyen.* En novembre 1929, il abandonne la consultation de l'asile des Cinq Plaies. En 1931, il décide de venir à Lille 16 fois dans l'année pour deux heures. Il donne sa démission définitive le 1er juillet 1932 ; il disparaîtra le 20 février 1951, âgé de plus de 79 ans.

De Rieux, on peut retenir quelques phrases édifiantes prononcées lors de sa leçon inaugurale et adressées aux étudiants : *Enrichissez votre esprit ; car l'esprit du médecin ne reste jamais stationnaire [...] Soyez d'abord des cliniciens. C'est le plus difficile [...] Ne distinguez pas absolument médecine et chirurgie. Médecins, sachez dépister les indications chirurgicales ; chirurgiens, ne méprisez pas la médecine : elle a des horizons autrement étendus que ceux du champ opératoire. Gardez toujours un esprit objectif. Évitez l'abstraction qui est, dit M. L. Bertrand, « une sorte de mort de l'esprit ». N'ayez jamais d'idées préconçues. Évitez à tout prix l'a peu près, le verbiage [...] Enfin, ne donnez jamais prise au scepticisme. (Le médecin) se crée lui-même, à force d'étude, d'observation, de méditation, instruit de ses succès, instruit de ses échecs, opposant une plus grande sagesse à la fatigue de l'âge, soucieux seulement de sa propre estime et du repos de sa conscience, toujours ému, jamais blasé des peines et des misères des hommes et plus encore des femmes, qui sont plus douloureuses, homme de bien jusqu'au soir de sa vie, comme au soir d'un beau jour.*

Pour remplacer le Pr Rieux défaillant, on engage des négociations avec son assistant à la Charité, le docteur Francis Bordet, lui aussi originaire de Paris. Il a été proposé avec Rieux par la commission du 14 juin 1926 et il réunit *toutes les qualités morales et scientifiques*, mais il désire d'emblée être *professeur titulaire et surtout le traitement lui semble insuffisant*[33]. De plus, il émet de nombreux griefs contre le service : entre autres, saleté des malades, service d'électricité antédiluvien, défaut du laboratoire qui empêche toute recherche. Après quelques semaines de réflexion, il avoue *ne pas se sentir la force de lutter* : il est d'ailleurs considéré par le doyen *sans initiative et sans volonté*[34]. De nouveau, c'est la consternation. Mgr Chollet en personne lui écrit : *Le coup porté par votre décision menace d'être mortel pour notre faculté de médecine. Je n'en veux pour preuve que la décision prise et difficilement abandonnée par nos étudiants de se faire inscrire en masse à l'État à la nouvelle de votre départ.* Pour sa part, le doyen Thilliez parvient à calmer la révolte des étudiants, sans doute en leur promettant une solution qu'il estime indispensable et à n'importe quel prix : *En tout cas*, écrit-il, *il faut refaire actuellement les sacrifices de la création de la faculté. C'est pour nous une question de vie ou de mort*[35].

32.– À cette date d'ailleurs, les rapports des doyens mentionnent l'Hôpital des Cinq Plaies. Le Pr Rieux y avait créé un petit service de tuberculeuses et ses travaux étaient orientés vers l'étude de la tuberculose. Son assistant est alors le Dr Jules Dereux, maître de conférences.

33.– Lettre du doyen Thilliez à Mgr Chollet. Arch. I.C.L, dossier P5C1.

34.– Arch. I.C.L., dossier P5C5

35.– Lettre du doyen à Mgr Chollet. Arch. I.C.L., dossier P5C1.

Léon Langeron

Un contact a été pris en effet avec le docteur Léon Langeron. C'est Rieux lui-même qui enquête sur la valeur scientifique du candidat. Né à Montceau-les-Mines en 1888, élève à Lyon de Testut, Bard, Gallavardin et Arloing, il est médecin des hôpitaux de Lyon en 1926 et agrégeable dans la section de médecine. Les négociations sont rapidement menées et, le 1er mars 1927, il est nommé à la chaire de clinique médicale. L'avenir dira que ce choix a été décisif. Selon le recteur Glorieux, le Pr Langeron a été *un maître dans tous les sens du terme.* Il était servi par un physique imposant *: une tête magnifique, une tête romaine, au vrai profil de médaille* (J. Dereux). Il a créé une école et formé de nombreux élèves de talent : H. D'Hour, A. Danès, V. Cordonnier, A. Fournier, P. Giard, V. Nolf, L. Lefebvre, P. Lohéac, G. Fruchart, J. Liefooghe, L. Croccel, G. Vincent, G. Routier, etc. Tant bien que mal, il équipe le service et en diversifie l'activité : avec H. D'Hour, il crée un service de tuberculeux, hommes et femmes. Dès 1927, il installe un électrocardiographe d'Einthoven. Sa collaboration avec M. Paget a été particulièrement fructueuse : c'était *la rencontre du clinicien subtil et du savant chimiste.* En 34 ans, sa production scientifique a dépassé 1 400 publications ; il a fondé plusieurs revues, écrit plusieurs livres notamment sur l'endocrinologie clinique, l'insuffisance cardiaque, les troubles vaso-moteurs des extrémités et il a inspiré une centaine de thèses.

En 1958, lors de sa nomination au titre de membre correspondant national de l'Académie de médecine, L. Courty fera son éloge : *Sa science n'a d'égale que sa modestie. Son désintéressement est proverbial. Il ne vit que pour son art. Il n'a jamais recherché les honneurs qui lui sont venus. Humaniste et fin lettré, nul ne répond mieux que lui à ce qu'on appelait au XVIIe siècle l'honnête homme, qui, selon Giraudoux, était le produit de la foi, de la culture et du sens de l'humain*[36].

La question du service de médecine est donc enfin réglée, pour longtemps et pour le plus grand bien de la Faculté.

Le service de chirurgie

En chirurgie, les problèmes semblent moins aigus, en dehors d'un certain manque de ponctualité des responsables. Le Pr Agile Delassus, après avoir occupé pendant quatre ans la chaire d'obstétrique, a été nommé titulaire de la chaire de clinique chirurgicale en 1911. Doyen de la Faculté en 1915, il se retire en 1923, laissant la place au Pr Émile Camelot qui, élève d'H. Duret, a fait toute sa carrière à la Faculté libre et qui enseigne la pathologie externe depuis 1912.

36.– L. Courty : *Élection du Professeur Léon Langeron à l'Académie de Médecine. J Sci Méd Lille,* 1958, n° 3, pp. 89-92.

Les assistants de chirurgie sont Joseph Delépine, chef de clinique en 1913, assistant en 1919 et professeur suppléant en 1921, mais décédé prématurément en 1923, à 46 ans, puis Louis Courty dont la longue carrière commence en 1920, comme maître de conférences et chef de clinique. Nommé en 1923 assistant de chirurgie et professeur suppléant, il sera titularisé dans la chaire d'anatomie chirurgicale en 1929. Il retrouvera la chaire de clinique chirurgicale en 1947.

Émile Camelot

Émile Camelot (1870-1945), nommé professeur de clinique chirurgicale en 1923, était, selon L. Langeron, *un excellent clinicien, médecin autant que chirurgien.* Il avait *le don incomparable du diagnostic,* déclare son élève Gérard Desbonnets qui, s'adressant à lui, en fait *un exemple et un modèle : Par la dignité de votre vie, la clarté de votre pensée, la sûreté de votre diagnostic, la maîtrise de votre technique, la beauté et la bonté de votre caractère*[37]. Outre G. Desbonnets, É. Camelot a formé de nombreux élèves, dont G. Vincent, P. Lohéac, J. Callens et son fils Joseph Camelot. L'on peut ajouter que, fin diplomate, il a su entretenir de bons rapports avec l'Administration des Hospices ; Ainsi, le Pr Oscar Lambret, vice-président de la Commission des Hospices, souligne *la franche cordialité et le respect réciproque qui régnaient toujours dans leurs relations professionnelles.* De même, E. Camelot rend hommage au Pr Combemale qui *[lui] montra toujours la courtoisie la plus correcte et un sens profond de justice et d'impartialité.*

L'hôpital Saint-Antoine

Au lendemain de la guerre, l'hôpital Saint-Antoine, *convalescent,* connaît les plus grandes difficultés. Son activité reste médiocre : le nombre d'hospitalisations reste de l'ordre de 200 entrées annuelles, puis commence à croître lentement à 308 en 1926. Celui des consultations n'augmente que lentement jusqu'en 1928 où il atteint 10 000 consultants, puis il décroît de nouveau sensiblement.

Il s'agit d'une véritable désaffection dont la cause n'est pas univoque. Les difficultés financières sont majeures en dépit d'une indemnité substantielle au titre des dommages de guerre. Dans une lettre au Conseil d'administration le 10 mai 1919, soit près de 30 ans après la fondation de l'hôpital, la Mère supérieure expose ses doléances : tous les services de l'hôpital sont insuffisants ; seuls 28 lits sont aménagés ; *l'étage est entièrement*

37.– G. Desbonnets. *Allocution lors de la remise de la plaquette des Hospices et de la médaille d'honneur de la ville de Lille à M. le Professeur Camelot.* Cérémonie du 21 fév. 1942. *J Sci Méd Lille,* 1942, n° 6, pp. 114-116.

vide ; le pavillon Saint Roch a été fermé faute de ressources pour l'équiper et *sert de buanderie*[38] alors qu'il pourrait recevoir 16 enfants. La distribution gratuite de médicaments aux indigents, suspendue au cours de l'occupation allemande, n'a pu être reprise : il en coûterait 2 500 francs par an et ce fait est sans doute une des causes de la baisse des consultations. Le petit laboratoire ne peut entreprendre qu'un nombre restreint d'examens bactériologiques (800 francs/an). Les médecins attendent toujours la création d'un service de radiologie (6 000 francs). Enfin, la création d'un service « goutte de lait » devient indispensable (7 000 francs). En 1922, l'hôpital ne dispose encore que de deux unités de 14 lits et de deux chambres d'isolement de trois lits, soit au total 34 lits, puis 38 lits en 1925. *Les locaux existent,* déclare le doyen Baltus, *il ne s'agit plus que de les aménager, mais l'argent fait défaut*[39].

À ces difficultés financières, s'ajoute un certain flottement dans la direction médicale. À la mort de Gonzague Augier, le Dr Henri Deherripon, âgé de 34 ans, assure l'intérim du service de médecine. Mais, en 1920, c'est le Pr Maurice de Vaugiraud, ancien interne de Paris et assistant de clinique médicale à la Charité, qui est nommé médecin chef de l'hôpital Saint-Antoine, puis professeur suppléant en 1925. H. Deherripon, sans doute trop jeune et moins titré, reste son assistant. En 1922, tous deux organisent une série de cours et d'exercices pratiques de puériculture à l'intention *des jeunes filles ayant terminé leurs études et des jeunes mères de famille.* Dans une première série, H. Deherripon enseigne *les soins que réclame la première enfance* : hygiène du nourrisson, allaitement, etc. et, dans une seconde série, M. de Vaugiraud traite de l'hygiène et des maladies de la seconde enfance. Chaque leçon est suivie d'une assistance aux consultations ou de la visite des salles de l'hôpital. Ce stage dure trois mois à raison d'une leçon et d'un exercice pratique par semaine. Le droit d'inscription, à l'Économat des Facultés catholiques est fixé à 100 francs. On ignore combien de temps a duré cette initiative.

Mais le Pr de Vaugiraud disparaît en octobre 1925, à 42 ans. Le Dr Deherripon lui succède : excellent clinicien, H. Deherripon restera pendant trente ans un pédiatre lillois incontesté. Médecin chef de l'hôpital Saint-Antoine, son enseignement y attire de nombreux étudiants malgré un caractère ombrageux : selon le Pr A. Fournier, *s'il fut jaloux de son autorité, si sa causticité légendaire et volontiers cynique, qui ne ménageait ni les autres, ni lui-même, déconcerta quelquefois ceux qui ont trop tendance à juger sur les apparences, il n'en reste pas moins qu'il laissera le souvenir d'un grand médecin, d'un bon médecin, d'un bon époux et d'un bon père*[40].

En chirurgie, le Pr Carlos Lepoutre succède au Dr Dominique Augier qui quitte la Faculté en 1919 : se consacrant en particulier à l'urologie, C. Lepoutre occupe le poste de chef de service pendant trois ans et laisse la place au Pr Henry Billet, qui a succédé au Pr Rogie à la chaire d'anatomie de la Faculté, mais désire aussi la direction d'un service de chirurgie.

38.– Rapport du recteur Mgr Lesne du 26 octobre 1925. Ce rapport est intitulé *Cliniques générales…* Faisant suite aux différents rapports que nous avons vus, il s'agit plutôt de *Critiques générales.* Arch. I.C.L., dossier PZc.

39.– Rapport de M. le Pr Baltus : *J Sci Méd Lille,* 1927, n° 49, pp. 424-429.

40.– A. Fournier : *Le Professeur Henri Deherripon. J Sci Méd Lille,* 1956, n° 3, pp. 113-116.

Le Pr Billet au brillant passé militaire gardera jusqu'à nos jours une réputation de grand anatomiste et d'habile chirurgien. Les plus anciens d'entre nous évoquent encore l'habileté étonnante avec laquelle ses gros doigts effectuaient la cure délicate des fentes labio-palatines. Billet et Deherripon ont eu tous deux à cœur d'améliorer les soins, mais aussi les conditions d'accueil des enfants malades.

Hôpital Saint-Antoine. Une salle de malades vers 1925.

Pour de nombreuses années encore, la direction administrative de l'hôpital est assurée par la Mère supérieure de la Communauté. Les soins sont dispensés par les religieuses encore nombreuses et des auxiliaires bénévoles, nourries et logées. Quelques pensionnaires de l'Asile des Cinq Plaies assurent les humbles besognes de la cuisine et de la lingerie, une main-d'œuvre gratuite et dévouée.

Grâce à une stricte économie de moyens, l'hôpital survit et même progresse. Dès le début de son activité en 1922, le Pr Billet propose d'aménager des chambres particulières pour accueillir les enfants de parents aisés. Cette idée, qui ne semble pas contraire aux vœux des fondateurs, est immédiatement mise en application. En 1924, est ouverte et confiée au Dr Deherripon, une unité de soins de six lits pour nourrissons d'un à trois ans qui représentent alors près de la moitié des hospitalisations. En 1926, grâce à un don de la veuve du Pr de Vaugiraud, l'électricité est installée. La même année, le service des contagieux est remis en état *conformément aux plus récentes méthodes*, la salle d'opération est aménagée et fait *l'admiration et l'envie des chirurgiens*[41]. En 1927, un nouveau service est ouvert au 1er étage en façade, à la place de la chapelle : ce sera la salle Sainte Thérèse.

41.– L. Thilliez, Rapport sur l'année 1926-27. *J Sci Méd Lille*, 1927, n° 46, pp. 404-409.

Grâce à ces améliorations, Saint-Antoine *est de plus en plus fréquenté*[42] : le chiffre des entrées atteint 400 en 1928. La durée moyenne de séjour, très élevée à la veille de la Grande Guerre (38 jours en 1913), ne diminue que lentement en raison des conditions socio-économiques, certains enfants étant hospitalisés par simple charité : elle est encore de 23 jours en 1923. En 1928, le chiffre des consultations atteint le niveau d'avant-guerre, soit plus de 10 000 par an, mais il va diminuer régulièrement et inéluctablement pendant près de 25 ans.

La maternité Sainte-Anne et Sainte-Monique

Dans son rapport à la séance de rentrée de novembre 1921, le doyen A. Delassus estime que, depuis la fondation, les maternités de l'Université catholique (y compris la maternité de la Sainte-Famille) ont procédé à 23 000 accouchements pour un coût total de 1 700 000 francs. À cette date et à elle seule, la maternité de la rue du Port comptabilise environ 14 000 accouchements[43]. Après l'armistice, elle reprend un fonctionnement normal et, en 1921, elle accueille 291 parturientes. Ce recrutement, un peu inférieur aux chiffres d'avant-guerre, progresse au cours des années suivantes. Cependant, sa capacité de 13 lits s'avère insuffisante, son voisinage avec le dispensaire Saint-Raphaël n'est guère apprécié et, contrairement à l'établissement de la place Sébastopol, elle ne reçoit, à titre gratuit, que des femmes indigentes.

La création d'une maternité plus vaste, ouverte aux *mères de condition modeste*, est donc souhaitable. Grâce à une fondation de la *charité privée*, en particulier du Pr Delassus lui-même initiateur du projet, et de la famille Sander, une société *La Maternité* est créée. L'Université catholique lui offre un large terrain de plus de 800 m^2 qu'elle possède boulevard Vauban à proximité de la maternité Sainte-Anne. On y construit sur une surface de 440 m^2 un bâtiment de 31 mètres de façade sur deux niveaux. L'architecte en est M. Paul Dulluard et la *pierre mémoriale* est bénite en 1925. En un an, la construction est achevée et la nouvelle maternité est inaugurée le 19 novembre 1926 en présence de l'archevêque de Cambrai et de deux évêques. *Les constructions abritent à la fois la maternité pour les femmes indigentes* [Sainte-Anne] *et la nouvelle œuvre* [Sainte-Monique] *qui vise les mères de condition modeste. À celles-ci, elle donnera gratuitement les soins médicaux et pharmaceutiques et on ne leur demandera qu'un prix de pension égal au prix coûtant, sans aucun bénéfice [...] les mères indigentes continueront à ne rien payer*[44].

42.– *Ibid* : Rapport sur l'année 1927-28. *J Sci Méd Lille,* 1928, n° 53, pp. 477-482.

43.– Au cinquantenaire de la Maternité Sainte-Anne le 18 mars 1931, A. Delassus déclare qu'il *s'est fait exactement 15 438 accouchements. C'est lui qui a fait le premier à la maternité de la rue du Marché et, grâce à l'amabilité du Pr Favreau, il a alors la joie, à l'âge de 72 ans, de procéder au 15 438e.*

44.– A. Delassus : *La nouvelle maternité du Boulevard Vauban 83 à Lille. J Sci Méd Lille,* 1926, n° 48, pp. 385-397. À cette occasion A. Delassus a prononcé un discours et tourné encore quelques vers, un petit poème dont voici l'envoi qui s'adresse à la jeune mère :

Songe en berçant ton fils, c'est en toi que la France
La France qui veut vivre a mis son espérance
Et je ne dis pas : Adieu ! mais : Au revoir !

Maternité Sainte-Anne et Sainte-Monique, Boulevard Vauban

L'architecture de cette nouvelle maternité est très simple. Derrière un bâtiment central, dont la façade sur le boulevard Vauban est *de style flamand, au caractère lillois très marqué,* se dresse un bâtiment dit accessoire. Dès l'entrée dans le porche, on remarque une large frise faite de *carreaux céramiques en grès grand feu* reproduisant les *bambini de Della Robbia,* dûment emmaillotés, dans des médaillons entourés de fleurs et de draperies[45]. Après quelques marches, le porche mène à un grand couloir transversal où s'ouvrent les quatorze chambres réservées aux mères indigentes. Perpendiculairement au couloir principal, un dégagement mène au bâtiment accessoire où l'on trouve les chambres des internes et externes, le cabinet du professeur et une salle de consultation qui deviendra bientôt la salle à manger des internes. Un escalier et un ascenseur mènent au 1er étage qui comprend 15 chambres destinées à la clientèle plus aisée. En façade, se trouve une petite chapelle pour les baptêmes. À l'extrémité du couloir du bâtiment accessoire, on accède derrière deux portes capitonnées à une grande salle de huit mètres sur dix, divisée par une cloison mobile, formant ainsi deux salles de travail, vastes et bien aménagées. À chaque étage, se trouvent des toilettes et un petit office, mais la cuisine centrale est dans le bâtiment de Saint-Raphaël auquel on peut accéder par une galerie vitrée. Toutes les chambres, bien aérées, ont 3,40 m de hauteur, 3 m de large sur 3,5 m de longueur ; elles sont équipées du chauffage central, d'un lavabo, d'armoires, etc. Les lits, d'un modèle spécial assez ingénieux, comportent un berceau placé au bout du lit et pouvant glisser dans deux gouttières latérales. Le berceau est ainsi placé devant la mère qui peut le tirer à elle pour prendre son enfant.

Dès l'ouverture de la nouvelle maternité, le nombre des naissances augmente sensiblement : il atteint 500 en 1928, 550 l'année suivante et 664 en

---

Notons que ce délicat poète a reçu en 1931 le prix de littérature de la Société des Arts et des Sciences de Lille.

45.– Désaffecté, ce bâtiment existe toujours et les *bambini* ont été heureusement conservés.

1930. À l'attrait des installations neuves, il faut sans doute ajouter l'accueil des *mères de condition modeste,* mais aussi, en 1927, la suppression de la fermeture estivale de plusieurs semaines : désormais, la maternité reste ouverte toute l'année !

Les dispensaires et maisons de santé

En 1925, le doyen Baltus assure que, depuis la fondation, les dispensaires de la Faculté ont assuré un million de consultations gratuites. Au lendemain de la guerre, leur activité a repris nettement : pendant l'année 1923-24, le dispensaire Saint-Raphaël reçoit 11 188 consultants et Saint-Camille, toujours en retrait, 4 328.

À Saint-Raphaël, les locaux libérés par le départ de la maternité sont aménagés en chambres. Il en est de même à Saint-Camille si bien qu'en quelques mois, la capacité des deux maisons de santé a pratiquement doublé : en 1928, 696 patients sont admis à Saint-Raphaël et 486 à Saint-Camille, essentiellement des cas chirurgicaux, dans des conditions jugées favorables alliant *le confort le plus moderne et les exigences de la plus sévère hygiène,* mais dès 1929, on estime déjà que les maisons de santé sont devenues trop petites.

Dispensaire Saint-Camille. Salle de consultation vers 1925.

En 1929, le nombre de consultations s'est encore accru, atteignant le chiffre de 16 000, mais, comme l'hôpital de la Charité, les deux dispensaires souffrent d'un retard d'équipements techniques tel que l'intérêt de ces dispensaires devient discutable. Ainsi, dès 1921, le Dr D'Halluin qui avant la guerre avait demandé en vain l'installation d'un service de radiologie à Saint-Raphaël et qui exerce en clientèle dans ce qu'il appelle un peu pompeusement *l'Institut médical des agents physiques* installé rue Nicolas Leblanc, se plaint que l'installation de ce service n'avance pas. À Saint-Camille, la situation n'est guère meilleure : en 1925, le service de radioscopie-radiothérapie, pourvu d'un fort beau matériel, grâce au don de la Croix Rouge américaine, ne fonctionne pas encore après trois ans d'attente ; *le Dr D'Halluin demande un personnel qu'on ne peut lui fournir, tel qu'il le réclame pour deux séances par semaine*[46]. En 1928, l'appareil est en panne. Deux ans plus tard, D'Halluin se plaint encore de l'insuffisance du service et de son équipement. Il en est de même du petit laboratoire des cliniques et dispensaires dirigés par le Dr A. Bernard et que le recteur, en 1924, juge inutile et veut fermer.

L'idée d'un hôpital propre à la Faculté libre, bien équipé, offrant un large éventail des différentes spécialités, s'impose donc de plus en plus.

L'école d'infirmières

En 1924, est institué un diplôme d'état d'infirmière. Aussitôt le recteur Mgr Lesne prie la supérieure de la congrégation des Augustines, qui exercent leur ministère dans presque tous les établissements hospitaliers de Lille, notamment à la Charité, à Saint-Sauveur, à l'hospice Gantois et à Saint-Raphaël, de créer une école d'infirmières associée à la Faculté libre de médecine. La congrégation désigne pour cette mission sœur Marie-Emmanuel qui est alors en fonction à l'hospice Gantois et accepte la double mission de directrice de l'école et de la maison Saint-Raphaël au 86 rue du Port. Le 3 novembre 1927, l'école d'infirmières ouvre ses portes dans des locaux fort exigus et vétustes : deux *bicoques* à l'angle de la rue du Port et du boulevard Vauban, qu'on appellera Saint-Joseph et Sainte Thérèse et dont l'une est un café mal famé nommé l'Univers, qui vient d'être fermé par décision de justice et qui a été acquis par le Pr Delassus. Elle reçoit des jeunes filles (ou des jeunes femmes), titulaires du brevet élémentaire, avec autorisation des parents (ou du mari…).

L'école est annexée à la Faculté de médecine et la directrice en est choisie par le Conseil d'administration des Facultés catholiques. Réparti sur deux ans, l'enseignement comporte un stage de probation de six semaines, puis des stages pratiques dans les hôpitaux, dispensaires et maternité de la Faculté. Les responsables de l'enseignement théorique sont pour la médecine le Pr Lemière, par ailleurs directeur de l'école et pour la chirurgie le Pr Delassus. Ils sont aidés de monitrices possédant le diplôme d'infirmière. La discipline est sévère : le matin, la stagiaire doit être à 8 heures dans le service hospitalier en tenue de salle. Tout retard est sanctionné. Elle ne reçoit de consignes que de la sœur du service ou d'une monitrice. Il lui est interdit de parler aux élèves, externes et internes et de circuler dans les services. Les élèves portent alors l'uniforme bleu marine et le voile.

Dix élèves sont inscrites dès 1927, mais seules deux d'entre elles iront jusqu'au terme des études. Le doyen Thilliez fait état de quelques difficultés : *L'école d'infirmières ne va pas, ne peut aller*, écrit-il à Mgr Chollet[47]. La supérieure décide alors que toutes les sœurs soignantes de sa congrégation passeront les épreuves du diplôme d'État : elles sont effectivement quatorze dès la première année. Puis, malgré les conditions

---

46.– Rapport du recteur Mgr Lesne intitulé « *Cliniques générales* », *op. cit.*, note 39.

47.– Lettre du doyen Thilliez à Mgr Chollet du 17 mars 1927. Arch. I.C.L., dossier P5C1. Notons que cette appréciation est antérieure à l'ouverture de l'école. Il faut y voir sans doute l'animosité habituelle de son auteur vis-à-vis de Lemière et de Delassus, dont on trouve plusieurs exemples dans sa correspondance, mais aussi le fait que la création de l'école ait été décidée sans qu'il ait été consulté.

d'hébergement, les progrès de l'école sont rapides : le pourcentage de réussite aux examens est habituellement de 100 % et les élèves de la rue du Port se classent souvent parmi les premières de chaque session ; les examens se passent devant un jury formé de professeurs et moniteurs de toutes les écoles d'infirmières de la région. L'élan est donné : cette nouvelle école connaît un succès qui ne se dément pas aujourd'hui.

Les Journées Médicales

Très tôt, la Faculté libre s'est préoccupée de l'entretien des connaissances des médecins… sans prendre de décision. En 1899, une commission du Conseil de faculté étudie la question, on en reparle en janvier 1906 et, avant la Guerre, on instaure une *Journée des dispensaires* dans le dessein d'informer les praticiens du mouvement scientifique et de les initier aux méthodes nouvelles d'exploration clinique. Cette initiative n'a que peu de retentissement : il faudra attendre 1927 pour que l'idée reprenne corps à l'instigation probablement du doyen Thilliez qui propose d'organiser au profit des anciens élèves des Journées Médicales de la Faculté libre, *pour maintenir les relations entre les anciens et la faculté et leur rendre service, en leur faisant une mise au point des questions d'actualité*[48]. La première journée a lieu le 9 juin de cette année-là : présentation de malades, séances opératoires, démonstrations en laboratoires… un ensemble d'activités fort dispersées à la Faculté et dans plusieurs hôpitaux, à la Charité, à Saint-Antoine et à l'Asile de Lommelet. Dès l'année suivante, elles sont étalées sur deux jours, plus concentrées et complétées par des conférences magistrales en amphithéâtre. La session se termine toujours par un banquet amical, de qualité gastronomique.

Les cours d'initiation médicale pour missionnaires

En 1926, à l'initiative du Pr Loiselet, sont créés des cours *d'initiation médicale et scientifique pour les missionnaires et leurs collaborateurs*. On comprend tout l'intérêt de donner aux missionnaires quelques précieuses notions d'hygiène, de prévention et de soins. Nous en reparlerons avec plus de détails au chapitre XXIII.

Là aussi les débuts sont difficiles[49], en raison de la concurrence parisienne de la Société saint Luc, saint Côme et saint Damien, dont le président le Dr Pasteau s'estime mandaté par le pape Pie IX lui-même pour faire toute œuvre médicale catholique. Les échanges sont vifs : L. Thilliez déclare bientôt que la Société Saint-Luc *nous devient nuisible […] À mon sens, et à celui de certains confrères, nous devons ne plus en faire partie et ne pas favoriser son recrutement.* En retour, en juillet 1929, il est *rayé de Saint-Luc,* mais, déclare-t-il, *cela ne m'a pas empêché de dormir.* En fait, bien que dotée d'une position centrale et prestigieuse, l'entreprise parisienne va rapidement péricliter, faute de pouvoir s'appuyer sur une faculté de médecine.

Cet enseignement connaît d'emblée le succès en raison surtout de son aspect pratique, adapté à la pathologie des pays chauds et… à la pauvreté des moyens dont disposent les missionnaires. Les sessions réunissent

48.– Prospectus de la Journée Médicale du 9 juin 1927.

49.– Correspondance Thilliez-Loiselet. Arch. I.C.L., dossier P5C1 jusqu'à 55 participants. Sous une forme très renouvelée, elles persistent encore aujourd'hui.

Le cinquantenaire

Après les épreuves, la Faculté amorce donc son redressement ; en 1926, le doyen L. Thilliez exprime officiellement sa *pleine satisfaction*, ce qui contraste d'ailleurs avec les termes de sa correspondance privée... En 1927, l'Université catholique et la Faculté de médecine fêtent avec éclat le cinquantenaire de leur fondation et exposent leur bilan : le 26 mars, les participants visitent les divers services *susceptibles de les intéresser* : la nouvelle Maternité Sainte-Anne, les installations nouvelles de la Maison de santé Saint-Raphaël, les innovations de l'hôpital Saint-Antoine et le laboratoire de physiologie. Ils assistent ensuite à la séance solennelle qui se tient dans le grand amphithéâtre où des places d'honneur sont réservées aux *vétérans de la Faculté, MM. les professeurs Guermonprez, Baltus, Rogie, contemporains de la fondation.* Le doyen L. Thilliez retrace l'historique de la Faculté, puis suivent les discours du Pr Deherripon, président de la *Société des Sciences médicales de Lille* et du Pr David, président de la *Société anatomo-clinique.* La séance se termine par une allocution du recteur Mgr Lesne et une réception à la Salle des Actes.

L. Thilliez : un grand doyen

En fait, cette célébration officielle et cet optimisme de façade cachent bien des déboires et bien des rivalités. Dans ses lettres au Père Loiselet, le doyen Thilliez se révèle amer et désabusé : il avoue qu'il n'a pas désiré la charge de doyen, qu'il l'a acceptée par *simple esprit de corps, car on (lui) a fait comprendre que personne ne ferait rien et que les errements continueraient.* Contre sa politique de recrutement d'éléments *extérieurs*, dont les derniers nommés sont, en 1928, L. Reverchon en ORL et R. Archer en bactériologie, s'élève une coterie des anciens de la Faculté : *La nomination de professeurs pris en dehors de la Faculté a monté la tête des David, Besson et Delassus qui font campagne contre le doyen*[50].

Thilliez bénéficie bien sûr du soutien des nouveaux venus. En juin 1928, à quelques jours des élections décanales, une lettre signée par les Prs Billet, Langeron et Le Grand en souligne les mérites : *Aucun doyen ne s'est montré aussi actif (depuis la fondation de la Faculté), aussi pénétré du désir de faire la Faculté plus grande, bien administrée.* Il a su réunir un corps professoral de qualité, obtenir la fondation du laboratoire *trop longtemps attendu*, organisé les Journées médicales et la formation médicale missionnaire. Il a aussi gagné la confiance des étudiants : ainsi, en juin, une motion de l'ACEM déclare : *Après avoir considéré le travail important de redressement effectué à la faculté depuis la dernière requête de l'ACEM (en 1926),* (l'ACEM) *exprime sa gratitude aux autorités universitaires.*

Cependant aux élections décanales de juillet 1927, le Pr É. Camelot recueille la majorité des voix et sa nomination est donc proposée au recteur. Chez les amis de Thilliez, c'est la consternation, voire l'indignation comme le manifeste le Père Loiselet qui n'a pas de mots assez durs pour qualifier *les paresseux, sectaires, médiocres, etc.*, dont nous tairons bien sûr les noms.

50.– Lettre de L. Thilliez au R.P. Loiselet de janv. 1928. *Ibid.*

Mais la décision revient au recteur et au Sénat académique qui, pour calmer les esprits, laissent passer les vacances avant de statuer. Thilliez bénéficie de leur soutien et de celui de Mgr Chollet qui préside le Conseil supérieur : ainsi, à la rentrée, décidé à poursuivre le redressement de la Faculté *contre vents et marées*, il est reconduit dans ses fonctions.

Chapitre XII.
1929-1939 : nouvelles menaces

La crise économique de 1929, qui s'étend à tous les pays occidentaux, entraînant chômage et précarité, ouvre la décennie suivante où s'annoncent de lourdes menaces. En France, elle est à l'origine de la prise de pouvoir par la gauche du Front populaire[1]. Auparavant, la mise en place des Assurances Sociales avait modifié profondément la relation médecin-malade tant en clientèle privée que dans les établissements hospitaliers et les dispensaires.

Sur le plan régional, le projet d'une Cité hospitalière annonce une concurrence redoutable pour les hôpitaux de la Faculté libre. Sous peine de disparaître, celle-ci doit faire des choix décisifs par la création de nouvelles structures. Elle doit aussi s'affranchir de la tutelle voire de l'hostilité de certains membres de la faculté d'État en envoyant ses étudiants passer leurs examens à Nancy.

Le corps professoral

En 1928, ce n'est pas de gaîté de cœur que L. Thilliez a accepté d'être prorogé dans les fonctions de doyen. Dès juillet 1929, il demande à en être relevé : *Le programme que je m'étais tracé est réalisé,* écrit-il un peu plus tard, *je n'ai plus de raison de rester à mon poste.* Mais les autorités supérieures veulent son maintien : Mgr Achille Liénart, nouvel évêque de Lille et chancelier de l'Université en remplacement de Mgr Quilliet, *me supplie de rester en fonction. Je lui ai promis pour un an sans lui cacher les raisons qui rendent ce poste intenable : il le comprend, mais me demande de faire le sacrifice. L'an prochain, ce sera la même chose… Autant désigner C… tout de suite, puisque sans doute il aura la majorité à la faculté.*

Les mêmes dissensions persistent au sein de la Faculté. Selon le doyen, la séance du Conseil de faculté du 9 juillet 1930 a été *houleuse,* ce qui n'apparaît d'ailleurs pas dans le compte rendu officiel : il s'agissait sans doute de la question de la titularisation dans la chaire d'obstétrique (en remplacement du Pr Voituriez) de Maurice Favreau qui, face à *l'animosité de ses collègues […] menace de s'en aller s'il n'est pas titularisé*[2]. En dépit du rapport défavorable de

1.– On ne sera pas étonné de l'opposition des dirigeants de l'Université à *l'expérience redoutable que fait le pays tout entier.* Rapport du recteur Mgr Lesne au Conseil d'administration le 9 juil. 1936.

2.– Correspondance entre L. Thilliez et Mgr Chollet. Arch. I.C.L., dossier P5C1.

la commission d'avancement, présidée par le doyen, le Conseil de faculté vote la titularisation de M. Favreau : il sera nommé par le Conseil supérieur de l'Université. Contrairement à la nomination d'Antoine Delattre acquise à l'unanimité, le cas de M. Paget prête aussi à discussion. À la même séance, est confirmée la décision exigeant la possession de l'agrégation d'État ou de la Faculté libre pour obtenir le titre de professeur suppléant. Cette décision satisfait les étudiants qui, dans une motion de l'ACEM datée de juin 1930 *remercie les autorités universitaires de l'institution des concours pour la nomination des professeurs de la faculté libre de médecine.* En fait, et voulant sans doute garder la haute main sur les nominations, le Conseil supérieur considère cette décision comme un simple règlement.

Le décanat de L. Thilliez prend fin en 1931[3]. Émile Camelot est élu doyen ; Henry Billet lui succédera en 1934, puis Carlos Lepoutre en 1937. Le plus grand mérite de L. Thilliez a été certainement la mise en place d'un corps professoral qui, en 1929, comprend pour la médecine 19 titulaires, un adjoint (Cappe de Baillon en histologie), deux suppléants (dont M. Favreau bientôt titularisé) et deux maîtres de conférences. En section de pharmacie où le Pr Carrez est assesseur inamovible[4], on compte cinq titulaires et un suppléant. Ce corps professoral est de qualité et quelques-uns de ses membres sont éminents. À la même date, le recteur peut écrire : *Nous avons pu reconquérir l'estime de toutes les classes de la Région et de toutes les facultés de France et de l'étranger.*

La question des Assurances Sociales

La loi sur les Assurances Sociales date du 5 avril 1928. Non sans difficultés, elle va s'imposer progressivement et modifier profondément le fonctionnement et l'esprit même des établissements de santé : de la charité qui s'adressait exclusivement aux indigents et aux économiquement faibles[5], on va évoluer vers l'assistance à une proportion plus large de la population *de condition modeste* certes, mais désormais solvable. On a compris qu'avec la création des maisons de santé et d'une maternité au recrutement élargi, la Faculté a quelque peu anticipé ces transformations.

Sans entrer dans les détails, on peut rappeler que, se substituant aux Sociétés de Secours Mutuels et les remplaçant par un monopole d'État, la loi de 1928 n'est pas très différente des ordonnances de 1945 et des lois qui les suivies, créant et généralisant la Sécurité sociale. Les principes en sont les mêmes : couverture des risques maladie, invalidité prématurée, vieillesse, décès et participation aux charges de famille, de maternité et de chômage involontaire, affiliation soumise à des conditions de ressources, financement par des cotisations ouvrières et patronales d'un montant équivalent.

3.– L. Thilliez, retraité en 1939, est décédé en 1942.

4.– Le Pr Carrez a exercé les fonctions d'assesseur pour la pharmacie pendant 32 ans et les gardera même après arrêt de son enseignement. Décède en nov. 1937, il est remplacé par le Pr Raquet.

5.– Avant la loi sur les Assurances Sociales, existaient deux grands organismes d'aide médicale : l'assistance médicale gratuite (dont les bénéficiaires n'avaient pas accès aux établissements de la Faculté libre) et la mutualité, une médecine sociale dont affirme É. Camelot, *les médecins faisaient les frais.*

Cette loi n'est pas discutée dans son principe que l'on dit *élevé* et qui doit *réunir les suffrages de tous.* Mais, votée à la hâte en fin de législature, elle est vivement critiquée dans son application, en particulier par les patrons et les médecins. Ainsi, P. Valdelièvre, secrétaire du syndicat de la Métallurgie de Lille, la considère comme une *catastrophe nationale.* L'industriel A. Michelin écrit : *Dans les conditions actuellement envisagées, patrons et ouvriers doivent souffrir également de la substitution de l'État à l'initiative privée. Le « risque maladie » notamment ouvrira la porte à tous les abus, à toutes les malversations* et l'on commence à parler de *la fièvre de Noël* chez les affiliés de caisse !

Les médecins quant à eux redoutent *l'emprise totale sur le libre exercice de la médecine.* Dans une conférence prononcée aux Journées médicales de 1929, A. Besson, professeur de médecine légale à la Faculté, expose les griefs du corps médical :

> *1°. La loi des Assurances sociales est une loi sûrement funeste pour le corps médical : ses répercussions seront profondes, définitives même sur certains points, dans l'exercice de la profession. Cette loi sera un facteur certain de « dévalorisation médicale » ouvrant toute grande la porte du fonctionnarisme dans un nouveau monopole d'État.*
>
> *2°. Le corps médical doit lutter de toutes ses forces, de toute la puissance de son nombre et de son autorité, pour exiger, par tous les moyens, la reconnaissance légale dans la Loi de ses prérogatives et de ses droits. Une discipline absolue est indispensable. Un échec aurait, pour le Corps Médical, des conséquences « mortelles » par l'avènement d'un étatisme qui ruinerait, progressivement mais sûrement, les forces vives de notre profession médicale et porterait la plus grave atteinte à sa conscience, à sa liberté et à son honneur…*[6]

F. Guermonprez, ardent polémiste, ne renonce pas à ses outrances. Il écrit notamment : *L'Ami du Peuple*[7] *montre en quoi la loi est fallacieuse et inhumaine. Les Chambres de Commerce sont contre, la Fédération des Syndicats Patronaux de la région parisienne aussi, etc. Il est impossible de laisser accréditer l'erreur qui attribue à cette législation une inspiration chrétienne : c'est le contraire !* Et de citer plusieurs faits qui montrent comment elle est applaudie par les loges maçonniques, le parti SFIO (congrès du 12 juin 1929), le parti radical-socialiste (congrès de Reims 1929), le syndicat national des instituteurs (affilié à la CGT), lequel *entend occuper les secrétariats de mairie pour pouvoir agir vis-à-vis de la population des villages selon les directives maçonniques […] Il n'y a plus de doute possible : la loi des Assurances Sociales n'est pas d'inspiration chrétienne. Bien que dissimulée, son origine est maçonnique*[8].

À son tour, la Confédération des syndicats médicaux déclare ne pas accepter cette loi qui menace l'indépendance médicale et, tout en rappelant les droits fondamentaux du médecin (libre choix, respect du secret

6.– A. Besson : *Les Assurances sociales. J Sci Méd Lille,* 1929, n° 27, pp. 5-17 et n° 28, pp. 25-37.

7.– L'Ami du Peuple (qui n'a rien à voir avec le journal de Marat) était une publication nationaliste et antisémite des années 30.

8.– Pr F. Guermonprez *Les Assurances Sociales fallacieuses et inhumaines : Le Semeur de l'Ile de France,* avril 1931, repris dans le *Bulletin de la Société Médicale de Saint-Luc, Saint-Côme et Saint-Damien,* 39, n° 1, janv. 1933, pp 26-28. Voir aussi du même auteur : *Études médicales autour de la loi relative aux Assurances Sociales.* Paris, Legrand, 1928 et *Recherches sur la vicissitude de la liberté en médecine depuis Louis XV. Ibid.*

professionnel, liberté de prescription, honoraires libres), elle demande à ses adhérents de ne souscrire ni contrat collectif, ni contrat individuel.

Cependant, la loi se met lentement en place à coups d'amendements, de projets rectificatifs et de textes additionnels (lois du 5 août 1929, du 3 avril 1930, etc.). À la séance solennelle de rentrée de novembre 1931, Mgr Lesne en analyse les dangers et les remèdes : *L'application de la loi des Assurances sociales pourrait réduire les ressources cliniques nécessaires à notre enseignement si une adaptation appropriée des services n'apportait le correctif nécessaire. Il était à prévoir, par exemple, que le nombre des consultants dans les dispensaires gratuits diminuerait légèrement à partir du jour où les malades indigents pourraient faire payer par les Caisses d'Assurances sociales la plus forte part des honoraires dus aux médecins qu'ils auraient librement choisis.* Mgr Lesne expose alors les moyens de *retenir* les consultants : la réputation des maîtres, le bon accueil fait aux malades, l'aménagement des horaires, la coordination des services, la disposition heureuse des salles de consultation, l'utilisation d'un appareillage complet et moderne. Il termine cette analyse pertinente par ces conseils : *Ne pas laisser passer l'heure, [...] prendre garde que les courants nouveaux qui s'établissent ne se détournent pas de nos chemins*[9].

L'influence de la loi sur la fréquentation des dispensaires et des services reste difficile à apprécier. Certes, elle n'est pas immédiatement perceptible ; le doyen Camelot déclare en 1933 : *Il faudra plusieurs années pour pouvoir apprécier exactement l'influence exercée sur nos services par le fonctionnement des Assurances Sociales*[10]. Cependant, dès 1930, certains responsables, dont le recteur Mgr Lesne, pensent avec raison que, dans *l'impossibilité reconnue de faire subsister des services qui recueilleraient gratuitement des malades indigents,* la loi pourrait favoriser la création d'établissements dont la gestion serait financièrement rentable. À la charité pure et simple, devenue irréalisable, vont progressivement se substituer l'assistance et la solidarité.

1929-1939 : Les études. Les examens à Nancy

En 1929, le nombre d'étudiants est de 143, un effectif comparable à celui d'avant-guerre : 25 élèves de 1re année, une dizaine d'étrangers et 37 étudiants en pharmacie (dont le nombre a augmenté plus rapidement encore : ils étaient 10 en 1920)[11]. Au seuil de cette décennie, le doyen É. Camelot entrevoit l'avenir avec sérénité : à la rentrée de 1931, il évoque *un calme propice au travail régulier et efficace.*

Depuis le règlement de 1920, les étudiants peuvent passer leurs examens dans la faculté officielle de leur choix : en 1929, désirant échapper à l'ostracisme lillois, la plupart des étudiants envisagent cette solution. En mars, le doyen L. Thilliez et H. Billet se rendent à Nancy ; ils sont reçus par le recteur nancéien qui se montre *très heureux de faire passer les examens à nos étudiants,* à l'instar du doyen et du Conseil de la faculté. Aussitôt, 53 étudiants font le voyage à Nancy[12]. Ce sont d'abord les étudiants des premières années qui font ce choix, mais dès l'année suivante, le passage des

9.– Séance solennelle de rentrée de l'Université catholique. Rapport de Mgr le Recteur du 5 nov. 1931. *J Sci Méd Lille,* 1931, n° 49, pp. 443-448.

10.– Rapport de M. le Pr É. Camelot. *J Sci Méd Lille,* 1933, n° 53, pp. 609-615.

11.– En 1929, l'annuaire de la faculté contient 541 noms de médecins, 123 noms de pharmaciens.

12.– Rapport de M. le Pr L. Thilliez. *J Sci Méd Lille,* 1929, n° 49, pp. 450-456.

examens à Nancy sera la règle. En 1928-29, douze thèses ont été soutenues à Lille ; en 1930-31, huit sont présentées à Lille et huit à Nancy.

Pour l'année 1931-32, le nombre d'étudiants atteint le chiffre record de 164, dont 41 en pharmacie. Les examens à Nancy donnent d'abord des résultats satisfaisants, *en dépit des obstacles que nous crée le monopole, corrigé seulement par l'équité personnelle des examinateurs*. Les dispensaires et services hospitaliers fonctionnent mieux. Le corps professoral se renouvelle surtout par promotion interne. Ainsi, en 1930, une agrégation d'anatomie intronise Georges Vincent. En 1931, M. Paget, après sa thèse de pharmacopat supérieur, passe l'agrégation de chimie biologique. En 1934, ce sont celles d'Henri D'Hour et Jules Dereux en médecine, de G. Desbonnets en chirurgie. En 1937, l'agrégation d'otorhinolaryngologie de G. Didier assure le remplacement du Pr L. Reverchon qui vient de disparaître. En 1939, Adolphe Bernard et Alphonse David sont titularisés, le premier en pathologie générale, le second en thérapeutique.

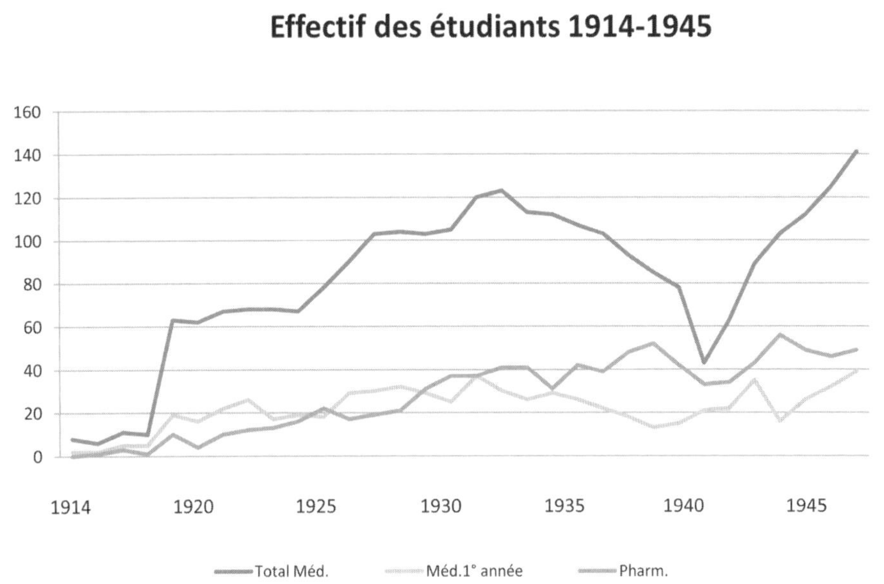

Tableau 2 : effectif des étudiants 1914-1945

Dès sa prise de fonction de doyen, en novembre 1934, le Pr H. Billet, grand organisateur, propose la création de quatre commissions permanentes pour améliorer la marche de la Faculté : enseignement en faculté (une réforme est en cours), fonctionnement des laboratoires, enseignement clinique, concours. Les responsables de ces commissions sont nommés en décembre. Des commissions secondaires gèrent les Journées médicales ou la question des assurances sociales. Ces commissions préparent des règlements de première importance. Ainsi, en avril 1937, pour organiser la promotion interne, le Conseil de faculté revient de nouveau sur le statut des professeurs : un professeur ne peut être titularisé que s'il est proposé pour une chaire qui existe déjà. Une chaire ne peut être créée que si son enseignement est nécessaire ou très avantageux, qu'il s'agisse d'un enseignement clinique dans un service organisé ou d'un enseignement théorique et pratique en faculté. Un professeur suppléant doit être agrégé et un agrégé ne peut être nommé suppléant qu'à la condition de donner un enseignement équivalent à celui d'un professeur en titre. Enfin, le titre de docteur en médecine ou de pharmacien suffit pour être promu maître de conférences.

Parmi le corps professoral, des anciens disparaissent : parmi les pionniers de la première heure, c'est en 1932 F. Guermonprez, *l'un des treize professeurs de 1877, après cinquante ans d'une inlassable activité au service de la science, des malades, de la patrie et de la religion*, puis, en 1933, A. Lemière, *le défenseur acharné des intérêts moraux et matériels de la profession médicale [...] Il nous laisse un modèle de très haut esprit scientifique, l'exemple du dévouement le plus désintéressé et de la dignité professionnelle la plus élevée*[13]. En 1935, Ch. Rogie l'anatomiste, Dujardin l'ophtalmologiste et le R. P. Loiselet décèdent à leur tour. En 1937, E. Baltus disparaît lui aussi après 49 ans d'enseignement, il avait pris sa retraite en 1925. C'était *le dernier représentant de ceux qui fondèrent notre faculté de médecine, [...] physiologiste distingué, médecin éminent, professeur à l'enseignement clair et précis, deux fois doyen.* La même année, le Pr Carrez, assesseur du doyen pour la section de pharmacie décède en novembre et enfin, en 1938, J. Voituriez qui a fait toute sa carrière à la Faculté, ancien professeur d'obstétrique, en retraite depuis 1929, meurt dans sa 80e année. En mai 1939, H. Lavrand, ORL et professeur d'hygiène et de pathologie interne disparaît, ainsi qu'un interne de l'hôpital Saint-Philibert nommé Hubert Pernes.

L'érosion

Cependant, au fil des années 30, les choses se gâtent et pour les étudiants d'abord : dès 1931, alors que les examens se passent en presque totalité devant la faculté de Nancy, le doyen É. Camelot constate que *des insuccès trop nombreux et peu habituels sont le fait d'une vague de sévérité qui a déferlé cette année sur tous les candidats*. En 1933, il estime que cette sévérité accrue trouve sa cause dans l'encombrement des facultés et la menace de pléthore médicale, car la crise économique *a détourné les jeunes gens des carrières industrielles ou commerciales* et ils *se sont tournés vers les carrières libérales*[14].

Cette sévérité est en quelque sorte officialisée par le décret du 26 février 1933 qui prévoit, pour les 1er et 2e examens de fin d'année, des épreuves écrites portant sur toutes les matières enseignées dans l'année. Dès la session de juillet 1933, la sanction est sévère. En 1re année, 30 % seulement des étudiants sont reçus, la moitié des échecs sont réparés en octobre et deux le seront encore au cours d'une session extraordinaire en mars ; cinq doublent leur année. En 2e année, l'épreuve écrite a été supprimée à cette session *à la suite de l'agitation et même de la grève* [des étudiants] *organisée à Paris et dans quelques facultés de province.* Une deuxième épreuve orale est prévue, *mais la sévérité des juges n'a pas été supprimée !*[15] En 3e année, les deux tiers des étudiants ont été reçus en juillet, mais, en 4e année, on compte 43 % d'échecs à la même session, tous réparés il est vrai en octobre. Cette sévérité n'épargne d'ailleurs pas les étudiants étrangers, au nombre d'une dizaine (belges, canadiens, mexicains, javanais, un japonais, un Colombien, un

13.– Rapport de M. le Pr É. Camelot. *J Sci Méd Lille*, 1933, n° 53, pp. 609-615.

14.– *Ibid.*

15.– *Ibid.*

Libanais) qui préparent le diplôme de l'Université catholique, reconnu dans leur pays : en 1re année, on compte un seul reçu sur six.

En 1934, alors que le PCB remplace le PCN, *la vague de sévérité se confirme davantage*[16]. En 1936, la durée des études de médecine est portée à six ans après le PCB. Dans ces conditions, après le chiffre record de 1930, le nombre d'étudiants baisse sensiblement. De 123 étudiants en médecine en 1931-32, il diminue à 103 en 1935-36 et à 78 en 1938-39. Les défections en cours d'études sont nombreuses, mais tout aussi inquiétante est la diminution des inscriptions en 1re année : 30 étudiants en 1931-32, mais seulement 15 en 1938-39.

Le doyen H. Billet constate cette érosion avec amertume : *Le nombre de nos étudiants ne répond ni à l'élévation du but que s'étaient proposé les fondateurs de cette Faculté unique en France, ni à la haute valeur scientifique et morale du Corps Professoral qui se dévoue sans restriction à sa tâche*[17]. Deux ans plus tard, il en appelle aux parents : *Croyez-vous servir l'avenir de vos enfants en choisissant pour eux des solutions de facilité ? Pourquoi rester sourds aux appels de nos évêques ? Faites de vos fils des médecins instruits, n'attendant le succès que de leur mérite, indifférents à la faveur, aimant l'effort qui, seul, peut donner des résultats solides et durables.*

La baisse du nombre d'étudiants affecte d'ailleurs tous les secteurs de l'Université et n'épargne pas les Écoles. Dans ses rapports successifs au Conseil supérieur, Mgr Lesne y voit les effets de la dénatalité due à la guerre, de la crise économique, mais aussi, comme le doyen Billet, du *fléchissement du loyalisme chrétien des familles.* Les maisons de famille voient diminuer le nombre de leurs pensionnaires : en 1936-37, ils sont 27 à Saint-Louis, 34 à Saint-Michel (qui est d'ailleurs en mauvais état) et Albert le Grand est fermé depuis quatre ans.

La situation s'améliore quelque peu en 1937-38 : *La série des années maigres s'achève,* constate Mgr Lesne, mais tel n'est pas le cas en médecine où la difficulté et la longueur des études, les résultats des examens qu'il faut passer à Nancy sont aussi la cause de cette baisse des effectifs : en pharmacie au contraire où le pourcentage habituel de réussite est de 90 à 100 %[18], le nombre des étudiants est de 52 en 1937-38, alors qu'il était de dix en 1927-28, ce qui nécessite un agrandissement des locaux qui leur sont alloués[19].

À la veille de la guerre, Mgr Lesne adresse à Mgr Liénart un rapport sur l'état de la Faculté de médecine et de pharmacie. Tiré à 100 exemplaires, il est adressé aux archevêques et évêques de France. Il conclut : *Une Faculté aussi largement équipée (le tout représente une dépense annuelle de plus de 3 millions) et qui est seule à porter et à mériter le nom de Faculté catholique, devrait pouvoir faire un choix sévère parmi des légions d'étudiants qui se présenteraient à ses portes et former une élite incomparable de médecins et de pharmaciens répandus ensuite par toute la France.*

16.– Rapport de M. le doyen H. Billet. *J Sci Méd Lille,* 1934, n° 47, pp. 521-528.

17.– *Ibid.. J Sci Méd Lille,* 1934, n° 47, pp. 541-551

18.– Rapport de l'assesseur du doyen pour la pharmacie. *J Sci Méd Lille,* 1937, n° 48, pp. 512-514.

19.– À l'intention des étudiants en pharmacie, le laboratoire de matière médicale et de micrographie est agrandi : c'est maintenant une grande salle au 1er étage de l'aile droite, bien éclairée des deux côtés, où on a remis les belles armoires gothiques placées autrefois par le Pr Guermonprez. Bull. Fac. Cath., 24e a, 1933, n° 1, p. 12.

Elle pourrait faire très bien, mieux que dans beaucoup de facultés surpeuplées, l'éducation de 2 à 300 étudiants en Médecine et une centaine d'étudiants en Pharmacie. Elle en a la moitié à peine. Même avec de si faibles contingents, elle fait un très bon travail, tant par la formation technique et morale de ses étudiants que par l'émulation qu'elle suscite et l'exemple qu'elle donne. Dieu veuille que cet appel soit entendu et non seulement du Nord qui lui-même ne lui donne pas assez de ses fils, mais que de toute la France, viennent nombreux les meilleurs jeunes catholiques à la seule Faculté de Médecine et de Pharmacie[20].

Les hôpitaux et dispensaires de 1929 à 1939

En 1929, le **dispensaire Saint-Raphaël** assure des consultations d'ophtalmologie (Pr Thilliez) et de gynécologie (Pr Voituriez, puis Pr Favreau) : elles sont les plus fréquentées avec plus de 7 500 consultants en ophtalmologie et plus de 1 000 en gynécologie. Les autres consultations de maladies chirurgicales (Pr Courty), maladies internes (Pr Langeron) et maladies nerveuses (Pr Le Grand) sont beaucoup moins fréquentées. Il existe depuis 1922 une consultation de mécanothérapie assurée par le Pr Guermonprez. L'*Institut médico-mécanique* qu'il avait créé en 1906 dans l'ancien Carmel de la rue Nationale avait été endommagé pendant la guerre. À défaut d'un nouvel établissement dont il aurait souhaité la création, il obtient enfin un local de consultation à Saint-Raphaël, malgré l'opposition de l'ancien doyen Delassus, et grâce à l'appui du recteur et de l'archevêque de Cambrai. Il y pratiquera la rééducation jusqu'à sa retraite, avec l'aide du Dr J. Billaux, un de ses fidèles élèves.

Maison de santé Saint-Raphaël. Chambre de malade

Le **dispensaire Saint-Camil**le reçoit surtout des consultants d'otorhinolaryngologie (Pr Reverchon) et de dermatologie (Pr Danel). Les consultations d'urologie (Pr Lepoutre) et de gastro-entérologie (Pr Bernard) sont moins fréquentées.

Au fil des années 30, le recrutement des établissements hospitaliers, à l'exception des maternités, diminue sensiblement et, dit le doyen Billet en

20.– Lettre de Mgr É. Lesne à Mgr Liénart du 4 fév. 1939. Arch. Dioc. Lille.

1934, *il n'est pas douteux que cette diminution, déjà notée l'an dernier, ne soit la conséquence de la loi des Assurances sociales*[21]. Cette année-là, les deux principaux dispensaires sont regroupés à Saint-Philibert dans le nouvel établissement décrit ci-dessous. Ne restent à Saint-Raphaël que les consultations de gynécologie-obstétrique du Pr Favreau. En deux ans, le nombre total de consultations a diminué de 16 310 à 11 704, soit — 28 %. Et, après une embellie en 1935, Saint-Philibert reçoit moins de 10 000 consultants en 1938-39. Certes, la Maternité Sainte-Anne assure encore plus de 500 accouchements, mais la Maternité de la Sainte-Famille, complètement rénovée en 1929-30 avec la transformation des dortoirs en chambres d'un à trois lits et l'ouverture de consultations prénatales et de consultations de nourrissons, en compte près du double (921 en 1936).

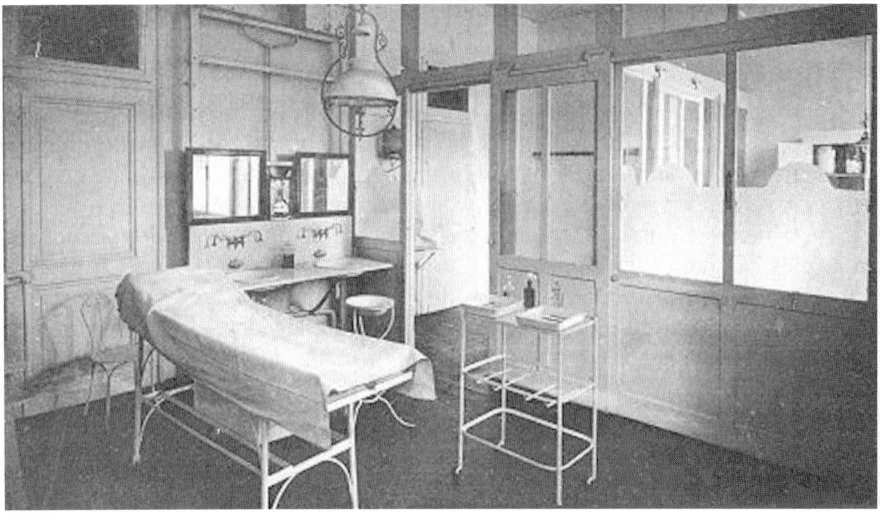

Dispensaire Saint-Camille. Salle d'opération

Fin 1933, à l'ouverture de la polyclinique Saint-Philibert, un règlement des dispensaires est élaboré : il rappelle que *les dispensaires sont ouverts aux malades indigents ou économiquement faibles, assurés ou non. Les consultations sont gratuites, sous réserve du recouvrement des prestations des assurés par les Caisses d'assurances sociales, du droit minimum requis à la première consultation et du prix des plaques de radiologie si le malade n'est pas assuré.* L'hospitalisation du malade est possible dans la section hôpital de la polyclinique Saint-Philibert ou à la Charité. Quant aux malades dits d'*entente directe*, ils seront reçus *dans d'autres salles ou en chambres particulières.* Ces dispositions, similaires à celles qui ont mené à la création de la maternité Sainte-Anne et Sainte-Monique, instaurent bien une *médecine à deux vitesses.*

Assez vite d'ailleurs, dès qu'ils élargissent l'éventail de leur recrutement, les dispensaires font l'objet de critiques : ils sont soupçonnés de *détourner les malades des cabinets des médecins et de faire à ces derniers une concurrence déloyale.* Le doyen Billet s'en défend et proclame que les dispensaires de la Faculté libre sont réservés aux seuls indigents ou aux économiquement faibles : *Tous nos collègues, parfaitement pénétrés des sentiments de solidarité confraternelle, dirigent leurs dispensaires avec le plus grand désintéressement [...]*

21.– Rapport de M. le doyen H. Billet pour l'année 1933-34, *loc. cit.*

Les services, les laboratoires, les hôpitaux et les dispensaires de la Faculté libre de médecine ne fonctionnent qu'en vertu des seules ressources qui leur sont fournies par la générosité des catholiques des provinces du Nord, [...] les libéralités officielles leur sont systématiquement et délibérément refusées et elles ne sont en aucune façon responsables des lourds impôts qui accablent de plus en plus lourdement les contribuables[22].

Les hôpitaux n'échappent pas à cette récession. L'hôpital de la Charité (aile droite) voit diminuer le nombre d'hospitalisations, tant en médecine qu'en chirurgie, de 1 737 en 1931 à 1 482 en 1934, soit -14,7 %. À Saint-Antoine, la diminution des consultations est considérable : elles passent de 9 505 en 1932 à 6 287 en 1934 (-34 %), puis restent à peu près stables jusqu'à la veille de la guerre. Par contre, le nombre des hospitalisations augmente de façon importante : il passe de 550 par an en 1932 à 825 en 1936 (+ 50 % en quatre ans) avec un chiffre de 20 135 journées d'hospitalisation et une durée moyenne de séjour encore importante de 24 jours.

Cette désaffection pour les consultations de Saint-Antoine ne peut s'expliquer que partiellement par les conditions socio-économiques : diminution du paupérisme, remboursement des actes pratiqués par les médecins libéraux ; elle contraste avec l'augmentation des entrées qui, elle, est certainement due à la fréquence et à la gravité des maladies infectieuses infantiles régnant alors, rougeole, scarlatine et diphtérie, mais aussi à l'aménagement de deux nouvelles salles au premier étage, prévues depuis la fondation, permettant de doubler les lits disponibles, ou, selon les termes de Mgr Lesne, d'accueillir *un plus grand nombre d'élus dans le paradis des enfants malades...*

Ainsi, dans ce contexte de récession générale, la création d'un nouvel hôpital pourrait paraître hasardeuse.

Quelles sont alors les ressources financières de l'Université ? En février 1934, le recteur Mgr Lesne, présentant au Conseil supérieur les comptes de l'année 1932-33, déclare : *Les dispensaires* (c'est-à-dire les dispensaires et les maisons de santé, car, à eux seuls, les dispensaires ne sont d'aucun rapport) *sont en pleine prospérité [...]* (ils représentent une) *œuvre magnifique de charité chrétienne et* (une) *ressource très importante pour nos finances.*

Dans le détail, Saint-Raphaël et Sainte-Anne ont un excédent d'exploitation de 228 000 F (132 000 € 2002) et Saint-Camille de 281 000 F (près de 163 000 €) alors que le budget de Saint-Antoine est équilibré. Bien que le recteur estime que *la faculté de médecine et de pharmacie a les exigences du tonneau des Danaïdes, on y verse toujours et jamais il n'est plein,* cet apport permet de limiter le déficit de l'Université, voire de lui assurer l'équilibre financier, alors que se réduit le produit des quêtes et des souscriptions (respectivement - 24 % et - 12 %).

Certes, le maintien de cet équilibre exige de strictes économies. En 1936, le recteur constate que le traitement des professeurs est inchangé depuis dix ans : *L'échelon des traitements ne correspond plus à la situation déjà fort modeste qui était faite à nos professeurs avant les évènements de ces derniers temps.*

22.– Rapport du doyen H. Billet pour l'année 1934-1935, *loc. cit.* Notons qu'avec l'application de la loi sur les Assurances sociales, ces propos sont devenus inexacts.

Au cours des années suivantes, l'excédent des recettes reste de l'ordre de 4 à 500 000 F, ce qui représente environ 7,5 % du budget de l'Université. Même Saint-Antoine apporte son obole (3 000 F en 1935-36, 10 000 F en 1936-37).

En 1937-38, après *les vaches maigres* et à la veille de la guerre, le budget de l'Université est de nouveau équilibré : au total, l'exploitation des maisons de santé s'est avérée rentable.

Hôpital et dispensaire Saint-Philibert

Ouverts depuis 56 ans rue de la Bassée et 46 ans rue du Port, les dispensaires de la Faculté ont vieilli. Les médecins, dit le doyen É.Camelot, y exerçaient *dans des conditions de confort et de décence, d'hygiène et d'asepsie, d'instrumentation que ceux-ci étaient fort loin de réaliser [...] Locaux exigus, matériel insuffisant, c'était vraiment la grande pitié de nos dispensaires ! Un seul fait suffirait à le démontrer : une même salle abritait les services de consultations de quatre grandes cliniques spéciales ! Que des maîtres dévoués aient pu y instruire de nombreux étudiants, y soigner des milliers de malades, y pratiquer des examens les plus délicats, y faire de multiples opérations, cela tient du prodige, mais les prodiges ne durent pas indéfiniment !*[23]

Une autre carence grave, en dehors de quelques chambres particulières, est l'impossibilité pratiquement totale de l'hospitalisation, cependant nécessaire *pour l'utilisation de certains procédés d'exploration, et surtout pour le traitement de nombreuses catégories de malades*. On en est arrivé à ce paradoxe : malgré les demandes réitérées et toujours refusées par l'Administration des Hospices, les services de médecine et de chirurgie de la Charité ne disposent pas du moyen de recrutement normal qu'est la consultation externe et les consultations, toujours peu fréquentées, de médecine et de chirurgie générales des dispensaires ne peuvent pallier cette carence[24]. *A contrario*, les dispensaires ne disposent pas des moyens d'hospitalisation indispensables au médecin, à l'étudiant, au patient même, pour suivre l'évolution de la maladie, en voir appliquer le traitement, en apprécier les résultats.

Mgr Lesne analyse ces faits avec pertinence[25] : l'essentiel des cliniques de la Faculté n'est constitué que des deux services de l'aile droite de la Charité. *Les dispensaires [...] ne permettent qu'un enseignement imparfait avec des ressources infiniment inférieures à celles que l'hôpital Saint-Sauveur fournit aux cliniques spéciales de l'État [...] Le régime des Assurances qui, sous une forme ou une autre, va s'établir rendrait au contraire plus facile la gestion de vastes polycliniques qui d'une part abriteraient des malades assurés et d'autre part recevraient dans des chambres particulières plus ou moins luxueuses des malades de condition aisée. On peut tenir pour certain que bien géré et grâce aux deux*

23.– Discours du doyen É. Camelot à l'inauguration de l'hôpital Saint-Philibert le 16 nov. 1933. *Les Facultés Catholiques de Lille*, 24e a, 1933, n° 3, pp. 71-78.

24.– En 1934-35, Saint-Philibert n'a reçu que 281 consultants de chirurgie générale (Pr Courty) et 176 consultants de médecine générale (Pr Langeron).

25.– Mgr Lesne. Note intitulée *Projet d'un groupe de cliniques favorisant l'enseignement des sciences médicales à l'Université catholique*. 25 janv. 1930.

catégories de malades l'établissement ferait ses frais. En somme, avec les malades de condition aisée, on envisage une médecine à trois vitesses[26]...

Certes, après 50 ans, la Faculté ne peut plus se contenter d'un *simple rudiment*. Répondant au vœu initial de C. Feron-Vrau d'une polyclinique consacrée aux maladies *spéciales*, le projet a mis longtemps à mûrir. Il a été, dit Mgr Lesne, *passé au crible de critiques parfaitement fondées, de craintes très légitimes, tenu en suspens plusieurs fois et pendant de longs mois, repris pour être soumis à des suppléments d'enquête. Des amis éclairés et profondément dévoués, sans vouloir lui faire échec, l'estimaient disproportionné à nos moyens, bien qu'il ne le fût pas à nos besoins.* Le projet a pris corps sous l'impulsion du doyen L. Thilliez qui en a établi le principe et élaboré les plans. Son successeur É. Camelot a veillé à son exécution et à sa mise au point. Le maître d'œuvre est le cabinet d'architectes J. et A. Barbotin. L'hôpital Saint-Philibert va s'adosser à la Maison Saint-Camille : c'est un symbole éloquent de voir associer les prénoms des deux promoteurs et bienfaiteurs de l'œuvre. Rue Denfert-Rochereau (aujourd'hui rue Jean-Baptiste de la Salle), le premier coup de pioche est donné en avril 1932. Le 28 juillet suivant, la première *pierre angulaire* est bénie par le nonce apostolique Mgr Maglione. Seize mois plus tard, le 16 novembre 1933, la polyclinique est inaugurée solennellement par S.E. le Cardinal Liénart, l'archevêque de Cambrai et l'évêque d'Arras. L'hôpital lui-même est ouvert quelques mois plus tard, le 8 mars 1934, après l'achèvement des salles d'opération. En juillet, l'hôpital compte 70 lits. En novembre, le service de radiologie est terminé.

Lorsqu'on pénètre par la porte de la rue Denfert-Rochereau, un hall d'accueil permet d'orienter au rez-de-chaussée les malades vers *les services de spécialités,* O.R.L, dermatologie et urologie, ainsi que vers les salles de consultations ou le service de radiologie. Au premier étage du bâtiment longeant la rue, se trouve le service d'ophtalmologie, vaste et bien équipé ; le premier étage du bâtiment principal est en communication avec l'étage correspondant de la Maison Saint-Camille, dont il constitue un prolongement : ce sont là des chambres de clinique, claires et confortables et d'autres locaux comprenant salle de pansement, office, salle de bains, salle d'attente pour les visiteurs. Aux 2e et 3e étages, se trouvent des salles communes de plusieurs lits, constituant l'hôpital proprement dit, *mais là aussi règnent la clarté, l'élégance et le plus grand confort.* Au dernier étage, aisément accessibles par l'ascenseur et précédés de quelques chambres réservées aux urgences, se trouvent les deux blocs opératoires. Le premier comporte trois salles d'opération aseptiques, deux salles de préparation, une salle de stérilisation sur deux étages et un vestiaire avec douche. Le second est un bloc destiné aux interventions septiques avec une salle d'opération et, là aussi, une salle spéciale de stérilisation. Des conduits de descente permettent d'évacuer le linge dans des bacs de désinfection disposés au sous-sol, près de la buanderie. Enfin, un service central de stérilisation de l'eau à l'usage de tous les services et distinct de celui du bloc opératoire se trouve également au 4e étage. Il assure la distribution d'eau stérile dans tous

---

26.– À une polyclinique proche de la Faculté et gérée sous sa seule direction, on avait songé, écrit Mgr Lesne, à ajouter une *grande polyclinique à une distance à peu près égale des trois villes de Lille, Roubaix, Tourcoing,* mais, à la réflexion, une polyclinique établie à proximité de Roubaix et Tourcoing, *fondée et administrée par le groupe d'industriels de ces villes* semblait préférable : ce projet n'a jamais vu le jour.

les services du rez-de-chaussée et dans les salles de pansement de chaque étage.

L'hôpital Saint-Philibert
Au fond et à gauche, l'ancienne Maison Saint-Camille

Un souci de confort et d'asepsie a particulièrement guidé cette réalisation : tous les murs des installations chirurgicales sont couverts de carreaux de céramique de différentes couleurs, ainsi que les salles d'examen et de traitement, ce qui en rend d'ailleurs l'aspect un peu sévère. Souci de silence aussi, car dans toutes les chambres et les couloirs, le sol est recouvert d'un épais linoléum.

Le grand avantage du nouvel ensemble Saint-Philibert est *le groupement, le rassemblement de toutes les spécialités, de toutes les techniques, de tous les traitements*, en faisant *une sorte de centrale*[27]. Chaque spécialité a son domaine, *son quartier spécial comprenant salle d'attente, salle d'examen, salle d'intervention, salle d'appareils.* En dehors des consultations prénatales et de gynécologie, et des consultations de nourrissons qui restent à Saint-Raphaël, toutes les autres consultations, y compris celle de l'Asile des Cinq Plaies, se retrouvent à Saint-Philibert : médecine générale (Pr Langeron, Pr Rieux, Dr Dereux, ce dernier restant médecin de l'Asile des Cinq Plaies), chirurgie générale (Pr Courty), maladies nerveuses (Pr Le Grand), maladies de l'estomac (Pr Bernard), des voies respiratoires (Pr D'Hour), ophtalmologie (Pr Thilliez), ORL (Pr Reverchon, puis Pr Didier), stomatologie (M. Fertin), dermatologie (Pr Danel), urologie (Pr Lepoutre), radiologie (Dr Monnier).

Selon les termes de Mgr Lesne, *la distinction entre Saint-Camille et Saint-Philibert est très nette. Saint-Philibert est un hôpital régi par la règle de tous les hôpitaux : le malade pauvre entre sous un régime forfaitaire.* Les frais d'hospitalisation doivent être pris en charge *par une caisse d'assurance, ou à défaut un organisme de bienfaisance, ou un particulier en couvrant le strict prix de revient [...] La charge d'une hospitalité gratuite n'est plus possible. Les malades de Saint-Philibert ne doivent rien apporter, mais aussi ne rien coûter à l'administration, qui voudrait bien pratiquer la charité, mais qui doit faire vivre d'abord l'immense organisme universitaire.*

27.– Mgr Lesne : Discours à l'inauguration, etc., *loc. cit.*

Mgr Lesne s'en explique encore en d'autres termes, dans son rapport daté du 25 juillet 1934 : *Nous n'acceptons à l'hôpital que les malades incapables de pratiquer vis-à-vis du médecin ou du chirurgien l'entente directe et de se faire soigner en maison de santé. La clientèle se réduit beaucoup du fait que nous ne pouvons l'accepter gratuitement et ne recevons que des malades dont une caisse ou un bienfaiteur assure les frais d'hospitalisation. Les notoirement indigents à la charge de l'État et des départements nous échappent toujours, la loi de 1893* (les) *réservant aux hôpitaux publics.*

Au contraire de l'hôpital Saint-Philibert, Saint-Camille est *une maison de santé* où les malades comme les opérés, *pensionnaires suivant des tarifs divers, ont tous le libre choix de leur médecin ou chirurgien.* Les malades, *qui ne seraient pas à leur place dans un hôpital [...] s'adresseront non pas aux services hospitaliers de Saint-Philibert, mais à nos maisons de santé Saint-Camille et Saint-Raphaël.* À noter que Saint-Raphaël reçoit encore uniquement des femmes relevant d'affections chirurgicales, mais Saint-Camille peut recevoir des femmes malades. Très élargi par l'annexion d'une grande partie du 1er étage de Saint-Philibert en échange de quelques locaux du rez-de-chaussée, la maison Saint-Camille peut recevoir *des malades plus nombreux, la plupart en chambres particulières.*

Ainsi, la page est maintenant définitivement tournée et la charité, devenue d'un poids insoutenable, a laissé la place à l'assistance. Des critiques se sont alors élevées : *Nombre de médecins mal renseignés ont pu craindre que le caractère charitable de nos institutions d'enseignement s'est modifié,* déclare le doyen Camelot, qui, devant *l'émoi du corps médical,* se lance alors dans une longue digression quelque peu embarrassée. Mais, *ce n'est ni le lieu, ni le moment de relever les commentaires, souvent injustes, qu'a soulevés l'édification de notre nouvel établissement,* dit-il et il conclut en rassurant les anciens dont *les intérêts professionnels seront respectés [...] Qu'ils voient uniquement, dans nos organisations nouvelles, une source de richesses scientifiques et morales que [notre faculté] utilisera pour former de nombreux médecins qui leur ressemblent et qu'ils nous soutiennent de leur collaboration*[28].

Pavillon Saint-Luc

28.– Discours du doyen É. Camelot à l'inauguration de l'hôpital Saint-Philibert le 16 nov. 1933, *loc.cit.*

Dès 1934, le fonctionnement de l'hôpital et du dispensaire est satisfaisant : le nombre de consultations, qui fléchissait depuis deux ans, se relève pour atteindre 13 653 dont 30 % en ophtalmologie, 19 % en ORL et 16 % en dermatologie ; on compte, en 1934-35, plus de 5 300 journées d'hospitalisation, 11 435 l'année suivante, 14 253 en 1938-39 dont 40 % en chirurgie, 20 % en médecine, 11 % en urologie. Notons que les Sœurs Augustines de Cambrai, ne pouvant assumer cette nouvelle charge, quittent alors Saint-Philibert, laissant la place aux Sœurs du Très Saint Sauveur de Niederbronn. Elles restent présentes à la Charité, à Sainte-Anne et à Saint-Raphaël.

En 1935 est ouvert un pavillon d'isolement pour tuberculeux et contagieux appelé pavillon Saint-Luc. Comprenant dix-sept lits, toujours occupés, il a reçu 600 malades jusqu'en avril 1936.

La Cité Hospitalière

Alors que l'hôpital Saint-Philibert est inauguré, un autre hôpital, consacré aux maladies respiratoires et plus particulièrement à la tuberculose, s'est ouvert au sud de la ville : c'est l'hôpital Calmette édifié en 1932 sur les plans de l'architecte Deregnaucourt. Depuis 1931, un vaste programme d'aménagement du front sud de la ville, sur les territoires du faubourg de Béthune et de Lille Sud a vu le jour sous l'impulsion des maires Gustave Delory et Roger Salengro. Suivant l'idée du Pr Oscar Lambret, vice-président de la Commission des Hospices, il prévoit l'implantation d'un vaste complexe hospitalier à la fois hôpital moderne, faculté de médecine et centre de recherche régional. Là aussi, on tend à la concentration de toutes les ressources médicales et à l'interpénétration de la faculté et de l'hôpital.

Les carences graves de Saint-Sauveur (qui rassemble en 1935 neuf services de médecine et de chirurgie pour adultes et enfants, des services de dermato-vénérologie, urologie, gastro-entérologie et ophtalmologie) et de l'Hôpital Général dont le rôle est surtout social, l'insuffisance de la Charité dont *l'aile droite* est décidément indélogeable, motivent cette grande entreprise qui ne sera achevée que 25 ans plus tard.

Ce n'est pas sans inquiétude que les membres de la Faculté libre tournent leurs regards vers le sud où les travaux commencent en 1934[29]. Dès 1930, le recteur Lesne écrit : *Les grands projets annoncés par la commission et la ville de Lille ne promettent évidemment pas un sort meilleur à la Faculté libre et peuvent lui en faire un pire !* Dans un autre document, il note une autre raison d'inquiétude : *Quand la Cité Hospitalière fonctionnera, les secteurs géographiques seront supprimés.*

À la Faculté cependant, certains se bercent encore de l'illusion qu'une place leur sera faite au sein de ce nouvel établissement : on lit dans la correspondance du doyen Thilliez qu'il mène *des tractations à titre purement personnel, à l'insu même du recteur, que je voudrais mettre en face du fait accompli*[30], et, sous la plume du recteur, *on nous assure aimablement la*

29.– Après l'avant-projet, très novateur, mais refusé de l'américain P. Nelson, les architectes en sont Walter, Cassan et Madeline.

30.– Correspondance L. Thilliez. Arch. I.C.L., dossier P5C1

jouissance de 200 lits en échange de ceux que nous possédons à la Charité[31]. À la même date, une lettre du Pr Langeron détaille les lits à prévoir pour la clinique médicale dans les services de la Cité hospitalière : *80 lits au minimum avec beaucoup de chroniques (50 hommes et 30 femmes), des lits de spécialités rattachés à la clinique médicale, des chambres particulières à un ou deux lits, ainsi que des laboratoires de biochimie, bactériologie, ECG, radiologie, etc. spéciaux à notre Faculté.*

Cette illusion va durer longtemps : en 1943, répondant à l'allocution du Pr Oscar Lambret, lors de la cérémonie organisée en son honneur, É. Camelot déclare : *L'idéal, s'il est réalisable, le sera sans doute dans la Cité hospitalière qu'un administrateur aux vues hardies, doublé d'un technicien expérimenté, a conçue et déjà presque réalisée. En nous montrant vos projets, cher Collègue, vous nous avez promis que nos cliniques y auraient une place digne d'elles. Par le service qu'elles ont rendu dans notre vieil hôpital, elles l'ont bien mérité*[32]. La Faculté libre connaîtra cependant un répit dû aux grèves de 1936, puis à la guerre. Pour l'instant, les commentaires ont un ton acerbe, comparant le gigantisme de la future Cité et la modeste réalisation de Saint-Philibert. Ainsi, É. Camelot écrit : *Notre conseil d'administration ne pouvait, pour bâtir sa petite cité hospitalière, puiser des centaines de millions dans la caisse des contribuables qui, pour certains, semble inépuisable.* Les propos sont les mêmes dans la bouche d'H. Billet saluant l'inauguration de Saint-Philibert *à l'heure où va sortir de terre la Cité Universitaire* (sic), *qui doit donner asile à la faculté officielle de médecine et à ses différents services. Mais tandis que cette dernière s'élèvera à grand fracas et aux frais des contribuables, la maison Saint-Philibert – comme d'ailleurs toutes les autres fondations de l'Université Catholique – s'est construite dans le silence et avec les seules ressources que lui apportait la générosité des catholiques des trois provinces ecclésiastiques de la région du Nord. Quelle reconnaissance ne doit-on pas à ces bienfaiteurs qui, malgré la crise terrible qui a si cruellement atteint ce pays, malgré l'accroissement incessant des impôts, etc.*

Quoi qu'il en soit, avec l'édification de Saint-Philibert, la Faculté libre a encore franchi un pas. Quand, un jour, cet édifice deviendra à son tour obsolète et devra être remplacé, il sera à la source de nouveaux progrès.

Les écoles

En 1931 est ouverte à l'École d'infirmières une nouvelle section de « visiteuse d'hygiène sociale à l'enfance et à la tuberculose » ; cette spécialisation créée en 1923 vise surtout à lutter contre le fléau social qu'est alors la tuberculose. Ces infirmières âgées de 20 à 35 ans sont appelées à un rôle d'éducation et de prévention, soit dans les centres d'instruction et de dépistage tels que les consultations de nourrissons, soit à domicile *au contact des familles ouvrières qui ont tout à apprendre en matière d'hygiène et de prophylaxie,* soit dans les dispensaires antituberculeux.

La création de cette section ne va pas sans difficultés : ainsi, lorsque le Dr A. David, alors directeur médical de l'école, demande au préfet

31.– Le recteur remarque cependant : *Si on accepte ces lits, on éloignera nos élèves qui tous les jours auront à faire la comparaison entre nos deux facultés et par suite nous quitteront rapidement.* Rapport du recteur au Conseil supérieur du 11 sept. 1930.

32.– G. Desbonnets. *Allocution lors de la remise de la plaquette des Hospices et de la médaille d'honneur de la ville de Lille à M. le Professeur Camelot.* Cérémonie du 21 fév. 1942, *loc. cit.*

l'autorisation pour les élèves d'effectuer leur stage obligatoire au dispensaire antituberculeux Louise de Marillac tenu par la Croix Rouge, le Comité départemental de préservation de la tuberculose[33], le 19 mai 1932, donne un avis défavorable en déclarant que ce dispensaire n'est pas adapté : seul le dispensaire Émile Roux pourrait accueillir ces stages, mais il est réservé aux élèves de l'École de la Ligue : une décision peut-être justifiée, si ce n'est que le Dr David, qui a assisté à la séance, en décrit l'atmosphère violemment hostile envers la Catho et son École…

Malgré les embûches, le succès est immédiat : en 1935, 26 infirmières sur 26 sont reçues dont huit avec la mention Bien et dix visiteuses de l'enfance sur dix. Dans chaque catégorie, les trois premières appartiennent à l'école de la rue du Port. En 1939, cette section prend la forme d'une école de Service Social et les visiteuses de l'enfance prennent le nom d'assistantes sociales. La durée des études est de deux ans et demi ; la première année est commune avec les élèves infirmières. L'école prépare au diplôme d'État d'assistantes sociales. En 1937, elle en aura formé plus de 300 ; son effectif est alors de 143 élèves. Dirigée par Mlle Charrondière, l'école a toujours voulu garder son indépendance vis-à-vis de la Faculté de médecine.

En 1939, l'école d'infirmières s'agrandit par l'achat d'une maison au 84 de la rue du Port. La même année, est fondée l'Association de l'école d'infirmières de la Faculté libre de Lille et de ses hôpitaux, conférant à l'école sa personnalité morale et juridique, ainsi que son autonomie de fonctionnement.

À la maternité de la Sainte-Famille, l'école de sages-femmes *a végété entre 1919 et 1932*, en *raison de la déficience tant de l'enseignement que de l'installation matérielle. Ces maux conjurés, elle a repris son essor*[34]. Sous la direction de M. Favreau, son effectif passe de six élèves en 1932 à quatorze en 1934. Le pourcentage de succès aux examens atteint habituellement 100 % à Lille, puis à Nancy à partir de 1931. Cette école, qui fête son cinquantenaire en 1932, aura alors formé plus de 200 sages-femmes.

Les Journées Médicales

En 1933, on prend l'heureuse initiative de faire coïncider les Journées médicales avec la fête de saint Luc ; nombreux sont alors les anciens qui se retrouvent à cette occasion. La collaboration des laboratoires pharmaceutiques est importante et appréciée et leurs stands sont très visités.

À la longue, on s'aperçoit cependant de l'inconvénient de disperser les participants dans divers établissements, même si on les regroupe autour d'un banquet parfois qualifié de somptueux. Aussi, après quelques années, on prend l'habitude d'inviter des membres de la faculté elle-même et des personnalités marquantes d'autres facultés à présenter une conférence magistrale. L'un des premiers, en 1934, est le professeur Thierry de Martel, maître de la neurochirurgie française, qui traite des méningiomes. Les années suivantes, sont accueillis d'autres patrons prestigieux comme les Prs L. Ombredanne en 1938 ou É. Sergent en 1939. En 1935, la participation de

33.– Émanation du Comité national de défense contre la tuberculose qui a remplacé la Fondation Rockefeller en 1919.

34.– Rapport de Mgr Lesne pour l'année 1934-35, *loc. cit.*

nombreux médecins belges, notamment de l'Université catholique de Louvain, fait adopter le nouveau nom de Journées Médicales franco-belges.

Action missionnaire — Ad Lucem

Grâce à l'action du Père Loiselet (et après la disparition de la concurrence parisienne de la Société de Saint-Luc, Saint-Côme et Saint-Damien), les sessions d'enseignement aux missionnaires se poursuivent avec succès : en 1934, la huitième session réunit 20 religieux et 14 religieuses dont 6 étrangers. En 1932, sept étudiants de la Faculté s'offrent comme *laïcs missionnaires* et vont exercer en Afrique et en Asie.

Dans la même ligne missionnaire, il faut citer la participation de la Faculté à la fondation *d'Ad Lucem* par le docteur Louis-Paul Aujoulat, ancien de la Faculté et futur ministre[35].

1939

À la veille de la seconde guerre mondiale, la situation de la Faculté libre de médecine est donc contrastée. L'année 1938-39 voit encore la soutenance de 19 thèses (dont 18 à Nancy), mais la diminution du nombre d'étudiants est préoccupante, sauf en pharmacie où les résultats et le recrutement restent très satisfaisants (50 étudiants et 12 reçus sur 14 aux examens terminaux). L'activité des dispensaires a nettement fléchi, mais celle des hôpitaux et maternités se maintient et, pour certains, s'accroît encore. Le rayonnement de la Faculté s'est maintenu sur le plan national et international. Les étudiants étrangers sont nombreux : de 1937 à 1939, plusieurs d'entre eux reçoivent le diplôme de maîtrise de la Faculté libre de médecine : deux Canadiens, un Cubain, un Colombien, un Mexicain, deux Javanais[36].

Une initiative intéressante voit le jour : l'échange d'internes. En 1939, un de nos internes part pour Prague et on reçoit pendant plusieurs mois, avec satisfaction, son homologue tchèque. Ce sera avant longtemps le seul échange international...

Les périls montent et beaucoup en sont conscients : au lendemain des accords de Munich, Mgr Lesne écrit : *Les accords qui nous ont épargné la guerre renferment pour nous une humiliation : nous sommes loin d'y avoir fait figure d'un vainqueur et peut-être avons-nous sacrifié une part d'obligations solennellement contractées, une part des droits d'un autre peuple*[37].

35.– Cf. chapitre XXIII : *Une faculté catholique de médecine : qu'est-ce à dire ?*

36.– Au début de la guerre, un Japonais et un Colombien passent encore leur thèse ; un Chinois et un Libanais poursuivent leurs études.

37.– Mgr Lesne : Allocution prononcée à la messe du Saint-Esprit. *Les Facultés catholiques de Lille,* 29 e a., 1938, n° 2, pp. 30-34.

Chapitre XIII.
La guerre de 1939-1945

De nouveau la guerre ! Un second conflit mondial qui va imposer aux Facultés catholiques une *traversée délicate*[1].

Le 2 septembre 1939 à 0 h, la mobilisation générale est décrétée ; le lendemain, la Grande-Bretagne et la France déclarent la guerre à l'Allemagne. Commence alors une *drôle de guerre* éprouvante pour le moral que l'on tente de soutenir : *Il faut tenir et nous tiendrons,* lit-on dans le Journal des Sciences Médicales. *La victoire est certaine, mais il faut la mériter par une indéfectible énergie, par un labeur de tous les instants. Grâce aux efforts unanimes dans les tâches les plus variées, souvent obscures, parfois ingrates, mais jamais inutiles, la France se retrouvera plus forte et plus belle que jamais*[2].

La rentrée universitaire a bien lieu le 3 novembre 1939, mais sans la séance solennelle. Les effectifs sont considérablement amoindris par la mobilisation : en médecine, le nombre des professeurs est réduit au tiers et le recteur Mgr Lesne écrit au cardinal Liénart : *Plus de quarante de nos maîtres et à peu près tous les étudiants ayant commencé leurs études au cours des précédentes années ont été appelés sous les drapeaux*[3]. Quarante-et-un étudiants en médecine prennent cependant leurs inscriptions, dont vingt-et-un en première année : ceux qui sont trop jeunes pour être mobilisés, six étudiantes, quelques étrangers et sans doute aussi ceux qui, mobilisés, ont été affectés à proximité de la Faculté. Grâce à la bienveillance des jurys, tous les échecs de juillet ont été réparés en octobre. Tous les concours sont supprimés et il n'y a ni nomination, ni promotion dans le corps professoral. Dans l'urgence, de nombreuses thèses sont passées de façon expéditive par les étudiants mobilisés ; la Faculté n'en est pas même informée.

1.– Hubert Claude : *Les facultés catholiques de Lille pendant la guerre 1940-44.* Revue du Nord, 1987, n° 2 spécial hors-série, pp. 337-351.

2.– *À nos lecteurs et amis* : *J Sci Méd Lille,* 1939, n° 40, pp. 289-290. Dès cette date, le Journal, auparavant hebdomadaire, paraît tous les 15 jours et sans illustrations photographiques ou radiographiques.

3.– Lettre du 30 nov. 1939. Arch. I.C.L., dossier B6I4. Les professeurs mobilisés sont : Henry Billet, André Le Grand, Léon Langeron, Louis Courty, Antoine Delattre, Maurice Favreau, Robert Archer, Marcel Paget, Henri D'Hour, Jules Dereux, Gérard Desbonnets, Georges Didier, Vincent Cordonnier, Joseph Camelot, ainsi que le Dr Jules Defaux et l'Abbé Georges Brassart.

Les hôpitaux sont réorganisés en fonction des besoins militaires et, dit-on au Conseil de faculté du 8 septembre, *sans égard pour les droits de la Faculté libre.* Les services des deux facultés *ne sont plus assurés que par des chefs de service que l'âge ou l'indisponibilité retenaient dans notre ville*[4]. L'hôpital Saint-Sauveur est désaffecté, les services de chirurgie de la Charité, à l'aile droite comme à l'aile gauche, sont réquisitionnés par l'armée ; le professeur É. Camelot prend en charge la chirurgie à Saint-Philibert, alors que son assistant G. Vincent part à l'hôpital Calmette où est regroupé l'ensemble des services chirurgicaux de Lille : *Sa présence,* dit-on au Conseil de faculté, *affirme notre droit à un service d'enseignement de chirurgie.* G. Vincent assure aussi les consultations de chirurgie infantile à Saint-Antoine. En l'absence du Pr Langeron, le service de médecine de la Charité est assuré par les Drs D'Hour, Lamelin et Deherripon.

Le Conseil d'administration de l'Institut catholique prend ombrage de cette fusion des services de chirurgie lillois. Dans une lettre aux membres de la Commission administrative des hospices de Lille, son président L. Thiriez émet des réserves et souhaite qu'en vertu du contrat intervenu entre la Commission des hospices et la Société anonyme des Facultés catholiques, *l'enseignement médical et chirurgical puisse être donné par les maîtres de la Faculté libre de médecine à ses étudiants.* La réponse du Pr O. Lambret, vice-président de la Commission des hospices, est peu amène : *Cette situation [...] nous laisse d'ailleurs tout apaisement, car nous n'ignorons pas que votre Institut dispose maintenant de services chirurgicaux distincts des nôtres, lesquels attirent à eux des assurés sociaux qui cependant font partie de notre clientèle hospitalière. Cela nous porte un préjudice et nous ne vous cacherons pas, puisque vous invoquez votre contrat, que vos dernières créations hospitalières sont considérées par nous comme contraires à l'esprit de ce contrat. Aussi, nous saisissons cette occasion que vous nous offrez de faire à notre tour nos plus expresses réserves pour le respect des droits de notre administration*[5].

Dans le climat incertain et trompeur de la « drôle de guerre », on attend, on se prépare à l'inévitable. La plupart des professeurs mobilisés sont affectés à des postes élevés dans le service de santé militaire : le lieutenant-colonel H. Billet est inspecteur des hôpitaux et ambulances d'un corps d'armée, le commandant L. Langeron et le capitaine M. Favreau sont médecins chefs, le commandant L. Courty a la charge d'une ambulance chirurgicale lourde d'armée et le capitaine G. Desbonnets d'une ambulance légère. Les Prs R. Archer, M. Paget et A. Delattre sont affectés à des laboratoires dans leur spécialité. Seul le lieutenant, puis capitaine A. Le Grand reste artilleur[6]. Les Prs A. David (qui a 61 ans) et H. D'Hour (jeune père de sept enfants), le pharmacien Henri Claeys sont rendus à la vie civile en raison de leur âge ou de leurs charges de famille, ainsi que le Dr Klein qui retourne à la maternité Sainte-Anne. Affecté à Lille, le Pr Langeron peut reprendre son service à la Charité. Le Pr Vincent fait des démonstrations de médecine opératoire aux étudiants de 1re et 2e années mobilisables. Le Pr Paget entraîne des secouristes et, à la Faculté, rue du Port, la mairie prescrit

---

4.– A. Delattre : *La faculté de médecine vue par un ancien.* Revue *Ensemble,* 1976, n° 4, pp. 241-251.

5.– Correspondance L. Thiriez et O. Lambret des 26 sept. et 11 oct. 1939. Arch. Dioc. Lille, dossier Univ. Cath.

6.– Très exactement à la 9e batterie du 191e régiment d'artillerie lourde.

en décembre 1939 des travaux *confortatifs* dans les caves qui serviront d'abris antiaériens. Ces travaux sont rapidement réalisés : on en voit encore aujourd'hui la trace sur l'aile droite du bâtiment. Pour peu de temps, le jardin et les serres sont occupés par un atelier de réparation automobile. De même, quelques jours avant l'arrivée des Allemands, la polyclinique Saint-Philibert et la maison Saint-Camille sont réquisitionnées par une formation sanitaire qui y soigne 200 à 300 blessés français.

Mai 1940 : c'est l'invasion. Le 10 mai, l'armée allemande perce à Sedan ; fin mai, elle est sur la Somme. À Lille, c'est la débandade : le 17 mai, les facultés officielles et le rectorat quittent Lille pour le Touquet, puis Rennes et le *réduit breton.* Le recteur Mgr Lesne, qui disait initialement : *Tant qu'il y aura des étudiants, il faudrait continuer les cours,* en décide la suspension le 17 mai. Le lendemain, souffrant, accompagné de quelques personnes dont le secrétaire général et le vice-recteur, il part pour Rouen où il espère délocaliser l'Université catholique. Il gagne ensuite Houlgate, Angers, avec encore un faible espoir d'y déplacer l'université, mais *l'invasion a balayé ces projets* et il arrive le 19 juin à Limoges. Dès l'armistice, il manifeste *fermement* son intention de revenir à Lille le plus rapidement possible[7], mais il décède le 5 août.

Le doyen de la Faculté de médecine C. Lepoutre, qui la veille avait informé Mgr Delépine, doyen de la Faculté des Sciences, de son intention de rester, part aussi le 19 mai ainsi que la plupart des médecins. *Bientôt ils n'étaient plus qu'une poignée de professeurs à garder, sans en être chargés, les bâtiments, les collections des Facultés catholiques, tout son matériel et sa bibliothèque et à prendre souci de ses employés.* On dit que les services hospitaliers sont laissés à la charge de deux internes étrangers, MM. Zoghbi et Costa. En réalité, ils ne sont qu'étudiants de 2e année faisant fonction d'internes[8].

Le 23 mai, le cardinal Liénart, agissant en sa qualité de chancelier des Facultés catholiques, assume leur protection et charge le chanoine Georges Depape, directeur de l'enseignement diocésain, de le représenter auprès des professeurs qui sont restés. Cette mesure contraste avec la défaillance générale à l'annonce de l'arrivée des Allemands ; cette fuite éperdue trouve sans nul doute sa cause dans le souvenir des conditions extrêmement dures de l'occupation allemande pendant la guerre de 1914-18.

Au cours de l'invasion, plusieurs anciens de la Faculté ont disparu dans les combats de l'été 1940 : les Drs Jean Lamblin ancien interne, disparu à Dunkerque, A. Dutilleul et Gamelin anciens externes, Pierre Année, ancien préparateur de physiologie, tué à l'ennemi, et Robert Bosquier, ainsi qu'un étudiant François Camelot, fils du Pr Camelot. Un autre drame est survenu : lors d'un bombardement en 1940, la maternité de la Sainte-Famille reçoit une

---

7.– Lettre de Mgr Lesne à M. Paget datée de Limoges le 10 juil. 1940.

8.– Rapport de Mgr Delépine sur *l'U.C. du jeudi 16 mai au lundi 20 mai 1940.* Arch. Dioc. Lille, dossier Univ. Cath. 6J21 et DP 471. En remerciement, un poste d'interne à Saint-Raphaël sera créé pour M. Zoghbi, d'origine libanaise, *qui a rendu des services à la faculté, à l'hôpital de la Charité pendant les premières semaines de l'occupation.* Cité par H. Claude, *op. cit.* et par Mélanie Philippe : *Les Facultés catholiques de Lille sous l'occupation allemande de 1940 à 1944.* Mémoire d'histoire contemporaine juin 2003. Bibl. UCL 2138. Madame Zoghbi, sage-femme, prend en charge la maternité où elle réalise des césariennes.

torpille : trois mères et quatre nouveau-nés sont tués. Une brèche béante est ouverte dans la façade, mais la maternité reprend rapidement son activité.

L'occupation

Le 30 mai, les Allemands sont là et la première manifestation de l'ingérence ennemie est la réquisition des bâtiments qui passent sous le joug de l'occupant : *Tous les locaux sont occupés, sauf la faculté des sciences et la clinique Saint-Raphaël, c'est-à-dire une partie de la faculté de médecine, toutes les maisons de famille, le cercle des étudiants, la maternité, les cliniques Saint-Camille et Saint-Philibert*[9]. Le 1er juillet, l'Hôtel académique et la maternité Sainte-Anne reçoivent 6 à 700 Anglais blessés et prisonniers ; à l'Hôtel académique, ils sont disséminés dans les salles de cours, la chapelle et toutes les chambres des séminaristes et sont soignés par une section sanitaire franco-anglaise sous la surveillance d'un feldwebel qui fait placer des sentinelles à la porte du 60, Boulevard Vauban. Après le départ des Anglais et pendant plus de quatre ans, les professeurs et étudiants des facultés de théologie, des lettres et de droit, refoulés dans d'étroits locaux, vont cohabiter avec les occupants, mais, sous la direction du vice-recteur rapidement revenu et de Mgr Delépine nommé recteur dès l'annonce du décès de Mgr Lesne, on s'attache à la *reprise progressive des locaux, échelonnée sur des mois et des années* : ainsi, à l'occasion des relèves des gardiens, on déplace les barrières. Cette cohabitation forcée n'est pas sans entraîner des incidents parfois cocasses. Ainsi, le supérieur du Séminaire académique, le Père Henri Desmet, soucieux de la protection morale de ses séminaristes, découvre un jour dans les cuisines du sous-sol la présence de femmes. Il s'indigne : *Je ne veux pas de femmes dans mon séminaire. Retournez chez vous, Mesdames, ce n'est pas votre place ici !* Convoqué à la Kommandantur, il est emprisonné quelques jours à la maison d'arrêt de Loos. Dans les maisons de famille logent des officiers et, à la maison Saint-Louis, les artistes du théâtre allemand (et on raconte que, de temps en temps, ces dames paraissent aux fenêtres en petite tenue).

La Faculté de médecine a été *envahie par les jardins*, un mur mitoyen est abattu, puis reconstruit et *cette limite n'est plus remise en question*[10]. Les services de l'hôpital Saint-Philibert et de la maison Saint-Camille, immédiatement réquisitionnés, sont transférés à Saint-Raphaël où peuvent reprendre les consultations et l'enseignement des spécialités[11]. À Saint-Philibert, les Allemands construisent des casemates bétonnées ; ils transforment les salles d'opération en salles de triage des malades, affectent la plupart des locaux aux soins de la bouche et des dents, mais, par contre, laissent l'installation radiologique à la disposition des médecins de la Faculté.

9.– *Cinq années d'histoire en un court récit : Les Facultés Catholiques en 1939-1944.* Bull. Fac. Cath., nouvelle série, 1945, n° 1, pp. 14-24. Article non signé, dont l'auteur est sans doute Mgr Delépine..

10.– *Ibid.*

11.– C. Lepoutre. La vie de la Faculté catholique de médecine au cours des années 1939-1944. *Facultés catholiques de Lille,* nouvelle série, 1er janvier 1945, n° 1, pp. 25-30. Au cours de la guerre, la Maison Saint-Raphaël a réalisé 37 650 consultations, 4 644 interventions chirurgicales et 11 018 radiographies.

Juillet 1940 : Hôpital allemand dans la chapelle universitaire

Puis, quelques bâtiments sont libérés *au compte-gouttes* après de multiples démarches : le 1er novembre 1940, on retrouve le service de chirurgie de la Charité confié, en l'absence du Pr Camelot, au Pr C. Lepoutre assisté des Drs Desorgher et Batteur ; le service de médecine reste assuré par le Pr D'Hour et le Dr Cordonnier. Exceptionnellement, le doyen obtient le droit d'accès au pavillon Olivier pour les médecins de la Faculté libre. À Saint-Antoine, dont le dispensaire a été fermé pendant un mois et dont le fonctionnement reste perturbé, le Pr Billet est remplacé par le Pr G. Vincent. À la même date, la maternité Sainte-Anne est restituée, puis la maison Saint-Camille au cours de l'année 1941, mais, alors que les facultés officielles sont dégagées de toute occupation dès 1941[12], quelques locaux de l'université (sauf trois grandes salles du rez-de-chaussée des facultés de droit et de lettres), les maisons de famille, l'ICAM (d'ailleurs *furieusement vandalisé*), l'hôpital Saint-Philibert resteront occupés jusqu'en 1944. Ce n'est qu'en octobre 1944, grâce à l'action de M. F.-L. Closon, commissaire de la République, du préfet Roger Verlomme et du Dr Defaux, que les maisons de famille, cette fois occupées par les Forces Françaises de l'Intérieur et assez dégradées et pillées, seront libérées et accueilleront de nouveau des pensionnaires, à l'exception de la maison Saint-Michel qui *a beaucoup souffert* et reste occupée par les Anglais. Saint-Philibert ne sera *déréquisitionné* qu'à la même date et ne reprendra son entière activité qu'en mai 1945.

Par contre, les hôpitaux (la Charité, Saint-Antoine et l'Asile des Cinq Plaies) et le dispensaire Saint-Raphaël n'ont pas été occupés ; les facultés de médecine et de sciences ne seront plus menacées.

Les professeurs

Dès le début de l'occupation, en raison de son importance stratégique, la région du Nord est déclarée zone interdite et rattachée au commandement

12.– M. Philippe : *loc. cit.*

militaire allemand de Bruxelles. Cependant, à l'exception des prisonniers, parmi lesquels les professeurs Langeron, Favreau, Dereux, Bernard, le docteur Danès et M. C. Vittu, les professeurs dispersés au hasard de l'évacuation et pour la plupart en zone libre, rentrent tant bien que mal : *rentrée discrète, parfois burlesque, dans le Nord, zone interdite*[13]. En juillet 1941, les déplacements de *zone réservée* en zone occupée sont autorisés pour les étudiants et un mois plus tard pour les professeurs. Progressivement, les médecins prisonniers sont libérés : le Pr Desbonnets dès fin 1940, puis, en juin 1941, les Prs Bernard et Dereux et un peu plus tard le Pr Favreau. Également libéré, le Pr Archer décide de ne pas regagner Lille : il ne reprendra pas son enseignement, contrairement au Pr Billet qui, réfugié dans le Midi, revient pour la rentrée de novembre 1941. Il en est de même du Pr Léon Langeron qui, libéré à la fin de 1940, séjourne quelques mois à Lyon dont il est originaire et où il retrouve sa famille : *Étant médecin des hôpitaux, il peut reprendre un service à l'hôpital Édouard Herriot. Songe-t-il à poursuivre sa carrière à Lyon qu'il avait quitté en 1928, sans doute avec une certaine amertume ? Peut-être, mais il ne le nous dit pas et, la Faculté le pressant avec insistance de reprendre à Lille ses fonctions de professeur, ce fut cette option qui prévalut. Fin 1941, nous rentrons à Lille.*[14]. Prorogé en juillet 1941, le doyen C. Lepoutre peut déclarer en fin d'année que *les enseignements réguliers sont presque complètement rétablis*[15]. À cette date, seul le Pr Paget est encore suppléé par le Pr Caron et le pharmacien Delannoy, mais, revenu à son tour, il n'a, dit le Pr Raquet, *rien perdu de son dynamisme.* En mai 1941, la *Société médicale et anatomo-clinique* a de nouveau régulièrement siégé et, dès le début de 1941, le *Journal des Sciences Médicales* a reçu l'autorisation de reparaître tous les quinze jours. Supprimés en 1940, les concours d'externat et d'internat ont été rétablis fin 1941. En 1942, *nos maîtres ont tous repris leur poste*[16], dit encore le doyen. Les activités de la Faculté sont alors pratiquement normales.

Dans le corps professoral, on procède à des remplacements que l'on officialisera plus tard. Le Pr Rieux, titulaire de la chaire de pathologie médicale démissionne et il est remplacé par le Pr Jules Dereux. Le Pr Camelot est déchargé de la clinique chirurgicale de la Charité, mais garde pour un temps l'enseignement de pathologie externe : il est remplacé par le Pr Lepoutre, l'enseignement et le dispensaire d'urologie étant alors confiés au Pr G. Vincent. L'année suivante, la nomination de C. Lepoutre est confirmée. H. Billet, candidat au même poste, s'incline de bonne grâce : *Certains trouveront peut-être mon attitude critiquable. C'est qu'ils ignorent totalement mon caractère, où nulle place n'est faite à l'envie ; c'est que beaucoup aussi méconnaissent – et trop de Français avec eux – cette règle fondamentale du fair-play [...] suivant laquelle les adversaires les plus farouches dans la lutte peuvent et doivent rester amis après le combat.*

À la fin de 1942, une agrégation de médecine est organisée au bénéfice du Dr André Danès, chargé de l'enseignement de la thérapeutique et de la propédeutique médicale. Suivent en 1943, les agrégations d'histologie (Dr Cordonnier à qui sont confiés le dispensaire et l'enseignement de la

13.– A. Delattre : *La Faculté de médecine vue par un ancien, loc. cit.*

14.– P. Langeron : *Chronique d'un itinéraire de 1940 au XXIe siècle. Souvenirs, impressions... et réflexions,* 47 p. Chez l'auteur. En fait, le Dr L. Langeron est arrivé à Lille en mars 1927.

15.– Rapport du doyen sur l'année 1940-41 : *J Sc Méd Lille,* 1942, n° 2, pp. 21-25.

16.– Rapport du doyen sur l'année 1941-42 : *J Sc Méd Lille,* 1943, n° 4, pp. 60-62.

dermatologie et syphiligraphie) et de physiologie (Dr Lamelin). Des professeurs réputés tels que Sergent, Binet, Verne et Lemaire de Paris, Collin de Nancy siègent dans ces jurys.

Carlos Lepoutre

Des anciens disparaissent : en janvier 1940, le Pr Alphonse David, professeur de thérapeutique, climatologie et hydrologie, puis, en septembre de la même année, le Pr Delassus, professeur de clinique chirurgicale et deux fois doyen ; en 1942, L. Thilliez, lui aussi doyen à deux reprises, créateur des Journées Médicales, des cours aux missionnaires et des concours d'agrégation ; le P[r] adjoint René Desplats, radiologue, le Pr Lavrand (hygiène et pathologie générale), puis le Pr Adrien Besson (médecine légale) en 1944. Un jeune chirurgien, le Dr Jean Callens, chef de clinique chirurgicale, est victime d'un accident mortel en juillet 1940 : son fils Jean le suivra dans la voie qu'il s'était tracé.

En 1942, les professeurs Louis Danel et Émile Camelot prennent leur retraite. Le départ de ce dernier est unanimement salué par ses confrères, y compris ceux de la faculté d'État, ses élèves et les autorités de la ville[17]. Bref, l'harmonie semble régner entre les deux facultés et, au Conseil de faculté du 4 mars, le doyen évoque l'atmosphère de chaude sympathie dans laquelle s'est déroulée la cérémonie qui, répond le Pr Camelot, a été *l'occasion d'une première fraternisation entre la Faculté et les autorités officielles.* À l'issue de la cérémonie, le Pr Camelot reçoit la plaquette des Hospices, ainsi que la médaille d'honneur de la ville de Lille des mains du maire Paul Dehove, nommé par le gouvernement de Vichy : ceci nous amène à évoquer les relations de l'Université catholique avec le pouvoir en place.

Le gouvernement de Vichy et l'Université catholique

Lors de cette touchante cérémonie de février 1942, la moitié de la France est encore libre, les perspectives de libération sont lointaines, sinon problématiques : *Nous ne savons pas ce que sera demain pour notre pays,* déclare E. Camelot aux étudiants, *et cette incertitude pourrait vous pousser au découragement. Il ne le faut pas [...] Travail, famille, patrie... Dans chacun de ces termes, il y a pour chacun de nous, la saveur des joies les plus pures, du bonheur le plus sûr et, pour la France, la garantie de son relèvement, de son retour à la prospérité, à la grandeur.* Dans son discours, C. Lepoutre avait évoqué aussi *Travail, famille, patrie [...] cette devise offerte aujourd'hui à la méditation des Français.*

17.– Voir Chapitre XI, note 37.

De même, le 27 février 1942, Mgr Delépine déclare au Conseil supérieur : *Le renouveau national et social, auquel le maréchal nous convie ne sera possible et complètement réalisé que par le renouveau chrétien et pour celui-ci, il faut que l'enseignement supérieur catholique vive, grandisse et que notre jeunesse forme réellement une élite dans la jeunesse française.*

Ces propos de circonstance n'ont pas grande signification, mais d'autres éléments permettent de penser qu'initialement du moins, les Facultés catholiques ont eu pour le nouveau pouvoir les yeux de Chimène et que, pour beaucoup, professeurs et étudiants, les évènements représentaient une sorte de revanche. Avant de mourir en août 1940, Mgr Lesne recommandait d'entreprendre des démarches pour la reconnaissance officielle de l'Université. Au mois de septembre suivant, le cardinal Liénart, jugeant la conjoncture favorable, demande au chef de l'État français d'assurer la défense des Facultés catholiques. Par l'intermédiaire du Dr B. Ménétrel, secrétaire particulier et éminence grise du Maréchal Pétain, celui-ci lui fait tenir *une réponse pleine d'espérance, qui manifestait l'avènement d'un esprit nouveau, capable de comprendre et d'apprécier celui qui nous anime*[18]. Un mois plus tard, le cardinal Liénart adresse au chef de l'État un mémorandum de 14 pages analysant la situation des Facultés catholiques et présentant des propositions nouvelles. En annexe, les doyens de chaque faculté font part de leurs observations personnelles. Les solutions proposées sont : le titre d'Université et sa reconnaissance d'utilité publique, la réforme du régime des examens, une plus grande latitude dans la définition des programmes et une plus grande souplesse dans la collation des grades, ainsi qu'une aide financière rendue nécessaire *par la diminution des fortunes, l'amenuisement des revenus et les charges supplémentaires,* mais aussi par esprit de justice. *J'aime à penser,* souligne le cardinal, *qu'au moment où vous cherchez à ressaisir toutes les forces que possède encore la France, vous découvrirez dans l'exposé du travail accompli depuis 65 ans par notre Institut d'enseignement supérieur de Lille, des motifs sérieux de le dégager de ses entraves. L'initiative privée, quand elle n'a d'autre ambition que de concourir au bien public, mérite assurément de recevoir de l'État un statut légal qui lui permette de vivre et de donner son plein rendement. C'est parce que nous savons que telle est la pensée du nouvel État français et de son chef, que nous vous demandons d'examiner avec bienveillance la présente requête.*

Autre démarche, celle du chanoine Édouard Maréchal, vicaire général d'Arras. Il adresse une lettre personnelle au Maréchal Pétain, où il sollicite *une mesure bienveillante et compréhensive pour un certain nombre d'établissements qui n'entraient pas en concurrence avec l'université officielle.* La lettre se termine par une déclaration d'allégeance : *Les facultés catholiques de Lille offrent à M. le maréchal Pétain et par lui, à l'État français, leur personnel et leurs institutions pour servir et toujours mieux la France*[19].

Dès le 18 juin 1941, l'Institut catholique de Paris est reconnu d'utilité publique. Quelques mois plus tard, la loi du 17 novembre édicte : *L'association dénommée l'Institut catholique de Lille est reconnue d'utilité publique ;* il en est de même pour les Instituts catholiques d'Angers, Lyon et Toulouse. Cette loi *ouvre le champ à des libéralités et à des fondations désormais*

18.– R. Vandenbussche : *La politique scolaire du cardinal Liénart. Revue Hist. de l'Église de France,* n° 175, juillet-décembre 1979.

19.– Arch. Dioc. Lille, *loc. cit.*

plus faciles, parce que pouvant être faites directement aux Facultés catholiques elles-mêmes et bénéficiant d'un droit de mutation considérablement réduit, mais, en aucun cas, elle n'autorise la collation des grades que *la Révolution nationale ne pouvait pas ou ne voulait pas accorder.* Sans doute, la promulgation de la loi a-t-elle été précédée de quelques assurances de subsides, car si au Conseil de faculté du 13 novembre 1940, les professeurs acceptent de renoncer à leur traitement, *un geste magnanime,* dit le recteur, celui-ci, le mois suivant, vient en personne les assurer de la sympathie du gouvernement Pétain pour les Facultés catholiques[20] et les remercier de leur offre désormais inutile. On note ainsi dès 1940 une première subvention de 100 000 F, puis, en 1942, une subvention exceptionnelle de 4 000 000 F (936 000 € 2002) et une autre de 1 350 000 F (256 000 €) en décembre 1943 au titre du ministère de l'Intérieur[21]. En février 1943, le cardinal Liénart remercie le président du Conseil, Pierre Laval, en ces termes : *Nous sommes sensibles à une libéralité qui va nous permettre d'améliorer le traitement des professeurs souvent inférieur au mérite de leur science et de leur dévouement, et de perfectionner l'outillage de nos laboratoires. Nous le sommes aussi au témoignage de l'intérêt que votre gouvernement et vous-même, Monsieur le Président, manifestez à l'œuvre de formation et d'éducation de la jeunesse intellectuelle que vous avez entreprise.*

L'équilibre financier de l'Université est donc assuré, d'autant mieux que les quêtes et subventions se maintiennent malgré la rigueur des temps. L'apport des maisons de santé, après un temps de *vaches maigres* dû à l'occupation de Saint-Camille et de Saint-Philibert, reprend et s'amplifie : en 1942-43, l'excédent est de 689 045 F ; en 1943-44, il est près de 600 000 F et, en 1944-45, il dépasse les 2 millions de francs.

Cet équilibre du budget permet à plusieurs reprises d'augmenter le traitement des professeurs. Réajusté en décembre 1942, avec toutefois un abattement de 50 % pour les *clientéliques en médecine et en droit, ainsi que pour les ecclésiastiques,* il n'atteint encore que les 6/10e des traitements de l'université d'État[22]. Il est de nouveau relevé de 40 % en novembre 1945. Il permet aussi d'améliorer les conditions matérielles d'enseignement, l'achat de produits chimiques pour la pharmacie et le laboratoire, l'acquisition de quelques appareils : électrocardiographe, microscopes à immersion, microtomes. Des investissements deviennent possibles, tels que l'aménagement d'un *magnifique et vaste laboratoire de chimie biologique [...] Bientôt d'autres installations suivront,* déclare le doyen dans son rapport pour l'année 1943-44, en particulier celle d'un laboratoire de pharmacie et chimie analytique auquel est confié une mission officielle d'analyse des spécialités pharmaceutiques, pour laquelle l'État attribue une subvention de 200 000 F.

De grands travaux deviennent possibles : aux maisons Saint-Raphaël et Saint-Camille, à la demande de la mairie de Lille, on effectue des forages permettant l'alimentation en eau en toutes circonstances et donc la

20.– Conseil de faculté du 4 déc. 1940.

21.– M. Philippe, *loc. cit.* On trouvera dans ce mémoire le détail du budget des Facultés catholiques pendant les années 1939-45.

22.– Mgr Delépine : rapport du 12 juil. 1943 au Conseil supérieur : le traitement des professeurs fut une préoccupation constante du recteur. En 1945, les salaires sont de 84 000 F pour un maître de conférences, de 104 000 pour un professeur suppléant et de 120 000 pour un titulaire, mais l'écart avec les professeurs de l'État reste inchangé.

permanence des soins en cas de catastrophe ; le Conseil d'administration des Facultés catholiques contribue au financement de ces travaux.

Ce n'est pas le lieu ici de discuter de l'attitude de l'Église et de l'épiscopat au cours de la guerre qui, pour l'essentiel, a dicté aux enseignants des Facultés catholiques leur ligne de conduite. Notons cependant que l'Assemblée des cardinaux et archevêques du 29 juil. 1941 déclare : *Nous voulons sans inféodation que soit pratiqué un loyalisme sincère et complet envers le pouvoir établi. Nous vénérons le chef de l'État et nous demandons instamment que se réalise autour de lui l'union de tous les Français. L'union, toujours est principe de force. Nous encourageons nos fidèles à se placer à ses côtés dans l'œuvre de redressement qu'il a entreprise sur les trois terrains de la famille, du travail et de la patrie, en vue de réaliser une France forte, unie et cohérente.*

Quelques évêques vont plus loin : c'est le cas de Mgr Dutoit, ancien vice-recteur des Facultés catholiques et évêque d'Arras, qui, dans une lettre pastorale, estime que la collaboration est le seul régime capable de conduire à une paix durable[23].

Selon H. Claude[24], *les professeurs des Facultés, à quelques exceptions près, acquiescèrent aux consignes de ralliement que leur recommandait le cardinal chancelier et les évêques protecteurs d'Arras et de Cambrai [...] Assurément, le personnel enseignant n'était pas épargné par les controverses que ces temps troublés nourrissaient. Les professeurs de la Faculté de médecine étaient pour la plupart acquis au pétainisme. Plusieurs d'entre eux portaient la francisque.*

Il y eut cependant des exceptions[25] : en 1941, six professeurs de la Faculté de droit, qui devaient par la suite former un des maillons du réseau *Témoignage Chrétien* du père Pierre Chaillet, font savoir à Mgr Dutoit combien sa lettre pastorale a blessé leur conscience de français et de catholiques[26]. En 1942, les mêmes juristes, se réclamant du mouvement gaulliste, adressent au cardinal Liénart une *Note sur quelques observations techniques concernant les problèmes de gouvernement*[27] contestant la ligne de conduite tracée par le cardinal ; celui-ci leur répond sèchement en s'opposant *aux conclusions fausses et anarchiques auxquelles, ni au point de vue français, ni au point de vue chrétien, je ne peux souscrire.*

De même, le chanoine Pierre Tiberghien, professeur à la faculté de théologie, ne cache pas son opposition au régime de Vichy et, à plusieurs reprises, se fait rabrouer par son évêque. Le chanoine Raymond Vancourt, professeur de philosophie à la Faculté des Lettres, recueille chez lui une

---

23.– À la libération, lors de l'épuration épiscopale, Mgr Dutoit fera partie de *la charrette* des sept prélats français (dont les évêques de Mende et d'Aix, le coadjuteur de Paris et trois vicaires apostoliques d'Outremer) qui, au terme de longues et laborieuses négociations menées avec le Saint-Siège par l'intermédiaire du cardinal Angelo Roncalli, nonce apostolique et futur pape Jean XXIII, ont consenti en juillet 1945 à donner leur démission *pour le bien de la paix* et *à abandonner la juridiction dont ils avaient été investis.* Mgr Dutoit est alors nommé archevêque de Sébastopolis. Voir à ce sujet J.-R. Bezias : *Georges Bidault et la politique étrangère de la France 1944-48.* Harmattan 2006, dans le chapitre consacré aux relations du gouvernement provisoire de la République et du Vatican.

24.– H. Claude : *op. cit.*

25.– M. Philippe, *op. cit*

26.– Arch. Dioc. de Lille, D.F. III-29 et H. Claude, *op. cit.*

27.– *Ibid,* D.F. III F 39.

famille juive et appartient à un groupe de résistance. Parmi les cas de résistance individuelle, il faut citer le Dr Henri Batteur dont la participation à la résistance à Lambersart lui vaudra la croix de guerre, la médaille de la libération et celle de chevalier de la Légion d'honneur, distinction confirmée en 1980 par la rosette d'officier.

Les hôpitaux et cliniques

On ignore habituellement que la loi du 21 décembre 1941 et son décret d'application du 17 avril 1943, promulgués par le gouvernement de Vichy, ont mis fin à l'hôpital-hospice et ont posé les bases de la conception moderne d'établissement sanitaire et social. Désormais, la médecine hospitalière n'est plus réservée aux indigents et elle est payante. La fonction de directeur est créée, ainsi que la commission médicale consultative ou CMC. La loi permet aussi de confier la nomination du corps médical à des jurys médicaux, élargissant ainsi l'autonomie et l'autorité des médecins au sein des services. Ces dispositions seront réduites ultérieurement au profit d'une autorité accrue pour le directeur de l'hôpital auquel sera demandée également une surveillance rapprochée des dépenses : une obligation qui reste à l'ordre du jour.

Certes, la poursuite de la guerre retarde l'application de ces mesures. De même, le caractère privé des établissements de la Faculté leur permet encore de ne pas se conformer à ces dispositions, mais ce n'est qu'un sursis. Il faut noter toutefois que, dès 1935, le Conseil supérieur avait nommé trois administrateurs délégués dans les hôpitaux de l'Institut catholique : MM. L. Delecourt à Saint-Antoine, M. Arreckx à Saint-Philibert et G. Maquet à Saint-Raphaël et Sainte-Anne.

Progressivement, le fonctionnement des services hospitaliers de la Faculté se normalise. Les consultations de spécialités, regroupées à Saint-Raphaël jusqu'en 1944, ne représentent que les deux tiers de l'activité d'avant-guerre (5 500 à 6 000/an de 1941 à 1944 avec une nette prédominance des consultations d'ophtalmologie et d'ORL). La baisse des consultations est encore plus sensible à Saint-Antoine (moins de 5 000 en 1944). Par contre, le nombre d'hospitalisations d'enfants y augmente, surtout dans le service de médecine : en 1945, pour la première fois depuis la fondation, il atteint le chiffre de 1 000 par an représentant plus de 20 000 journées. Les causes en sont la fréquence et la gravité des maladies infectieuses, en particulier de la diphtérie et de la scarlatine : 153 diphtéries et 96 scarlatines en 1943. À cette date et malgré la conjoncture incertaine, la supérieure Mère Madeleine et le Conseil d'administration ont l'audace d'entreprendre la construction, exclusivement grâce à des dons privés, du nouveau pavillon Saint-Roch : érigé sur trois niveaux à l'emplacement de l'ancien bâtiment en bordure du boulevard de Strasbourg. Destiné au traitement des maladies infectieuses, ce pavillon ne pourra être inauguré qu'en 1949. En médecine surtout, la durée moyenne de séjour reste élevée, de l'ordre de 20 jours, expliquée par certaines pathologies comme la tuberculose pour laquelle la durée d'hospitalisation se compte en mois, ou le rhumatisme articulaire aigu où elle s'étend sur des semaines, mais aussi en raison des habitudes de l'époque où un enfant rachitique passe des semaines à l'hôpital pour recevoir des ampoules de vitamine D et des séances de rayons ultraviolets soigneusement comptabilisées. Dans le service de chirurgie de Saint-Antoine par contre, l'activité reste très faible : 80 hospitalisations seulement en 1944.

D'ailleurs, en 1943, 33 enfants victimes des bombardements sont hospitalisés à l'hôpital de la Charité.

Dans ce dernier établissement, l'activité reste soutenue avec 2 000 à 2 500 hospitalisations annuelles, dont environ 80 enfants en chirurgie. Dans les maternités, la progression des naissances est très nette dès 1943 : 728 accouchements à Sainte-Anne (579 en 1939) et plus du double à la Sainte-Famille (1360 pour 990 en 1939) ; la raison en est sans doute la politique familiale du gouvernement de Vichy.

Mais ces chiffres reflètent mal la réalité quotidienne : lors des bombardements, les sœurs de Saint-Raphaël et de Sainte-Anne descendent au sous-sol les malades, les mères et leurs bébés. La supérieure sœur Marie-Albert se dévoue pour assurer le ravitaillement, risquant plus d'une fois l'arrestation lors de ses randonnées en Flandres d'où elle ramène porcs, volailles, fromages, œufs, légumes, pour nourrir malades, personnel et religieuses. On dit que les bêtes étaient discrètement sacrifiées et dépecées dans les jardins de la clinique[28].

Sous la tutelle de Vichy, les relations entre les deux facultés semblent s'apaiser. On évoque même la possibilité d'une fusion : des pourparlers ont lieu entre les doyens Lepoutre et Leclercq. Puis, au fil des évènements, les rapports avec les autorités officielles se tendent et il n'est plus question de *fraternisation.* Ainsi, lors de la constitution de jurys pour les concours de médecins ou chirurgiens des hôpitaux, *la faculté libre ne semble pas avoir été placée sur un pied d'égalité avec la faculté officielle*[29]. Le doyen Lepoutre écrit au ministre et obtient un accommodement avec la Direction de la santé permettant au Pr Langeron de siéger dans le jury du concours qui aboutit à la nomination du Dr Fruchart à l'hôpital de Béthune.

Les vieux réflexes réapparaissent : en mai 1944, au cours d'une réunion des médecins et chirurgiens des hôpitaux de Lille destinée à nommer la Commission médicale consultative, la candidature de L. Langeron pour représenter l'aile droite de la Charité est écartée.

Enfin, les rapports avec le pouvoir s'aigrissent, dès lors que de nouvelles mesures pèsent sur les étudiants ; s'instaure alors une résistance passive à l'occupant et au gouvernement de Vichy.

Les étudiants

Malgré les difficultés dues à l'exode d'une partie de la population restée en zone libre, à la limitation du recrutement à la région Nord, aux problèmes de survie au quotidien, le nombre des étudiants progresse sensiblement au cours des années 40 : 89 inscrits pour l'année 1941-42 dont 32 en première année, 103 en 42-43, 112 en 43-44. Les effectifs en pharmacie sont aussi satisfaisants : 43 étudiants en 1943, dont 22 jeunes filles, puis 56 en 43-44. On relève encore la présence de plusieurs étudiants bretons qui *n'hésitaient pas à courir les risques attachés au franchissement de cette zone* (interdite).

La vie de ces jeunes gens n'est pas facile. La réquisition des maisons de famille entraîne des difficultés de logement et beaucoup d'étudiants n'ont

28.– F. De Beer : *En leur vieille cité lilloise, les sœurs Augustines hospitalières à la clinique Saint-Raphaël (1877-1991).* Revue *Ensemble,* 1992, n° 1, pp. 17-26.

29.– Conseil de faculté du 5 juil. 1942.

qu'une chambre sans confort et sans chauffage. L'alimentation est une préoccupation constante : en février 1942, le doyen fait une démarche, restée d'ailleurs infructueuse, pour que les étudiants en service dans les hôpitaux bénéficient d'une cantine et du même régime que les infirmières. Le gérant du Cercle des étudiants de la rue Meurein (rouvert en 1941) s'efforce de servir 120 repas par jour au moindre prix. Cependant, le recteur relève plusieurs cas de maladies sévères, plus fréquentes que d'ordinaire, en particulier chez les étudiants en médecine[30]. Tous sont néanmoins astreints à des cours d'éducation physique obligatoire inaugurés en novembre 1941 : les P^rs Delattre, Le Grand et Vincent sont *chargés de la partie médicale de l'enseignement*[31]. *Ce furent les après-midi du mercredi consacrés aux jeux du stade. Certains jours on vit même le vice-recteur Burbeau et l'aumônier Lepoutre se mêler aux compétitions. Un exemple de leur utilité est apporté par le championnat de saut en hauteur, à la perche, remporté par l'étudiant Vittu, futur Président du Conseil supérieur de l'université :* quo non ascendat ! *Un autre champion des 800 mètres fut le futur doyen Goudaert !.* [32]

La sollicitude du gouvernement s'exprime encore par le décret du 24 février 1941, permettant aux étudiants des instituts catholiques de bénéficier de bourses nationales. C'est *un acte de justice,* estime le recteur, mais des difficultés d'application surgissent au niveau de l'Académie et ce n'est qu'après de nouvelles démarches que l'Université obtient de siéger au comité régional des bourses par trois membres, doyens ou professeurs. Dans le budget de 1943, un crédit séparé de 1 250 000 francs est réservé aux bourses en faveur de l'enseignement supérieur libre, mais la Libération mettra un terme à ces avantages[33].

Le climat d'insécurité se fait plus pesant encore lorsque, s'engageant dans la collaboration, le gouvernement édicte des mesures de réquisition. Le principe de la relève, c'est-à-dire le retour d'un prisonnier contre le départ de trois travailleurs volontaires, s'étant soldé par un échec, la loi du 4 septembre 1942 institue le service du travail obligatoire (STO) selon lequel *toute personne de sexe masculin de plus de 18 ans et de moins de 50 et toute personne de sexe féminin de plus de 21 ans et de moins de 35 ans peuvent être assujetties à effectuer tous travaux que le gouvernement jugera utiles dans l'intérêt de la Nation.* Quelques mois plus tard, la loi du 16 février 1943 mobilise les

---

30.– Rapport moral du recteur pour l'année 1940-41. Arch. dioc. Lille 6J211.

31.– Conseil de faculté du 4 décembre 1941.

32.– A. Delattre : *La Faculté de médecine vue par un ancien, loc. cit.*

33.– L'obtention des bourses est soumise à des conditions assez sévères, les mêmes d'ailleurs que pour les étudiants de l'État : situation de famille, résidence et mérite du candidat. Ainsi en 1re année, il faut avoir obtenu soit la mention AB à la 1re partie du baccalauréat, la mention B à la seconde et 70 points au PCB, soit la mention AB à la seconde partie du bac et 75 points au PCB. Pour les autres années, il faut avoir obtenu une moyenne de 6 sur 10 et avoir participé au concours des bourses. En pharmacie, les conditions sont similaires. À noter que depuis la loi de finances de 1923, les étudiants des facultés libres pouvaient obtenir un prêt d'honneur auprès des Caisses officielles de prêts. D'autre part, à l'intérieur de l'Institut catholique, existaient une organisation de prêts d'honneur (*Association d'aide aux étudiants catholiques,* devenue *Association d'aide aux étudiants des Facultés catholiques,* puis *Association d'Entraide Universitaire* ou *AEU* présidée par le Pr C. Vittu pendant six ans), ainsi que des bourses privées : bourse des Flandres de la famille Van Kempen, bourse du diocèse du Mans, etc.

classes 40 à 42 pour un service du travail de deux ans. Le 20 juin 1943, un décret de P. Laval précise les obligations des étudiants en médecine : les étudiants nés en 1922 sont affectés – en principe – à des fonctions médicales en Allemagne, mais des mesures de libération sont prises en faveur des externes. Le doyen effectue une démarche auprès de la Direction régionale de la Santé pour qu'elles soient appliquées aux externes des hôpitaux de la Faculté libre comme à ceux des hôpitaux de Lille. Quant aux étudiants nés entre le 1er octobre 1919 et le 31 décembre 1921, ils sont utilisés sur place s'ils sont externes ou internes nommés au concours ; les autres sont affectés à des tâches diverses : soins de première urgence aux blessés, participation à la défense passive, médecine du travail, etc.

Les premiers départs d'étudiants de la classe 42 ont lieu en juillet 1943 avec une angoisse que l'on devine. Mgr Delépine fait alors état du *désarroi depuis fin mars à partir du moment où prennent corps les menaces d'enlèvement des jeunes gens*[34]. On essaie de les préparer à ces fonctions sanitaires par des cours, par exemple de vénéréologie par le Dr Cordonnier, ou de médecine sociale par le Dr Desorgher, formation qui devrait être sanctionnée par un examen passé à Paris. On propose d'autre part de reporter la date des concours, dès lors que beaucoup de candidats sont mobilisés par ce service obligatoire[35].

La résistance s'organise. Le 21 mars 1943, en l'église Saint-Maurice de Lille, le cardinal Liénart déclare : *Je ne dis pas que ce soit un devoir de conscience d'accepter le Service Obligatoire du Travail. Non. Car il s'agit d'exigences qui dépassent les limites de nos justes obligations. On peut s'y dérober sans péché. Je n'ai pas davantage à conseiller le départ. Nous sommes sous la contrainte.* Dans les facultés, on refuse de fournir les listes des étudiants inscrits, on accepte des inscriptions sous de faux noms ou des papiers non en règle. *Jamais nous n'avons voulu entrer en rapports directs avec le Service du Travail. Jamais nous ne lui avons donné nos listes d'étudiants ; lettres multipliées, coups de téléphone, visites, rien n'y fit. Les disparitions se multiplient en pleine année, à mesure que le péril de la réquisition devient plus menaçant*[36]. Les étudiants réfractaires se réfugient à la campagne, travaillent en atelier ou descendent à la mine : ainsi P. Langeron réussit à échapper au STO *en devenant mineur de fond à Bruay en Artois, [...] ensuite comme infirmier à l'usine de Fives-Lille*[37]. Plusieurs d'entre eux sont arrêtés pour divers motifs : tapage nocturne, attitude provocante envers les soldats, diffusion de tracts, lacération d'affiches officielles.

En fait, le STO, cette *déportation déguisée* selon le mot de M. Paget, a un impact relativement limité, chez les étudiants tout au moins, car quelque 600 000 travailleurs sont partis pour l'Allemagne et 60 000 n'en reviendront pas. Au Conseil de faculté du 3 novembre 1943, on note que *quelques élèves sont déjà rentrés d'Allemagne, [...] d'autres sont garçons de salle dans les hôpitaux civils de Munich,* car beaucoup d'étudiants en médecine et en pharmacie ne sont pas utilisés selon leurs compétences.

34.– Mgr Delépine : Rapport au Conseil supérieur du 12 juil. 1943.

35.– L. Langeron. Conseil de faculté du 6 juin 1943.

36.– *Cinq années d'histoire en un court récit : Les Facultés Catholiques en 1939-1944. Loc.cit.*

37.– P. Langeron : *Chronique d'un itinéraire, etc. Loc. cit.*

Résistance passive, avons-nous dit, mais rappelons ici que le 8 juillet 1944, tous les médecins de France ont reçu du Conseil national de l'Ordre[38] la motion suivante : *Le président du Conseil de l'Ordre des Médecins se permet personnellement de rappeler à ses confrères qu'appelés auprès de malades ou de blessés, ils n'ont d'autre mission à remplir que leur donner leurs soins, le respect du secret professionnel étant la condition nécessaire de la confiance que les malades portent à leur médecin, il n'est aucune considération administrative qui puisse nous en dégager.* Par cette déclaration de son président le Pr L. Portes, le Conseil de l'Ordre, créé par le gouvernement de Vichy le 7 octobre 1940, gagnait ses lettres de noblesse[39].

Les études

L'incertitude du lendemain ne rend pas les études faciles ; dès juillet 1942, on note beaucoup d'échecs aux examens de 1re et 2e années, mais le doyen déclare encore : *Nous avons une certaine peine à faire un rapport tout à fait exact, nos élèves négligeant de nous prévenir du résultat de leurs examens.* En 1943, le PCB, transformé *en un véritable concours,* entraîne une proportion importante d'éliminations : cinq élèves ne sont pas reçus bien qu'ayant la moyenne ; cette décision, véritable *numerus clausus* avant la lettre, est maintenue par le ministre.

À la rentrée de novembre 1943, est mise en place l'année préparatoire à la médecine (APM) : les inscriptions sont prises d'emblée en faculté de médecine ; l'enseignement comporte non seulement les sciences fondamentales (physique, chimie, biologie en faculté des sciences), mais aussi les premières notions d'anatomie, histologie, physiologie et bactériologie, ainsi que des leçons d'introduction aux études médicales, données avec talent par le Pr L. Langeron. L'examen comporte une épreuve écrite et des travaux pratiques, mais pas d'oral. Au cours de l'année, une série d'interrogations, à raison d'une par matière et par trimestre, donne lieu à des notes retenues pour l'examen final, qui prend valeur de concours, le nombre d'admis étant fixé par le ministre. Ainsi, dès la rentrée 1943-44, le nombre d'étudiants de 1re année atteint 36 : *L'avenir du recrutement paraît assuré. Le chiffre de 30 à 40 étudiants par année a été demandé aux pouvoirs publics. Mgr le recteur espère obtenir satisfaction*[40]. Chez les enseignants, la première impression est favorable : *Aux premières interrogations, tous ont obtenu la moyenne*[41], mais l'APM et ses initiatives intéressantes disparaîtront avec le régime de Vichy qui les a créées.

La Libération

La Libération approche. Dès le 14 mai 1944, avant même le débarquement de Normandie, tous les cours sont suspendus par ordre

38.– Après plusieurs projets et diverses dispositions législatives, l'Ordre National des médecins a été créé par le gouvernement de Vichy en 1940, sous la pression de l'occupant. Jusqu'en 1942, ses membres sont nommés par le gouvernement et le premier président désigné est le Pr René Leriche. Dissous en 1944, le Conseil de l'Ordre est définitivement rétabli par l'ordonnance du 24 septembre 1945. Le premier code de déontologie date de 1947.

39.– Dans le Nord, le président du Conseil départemental de l'ordre est alors le Pr J. Minne et le vice-président le Pr C. Lepoutre.

40.– Conseil de faculté du 3 nov. 1943.

41.– Conseil de faculté du 8 déc. 1943.

préfectoral. Au cours d'un bombardement, une bombe – la dernière qui tomba sur Lille, boulevard Vauban – détruit la moitié de la maison du Pr Langeron épargnant par miracle sa famille[42]. Après quatre ans d'occupation, Lille est libérée le 2 septembre 1944. Au cours des combats, une élève infirmière, Andrée Vandromme, est tuée rue de Puébla, alors qu'en uniforme, elle se portait au secours des blessés. Trois étudiants en médecine sont blessés ; l'un d'eux, Jean Payelleville, futur radiologue de l'hôpital Saint-Philibert, subit une amputation de la cuisse. Au lendemain de la libération, un étudiant en médecine et trois étudiants en pharmacie sont encore en Allemagne, du fait du STO.

Au total, le tribut payé à cette guerre par les Facultés catholiques est de 97 vies perdues sur les champs de bataille de 1940 ou de la reconquête, en captivité ou victimes civiles de l'occupant. La Faculté de médecine a été relativement épargnée : quelques sacrifices dont le souvenir n'a pas été fixé sur le marbre comme il le fut au lendemain de la première guerre mondiale[43].

42.– P. Langeron : *Chronique d'un itinéraire, etc. Op. cit.* Il s'agit sans doute du bombardement du 9 avril : selon Mgr Delépine, on compte alors *un millier de carreaux brisés, des plafonds effondrés, des portes et fenêtres arrachées, deux cheminées écroulées, une rosace de la chapelle soufflée.* Les maisons Saint-Raphaël et Saint-Camille ont subi aussi quelques dégâts.

43.– Parmi les victimes de cette guerre, l'on cite encore le Dr Talleu tué dans un bombardement et, en 1944, le Dr R. Decousser, mort au champ d'honneur. Notons encore le décès à Meknès d'Andrée Rossignol, en religion Mère Pascal Étienne, ancienne interne notamment à Saint-Antoine, docteur en médecine et ancienne présidente de la Fédération des étudiantes, qui succombe à une typhoïde.

Chapitre XIV.
1945-1957 : les incertitudes

Au lendemain de la guerre dont elle a peu souffert, du moins sur le plan matériel, la Faculté retrouve ses problèmes habituels : embarras financiers empêchant tout investissement lourd, vieillissement de structures mal entretenues, difficultés de recrutement des étudiants. Surtout, l'achèvement de la Cité Hospitalière de Lille fait peser une lourde menace tant sur la Faculté que sur ses établissements hospitaliers. Cependant, la généralisation de la Sécurité sociale et son application à ses hôpitaux, quelques aides permettant des progrès ponctuels, ainsi que quelques avantages consentis aux étudiants assurent la survie de l'institution que d'aucuns estimaient compromise.

La disette

Dès 1948, le recteur Mgr Delépine déclare au Conseil d'administration : *Toutes les facultés ont un déficit important au point de vue budgétaire.* Dû à la suppression des subventions[1], à l'augmentation considérable du coût de la vie, des dépenses d'entretien et des charges sociales, à la montée de l'inflation et à la chute de la monnaie, le déficit atteint plusieurs millions de francs : il nécessite à plusieurs reprises un relèvement des droits d'inscription dans toutes les facultés, notamment en 1949 (+50 %). En 1955, une augmentation du prix de pension en maisons de famille n'évite pas plusieurs ponctions dans les réserves de l'Université.

La progression du traitement des professeurs est une préoccupation constante des recteurs, Mgr Delépine, puis Mgr Palémon Glorieux : *C'est un problème angoissant [...] Peut-on leur demander ce qui est certainement un dévouement, souvent même de l'héroïsme pour eux et pour leur famille ?* La disproportion avec les traitements de l'État est *si flagrante [...] qu'elle devient un danger, en même temps qu'elle pose un problème de conscience*[2]. Quelques

---

1.– Les subventions de l'État ont été suspendues dès la chute du gouvernement de Vichy. Celle du Conseil général, de l'ordre de 10 MF, allouée aux Facultés catholiques en 1952 (le maire de Lille est alors M. R. Gaifie, RPR, de 1947 à 1955), est supprimée en 1956 : un *geste sectaire*, déclare alors le recteur.

2.– Mgr Delépine : Rapport au Conseil d'administration du 5 juil. 1948. *Fac. Cath. Lille*, 4e a, n° 3, juil. 1948. En 1946-47 comme en 1942, le traitement des professeurs reste encore *inférieur aux 6/10* de celui des universités publiques. Il est augmenté de 65 % en 1947 et de près de années plus tard, la crise persiste, suscitant l'inquiétude, tant pour le traitement des professeurs en place que pour *les concours nouveaux que nous souhaiterions nous assurer et qui de plus en plus hésiteront devant les propositions dérisoires qui leur seront faites*[3].

Cependant, ajoute le recteur dès 1948, le déficit semble *moins considérable que prévu*. D'une part, dans un beau geste, les médecins hospitaliers renoncent à leurs honoraires. D'autre part, les maisons de santé continuent à verser une contribution telle que l'on peut penser qu'en son absence, l'institution aurait été acculée à la faillite. Les maisons Saint-Camille et Saint-Raphaël sont *toujours pleines,* ainsi que la maternité Sainte-Anne, et le prix de journée de ces établissements a fortement progressé[4]. Seule la contribution de l'hôpital Saint-Antoine reste modeste. Concrètement, l'apport des maisons de santé représente, selon les années, de 20 % à 45 % des recettes de l'Université : 5,4 MF en 1945-46, 47 MF en 1955, soit 8,7 fois plus, suivant ainsi l'augmentation exponentielle des dépenses qui passent dans le même temps de 15 à 127 MF (x 8,5).

La Faculté de médecine, qu'en 1954 Mgr Glorieux doit défendre contre les attaques de certains membres du Conseil d'administration, n'échappe pas à la disette. En 1952, un rapport du doyen Louis Courty permet de faire le point : *Les locaux, occupés actuellement par la Faculté de médecine 56 rue du Port, sont insuffisants, dans un certain état de vétusté. Ils ne répondent plus aux nécessités de l'enseignement et il me paraît indispensable de les moderniser dans le plus court délai possible.*

Le doyen poursuit en précisant les travaux nécessaires :

> *Ces locaux ont besoin d'être nettoyés de fond en comble et entièrement repeints. Le chauffage de l'immeuble est en mauvais état : les étudiants se plaignent du froid ; en hiver les professeurs sont obligés de garder leur pardessus dans la salle du Conseil de faculté. L'éclairage de tout l'immeuble est à refaire. Les amphithéâtres et les salles de cours doivent être modernisés, équipés pour les projections et le cinéma (Ces deux moyens d'enseignement jouent un rôle de plus en plus grand). Les laboratoires doivent recevoir un équipement moderne, être pourvus des instruments de travail et de recherche nécessaires ; en particulier, le laboratoire de physiologie doit être complètement réorganisé, il manque de tout, même des instruments les plus élémentaires. On doit lui annexer un laboratoire de chirurgie expérimentale.*
>
> *Tout le service de l'anatomie est à mettre au point : salle de travail pour le prosecteur et les aides d'anatomie, conservation des cadavres, installation de nouveaux lavabos et d'un vestiaire. La salle de dissection doit être entièrement restaurée : la verrière qui est en très mauvais état pourrait*

---

100 % l'année suivante (sauf celui des médecins : 50 % pour le temps plein, 25 % pour les autres).

3.– Mgr Glorieux : Rapport au Conseil d'administration du 4 juil. 1955. Arch. I.C.L, dossier DH A6.

4.– De 1956 à 1959, le prix de journée a augmenté en moyenne de 64 % en médecine et de 71 % en chirurgie et en maternité, permettant un total cumulé des recettes de 178 248 875 F pendant la même période : *Bref compte-rendu d'activités de M. Jean Tirloy, directeur général des établissements hospitaliers des Facultés catholiques.* 17 juin 1959.

être remplacée par une coupole éclairante, donnant l'éclairage nécessaire pour les dissections fines. Les tables sur lesquelles on place les cadavres doivent être remplacées, un système d'aération spéciale devrait être installé.

La salle du Conseil de Faculté est dans un tel état d'indigence qu'on n'ose plus y faire entrer un professeur étranger ; elle devrait recevoir une décoration intérieure convenable.

Le personnel chargé de l'entretien des locaux est insuffisant en nombre. Il doit être augmenté et contrôlé. [...]

La bibliothèque universitaire ne contient pas, dans sa section médicale, les livres nécessaires et indispensables ni pour les travaux des professeurs ni pour les études des élèves.

Il y a donc un ensemble inquiétant de déficience, dans tous les organismes de la faculté, qui s'est surtout aggravé depuis 1940, et qui commence à être connu du grand public.

Chargé depuis six mois de diriger la faculté de médecine, je tiens à informer les Autorités supérieures de l'Université de cet état de chose, qu'il importe de corriger le plus rapidement possible si l'on veut que cette Faculté continue à vivre [5].

Il n'y a pas lieu de penser que ce rapport était par trop pessimiste. En même temps, à l'angle de la rue du Port et du boulevard Vauban, l'école d'infirmières n'est pas mieux lotie que la Faculté de médecine.

Le corps professoral.

En 1952, Louis Courty, professeur de clinique chirurgicale à la Charité, est donc doyen : il a succédé à L. Langeron, doyen en 1944, et à A. Le Grand en 1947. Des anciens disparaissent : E. Camelot en 1945, le R.P. Cappe de Baillon, professeur adjoint d'histologie, en 1948, C. Lepoutre en 1950, A. Le Grand, J.-B. Rieux et D. Raquet en 1951 ; ce dernier était assesseur pour la pharmacie depuis 1937. En janvier 1952, Henry Billet fait sa dernière leçon et meurt quelques semaines plus tard ; il est remplacé par le Pr Octave Coudane, agrégé du Val-de-Grâce en retraite, qui disparaît brutalement en juin 1953 à l'âge de 51 ans.

Louis Courty

5.– *Rapport du Pr L. Courty, doyen, sur l'état actuel des locaux de la Faculté libre de médecine, sur la nécessité de les moderniser et d'agrandir ses hôpitaux.* Document confidentiel daté du 31 mars 1952. Arch. I.C.L., dossier P19F.

Le corps professoral s'enrichit de nouveaux membres : en 1945, Joseph Camelot, assistant de L. Courty à la Charité, est nommé agrégé de chirurgie et devient professeur de médecine opératoire en 1954. Gérard Desbonnets est professeur titulaire de pathologie chirurgicale et chirurgien de l'hôpital Saint-Philibert. En 1949, Georges Didier est titularisé en ORL ; Germain Desorgher est agrégé de chirurgie infantile, le Dr Pierre Brygoo, assistant à l'Institut Pasteur de Paris, est agrégé de bactériologie et succède au Pr Archer.

À vrai dire, cette série de promotions était nécessaire : en 1949, le corps professoral de médecine et pharmacie ne comprenait plus que 16 titulaires dont deux en pharmacie (Prs Paget et Raquet), un suppléant en pharmacie, six agrégés, un assistant en obstétrique, deux chefs de travaux, en anatomie et en pharmacie, cinq maîtres de conférences.

En 1950, Vincent Cordonnier et André Danès sont nommés professeurs suppléants ; en 1952, Albert Fournier est agrégé de pédiatrie, Paul Giard et Paul Langeron sont assistants à la Charité ; le médecin général Bernard Le Bourdellès, ancien professeur au Val-de-Grâce, est nommé professeur d'hygiène.

En 1954, au début du décanat du Pr A. Delattre, les chaires d'anatomie, de physiologie, d'histologie, de thérapeutique, de dermatologie sont encore déclarées *immédiatement vacantes*[6]. Les années 1954 à 1957 voient donc une nouvelle série d'agrégations : P. Langeron en chirurgie, P. Giard et V. Nolf en médecine, H. Batteur en anatomie, puis J. Liefooghe en physiologie et J. Crinquette en pneumo-phtisiologie. Ainsi apparaissent des noms et des visages familiers aux plus anciens d'entre nous.

Les concours de clinicat, d'externat et d'internat ont repris en 1946 : on organise au cours de l'année deux concours d'externat et trois concours d'internat, mais cinq à six places d'internes restent occupées par des internes faisant fonction et les membres des jurys se plaignent de la faiblesse des candidats.

Notons que les Prs Billet, Lepoutre et Raquet en 1948, puis Courty en 1951, sont élus membres correspondants de l'Académie de médecine. Le Pr Raquet est également membre de l'Académie de pharmacie. Mentionnons aussi en faculté des Sciences les enseignants dévoués du PCB : le digne Pr E. Charron en physique, le chanoine O. Liévin, doyen, en chimie générale, le chanoine F. Puche en chimie minérale, les Prs H. Caron en chimie organique et H. Boulangé (et sa barbe légendaire) en biologie animale, l'abbé J.-M. Lys en biologie végétale et le chanoine Tiberghien en apologétique.

Les étudiants

L'année préparatoire à la médecine (APM) a donc été supprimée dès la libération et le PCB rétabli. Les résultats de cet examen probatoire sont dans l'ensemble satisfaisants malgré un examinateur en biologie animale resté célèbre par ses médiocres foucades : elles n'épargnent d'ailleurs pas les étudiants de la faculté officielle.

Ainsi, en 1950, 28 étudiants sont reçus, ce qui dépasse la moyenne habituelle et le chanoine Liévin déclare : *Devant ces résultats, on ne peut*

6.– Conseil de faculté du 10 fév. 1954.

s'empêcher de trouver mal fondées les raisons de ceux qui, prêtres ou laïcs, détournent de notre faculté les jeunes gens ou jeunes filles sortis des établissements secondaires de notre région. Bon an mal an, au début des années cinquante, une bonne vingtaine d'étudiants s'inscrivent en 1re année. Des efforts sont déployés pour accroître le recrutement et faire de nouveau des facultés catholiques une *institution nationale,* selon les vœux du chanoine, puis Mgr Barbeau, vice-recteur de 1942 à 1960. Dès 1946, il entreprend des *campagnes d'information et de propagande* dont il élargit progressivement l'audience : Nord et Pas-de-Calais d'abord, dans tous les collèges de garçons et de filles où le contact initial, dit-il, est *simplement poli,* puis région Ouest en 1948, Sud-Ouest l'année suivante (52 départements au total), voyages au Canada et aux États-Unis en 1957[7]. Plus tard, ce sont des enseignants de la Faculté, des médecins et des étudiants qui animeront ces visites d'information dans les collèges de la région.

En Faculté de médecine, ces louables efforts n'ont pas empêché l'érosion des effectifs liée essentiellement aux difficultés rencontrées au terme des deux premières années. Le recteur estime que cette situation est due au *raidissement des jurys par ordre supérieur*[8], ressentie dès la rentrée de novembre 1946 où, sur 52 étudiants en 1re année, il y a de nombreux redoublants (plus d'une vingtaine. Mgr Delépine minimise d'abord ces nombreux échecs en 1re et 2e années *en proportion aussi grande, semble-t-il, dans les facultés officielles qu'à la Faculté libre* et le doyen L. Langeron, dans son rapport annuel, en rejette la responsabilité sur les étudiants eux-mêmes : *L'attention des étudiants et des professeurs doit être attirée sur le nombre insolite d'échecs en 1re année ; un travail meilleur, une surveillance meilleure (examens internes, colles, appels) de ce travail paraissent nécessaires. Peut-être même des éliminations devraient-elles s'imposer.* Mais la situation s'aggrave encore au cours des années suivantes, aboutissant à une sélection sévère. Dans son rapport sur l'année 1948-49, le recteur constate encore de nombreux échecs dans les deux premières années : *Dans ces années-là,* écrit-il, *se fait depuis quelque temps, une sélection qui aboutit à recevoir approximativement 30 % des candidats dans chaque faculté. Un examen est ainsi graduellement transformé, de fait, en concours, ce qui est légalement discutable, mais s'exerce néanmoins sous la pression des syndicats et groupements divers de médecins*[9].

En octobre 1949, la rentrée est considérée comme mauvaise : *un grand nombre d'étudiants ont rejoint la faculté d'État. D'autres sont partis à Rennes*[10] ; plus tard, *le recrutement breton, vieille tradition de notre Faculté, est à peu près tari,* estime en effet L. Courty en 1952. Quelques étudiants canadiens sont revenus ; selon le vice-recteur H. Barbeau, *de 1895, date à laquelle le premier étudiant canadien est venu s'inscrire à la Faculté de médecine jusqu'en 1959, 26*

7.– Mgr H. Barbeau : *Campagnes d'information et de propagande.* Revue *Ensemble,* 1946, n° 4, pp. 199-207.

8.– Rapport du recteur au Conseil d'administration du 8 juil. 1946.

9.– Ce propos du recteur est cependant exagéré : aux sessions de juin et octobre 1949, 7 candidats sur 13 sont reçus en 2e année, quinze sur 24 en 1re année, soit 60 % au total : Conseil de faculté du 4 nov. 1949.

10.– Conseil de faculté du 12 oct. 1949.

étudiants en médecine sont retournés dans leur pays, munis de leur diplôme de docteur homologué par les instances médicales canadiennes[11].

En fait, il faudra bientôt reconnaître que cette *sélection* n'obéit pas toujours, loin de là, à la logique et n'épargne pas les meilleurs élèves. Il devient évident que les étudiants de la Faculté libre sont exposés à un ostracisme scandaleux, séquelle de la politique du « petit père Combes ». Ces faits retentissent sur le recrutement en chiffre absolu et plus encore en comparaison des effectifs de la faculté d'État. Ainsi, dans son rapport de 1952[12], le doyen L. Courty écrit :

> *Si l'on veut avoir une idée précise de la crise de notre recrutement, il suffit de considérer les chiffres suivants :*
>
> *1°. Il y a 50 ans, le nombre des étudiants était à peu près le même dans les deux facultés (État - Faculté catholique),*
>
> *2°. Aux environs de 1922-23, il y avait approximativement 12 à 15 élèves en 1re année à la Faculté catholique et 30 à l'État,*
>
> *3°. En 1951 (rentrée de novembre), il y a 22 élèves français et trois étrangers en 1re année à la Faculté catholique, contre 160 à la faculté de l'État.*
>
> *Ces chiffres montrent mieux que tout commentaire la gravité de la situation à laquelle nous avons à faire face. Il faut bien se rendre à l'évidence : cette crise du recrutement risque de mettre en cause l'existence même de notre faculté.*

Une solution s'impose de nouveau : le passage des examens devant la faculté de Nancy interrompu pendant la guerre. Des contacts sont pris avec le doyen nancéien dès octobre 1949 : ils semblent favorables. Il est même envisagé que les épreuves écrites puissent se passer à Lille. À l'issue de l'année 52-53, les deux premières années font le voyage de Nancy, mais, à la session de juillet, les étudiants de 2e année connaissent un véritable désastre, partiellement réparé en octobre grâce à l'acquisition et à l'assimilation des cours nancéiens. Les étudiants de cette promotion-là, estimant alors qu'il est plus aisé de se faire recaler à trois sections de tramway qu'à 400 km, mettent fin à l'expérience, mais les promotions suivantes persistent. En fait, les effets de cette décision restent d'abord médiocres, tant sur les résultats des examens que sur le recrutement. En 1954-55, 11 étudiants sont reçus au PCB, 16 sont inscrits en 1re année en comptant les redoublants, 102 au total pour toute la faculté, alors qu'ils étaient 142 en 1946-47. Un an plus tard, le nombre d'étudiants diminue encore ; dans son rapport pour 1954-55, le doyen A. Delattre estime que pour les deux premières années, les échecs sont *presque inévitables, mais constate cependant 75 % de succès malgré le handicap des épreuves à subir devant un jury étranger*. Il y a toutefois des *échecs imprévus en 3e année*. En 1955-56, il déclare que *les épreuves des deux premières années sont toujours sévères et forment délibérément un barrage élémentaire,* mais les résultats sont honorables. Il reconnaît alors que la présentation des examens à Nancy *nécessite une harmonisation des programmes des cours et une*

11.– *Ibid.* On a parfois reproché aux examinateurs une certaine mansuétude à l'égard des étudiants étrangers. Cependant, on note qu'en 1951, par exemple, sur quatre étudiants canadiens inscrits en PCB, un seul a été reçu.

12.– *Op. cit.*

mise au point préalable des enseignements[13], mais peut-être aurait-il fallu commencer par là… Notons par contre que les résultats restent excellents en pharmacie.

Quelque peu précaire au lendemain de la guerre, la vie matérielle de l'étudiant s'améliore progressivement. Certes, les bourses accordées par le gouvernement de Vichy sont supprimées par un décret ministériel du 13 octobre 1945 (y compris pour les anciens prisonniers qui y avaient droit) : huit bourses sont ainsi refusées malgré l'avis favorable de la Commission régionale des bourses de l'Académie de Lille. Trois étudiants pourraient en bénéficier… à condition de s'inscrire dans une faculté d'État ! ce qui motive une lettre de protestation d'Albert Destombes, président de la Fédération des étudiants, au ministre de l'Éducation nationale. En 1949, le recteur proteste à son tour contre cette injustice : *On peut soutenir que nos divisions politiques et l'étroitesse d'esprit ne permettent pas d'obtenir actuellement que l'enseignement libre soit subventionné, mais on ne peut accepter qu'une famille soit officiellement pénalisée parce qu'elle choisit d'envoyer ses enfants faire leurs études supérieures à l'université catholique.* Le Figaro mène une campagne de presse qui aboutit à l'attribution de neuf bourses[14], mais la question reste encore pendante et le recteur proteste de nouveau en 1952 : *Si l'on était sûr de ne pas être pénalisé,* écrit-il, *parce que l'on fait ses études aux facultés catholiques, etc.* Enfin, en 1953, le climat politique s'étant modifié, le droit aux bourses est octroyé aux étudiants des facultés libres, *à l'égal des étudiants des facultés officielles*[15] : durant l'année 1953-54, une centaine de bourses sont demandées et 93 sont acceptées[16]. En 1956-57, 180 bourses d'enseignement supérieur sont encore allouées pour un total de 29 880 000 francs.

Autre mesure favorable : le Conseil général du Nord vote un crédit de cinq millions de francs en faveur de l'Association d'aide aux étudiants, permettant de diminuer de 50 francs le prix de chaque repas pris au Cercle ou dans les restaurants désignés par cette association[17]. Cette mesure est renouvelée en 1956 par l'octroi d'une double subvention de l'État et du Conseil général pour les repas pris dans les restaurants universitaires, c'est-à-dire le Cercle des étudiants de la rue Meurein et l'annexe pour les étudiantes à la maison Saint Louis. Ces subventions de 75 francs par repas sont dues à l'action des autorités académiques, de M. André Segard, administrateur de l'Université catholique et du Dr Eugène Henninot, président de l'Association d'aide.

Les établissements hospitaliers

Au lendemain de la guerre, le fonctionnement des dispensaires et des hôpitaux de la Faculté a repris de façon satisfaisante : dès 1945, le recteur Mgr Delépine annonce la réouverture de l'hôpital Saint-Philibert et décrit

13.– Rapport du doyen A. Delattre pour l'année 1955-56.

14.– Rapport du recteur pour l'année 1948-49. *Fac. Cath. Lille*, nouv. série, 5e a, 1949, n° 3, pp.3-8.

15.– Lois Marie et Barangé du 21 sept. 1951 étendant le bénéfice des bourses d'État aux élèves de l'enseignement libre, ainsi que l'aide de l'État aux dépenses de fonctionnement des établissements d'enseignement libre.

16.– Rapport du recteur pour l'année 1953-54. *Fac. Cath. Lille*, nouv. série, 10e a, 1954, n° 3, pp.127-136.

17.– Rapport du recteur pour l'année 1951-52. *Fac. Cath. Lille*, nouv. série, 8e a, 1952, n° 3, pp.155-163.

Saint-Raphaël *toujours rempli,* la maternité Sainte-Anne *débordée,* Saint-Camille d'une activité *parfois réduite.* Mais, dès l'année suivante, le doyen L. Langeron constate *une diminution générale du nombre des malades hospitalisés ou consultants sauf maternités et certaines consultations.* Bientôt deux faits majeurs vont modifier profondément les données : l'instauration et la mise en place de la Sécurité Sociale d'une part, l'ouverture de la Cité hospitalière d'autre part.

Les ordonnances de 1945, puis la loi du 22 mars 1946 ont voulu l'unité de la Sécurité Sociale, sa généralisation à l'ensemble de la population (en dehors des professions non salariées non agricoles) et l'extension des risques couverts. Progressivement elle est mise en application et d'abord considérée avec une certaine prudence : en 1957, Mgr Delépine évoque d'abord les *démarches, contrôles, retards dans les paiements, accords préalables à établir entre les caisses et le corps médical. Tout cela a ses incidences sur l'administration de nos cliniques. Actuellement, des conventions sont à l'étude entre celles-ci et la Sécurité Sociale.* Mais deux ans plus tard, il reconnaît les avantages de la nouvelle institution : *Les tarifs obtenus de la Sécurité Sociale pour nos hôpitaux et cliniques nous apportent les moyens indispensables à la mise au point de leurs services, comme des laboratoires qui en sont le complément.* De plus, la Sécurité Sociale va désormais participer activement aux investissements nécessaires dans les hôpitaux et cliniques privées de la Faculté libre, mais non à l'hôpital de la Charité qui, dépendant de l'Administration des Hospices et face au Centre Hospitalier régional, va faire figure de parent pauvre…

Néanmoins, un changement important survient dans les hôpitaux publics : en 1945, la Sécurité Sociale adopte le principe de la rémunération des médecins hospitaliers sous la forme d'une *masse d'honoraires* constituée d'une somme forfaitaire par journée de malade hospitalisé à laquelle s'ajoute la rétribution des actes techniques inscrits à la nomenclature des actes médicaux sur la base d'un code de lettres clefs. Cette masse d'honoraires est calculée par services, elle est allouée chaque trimestre au chef de service, auquel il revient de la répartir entre lui-même et ses subordonnés. Mais rapidement apparaissent certaines disparités entre différents services, si bien que l'Administration des Hospices établit un barème consensuel fixant les fractions attribuées aux adjoints, assistants et attachés de chaque service (par exemple, 20 parts pour le chef de service, 15 à 20 parts pour le médecin non-chef de service selon son ancienneté, 8 à 12 parts pour un assistant, etc.). Il est évident que cette réforme a amélioré le statut financier des médecins hospitaliers de la Faculté, soulagé d'autant les finances de l'Institut catholique et aplani quelques difficultés : depuis 75 ans en effet, les médecins constataient une érosion progressive de leurs émoluments universitaires, l'administration de l'Université catholique estimant qu'ils tiraient d'appréciables avantages de leur position qui les autorisait à demander des honoraires substantiels à leurs clients aisés.

Quant aux internes et externes de la Charité, ils sont payés par l'Administration des Hospices dans les mêmes conditions que ceux des hôpitaux publics. Les internes des hôpitaux de la Faculté libre sont bien moins favorisés : leurs salaires, payés par l'administration de l'Université catholique, sont calculés au plus juste. Quelques internes, en chirurgie ou en maternité, assurent leurs fins de mois avec des aides opératoires ou des anesthésies en clientèle privée. En 1956, une délégation des internes de la

Catho s'est vue dans l'obligation de négocier avec les autorités académiques leur salaire impayé depuis plusieurs mois et finalement réduit de moitié. C'est à cette occasion, ou à une autre similaire, que le vice-recteur H. Barbeau a eu cette phrase : *Si vous voulez gagner de l'argent, allez à l'État !* Cette année-là, est nommé un directeur des établissements hospitaliers de la Faculté libre, M. Jean Tirloy, une nomination qui permettra de régler de nombreux problèmes…

Un autre évènement d'importance est l'achèvement de la Cité Hospitalière. Le problème du financement, où interviennent maintenant l'État, les collectivités locales, ville et département, et les différents régimes de Sécurité Sociale, est d'une telle complexité qu'il nécessite la formation d'une commission d'achèvement dont le secrétaire général est le Pr Claude Huriez. Les travaux interrompus par la guerre sont repris dès 1946 ; en 1953, l'aile Est, inaugurée par le ministre de la Santé et le ministre de l'Éducation nationale, peut recevoir les malades de l'hôpital Saint-Sauveur. En 1958, c'est le tour de l'aile Ouest : organisés sur neuf étages d'élévation, les deux blocs d'hospitalisation reçoivent quatorze services et leurs laboratoires. Pour l'enseignement, ils sont équipés d'amphithéâtres chevauchant deux étages. Ils sont encore surmontés par l'école d'infirmières des hôpitaux de Lille (avec chambres, réfectoire et locaux d'enseignement) et par la communauté religieuse des Augustines.

Pour tous les médecins de la Faculté libre, il est bien évident que désormais la Cité Hospitalière retiendra toute la sollicitude de l'Administration des Hospices au détriment des autres établissements. Avant même l'inauguration de ce qui sera pour tous « la Cité », le doyen L. Courty ne cache pas son inquiétude :

> *En face de nous, la faculté d'État prend un développement inouï : on vient de l'installer dans des locaux magnifiques pourvus de tous les perfectionnements modernes qui en font la plus belle Faculté de France et probablement d'Europe. Ses ressources hospitalières vont être considérablement accrues par la mise en route de la Cité Hospitalière qui va provoquer la fermeture des vieux hôpitaux de Lille et probablement de l'hôpital de la Charité, où se trouvent nos deux grands services d'enseignement.*
>
> *Mais en dehors de cette menace prochaine, il faut savoir aussi, et je pense que l'on ne s'en est pas suffisamment rendu compte dans les milieux dirigeants de l'Université catholique, que dans ces dernières années, la faculté de l'État a mis sur pied trois organismes hospitaliers spécialisés d'une importance capitale pour l'enseignement. Ce sont :*
>
> *1. Un centre anticancéreux pourvu d'une grande quantité de radium et des appareils de traitement les plus puissants, où sont rassemblés la plupart des malades atteints de maladies cancéreuses.*
>
> *2. L'hôpital Calmette pour tuberculeux, grand hôpital de 500 lits dans lequel on a organisé un centre de chirurgie thoracique et une école d'anesthésiologie.*
>
> *3. L'hôpital de Saint-André pour les maladies du système nerveux dans lequel on a organisé un centre de neurochirurgie et où sont traitées la plupart des affections du crâne, de l'encéphale et de la moelle épinière.*

Notre Faculté ne possède rien de similaire. Or le rassemblement dans ces centres hospitaliers de la plupart des malades de ces diverses spécialités prive d'autant le recrutement des hôpitaux généraux de la ville, dont les deux nôtres (La Charité et Saint-Philibert). Il y a lieu également d'ajouter qu'un grand centre de transfusion sanguine, qui n'a pas d'équivalent chez nous est installé à l'hôpital Saint-Sauveur.

On sait d'autre part que depuis longtemps l'Institut Pasteur de Lille est sous l'obédience de la Faculté de l'État.

On saisit ainsi facilement la grave menace que cet état de choses fait peser sur nos possibilités d'enseignement, nos hôpitaux étant de plus privés de certaines catégories de malades.

Il faut bien se rendre compte que depuis 30 ans les organisations hospitalières ont été complètement remaniées, et tendent vers une réelle spécialisation.

En conséquence notre Faculté risque de se trouver dans une position extrêmement dangereuse, noyée en quelque sorte dans un énorme Centre hospitalier régional qui se désintéresse de ses besoins[18].

Et L. Courty de tirer des conclusions très claires de ce constat qui trouve un écho chez les médecins de la région et dans le grand public : si l'on veut maintenir en vie la Faculté libre de médecine, il est indispensable d'investir.

Au début des années cinquante, les services de l'aile droite de **la Charité** font encore bonne figure. Certes, persistent les grandes salles communes, sans eau courante ; certes les malades n'y jouissent d'aucun confort : ni vestiaire, ni sanitaires, ni éclairage individuel, ni même dispositif d'appel. Les équipements médicaux font cruellement défaut. Quand l'oxygène est nécessaire, il est fourni par une grande bouteille charriée par un garçon de salle… Il reste que la Charité s'efforce de conserver son caractère d'hôpital général, d'accueillir et de soigner toutes les pathologies. Jusqu'à l'ouverture de la Cité Hospitalière, et malgré l'absence de consultations externes, le recrutement est encore assuré par le découpage sanitaire de Lille en trois secteurs : pour les deux ailes de la Charité et pour Saint-Sauveur. À peu près stable en chirurgie (1 240 entrées dont 35 enfants en 1945-46), il diminue sensiblement en médecine avec 849 entrées, soit 20 % de moins que l'année précédente ; la durée moyenne de séjour s'élève à 36 jours…

Bon an mal an, cette situation se maintient jusqu'à l'ouverture de l'aile Ouest de la Cité, grâce à l'excellence du personnel médical. Au début des années 50, ce sont en chirurgie le Pr Louis Courty, son assistant Joseph Camelot et les chefs de clinique successifs Henri Batteur, P. Langeron, J. Legrand, puis Gérard Carlier, Pierre Wiart. Dans ce service de chirurgie générale et dans un souci de spécialisation, sont recrutés des attachés de chirurgie vasculaire, d'urologie et d'orthopédie, sans qu'il soit question de chirurgie lourde, neurochirurgie ou chirurgie cardiaque. La nature des locaux et leur équipement technique est clairement incompatible avec une telle éventualité. Les locaux ne se prêteraient d'ailleurs pas à une telle technicité : le service ne possède qu'un seul bloc opératoire, vaste salle carrée avec une grande table d'opération sous son scialytique et une deuxième table placée sous une sorte de véranda surchauffée l'été et glaciale l'hiver. À

18.– Rapport du doyen L. Courty, *op. cit.*

côté, dans une petite salle dite du spéculum, on pratique les examens gynécologiques, les curetages encore fréquents à l'époque avant la loi Veil sur l'interruption volontaire de grossesse et les petites interventions d'urgence. L'anesthésie a certes progressé : on dispose depuis la fin de la guerre d'un appareil à circuit fermé, d'une infirmière anesthésiste et d'un interne en anesthésie qui est habituellement le dernier nommé au concours ou l'externe en premier, mais, malgré la création en 1948 d'un CES d'anesthésiologie, il faudra attendre encore quelques années avant de voir affecté à l'aile droite un anesthésiste qualifié.

En médecine, le Pr Léon Langeron reste un modèle d' interniste polyvalent ; ses compétences s'étendent aussi bien à la cardiologie qu'à la neurologie, à l'endocrinologie et à la pneumologie. En 1950, il est assisté du Pr André Danès ; ses chefs de clinique sont Paul Giard et Victor Nolf, bientôt agrégés, puis Pierre Michaux et Jacques Liefooghe. Progressivement et au gré des disponibilités financières de l'Administration des Hospices, le service dispose de divers matériels d'endoscopie et d'électrocardiographie. Ainsi, au début des années 50, le vieux galvanomètre à cordes d'Einthoven, avec son grand tambour fluorescent que L. Langeron avait obtenu en 1927 et qui occupait une petite pièce du 2e étage, est enfin remplacé par un appareil plus moderne.

Le petit service de phtisiologie, avec les salles Saint-Alexis pour les hommes et Saint-Charles pour les femmes, est confié depuis 1934 au Pr H. D'Hour assisté de Jacques Crinquette et d'Antoinette Clerc. Jusqu'à l'apparition des antibiotiques actifs sur le bacille de Koch (streptomycine en 1948 et isoniazide en 1952), la collapsothérapie est le seul traitement. Dix à quinze malades par semaine se présentent aux séances d'insufflation faites d'abord dans le service de radiologie, puis dans la salle Saint-Hippolyte à l'extrémité du 2e étage, équipée d'un appareil de radioscopie et d'un appareil de Kuss. Lorsque ces techniques deviennent caduques, la durée d'hospitalisation des tuberculeux diminue ; le service s'oriente alors vers la prise en charge d'autres pathologies respiratoires : asthme, dilatation des bronches, etc.

Le petit laboratoire annexé au service de médecine n'assure plus que quelques examens urgents et disparaît pratiquement à l'ouverture du laboratoire Saint-Philibert. Un autre laboratoire est créé au rez-de-chaussée il assure des activités de recherche notamment de physiopathologie rénale avec les Drs V. Nolf, J. Duriez, puis J. Liefooghe.

Le service de radiologie n'est guère mieux loti : confié en 1942 au Dr Jean Béra, ancien assistant à l'Institut du Radium de Paris et maître de conférences, qui a remplacé René Desplats, il est toujours localisé au premier étage. La table de radiographie-radioscopie date de 1945, mais l'évolution des matériels et des techniques la rend rapidement obsolète. Le service dispose encore d'un laboratoire de développement manuel, de cabines de déshabillage sans sanitaires, et, au second étage, d'un appareil de radiothérapie magnifique mais archaïque, tout habillé d'acajou et au rhéostat de cuivre...

En 1958, l'ouverture de l'aile Ouest de la Cité Hospitalière marque un nouveau tournant : désormais, les ambulanciers municipaux ou privés conduisent systématiquement les urgences, tant médicales que chirurgicales, vers l'Hôpital régional. Pendant quelques années, l'hôpital de la Charité ne bénéficiera plus que de quelques « replâtrages *a minima* » nécessités moins par l'évolution des techniques hospitalières que par la simple décence. À terme, il est destiné à disparaître.

Au lendemain de la guerre, **l'hôpital Saint-Antoine** vit de nouveau des moments difficiles, malgré des conditions *a priori* favorables, c'est-à-dire le baby-boom de 1945 et la prise en charge par la Sécurité Sociale, à partir de 1949, d'une partie des frais d'hospitalisation. Toutefois, cette participation est limitée à un prix de journée calculé au plus juste et, à cette époque, Saint-Antoine, comme les autres établissements de la Faculté libre, ne peut recevoir les bénéficiaires de l'assistance médicale gratuite, une situation contre laquelle s'insurge le recteur lui-même : *Comme avant la guerre, les communes ne sont pas autorisées à y envoyer leurs indigents et à payer les frais d'hospitalisation...*[19]

Après 1945, on observe à l'hôpital Saint-Antoine un effondrement du nombre de consultations : en 1950, il est de 1 640, soit le chiffre le plus bas depuis la fondation. Il semble que cette situation préoccupante soit due au vieillissement des cadres : H. Billet a 70 ans et ne s'intéresse plus guère qu'à l'anatomie, il est remplacé en 1949 et disparaît en 1952. H. Deherripon, malade depuis sept ans, succombe à la tâche en 1955.

Mais plusieurs éléments se conjuguent pour amorcer un rétablissement spectaculaire. En 1949, le pavillon Saint-Roch pour contagieux est achevé et inauguré solennellement par le Cardinal A. Liénart. Certes, grâce à la vaccination, la diphtérie a disparu ; grâce à la pénicilline, la scarlatine est devenue rare et bénigne, mais la fréquence et la gravité d'autres maladies infectieuses expliquent la persistance d'un nombre acceptable d'hospitalisations qui atteint le chiffre de 1 000 en 1945, puis double en dix ans (2 303 en 1955) avec, cette fois, une croissance parallèle des consultations.

Hôpital Saint-Antoine. Le pavillon Saint-Roch

19.– Mgr Delépine : Rapport au Conseil d'administration pour l'année 1945-46.

En 1953, 20 % des hospitalisations sont dues à des maladies infectieuses, dont 80 cas de rougeole, 40 de coqueluche, 50 de méningite cérébro-spinale et 88 de tuberculose. Avant l'avènement du Rimifon® (antituberculeux découvert en 1952, actif *per os* et bien toléré), le second étage de Saint-Roch est réservé au traitement des enfants tuberculeux : primo-infections sévères, pleurésies, méningites surtout, petits malades auxquels, à partir de 1949, l'on fait une injection intrarachidienne quotidienne de streptomycine. En 1953, vingt-trois cas de poliomyélite nécessitent l'acquisition d'un poumon d'acier qui ne servira guère, grâce à l'apparition du vaccin Sabin.

Autre élément majeur est le rajeunissement des cadres d'abord initié en chirurgie : en 1947, le Dr Germain Desorgher, chef de clinique chirurgicale depuis 1942, devient agrégé de chirurgie et assistant du Pr H. Billet auquel il succède en 1949 : homme cultivé, affable, spirituel, c'est un chirurgien habile, minutieux, excellent aussi bien en orthopédie dans le traitement des pieds bots et des luxations de hanche qu'en chirurgie néo-natale dans la cure des malformations congénitales sévères, imperforation anale ou atrésie de l'œsophage, ou encore des fentes labio-palatines. Il est assisté par le Dr Joseph Legrand, chef de clinique, dont le poste ne sera pas renouvelé à son départ.

En médecine, les chefs de clinique du Pr Deherripon sont d'abord en 1947-48 le Dr André Buisine, titulaire et le Dr Germaine Dubuisson, adjointe. Au concours suivant, en 1950, devant G. Dubuisson qui reste adjointe, s'impose un candidat le Dr Albert Fournier : ancien interne des hôpitaux de Lille (Charité aile droite), il a exercé la médecine générale à Calais, puis en 1946 a suivi l'enseignement de pédiatrie du Pr Jean Cathala à Paris. Dès 1952, il est agrégé de pédiatrie ; deux ans plus tard, il succède au Pr Deherripon et devient médecin chef de l'hôpital Saint-Antoine. Ses chefs de clinique sont en 1955 le Dr Jacques Denis du Péage, titulaire et Anne Pauli, adjointe. Celle-ci, interne en 1950, a acquis sa spécialisation de pédiatrie dans le même service du Pr Cathala. Passionné par son double métier de pédiatre et d'enseignant, le Pr Fournier a donné, avec le Pr Desorgher, un essor remarquable à l'hôpital Saint-Antoine : par leur valeur, leur présence constante, leur intérêt pour le petit malade, leur bienveillance envers les parents, leur contact avec leurs élèves, tous deux ont marqué de leur empreinte l'institution. Ce n'est pas diminuer leur mérite que de remarquer qu'ils ont bénéficié de circonstances favorables, en particulier de la généralisation de la couverture sociale et de l'aide des pouvoirs publics permettant de nouveaux investissements, tant pour augmenter les capacités d'accueil que pour diversifier les activités. Ainsi, en 1952, sont aménagés les locaux de consultations au rez-de-chaussée du bâtiment principal, puis les salles d'opération au rez-de-chaussée du pavillon Saint-Roch, ainsi que le service de radiologie des Drs Jean Béra et André Catteau. En 1953, est créé au sous-sol un service d'ORL confié au Dr Antoine Lavrand, fils du Pr Hubert Lavrand, puis au Dr Claude Vouters, petit-fils du Pr G. Augier. En 1954-55, le premier étage de l'annexe de l'Asile des Cinq Plaies (qui devient le foyer Notre Dame d'Espérance), libéré par le départ des handicapées mentales, est converti en un service de « grands nourrissons » (salle Saint-Henri), c'est-à-dire de trois mois à l'âge de la marche, ce qui permet de dégager deux services de petits nourrissons dont l'un est réservé aux gastro-entérites : celles-ci, dues essentiellement à des colibacilles entéro-pathogènes, représentent le grand problème de l'époque et sont responsables de déshydratations sévères : tout interne de garde doit pouvoir installer une perfusion veineuse par dénudation de la saphène à la malléole interne...

Albert Fournier

Grâce à un don privé, une biberonnerie moderne est installée au 1er étage, car 45 % des enfants hospitalisés sont des nourrissons. L'oxygène est apporté au lit du malade par 75 branchements. On aménage encore les services d'électro-encéphalographie, les consultations de neuropsychiatrie infantile (Pr J. Dereux, Drs Jean Ernst et Marguerite Polaert) et d'ophtalmologie (Drs Adrien Baude et Philippe Leurent). L'ensemble est inauguré de nouveau par le cardinal Liénart le 9 octobre 1955. En 1957 enfin, des chambres particulières sont aménagées aux 1er et 2e étages du bâtiment des consultations, mais la demande est telle qu'elles serviront longtemps de salles supplémentaires : c'est l'époque où, en cas d'épidémies de gastro-entérites ou de « grippe », on doit installer des lits dans les salles de cours.

L'hôpital Saint-Antoine est ainsi devenu un grand centre pédiatrique régional ; il connaît alors une expansion qui semble irréversible. En 1957, il reçoit 5 253 consultations et 2 611 hospitalisations. En dix ans, le taux de mortalité a baissé des deux tiers : il est alors de 2,1 % au lieu de 6,68 % en 1947[20]. Seul parmi les établissements hospitaliers de la Faculté, Saint-Antoine en 1952 reçoit un *satisfecit* du doyen Courty : *Magnifique réalisation qui fait le plus grand honneur à ceux qui l'ont menée à bien et qui semble prouver que les améliorations que nous demandons pour les autres hôpitaux sont possibles.*

L'hôpital Saint-Philibert a donc rouvert ses portes en 1945 : construit en 1933-34, il est encore en parfait état. Comme le voulaient ses fondateurs, il est destiné aux spécialités médicales et chirurgicales, mais il existe toujours un service de médecine générale, même si, dirigé par le Pr J. Dereux, il est orienté vers la neurologie et un service de chirurgie générale (Pr G. Desbonnets, Dr H. Batteur) dont le recrutement est faible[21]. Si les deux grands services de clinique de la Charité n'étaient pas, comme certains l'espèrent encore et comme l'envisage L. Courty en 1952, transférés à la Cité Hospitalière, mais *supprimés purement et simplement*[22], la capacité de chacun de ces services de Saint-Philibert devrait être portée à 60 lits au moins.

20.– Toutefois, ces chiffres doivent être acceptés avec réserve : désormais, pour éviter aux parents des frais supplémentaires, beaucoup d'enfants décédés sont déclarés « *sortis dans un état désespéré* ».

21.– En 1945-46, on totalise 1 926 journées d'hospitalisation en médecine, 4 784 en chirurgie, 1 495 en urologie, soit un total de 8 205 journées, alors que la clinique Saint-Camille compte 25 636 journées (soit trois fois plus que l'hôpital) et la clinique Saint-Raphaël 33 982 (soit quatre fois plus).

22.– Rapport du doyen L. Courty, *op. cit.*

En dehors du service d'urologie, bien établi (Pr Georges Vincent), les services de spécialités devraient être développés et, après le rapport de L. Courty, quelques améliorations sont effectuées. En 1955, le service d'ORL du Pr Didier est aménagé et doté d'une salle d'audiométrie ; un service de radiothérapie profonde et de traitement par agents physiques est installé (Dr Béra). La même année, le laboratoire du Dr E. Henninot est restructuré, notamment les salles de microbiologie, et peut satisfaire les demandes d'examens de l'ensemble des établissements hospitaliers de la Faculté. Enfin, à l'initiative du Dr Henninot, un lactarium est créé : ouvert en juin 1954, c'est alors une installation unique dans le Nord de la France, destinée à recueillir le lait maternel fourni par des donneuses rémunérées. Après vérification de sa pureté biologique et bactériologique, le lait est lyophilisé, conditionné et distribué aux services de pédiatrie dans des indications précises : prématurité, athrepsie, intolérance sévère au lait de vache. Dès 1954, 237 litres de lait sont collectés, puis près de 1 500 en 1957, plus de 2 000 en 1960. Le recueil du lait maternel se double de visites d'assistantes sociales à domicile, dans un but d'éducation familiale et sociale. À la suite d'un règlement officiel, le Dr Anne Pauli est nommée le 1er juillet 1962 chef du service médical du Lactarium. Elle démissionne le 15 mars 1965 et elle est remplacée par le Dr H. Ducoulombier. En 1972, la direction départementale de la PMI reprendra sous une gestion commune les deux lactariums lillois (Institut Pasteur et Saint-Philibert) : le transfert sera effectif le 1er novembre 1972.

Le dispensaire Saint-Philibert concerne toujours les mêmes spécialités : consultations d'ORL (Pr Didier), d'ophtalmologie (Dr Lescaux), de dermatologie (Pr Cordonnier), qui sont de loin les plus fréquentées, représentant 70 % du total. Les autres consultants sont les Pr J. Dereux (médecine générale et neurologie), G. Desbonnets (chirurgie), G. Vincent (urologie), A. Bernard (appareil digestif), H. D'Hour (voies respiratoires) avec les Drs J. Crinquette et A. Clerc, L. Langeron (cœur et appareil circulatoire), P. Lamelin (endocrinologie), le Dr Cornavin (psychiatrie), les Drs Béra, puis Payelleville (radiologie). Une lacune persiste cependant : l'absence d'une consultation de stomatologie que L. Courty regrette en ces termes : *La consultation de stomatologie qui existait autrefois, dans le dispensaire Saint-Raphaël, n'a jamais été transférée à l'hôpital Saint-Philibert. Il n'y a donc actuellement aucun enseignement de la stomatologie à la Faculté libre. Il y a quelques années, un jeune médecin, ancien élève de notre Faculté, qui avait acquis à Paris le diplôme de stomatologie, avait proposé au recteur de l'époque d'installer un centre de stomatologie dans les locaux du dispensaire Saint-Philibert. Le projet et le devis furent rejetés faute de crédits. Le jeune stomatologiste passa à la Faculté d'État…* Il s'agissait du Dr Michel Goudaert.

Au total, l'hôpital Saint-Philibert devrait être agrandi et, selon les dires du doyen L. Courty, sa capacité devrait être triplée : ce serait le seul recours en cas de fermeture de la Charité…

Grâce à la progression des naissances, **la Maternité Sainte-Anne** fonctionne à plein régime : en dix ans, le nombre d'accouchements passe de 800 à 1 200 par an et le service obstétrical limité à 40 lits doit empiéter sur un demi-étage de la clinique Saint-Raphaël. En 1952, un nouvel immeuble a été acquis au 87 boulevard Vauban et, en 1954, l'aménagement de nouveaux locaux permet le regroupement et la modernisation des installations sans augmentation de la capacité. Cependant, la maternité Sainte-Anne reste dépassée par la maternité de la Sainte-Famille qui réalise 1 270 naissances en 1944-45 et 1 508 l'année suivante. À Saint-Raphaël, les consultations postnatales et de gynécologie sont assurées par le Pr Favreau, les consultations prénatales par le Dr Klein. Le Dr Denis du Péage effectue des consultations de nourrissons, mais aussi d'enfants de 2 à 6 ans et des séances de vaccinations.

Les écoles

Le fonctionnement des écoles est très satisfaisant. L'école d'infirmières, sous la direction de sœur Marie Emmanuel, accueille au lendemain de la guerre une soixantaine d'élèves et, en 1945, 21 élèves sur 22 sont reçues infirmières diplômées d'État, puis cet effectif croît encore d'année en année, malgré la précarité des locaux. Dans ces maisons vétustes, on a bien fait quelques aménagements en 1947 : construction d'une salle de cours au rez-de-chaussée, d'une salle à manger et d'une cuisine au sous-sol. Grâce aux collectes faites par les élèves dans les rues, les cafés et les marchés, grâce aux ventes de charité et séances théâtrales qu'elles ont organisées, grâce aussi à un don de la Croix Rouge anglaise en remerciement des soins donnés aux blessés en 1940, le gros œuvre est terminé en fin d'année. Il reste que cet « amphithéâtre » qui mesure cinq mètres sur huit doit recevoir 75 élèves, car le même cours est destiné aux élèves de première année, infirmières, sages-femmes et assistantes sociales. Certes, grâce à un donateur, l'école peut faire, en 1949, l'acquisition d'une maison attenante qui peut accueillir 15 élèves et dont le rez-de-chaussée peut être aménagé en salle de cours, mais l'ensemble reste précaire. Grâce à cette extension, l'école compte 56 élèves en 1948-49 pour les deux années d'études.

En 1948, l'école reçoit l'agrément ministériel pour préparer au diplôme d'État de puéricultrice et au certificat d'auxiliaire de puériculture. En 1955, elle adhère au comité d'entente des écoles d'infirmières et des écoles de cadres. La même année, la direction de la Santé informe l'administration de l'Institut catholique que le ministre de la Santé publique affecte un crédit à la construction ou à la reconstruction des écoles d'infirmières ; une subvention de 40 % des frais est accordée, il ne reste qu'à trouver les 60 % restants, sous réserve de l'avis de la commission d'hygiène et de sécurité. Or le rapport de celle-ci est éloquent : *Les dortoirs affectés aux élèves sont combustibles et leurs voies d'accès également. Les voies de dégagement sont inexistantes, toutes les gaines de conduction de fluide ou d'énergie ne sont pas cloisonnées, les surfaces de verre ne résisteront pas à l'action du feu. En cas d'incendie, les élèves infirmières devraient être évacuées par toboggan ou par échelles de corde, sauvetages rendus aléatoires en cas de panique ou d'expansion rapide du sinistre. Les dégagements, les escaliers existants n'ont pas la largeur réglementaire, etc.* Là aussi il y a urgence…

Moins nombreuses (19 en 1945), mais également en progression (32 en 1948-49), les élèves sages-femmes de la Sainte-Famille ont le même pourcentage de succès. En 1946, leur école semble échapper au contrôle de la Faculté : *elle dépend maintenant,* dit Mgr Delépine, *du ministère de l'Hygiène. Il faut pour y entrer prendre part à un concours national et c'est le ministre qui distribue ensuite les élèves par école.* Le recteur voit dans cette mesure *un début de nationalisation d'une profession libérale*[23]. Ces mesures déboucheront bientôt sur un véritable *numerus clausus*.

Ainsi, en 1955, à Saint-Philibert, à Saint-Antoine, à la Maternité Sainte-Anne, des progrès ont été réalisés et le doyen A. Delattre, qui succède à L. Courty en 1954, y voit *des circonstances exceptionnelles de travail,* mais, ajoute-t-il, *nous ne pourrons jamais diminuer l'effort d'amélioration des services hospitaliers même nouvellement créés : ils sont vite désuets [...] Le progrès social est à juste titre toujours plus exigeant. Il réclame des chambres individuelles, un confort plus grand, un désir plus humain de compréhension*[24].

Inquiétudes

Mais tout le monde ne partage pas ce relatif optimisme. Après le rapport de L. Courty, d'ordre essentiellement technique, bien d'autres se posent tout simplement la question de l'existence même de la Faculté libre de médecine et du sens donné à sa mission. Il en est ainsi de l'Association des Anciens de la Faculté libre qui, en 1953, émet la motion suivante :

> *L'Association des Anciens de la Faculté libre*
>
> *Considérant que le recrutement de la Faculté libre de médecine est en baisse continue depuis la Libération,*
>
> *Considérant que la Faculté ne joue plus le rôle national qui devait être le sien et se limite de plus en plus au service de ses deux départements,*
>
> *Considérant que le développement de ses services hospitaliers et la modernisation de son équipement scientifique n'ont pas bénéficié, faute d'une direction énergique et éclairée, des conditions favorables qui s'offraient au lendemain de la Libération,*
>
> *Considérant que la Faculté ne peut plus en raison de cette infériorité comme aussi en raison des conditions précaires offertes à ses professeurs, tenir le rang qu'elle avait autrefois dans le domaine scientifique face aux autres facultés de France,*
>
> *Considérant que toutes ces difficultés mettent en grave péril la survie d'un enseignement libre de médecine dans le cadre d'une Université catholique,*
>
> *Émet le vœu :*
>
> *1°) Que soit réaffirmé avec éclat et, le cas échéant, précisé en fonction de nécessités nouvelles par les cardinaux et archevêques de France, le rôle et la mission de l'unique Faculté libre de médecine, ainsi que son champ de recrutement.*
>
> *2°) Que soit repensé le problème de l'organisation et la régénération de l'enseignement donné à la Faculté Libre dans ses rapports avec un équipement hospitalier et scientifique suffisant,*
>
> *3°) Que soit examinée la question de l'avenir des étudiants de la Faculté libre en matière d'examens, stages, titres de qualifications et d'accès à des postes publics.*

23.– Rapport du recteur au conseil d'administration du 7 juillet 1947.

24.– Rapport du doyen A. Delattre pour l'année 1954-55. *Fac. Cath. Lille*, nouv. série, 12e a, 1956, n° 1.

4°) Que, dans ce but, soit institué sans délai, auprès du Conseil Supérieur de la Catho et sous la présidence de l'un de ses membres, une Commission technique chargée d'établir un plan de réorganisation de la Faculté et de proposer des solutions d'avenir aux différents problèmes soulevés ici.

5°) Que l'Association des Anciens soit directement associée aux travaux de cette commission et considérée comme l'un des instruments destinés à assurer la survie et la prospérité de la Faculté[25].

6°) Que le bureau de l'Association soit habilité à transmettre ces vœux et à les discuter devant les autorités responsables de la Catho et éventuellement à son Conseil supérieur.

Projets de fusion

Le problème est donc clairement exposé. Une solution radicale est étudiée par L. Courty en 1953 : la fusion de la Faculté libre avec la Faculté officielle. Il découvre alors qu'un tel projet a déjà été envisagé par le doyen C. Lepoutre, juste avant la guerre, et a fait l'objet de négociations officieuses avec le doyen de la faculté d'État, le Pr J. Leclercq. Ce fait est attesté à L. Courty par le Pr Muller, collaborateur et successeur à la chaire de médecine légale du Pr Leclercq dont il avait reçu les confidences :

Au cours de plusieurs conversations, les interlocuteurs avaient étudié des modalités de fusion des enseignements de l'Université et de la Faculté libre de médecine. Ces conversations avaient été provoquées par M. Lepoutre. Le doyen Leclercq en acceptant de discuter cette question y voyait un intérêt très grand pour la médecine en général, pour tous les médecins et pour les malades. Il estimait que les luttes d'autrefois avaient empoisonné l'atmosphère lilloise, sans autre résultat que de dérouter les malades dans bien des cas, ou de créer des inimitiés sottes entre confrères. Bien que l'atmosphère ait été, depuis plusieurs années, fortement détendue par l'action constructive et intelligente des syndicalistes comme Coppens, il restait selon lui un effort à réaliser. Leclercq comme Lepoutre d'ailleurs se rendirent compte au cours de ces entretiens que la solution idéale serait une fusion des deux facultés et dans la création d'un vaste foyer pour les étudiants catholiques des deux facultés, où ceux-ci trouveraient sous la direction d'un prêtre aux vues très larges, une atmosphère de détente familiale, des chambres, des conférences, une bibliothèque, des activités sociales, bref une règle morale exemplaire.

Les modalités de cette fusion avaient été envisagées comme suit : La Faculté libre crée un certain nombre de chaires magistrales (trois en principe) et trois postes d'agrégés. Elle vote donc les crédits pour cela et il est entendu que la première désignation du titulaire des chaires se fait d'un commun accord entre les deux facultés, ce choix étant proposé au ministre qui nomme. Ils avaient envisagé une chaire de clinique chirurgicale, une chaire de clinique médicale et une autre chaire non désignée à ce moment[26]*. Pour les trois agrégés, aucune modalité de concours ou de désignation n'avait été précisée. Leclercq penchait vers un*

25.– On peut remarquer que cette revendication, jamais satisfaite, est toujours d'actualité…

26.– Remarquons que ce projet d'accord faisait la partie belle aux titulaires de chaire de clinique de la Charité… au détriment des autres professeurs, les fondamentalistes en particulier…

concours spécial pour pourvoir ces trois places, concours réservé pour la première fois aux candidats que vous désigneriez.

Cet accord mis au point, la Faculté libre était considérée comme fondue avec la Faculté de l'État, en ce qui concerne tous les enseignements de médecine. Rien n'avait été envisagé encore, au sujet des services hospitaliers et des accords anciens sur la répartition des lits.

Leclercq se réjouissait de la tournure prise par ces conversations. Je ne voudrais pas avancer des choses dont je ne suis pas certain, mais je crois bien avoir deviné que le Chanoine Detrez, ami de Leclercq et qui l'estimait beaucoup, n'a pas été tenu dans l'ignorance de ces négociations qui n'ont été interrompues que par des faits de guerre. Voilà tout ce que je sais. Espérant vous avoir là rendu service, en vous rapportant fidèlement la pensée de mon maître, je vous prie de croire, mon cher ami, en mes sentiments les plus cordiaux.

Signé Muller [27]

Comment le doyen en exercice en était-il arrivé à *envisager en somme la suppression de la Faculté catholique de médecine ?* Selon L. Courty, le Pr Lepoutre *dont l'attachement à l'Université catholique était inébranlable,* avait été impressionné par les moyens mis en œuvre pour la construction de la Cité Hospitalière et aussi par l'inquiétude qui régnait *parmi les meilleurs amis de la faculté.*

En 1952, le projet de fusion refait surface. Cette fois, c'est *un émissaire officieux de la faculté de l'État qui contacte le doyen de la Faculté catholique pour lui faire certaines ouvertures* : le 17 juin 1952, le Pr P. Swynghedauw, professeur de clinique chirurgicale, vice-président du Centre Hospitalier régional[28] et *qui personnifie à la Faculté de l'État l'élément catholique,* rencontre le Pr Courty dans une réunion *où se trouvent des représentants des deux facultés* ; il lui fait connaître qu'il ne pense pas que les deux services de clinique (médicale et chirurgicale) de la Faculté libre, installés à l'hôpital de la Charité soient transférés à la Cité Hospitalière, que la Faculté conserve bien ces 200 lits, mais que l'administration projette d'y transférer les vieillards de l'Hospice général, ce qui ne correspondrait plus aux nécessités de l'enseignement. D'autre part, il lui paraît bien difficile dans la période actuelle qu'un enseignement libre de la médecine puisse vivre financièrement ; en conclusion, il fait au Pr Courty, verbalement, *une proposition de fusion et lui demande de faire connaître cette proposition d'ailleurs officieuse au chancelier de l'Université*[29].

Le professeur P. Swynghedauw paraissait au courant des conversations Leclercq-Lepoutre, mais on peut se demander quelle fut la raison qui le poussa à faire cette ouverture. Je pense, poursuit L. Courty, *mais c'est un avis tout à fait personnel, qu'il n'y avait chez le Professeur Swynghedauw aucune intention de nous nuire en nous absorbant : c'est un homme loyal, très droit, qui n'a jamais montré dans sa*

27.– Lettre du Pr Muller au Pr L. Courty datée du 24 nov. 1953, Arch. I.C.L., dossier P19F, pièce n° 1.

28.– Dont le président est le maire de Lille.

29.– L. Courty : Note explicative sur deux projets de fusion des deux facultés de médecine de Lille. Arch. I.C.L., dossier P19F.

longue carrière aucune hostilité à la Faculté libre et qui est en outre catholique pratiquant.

Mais il y a lieu de se rappeler que, outre ses fonctions universitaires, le Professeur Swynghedauw est vice-président du Conseil d'Administration du Centre Hospitalier Régional, et qu'à ce titre il a dû s'occuper de l'organisation de la Cité Hospitalière. Or, en 1953, on discutait du sort de l'Hôpital de la Charité, l'administration désirait y supprimer tous les services de chirurgie et de médecine et les transférer à la Cité Hospitalière. Il est probable que le Professeur Swynghedauw pensa qu'en fusionnant les deux Facultés, on résoudrait plus facilement le problème de la Charité.

Nanti de cette proposition, ainsi que de la motion votée par l'Association des Anciens Étudiants, le Pr Courty est reçu par le cardinal chancelier le 12 juin 1953. Quelques jours plus tard, le 24 juin, il lui remet un rapport plus détaillé où il examine *ce que signifierait la « fusion » pour la Faculté libre* :

> *Elle signifierait l'incorporation du Corps professoral dans la faculté de l'État, ainsi que celle des étudiants. Tous les cours auraient lieu à la Cité Hospitalière. Des services de clinique seraient probablement réservés à nos deux professeurs de clinique de l'Hôpital de la Charité*[30].
>
> *Que deviendraient les Hôpitaux appartenant en propre à la Faculté catholique (Saint-Philibert et Maternité Sainte-Anne) ? Ils continueraient à faire partie intégrante de l'Université Catholique et fonctionneraient à la manière des Hôpitaux libres (Hôpital Saint-Joseph de Paris et de Lyon), où les médecins, chirurgiens et internes sont nommés par le recteur de l'Université catholique, ces médecins formant un corps autonome des Hôpitaux libres. Les internes et les externes seraient recrutés par un concours spécial réservé aux étudiants en médecine catholiques, et organisé par l'Université catholique. L'Hôpital Saint-Antoine, qui n'appartient pas en propre à la Faculté catholique, mais où le corps médical est fourni par celle-ci, continuerait donc à fonctionner comme il fonctionne actuellement, les médecins et chirurgiens étant désignés par le Recteur des Facultés catholiques.*
>
> *En ce qui concerne les cliniques privées : rien ne serait changé dans leur fonctionnement actuel. La clinique Saint-Raphaël autrefois réservée aux professeurs de la Faculté Catholique, accepte depuis quelques années les chirurgiens des deux Facultés, les médecins anciens de la Faculté Catholique étant installés en nombre insuffisant dans la région lilloise pour assurer le fonctionnement normal de cette clinique. La clinique Saint-Camille est toujours réservée aux chirurgiens et spécialistes de la faculté catholique ; il serait facile de préciser ultérieurement les catégories de médecins qu'on désirerait y accepter.*
>
> *Les maisons de famille pour étudiants pourraient être ouvertes à tous les étudiants en médecine catholiques, elles verraient donc augmenter leur clientèle.*
>
> *Comment envisager la « fusion » sur le plan catholique ? L'Université catholique pourrait grouper tous les étudiants catholiques lillois par la création d'une Conférence Laennec, sur le modèle de celle de Paris où elle fonctionne à la fois comme un organisme d'enseignement destiné aux*

30.– Même remarque qu'à la note 26.

> *étudiants qui se préparent aux concours, comme un centre de formation morale et religieuse, et comme un club pour les loisirs des étudiants. Cette Conférence pourrait être installée dans les locaux actuels de la Faculté libre de médecine, où nos professeurs pourraient donner un enseignement de préparation aux concours, et où des aumôniers pourraient faire des cours de morale chrétienne et de déontologie*[31].

Ce rapport, bien plus détaillé que le projet Lepoutre-Leclercq, n'est pas accepté : *Dans le courant du mois d'octobre, Monseigneur Glorieux recteur fit savoir au doyen que le Conseil supérieur* (constitué des évêques de Cambrai, Lille et Arras) *n'acceptait pas le principe de la fusion. Le professeur Courty fit aussitôt connaître cette réponse au Professeur Swynghedauw*[32].

La Faculté libre de médecine demeure donc, mais bientôt, elle sera *hors la loi !*

31.– Rapport du Pr L. Courty doyen de la Faculté libre de médecine au sujet d'une proposition officieuse de fusion des deux facultés de médecine de Lille. Arch. I.C.L., dossier P19F, pièce n° 3.

32.– L. Courty : Notice explicative sur deux projets de fusion, etc. *Op. cit.*

Chapitre XV
1958-1968 : La faculté « hors la loi »

1958-1968 : Pendant cette décennie où la France, secouée par la guerre d'Algérie, s'est dotée de nouvelles institutions, avant que ne souffle, venu de toutes parts, le vent de la contestation, la Faculté libre de médecine connaît de nouveau des moments difficiles, comme l'Université catholique toute entière. En 1959, celle-ci est dite dans une *situation financière catastrophique* : *Nous vivons d'expédients sans lesquels il faudrait fermer les portes,* déclare M. Sander, président de la Commission permanente du Conseil d'administration, lequel connaît alors des remous et des démissions[1]. Heureusement, la situation s'améliore grâce à des *mesures très sévères,* mais aussi grâce au renouvellement en 1963 de la subvention de l'État et à l'apport financier des maisons de santé[2].

Réformes et réformettes

À la fin des années cinquante, il devient évident qu'en France ni l'enseignement médical, ni le fonctionnement des établissements de soins ne répondent aux exigences de l'évolution sociale et du progrès technique. Une réforme est mise en chantier par une commission interministérielle nommée en septembre 1957 : elle est chargée d'étudier les problèmes de l'enseignement médical et des structures hospitalières, ainsi que ceux de l'action sanitaire et sociale.

Le doyen A. Delattre pressent que cette réforme n'aura *aucune tendance à conférer cette liberté qui a favorisé l'épanouissement des sciences dans des pays aussi démocratiques que les États-Unis, le Royaume-Uni, la Belgique et la Hollande. L'esprit napoléonien anime toujours l'enseignement français. L'enseignement officiel est seul habilité à la délivrance des diplômes. Le grand public, le public catholique aussi, ignore cette servitude de l'enseignement supérieur « relativement libre » :*

1.– Arch. du Conseil d'administration de l'ICL, juin 1959. Après le départ de Mgr Palémon Glorieux (1949-1958), les recteurs de l'Université sont alors Mgr Simon Delacroix (1958-59), puis, après sa démission pour raisons de santé et l'intérim de Mgr Henri Dupont, évêque auxiliaire de Lille et délégué par le Conseil supérieur, Mgr Georges Leclercq en 1959.

2 – Dénommée *indemnité d'occupation,* la participation des établissements hospitaliers reste d'abord importante : en 1959, elle est de 24 MF pour Saint-Raphaël et de 32 MF pour Saint-Camille. En 1965-66, elle fléchit en raison d'un déficit d'occupation et de retards de paiement de la Sécurité Sociale, puis reprend en 1967-1968.

nous insistons sur le caractère archaïque de cette servitude[3]. En effet, les choses ne vont guère changer avec la réforme de 1958 : elle porte le nom du professeur Robert Debré, éminent pédiatre, et renforce encore le dirigisme gaullien et la centralisation.

Antoine Delattre

Les raisons de la réforme sont évidentes : les institutions datant de la mise en place du PCB en 1934 sont sclérosées. L'encadrement des étudiants est insuffisant dans les facultés officielles et tout particulièrement à Paris où l'on compte trois professeurs pour cent étudiants. L'enseignement universitaire en faculté et la préparation des concours hospitaliers se font une concurrence stérile. Les plus grands hôpitaux ne travaillent que le matin, d'où un sous-emploi du matériel et des locaux, une augmentation des prix de revient et un allongement des durées d'hospitalisation. Enfin, la formation scientifique des étudiants est insuffisante : elle ne leur inspire aucun goût pour la recherche. Celle-ci ne bénéficie ni d'un enseignement préparatoire, ni d'une formation spécifique, ni de perspectives attrayantes pour les jeunes.

L'ordonnance du 30 décembre 1958 instaure une véritable coopération organique entre les facultés de médecine et les hôpitaux de villes de facultés ou d'écoles de médecine, en associant étroitement soins, enseignement et recherche.

Elle vise d'abord à la modernisation de l'enseignement. Désormais, le PCB est organisé en commun par les facultés de médecine et de sciences. Un premier cycle comprend les deux premières années de médecine consacrées à l'étude des sciences fondamentales et assure la sélection nécessaire des étudiants, mais le stage hospitalier précoce de propédeutique, de tradition française, est conservé en première année. À partir de la troisième année, les études et travaux pratiques se déroulent dans les hôpitaux de villes universitaires. Le concours d'externat est supprimé, les places d'externes étant attribuées aux étudiants les mieux classés aux examens de fin d'année. Le concours d'internat est maintenu dans chaque Centre hospitalier de ville universitaire.

Mais l'élément le plus important de la réforme est sans nul doute la création et l'organisation des Centres hospitaliers et universitaires (CHU) par la mise en place de conventions entre les facultés (ou écoles) de médecine et les hôpitaux de villes universitaires, mais aussi les hôpitaux publics ou privés inscrits sur une liste établie par les ministres de la Santé

3 – Rapport du doyen pour l'année 1956-57. *Fac. Cath. Lille,* nouv. série, 15e a, 1958, n°2, pp. 147-151.

publique, de l'Éducation nationale et de l'Intérieur. À l'hôpital, le personnel médical exerce conjointement des fonctions hospitalières et universitaires auxquelles il doit consacrer la totalité de son activité professionnelle : c'est donc l'unification de la carrière hospitalo-universitaire et la généralisation du « temps plein hospitalier » souhaitées par les plus hautes autorités. Elles ont contribué à faire migrer l'élite médicale du secteur libéral vers le monde hospitalier, faisant apparaître ainsi de nouveaux mandarins. Toutefois, le médecin hospitalier garde un « secteur privé » : il peut être appelé en consultation par un confrère, recevoir ses propres patients en consultation ou les admettre le cas échéant dans son service.

Les membres du personnel enseignant des facultés et les médecins, chirurgiens et spécialistes des hôpitaux de villes universitaires sont recrutés par un concours national sur épreuves anonymes, ouvert aux anciens internes : il permet de nommer des maîtres de conférences ou des médecins, chirurgiens et spécialistes des hôpitaux, parmi lesquels sont choisis les professeurs titulaires de chaires. Quant aux assistants, hospitaliers ou enseignants, ils sont nommés par le préfet et par le recteur d'Académie ; il en est de même pour les attachés des hôpitaux, rémunérés à la vacation.

Progressivement, ces décisions sont mises en application, assorties de mesures transitoires et remaniées par des décrets successifs. *Chaque année ou presque a apporté sa réforme ou sa réformette. Et souvent pour revenir, après quelques petits tours, très près du point de départ. Autant dire qu'enseignants et étudiants ont acquis en la matière une certaine souplesse et que beaucoup se sont fait une philosophie à base d'inertie et de désintérêt*[4].

Ainsi, le décret du 28 juillet 1960 a la curieuse particularité de ramener de sept à six ans la durée des études de médecine. La première année comporte un semestre scientifique qui se substitue au PCB et dont une partie de l'enseignement est encore assurée par les facultés de sciences. Au-delà, l'enseignement, d'une durée de 40 semaines par an, se fait dans les CHU ; on distingue l'enseignement théorique avec, à partir du sixième semestre un enseignement intégré de la pathologie, l'enseignement pratique dans les laboratoires, l'enseignement dirigé par groupes de 25 étudiants et l'enseignement clinique. La durée des stages est précisée dans le détail, y compris dans les services spécialisés, mais le stage pratique de cinquième année ne débute que le 1er avril. On perçoit mal l'intérêt de ces mesures qui écourtent à la fois la formation scientifique au début des études et le stage pratique à leur issue.

Le décret du 24 août 1963 prévoit encore six années d'études dont une année préparatoire, sanctionnée par un certificat préparatoire aux études médicales (CPEM), mais le décret du 22 juillet 1966 rétablit les sept années d'études dont l'année préparatoire, cinq années de médecine et une année complète de stage pratique. Les stages de pédiatrie (20 semaines) et d'obstétrique (10 semaines) deviennent obligatoires, y compris pour les externes. L'enseignement est modifié : report de l'obstétrique en 4e année, création d'enseignements de physique appliquée en 3e et 4e années, de

4 – J. Liefooghe, *Faire sa médecine en 1970. Fac. Cath. Lille,* nouv. série, 27e a, 1970, n°2, pp. 219-220.

physiopathologie et de médecine expérimentale, de pathologie générale en 3e année et, en 5e année, de génétique appliquée et de psychologie appliquée.

Ce fatras de décrets et règlements n'est pas sans entraîner certaines complications : les étudiants poursuivant leurs études suivant le mode qui était en vigueur lorsqu'ils les ont entreprises, on constate durant l'année 1964 que les élèves de CPEM et de première année sont sous le régime de 1963, ceux de 2e et 3e années sous celui des dispositions mises en œuvre en 1962, tandis que les plus anciens restent dans le cadre du décret de 1934, sans parler des éventuels redoublants. Mais, au-delà de cette confusion, les conséquences de cette législation pour la Faculté libre sont dramatiques et mettent de nouveau en jeu son existence : face à un Centre Hospitalier Universitaire en tout point conforme à l'orientation des réformes, privée du pouvoir de conférer diplômes officiels et titres valables, la Faculté libre se trouve totalement exclue du circuit officiel, marginalisée et en quelque sorte *hors la loi*[5]. Dès lors, la reconnaissance des titres et l'accès aux spécialités vont devenir des préoccupations angoissantes. Le 5 février 1963, le recteur déclare au Conseil d'administration : (cette réforme) *pose pour notre faculté un problème extrêmement grave qui met en cause son existence même [...] Il faudrait que la valeur de nos services hospitaliers soit officiellement reconnue pour les stages et surtout pour les titres d'interne et d'externe. Les textes officiels [...] semblent nous avoir oubliés.*

Or, cette reconnaissance officielle reste illusoire : déjà, en mars 1956, la direction du CHR avait interdit aux internes nommés au concours de porter le titre d'internes des hôpitaux de Lille, leur laissant seulement celui d'internes des services de la Faculté libre. L'année suivante, le décret du 26 août 1957 transfère l'organisation des concours hospitaliers de l'Administration des Hospices aux Inspections divisionnaires de la santé[6] et la Faculté libre n'a pas sa place dans les nouveaux règlements. Le Dr Lavoine, inspecteur de la santé, refuse d'organiser les concours pour ses étudiants et propose à la Faculté de rejoindre le concours des hôpitaux de Lille. Après discussion et dans la crainte de perdre son autonomie, celle-ci refuse cette intégration et décide de maintenir ses propres concours, avec toutefois le support logistique de l'administration hospitalière, mais ses externes et internes nommés au concours restent privés du titre d'externe ou d'interne des hôpitaux de Lille, ce qui constitue un grave handicap pour les candidats à des fonctions publiques.

Le problème de la spécialisation est tout aussi crucial : l'accès à une spécialité est alors soumis à l'obtention d'un certificat d'études spéciales (CES), modalité initiée dès 1948 pour l'anesthésiologie et l'électroradiologie, puis étendue progressivement aux autres branches de la médecine, dont la chirurgie générale en 1961 ; pour cette dernière, quatre années de stage dans plusieurs services de chirurgie de CHR sont exigées[7]. En pratique, à partir de

---

5 – L'expression est de J. Liefooghe. *Histoire de la Faculté libre de médecine, des origines à nos jours. Histoire des sciences médicales*, 1997, vol.31, n°2, pp. 161-204.

6.– Cette disposition était déjà prévue par la loi du 21 déc. 1941 relative aux hôpitaux publics, non appliquée par le gouvernement de Vichy malgré le décret du 17 avril 1943 ; après 1950, elle est appliquée seulement aux hôpitaux périphériques dits « suburbains ».

7 – Rappelons que la qualification des spécialistes appartenait au Conseil de l'Ordre par l'article 12 du décret portant Code de déontologie du 28 novembre 1955, approuvé par le

1958, les internes de CHU sont systématiquement dispensés de stage ; les internes des hôpitaux de 2e catégorie ou des hôpitaux périphériques dont les services sont agréés obtiennent une dispense d'une année de stage. Les services de la Faculté libre ne sont pas reconnus : les internes de l'hôpital de la Charité (aile droite) et *a fortiori* ceux des autres hôpitaux de la Faculté libre se trouvent donc privés de toute possibilité de qualification dans la spécialité où ils ont effectué leur internat ou même d'une réduction de la durée du stage obligatoire. Ainsi, dès 1958, les internes de l'hôpital Saint-Antoine désireux de se spécialiser en pédiatrie vont au CHR suivre les cours et les stages du CES de la faculté officielle : les premiers à franchir le pas, d'ailleurs avec profit, sont H. Ducoulombier et J. Cousin.

En 1962, le doyen de la faculté d'État, le Pr P. Combemale refuse à un interne en chirurgie de l'hôpital de la Charité (aile droite) la validation de son stage en déniant toute valeur à ce titre. Il refuse également d'agréer le même service pour le stage préparatoire à l'obtention du CES d'anesthésiologie. L'agrément des services compétents étant alors du ressort exclusif des facultés, aucun recours n'est possible[8]. Toutefois, le Pr Langeron signale que, dans son service, certains stages de cardiologie sont partiellement validés après un contact personnel avec le responsable de l'enseignement de cardiologie à la faculté d'État.

À vrai dire, cette discrimination n'est pas nouvelle. Déjà, en 1951, le Dr Paul Langeron, candidat à un poste de chirurgien des hôpitaux de 2e catégorie avait vu ses titres dévalorisés, ce qui le reléguait au dernier rang. En 1959, le Dr Benoît Dalle s'était plaint de voir refusée sa candidature au poste de médecin de l'hôpital de Merville : le préfet lui fait répondre que l'administration ne reconnaît pas les titres acquis aux Facultés catholiques. Quelques autres intentent des recours et certains, tels que les Drs Gérard Carlier et Pierre Wiart, obtiennent gain de cause, au prix d'une grande persévérance[9]...

Un autre problème est celui de la suppression du concours d'externat, prévue par la réforme Debré et devenue effective par le décret du 7 mars 1964. L'attribution des places d'externes aux étudiants les mieux classés aux examens de 1re et 2e années[10] constitue une impasse pour les étudiants de la Faculté libre qui se présentent aux examens à Nancy. S'ils sont classés en rang utile, ils doivent quitter la Faculté et s'inscrire à Nancy ou à Besançon.

---

ministre de la Santé publique en janvier 1957 et modifié par l'arrêté du 7 septembre 1970. Le Conseil de l'Ordre distingue la spécialité, c'est-à-dire l'étude et l'exercice exclusif d'une branche de l'art médical, et la compétence reconnue à un praticien ayant des connaissances étendues dans une branche déterminée. En 1970, la voie normale est encore l'obtention du CES, mais « l'internat qualifiant » est envisagé, les internes seuls recevant une qualification de valeur européenne exigeant *une participation personnelle du médecin candidat spécialiste à l'activité et aux responsabilités du service qu'il a fréquenté.*

8 – Conseil de faculté du 31 oct. 1962.

9.– Dans ce cas précis, une des raisons de ce refus tenait au fait que ces internes n'avaient fréquenté qu'un seul service : d'évidence le passage des candidats dans plusieurs services est éminemment souhaitable.

10 – 85 % des places d'externes sont attribuées à l'issue de la 1e session des examens de 1re et 2e année, les 15 % restants à la fin de la 3e année.

Cette véritable « fuite des cerveaux » écrème les promotions et prive les hôpitaux de la Faculté de futurs internes. S'ils choisissent de rester à Lille, ils renoncent alors à leur titre officiel d'externe des hôpitaux et à ses avantages, notamment au droit de présenter le concours d'internat : une situation à l'évidence insupportable !

Dans les faits, en 1965, treize étudiants sont classés sur la liste d'aptitude aux fonctions d'externes des hôpitaux de Nancy ; quatre d'entre eux usent de cette opportunité et s'inscrivent à Nancy, dont Gabriel Camelot, fils du doyen de la Faculté : il fera d'ailleurs une belle carrière à Besançon où il deviendra à son tour doyen... Ces externes conservent cependant le droit de s'inscrire au concours d'internat de Lille après avoir effectué un an d'externat à Nancy. Mais l'expatriation reste un choix difficile et, cette année-là, les neuf autres étudiants sont nommés externes à l'hôpital de la Charité. En 1966, les deux seuls reçus décident de rester à Lille et, en 1967, sur treize reçus, deux seulement émigrent à Nancy. Une solution est envisagée dès 1964 : l'abandon des examens à Nancy et le retour à Lille qui permettrait, peut-être, une reconnaissance officielle des titres.

Émus de cette situation, de nombreux étudiants demandent le transfert de leur dossier à la faculté de médecine de l'État : en 1962, on en estime le nombre entre 20 et 30, mais certaines demandes ne sont pas maintenues ; les motifs exprimés par les élèves sont : *les examens à Nancy (difficultés, coût, non concordance des programmes), le refus officiel de reconnaître les titres d'externe et d'interne de la Catho, les inquiétudes devant les bruits concernant la fermeture de la Faculté* [inquiétudes que l'on retrouve dans les lettres de parents ou d'anciens étudiants de la Faculté], *impossibilité de préparer les spécialités*[11]. Successivement, en 1961, une lettre des étudiants de 5e année critiquant en termes peu amènes l'enseignement de la pathologie et un rapport des internes adressé aux professeurs sur le fonctionnement des hôpitaux, suscitent l'émoi du Conseil de faculté et accentuent le malaise général. Fin 1963, le doyen J. Camelot souhaite que les professeurs rédigent à leur tour un rapport qui soit *autant un examen de conscience qu'un cahier de revendications*[12].

Face à cette conjoncture, les responsables de l'Université catholique ont réagi dès 1958. Quelques jours avant la parution de l'ordonnance Debré, le recteur a déjà écrit *à l'entourage du général de Gaulle, évoquant les problèmes soulevés à propos de cette réforme par l'existence de la Faculté libre. Le ministère a répondu que l'ordonnance laissait des possibilités d'accords ou de conventions pour la Faculté libre et que d'autre part la liberté de l'enseignement supérieur n'était pas en danger*[13]. À son tour, en 1959, le doyen A. Delattre rencontre à plusieurs reprises le ministre de la Santé publique et lui expose, *concernant l'avenir de la Faculté, diverses questions en suspens : pour l'instant, aucune décision n'en est issue*[14].

Dès lors, commence une longue série de démarches : lettres, notes et dossiers, réunions, rencontres, échanges téléphoniques, impliquant

11 – Conseil de faculté du 31 oct. 1962.

12 – *Ibid.* du 6 déc. 1963.

13 – *Ibid.* du 4 janv. 1959.

14 – *Ibid.* du 6 mai 1959.

essentiellement le recteur Mgr G. Leclercq et son délégué le colonel Py[15], le chanoine Gérard Lepoutre, vice-recteur, épisodiquement le doyen Joseph Camelot et M. Jean Tirloy. Interviennent aussi de nombreuses personnalités : évêques de la province, députés, ministres, l'inspecteur divisionnaire de la Santé, le Pr H. Warembourg, doyen de la faculté de médecine de l'État, etc.

En 1962, le recteur, le doyen J. Dereux et le directeur des hôpitaux M. Tirloy sont reçus à leur tour par le ministre de la Santé. Celui-ci refuse aux services hospitaliers de la Faculté l'appellation de Centre hospitalier et universitaire libre, terme qui pourrait entraîner une confusion et des difficultés vis-à-vis du CHR, et auquel le doyen Warembourg est formellement opposé. À plusieurs reprises, il revient encore sur la possibilité inscrite dans les textes de conventions avec des établissements publics tels que le CHR de Lille. Mais ces propos rassurants ne font guère avancer les choses. Tout en préconisant de poursuivre ces démarches *aux ministères, voire plus haut par des autorités représentatives de la faculté ou mieux de l'Université,* le Conseil de faculté se pose la question fondamentale : *Permet-on, oui ou non, à l'enseignement supérieur libre d'exercer ses fonctions ? Si oui, il faut lui en donner les moyens. On admet qu'il n'est pas possible d'envisager la préparation intégrale des certificats de spécialités à la faculté, mais il faut au moins que l'internat et l'externat soient reconnus et que les stages d'interne dans les services spécialisés soient validés pour certaines au moins d'entre elles, notamment la chirurgie*[16].

Fin 1962, le recteur forme une commission pour étudier la question de la reconnaissance des titres. La demande sera d'*abord présentée aux ministres, puis si nécessaire au président de la République*[17] *; en cas d'échec, on pourrait envisager la fermeture de la Faculté*[18]. Il faudra encore plusieurs mois de négociations pour qu'un arrêté du 14 octobre 1963 autorise la validation des stages d'interne en chirurgie de l'hôpital de la Charité, une mesure étendue un peu plus tard aux hôpitaux de la Faculté libre. Fin 1963, les docteurs Jean Callens, Pierre Lamoril et Bertrand Vinchon, chefs de clinique, obtiennent ainsi leur qualification en chirurgie[19].

Des conversations s'amorcent alors entre le vice-recteur et le Pr Warembourg : un projet de convention entre les deux facultés est même ébauché, mais, à la date du 6 juillet 1965, le Conseil de faculté, faisant état de plusieurs faits témoignant d'une hostilité persistante de certains professeurs de l'État, se prononce à peu près unanimement contre le retour des examens à Lille, préalable indispensable à tout accord. L'année suivante, il persiste dans cette opinion et, dans une motion votée à l'unanimité le 8 février 1966, il déclare : *Parmi les conditions posées, la première étant que les examens soient passés devant la Faculté de Lille, le Conseil, sans méconnaître les inconvénients*

15 – Nommé par le recteur Mgr Leclercq, M. Robert Py est en quelque sorte son chef de cabinet. Ancien colonel, il a mis beaucoup d'ordre dans l'administration de l'Institut catholique.

16 – *Ibid.* du 3 oct. 1962.

17.– Le général de Gaulle, président de la République, est *a priori* favorable à l'enseignement libre ; il était le petit neveu de Charles Kolb-Bernard, un des fondateurs de l'Université catholique.

18 – Conseil de faculté du 19 déc. 1962.

19 – *Ibid.* du 6 déc. 1963.

présentés par la solution actuelle (examens passés à Nancy), estime que cette solution présente des avantages qui l'emportent de loin sur les inconvénients et souhaite qu'il ne soit pas apporté de changement à la situation actuelle. Si une convention était conclue, le Conseil en précise les limites : les internes et les externes des services hospitaliers de la Faculté libre ne pourraient être que ses propres étudiants ; les professeurs et les chefs de service hospitalier seraient nommés exclusivement par les Facultés catholiques de Lille : une motion que le vice-recteur estime *modérée et constructive.* Par contre, le Conseil supérieur des évêques du 19 mars 1966 se déclare favorable au retour à Lille.

Ces conversations avec le doyen Warembourg vont se poursuivre jusqu'en 1968 avec – il faut le souligner – une bonne volonté évidente d'aboutir à un accord. Mais les points d'achoppement sont multiples dont le principal est le refus du Conseil de faculté de revenir à Lille-État pour le passage des examens. Mais un bouleversement bien plus important se prépare : ce sera Mai 1968…

La Faculté de 1958 à 1968

Dans des bâtiments qui vieillissent mal, quelques aménagements sont réalisés. Les laboratoires de physique médicale et de physiologie ont été rénovés. Au deuxième étage, est installée en 1964 une salle de microscopie pour les travaux pratiques d'histologie, d'anatomie pathologique et de biologie. Au rez-de-chaussée, à la même date, sont aménagés sur la façade arrière de nouveaux locaux pour le secrétariat : désormais, la Faculté et les hôpitaux qui en dépendent auront un secrétariat administratif autonome dont le premier titulaire est le Dr Jean-Marie Pascal, ancien médecin colonel. Sa mission a été précisée en octobre 1963 par une instruction de M. Py. Agent d'exécution du recteur, du doyen de la Faculté de médecine et du Conseil d'administration, il doit *organiser et mettre en œuvre le secrétariat de la Faculté suivant les instructions du doyen,* c'est-à-dire *proposer et suivre le budget de la Faculté et des laboratoires, étudier et contrôler la gestion des établissements hospitaliers et notamment établir, avec la Mère supérieure, le projet de budget, assurer les relations avec les pouvoirs publics et les organismes privés, étudier les différents problèmes administratifs, tenir enfin le secrétariat des Commissions médicales consultatives.* On conçoit que ces multiples missions vont créer bien des soucis au Dr Pascal, d'autant que certains membres du Conseil de faculté voient là *un poste de parasite,* témoin d'une volonté de mainmise de l'administration sur la Faculté[20]. En outre, le fait que son traitement représente trois à quatre fois celui d'un professeur n'est pas fait pour arranger les choses. Plus tard[21], une motion sera néanmoins votée par le Conseil, reconnaissant la nécessité de ce secrétariat, mais s'étonnant *de l'ampleur de sa réalisation et du coût élevé de son entretien.* Quoiqu'il en soit, pour l'instant, le vœu d'Antoine Béchamp est enfin réalisé... après 85 ans.

À la tête de la Faculté, les doyens se succèdent : après Antoine Delattre, démissionnaire en 1960, Jules Dereux de 1960 à 1963, et Joseph Camelot de 1963 à 1970 assurent le décanat. Cette décennie voit la disparition de maîtres

---

20 – Pr A. Delattre. Conseil de Faculté du 6 nov. 1963.

21.– M. Pascal a pris sa retraite en octobre 1968 et il est décédé en février 1971. Il est remplacé peu de temps par M. Wacheux, puis par M. François Scalbert en 1970.

éminents de la Faculté. D'abord en 1959 celle du Pr Gaston Parturier, professeur d'hépatologie, retiré en 1948 ; puis, en juin 1963, celles du Pr Léon Langeron décédé quelques mois après son départ à la retraite[22] et, en septembre de la même année, du Pr Maurice Favreau. Quelques jours avant son maître L. Langeron, Victor Nolf, professeur agrégé depuis 1954, suppléant en 1961, disparaît brutalement à l'âge de 47 ans, au début d'une carrière prometteuse de médecin et de chercheur. En 1963, on déplore aussi le décès de Mgr Pierre Tiberghien, professeur de déontologie, du Dr Ernest Klein, assistant de gynécologie-obstétrique et du Pr B. Le Bourdellès, professeur d'hygiène en retraite depuis 1959. Puis disparaissent les professeurs honoraires Louis Courty en 1966 et Adolphe Bernard décédé accidentellement en 1967. En 1965-66, le Pr G. Didier (ORL) et le Dr J. Béra (radiologie) partent en retraite.

Jules Dereux

Joseph Camelot

Des remaniements et des nominations viennent combler les vides. Ainsi, pendant les quatre années du décanat de J. Dereux, sont recrutés cinq titulaires, deux suppléants et trois agrégés, tous par promotion interne. Le corps professoral s'est donc étoffé, mais ce nouvel apport suscite une réflexion : *Les jeunes voudraient pouvoir suivre l'exemple de leurs chefs de file actuels. Mais il faut que les moyens leur en soient donnés et que confiance soit faite à l'ensemble du corps professoral. C'est là un ensemble fondamental. Il est par ailleurs urgent de rechercher pour les professeurs de sciences fondamentales en particulier un statut de type de celui des universités d'État*[23]. Les titularisations de Germain Desorgher en chirurgie infantile et d'Albert Fournier en pédiatrie et maladies infectieuses en 1959 ne suscitent pas de difficultés, non plus que celle de Christian Vittu qui occupe la chaire de physique. En 1961, Pierre Lamelin, suppléant depuis 1953, est titularisé en physiologie appliquée et pharmacologie, la chaire de physiologie étant réservée pour J. Liefooghe, agrégé en 1957, et qui y sera titularisé en 1965. En 1962, le Pr Jacques Crinquette est nommé suppléant. Les agrégations de René Becquet en parasitologie (agrégé en 1961, suppléant en 1965), de Lucien Croccel (médecine), de J.-B. Van Nieuwenhuyse (ORL) et d'Anne Pauli (pédiatrie) en 1964, celles de Georges Vincent (rhumatologie), de Jean Saout (anatomie pathologique), de Gustave Routier (médecine) en 1965-66 et enfin de Robert

22.– L. Langeron avait été prorogé en 1959, ainsi que L. Courty. Leur retraite est devenue effective le 31 déc. 1962.

23.– Rapport des professeurs préparé par les Prs G. Routier, M. Gaudefroy et J.-B. Van Nieuwenhuyse, en annexe du compte-rendu du Conseil de faculté du 3 octobre 1967.

Empereur-Buisson (radiologie) en 1966-67 ne posent pas de questions, de même qu'en 1968, celles de Jean Ernst en psychiatrie, de Jean-François Dereux en neurologie, de Jean Callens et de Joseph Ampe en chirurgie. L'assimilation du Dr Raphaël Fenart au rang d'agrégé, en raison de ses travaux, de ses fonctions au CNRS et de son titre de docteur ès sciences pose quelques problèmes que règle un arrangement financier. En 1968, L. Croccel, A.Pauli et J. Saout sont nommés suppléants.

En chirurgie, succédant au Pr L. Courty, le Pr Gérard Desbonnets est nommé le 9 mai 1959 à la chaire de clinique chirurgicale de la Charité et le Pr Joseph Camelot est titularisé dans la chaire d'anatomie topographique et de technique opératoire, mais Desbonnets se désiste et dès le 3 juin, il est décidé que le Pr Camelot serait chef du service de chirurgie de la Charité avec le Pr suppléant H. Batteur comme assistant, mais ce n'est qu'en décembre qu'il reçoit sa nomination comme professeur de clinique chirurgicale.

D'autres nominations suscitent davantage de difficultés. Ainsi, en mai 1962, les titularisations de Paul Giard, Henri Batteur, Paul Langeron et Victor Nolf, tous suppléants depuis 1961, sont refusées par le Conseil supérieur, car, selon l'article 57 des statuts, on ne peut nommer un professeur titulaire que si la chaire correspondante est vacante. En février 1963, le Conseil de faculté propose donc la nomination de P. Giard à la chaire de clinique médicale, d'H. Batteur à la chaire de technique chirurgicale, de P. Langeron à celle de physiopathologie et pathologie expérimentale (ci-devant médecine expérimentale) et enfin, quelques jours avant sa mort, de V. Nolf à la chaire de pathologie interne.

Plus tard, en 1968, lorsqu'il s'agit de pourvoir au remplacement de G. Desbonnets à la chaire de pathologie chirurgicale, la commission d'évaluation propose dans l'ordre H. Batteur et P. Langeron, mais le Conseil de faculté accorde sa préférence à P. Langeron à la majorité absolue des voix.

L'attribution de la chaire de gynécologie-obstétrique donne lieu à de vives discussions. À la retraite de M. Favreau en 1959, les deux enseignements sont dissociés : celui de l'obstétrique est confié au Dr Jacques Delerue et celui de la gynécologie au Dr Marcel Gaudefroy. Un peu plus tard, la sélection des candidats à l'agrégation d'obstétrique provoque quelques remous au sein de la Faculté : trois candidats sont en ligne, les Drs Poiteau et J. Delerue d'une part, le Pr Yves Malinas d'autre part. Ce dernier a des titres solides : ancien interne et chef de clinique à la faculté de Paris, puis accoucheur assistant des hôpitaux de Paris, agrégé en 1952, il est nommé professeur de clinique obstétricale et gynécologique à la faculté française de Beyrouth en 1959. La commission chargée d'examiner les candidatures dépose ses conclusions devant le Conseil de faculté le 6 mai 1959 : elle estime que les titres des Drs Poiteau et Delerue sont insuffisants et propose la désignation du Pr Y. Malinas comme professeur titulaire en rappelant que , selon les statuts, *on peut nommer immédiatement professeur celui qui aurait enseigné déjà dans une autre université ou qui jouirait dans la science d'une illustration notoire.* Il s'ensuit une *discussion animée* dont le contenu ne figure pas dans les comptes rendus du Conseil, mais un témoin rapporte qu'il y a perçu une forme de cabale menée par les partisans du Dr Delerue. Un professeur exhiba en effet deux phrases d'un ouvrage du candidat Malinas paraissant ignorer les interdits de la morale catholique en matière de masturbation et de contraception mécanique, celle-ci dans des indications médicalement justifiées par ailleurs. Sont-ce ces « révélations » qui ont retenu plusieurs votants ou une résistance plus ou moins consciente à l'entrée dans la Faculté d'un candidat étranger ? Il est procédé au vote à bulletins secrets, non sans que le doyen A. Delattre ait déclaré qu'il en faisait une question personnelle : le dépouillement des bulletins révèle un nombre égal de voix pour l'adoption et pour le rejet des conclusions de la commission. Au terme de ce Conseil, le doyen s'estime désavoué et présente sa démission ; il la reprendra peu après, plusieurs membres du corps professoral lui ayant renouvelé leur confiance. Le Conseil supérieur tranchera quelques jours plus tard et refusera la candidature du Dr Malinas en s'appuyant davantage sur l'absence d'assurances concernant sa pratique religieuse[24]. La Faculté décide donc d'organiser un double concours d'agrégation : en 1961, Dr J. Delerue passe le concours d'agrégation d'obstétrique, le Dr Gaudefroy celui de gynécologie médicale. Tous deux deviennent suppléants en 1966-67, avec quelques difficultés pour le Pr Delerue dont la nomination est d'abord refusée par le Conseil supérieur en 1966, puis finalement acquise fin 67, non sans que l'intéressé ne s'estime à son tour victime d'une cabale.

Au cours du même Conseil de faculté du 9 mai 1959, à l'ordre du jour décidément chargé, est examinée la candidature à la chaire de bactériologie et hygiène du Dr Pierre Brygoo, professeur suppléant. Occupant un poste à l'Institut Pasteur de Paris, le candidat ne réside pas à Lille, ce qui pourrait constituer un obstacle à sa nomination, n'étaient-ce les précédents des Prs Le Bourdellès et Coudane. La candidature du Dr Henninot, biologiste chargé du laboratoire Saint-Philibert est écartée, car il n'est ni agrégé, ni suppléant. Toutefois, la non résidence du Pr Brygoo est considérée comme incompatible avec la direction d'un laboratoire, ce qui va créer de nouvelles difficultés. Déjà en 1953, agrégé depuis cinq ans, le Pr Brygoo avait demandé la direction du laboratoire central de biologie des hôpitaux de la Faculté. La commission nommée pour étudier cette candidature avait considéré que les engagements pris envers le Pr Brygoo lors de sa nomination n'avaient pas été tenus, ce qui nuisait à sa situation scientifique et matérielle[25]. En effet, la position du laboratoire de bactériologie de la Faculté était devenue précaire, dès lors que le laboratoire de Saint-Philibert recevait toutes les demandes d'analyses.

En février 1959, le Pr Brygoo revient donc à la charge : dans une lettre au doyen, au recteur et au vice-recteur, il revendique de nouveau la direction administrative et scientifique du laboratoire des hôpitaux de la Faculté. Contenant des attaques contre le Dr Henninot, cette demande est rejetée par le Conseil de faculté qui émet la motion suivante : *Les chefs des services hospitaliers dépendant de la Faculté libre de médecine n'ont jamais constaté de défaillances ni d'erreurs dans les examens confiés au laboratoire Saint-Philibert et*

24.– En 1968, Y. Malinas occupera la chaire de gynécologie-obstétrique à la faculté de Grenoble. Il est décédé en 1997.

25.– À cette occasion, la commission, approuvée par le Conseil, constate que les demandes réitérées auprès de l'administration concernant le statut des professeurs (nombre de chaires, traitement, retraite, sécurité sociale) n'ont obtenu jusqu'alors aucune réponse. Elle estime en particulier que *l'administration court de grands risques en n'affiliant pas à la Sécurité Sociale le corps professoral.* Conseil de faculté du 10 fév. 1954.

s'élèvent avec énergie contre les insinuations du Pr Brygoo. Celui-ci est néanmoins titularisé en juin 1959. En décembre de la même année, le Dr P. Michaux, pressenti pour assister le Pr Brygoo dans l'enseignement de l'hygiène est nommé, mais renonce quelques jours plus tard ; il est remplacé par le Dr Julien Polaert, biologiste. Plus tard, en 1963, le Pr Brygoo avouant ne pas pouvoir assurer la totalité de l'enseignement de la microbiologie, on lui adjoint les Drs Henninot, Becquet, Polaert et Duhamel.

Mentionnons enfin qu'à la fin des années 50, la section de pharmacie connaît de graves problèmes qui, en moins de 10 ans, vont mener à sa fermeture en 1967[26].

Quelques réalisations

Malgré ses difficultés, la Faculté de médecine manifeste sa vitalité par quelques intéressantes réalisations.

Les Journées Médicales franco-belges connaissent toujours le même succès. Après la disparition du Pr A. Bernard, la direction en est assurée par le Pr G. Desbonnets. Elles durent encore trois jours, habituellement au mois de mai et elles sont jumelées avec la Journée des Anciens auxquels on réserve le dimanche matin. Les laboratoires pharmaceutiques sont satisfaits, même si leurs stands sont assiégés par des personnes extérieures à la Faculté, voire étrangères à la médecine. Les finances sont saines et permettent à l'occasion de faire des dons : ainsi, on peut offrir aux participants de la session d'initiation médicale missionnaire un stéthoscope et quelques seringues. Cependant, on constate que les conférences magistrales sont peu suivies par les étudiants, même lorsque le conférencier est le doyen de la faculté de Nancy... Il en est de même de celles du dimanche après-midi, alors que le banquet de clôture fait le plein.

Dans le souci d'assurer aux médecins une **formation postuniversitaire**, sans pour autant empiéter sur les prérogatives des syndicats en la matière, la Faculté confie cette charge au Pr Lucien Croccel qui crée en 1966 les *Entretiens avec le praticien* ; ces réunions se tiennent initialement à l'hôpital de la Charité et comptent dès la première année cinq séances réunissant 30 à 50 médecins. Un peu plus tard, elles deviennent les *Actualités cliniques et thérapeutiques,* se tiennent à la Faculté avec la collaboration de tous les médecins hospitaliers et connaissent le succès pendant une quinzaine d'années.

Les **sessions d'initiation médicale pour missionnaires** se poursuivent, sous la responsabilité du Pr René Becquet depuis 1954. D'autre part, plusieurs professeurs et étudiants créent la section Nord du mouvement *Medicus Mundi* et participent aux stages organisés en Algérie et en Afrique Noire.

Une autre réalisation remarquable est due à l'initiative du Pr M. Gaudefroy ; il s'agit du **Groupement d'Etudes et d'Information Sexologiques et Familiales**. Son but est de fournir un enseignement de niveau universitaire et conforme à la doctrine de l'Eglise sur les problèmes de sexualité et de régulation des naissances. Proposé au grand public à partir

26 – Cf. le chapitre XX consacré à la section de pharmacie.

de novembre 1961, il obtient un succès considérable. Nous reparlerons de ces réalisations dans le dernier chapitre.

Les étudiants

Malgré les incertitudes, le nombre des étudiants augmente sensiblement : en dix ans, il passe de 118, dont 30 en 1re année en 1958-59 à 242 dont 72 en 1re année en 1968-69. La féminisation se confirme et, dès 1958, on compte un tiers d'étudiantes.

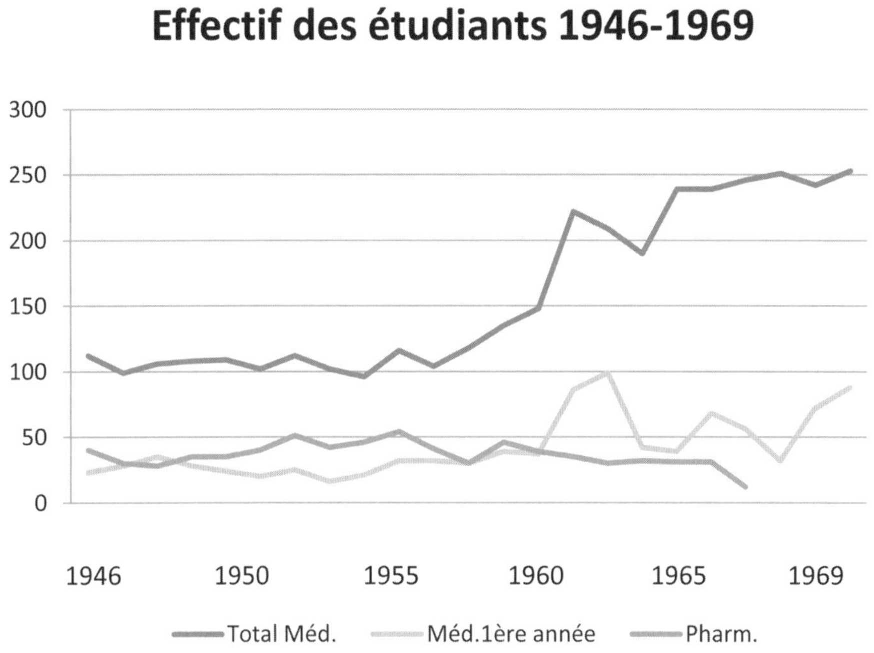

N.B. : Le « pic » de 1961 est dû à l'intégration du CPEM en faculté de médecine. L'année 1967 voit la fin de l'enseignement de la pharmacie.

Ces chiffres méritent cependant quelques commentaires. D'une part, en France, la profession médicale reste attractive : le nombre total d'étudiants en médecine augmente progressivement : en 1957-58, ils sont 20 430 ; en 1967-68, leur nombre atteint 35 044 dont plus de 10 000 à Paris, 2 000 à Lille, 1 500 à Nancy. Mais, pour la Faculté libre de médecine, le problème des transferts reste important : nous en avons vu le nombre en 1962, mais, l'année suivante, 21 étudiants dont 16 en 1re année, puis, en 1965-66, 30 étudiants dont 20 en 1re année quittent encore la Faculté. En 1967, le nombre de transferts atteint le chiffre record de 51 dont 21 en fin de CPEM (dont 17 reçus), 18 en fin de 1re année (dont 10 reçus) et en 4e année, deux externes choisissent la faculté de Nancy. Pourquoi ces étudiants reçus quittent-ils la Faculté ? Une explication partielle est donnée par quelques professeurs : parmi les étudiants qui s'inscrivent nombreux en CPEM (ils étaient 81 en 1967), un bon nombre le fait pour éviter les déplacements à Annappes où sont donnés la plupart des cours de la faculté des sciences de l'État...

Malgré la *lourde servitude des programmes et des enseignements* (Pr A. Delattre), les résultats des examens à Nancy sont d'abord favorables : en 1958-59, on relève 75 % de succès en 1re année, 81 % en 2e année et 100 % les années suivantes, *sauf une élève qui est demeurée coite devant un examinateur.* Puis, à partir de 1961, on observe une sélection sévère en 1re année. En 1963-64 : 60 % de reçus aux deux sessions du CPEM, 43 % en 1re année, des chiffres un peu meilleurs les années suivantes, en particulier en 1965, où ils sont considérés comme très bons, mais, en 1966-67, apparaissent des difficultés inhabituelles en 4e année avec 43 % d'échecs, explicables sans doute par les modalités de l'examen : *Les épreuves écrites comportent des questions multiples dont les réponses doivent correspondre presque littéralement aux cours professés à Nancy*[27]. *Dans ces conditions*, estime le Pr Camelot, *on ne peut plus parler d'enseignement supérieur, ni d'enseignement libre*[28].

Le nombre d'étudiants étrangers augmente aussi régulièrement : en 1964, 12 sont admis sur 23 demandes ; en 1965, ils sont 41 dont 10 indiens, 6 jordaniens et 4 camerounais, mais leurs résultats médiocres posent *à nouveau le problème de l'enseignement aux étrangers. Il apparaît qu'ils ont des difficultés considérables à assimiler le programme, mais il serait regrettable que le niveau des études de la Faculté soit jugé sur ces résultats*[29]. À la commission d'admission qui examine les candidatures, on propose alors d'ajouter une *commission élargie*, composée du doyen et des Prs Becquet, Delerue, Giard et Liefooghe, chargée particulièrement d'étudier les problèmes posés par les étudiants étrangers, notamment celui d'un enseignement adapté aux conditions d'exercice de la médecine dans leur pays. La première conclusion de cette commission est la nécessité d'un contrôle plus strict du travail de ces étudiants et de leurs connaissances, de directives plus précises concernant leurs stages hospitaliers et des activités supplémentaires en fin d'études (pathologie exotique, laboratoire).

Après les années difficiles de l'immédiat après-guerre, la situation matérielle des étudiants, en termes de logement, bourses, alimentation, s'est nettement améliorée. En 1960, l'augmentation du prix de journée dans les hôpitaux de la Faculté va permettre d'amener le traitement des internes à 75 % du tarif officiel, mais cette augmentation devrait s'accompagner d'une meilleure assiduité, notamment pour les gardes : à cette date, M. Tirloy note qu'à l'hôpital Saint-Philibert, 18 gardes de nuit sur 31 n'ont pas été assurées... un constat confirmé par le Conseil de faculté, qui suggère des sanctions administratives. Cependant en 1963, le colonel Py propose que les externes et les internes de la Catho soient désormais rémunérés sur la même base que ceux du CHR ; quelques membres du Conseil de faculté ironisent sur le fait que les internes sont désormais mieux payés que les chefs de service...

Mais ce qui marque surtout les étudiants de cette génération, c'est la guerre d'Algérie (1954-1962) et ses retombées politiques. Beaucoup d'entre eux ont participé aux manifestations, en particulier celle du 13 mai 1958 qui a amené le retour du général de Gaulle au pouvoir. Lorsque Guy Mollet

27 – Rapport du doyen J. Camelot pour l'année 1966-67.

28.– Note du Pr Camelot du 20 déc. 1968 : *Mesures transitoires à envisager pour l'année 1968-69 pour le fonctionnement des facultés libres.*

29 – Conseil de faculté du 7 juillet 1966.

appelle le contingent et bien qu'ils soient pour la plupart sursitaires jusqu'à la fin de leurs études, les étudiants envisagent avec des sentiments divers la perspective de faire en Algérie un service militaire long et pénible. Certains d'entre eux, rappelés après leur temps légal, feront jusqu'à 30 mois de service, retardant d'autant leur installation en clientèle ou la passation des concours. La plupart d'entre eux garderont de ces évènements un souvenir amer.

Les hôpitaux

L'application de la loi du 21 décembre 1941, différée par le gouvernement de Vichy, s'est faite progressivement au lendemain de la guerre par décrets successifs. Dans les hôpitaux publics, apparaît alors un nouveau pouvoir avec la création d'un corps de direction qui prend en main, petit à petit, la gestion des centres d'accueil et de soins aux lieu et place des supérieures des communautés religieuses. Dans la même loi, était prévue également la création des commissions médicales consultatives[30]. Avec le retard habituel par rapport aux institutions publiques et à l'exception notable de l'hôpital Saint-Antoine qui entend garder son indépendance, ces règles sont adoptées dans les hôpitaux de la Faculté libre au cours des années soixante, non sans quelques heurts avec l'administration.

Depuis la rentrée de 1956, un directeur des établissements hospitaliers a été nommé en la personne de M. Jean Tirloy, déjà bien engagé dans des activités sociales, et dont nous avons mentionné les interventions efficaces : aussi affable que compétent, il met en place une coordination effective entre les hôpitaux et cliniques et les administrations concernées (Affaires sociales, Sécurité sociale). Il assure également la gestion des étudiants hospitaliers et des internes.

En septembre 1960, est créée à l'échelon de l'Université, une commission hospitalière composée du recteur, du vice-recteur, du chanoine Flipo, représentant le Conseil d'administration, de M. Tirloy, du doyen de la Faculté de médecine et des supérieures des établissements hospitaliers. Sans doute, la création de cette commission était-elle nécessaire et, en tout cas, désirée par la Faculté, inquiète à juste titre des intentions de l'ancien recteur Mgr Delacroix. Ce dernier revendiquait l'indépendance totale des dispensaires et cliniques vis-à-vis de la Faculté, ne reconnaissant à celle-ci aucune initiative, aucun droit de contrôle sur leur administration, leur gestion et leur fonctionnement. Á l'unanimité, le Conseil de faculté avait jugé ce principe inadmissible et grandement préjudiciable à la Faculté et à l'Université. De nombreux faits avaient été rappelés qui, confirmant cette indépendance effective, en avaient souligné les conséquences néfastes, voire absurdes qui en résultaient. Par la création de cette commission, la Faculté acquiert un droit de regard sur le fonctionnement des hôpitaux ; le pouvoir discrétionnaire des communautés religieuses s'en trouve réduit d'autant.

30 – Ce n'est qu'en 1972 que la composition et les fonctions des CMC ont été déterminées par le décret du 6 déc. Elles seront remplacées par les commissions médicales d'établissement (CME), instaurées dans les établissements PSPH (établissements privés à but non lucratif participant au service public hospitalier) par la loi du 31 juillet 1991.

Parallèlement, est créée une commission hospitalière de la Faculté présidée par le doyen et dont les secrétaires sont V. Nolf, puis H. Batteur. Ses attributions sont différentes de celles de la commission universitaire : elle gère en particulier toutes les questions d'internat, d'externat et de stages.

Enfin, en 1963, apparaissent dans les hôpitaux de la Faculté les commissions médicales consultatives : leurs présidents sont le Pr P. Giard à la Charité, le Pr G. Desorgher à Saint-Raphaël Sainte-Anne, le Dr Payelleville à Saint-Philibert. À Saint-Antoine, la situation est différente : les Prs A. Fournier et G. Desorgher sont simplement invités à titre consultatif aux réunions du Conseil d'administration qui garde les pleins pouvoirs.

Après l'ouverture du bloc ouest de la Cité hospitalière et le départ de la plupart des services de l'aile gauche, **l'hôpital de la Charité** aile droite doit faire face à trois problèmes : le recrutement des malades, l'aménagement de locaux décents et la création de consultations externes qui font toujours défaut.

En 1955, un projet de rénovation comportant la construction d'un bloc opératoire et la modernisation des salles communes du service de médecine a bien été envisagé : mais, dit-on, un crédit de 200 millions de francs aurait été utilisé pour combler le déficit de construction et d'aménagement de l'aile ouest de la Cité. En 1960-61, ces projets, en particulier celui de cloisonner les salles communes, réapparaissent dans le plan Le Gorgeu, puis sont inscrits dans les propositions du Ve plan sans plus de résultats. Enfin, en 1962, la Caisse régionale d'assurance maladie prend en charge l'aménagement de dix des douze salles d'hospitalisation : remplacement des planchers par un revêtement plastifié, « boxage » des salles communes du rez-de-chaussée et du 2e étage, amélioration des sanitaires par installation de deux baignoires... pour 240 malades.

En juin 1964, le directeur de l'hôpital adresse à M. Muffraggi, directeur général du CHR, un projet d'humanisation de l'établissement. Il constate l'insuffisance de confort pour les hospitalisés (peu de chambres à un, deux ou trois lits) et l'indigence de l'équipement : pas d'adduction de vide, ni d'oxygène, pas de possibilité d'appel. Son programme propose donc, pour les locaux d'hospitalisation, la construction au rez-de-chaussée et dans les jardins intérieurs d'un bloc opératoire, l'aménagement au 2e étage de locaux pour les explorations fonctionnelles et la rénovation des salles d'enseignement du 3e étage. Pour les services généraux, il préconise la rénovation de l'entrée par le boulevard de Metz, le remplacement de l'installation au gaz de la cuisine, la rénovation de la ventilation, celle de l'appareil de stérilisation sur roues datant de ... 1876 et son remplacement par un autoclave sous pression ou une étuve automatique. La morgue serait équipée de matériel frigorifique. Enfin pour le personnel, une salle de détente est proposée à chaque étage, ainsi qu'une bibliothèque, une petite salle à manger, et, pour l'accueil des visiteurs, une réception rénovée au rez-de-chaussée (boutique, snack-bar) et une garderie dans l'ancienne salle de radiographie du 1er étage.

Ce projet ne reçoit pas de réponse favorable et ce n'est qu'en 1966 que, sur l'insistance de la Caisse régionale de Sécurité Sociale, le CHR accepte de terminer les travaux en cours. Au total, les dépenses engagées par la Sécurité sociale se sont élevées à 1 292 704 francs, auxquels il faut ajouter 196 352 francs pour cette dernière phase. Mais, jusqu'en 1977, tout effort de rénovation est abandonné.

Le principe de consultations externes, constamment réclamées par les chefs de service de l'aile droite, est bien admis dès 1958, mais il faudra sept ans pour que soit signé, en 1965, un avenant à la convention de 1875. Il est d'abord envisagé de les installer dans le « fumoir », grande pièce située à proximité de l'entrée et de l'internat, puis, fin 1965, il est proposé de leur faire partager les locaux de consultations des services restés à l'aile gauche à des jours et heures différents : il y aurait par semaine trois consultations de médecine et deux de chirurgie. Il s'agirait d'un progrès, mais, le 7 juin 1966, le préfet du Nord refuse d'approuver cet avenant pourtant adopté par la commission médicale consultative du CHR ; il faudra attendre août 1967 pour que cette simple mesure soit définitivement acquise.

Le recrutement des malades reste alors à peu près satisfaisant en médecine, notamment pour ceux qui relèvent de la médecine interne, de la pneumologie et de la rhumatologie ; par contre, en chirurgie, l'impossibilité de recevoir les urgences est à l'évidence préjudiciable à l'activité du service. L'Administration des Hospices exige la présence permanente d'un chirurgien, d'un anesthésiste, d'un radiologue et d'un interne, toutes conditions qui, à cette époque, ne sont d'ailleurs pas toujours respectées au CHR. Le problème de l'anesthésie est permanent : un premier anesthésiste, le Dr Lampe, démissionne dès la fin de 1959. Il est remplacé par Mlle M. Gouillaud qui démissionne à son tour en septembre 1960. Ce n'est qu'avec l'arrivée du Dr Doutriaux que le service disposera d'un équipement digne de ce nom, mais, en 1964, son activité, considérée comme *épisodique,* ne permettra pas sa nomination au titre d'anesthésiste des hôpitaux.

À plusieurs reprises, médecins et chirurgiens de la Charité demandent le respect de la sectorisation de la ville, mais de nombreux faits rapportés au Conseil de faculté démontrent qu'il n'en est rien. Ainsi, le doyen proteste auprès du maire lorsqu'un malade adressé par son médecin à la Charité est conduit à la Cité Hospitalière. En pure perte puisqu'en 1958 et prétextant *la liberté de choix du malade,* la Commission administrative des hospices décide la suppression des secteurs. En fait, le malade a-t-il vraiment le choix entre un établissement vétuste et un hôpital flambant neuf ? Il est rapidement évident que le choix dépend plus de l'ambulancier que du malade ou de son médecin. Des conversations avec le président de la Commission administrative laissent espérer un moment que la Charité pourrait accueillir les urgences un jour par semaine, mais cette proposition est vivement repoussée par la Commission, car elle violerait le principe de nouveau évoqué du libre choix du malade.

Ainsi, selon les termes d'une correspondance entre le préfet du Nord M. Benedetti et le ministre de la santé publique, les services de la Faculté libre à l'hôpital de la Charité se trouvent dans *une situation exorbitante du droit commun*[31]. Il est évident que le directeur de la Santé le Dr Lavoine et l'administration du CHR désirent *avec ardeur* le départ de ces services, projetant de les remplacer par un service de réadaptation fonctionnelle. Au début de l'année 1962, à la suite du refus de l'administration du CHR de

31 – Conseil de faculté du 26 avril 1961.

financer l'acquisition d'un *matériel spécial et onéreux,* la Faculté apprend que des propositions ont été faites par la commission des hôpitaux de l'Université catholique (où siège le doyen) concernant le transfert éventuel des 207 lits de la Charité dans un nouvel hôpital à construire. Tenu à l'écart de ces tractations, le Conseil de faculté s'indigne : *L'administration de l'Institut catholique n'aurait-elle pas la tentation de tirer de la gestion de ce nouvel hôpital de nouveaux revenus pour combler le déficit chronique de sa trésorerie ?* Certains avancent même que ce serait là le mobile majeur de l'opération : *Croit-on que la recherche soit possible dans cet établissement si la gestion y est assurée comme celle des hôpitaux actuels de la Catho, où les religieuses ont un pouvoir discrétionnaire ?* Après une vive discussion où certains membres du Conseil réclament la démission du doyen J. Dereux, coupable à leurs yeux de ne pas avoir réuni en urgence le Conseil de faculté, un vœu proposé par le Pr A. Delattre est voté à l'unanimité : *Le Conseil de faculté demande instamment le maintien en leur place des services de médecine et de chirurgie de l'hôpital de la Charité. Il base son attitude sur les raisons suivantes :*

1. *Importance primordiale de conserver les dits services qui fonctionnent comme hôpital public, ce qui permet l'enseignement médical des étudiants,*
2. *Nécessité de garder les titres d'externe et d'interne des hôpitaux de Lille (services de la Faculté libre),*
3. *Intérêt financier évident : les dépenses hôtelières, les installations de bloc opératoire, de radiologie, d'instrumentation et de pharmacie sont à la charge de la ville permettant un enseignement plus facile,*
4. *Possibilité de recevoir dans les services de l'hôpital de la Charité les ressortissants de l'Aide médicale gratuite, ce qui est refusé aux services de l'hôpital Saint-Philibert et le sera dans le nouvel hôpital envisagé,*
5. *La facilité de pratiquer les autopsies, etc.*

Telles sont les raisons principales qui motivent l'opinion du Conseil de faculté, ce qui ne l'empêche nullement de souhaiter l'extension ou la création de nouveaux services hospitaliers[32].

Ainsi, il apparaît que la première parade à une éventuelle fermeture de la Charité serait l'agrandissement de **l'hôpital Saint-Philibert**. En 1963, cet établissement reste de dimensions modestes : 75 lits d'hospitalisation répartis en une dizaine de services et seize consultations. Il est intimement associé à la clinique Saint-Camille qui fonctionne à plein régime avec 75 chambres occupées par des malades médicaux et chirurgicaux : la proportion de lits de clinique est donc trop importante pour répondre au statut de *clinique ouverte* ; elle est d'ailleurs *vue d'un mauvais œil* par la Sécurité sociale qui s'étonne de la confusion des comptes financiers de la clinique et de l'hôpital... Une solution se fait jour fin 1963 : la transformation de lits de clinique en lits d'hôpital impliquant le transfert de lits de Saint-Camille à Saint-Raphaël et la construction de nouvelles installations. En janvier 1964, la Commission permanente du Conseil d'administration dépose au ministère de la Santé une demande d'extension de 120 lits (50 lits de médecine et 70 lits de chirurgie). Saint-Philibert deviendrait ainsi un hôpital d'enseignement de 185 lits (63 en médecine, 122 en chirurgie) ; Saint-

32 – Conseil de faculté du 28 fév. 1962.

Camille serait la clinique ouverte de l'hôpital avec 45 lits. On prévoit la construction d'un bâtiment pour 80 lits, un secrétariat central, des salles de consultation, des chambres pour les internes...[33]

En attendant ces réalisations, l'hôpital Saint-Philibert est encore sévèrement jugé dans le rapport préparé par les P^rs G. Routier, M. Gaudefroy et J.-B. Van Nieuwenhuyse et présenté au Conseil de faculté du 3 octobre 1967 : *Hôpital privé géré par l'Institut catholique. Agrandi il y a dix ans, c'est dans son ensemble un hôpital vétuste et très mal équipé. Malgré les efforts du personnel, il est très difficile d'y exercer une médecine ayant les capacités techniques et humaines attendues de ceux qui y adressent leurs malades. L'appareil administratif y est particulièrement paralysant, malgré le dévouement permanent de la communauté religieuse. Il est anormal que les bénéfices de cet établissement soient affectés au fonctionnement de la Faculté, ceci est d'ailleurs illégal vis-à-vis de la Sécurité Sociale. Une modernisation rapide pourrait être entreprise, le prix de journée revalorisé si la gestion était refondue et la totalité des rentrées affectée aux investissements.* Un autre problème de la polyclinique est qu'elle ne peut recevoir les urgences, faute de place certes, mais aussi faute de service de garde structuré.

Le transfert de lits de Saint-Camille à la clinique Saint-Raphaël, où l'on a refait le bloc opératoire en février 1967 et aménagé de nouveaux locaux dont une nouvelle buanderie, ne pose pas de problèmes : cette transformation a même provoqué *les éloges de la Sécurité Sociale et des médecins*[34]. L'opération se poursuit en avril 1968 par la transformation de 24 lits de Saint-Camille en lits d'hôpital : seize sont attribués à la dermatologie, huit à la rhumatologie. Le principe de l'agrandissement de l'hôpital est adopté par la Commission permanente du Conseil d'administration, mais il reste à en trouver le financement, estimé à 700 millions : 40 % seraient prêtés sans intérêt par la Sécurité Sociale, 30 % seraient obtenus de l'État, le reste serait fourni par des emprunts privés[35].

Pour l'instant, l'objectif le plus facile du projet est donc atteint, mais *il est regrettable que les efforts faits dans le domaine hospitalier l'aient été en priorité à la clinique Saint-Raphaël, pour des lits utilisés à titre privé et non pour des lits d'hôpital, ce qui eut été dans la vocation enseignante de la Faculté,* lit-on dans le même rapport des jeunes professeurs, *à moins que ceci n'ait pour but de dégager le budget de Saint-Philibert du poids de l'entretien de la faculté et de lui permettre les investissements urgents,* ce qui, au delà des critiques des « jeunes loups », semble bien le cas...

D'autre part, de nouvelles consultations trouvent leur place à Saint-Philibert : en 1961, une consultation de stomatologie, chirurgie et prothèse dentaires est confiée au Dr Moitel, ancien médecin lieutenant-colonel et à M. Levat, ainsi qu'une consultation d'orthopédie dento-faciale assurée par M. Depaepe. La même année, au pavillon Saint-Luc est reconnu le titre de clinique pneumo-phtisiologique ; plus tard, en 1966, en raison de la régression de la tuberculose, il est converti en un service de pneumologie dirigé par le Pr H. D'Hour, assisté de J. Crinquette et A. Clerc.

---

33 – Lettre du colonel Py. Conseil de faculté du 7 janv. 1964.

34 – Conseil d'administration du 6 juin 1967.

35 – Conseil de Faculté du 2 avril 1968.

À Saint-Raphaël, en 1960, s'ouvrent des consultations de pathologie exotique (Pr R. Becquet), puis de gynécologie médicale (Pr M. Gaudefroy) en collaboration avec le centre de cytologie et le laboratoire d'anatomie pathologique, ainsi qu'une consultation de diabétologie confiée au Pr V. Nolf et, après son décès, au Dr P. Michaux. En 1961, sont installées une consultation de rhumatologie devenue en 1967 consultation de rhumatologie et de médecine physique (Pr agr. G. Vincent) et une consultation de maladies des os (Pr J. Camelot).

Le rapport des « jeunes professeurs » d'octobre 1967 n'épargne pas la **Maternité Sainte-Anne** : *Maternité privée gérée par l'Institut catholique. Structure et style désuets, équipement technique très moyen, dimension très insuffisante. Service de pathologie de la grossesse toujours attendu.* Il est vrai qu'avec 2 000 naissances annuelles, cette maternité manque de place. Depuis 1962, le Pr Delerue demande la restitution au service d'obstétrique de lits détournés au profit de la clinique. En 1968 enfin, des aménagements sont en cours pour agrandir de six lits le service de la maternité et installer dix lits de pathologie de la grossesse : des progrès ponctuels certes, mais qui ne règlent pas les problèmes essentiels.

Seul l'hôpital **Saint-Antoine** échappe à la critique de ce rapport : *Hôpital privé rattaché à l'Institut catholique, maintenant autonome quant à sa gestion. Celle-ci, bien menée, a permis une remarquable modernisation immobilière, des agrandissements, un équipement technique très moderne.* De fait, l'hôpital des enfants, maintenu à l'écart de la Faculté et de l'Université, a poursuivi sa croissance sous la direction de la supérieure Mère Marie-Luc. En 1966, le 2e étage de l'annexe de la Maison Notre-Dame d'Espérance est aménagé en un grand service de garçons dénommé Saint-Louis. En 1968, le bloc chirurgical situé au rez-de-chaussée du bâtiment Saint-Roch est entièrement rénové. Avec ses chefs de service A. Fournier et G. Desorgher, assistés du Pr A. Pauli nommée suppléante en 1968 et du Dr B. Vinchon, avec de nombreuses consultations spécialisées, l'activité connaît une progression régulière si bien qu'au cours de la décennie, le chiffre des hospitalisations dépasse 4 500, aboutissant à un total annuel de 80 000 journées d'hospitalisation avec une durée moyenne de séjour qui commence à diminuer (18 jours). Le chiffre des consultations atteint 12 000.

Les écoles

En 1961, **l'école d'infirmières**, toujours très active, voit enfin se concrétiser ses ambitieux projets. Au départ de Sœur Marie-Emmanuel, remplacée par Sœur Marie de la Providence, les locaux vétustes et dangereux de la rue du Port sont démolis. Les élèves logent d'abord rue Patou, puis à la maison Saint-Louis pendant deux ans. À cette date, elles sont 16 puéricultrices, 80 élèves infirmières de 1re année, 71 de 2e année et 63 élèves auxiliaires de puériculture. En 1963, on entreprend la construction d'un immeuble de six étages, à l'angle du boulevard Vauban et de la rue du Port. Il est inauguré et occupé à Noël 1965. Bien agencée, la nouvelle école comprend : au rez-de-chaussée, *les bureaux, deux magnifiques amphithéâtres, une très belle salle de démonstration, deux réfectoires et de nombreuses chambres.* On trouve encore un salon au 1er étage et une salle de jeux au 5e. Le 6e est le domaine des puéricultrices avec salles de cours et de démonstration.

Désormais, la durée des études est de trois ans. Les résultats restent très satisfaisants. En 1965, les élèves infirmières sont au nombre de 221 dans les différentes sections. Un problème cependant : à partir de 1961, les professeurs de la Faculté, c'est-à-dire des enseignants de la valeur des Prs A. Fournier ou A. Pauli, sont exclus des jurys d'examen des puéricultrices supérieures.

L'**école de sages-femmes** connaît par contre des difficultés : les mesures initiées en mai 1946 visant à réduire le nombre d'entrantes, sont maintenues : en 1962, le Pr Delerue, directeur de l'école, déclare que *les élèves sont affectées à l'école par le ministre de la Santé à la suite d'un concours, national en principe, mais régional par son système d'affectation, organisé par l'Inspection divisionnaire de la Santé. L'école de la Faculté libre est autorisée à recevoir dix élèves par an et pourrait donc comprendre trente élèves. Ces chiffres n'ont pas été atteints depuis dix ans.* Il est en effet de 17 élèves en 1961, mais *la faiblesse des effectifs est un phénomène général en France.* De nouveau des voix s'élèvent pour demander *le rattachement des écoles [de sages-femmes] aux facultés de médecine, ainsi qu'une amélioration des conditions d'hébergement des élèves et de la nécessité de l'internat*[36].

Due à l'initiative de M. René Joseph, une **école de masso-kinésithérapie** est créée ; elle obtient l'autorisation d'ouverture à la fin de 1966. Liée par une convention aux Facultés catholiques dont elle fait partie intégrante, elle a un secrétariat propre et un budget autonome approvisionné par les droits d'inscription. L'enseignement théorique se fait dans les locaux de la Faculté et les stages dans les services hospitaliers. Le président du Conseil d'administration en est M. Bigo, le directeur M. Joseph et le directeur médical le Pr G. Vincent. Quelques enseignements de base sont assurés par des professeurs de la Faculté. Dès sa création, cette école fonctionne de façon satisfaisante.

Et demain ?

La rentrée universitaire de 1967 se fait dans une atmosphère assez pénible : les résultats de la première session d'examens sont médiocres et ne s'améliorent guère en octobre : 15 reçus sur 26 en 4e année...Les professeurs se plaignent d'être devenus « répétiteurs », devant la nécessité absolue d'un ajustement des cours sur ceux de Nancy, ajustement qui doit aller parfois jusqu'au mot à mot !

C'est dans cette ambiance que le Conseil de faculté reçoit le 3 octobre 1967 Mgr Henry Jenny, archevêque de Cambrai et président du Conseil supérieur de l'Université catholique. Le motif de sa visite est l'amorce de pourparlers avec la faculté d'État : insistant sur la nécessité de conclure une convention avec l'État, Mgr Jenny se déclare déçu de la position de la Faculté libre, à savoir sa volonté presque unanime de maintenir le passage des examens à Nancy. Tout en rassurant le corps professoral sur l'intention fermement exprimée des autorités supérieures de conserver les universités catholiques et la seule Faculté catholique de médecine, il n'apporte pas de propositions concrètes, en dehors de la création d'un comité d'études. Dans

36 – Rapport du doyen J. Dereux pour l'année 1960-61. Intervention du Pr J. Delerue.

la discussion qui suit, interpellé par le Pr Paget, il admet que *dans sa structure actuelle, la Faculté ne peut demeurer ni durer.*

Il rejoint en cela les conclusions du rapport des « jeunes professeurs », qui proposent *la mise en place d'un véritable conseil de régence,* d'une direction tripartite de la Faculté comportant un représentant de l'autorité supérieure (M. le vice-recteur par exemple), un représentant du corps professoral, un administrateur auquel toutes les responsabilités seraient confiées[37]. Au cours des semaines suivantes, G. Routier et J.-B. Van Nieuwenhuyse, auxquels se joignent P. Langeron et J. Liefooghe, peaufinent leur rapport et présentent des solutions pratiques. Pour le problème n° 1 à leurs yeux qui est l'externat, ils proposent que des négociations s'ouvrent avec le doyen nancéien, le Pr Beau, pour que les étudiants nommés puissent effectuer leur externat dans les établissements de la Faculté et que, pour certaines spécialités, une ou deux années de stage puissent être effectuées à la Faculté libre. Cette négociation s'avère difficile, tout comme elle l'est avec la Faculté officielle de Lille : après une conversation du doyen J. Camelot avec M. Boulanger, directeur général de la Santé publique au ministère des Affaires Sociales, il s'avère en effet que *le ministre est hostile à toute proposition qui donnerait aux étudiants des Facultés catholiques les avantages des facultés d'État. Vraisemblablement, la convention discutée avec le doyen Warembourg ne serait pas approuvée par le ministre. Il faudrait en tout état de cause un décret modifiant les textes existants pour donner à nos externes une place dans la législation d'ensemble les concernant*[38].

Pour la Faculté, les différents rapports souhaitent une autonomie effective avec des finances saines (le Pr Van Nieuwenhuyse dénonce l'opacité des comptes de la Faculté, dont il est impossible de connaître le budget et les sources de revenus), une amélioration de l'équipement technique, une revalorisation de la situation financière des enseignants, une augmentation du nombre des professeurs à temps plein dans les sciences fondamentales.

Tout cela semble bien utopique. Une réalisation se concrétise cependant : à Saint-Philibert et dans l'ensemble Sainte-Anne et Saint-Raphaël, apparaissent en janvier 1968 des *Comités de gestion [...] habilités à étudier et à résoudre toutes questions d'administration, de gestion de budget, de comptabilité, en fait de prendre en charge toutes les responsabilités assumées jusqu'ici par la Commission permanente du Conseil d'administration de l'I.C.L.* Composés d'un membre de ce Conseil, président, de la directrice de l'établissement, d'un délégué du recteur, du président de la Commission médicale consultative et, pour Saint-Philibert, du doyen de la Faculté ou de son représentant, ces comités se réunissent une fois par mois. Cette création, témoignant d'un début d'autonomie, d'une volonté de transparence et de dialogue, est certes un progrès, mais le Conseil de faculté s'étonne que celle-ci ne soit pas représentée dans le comité de Sainte-Anne - Saint-Raphaël.... Le comité de gestion de Saint-Philibert se réunit pour la première fois le 22 janvier 1968 : il prend connaissance de l'augmentation du prix de journée de 30 % et des projets de construction, ainsi que des prévisions de financement de 6 à 7 millions de francs (lourds).

37.– Conseil de Faculté du 3 octobre 1967.

38.– *Ibid.* du 2 avril 1968.

Ainsi, avant même que la contestation ne devienne nationale, les médecins de la Faculté ont exprimé leur volonté d'être entendus et de collaborer avec les administrations, mais, en mai 1968, cette tendance va brusquement s'accélérer.

S'agit-il d'un pressentiment ? À la séance du Conseil d'administration du 29 janvier 1968, le vice-recteur G. Leman décrit la mentalité étudiante du moment: *exigence de la vérité, recherche de la réussite, dureté qui couvre une inquiétude profonde dans l'incertitude économique et due à trop de remises en question…*

Chapitre XVI
1968 – 1982 : le renouveau

1968-1982 : ces années ont connu un renouveau remarquable de la Faculté. Amorcé par l'orage de mai 1968 et *l'heureuse révolution* qui l'a suivi, il a été l'œuvre des quatre décanats successifs du professeur Jacques Liefooghe.

Mai 68

« Mai 68 » est un terme désignant de manière générique l'ensemble des événements survenus en France en mai-juin 1968. Parti début mai de l'université de Nanterre, le soulèvement des étudiants contre le système universitaire s'étend comme une trainée de poudre à toutes les universités françaises et même européennes ; gagnant le monde ouvrier et pratiquement toutes les catégories de population sur l'ensemble du territoire, il aboutit à une vaste révolte dite spontanée, de nature à la fois culturelle, sociale et politique, voire philosophique, dirigée contre la société traditionnelle, le capitalisme, l'impérialisme et, plus immédiatement, contre le pouvoir gaulliste en place.

L'Université catholique de Lille n'est pas épargnée par cette vague de contestation : grève des cours, assemblées générales quotidiennes dans le grand hall de l'hôtel académique, pétitions et motions… et quelques débordements verbaux. L'essentiel des revendications étudiantes tient en deux mots : autonomie et autogestion. Autonomie des universités vis-à-vis du pouvoir central, autonomie des facultés pour leurs programmes, leurs modes de fonctionnement, leur budget. Autogestion, c'est-à-dire participation de tous les acteurs de l'université à sa gestion, y compris financière : enseignants, étudiants, administrateurs et même personnel de service. Le mouvement, nettement suscité et récupéré par l'extrême gauche, va déboucher quelques mois plus tard sur une *loi d'orientation* (où le concept de cogestion remplacera celui d'autogestion) donnant une large satisfaction à ces revendications.

À la Faculté de médecine, les étudiants participent au mouvement, mais avec sagesse et sens des responsabilités. Les 14, 15 et 16 mai, des contacts préliminaires et des réunions entre étudiants permettent de rassembler le 17 mai quelques étudiants, enseignants et hospitaliers en un groupe de travail qui définit les objectifs à atteindre et les moyens d'y parvenir. Il en résulte la motion suivante :

Nous, membres du bureau de l'Association corporative des Etudiants en médecine, étudiants membres de l'ACEM, membres du secteur hospitalier de la Faculté libre de médecine, réunis le 17 mai,

- *nous désolidarisant de tous les mouvements qui n'ont pas pour but la réforme de l'Université,*
- *soucieux de rendre à l'Université catholique de Lille et à la Faculté libre de médecine la place qu'elles se doivent de tenir dans la société moderne,*
- *désireux d'étudier de façon positive les possibilités d'avenir actuellement offertes à l'Université catholique de Lille et à la Faculté libre de médecine dans le cadre des mouvements de réforme de l'Université en France,*
- *décidons la mise en place d'un Comité provisoire composé de 15 représentants élus*
  pour un tiers par le Conseil de faculté,
  pour un tiers par l'ACEM,
  pour un tiers par le secteur hospitalier de la Faculté libre de médecine et ayant pour but :

1° de créer un organisme chargé de jeter les bases d'une expansion réelle de l'ensemble hospitalier et universitaire de la Faculté libre de médecine et d'en contrôler la réalisation,

2° de nommer des responsables auprès d'un Institut catholique profondément rénové,

3° de désigner les personnes qui représenteront leurs intérêts et ceux de l'Institut catholique auprès des instances officielles.

D'accord avec tous les points de vue de ce texte, nous le signons.

Suivent les signatures de sept professeurs (un titulaire et six agrégés), de neuf médecins exerçant dans les hôpitaux de la Faculté, du président de l'Association corporative des étudiants en médecine (ACEM) et de 23 étudiant(e)s[1].

Le 20 mai, une assemblée générale rassemble 200 étudiants. Le doyen Joseph Camelot et le vice-recteur y représentent les autorités officielles : la motion du 17 mai est ratifiée à l'unanimité par les étudiants présents et cinq représentants sont élus au sein d'un *Comité provisoire* : MM. André Podevin, président de l'ACEM, J.-P. Giniaux, J.-M. Delreux, D. Desplats et J.-L. Dereu. Une motion complémentaire est adoptée : elle formule des demandes pressantes concernant la réorganisation des structures hospitalo-universitaires et la réforme de l'enseignement en accord avec le programme national proposé par l'ANEMF[2].

1.– *Informations à l'intention des étudiants. « Revivre, survivre ou périr » les carabins de la Catho dans le mouvement actuel : J. Sci. Méd. Lille,* 1968, n° 5, pp. 389-392.

2.– Association nationale des étudiants en médecine de France : créée en 1964 et se voulant indépendante de l'Union Nationale des Etudiants de France (UNEF), de tendance nettement communisante.

Le même jour, une assemblée plénière réunit tous les enseignants de la Faculté ainsi que les docteurs Vouters et Castel représentant les anciens, M. Joseph, directeur de l'école de masso-kinésithérapie et le vice-recteur. L'assemblée *souligne l'urgence des problèmes posés par la Faculté de médecine, ratifie la motion du 17 mai s'associant ainsi à l'ensemble des étudiants, demande que des contacts soient pris pour qu'une action parallèle s'exerce au niveau des autres facultés, demande la création rapide de commissions chargées d'étudier l'enseignement, les stages hospitaliers, la finalité de la Faculté de médecine à l'intérieur de l'Institut catholique, les relations avec les écoles paramédicales.*

Au sein du *comité provisoire* créé par la motion du 17 mai, les membres du secteur hospitalier élisent cinq représentants : ce sont les Drs Michel Bayart, Philippe Choteau, Jacques Cousin, Raphaël Fenart et Eugène Henninot.

Invité le 21 mai 1968 à une réunion extraordinaire du Conseil de faculté au complet autour du doyen J. Camelot, André Podevin lit la motion du 17 mai. La discussion est vive : certains professeurs se disent choqués *des procédés contraignants ou des propos abusifs* attribués aux étudiants ; d'autres au contraire indiquent le sérieux des discussions auxquelles ils ont pu participer et beaucoup jugent nécessaire la présence des professeurs au sein des comités de réforme suscités par le mouvement étudiant. Lors d'un premier vote, la motion est adoptée à l'unanimité des suffrages exprimés. Un second vote nomme les cinq représentants des professeurs : Gustave Routier, Jacques Liefooghe et Jean-Bernard Van Nieuwenhuyse qui travaillent depuis plusieurs mois sur les problèmes de la Faculté, ainsi que Lucien Croccel et Anne Pauli.

Ainsi les évènements de mai 68 sont-ils diversement appréciés des membres de la Faculté. En dehors du ton quelque peu comminatoire de leurs revendications, les étudiants sont restés calmes. L'occupation de la Faculté a été toute pacifique et la fille d'un patron qui est venue avec son sac de couchage dormir dans le grand amphi ne craignait pas grand' chose. Tous sont frappés par l'ampleur de la contestation[3]. Certains s'opposent avec vigueur au mouvement. Le Pr Delerue s'indigne de ce que l'on puisse dire : *Le pouvoir vient de la base !* Le Pr Paget est le plus virulent : il rappelle qu'il n'a pas voté la motion du 17 mai. Il refuse toute autorité à ce comité provisoire et clame qu'il faut se désolidariser de tout le mouvement. D'autres enfin ne cachent pas leur inquiétude et cherchent une solution de repli : un mas en Provence ou un vieux presbytère en Aveyron.

Le 22 mai, une nouvelle assemblée générale rassemble cette fois tous les étudiants des Facultés catholiques et élabore une nouvelle motion : *Les Facultés de médecine, sciences, lettres, sciences économiques et les écoles affiliées IESEG et ESTIT et ESBT*[4]*, soucieuses de l'avenir des Facultés catholiques, jugent une réforme indispensable dans leur situation actuelle. C'est pourquoi elles demandent la cogestion de l'Institut catholique :*

3.– Venu à une réunion étudiante, un professeur de la faculté d'État observait : *Il y a plus de monde ici qu'à mon cours...*

4 – Écoles de gestion, d'ingénieurs et de secrétariat.

- *Participation effective et égale des représentants, des administrateurs, des professeurs et des étudiants à la gestion de l'Institut catholique, de chaque école et Institut.*
- *Introduction dans les statuts de conseils tripartites qui auront à décider la politique universitaire, financière et administrative au niveau de l'ensemble comme au niveau de chaque Faculté, École et Institut.*

Dans cette optique, les étudiants ne peuvent pas admettre la décision prochaine d'une réforme des statuts sans leur participation.

En conséquence, ils demandent la création dans les plus brefs délais d'un conseil tripartite chargé d'établir la cogestion.

Les choses avancent : la Commission tripartite, demandée au recteur Mgr G. Leclercq et obtenue par les étudiants le 23 mai, se réunit pour la première fois le 27. Ses membres se mettent d'accord sur les conclusions qu'ils doivent faire ratifier par leurs mandants :

- *Chaque faculté possède son autonomie de direction et de gestion, c'est-à-dire définit sa propre politique et les moyens de la réaliser dans les limites des possibilités qui lui sont allouées.*
- *Au niveau de l'Institut catholique est acquis le principe de la constitution d'un comité central de gestion ou de direction, formé des représentants des comités respectifs de chaque faculté.*

Le 29 mai, les évêques du Conseil supérieur de l'Université font savoir par un communiqué qu'ils sont d'accord avec le principe de la cogestion tel qu'il est défini par les étudiants. Lors d'une deuxième réunion le 1er juin, la Commission confirme la création de ce comité central de gestion formé des autorités académiques et des représentants des comités de gestion des facultés. Il a pour mission d'élaborer la politique générale de l'Institut catholique et d'en établir le projet de budget qu'il présente au Conseil d'administration.

Une fois encore, l'atmosphère est tumultueuse au Conseil de faculté. Le Pr Paget, approuvé par d'autres membres du Conseil, refuse l'idée de toute participation des étudiants au budget de la Faculté et même de tout droit de regard. Il dénie toute autorité à la Commission tripartite et estime que la situation politique est telle qu'il est préférable de temporiser. Toutefois, le Conseil se prononce sur la représentation d'un de ses membres à la Commission tripartite et, par un second vote, entérine le choix du Pr Liefooghe.

Le 2 juillet, avant de se séparer jusqu'au 8 octobre, le Conseil discute des propositions du *conseil provisoire* concernant la composition et les compétences des comités de gestion et, *in fine*, estime que *le texte ne lui paraît pas suffisamment étudié pour qu'il puisse se prononcer de façon valable.* On temporise donc et c'est tout à fait rasséréné que l'on part en vacances...

C'est que le vent a tourné : le discours du 30 mai du général de Gaulle, la manifestation massive de soutien au gouvernement, puis les élections de juin amenant au Parlement une très large majorité gaulliste, mettent fin au mouvement : né d'un malaise profond, aggravé par *la subversion*[5], stoppé par ce *retournement de la peur,* Mai 68 est terminé, laissant derrière lui les accords de Grenelle[6] aux conséquences économiques majeures et un esprit « soixante-huitard » de contestation systématique, qui persiste aujourd'hui encore chez quelques nostalgiques... Cependant, pour la Faculté, quelque chose a changé et se fait jour pour elle un espoir de reconnaissance et d'autonomie, bref des jours meilleurs, un paradoxe que n'auraient sans doute pas compris les agitateurs de Nanterre et de la Sorbonne.

En raison des évènements, les examens ont été reportés. Deux sessions sont prévues en septembre et en octobre. Les résultats de la session de septembre sont franchement mauvais : 57 reçus sur 98 en CPEM, 3 sur 28 en 4e année, mais ces échecs sont pour la plupart réparés en octobre. À l'issue de ces examens, 30 étudiants demandent leur transfert, le CPEM étant acquis, mais, au Conseil de la faculté des Sciences, l'abbé Lys estime que ces étudiants étaient décidés à partir pour la faculté d'État dès leur première inscription en CPEM.

Entre-temps, dans une déclaration commune, le 8 août 1968, les ministres de l'Éducation nationale et des Affaires sociales confirment *leur accord pour l'exercice, dès la rentrée prochaine, de fonctions hospitalières pour tous les étudiants en médecine à partir d'un certain niveau de formation, le concours de l'externat étant supprimé [...] Le certificat préparatoire aux études médicales serait placé sous l'autorité des facultés de médecine, les programmes en seraient diversifiés en fonction de l'origine des étudiants et de leurs perspectives d'avenir. Les ministres ont décidé de mettre à l'étude le remplacement progressif du CPEM et de l'actuelle première année d'études médicales par un premier cycle de deux années.* Une nouvelle réforme des études médicales est donc annoncée[7].

À la rentrée d'octobre 1968, on apprend donc qu'un projet de loi est en discussion et que des amendements sont prévus pour insérer les Instituts catholiques dans le cadre d'une loi d'orientation. Dans cette attente, après avoir pris connaissance d'un projet de statuts, la Faculté doit se prononcer sur la création de la Commission permanente de gestion, sa composition et ses fonctions. De nouveau, craignant que cette commission ne dessaisisse le Conseil de faculté de ses prérogatives, quelques professeurs s'y opposent. Par un premier vote, le principe de la Commission permanente est adopté par 15 voix contre 12. Des amendements sont proposés qui augmentent la

---

5 – Le mot est de Ch. de Gaulle dans son discours du 30 mai, d'une durée de quatre minutes et demie... qui fait appel à *l'action civique* et dénonce *le communisme totalitaire qui s'apprête à prendre le pouvoir en utilisant l'ambition de politiciens au rancart,* propos visant en particulier F. Mitterrand...

6 – Les accords de Grenelle accordaient une augmentation de 35 % du SMIC, de 10 % des salaires, ainsi qu'une quatrième semaine de congés payés : les comptes-rendus du Conseil d'administration de l'Université font état des lourdes conséquences financières de ces accords.

7.– Nous en verrons plus loin la mise en application. D'autre part, les ministres ont donné leur accord à la *sectorisation* de la Faculté de médecine de Paris. Ce sera chose faite par le décret du 27 nov. 1968 créant dix facultés parisiennes.

représentation des professeurs et conservent un rôle prépondérant au doyen : ils sont adoptés par 23 voix sur 25.

La Commission permanente comprend neuf membres : cinq membres du Conseil de faculté (le doyen, deux professeurs titulaires, deux agrégés), deux représentants du *secteur intermédiaire,* c'est-à-dire les médecins et pharmaciens hospitaliers ayant terminé leur scolarité et les enseignants non professeurs, et deux étudiants. Un moment envisagée, la participation d'un médecin ancien étudiant de la Faculté n'est finalement pas retenue. Les professeurs gardent donc la majorité absolue et le doyen conserve un rôle important : il préside aux délibérations de la Commission et en dirige les activités. Délégué général de la Commission, il représente la Faculté au Comité central de gestion de l'Institut catholique avec deux autres délégués : un professeur et un étudiant qui seront respectivement Jean-Bernard Van Nieuwenhuyse et André Podevin, président de l'ACEM.

Le rôle de la Commission permanente est ainsi défini : elle élabore la politique générale de la Faculté, établit un projet de budget provisionnel en tenant compte des ressources communes de l'Institut catholique de Lille (ICL) et de ses ressources propres qu'elle cherche à développer ; elle gère le budget de l'année en cours, le Comité central de l'ICL exerçant un contrôle *a posteriori* ; elle organise en outre le fonctionnement de la Faculté en ce qui concerne l'enseignement théorique et pratique à la fois dans les sciences fondamentales et cliniques ; elle suscite et harmonise les programmes de recherche, et d'une façon générale toutes les activités relevant de la Faculté de médecine et de pharmacie.

Après adoption de ces règlements, un dernier vote désigne les représentants de la Faculté à la Commission permanente : les titulaires sont les Prs Paul Langeron et Jacques Liefooghe, les agrégés Jacques Crinquette et Jean-Bernard Van Nieuwenhuyse. La première réunion de la Commission se tient le 18 octobre. Il semble donc que le Conseil de faculté ne conserve que le pouvoir de recruter et de nommer *des professeurs dans la limite des places disponibles* : ces nominations sont soumises à la ratification du Conseil supérieur pour les professeurs et du recteur pour les autres postes (attachés, assistants, chef de travaux, etc.). En fait, à la tête du Conseil et de la Commission permanente, le doyen reste le maître à bord.

Un comité de coordination et d'expansion du secteur médical est également prévu : il s'agirait d'un organisme de contact et de coordination à l'intérieur de l'ensemble hospitalo-universitaire et à l'extérieur, dans le cadre des rapports avec les autres universités et même avec d'autres secteurs de la vie publique (industrie, information, politique). Il comprendrait les membres de la Commission permanente, deux représentants de chaque hôpital dont au moins un médecin, le directeur ou la directrice de chaque école du secteur et des personnalités étrangères cooptées par les autres membres. Il se réunirait deux fois par an au début et à la fin de l'année universitaire. En fait, ce comité n'a jamais été constitué.

La loi Edgar Faure

Le 12 novembre 1968, est promulguée la loi d'orientation de l'enseignement supérieur, dite loi Edgar Faure. Empreinte de l'esprit soixante-huitard, réalisant *une révision déchirante* selon les termes de son auteur, elle rompt avec la tradition universitaire en créant des établissements d'un type nouveau : *les établissements publics à caractère scientifique et culturel.* Les anciennes facultés disparaissent au bénéfice des *Unités d'enseignement et de recherche* (UER).

Les grands principes de la loi sont l'autonomie administrative, pédagogique et financière, la participation à la gestion du corps enseignant, des personnels, des étudiants et même de personnes extérieures à l'établissement dans des Conseils d'université, la pluridisciplinarité grâce au regroupement des UER et au remodelage des universités. Dans le titre II de la loi, les articles 3 et 4 revêtent une importance particulière pour la Faculté. L'article 3 précise : *lorsque les UER ne constituent pas des établissements publics, elles bénéficient des possibilités propres de gestion et d'administration qui résultent de la présente loi et des décrets pris pour son application* et l'article 4 ajoute : *les universités et autres établissements publics à caractère scientifique et culturel relevant du ministre de l'Éducation nationale peuvent passer des conventions avec d'autres établissements publics et privés.* Le titre IV enfin traite de l'autonomie pédagogique des universités à laquelle prétend l'Université catholique.

Dès la promulgation de la loi, le sénat académique de l'Université catholique forme deux commissions : l'une pour étudier la réforme interne de l'Université catholique, l'autre pour assurer l'insertion de l'ensemble universitaire dans le cadre de la loi.

En attendant les décrets d'application, il est nécessaire de prévoir les modalités d'examen pour l'année 68-69 et de prendre des *mesures transitoires* : après les premiers contacts pris par Mgr Julien Gouet[8] et après des conversations avec le Pr Antoine Beau, doyen de la faculté de Nancy, dont les intentions semblent favorables, une commission ministérielle est constituée par l'arrêté du 17 décembre 1968 : elle est composée du directeur des enseignements supérieurs, de quatre membres des universités officielles dont le doyen Beau et de quatre membres des universités catholiques dont M. Norbert Segard, doyen de la faculté des sciences. Le doyen Camelot fait parvenir à ce dernier une note : se réclamant du titre IV de la loi accordant l'autonomie pédagogique aux établissements d'enseignement supérieur, il demande que les facultés libres puissent organiser leur enseignement, c'est-à-dire le choix des sujets et la manière de les traiter, qu'elles puissent assurer le contrôle continu des connaissances et que, lors des examens terminaux, un régime particulier soit appliqué à leurs étudiants, c'est-à-dire dans les mêmes matières et suivant le même déroulement que les étudiants des facultés de l'État, mais pas nécessairement dans les mêmes sessions, dans les mêmes locaux et devant les mêmes jurys. Il obtient partiellement

8 Mgr Julien Gouet : évêque auxiliaire du cardinal archevêque de Paris, chargé des relations avec le ministère par la Commission épiscopale du monde scolaire et universitaire, puis évêque du Mans, démissionnaire en 1982.

satisfaction : la circulaire du 25 avril 1969 établit que les étudiants des facultés libres bénéficieront d'une session spéciale, de jurys spéciaux et qu'ils seront interrogés sur les programmes enseignés à la Faculté, sous réserve qu'ils soient conformes à la réglementation en vigueur. De plus, les résultats des contrôles partiels seront communiqués aux jurys officiels. Toutefois, la demande de M. Segard permettant aux facultés libres d'assurer elles-mêmes les examens de passage d'une année à l'autre, la faculté officielle se réservant l'examen de passage d'un cycle à l'autre et les examens terminaux, n'est pas acceptée ; de même, l'État se réservant l'intégralité de la collation des grades, il ne peut être question de rétablir les jurys mixtes.

Cependant, le progrès est sensible et les résultats des examens de 1969 sont jugés excellents, en dehors de la sélection habituelle en fin de première année. En mars, un examen partiel s'est déroulé à Lille en présence de deux professeurs de Nancy qui emportent les copies pour leur correction par des enseignants nancéiens.

Après les évènements, la vie de la Faculté a repris son cours. Dans l'attente de nouveaux statuts, le doyen J. Camelot, qui a gardé le cap pendant la tempête, est prorogé. Comme se profile l'esquisse d'un nouveau régime des études en deux cycles, il s'adjoint deux assesseurs, le Pr J. Liefooghe pour le premier cycle, le Pr P. Langeron pour le second.

Nouveaux statuts

La perspective d'une autonomie croissante de la Faculté nécessitait donc l'adoption de nouveaux statuts. Une commission de huit membres dont le rapporteur est le Pr Jean Saout s'attelle à la tâche : le thème principal de discussion est l'inamovibilité des titulaires de chaire, principe traditionnel, mais contesté depuis longtemps et pratiquement abandonné dans les facultés officielles avec la création des unités d'enseignement et de recherche. Il apparaît que le titre de professeur doit rester inaliénable, mais que, pour diverses raisons que le rapport énumère : *mandarinat, autorité tyrannique d'un titulaire bridant les initiatives des plus jeunes, carence du titulaire par sclérose intellectuelle ou paresse, etc.*, les fonctions d'enseignement peuvent être remises en question périodiquement.

Les nouveaux statuts sont adoptés en novembre 1969. La hiérarchie professorale ne comporte plus que deux échelons : agrégés et titulaires. Le maintien de l'agrégation est essentiel : recrutés par concours, les agrégés, ou maîtres de conférences agrégés, sont nommés par le recteur pour neuf ans. Seuls sont dispensés du concours les docteurs ès sciences et les docteurs d'État en pharmacie. Les professeurs titulaires sont choisis parmi les agrégés ayant au moins trois ans d'exercice ; ils sont nommés par le recteur ou le Conseil supérieur sur présentation par le Conseil de faculté. En principe, en 1969, leurs fonctions leur sont attribuées pour cinq ans, mais cette disposition ou toute autre visant à remettre en question le principe d'inamovibilité n'a jamais été appliquée. L'âge de la retraite reste fixé à 70 ans.

Une nouvelle catégorie de professeurs est créée : celle des professeurs associés. Choisis parmi des personnalités connues pour leurs titres scientifiques, ils sont nommés par le recteur pour une durée limitée, sur présentation du Conseil de faculté[9]. Les chargés de cours sont également nommés par le recteur sur proposition du Conseil de faculté qui peut désigner directement les chargés d'enseignement.

Les personnes qui, à la date de promulgation des statuts, étaient professeurs suppléants ou adjoints en vertu d'une nomination antérieure, sont nommées professeurs titulaires. Cette mesure est contestée par le recteur qui exige des titres suffisants, une activité à temps plein, la participation à une équipe et l'adhésion aux finalités de l'Université catholique, mais ces exigences, valables pour les professeurs de sciences et de lettres, paraissent inapplicables en médecine, en particulier l'activité à temps plein : le Sénat académique s'alignera finalement sur cette position défendue par Norbert Segard et Henri Batteur . En 70-71, neuf professeurs sont donc titularisés : R. Becquet, J. Crinquette, J. Delerue, M. Gaudefroy, A. Pauli, J. Saout, G. Vincent, L. Croccel et G. Routier ; ce dernier venait d'être nommé suppléant en octobre 1969.

Jacques Liefooghe

Le doyen et ses assesseurs sont élus par un collège comprenant l'ensemble des professeurs, titulaires et agrégés, huit délégués élus par le secteur intermédiaire et deux délégués étudiants par promotion. Ainsi, en mai 1970 et pour la première fois, le doyen est élu par un collège tripartite. Le Pr Camelot a donné sa démission pour raisons de santé et le Pr Henri Batteur a assuré l'intérim pendant six mois. Deux candidats sont en présence et exposent leur programme devant les trois collèges électoraux : H. Batteur d'une part, partisan du *statu quo* et soutenu surtout par les professeurs les plus anciens et quelques médecins hospitaliers, J. Liefooghe d'autre part, partisan de l'ouverture et d'un accord avec la faculté de Lille-État, soutenu par les professeurs plus jeunes et les étudiants : ce dernier est élu doyen. Réélu à trois reprises, il va rester douze ans à la tête de la Faculté, aidé de ses assesseurs, Paul Giard, Paul Langeron, puis Jacques Cousin et Albert Dutoit. Bénéficiant certes de la durée et de circonstances favorables, mais plus encore de la volonté, de la persévérance, du travail de son titulaire, de son esprit de concertation et de sa foi en l'avenir, ce long décanat – un record de durée - va sortir la Faculté de son marasme, créer les conditions de son développement et, en définitive, lui ouvrir les portes de l'avenir.

9 – Ainsi, le Dr Jean Dumoulin, de Charleroi, a été nommé maître de conférences associé, puis professeur associé en 1975.

Dans le même temps, au sein de l'ensemble universitaire de la Catho, s'est mis en place un Conseil universitaire provisoire (CUP). Son président est le Pr Christian Vittu, son secrétaire le Pr Jacques Liefooghe. Il forme plusieurs commissions dont les travaux sont soumis régulièrement à une assemblée générale. Ceux-ci aboutissent à une réforme profonde des statuts de l'ensemble et à la création de la fédération universitaire et polytechnique de Lille (FUPL), association d'Écoles et de Facultés catholiques. C'est encore le titre légal de l'Université catholique aujourd'hui.

Le corps professoral

On conçoit que pendant ces 12 années, les départs et les nominations ont été nombreux. On nous pardonnera cette longue énumération, mais, pour beaucoup d'entre nous, ces noms évoquent les visages, parfois sévères, mais le plus souvent bienveillants, de nos maîtres, de nos confrères ou de nos amis[10].

Le Pr G.Vincent père disparaît en 1970. En 1974, c'est le Pr Germain Desorgher qui meurt prématurément à l'âge de 65 ans. En 1978, la Faculté perd les Prs Georges Didier, le chanoine Jean-Marie Lys et M. Michel Delannoy. L'année suivante, le Pr Pierre Brygoo disparaît, âgé de 57 ans, et en 1981, le Pr Jacques Delerue, quelques mois seulement après son départ en retraite[10].

Les départs en retraite sont plus nombreux encore : les Prs J. Dereux et H. D'Hour en 1969, A. Danès et M. Paget en 1976 : ce dernier, après 50 années d'enseignement à la Faculté, donne son dernier cours aux étudiants en médecine, en costume académique, mais refuse toute cérémonie d'adieu. En 1977, ce sont les Prs J. Camelot doyen honoraire, P. Lamelin, V. Cordonnier (prorogé jusqu'en fin 78), Mlle A. Clerc. À son départ en 1978, le Dr E. Henninot lègue à la Faculté un fonds de bibliothèque d'un grand intérêt, en particulier la collection des thèses de Paris ayant appartenu au Dr Récamier (considéré comme le père de la gynécologie moderne et cousin de la célèbre Mme Récamier). En 1979, c'est le tour du Pr R. Becquet, puis, en 1980, des Drs Moitel stomatologue, Depaepe orthodontiste, Denis du Péage, pédiatre à Saint-Antoine et chef de travaux d'anatomie pathologique et enfin en 1981 des Prs A. Fournier et H. Batteur.

En 1970, le corps professoral compte 26 professeurs dont 16 titulaires. En 12 ans, une quinzaine d'agrégés ont été recrutés : ce sont en 1968 Jean

10 – Il nous faut signaler aussi, dans notre ensemble hospitalier et universitaire, les décès du Dr Jean-Marie Pascal, (ancien secrétaire de la Faculté, 1971), du Dr Jean Payelleville (radiologiste à Saint-Philibert, 1971), du Dr Paul David (dermatologue et ancien secrétaire général du Journal des Sciences médicales de Lille, 1973), de M. Henri Claeys, maître de conférences en pharmacie, des Drs Antoine Lavrand (ORL à Saint-Antoine, 1976), Bernard Leuridan (chef de clinique médicale, 1976 à 38 ans), Jean Béra (radiologiste à la Charité, 1977), Jules Defaux (maître de conférences de bactériologie, 1977), Maurice Lescaux (ophtamologiste à Saint-Philibert, 1977) et en 1982, de M. Maurice Callens (chef de travaux de biochimie,) et du Dr André Buisine (premier chef de clinique de pédiatrie). Et encore, le décès accidentel d'un jeune interne, Jean-Luc Lamoril et de son épouse, le jour de Noël 1969.

Callens et Joseph Ampe (chirurgie), en 1971-72, Philippe Choteau (neuro-psychiatrie), Jacques Cousin (médecine infantile et pédiatrie préventive), Michel Bayart (chirurgie générale, affecté à l'hôpital Saint-Antoine), Bertrand Vinchon (orthopédie et traumatologie, affecté à Saint-Antoine et à Saint-Philibert) ; en 1973, Pierre De Beer (dermatologie) ; en 1975, Marc Duhamel (bactériologie) ; en 1977, Louis Corette (gynécologie), Albert Dutoit (médecine interne), Jean-Louis Dhondt (biochimie) ; en 1980, Colette Creusy-Guilbert (anatomie pathologique) et Bernard Filoche (gastro-entérologie) et enfin, en 1981, Michel Delcroix (obstétrique) et Henri Ducoulombier (pédiatrie et maladies infectieuses). Tous seront titularisés après le délai minimum exigé de trois ans.

Avec l'ouverture du nouvel hôpital Saint-Philibert en 1977 et répondant à un besoin de plus en plus affirmé d'efficacité, l'option du temps plein hospitalo-universitaire commence à se développer. En 1974, le Pr C. Vittu opte pour le temps plein pour ses fonctions à la Faculté et au laboratoire Saint-Philibert. Dans la chaire de physiologie, le Pr J. Liefooghe se consacre entièrement à l'enseignement, à la recherche et… aux tâches administratives. Puis, dès que les nouveaux statuts des établissements hospitaliers le leur permettent, plusieurs professeurs de clinique optent pour le temps plein : Paul Langeron, chef du service de chirurgie à Saint-Philibert (1976), Jacques Delerue en obstétrique, Henri Batteur qui devient chef du service d'urologie, Jacques Cousin en pédiatrie (1978), Albert Dutoit en cardiologie et médecine interne (1980), Henri Ducoulombier en pédiatrie (1981).

Les bâtiments

En 1971, un changement important intervient dans la disposition des locaux : le majestueux grand amphithéâtre, dont la voûte culminait à 19 mètres, est scindé en deux dans le sens de la hauteur, permettant la création de deux amphithéâtres, l'un de 192 places, l'autre de 174 places. Sous la direction de l'architecte M. Emmanuel Maes, les travaux sont terminés le 18 octobre 1971, mais les amphis ne seront « baptisés » que le 10 décembre 1972, à l'occasion de la Journée des anciens de la Faculté : l'amphithéâtre du rez-de-chaussée porte le nom de Camille Feron-Vrau, fondateur de la Faculté, l'amphi supérieur celui du professeur Léon Langeron. La cérémonie se déroule en présence de Mgr Adrien Gand, évêque de Lille et chancelier de l'Université, du Pr Henri Warembourg, président de l'université de Lille II – Droit et Santé et du Comité de coordination des UER de sciences médicales, ainsi que des autorités académiques.

À la même date, on refait complètement les laboratoires de travaux pratiques de chimie, mais *il reste beaucoup à faire pour l'extension et l'équipement des laboratoires d'enseignement et de recherche.*

En 1974-75, un local de bibliothèque est aménagé dans l'ancienne salle de matière médicale au 1er étage de l'aile droite ; c'est une salle de travail de 50 à 60 places où l'on trouve les ouvrages usuels et les revues non spécialisées. Une bibliothécaire à mi-temps, Mme Leclercq, est recrutée.

En 1976-77, la salle du conseil, le bureau du doyen et celui de sa secrétaire, le secrétariat de la Faculté sont entièrement refaits en façade de l'immeuble, à la place qu'ils occupent aujourd'hui. Dans le vestibule, est aménagé un petit musée, avec les vitrines gothiques déplacées de la salle de matière médicale : il est inauguré à l'occasion du centenaire de la Faculté. La salle des travaux pratiques, commune à l'histologie et à l'anatomie pathologique est également refaite et les microscopes remplacés par lots d'une dizaine à la fois. Enfin, en 1978-79, sont construits dans le prolongement de l'aile gauche du bâtiment une vaste salle de cours et, en sous-sol, une salle de dissection moderne avec ses annexes.

L'enseignement

Conformément à l'annonce faite par les ministres concernés en août 1968, la circulaire du 7 octobre 68 crée **un premier cycle** d'études médicales d'une durée de deux ans. Outre les sciences fondamentales, l'enseignement comprend les matières suivantes : histologie, embryologie, anatomie, physiologie, psychologie. En 1969, s'y ajoute la sémiologie ; un stage de *soins élémentaires* dit *stage infirmier* d'une durée d'au moins un mois est prévu dès la 1re ou la 2e année.

Désormais, ce sont les facultés elles-mêmes qui déterminent leurs programmes, la répartition des horaires entre les différentes matières et entre les enseignements théorique, pratique et dirigé, ainsi que les modalités de contrôle des connaissances. Un arrêté ultérieur du 16 mars 1969 précise que la vérification des connaissances peut se faire par contrôle continu, par examens partiels ou par un examen terminal, deux ou trois de ces procédés pouvant être utilisés à la fois.

L'externat étant supprimé, les étudiants de 3e, 4e et 5e années exercent des fonctions hospitalières dans les services de médecine, chirurgie, spécialités et biologie des CHR, mais également dans des services d'hospitalisation publics ne faisant pas partie des CHR et dans des services d'hospitalisation ou organismes à but non lucratif après accord entre le doyen de la faculté et le directeur de l'établissement. Ces mesures sont mises en place en 1968-69 pour la 1re année et en 1969-70 pour la 2e année.

Le décret du 15 septembre 1968 signé par M. Olivier Guichard, ministre de l'Éducation nationale, est particulièrement intéressant pour la Faculté libre : après avis de la section permanente du Conseil de l'enseignement supérieur et du Conseil d'État, il confirme la circulaire du 25 avril et s'adresse aux étudiants inscrits dans les établissements libres d'enseignement supérieur et candidats à des diplômes nationaux. Ils passeront certes leurs examens devant des professeurs ou des jurys de l'État, mais ceux-ci recevront communication des programmes enseignés dans les établissements qu'ils fréquentent et les prendront en considération sous réserve qu'ils soient conformes à la réglementation en vigueur. Ils tiennent compte des résultats obtenus par ces étudiants aux contrôles périodiques ou continus organisés en cours d'année dans les établissements qu'ils ont fréquentés.

En juillet 1970, intervient la réforme des études médicales créant le **2e cycle** : la 1re année de ce 2e cycle de quatre ans comprend un enseignement bioclinique général et une initiation à la pathologie. Au cours des trois années suivantes, l'enseignement de la pathologie et de la thérapeutique est réparti en une douzaine de « certificats » à validation indépendante. Cette réforme est exploitée immédiatement par la Faculté et une nouvelle organisation des enseignements ainsi que de nouvelles modalités d'examen sont proposées à la faculté de tutelle ; après discussion avec le doyen de la Faculté de médecine et les directeurs des UER de sciences médicales de Nancy, un arrêté définit les modalités des enseignements et des examens à la Faculté libre de Lille pour l'année 1970-71. Ce texte officiel confirme encore son autonomie pédagogique : c'est un réel progrès. Le déroulement de l'année s'effectue alors sans incident majeur : toutes les difficultés de parcours trouvent une solution grâce à la compréhension des directeurs d'UER et de leur secrétariat. Une partie des examens semestriels et annuels peut d'ailleurs se dérouler à Lille sous le contrôle des délégués des UER de Nancy. Dès 1970-71, la Faculté peut proposer des certificats optionnels en dermatologie, ORL, ophtalmologie, stomatologie, disciplines qu'elle considère comme essentielles pour la formation des futurs praticiens de médecine générale. Dans ces conditions, malgré la bienveillance des nancéiens, la signature de telles conventions avec l'UER de Lille et le retour à Lille semblent désormais possibles.

Des contacts sont donc pris avec le président H. Warembourg et les directeurs des trois UER médicales de Lille dès septembre 1970, mais les discussions sont assez vives dans les Conseils de faculté et les UER ; elles ne deviennent réellement constructives qu'à partir de mai 1971. La décision est singulièrement facilitée par le vote de la loi du 12 juillet 1971. Dans son article 2, cette loi, complétant la loi d'orientation d'Edgar Faure stipule : *les conventions auront notamment pour objet d'étendre aux étudiants des établissements privés les modalités de vérification des aptitudes et des connaissances prévues pour ceux des établissements d'enseignement supérieur public [...] et d'assurer à ces étudiants les conditions d'autonomie pédagogique*. Elles devraient permettre de participer au contrôle des connaissances de leurs étudiants.

La convention signée le 15 novembre 1971 avec l'Université du Droit et de la Santé et les UER des Sciences médicales de Lille est un évènement important et un véritable tournant dans la vie de la Faculté libre. Les examens sont désormais passés devant des jurys constitués par les UER de Lille avec la participation de professeurs de la Faculté libre. Un arrêté du 7 janvier 1972, signé du président de l'Université du droit et de la santé de Lille en qualité de président du Comité de coordination des études médicales (institué par une loi du 5 août 1970) établit dans le détail les modalités des enseignements et des examens. Une fois par an, le comité mixte permanent prévu par cette convention se réunit pour examiner les problèmes soulevés par l'application du texte : ces réunions se déroulent dans un climat de compréhension et d'estime mutuelles.

Quelques jours plus tard, une autre convention met un terme aux difficultés hospitalières. Ces deux conventions instaurent ainsi avec les organes officiels de la région des rapports normaux. Elles mettent aussi fin à une longue collaboration, de près de 20 ans, avec la faculté de médecine de Nancy, mais, écrit le doyen Liefooghe : *Nous n'oublions pas pour autant la reconnaissance que nous lui devons pour l'aide qu'elle nous a apportée dans une période difficile de notre histoire*[11].

En pratique, en 1971-72, seuls les examens cliniques de 6e année et les examens de 5e année ancien régime se déroulent encore à Nancy. L'année suivante, les examens cliniques sont passés à Lille devant des jurys mixtes constitués de deux professeurs des UER et un professeur de la Faculté libre.

Cette normalisation n'est sans doute pas étrangère à l'accueil en mai 1980 du doyen de la Faculté libre au sein de la Conférence des doyens des facultés de médecine françaises, une reconnaissance explicite par ses pairs de son existence.

Stages auprès du praticien

Durant l'année 70-71 et pour la première fois en France, et en même temps que la faculté de Tours, la Faculté organise un stage étudiant auprès des praticiens : sept étudiants volontaires de 5e et 6e années ont ainsi participé pendant une semaine à l'activité de praticiens également volontaires, dûment choisis et informés : témoins et spectateurs, ils n'effectuent bien sûr aucun acte médical. Dès cette première expérience, le bénéfice semble évident pour les uns et les autres. Au cours d'une rencontre entre étudiants et médecins, tous font part de leur satisfaction, d'un apport important pour l'étudiant, ainsi que de l'absence de difficultés avec la clientèle, si bien que l'expérience est reprise et étendue en 1971-72.

En mars 72, elle fait l'objet d'un article du *Concours médical* et d'un rapport du Dr Lernout au Conseil national de l'Ordre des médecins dont il est vice-président. En avril, elle est présentée par le doyen J. Liefooghe au 1er Salon français de la médecine (MEDEM).

Nouveaux objectifs

Réélu en septembre 1973, le doyen J. Liefooghe fait le bilan de son premier décanat et définit les grandes orientations. Sur le plan universitaire, il plaide pour une plus grande ouverture, une coopération accrue avec les UER des Sciences médicales qui ne soit pas à sens unique, bien que, estime-t-il, *il reste des oppositions plutôt ponctuelles et personnelles que systématiques, mais nous sommes persuadés qu'elles se réduiront petit à petit.* Il affirme que notre objectif universitaire essentiel est la formation de médecins généralistes et souhaite développer des initiatives dans ce sens : stages près du praticien, enseignement spécifique des certificats optionnels, mise en place progressive d'un 3e cycle préparant à la médecine praticienne, intéressement des praticiens aux activités de la Faculté.

Un des soucis constants du doyen est l'amélioration de la pédagogie. Pour cela, il participe depuis sa création en 1962 aux travaux de la société d'information et de recherche pour l'éducation médicale, fondée par le Pr Jean Gosset, et prend de nombreuses initiatives pédagogiques, en physiologie d'abord, puis dans l'ensemble des disciplines : utilisation plus

11 – J. Liefooghe : *Rapport sur les activités de la Faculté de médecine en 1971-72.*

large des moyens audiovisuels, mise en place de groupes de travail, participation des étudiants aînés à l'encadrement des plus jeunes, etc. Une commission pédagogique fonctionne dès lors, régulièrement et efficacement : ainsi, des journées de réflexion pédagogique sont organisées. En 1974, deux professeurs, Christian Vittu et Jacques Cousin, participent à la 1re session de perfectionnement en pédagogie médicale à Dakar et, à leur retour, un groupe de travail se constitue pour promouvoir le progrès pédagogique. Suivent quelques réalisations concrètes : développement du fonds de bibliothèque, création d'un service de polycopie, équipement en matériel audiovisuel, collecte de diapositives dans plusieurs disciplines, prise en charge par la bibliothèque de films médicaux. En mars 1978, une journée pédagogique groupant une cinquantaine de participants traite des stages hospitaliers et aboutit à la définition des objectifs des stages dans les différents services accueillant les étudiants.

Une autre préoccupation est l'affirmation de la spécificité chrétienne de la Faculté qui n'est encore que le sujet de quelques cercles de réflexion et de quelques participations individuelles à des sessions, conférences ou à des ouvrages d'inspiration chrétienne. Les efforts de sensibilisation, tant au Conseil de faculté qu'à la Commission de gestion et dans divers groupes d'étudiants tardent à porter leurs fruits. Toutefois, une première journée de réflexion se tient le 7 avril 1974 sur le thème des relations à l'hôpital, à l'exclusion des relations médecin-malade. Certes, l'ouverture chrétienne n'est pas au premier plan de cette réunion, mais elle constitue un début encourageant. En 1975, se constitue une commission d'enseignants, d'anciens et d'étudiants, dirigée par le Dr Bernard Leuridan ; elle organise en avril à l'école d'agriculture de Genech une journée de réflexion sur la formation humaine et chrétienne dans la Faculté. Réunissant 40 participants dont 30 étudiants, elle aborde la question : *Comment envisager la formation humaine du médecin aujourd'hui* ? à travers des questions pratiques ; stage infirmier en fin de 2e année, reprise des stages auprès du praticien, accueil des nouveaux stagiaires dans les hôpitaux, intéressement des étudiants de 2e année à certaines activités médicales et médico-sociales (visites de laboratoires, d'IMP, de centres sociaux). Cet effort de formation humaine se poursuit les années suivantes et, durant le 1er trimestre 75-76, la commission *Formation humaine* formée en majorité d'étudiants, réunit six tables rondes avec 50 à 120 participants sur divers sujets : la médecine scolaire, le médecin et la mort, la médecine libérale, la relation médecin-malade, les femmes médecins, droits et responsabilités du médecin. La session de Genech du 7 mars 1976 est consacrée à *la tolérance.* Prise en mains par l'ACEM, la commission aborde encore d'autres questions en 77-78 : stages de formation au secourisme, médecines parallèles, groupes de réflexion sur l'idéal médical et le travail hospitalier, groupe de réflexion spirituelle, soirée consacrée au problème des handicapés, débat autour de *Medicus mundi.* En 1978-79, la principale réunion est consacrée à la médecine de groupe.

Une dernière préoccupation du doyen est la recherche, encore trop insuffisante à la Faculté, sans doute par manque de moyens. En 1978, est créé un *Conseil de la recherche chargé de recueillir et de susciter des projets, centraliser et diffuser les offres de recherche, assurer les liaisons avec d'autres secteurs, rechercher et affecter des fonds, aider à la préparation de projets.*

Les étudiants

Grâce aux nouveaux acquits : autonomie pédagogique et participation aux examens, le nombre des étudiants augmente très nettement. Déjà, en 1970, on assistait depuis 10 ans à une progression lente et régulière, autour de 250 inscrits. En 1970-71, 118 étudiants s'inscrivent en PCEM 1 et, pour la première fois depuis sa création, la commission d'examen des candidatures à l'entrée de la Faculté refuse une quinzaine de demandes d'inscription, émanant d'ailleurs toutes d'étudiants désirant doubler à la Faculté une année non validée ailleurs. Cette commission d'admission des étudiants français est bientôt très active : ainsi, en 1977, sur 218 candidatures, 102 sont agréées, 79 sont placées sur une liste d'attente. Les chiffres sont similaires l'année suivante et des critères plus rationnels de sélection sont établis : aptitude présumée aux études médicales, appréciation des professeurs du secondaire, attachement à l'enseignement libre, motivation des candidats. Bon an mal an, on dénombre une soixantaine de défections : il s'agit surtout d'abandons des études médicales, d'exclusions en fin de 1re année et plus rarement de transferts dans d'autres UER[12].

À partir de 1970, *signe de vitalité et de prospérité* selon les termes du doyen, la progression est spectaculaire : plus de 500 étudiants en 73-74, plus de 700 en 77-78. Dans leur presque totalité, ces étudiants sont recrutés dans la région du Nord-Pas de Calais et dans les institutions religieuses : la Faculté n'est plus *nationale* ; en 1970, quatre étudiants seulement sont issus d'autres départements. La féminisation de l'effectif se confirme et atteint 50 %.

Outre les visites d'information coordonnées par le Pr M. Duhamel dans les lycées privés de la région, d'autres initiatives encouragent les candidatures : les frais de scolarité sont maintenant modulés en fonction des revenus des parents et de leurs charges familiales ; ce sont les familles elles-mêmes qui déclarent se ranger dans telle ou telle classe de revenus. De même, les futurs étudiants sont reçus par leurs aînés au cours d'un stage pré-universitaire de deux jours. Des réunions sont organisées pour les parents dans le but de leur exposer les modifications du régime des études ou, par exemple, les réalisations hospitalières de la Faculté.

À cela, il faut ajouter des résultats satisfaisants aux examens, tout à fait comparables à ceux des facultés officielles, par exemple 62 et 70% de réussites en PCEM 1 en 1972 et 1973.

Mais cette augmentation massive du nombre des étudiants dans toutes les facultés, y compris la nôtre, suscite bientôt des inquiétudes : locaux et surtout terrains de stage insuffisants, crainte d'une inflation excessive de la densité médicale aux conséquences désastreuses pour les finances de la Sécurité Sociale. Dès 1971, l'arrêté du 8 octobre dû au ministre de la Santé Simone Veil instaure la limitation du nombre d'étudiants admis à l'entrée en

12.– Par exemple, en 1977-78, 48 départs dont 20 abandons, 10 exclusions définitives, 14 transferts. L'année suivante, les exclusions représentent 43 % des départs.

2e année du premier cycle (PCEM2). Une liste de classement doit être établie en fonction du nombre de postes disponibles dans les services hospitaliers, nombre fixé chaque année par arrêté du ministre de l'Éducation nationale. La Faculté libre n'est pas concernée par cet arrêté, ce que confirme le président Warembourg, une exception qui lui vaut un afflux supplémentaire de candidatures et l'oblige à mettre en place un processus de limitation à l'entrée.

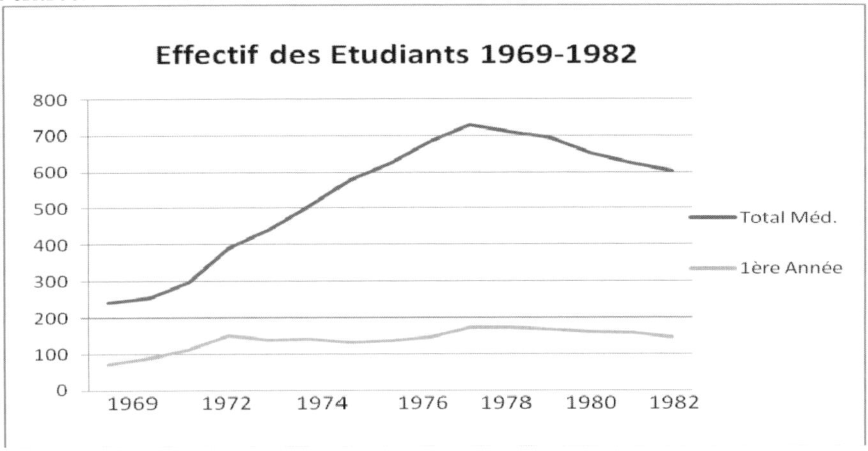

Note : En 1973-74, début du recrutement d'étudiants américains (en 2e et 3e années)
En 1976-77, début du *numerus clausus.*

Or le nombre de postes reste limité et le problème des stages devient aigu. En 1971, le doyen déclare : *La progression de l'effectif des étudiants demanderait une extension correspondante des services hospitaliers pour permettre à la Faculté de dispenser un enseignement clinique de qualité et d'offrir à chacun un poste valable d'étudiant hospitalier. Il serait regrettable que sous la pression du nombre, notre Faculté perde un des avantages majeurs qui lui ont fait jusqu'à présent sa réputation dans notre région, c'est-à-dire les facilités de contacts et d'échanges entre étudiants et professeurs, les facilités d'approche entre étudiants et malades. La Faculté, son comité de gestion, l'ensemble des professeurs et le doyen ont placé cette question au premier plan de leurs préoccupations pour les années qui viennent.*

Dans le but de multiplier les terrains de stage, des conventions sont passées avec des établissements extérieurs à la Faculté : hôpitaux périphériques et cliniques privées. Ainsi, 192 postes sont dénombrés en 1975-76 (162 certains et 30 possibles)[13].

Mais cette particularité qui nous maintient encore une fois *hors la loi* ne peut durer. Il faut un accroc administratif, à savoir le refus d'un transfert

---

13 – Dans le détail, 47 à la Charité, 63 prévus au futur Saint-Philibert, 5 en consultations à l'ancien Saint-Philibert, 31 à Saint-Antoine, 6 à l'hôpital militaire Scrive, 10 à la clinique Tessier de Valenciennes. Étaient estimés possibles une trentaine de postes : 1 en explorations fonctionnelles à la Charité, 12 à Saint-Philibert sous réserve de l'extension de 61 lits supplémentaires, 2 à la maison Notre-Dame d'Espérance, 15 au CH de Lens.

justifié d'une étudiante de notre faculté vers une faculté d'État (Clermont-Ferrand) pour décider les ministres à fixer pour la Faculté libre de médecine de Lille un *numerus clausus* comme pour les UER officielles. C'est en octobre 1975, qu'un arrêté du Secrétariat d'État aux Universités et du ministre de la Santé a fixé à 195 pour l'année 1977-78 *le nombre d'étudiants en médecine de DCEM 2, 3 et 4 susceptibles d'être accueillis pour leur formation clinique et pratique dans les services hospitaliers de la Faculté catholique de Lille et les établissements avec lesquels elle a passé convention.* Ce nombre déterminera l'effectif des étudiants à admettre au concours de fin d'année en 1977. Pour la première fois, la Faculté libre est mentionnée dans un texte réglementaire officiel à l'occasion de cette instauration du *numerus clausus* qui est appliqué à la Faculté dès la rentrée 1976-77 : il est d'abord estimé à 69, mais le comité mixte permanent fixe en décembre 1977 à 62 le nombre d'étudiants admis en 2e année à l'issue des épreuves de classement en fin de 1re année, puis ce chiffre diminue encore à 55 en 1980 et 1981 et même à 45 en 1982 : une diminution drastique - et généralisée[14] - du nombre d'étudiants en médecine qui prépare, on le saura quelques années plus tard, des années creuses... Mais, en partie freinée par l'institution du *numerus clausus*, l'augmentation de l'effectif va se maintenir grâce à l'apport d'un important contingent d'étudiants américains.

Les étudiants étrangers – La *Faculté américaine*

Parallèlement aux étudiants français, le nombre des étudiants étrangers augmente sensiblement. Quelques-uns postulent pour le diplôme national, les plus nombreux préparent le diplôme de l'Université catholique. Admis après avis d'une commission d'admission des étudiants étrangers qui examine chaque année une cinquantaine de candidatures et en accepte une dizaine en première année, ils sont au total 37 au cours de l'année 73-74, 57 en 75-76, 67 en 76-77.

Ces chiffres ne comprennent pas le contingent d'étudiants américains qui fréquentent la Faculté de 1973 à 1983. C'est une curieuse histoire qui commence en décembre 1972 : un jeune américain, Richard Newbold, originaire des environs de Philadelphie, n'a pu être admis dans une école de médecine de son pays où les places sont limitées et la sélection très rigoureuse, et veut tenter sa chance en France. D'Angers où il apprend le français, il écrit à toutes les facultés françaises pour connaître les conditions d'admission et les facilités éventuelles dont il pourrait bénéficier, compte tenu des acquis antérieurs – l'équivalent du PCB – et des exigences particulières de son pays pour obtenir la licence d'exercice. Le doyen J. Liefooghe est le seul à pouvoir lui proposer des aménagements de scolarité correspondant à son souhait, à savoir le régime B des étudiants étrangers. Lors d'une première rencontre en janvier 1973, R. Newbold lui propose d'emblée d'organiser le recrutement d'un nombre important de candidats américains, dont la vocation médicale a été brisée dès l'origine…

14.– Pour l'ensemble de la France, le *numerus clausus* est fixé à 8 588 étudiants en 1971-72, puis il diminue d'une façon importante : il est de 5 000 en 1983-84 et tombera à 3 500 en 1991-92.

Avec un esprit d'entreprise assez remarquable, il crée à Philadelphie une association sans but lucratif, dénommée d'abord *Council for International Medical Studies*, puis *Commitee for international medical exchange (CIME)*. En font partie notamment George Sorenson, professeur de Pathology à Dartmouth Medical College, N.H., John Rassias, professeur de langues romanes dans la même université, Mary Ellen Hartmann et Andy Beasley, professeurs d'anatomie au Medical College of Pennsylvania à Philadelphie, le doyen Bennett de l'Université de Pennsylvanie, ainsi qu'un juriste et, bien entendu, R. Newbold qui dirige l'affaire. Le doyen de la Faculté libre de Lille est invité à en faire partie.

Les objectifs du *Committee* sont ambitieux : faciliter les études médicales à l'étranger pour les citoyens américains et inversement, organiser la formation préalable en français, lever des fonds pour aider de telles études, apporter un soutien financier aux institutions acceptant ce programme, et même à terme, trouver des postes de résidents, c'est-à-dire d'internes, et de chercheurs aux États-Unis pour des médecins étrangers, voire même créer un hôpital de recherche et d'enseignement !

Dès le mois de mars 1973, R. Newbold présente un projet de convention entre le CIME et la Faculté libre. Il a pris des contacts et obtenu l'accord de plusieurs organismes compétents des États-Unis, dont la puissante *American Medical Association*. De son côté, le doyen a soumis le projet aux autorités académiques, le recteur Gérard Lepoutre, diplômé de l'Université de Yale, son prédécesseur Mgr Georges Leclercq, secrétaire de la Fédération Internationale des Universités Catholiques, ainsi qu'à d'autres personnes connaissant bien le système d'études américain. On pressent en effet que ce sera une charge importante pour la Faculté. Finalement, le 12 avril, est signé un protocole d'accord pour l'accueil de quinze étudiants sélectionnés par le CIME. Celui-ci assurera leur formation en français, la Faculté les accueillera en deuxième année, moyennant des enseignements complémentaires en anatomie, histologie et physiologie. On s'accorde sur les conditions financières : 3 000 dollars de scolarité par étudiant. Il est entendu qu'à la fin du premier semestre, un premier bilan sera dressé avant la signature éventuelle d'une convention durable.

Ainsi, seize étudiants américains débarquent à Lille en septembre 1973. Accueillis une dizaine de jours dans des familles françaises, le temps de trouver un logement, ils perfectionnent leur connaissance du français et suivent les premiers cours de rattrapage.

Une clause de l'accord prévoit la participation d'enseignants américains, les *visiting professors*, au nombre de trois à six par an, qui, au cours de séjours de quelques semaines, préparent les étudiants à l'examen organisé par le *National Medical Board* à la fin des études théoriques (premier cycle et première année du deuxième cycle français), examen qui donne aux meilleurs la possibilité de réintégrer en milieu de parcours une école de médecine américaine. Ces écoles en effet, privées pour la plupart, tiennent à remplir toutes les places dont elles disposent et dont le nombre dépend de leurs capacités de formation hospitalière. Chaque année, les échecs, les transferts et les désistements laissent quelques places libres : au tarif où sont les droits d'inscription, il est essentiel qu'elles soient occupées !

À la rentrée suivante, ce sont vingt étudiants qui sont inscrits dans le programme spécial, puis 25 et jusque 35 en 1983. Certes, c'est une lourde charge pour la Faculté, et surtout pour son doyen sans cesse sollicité pour obtenir quelque aménagement ou privilège supplémentaire ou plus simplement régler des problèmes de toute nature, et ils sont nombreux ! L'incident le plus grave, qui pouvait faire échouer toute l'entreprise, survient au début du programme lorsque le CIME est informé que la Faculté libre de médecine ne figure pas dans le *Répertoire mondial des Écoles de médecine* publié par l'Organisation Mondiale de la Santé (OMS). C'est exact et la raison en est simple : cet organisme a demandé au gouvernement français la liste de ses facultés de médecine et celle-ci, bien entendu, ne comprend que les facultés officielles. L'omission est réparée – elle n'est d'ailleurs pas la seule - grâce à l'intervention du représentant du Vatican à l'OMS.

Chaque année, le doyen est invité à participer à Philadelphie à une réunion du Conseil d'administration du CIME. C'est pour lui l'occasion de rencontrer les parents de ces étudiants américains, de leur montrer que la Faculté n'est pas virtuelle, de visiter aussi quelques écoles de médecine du pays et de découvrir leur mode de fonctionnement, beaucoup plus libre qu'en France : en effet, chaque faculté peut élaborer son propre programme, souvent nettement plus exigeant pour les étudiants.

Pendant dix ans, le fonctionnement de cette *faculté américaine* est satisfaisant. Les transferts en cours d'études sont la règle : preuve de la qualité de leur formation, 80 pour cent des étudiants en moyenne peuvent rejoindre une école de médecine de leur pays. Sur une centaine de candidatures, une vingtaine est retenue chaque année. Dès 1976-77, 17 étudiants se présentent à l'examen du *National Board* : 12 sont reçus et 9 obtiennent leur transfert dans une école américaine. L'année suivante, 17 reçus sur 18 sont tous transférés, ainsi que trois étudiants dont les études sont plus avancées. Plus rares sont les étudiants qui continuent leurs études à la Faculté, parfois jusqu'à la thèse : ceux-là, munis du diplôme intérieur, devront subir un examen probatoire pour pouvoir exercer aux États-Unis.

Nous verrons plus loin le destin de cette *Faculté américaine* et comment, à partir de 1982, la situation commencera à s'assombrir.

Le nouveau Saint-Philibert

Malgré le *numerus clausus,* l'afflux d'étudiants pose de façon aiguë la question de l'insuffisance de postes hospitaliers. La situation de l'hôpital de la Charité se dégrade peu à peu et sa survie est sans cesse menacée. L'hôpital Saint-Philibert, datant de 1934, est devenu trop exigu et il devient indispensable de mener à bien son agrandissement. Certes, en 1967, après l'autorisation préfectorale de 96 lits supplémentaires, des projets d'extension sont échafaudés, mais semblent alors irréalisables. Repris en 1971, ils prévoient des unités de soins d'une capacité normalisée de 30 lits et des services à temps plein, ce qui sous-entend la nécessité de pouvoir accueillir les urgences dans un service approprié. La clinique ouverte disparaîtrait et les lits de Saint-Camille deviendraient le secteur privé des médecins à temps plein de l'hôpital. Mais, en 1972, il devient évident qu'un tel projet ne correspond plus aux besoins des malades, ni aux exigences de l'enseignement, ni à la règlementation en vigueur. Un projet plus vaste et plus ambitieux est mis à l'étude : il envisage la construction d'un nouvel hôpital qui, réglant le problème de l'ancien Saint-Philibert – Saint-Camille, pourrait englober aussi la maternité Sainte-Anne dont la rénovation doit être, de toute manière, envisagée ; elle est d'ailleurs imposée par le décret du 21 février 1972[15].

La recherche d'un terrain s'avère difficile. De nombreuses solutions sont d'abord envisagées : à Lille, dans l'ancien couvent des Carmélites, dans le jardin de la Faculté, dans l'usine Crépy, rue de Toul ou dans un grand immeuble rue de l'Architecte Cordonnier à l'ancien port de Lille ou encore, en dehors de l'agglomération lilloise, un vaste terrain à Englos, mais traversé par des lignes à haute tension…

Or, *un vaste terrain*, une pâture de 5 ha, est en vente au lieu-dit le Grand But sur le territoire de la ville de Lomme, dont le maire Arthur Notebart, conseiller général, député et président de la Communauté urbaine, verrait d'un œil favorable l'implantation d'un hôpital sur sa commune.

Le projet est élaboré en commun par l'architecte M. Emmanuel Maes, du cabinet Maes et Maillard, et M. Michel Desplanques, pour la société d'ingénierie SODETEG. Toutes les réunions de travail, fort nombreuses, se tiennent en présence de M. Jacques Stahl, vice-président du Conseil d'administration de l'ICL et président du comité de gestion de l'hôpital Saint-Philibert, de M. Vanderhaeghen, directeur dudit hôpital et du doyen J. Liefooghe.

La décision de construire un nouvel hôpital Saint-Philibert comporte de lourdes responsabilités financières pour l'Institut catholique et son Conseil d'administration ; elle a été ajournée à maintes reprises depuis dix ans[16]. Le financement est d'abord estimé à une cinquantaine de millions, une somme qui sera pratiquement doublée puisqu'au 31 décembre 1978, le total des dettes s'élèvera très exactement à 94 125 666,61 francs. En l'absence de subventions de l'État ou de la Sécurité Sociale, il est nécessaire de recourir à l'emprunt : pas moins de 18 plans successifs de financement sont échafaudés

---

15.– Ce décret, dit décret Dienech, imposait aux cliniques privées d'accouchement des normes très précises pour les locaux et le plateau technique. Il a été suivi de nombreuses fermetures de petites maternités (190 en dix ans) généralement tenues par des sages-femmes et devenues d'ailleurs moins lucratives en raison des nouvelles exigences en personnel, locaux et matériel....

16.– Alors qu'il hésite encore à la prendre, M. Jean-Claude Thiriez, président du Conseil d'administration de l'ICL, en parle à sa mère, catholique fervente, qui lui répond : *On a grand besoin de médecins chrétiens !* ce qui le conforte dans sa décision. J.-C. Thiriez : *Communication personnelle.* Notons que les finances de l'ICL sont alors saines, en équilibre ou en léger déficit comblé par la réserve : l'État verse une subvention annuelle de 2 à 3 MF et la participation des Maisons de santé reste importante : en 1968, 30 MF pour Saint-Camille, 22 MF pour Saint-Raphaël. Ces établissements restent très lucratifs et d'ailleurs, déclare l'expert comptable M. Chounavelle : *C'est là que le bât blesse dans les négociations avec la Sécurité Sociale.* Arch. CA de l'I.C.L. Réunion du 19 nov. 1968.

par l'expert comptable M. Chounavelle. Finalement, après de longues et laborieuses démarches, une partie du financement est assurée par un prêt de la Caisse des dépôts et consignations, organisme officiel susceptible d'offrir des prêts à long terme et à intérêts modestes. L'action de M. A. Notebart, obtenant du Conseil général du Nord qu'il se porte garant de ce prêt (sous réserve d'une hypothèque de premier rang sur le nouvel hôpital) est alors décisive et le doyen J. Liefooghe relève d'ailleurs *cette alliance nouveau style de la rose et du goupillon,* tournée vers la perspective du service rendu aux malades, aux étudiants en médecine et à la recherche médicale. On a recours également et pour des sommes équivalentes à des prêts bancaires[17] (Société générale, Calif, Caisse centrale de crédit coopératif, Caisse d'Épargne de Lille), à des prêts de la Sécurité Sociale et de la caisse des Marchés de l'État et, dans une moindre mesure, à un emprunt contracté auprès des enseignants et des anciens de la Faculté ; le rendement en a été faible malgré un intérêt attractif de 10 %.

Le projet initial est celui d'un établissement de 371 lits : 167 de chirurgie, 143 de médecine (dont 10 lits de pathologie de la grossesse) et une soixantaine de lits de maternité : cet ensemble représente le transfert des 150 lits de Saint-Philibert – Saint-Camille, les 96 lits nouveaux attribués à Saint-Philibert en 1967 (70 lits en chirurgie et 26 en médecine), 61 lits de maternité dont 15 lits attribués à la ville de Lomme, et 54 lits supplémentaires demandés en mai 1974, mais refusés alors tant par la Direction régionale de la Santé que par la Commission régionale d'hospitalisation. Restent donc alors 317 lits : 167 en chirurgie, 89 en médecine, 61 en maternité.

Grâce au concours efficace de diverses administrations : services préfectoraux, services de l'Action sanitaire et sociale, Sécurité sociale, Communauté urbaine, les multiples obstacles administratifs, techniques et financiers, représentant autant de *chausse-trappes* selon l'expression du doyen J. Liefooghe, sont progressivement franchis. *Imagine-t-on,* ajoute le doyen, *les centaines de réunions, de rencontres, de démarches, de négociations, les milliers d'heures de travail que (un tel projet) représente.* Il est évident que l'addition *du transfert de deux établissements hospitaliers, du renouvellement d'autorisations dont certaines probablement périmées, de l'attribution de lits publics, précédemment affectés à la ville de Lomme, à cet établissement privé et d'une nouvelle demande* représente un véritable casse-tête[18].

Ces difficultés enfin surmontées, les choses vont aller assez vite : après acquisition du terrain, le chantier est ouvert en novembre 1974. Une conférence de presse se tient le 20 janvier 1975 avec le recteur Mgr Leman, M. Stahl et le doyen J. Liefooghe. La première pierre est posée le 27 mai 1975 par M. A. Notebart. Le gros œuvre est achevé en mars - avril 1976 et une nouvelle demande de 61 lits supplémentaires est alors agréée par la Commission régionale d'hospitalisation, puis par le préfet. L'établissement

17 – On peut s'étonner du taux des intérêts *consentis* par certains organismes de crédit : 32 MF à 8 % sur 30 ans pour la CDC, 25 MF à 11,75 % sur 15 ans pour la Caisse centrale de Crédit Coopératif, 11,4 MF à 13 % sur 15 ans pour la Société Générale… Arch. CA de l'ICL Réunion du 10 juillet 1974.

18 – Discours du doyen J. Liefooghe à la pose de la première pierre le 14 mai 1975.

prévoit ainsi 378 lits dont 157 de chirurgie (87 lits de chirurgie viscérale ou vasculaire, 40 lits de traumatologie et orthopédie, 20 lits d'urologie et 10 lits de spécialités faciales).

Parallèlement, un travail important est mené par la Commission médicale consultative provisoire mise en place en octobre 1976 pour préparer le fonctionnement du nouvel établissement : organisation générale, définition des effectifs médicaux et non médicaux, discussion du statut des médecins, mise au point des modalités de fonctionnement des services.

L'achèvement des travaux permet l'organisation de *Journées portes ouvertes* les 2 et 3 avril 1977. Le succès est considérable dans le grand public : on dénombre 5 à 6 000 visiteurs, mais le lendemain, la visite par les médecins de Lomme et des environs est moins suivie.

Le nouvel hôpital est inauguré le 18 avril 1977 par Mme Simone Veil, ministre de la Santé[19], en présence de Mgr Gérard Leman, recteur de l'Université, MM. Norbert Segard, secrétaire d'État, Arthur Notebart, Pierre Mauroy, maire de Lille et président du Conseil Régional, le préfet de région, Mgr Jenny, archevêque de Cambrai et les responsables de l'Institut catholique et de la Faculté libre de médecine.

Inauguration du C.H. Saint-Philibert par Mme Simone Veil
À droite du ministre : A. Notebart, à sa gauche Mgr G. Leman
Au second plan, J. Stahl, A. Chadeau (préfet du Nord) et P. Mauroy

L'architecture du bâtiment est simple : sur sept niveaux, dont deux rez-de-chaussée supérieur et inférieur, il comprend deux ailes de part et d'autre

19 On notera que, dans ces circonstances, les divergences de vues sur la loi dépénalisant l'avortement, dite loi Veil, n'ont été que discrètement évoquées.

d'un noyau central. Celui-ci comprend au rez-de-chaussée inférieur la pharmacie et l'intendance, au rez-de-chaussée supérieur le hall d'accueil sur lequel se branchent l'administration générale, le bureau des admissions, le service social, et dans les cinq étages les bureaux des médecins et les secrétariats. Dans les ailes nord et sud, le rez-de-chaussée inférieur reçoit les laboratoires, le service d'explorations fonctionnelles et les consultations spécialisées d'ORL, d'ophtalmologie et de stomatologie. Au rez-de-chaussée supérieur, se trouvent au nord le bloc opératoire, le service d'urgence – réanimation et l'hôpital de jour ; au sud le bloc obstétrical. Dans les étages, 13 services d'hospitalisation trouvent leur place, dont le service de gynécologie obstétrique dans un bâtiment perpendiculaire à l'aile sud.

L'Hôpital Saint-Philibert

Dès le 15 avril, la mise en exploitation a été possible dans le service de pneumologie. La première intervention chirurgicale et le premier accouchement interviennent le 21 avril 1977. Le directeur de l'établissement est M. Jean Leroux, le directeur d'exploitation M. Michel Vanderhaeghen. La CMC provisoire est élargie avec quatre membres élus par le second collège (médecins associés, assistants et attachés).

Avant même son achèvement, l'hôpital est admis, par arrêté du 3 novembre 1976, à participer au service public hospitalier. Les chefs de service sont nommés : Pr L. Croccel (médecine générale, cardiologie et soins intensifs), Pr J. Liefooghe (explorations fonctionnelles), Pr Agrégé B. Vinchon (chirurgie orthopédique et traumatologie), Pr J. Ampe (chirurgie à orientation digestive), Pr Dereux (neurologie), Pr J. Crinquette (pneumologie), Pr P. Langeron (chirurgie vasculaire), Pr H. Batteur (urologie), Pr R. Becquet (gastro-entérologie), Pr J. Delerue (obstétrique), Pr L. Corette (gynécologie), Pr V. Cordonnier (dermatologie), Pr J. Ernst (psychiatrie), Mme le Dr Lepoutre (anesthésie, réanimation, urgences), P^r C.

Vittu (directeur du laboratoire), Dr L.-L. Derreumaux (rééducation et réadaptation fonctionnelle).

À l'ancien Saint-Philibert, ne restent que les consultations de gynécologie et le laboratoire Saint-Camille. L'hôpital deviendra un service de convalescents, dit de moyen séjour, de 65 lits avec ou sans réadaptation, sous le nom de Maison médicale Saint-Camille : son ouverture est prévue en septembre 1981 avec les Drs Beaugeard et Derreumaux. Quant aux bâtiments de Saint-Camille, ils deviendront un foyer d'étudiants tandis que l'ancienne maternité Sainte-Anne est dévolue à l'école d'infirmières et puéricultrices.

Dès 1977, le coefficient d'occupation des lits du nouvel établissement est excellent et l'on manque même de lits dans les disciplines médicales. Les chiffres sont encore en progression en 1978, notamment pour les consultations externes, les explorations fonctionnelles, la gynécologie – obstétrique. Une crèche mise à la disposition du personnel est alors ouverte. En 1980, le nombre de journées dépasse de 5 % les prévisions et, selon les services, le taux d'occupation est de 81,3 à 94,3 %. On compte 1240 naissances à la maternité, soit 23,5 % de plus qu'en 1979.

D'emblée, la réalisation de cet hôpital est donc un plein succès.

Les hôpitaux : de la Charité à Saint-Vincent, une difficile métamorphose

En 1970, la situation de l'hôpital de la Charité, déjà précaire, ne fait que s'aggraver. En mai, l'administration du CHR menace, en l'absence de convention avec la Faculté libre, de ne plus assurer la rémunération des étudiants en stage à l'aile droite. Cette décision est appliquée en décembre, mais le préfet du Nord intervient en demandant qu'une convention provisoire soit signée entre les deux parties.

Quelques jours après la convention liant les UER des Sciences médicales de Lille et la Faculté libre, une autre convention concernant le personnel médical, les internes et les étudiants hospitaliers est signée avec le CHR le 18 novembre 1971 : elle entre en application le 1er janvier 1972. Assortie d'une annexe fixant les modalités de rémunération du personnel hospitalier de la Charité, elle met un terme à ces difficultés.

Un problème, celui des examens de laboratoire, subsiste néanmoins : les analyses demandées pour les malades de l'aile droite sont alors effectuées par les deux laboratoires de la Faculté (celui du Pr Paget pour la biochimie et celui du Pr Saout pour l'anatomo-pathologie), et par le laboratoire Saint-Philibert pour l'hématologie et la microbiologie ; les analyses sont facturées au CHR à un tarif correspondant à 50 % de la valeur de la lettre-clef B de la nomenclature des actes médicaux.

En avril 1969, le directeur général du CHR M. Muffraggi informe *tous les chefs de service qu'il ne devait en aucun cas être fait appel à des laboratoires privés, les factures établies par ces derniers n'étant plus réglées à compter de la date susvisée.* Une protestation du recteur, le chanoine Gérard Lepoutre, l'intervention du ministère de la Santé publique et de la Sécurité Sociale, les rencontres entre le doyen et le directeur du CHR ne permettent pas de trouver une solution, d'autant plus que le CHR, sous-traitant avec les laboratoires de l'UER, l'Institut Pasteur ou le Centre de transfusion sanguine, est lui-même dans une situation irrégulière que souligne à trois reprises la Cour des comptes...

En 1980, une direction des laboratoires du CHR étant créée et confiée à M. Grateau, les responsables du CHR refusent toute exception pour les services de l'aile droite de la Charité, en dépit d'une demande du directeur général de la Santé et des Hôpitaux au ministère de la Santé publique. Un moratoire proposé en vue du départ – dès lors programmé – de la Faculté de l'aile droite de la Charité est même refusé. Cette décision a des conséquences néfastes pour les laboratoires de l'Institut catholique regroupés depuis 1974 dans un Centre de Biologie clinique sous la direction du Pr Saout. Leur activité baisse de 60 %, les recettes de 40 %, soit une perte de 1,5 M de francs, ce qui entraîne le licenciement de plusieurs techniciennes.

Deux requêtes, l'une tendant à l'annulation de la décision du directeur général du CHR, l'autre sollicitant d'établir un sursis à exécution de cette décision sont déposées devant le tribunal administratif de Lille et plaidées par Me Delcroix, avocat de l'Institut catholique. Le jugement prononcé le 24 août 1983 est notifié aux deux parties le 29 novembre : l'Institut catholique est débouté de ses demandes, le directeur du CHR n'ayant pas commis d'abus de pouvoir. Un recours est tenté auprès du Conseil d'État, mais les premières consultations de l'avocat spécialisé ne laissent guère d'espoir de succès. La procédure est donc abandonnée. Entretemps, il est vrai, l'ouverture du nouvel hôpital Saint-Philibert a apporté aux laboratoires de nouvelles ressources.

Mais la question des examens de laboratoire n'est finalement qu'accessoire face au problème que pose l'existence même de l'aile droite de la Charité dont la situation est devenue catastrophique. En 1969, après intervention de M. Maurice Schumann, alors ministre des Affaires sociales, un nouveau projet se fait jour visant à la construction d'un nouveau bâtiment, proche de l'existant et comprenant trois unités de médecine de 30 lits, trois unités de chirurgie également de 30 lits, un service de réanimation de 8 lits, les installations techniques correspondantes et des locaux de consultations externes. Après agrément du ministre en octobre 1969 et agrément technique en mai 1971, le projet est inscrit au VIe plan, la dépense étant fixée à la somme de 16 717 943 francs. Il est ensuite approuvé par la Caisse régionale de Sécurité Sociale en juillet 1972.

Mais trois éléments font échouer ce projet : le moindre n'est pas l'échec de M. Schumann aux élections législatives de 1972. D'autre part, les locaux universitaires figurant dans la nouvelle construction, considérés comme participant à un enseignement supérieur privé, ne sont pas financés par le ministre de l'Éducation nationale qui refuse toute contribution.

En fait, l'administration du CHR privilégie d'autres projets : hôpital B, hôpital cardiologique, rénovation de la maternité Salengro, tant et si bien que la reconstruction de l'hôpital de la Charité est d'abord repoussée au budget 1974, puis au VIIe plan avant de passer aux oubliettes...

Cet espoir évanoui et face à *l'inertie absolue du CHR à ce sujet,* des projets de rénovation sont repris. En février 1977, le doyen écrit à M. Segond, nouveau directeur général du CHR et attire son attention sur la dégradation progressive de l'aile droite, la vétusté des locaux et la carence en moyens techniques dramatiquement préjudiciables à la qualité des soins, au travail des médecins et à la formation des étudiants. Il propose la construction d'un bloc opératoire décent, l'aménagement d'une seconde salle de radiologie, l'amélioration des conditions d'hébergement des patients et l'aménagement des locaux médicaux pour l'exercice du temps plein hospitalier. La Commission administrative du CHR mandate alors le Pr Minne pour enquêter sur la situation et fournir une proposition chiffrée, mais la facture est jugée trop élevée pour un hôpital destiné à disparaître. Des contacts pris auprès de Mme Simone Veil, ministre de la Santé, en avril 1977, sont également infructueux, les problèmes financiers de l'administration du CHR ne permettant pas de débloquer les 30 millions de francs nécessaires. Seuls sont effectués quelques travaux de peinture et de toiture pour la somme de 313 000 francs.

En février 1978, répondant à une instruction ministérielle, la CMC du CHR décide de réduire la capacité de certains de ses services. L'aile droite fait les frais de cette réduction du nombre de lits et voit sa capacité passer de 205 à 100 lits (60 en médecine, 40 en chirurgie), ce qui représente la suppression de plus des 2/3 des lits en service, soit 105 sur 153... Le 24 mars 1978, une table ronde s'avère inutile puisque suivie l'après-midi même de la décision immédiate de réduction. Prise unilatéralement sans aucune concertation avec la Faculté libre, elle provoque une véritable levée de boucliers. En juillet 1978, le directeur des hôpitaux au ministère mandate Mme le Dr Raquet, inspecteur général de la santé pour étudier le problème. Visitant l'aile droite de la Charité, celle-ci ne peut dissimuler un étonnement mêlé de répulsion lors de son passage dans les salles communes du 1er étage. Dans son rapport remis quelques mois plus tard, elle confirme la part constructive prise par la Faculté libre dans le service public hospitalier et propose la réduction du nombre de lits à 120, perte compensée en partie par l'adjonction de postes de stagiaires et d'externes réservés aux étudiants de la Faculté libre dans quelques services de spécialités et une vingtaine de lits accordés par convention dans des centres hospitaliers voisins de Lille : une solution à vrai dire assez irréaliste.

Fin 1978, Mme Veil suggère à M. Pierre Mauroy, président du Conseil d'administration du CHR, un accord amiable sur la base de 150 lits. En mars 1979, le Conseil mandate le Pr Emile Laine pour trouver un compromis. Le médiateur propose d'abord la rénovation du bâtiment sur la base de 120 à 135 lits avec un bloc opératoire neuf et une seconde salle de radiologie, mais là encore, le coût de l'opération semble trop élevé à l'administration qui propose une autre solution. Au cours d'une entrevue au ministère entre Mme Simone Veil, le recteur M. Falise et le doyen J. Liefooghe, il est proposé de sortir du CHR un nombre de lits aussi grand que possible (140 à 160 lits de la Charité) et de les transférer ailleurs, par exemple à proximité de l'hôpital Saint-Antoine.

La convention de 1875, dont la validité a été de nouveau confirmée par le Conseil d'État, prendrait alors fin. Cet accord entre le CHR et l'Institut catholique est signé le 17 mars 1980 par le directeur général H. Segond et le recteur M. Falise.

Il est convenu ce qui suit :

- *Art. 1 : En contrepartie de l'abandon par l'Institut Catholique de Lille des droits qu'il tient de la convention conclue les 22 et 24 décembre 1875 relative à la mise à la disposition de celui-ci de 200 lits situés dans les bâtiments de l'aile droite de l'Hôpital de la Charité, le Centre Hospitalier Régional de Lille accepte de proposer aux autorités ministérielles de mettre 120 lits en dehors de son programme à charge pour ledit Institut de demander :*

  - la création d'un nombre de lits correspondant dans l'un des établissements du secteur privé à but non lucratif qui lui est attaché,

  - des subventions d'humanisation au titre de cette opération.
- *Art. 2 : Le Centre Hospitalier Régional de Lille s'engage à verser à l'Institut Catholique de Lille une indemnité équivalent à 40 % de la somme versée aux Hospices de Lille en 1875 convertis en francs actuels.*
- *Art. 3 : La convention précitée deviendra caduque à compter de la date du transfert de ces lits.*

En mars 1980, ce protocole est soumis au ministère de la Santé qui, au passage, réduit à 100 le nombre de lits transférés.

Un premier projet envisage donc le transfert d'une centaine de lits de la Charité sur le site de Saint-Antoine ; on y ajouterait un certain nombre de lits pédiatriques jugés en surnombre. Après des contacts multiples avec le ministère, la DDASS, la Caisse régionale de Sécurité Sociale et la mairie de Lille, le projet est pris en mains par l'architecte M. E. Maes et le bureau d'études SODETEG : on aboutirait à un complexe hospitalier complètement redessiné comportant quelque 350 lits, dont 150 lits adultes (60 en chirurgie et 90 en médecine) installés dans un bâtiment situé rue Bayard sur le terrain dit de l'Arsenal et rattaché au nouveau service de chirurgie infantile de Saint-Antoine.

Dès juin 1980, le projet reçoit l'agrément du ministère de la Santé, mais, en août, le Conseil d'administration du Centre Feron-Vrau, à la suite de l'intervention d'une commission de sécurité, se voit dans l'obligation de rénover entièrement ou de reconstruire le Foyer Notre-Dame d'Espérance. Il donne priorité à cette reconstruction du Foyer sur une partie du terrain de l'Arsenal et abandonne le projet de fusion avec la Charité. D'autres projets sont ébauchés sans lendemain : rapprochement près du nouveau Saint-Philibert, près de la clinique Saint-Raphaël ou de la maternité Sainte-Anne.

La construction d'un bâtiment pour une centaine de lits ne semble pas réaliste, mais, en avril 1981, le doyen J. Liefooghe émet l'idée de joindre aux 100 lits « externés » de l'hôpital de la Charité les 79 lits de la clinique Saint-Raphaël dont les structures doivent être elles aussi entièrement rénovées pour satisfaire aux exigences du moment. Cet ensemble participerait alors au service public hospitalier et à la formation des étudiants en médecine. Naît ainsi le projet d'un nouvel hôpital rassemblant quelque 200 lits de médecine et chirurgie générales, qui nécessiterait l'achat d'un terrain d'au moins 10 000 m^2, le financement de la construction et de l'équipement technique, ainsi que l'acceptation par les autorités de tutelle du budget de fonctionnement : soit un projet ambitieux, voire irréaliste puisque, à la même époque, la volonté du gouvernement est de réduire le nombre de lits hospitaliers jugé excédentaire.

À peine ébauché, début 1982, le projet reçoit le vocable de Saint-Vincent ; le doyen a proposé le nom de Saint-Vincent de Paul, mais il n'a pas été suivi alors par la majorité du Conseil de Faculté ; ce n'est que beaucoup plus tard que le nom de Saint-Vincent de Paul, apôtre de la charité, sera définitivement choisi.

Au même moment, et au terme d'un quatrième mandat, le Pr Liefooghe quitte ses fonctions de doyen ; les élections du 25 mars 1982 désignent le Pr Philippe Choteau comme doyen de la Faculté à partir du 1er juillet. Le 1er juin, l'ensemble du Conseil de Faculté ainsi que le recteur M. Falise et les membres du personnel administratif et technique expriment au Pr Liefooghe la gratitude de la Faculté pour l'œuvre accomplie pendant ces 12 années de décanat. De fait, outre ses efforts incessants pour la reconnaissance de la Faculté, son action, notamment dans le domaine hospitalier, a été décisive : à l'heureuse conclusion – au moins amorcée – du problème de la Charité, s'est ajoutée encore, nous l'avons vu, la réalisation du nouvel hôpital Saint-Philibert, un ensemble indispensable à la survie de la Faculté.

L'hôpital Saint-Antoine.

Pendant cette décennie, l'hôpital Saint-Antoine maintient sa croissance régulière : le nombre de consultations passe de 12 000 à 15 000 par an, le nombre d'hospitalisations se maintient au dessus de 5 000, puis dépasse 6 000 en 1980. Cependant, la durée moyenne de séjour diminue parallèlement, passant de 17 jours en 1970 à moins de 10 jours en 1981 ; malgré l'augmentation du nombre d'hospitalisations, cette réduction de la durée de séjour, finalement profitable au budget de la Sécurité sociale, entraîne *de facto* une réduction de 26 % du nombre de journées d'hospitalisation en dix ans. Cet *effet pervers relatif*, dû à de nombreux facteurs dont l'amélioration des techniques d'exploration, l'efficacité des traitements, la plus grande disponibilité des médecins sont les plus marquants, semble dès lors irréversible.

La direction du service de médecine est inchangée : les Prs A. Fournier, A. Pauli et le Pr Agrégé J. Cousin, ces deux derniers à temps plein, assurent une présence constante, d'une grande efficacité. En chirurgie, le Pr G. Desorgher qui a du réduire son activité décède le 7 mai 1974. Il est remplacé par le Pr Agrégé Michel Bayart, l'orthopédie et la traumatologie étant prises en charge par le Pr Agrégé Bertrand Vinchon.

Cependant, la communauté religieuse, qui comprenait 12 soeurs en 1955, décroît d'année en année du fait de la diminution des vocations. En 1979, la supérieure Mère Marie-Luc abandonne la direction de l'hôpital et de la maison de retraite Notre-Dame d'Espérance qui est confiée à M. Vanderkelen.

Les investissements se poursuivent : en 1968, le bloc chirurgical situé au rez-de-chaussée du pavillon Saint-Roch est entièrement refait. En 1970, on crée au 2e étage du bâtiment principal un service de nouveaux-nés réservé aux enfants sortant de maternité et non infectés. On construit sur le boulevard de Strasbourg, en prolongement du pavillon Saint-Roch un grand bâtiment de chirurgie de trois étages totalisant 58 lits en trois services de garçons, filles et nourrissons.

Enfin, en 1977, l'hôpital Saint-Antoine est rattaché au service public hospitalier et les médecins relèvent alors du statut de salariés. *A priori*, rien ne s'oppose donc à ce que sa croissance continue, mais, déjà, certains prennent conscience du danger que représente la diminution du nombre de journées d'hospitalisation.

Les écoles

L'école d'infirmières poursuit son oeuvre dans ses nouveaux bâtiments du quartier Vauban et, en 1977, elle peut s'étendre dans une partie de la maternité désaffectée. La durée des études est maintenant de trois ans. En mai 1978, la directrice, Sœur Marie de la Providence est nommée chevalier de l'Ordre national du Mérite.

En 1977, l'école de sages-femmes quitte la maternité de la Sainte-Famille, place Sébastopol où elle était hébergée depuis sa fondation et s'installe dans un petit bâtiment très fonctionnel construit derrière l'hôpital Saint-Philibert. Ces nouveaux locaux, inaugurés par M. A. Notebart, étaient rendus nécessaires par l'adjonction d'une quatrième année d'études. La proximité de la maternité était évidemment un argument de première importance.

La plupart de ses problèmes hospitaliers étant résolus ou en voie de l'être, la Faculté libre de médecine peut maintenant envisager sereinement l'avenir. Prenant ses fonctions le 1er juillet 1982, le nouveau doyen Ph. Choteau continue la diffusion dans le corps professoral des *Nouvelles de la Faculté libre de médecine* initiées par son prédécesseur en 1970. Il y écrit dans le n° 63[20] : *Une première approche des dossiers me conforte dans l'opinion du caractère écrasant de la tâche à assumer. Seule l'expérience permet d'apprécier l'importance de ce qui a été édifié en douze ans. Par ce message, je voudrais que chacun prenne conscience de l'oeuvre construite patiemment dans l'humilité par le doyen Liefooghe. La simplicité et la constante disponibilité de son accueil masquaient une activité inlassable (60 heures par semaine selon les termes de l'une de ses propres lettres). Même s'il a choisi de rentrer dans l'ombre, il nous est interdit de l'oublier. Monsieur le doyen, bravo et merci !*

---

20 – Ce bulletin a été diffusé au rythme de 4 à 5 numéros annuels. Sa lecture « en temps réel » est particulièrement précieuse pour reconstituer l'histoire de ces années.

Chapitre. XVII
1982-1997 : « *devenir performant* »

Au cours de cette quinzaine d'années marquée par les décanats de Philippe Choteau et de Jacques Cousin, la Faculté, consolidée sur ses bases, fait *plus que survivre,* même si elle reste *plus que jamais vulnérable* ; elle est *en train de vivre,* selon les termes du doyen Ph. Choteau. Elle doit, ajoute-t-il, *devenir performante,* tout en se pliant, *changement oblige,* aux nombreuses réformes imposées à coup de lois et de décrets. Mais, grâce à sa taille modeste et à sa faible inertie, elle saura non seulement s'adapter aux nouvelles exigences, mais encore, en plusieurs occasions, les anticiper et en tirer même quelques avantages.

1981 : à la droite réformiste de 1968 et à la loi Edgar Faure qui a bouleversé les habitudes et les comportements corporatifs, a succédé la gauche conservatrice qui inspire la loi A. Savary sur l'enseignement supérieur du 26 janvier 1984. Enserrant les universités dans un carcan politico-administratif, multipliant les pôles de décision, elle est contestée à son tour ; mais après l'échec en décembre 1986 de la loi A. Devaquet qui visait à une plus grande autonomie des universités et à un renforcement de la sélection à la fin du 1er cycle, la loi de 1984 entre en application en 1988-1989. Quant à la Faculté libre, *chaque fois [elle] consolide son existence et augmente sa surface,* dit Ph. Choteau qui ajoute : *Durer parce que nous sommes, nous améliorer parce que nous le devons, nous internationaliser parce que tel est le projet de la science, partager parce que tel est notre devoir*[1].

Philippe Choteau

1 – Ph. Choteau. : *Nouvelles de la Faculté libre de médecine,* n° 64, février 1983.

Les étudiants

Un des faits marquants de cette période est la croissance importante des effectifs d'étudiants résultant du contexte politique autant que de la situation socio-économique. Le taux de réussite au baccalauréat désormais voisin de 80 % ouvre largement les portes des universités et explique cette véritable massification de l'enseignement supérieur. Les études médicales n'échappent pas à ce phénomène, mais par un réflexe corporatif voulu à la fois par les doyens, le Conseil de l'Ordre et plus encore les syndicats médicaux, nous avons vu que le pouvoir s'est efforcé de limiter le nombre de médecins par l'instauration du *numerus clausus.* Ainsi, le nombre de places dans les facultés françaises est-il de 5 000 au début des années 1980 ; en 1985, il est stabilisé à 4 550. L'année suivante, le chiffre souhaité est de 4 100 pour les doyens et de 3 500 pour les syndicats. Après une légère augmentation de 47 à 50 pour la Faculté libre, dont la conférence des doyens reconnaît que le problème *devrait être traité à part, au même titre que les écoles de santé de Lyon et de Bordeaux,* le chiffre d'étudiants admis en PCEM 2 baisse de nouveau à 46 en 1991 et même 43 en 1993, nombre auquel il faut ajouter 8 % d'étrangers. Il remonte légèrement à 45 en 1994, puis se stabilise à ce niveau.

Mais la demande reste importante à l'entrée de PCEM 1 : 153 étudiants en 1982, 177 en 1985. Pour la première fois en 1988, la commission d'admission des étudiants français, qui ne s'était pas réunie depuis cinq ans, ne retient que 150 dossiers sur 250 demandes ; en 1990, elle n'accepte que 154 nouveaux inscrits sur 185 candidats. Les étudiants de PCEM 1 sont 200 en 1993, avec un taux de féminisation qui se stabilise à 50 %, après avoir atteint 66 % en 1991.

Bon an mal an, le taux de réussite au concours de PCEM 1 est de 35 %, c'est-à-dire que seul un candidat sur trois deviendra médecin. Il est habituel de doubler son PCEM 1, le taux de « primants », c'est-à-dire de reçus au premier concours, est très variable : ainsi, il est de 30 % en 1989-90, alors qu'il n'était que de 5 % l'année précédente. En revanche, le pourcentage des succès au cours des années d'études suivantes dépasse habituellement 90 %.

En 1985-86, le nombre total des étudiants de la Faculté est de 656, dont 13 étudiants étrangers postulant pour le diplôme de l'Université catholique et 82 américains. Faut-il rappeler que, cent ans auparavant, le premier doyen Antoine Béchamp souhaitait que la Faculté accueillît 600 étudiants et formât 100 médecins par an... Jusqu'en 2003, date à laquelle se terminera notre récit, les effectifs resteront remarquablement stables de 540 à plus de 600 inscrits dont 200 en PCEM 1. Par la suite, ils vont véritablement exploser : 939 étudiants dont 457 en PCEM 1 en 2008-2009.

Le corps professoral

Le doyen Ph. Choteau, élu en mai 1982, est réélu à deux reprises en 1985 et 1988 ; il choisit successivement pour vice-doyens Jacques Cousin, puis Albert Dutoit. En décembre 1989, il démissionne pour raisons de santé ; le professeur Jacques Cousin est élu en février 1990 et lui aussi réélu à deux reprises en 1993 et 1996. La fonction de doyen trouve ainsi son efficacité dans la durée. Depuis les secousses du décanat de J. Camelot et les décanats fructueux de Jacques Liefooghe, elle n'est plus une sinécure, une sorte d'honorariat où se succèdent les maîtres, mais une charge très prenante. C'est toute une équipe, doyen, vice-doyen, assesseurs, responsables des différents secteurs, qui doit s'atteler à des tâches multiples : ainsi, en 1996, le Pr D. Cordonnier, vice-doyen, est chargé de l'organisation des stages hospitaliers, le Pr D. de Broucker et le Pr agrégé G. Forzy sont assesseurs. Les Prs A. Dutoit, M. Duhamel et G. Vittu sont responsables pédagogiques des différents cycles d'études. Le Pr Colette Creusy est chargée des relations internationales et des liens avec le Conseil National du concours d'internat, le Pr Ph. Gallois est responsable de la recherche, le Pr J.-L. Demory de la Formation Médicale Continue, le Pr agrégé A. Decoster de l'informatique et du projet Multimédia et le Pr agrégé P. Hautecoeur des conférences d'internat.

Le corps professoral comprend alors 35 à 37 membres. En 1993, la Faculté crée une agrégation de bioéthique médicale pour Bruno Cadoré, docteur en médecine et en théologie, directeur adjoint du Centre d'éthique médicale de l'Université catholique.

De grands anciens disparaissent et, en leur mémoire, on décide de donner le nom d'Antoine Delattre, décédé en 1983, au musée d'anatomie pathologique, de Marcel Paget aux salles du 2e étage réservées au 3e cycle, d'Henri D'Hour à la salle polyvalente : tous deux sont décédés en 1984. Le Pr Joseph Camelot, trois fois doyen, disparaît en 1983. Après lui, ce sont les Prs Jules Dereux et Jean Ernst en 1986, Albert Fournier en 1988, le Père Charles Lefèvre, créateur du Centre d'éthique médicale, les Prs André Danès en 1991 et René Becquet en 1992, les Prs Paul Giard en 1993 et Joseph Ampe, Anne Pauli, Henri Batteur en 1997. N'oublions pas d'autres médecins qui, sans siéger au Conseil, ont prouvé leur attachement à la Faculté : Pierre Courtin, obstétricien (1983), Germaine Dubuisson, pédiatre (1984), Yvonne Dupont, pharmacienne, chef de travaux de chimie et pharmacie (1985) et Paul Moitel, ancien chef du service de stomatologie (1992).

Il semble inutile de citer tous les professeurs entrés en retraite dont, heureusement, la plupart sont encore des nôtres, mais il faut rappeler le nom des secrétaires administratifs : François Scalbert, aidé puis remplacé par Alain Hiriart en 1982, auquel succède Claude Surun en 1990, et celui de M. et Mme Leprêtre, fidèles gardiens de la Faculté pendant 26 ans.

De 1982 à 1995, on relève une vingtaine d'agrégations dont l'accès est désormais soumis au jugement de commissions d'évaluation et de classement. Les nouveaux agrégés sont : en 1983, Gilbert Chantepie (anatomie), Michel Mahieu (médecine interne) et Paul Pélerin (Santé publique) ; en 1984, Philippe Mulliez (pneumologie) ; en 1985, Didier de Broucker (médecine interne) ; en 1986, Jean-Loup Demory (hématologie) ; en 1987, Bruno Desrousseaux (chirurgie), Maurice Henniaux (psychiatrie), Denis Cordonnier (orthopédie et traumatologie) et Gabriel Vittu (pédiatrie) ; en 1988, Paul Puppinck (pathologie vasculaire) ; en 1989, Pierre Cornaert (cardiologie) et Philippe Gallois (physiologie) ; en 1990, Michael Smith (anatomie) et Dominique Théry (chirurgie orthopédique) ; en 1991, Edouard Guévart (anesthésie et réanimation) et Gérard Forzy (biophysique) ; en 1993, Eric Houvenaghel (rhumatologie) et Anne Decoster (microbiologie) ; en

1994, Patrick Hautecoeur (neurologie) et Denis Houzé de l'Aulnoit (gynécologie-obstétrique) ; en 1995, Gérard Duquesne (urologie) et Pierre Graux (cardiologie) ; en 1997, Lionel Convain (psychiatrie de l'enfant et de l'adolescent). D'autre part, Richard Baillet, docteur en chirurgie dentaire, est nommé professeur associé (embryologie).

Il faut y ajouter quelques nominations : le Pr M. Duhamel est nommé directeur du Centre de biologie clinique (1983), le Dr Daniel Beaugeard est confirmé dans ses fonctions de chef de service de la Maison Saint-Camille (1984) et le Dr Louis-Luc Derreumaux, chef du service de réadaptation fonctionnelle à Saint-Philibert est nommé médecin des hôpitaux.

Problèmes législatifs et administratifs

Parmi les réformes qui se succèdent après le virage politique de 1981 et l'avènement de la « force tranquille », celle du 3e cycle est la plus importante par ses conséquences tant immédiates que lointaines. Ses objectifs sont clairs : mettre les études médicales en conformité avec la réglementation de l'Union Européenne, réguler le flux des spécialistes, revaloriser la médecine générale par la reconnaissance de sa spécificité. Le 11 mai 1982, le projet de loi est rendu public : à la fin du 2e cycle, tous les étudiants auront le statut d'internes ; un examen *validant et classant* permettra soit l'accès direct à l'internat de médecine générale d'une durée de deux à trois ans, soit l'inscription à un concours interrégional d'internat ouvrant l'accès à quatre filières[2] : médecine générale, spécialités (médicales ou chirurgicales), santé publique et recherche médicale avec concours unique pour les trois dernières. Des commissions définiront les besoins d'une région en médecins et les postes hospitaliers qualifiants : l'on détermine ainsi sept interrégions d'internat et trois commissions. Les premiers concours de ce type ont lieu en 1984, malgré une demande des doyens de les retarder d'un an. Enfin les CES deviennent DES, le terme *diplôme* remplaçant celui de *certificat*.

Ces propositions entraînent aussitôt une grève des étudiants, tant de l'UER des Sciences médicales que de la Faculté libre : ils protestent contre l'allongement prévisible des études à neuf ans au moins, l'examen de fin de 2e cycle créant une sélection et l'absence (d'ailleurs habituelle) de concertation. Prévue pour dix jours, cette grève se prolonge pendant deux mois, assortie de manifestations publiques et d'envoi de lettres au premier ministre. *Initialement choquante de par l'arrêt des soins,* selon les termes de Ph. Choteau, elle est finalement approuvée par la majorité du corps professoral. À l'issue de la grève, des cours de rattrapage sont organisés, mais les étudiants se montrent alors *moins mobilisés dans leur participation que les enseignants.* Le concours de PCEM 1 se déroule normalement. Pour les étudiants de PCEM 2 à DCEM 3, deux sessions sont prévues en septembre et octobre : les résultats en sont considérés comme normaux.

Les étudiants avaient raison : on s'en apercevra bien des années plus tard. En 2006, le Pr J. Roland, président du Conseil national de l'Ordre,

2.– Un texte ultérieur du 26 juillet 83 définira six filières : santé publique, recherche médicale, spécialités médicales, spécialités chirurgicales, psychiatrie, biologie médicale.

stigmatisera ainsi *cette grande faille de 1984, lorsqu'on a créé une classification sociale entre ceux qui réussissaient l'internat et pouvaient faire une spécialité et les autres qui n'avaient plus d'autre choix que de faire médecine générale.* Joignant ses effets pernicieux à ceux du *numerus clausus*, cette réforme met en péril la médecine générale que l'on verra, vingt ans plus tard, *dramatiquement sinistrée* et ce n'est pas en créant aujourd'hui la spécialité de médecine générale que l'on inversera la tendance.

A partir de 1982, ce sont cinq réformes qui ont ainsi déferlé : réforme des études médicales, de l'enseignement supérieur, du fonctionnement hospitalier (départementalisation, budget global), des carrières hospitalières et hospitalo-universitaires, du Conseil supérieur des universités. Le doyen Ph. Choteau avoue son désarroi : *À la mi-temps, les interlocuteurs se sont renouvelés de même que les méthodes de concertation. Aucun texte réglementaire n'est paru, une loi qui n'est pas encore votée va, par le biais d'un acte additionnel, en modifier une autre, celle des études médicales dont les décrets d'application ne seront connus, au mieux, que plus de trois mois après le début de l'année universitaire. Des télex tombent non signés, des propositions à peine datées émanent d'une commission créée en urgence pour débloquer une situation inextricable. Dans cet univers à la Kafka, il faut construire un projet de réforme du 2e cycle applicable totalement dans quatre ans et bâtir des mesures transitoires permettant de pénaliser au minimum des étudiants engagés dans un cursus dont ils voient se modifier totalement la règle du jeu.*

À leur tour, les doyens de toutes les UER font grève, une grève administrative avec refus de siéger et d'envoyer des représentants dans les commissions d'internat nouvellement créées. Ils montrent ainsi leur désapprobation totale vis-à-vis de certains points de la loi Savary sur les enseignements supérieurs, promulguée en janvier 1984. Ils se déclarent *opposés à la précipitation apportée à la mise en place des multiples réformes simultanées lourdes et complexes et dont de nombreuses données leur apparaissent irréalisables voire dangereuses et donc inacceptables. Ils ne peuvent souscrire à la multiplication des tâches administratives imposées aux hospitalo-universitaires à tous les niveaux, au détriment de leurs missions fondamentales [...] Aucune étude démographique sérieuse, aussi bien au plan national qu'au plan régional, pour les spécialistes et pour la médecine générale, les critères devant permettre de déterminer les besoins n'ont pas été approchés.* Ils concluent : *Les doyens [...] affirment aujourd'hui que la mise en place de la réforme dans sa globalité au 1er octobre 1984, qui ne peut d'ailleurs s'envisager [...] que dans le cadre d'une précipitation recourant à des expédients dévalorisants et dangereux, conduira inévitablement à l'échec dont ils n'acceptent pas la responsabilité*[3].

La contestation devient massive lors de la manifestation du 21 juin 1984 pour la liberté de l'enseignement qui fait reculer le pouvoir, elle s'apaise peu à peu en fin d'année : c'est *le calme après la tempête ou l'intervalle libre*, déclare Ph. Choteau, qui estime que les réformes ne sont finalement *ni bonnes, ni mauvaises...*

---

3 – Conférence des doyens de 1984.

La réforme du 3e cycle est mise en place : d'une durée de deux ans, celui-ci comprend des stages hospitaliers et extrahospitaliers, et un enseignement théorique dont il reste à préciser le volume, le contenu et les modalités de contrôle. L'étudiant accède au 3e cycle par validation du 2e cycle, c'est-à-dire à la fois de l'enseignement théorique, des stages et du certificat de synthèse clinique et thérapeutique (CSCT) nouvellement créé et organisé en 1983-84.

Médecine générale. La Faculté était préparée à cette réforme, tout particulièrement à la filière de médecine générale. Avant de devenir obligatoires, les stages auprès du praticien, qui ont été initiés par la Faculté, font l'objet en janvier 1982 d'une enquête du ministère de la Santé et bénéficient d'un crédit de la DDASS de 24 200 F. À cette date, la Faculté dispose de 26 médecins maîtres de stage, puis de 46 en 1988 et de 50 en 1993 : nommés pour trois ans, ce sont des médecins généralistes installés depuis plus de trois ans (et n'exerçant pas à temps complet une médecine parallèle), habilités par la Faculté et officiellement agréés par le Conseil de l'UER des Sciences médicales de Lille. En 1992, la durée des stages est fixée à 30 demi-journées ; il semble préférable de les réaliser au mois d'octobre avant que les étudiants ne prennent leurs fonctions hospitalières. Certains maîtres de stage participent aussi à l'enseignement théorique avec un statut contractuel d'attaché chargé d'enseignement : une vingtaine d'entre eux se regroupent en un collège dont le responsable est le Dr Georges Castelain ; à partir de 1991, ils se retrouvent en un séminaire annuel de pédagogie qui se déroule au Touquet.

Dès avril 1982, la Faculté organise la première journée de regroupement des étudiants du 3e cycle, permettant une confrontation fructueuse entre enseignants, médecins praticiens et étudiants au cours de tables rondes très ouvertes. Les généralistes y sont nombreux ; la participation numérique des étudiants est plus faible, mais ils en apprécient le contenu. Après quelques réunions, le doyen constate encore : *Les médecins généralistes sont apparus cette fois encore plus enthousiastes et motivés que les étudiants,* à l'exception toutefois des DCEM 4 qui sont demandeurs. Plus tard, il apparaîtra que le stage auprès du praticien se situe trop tardivement dans le cursus des études médicales pour familiariser l'étudiant avec les réalités de la médecine générale.

En avril 1984, sous la direction du Pr J. Cousin, la commission pédagogique du 3e cycle, qui comprend six hospitalo-universitaires, quatre médecins d'hôpitaux généraux, sept généralistes, deux médecins d'organismes sociaux et un étudiant, organise l'enseignement théorique. Celui-ci est réparti sur neuf journées (ou 18 demi-journées) où seront étudiés 140 à 150 thèmes regroupés par matière ou spécialité selon un mode concret, bien éloigné de l'enseignement magistral ; ces thèmes sont en effet abordés en petits groupes sous la direction d'un maître de stage et avec la participation d'un hospitalier.

Dans la filière de médecine générale, les étudiants effectuent deux années de stages hospitaliers dans des services reconnus comme spécifiquement formateurs en médecine générale et des stages extrahospitaliers (stages auprès du praticien ou dans divers organismes médico-sociaux agréés) d'une durée minimale de six mois. C'est en 1987 que les internes de médecine générale deviennent des *résidents,* leur titre d'internes ayant été vivement contesté par les internes nommés au concours.

L'évaluation et le contrôle de ce 3e cycle sont indispensables, mais, d'emblée, il ne paraît pas opportun d'imposer un examen supplémentaire. La validation en fin de cycle se fera devant un jury, sur présentation d'un carnet de stage permettant le contrôle du nombre et de la durée des stages ainsi que de l'assiduité à un minimum de séminaires. Elle sera exigée avant la soutenance de la thèse.

Au total, le 3e cycle occupe *une position charnière entre la formation initiale traditionnelle et la formation médicale continue indispensable. Il ne doit pas y avoir d'hiatus entre deux. C'est dire que le succès de cet enseignement spécifique implique une collaboration étroite entre l'Université et la profession : pas de formation spécifique sans les praticiens, pas d'enseignement supérieur sans l'Université. Il convient donc,* ajoute le Pr Cousin, de *faire tomber les barrières [...] En dernier ressort, la réussite appartient aux étudiants eux-mêmes : futurs médecins ils doivent être convaincus que leur formation spécifique comme la mise à jour ultérieure de leurs connaissances est une exigence d'éthique professionnelle à laquelle ils ne sauraient se soustraire ; dans ce domaine, on se plait à imaginer que même une évaluation administrative pourrait devenir superflue, a fortiori un examen, à moins qu'il ne s'agisse d'un examen de conscience.* Certes, mais lorsqu'en 1985 on constate que cet enseignement théorique n'est suivi que par 25 étudiants sur 43 inscrits, il apparaît nécessaire de rendre leur présence obligatoire.

Médecine de spécialités. Ainsi, dès 1984, la Faculté traditionnellement vouée à la formation de médecins généralistes, a acquis la maîtrise de l'organisation de l'enseignement du 3e cycle de médecine générale. Elle doit maintenant obtenir une autonomie au moins partielle dans la formation de spécialistes, ce qui implique la qualification de ses services hospitaliers.

Le décret du 23 juillet 1983 a créé à cet effet des commissions régionale et interrégionale. La commission régionale des études médicales est chargée de donner un avis sur les besoins de santé de la population et de recenser les services, établissements et organismes ayant sollicité leur agrément. Dans cette commission siège un médecin représentant les établissements privés d'hospitalisation participant au service public et liés par convention avec un CHR.

La commission technique et pédagogique interrégionale donne son avis sur les demandes d'agrément des services formateurs, la répartition des postes d'internes de médecine générale et le nombre de places d'internes à mettre au concours dans les filières de spécialités. Dans cette commission est prévue également la présence de médecins n'exerçant pas en milieu hospitalier public. C'est donc l'opportunité – d'une importance capitale – offerte à la Faculté d'y siéger. Dès 1985, des représentants de la Faculté sont présents dans les commissions d'agrément. Une circulaire du 4 mai 1984 précise : *Lorsque il sera évoqué un cas relatif [...] aux établissements relevant de l'Institut catholique de Lille, le groupe consultera son représentant.*

Ainsi, en 1984, la commission interrégionale attribue 41 postes d'internes aux établissements relevant de la Faculté libre et la commission des études pharmaceutiques où siège le Pr B. Vanbockstael attribue un poste qualifiant à l'hôpital Saint-Philibert. Pour les services qualifiants en spécialités, les décisions sont prises après avis conjoint du conseil de l'UER, du responsable interrégional de la spécialité et de la commission locale. Elles sont d'abord assez variables, parfois surprenantes, voire capricieuses, changeant sans raison d'une année à l'autre...

Ces dispositions sont encore modifiées les années suivantes. Le 3 juillet 1987, les filières santé publique et recherche, peu prisées des étudiants, sont supprimées. En avril 1988, la dette d'un certificat n'est plus admise pour le passage en 3e cycle, mais elle est rétablie dès le mois de septembre suivant. Les commissions interrégionale et nationale sont supprimées et remplacées par des commissions de subdivision, c'est-à-dire des commissions d'agrément et d'adéquation des services. En 1991, le Pr A. Dutoit siège à la commission régionale des études médicales (CREM), le Pr B. Vanbockstael aux commissions de pharmacie et de biologie. Les postes d'internes sont ainsi renouvelés.

En ce qui concerne les spécialités médicales et chirurgicales, la Faculté participe entièrement à la réforme de l'internat dont les modalités d'inscription sont précisées par une note du 22 mai 1984. Elle est représentée par Mme le Pr C. Creusy au Centre National du Concours d'Internat (CNCI) dont elle est membre à part entière ; elle fait partie de l'interrégion nord-ouest avec Amiens, Caen, Rouen et Lille-État. Elle participe à la constitution de la banque de questions du CNCI. Les résultats au concours sont satisfaisants, parfois excellents, mais le nombre d'inscrits est jugé souvent insuffisant. Chaque année, 20 à 25 candidats sont reçus ; ils s'éparpillent dans toutes les régions de France, ce qui conforte sans doute la bonne image de marque de la Faculté libre, mais la prive d'une demi-promotion de 3e cycle et pose des problèmes pour satisfaire les demandes de résidents dans nos hôpitaux et certains hôpitaux généraux. Cet internat national est d'ailleurs vivement critiqué par la Conférence des doyens : *La notion d'interrégion d'internat de spécialité a été pervertie par la rigidité d'une disposition législative imposée contre l'avis formel des doyens [...] qui a contraint à l'élaboration d'interrégions souvent démesurées et irréalistes, voire incohérentes, imposant une mobilité excessive qui ne sera pas acceptée.*

L'internat propre à la Faculté libre disparaît donc, réglant du même coup la question de l'équivalence des titres. Un décret du 27 juillet 1983 autorise l'équivalence des CES pour les internes des hôpitaux des régions sanitaires ; des démarches sont alors entreprises auprès du ministère pour que l'internat de la Faculté libre soit au moins équivalent à celui-là. C'est chose faite par l'arrêté du 21 mars 1985 pour les internes et anciens internes des hôpitaux de la Faculté libre. Un décret du 24 février 1986 précise : *Peuvent se présenter au concours de praticiens hospitaliers, pendant une période de six ans à compter de la date d'effet du présent décret, les anciens internes des hôpitaux Saint-Philibert, Saint-Antoine et de la Charité à Lille.*

Les réformes ont intéressé également les premier et deuxième cycles. Les programmes du 1er cycle et du DCEM 1 sont modifiés en 1992 : organisation modulaire de l'enseignement, module de culture générale en 1re année, enseignement optionnel d'éthique de la médecine, stage d'initiation aux soins de quatre semaines en fin de PCEM 1, enseignement complémentaire d'anglais rendu obligatoire. Cela nécessite des aménagements d'horaires pour faire place aux nouvelles matières. En 1990, deux modules optionnels ont été créés : initiation à la recherche et sciences humaines. Sous la responsabilité des Prs J. Liefooghe, puis G. Forzy, cette réforme est menée à bien. Une fois encore, la Faculté en a anticipé certains points : enseignement d'anglais avec l'aide du CLARIFE (Centre de langues du secteur scientifique), enseignement optionnel d'informatique.

En 1990, est organisée une session préuniversitaire de quatre jours avec les enseignants du 1er cycle sous la direction du Pr J. Liefooghe : son but est de faciliter l'intégration immédiate des étudiants dans le cursus universitaire. De même, en 1992, est créée pour les étudiants de PCEM 2 une session de prérentrée qui se déroule hors les murs.

Des difficultés surgissent pour l'enseignement fondamental d'histologie après le départ du titulaire, le Pr Saout : elles sont résolues par la création en 1988 d'un département d'histologie et d'anatomie et cytologie pathologiques regroupant les mêmes enseignants et les mêmes techniques sous la direction du Pr Colette Creusy.

En 2e cycle, l'enseignement reste partagé en quinze certificats ; il est nécessaire d'en valider trois pour passer du DCEM 2 au DCEM 3, huit du DCEM 3 au DCEM 4 et quatorze pour accéder au troisième cycle. On admet *la dette d'un certificat,* c'est-à-dire la possibilité de s'inscrire au 3e cycle sans la totalité des certificats, à l'exception toutefois du certificat de synthèse clinique et thérapeutique créé en 1983-84. Ce CSCT prend progressivement de l'ampleur : des 70 heures initiales, on passe à 125 heures en 1984-85, 140 heures en 1985-86. Les autres certificats sont alors groupés en quatre modules répartis sur deux ans avec examens semestriels.

Le 2e cycle est encore marqué par la préparation de l'internat de spécialités : préparation intensive sous forme de conférences d'internat animées par une vingtaine de conférenciers sous la direction du Pr D. Cordonnier et du Dr J.-J. Leduc, puis du Pr Hautecoeur. Encore faut-il harmoniser l'enseignement traditionnel et la préparation au concours ; en 1996, devant une dégradation sensible des résultats depuis deux ans, on intensifie la formation. En DCEM 2, l'enseignement magistral est adapté aux programmes de l'internat avec douze conférences annuelles ; en DCEM 3, le rythme augmente avec une conférence obligatoire par semaine et, en DCEM 4, avec deux conférences hebdomadaires de juillet à mars.

Étudiants étrangers

Comme pour les étudiants français, on observe dans les années 1980 une inflation du nombre de candidats étrangers, sélectionnés par la commission d'admission et, pour les étudiants américains, par le CIME.

Mais, pour la *Faculté américaine,* la situation commence à s'assombrir à partir de 1982. Des divergences de vues apparaissent au sein du CIME : ses dépenses dépassent ses recettes et les scolarités sont payées avec beaucoup de retard. Cependant, en 1984, l'on compte encore une trentaine d'étrangers dont 25 américains. L'année suivante, 39 américains sont admis en PCEM 2. Le CIME demande alors une augmentation de l'effectif américain qui atteint

85 étudiants en 1985. S'y ajoutent 36 autres étrangers en majorité africains et libanais dont 24 préparent le diplôme d'État et 12 le diplôme intérieur de l'Université catholique. Cet apport permet le maintien d'un effectif stable, voisin de 600 étudiants, malgré le *numerus clausus*.

Bulletin du CIME en 1984-85

En 1986, intervient une réorganisation interne du CIME, mais le programme continue jusqu'en 1987, année où l'on constate une chute drastique des candidatures aux études médicales à l'étranger : on ne prévoit alors pas plus de 25 étudiants américains. C'est qu'aux USA les candidats aux études de médecine à l'étranger se font plus rares : d'une part les écoles de médecine américaines se sont multipliées (leur nombre est passé en quelques années de 88 à 126 et celui des diplômés de 7 400 à plus de 15 000 par an) ; d'autre part, l'attrait pour la médecine elle-même diminue, car elle est devenue moins lucrative que le commerce ou la finance.

Le CIME a beau faire paraître une annonce dans le New York Times (coût : 12 800 $) et envisager un programme de formation pour les infirmières, il ne propose plus que neuf candidats en 1986, quatre l'année suivante.

Une diversification est alors envisagée par R. Newbold : un accord avec le *New York Medical College*, école catholique de médecine réputée, aux termes duquel la Faculté libre de Lille accueillerait des scientifiques de haut niveau pour y recevoir en deux ans une formation clinique suffisante pour mériter le diplôme de docteur en médecine. Mais l'accord est bloqué par le président dudit *College*, Mgr Cassidy, fidèle du Magistère romain, en raison du conflit non résolu entre le Vatican et l'Université catholique de Lille au sujet de la fécondation *in vitro*…

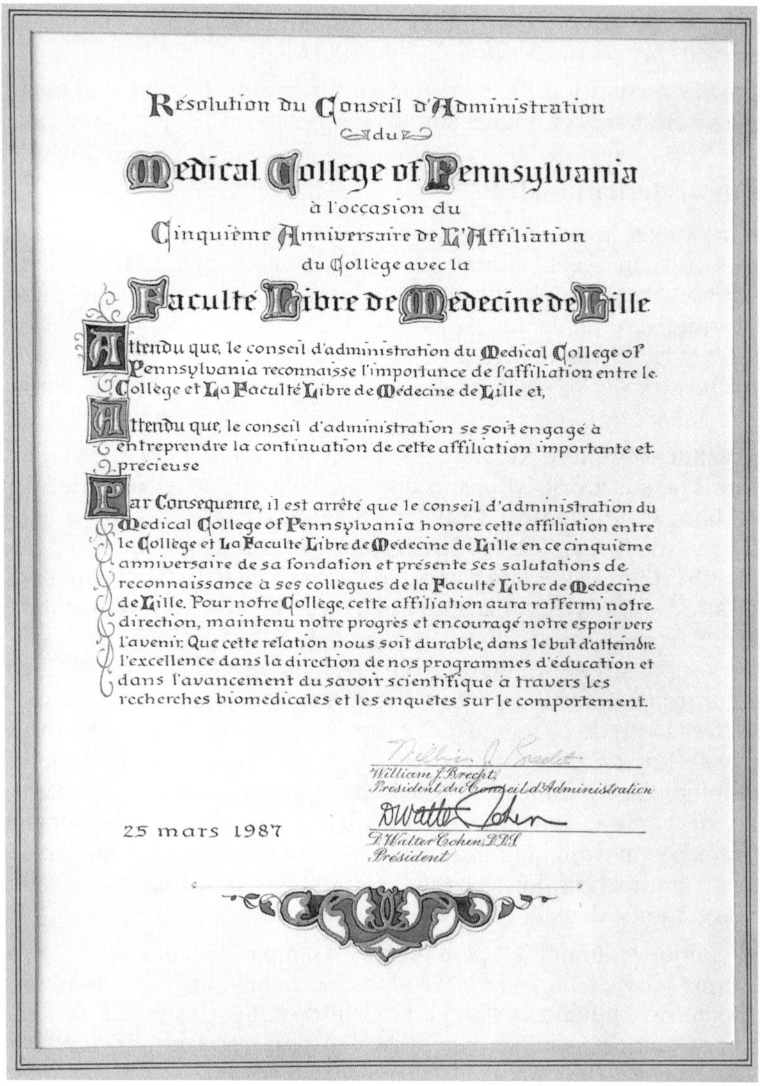

Résolution du Conseil d'Administration

du

Medical College of Pennsylvania

à l'occasion du

Cinquième Anniversaire de L'Affiliation

du Collège avec la

Faculté Libre de Médecine de Lille

Attendu que, le conseil d'administration du Medical College of Pennsylvania reconnaisse l'importunce de l'affiliation entre le Collège et La Faculté Libre de Médecine de Lille et,

Attendu que, le conseil d'administration se soit engagé à entreprendre la continuation de cette affiliation importante et precieuse

Par Consequence, il est arrêté que le conseil d'administration du Medical College of Pennsylvania honore cette affiliation entre le Collège et La Faculte Libre de Medecine de Lille en ce cinquieme anniversaire de sa fondation et présente ses salutations de reconnaissance à ses collègues de la Faculté Libre de Medecine de Lille. Pour notre College, cette affiliation aura raffermi notre direction, maintenu notre progrès et encouragé notre espoir vers l'avenir. Que cette relation nous soit durable, dans le but d'atteindre l'excellence dans la direction de nos programmes d'éducation et dans l'avancement du savoir scientifique à travers les recherches biomedicales et les enquetes sur le comportement.

William J. Brecht,
President du Conseil d'Administration

25 mars 1987

D. Walter Cohen, D.D.S.
Président

Acte du 25 mars 1987 commémorant la convention de 1982.

En 1988, lors d'une visite de R. Newbold à la Faculté, il est décidé de mettre fin au programme. En 1990, son abandon est consommé : les quatre derniers élèves américains terminent leurs études à Lille en 1991.

Au total, 335 étudiants américains seront passés par la Faculté pendant ces 18 années. Nombre d'entre eux ont exprimé leur satisfaction et parfois gardé le contact avec des enseignants. Il reste qu'en dehors de son intérêt financier représentant pour la Faculté une véritable manne estimée à plus de deux millions de dollars, la *Faculté américaine* lui a valu une reconnaissance internationale qui a pu susciter quelque étonnement dans les milieux officiels : après la visite de quelques inspecteurs, la Faculté a même mérité une place fort honorable dans le classement des Écoles de médecine américaines et étrangères, publié périodiquement par une agence de l'*Association of American Medical Colleges* (AAMC).

Après la disparition du recrutement américain, il reste à la Faculté, en 1996-97, 15 étudiants étrangers sur 525 inscrits (dont 191 en PCEM1).

Relations internationales

Les relations internationales représentent pour tous les établissements universitaires un enjeu stratégique majeur : c'est aussi la mission d'une université catholique de promouvoir, selon les propos du recteur G. Vandecandelaere, *toutes les recherches et actions concourant à une meilleure connaissance globale du monde, dans sa complexité, avec les différentes approches que cela nécessite pour répondre à des attentes fondamentales des jeunes, de la société autant que de l'Église.*

La venue régulière de *visiting professors* au bénéfice des étudiants américains a suscité le projet d'une convention de partenariat entre la Faculté libre et le **Medical College of Pennsylvania** (MCP, l'une des six écoles de médecine de Philadelphie), fournisseur principal de ces enseignants. Après des pourparlers initiés en juillet 1981, la convention est signée le 23 juin 1982. Exceptionnelle de la part d'une faculté nord-américaine, cette convention prévoit des échanges de professeurs et d'étudiants. Ainsi, en juin de cette année-là, le Pr D. Kaye vient à Lille traiter des endocardites infectieuses lors d'une séance des Actualités de médecine interne. Dès la fin de ce même mois, sept étudiants du MCP sont accueillis à la Faculté. En 1985, ce sont deux de nos étudiants qui partent pour Philadelphie. Les premiers résultats de cette convention semblent donc satisfaisants, mais la situation se détériore dès 1987, lorsque les établissements hospitaliers du MCP sont rachetés par une société de cliniques à but lucratif. Les échanges se raréfient et, l'éloignement aidant, la convention tombe dans l'oubli.

La Belgique wallonne est plus proche et n'a pas le handicap de la barrière linguistique. Le 27 janvier 1983, est conclue une convention entre l'Université de **Louvain-la-Neuve** et celle de Lille, destinée *à renforcer leur coopération tant en ce qui concerne le développement de leur potentiel d'enseignement et de recherche que la poursuite des finalités spécifiques liées à leur caractère d'universités catholiques [...] Les deux universités favoriseront au niveau de leurs établissements, facultés et instituts susceptibles d'y être intéressés, la réalisation de programmes d'échanges d'enseignants, de chercheurs et d'étudiants.* Après la visite du Pr Paul Malvaux, chef du département de pédiatrie à Louvain, des stages sont immédiatement organisés en pédiatrie[4] et en gynécologie-obstétrique.

4.– Dès la fin des années 50, par accord entre chefs de service, l'hôpital Saint-Antoine recevait déjà des médecins belges en cours de spécialisation de pédiatrie. Pendant une année de leur cursus de spécialité validé par Louvain, ils exerçaient les fonctions d'internes et leur intégration était parfaite. Il faut ajouter que le Pr P. Malvaux se faisait un point d'honneur à envoyer des candidats de qualité.

En 1983 encore, des contacts sont pris avec la faculté Saint-Joseph de Beyrouth en vue de la formation de spécialistes libanais. En 1986, la Faculté reçoit neuf médecins libanais, dont six en formation complémentaire et trois en formation initiale pour l'obtention d'un diplôme conjoint de spécialité. Des pourparlers sont ouverts également avec les facultés de Cordoba (Argentine) et Sao Paulo (Brésil).

Pour ce faire, on met en place en 1986 le règlement du diplôme interuniversitaire de spécialité (DIS), ouvert aux étrangers docteurs en médecine (diplôme de l'État français, de l'Université catholique de Lille ou équivalent) et originaires d'un pays reconnaissant ce diplôme. Un contrôle à l'admission, à la faveur d'un entretien ou, le cas échéant, d'un examen, vérifie que les candidats possèdent une bonne connaissance de la langue française et une formation médicale de base suffisante. Après une période probatoire de six mois, les candidats exercent les fonctions de résident ou d'interne. Au terme d'un cursus de cinq ans pour les spécialités chirurgicales et de quatre pour les spécialités médicales, contrôlé par une évaluation régulière, le diplôme est délivré par le recteur après avis d'une commission d'évaluation et soutenance d'un mémoire.

En 1990, les relations internationales s'étoffent encore. Outre les internes libanais en cours de spécialité, l'hôpital Saint-Antoine reçoit deux médecins brésiliens de Sao Paulo (Faculté catholique de Sorocaba). Après des contacts particuliers entre responsables d'enseignement, des étudiants belges effectuent à Saint-Antoine leur stage de pédiatrie de deux mois ; d'autres sont en cours de spécialisation en pédiatrie, gynécologie-obstétrique, pneumologie ou chirurgie. La plupart de ces stages se déroulent à la satisfaction générale.

La Faculté participe activement aux différents programmes d'échanges internationaux, grâce à l'action du Pr C. Creusy. Celle-ci coordonne le programme ERASMUS, dans lequel sont impliquées les facultés de Leeds (G-B), Pérouse et Bari (Italie), Murcie et Cordoue (Espagne), l'Institut catholique de Rome et l'Université catholique de Louvain. En 1992, une bourse de 7 000 « écus » (soit 24 000 F) accordée dans ce cadre permet à deux étudiants de séjourner pendant deux mois à Pérouse (Italie), tandis qu'une étudiante est accueillie à Leeds.

Le programme TEMPUS, coordonné par l'Université de Lublin (Pologne), concerne 42 universités européennes. Le doyen et le Pr C. Creusy se rendent à Lublin pour la signature d'une convention organisant des stages de courte durée pour des étudiants et de jeunes spécialistes en formation, par exemple en chirurgie cœlioscopique. En 1994-95, la Faculté reçoit six étudiants polonais, tandis que sept de ses étudiants partent pour Debrecen (Hongrie).

Le programme COMETT coordonné par l'Université de Pérouse permet d'envoyer à l'étranger six étudiants de 2e cycle et de recevoir seize étrangers. Nos étudiants ont la possibilité d'effectuer trois stages de quatre mois à l'étranger : deux de ces stages doivent être obligatoirement agréés par la Faculté, le troisième est un stage sur initiative personnelle.

En Afrique, la coopération et le jumelage avec la fondation médicale *Ad Lucem* (Pr H. Nkoulou) permettent la formation de personnels médicaux et paramédicaux : en 1994, deux étudiants partent pour le Cameroun et une convention est signée en 1997.

Au total, de 1993 à 1995, 27 étudiants de la Faculté sont partis à l'étranger ; en 1994 et 1995, 36 étudiants étrangers dont 16 brésiliens et 11 polonais ont été accueillis à la Faculté.

Le programme européen ERASMUS se terminant en 1997-98, les universités concernées travaillent ensemble dans le but de perpétuer cette mobilité d'étudiants dans le cadre du nouveau programme européen SOCRATES. En octobre 1995, onze coordinateurs du PIC ERASMUS, dont le Pr Creusy, se réunissent à Gand afin d'organiser dans le cadre de nouveaux programmes européens le réseau thématique MEDNET (Medical Education and Didactics Network). Le programme SOCRATES prévoit des échanges avec l'Europe de l'Ouest et l'Europe de l'Est.

En outre, en 1993, sont organisées des missions de coopération pédiatrique avec le Nord Vietnam à la demande du Centre International de l'Enfance : ce sont des missions d'enseignement, mais aussi d'accueil et de formation d'étudiants vietnamiens. Sont prévus aussi l'envoi d'étudiants français à Hanoï et une coopération scientifique. Trois fois par an, en septembre, février et mai, deux enseignants partent au Vietnam pour une mission de quinze jours. Une convention est passée entre la faculté de médecine de Hanoï, l'Université Jules Verne de Picardie et la Faculté libre de Lille : les trois premières missions sont assurées par des enseignants de Lille et d'Amiens, les suivantes y associent Reims, Rouen et Strasbourg. Chaque mission est sanctionnée par un examen. Le coordinateur pédiatrique pour le Vietnam est alors le Pr J. Cousin. En 1993-94, trois jeunes pédiatres vietnamiens sont reçus et font fonction d'interne à Lille, Amiens et Strasbourg. En 1994-95, six pédiatres sont encore reçus à Lille, Amiens, Rouen, Rennes, Reims, et Strasbourg. A la fin de 1997, sont organisées les premières rencontres franco-vietnamiennes de pédiatrie à Hanoï.

Problèmes hospitaliers

Fin 1984, est créé, à l'initiative du doyen Ph. Choteau, le **Groupe hospitalier de l'Institut Catholique de Lille (GHICL)** regroupant l'hôpital Saint-Philibert, la Maison médicale Saint-Camille, la clinique Saint-Raphaël et les laboratoires du Centre de Biologie Clinique. Son objet est d'harmoniser le fonctionnement de ces différentes unités, d'être l'interlocuteur unique des autorités administratives et du CHR de Lille et, en urgence, de mener à bien le projet du Centre hospitalier Saint-Vincent. Il est dirigé par un Comité de gestion dont le président est M. Jacques Stahl et le directeur général M. Jean Leroux.

Un Comité de coordination hospitalo-universitaire est par ailleurs créé, amorce de l'équivalent d'un Centre hospitalo-universitaire libre, où sont présents le GHICL, la Faculté libre de médecine et le Centre hospitalier Feron-Vrau, qui gère l'hôpital Saint-Antoine. Avec quelque retard, le Conseil d'administration dudit Centre accepte en effet de faire partie de ce Comité en février 1985.

L'intégration de l'hôpital pédiatrique à un grand ensemble hospitalier semble en effet souhaitable à cette époque. **L'hôpital Saint-Antoine**, qui jusqu'alors a gardé jalousement son autonomie, poursuit sa croissance au cours de cette quinzaine d'années grâce à des circonstances très favorables : à partir de 1984, l'établissement bénéficie de la dotation globale qui, bon an mal an, couvre 80 % de son budget. Grâce à la gestion de son directeur M. Michel Beaupoil qui remplace M. Vanderkelen en 1984, le Centre Feron-Vrau entreprend des investissements lourds. En 1987, le service de néonatologie créé en 1983 et confié au Pr Gabriel Vittu est agrandi par la création de dix lits de réanimation néo-natale. Fin 1988, le laboratoire de biologie de Saint-Camille (Pr M. Duhamel), puis le laboratoire de cytogénétique (Dr Marie-Françoise Croquette) sont transférés à Saint-Antoine, ce qui constitue une lourde charge financière. Le matériel du service de radiologie est renouvelé. En 1990, un bâtiment médico-technique est construit à proximité du pavillon Saint-Roch et du bloc opératoire : il regroupe les services d'ORL, d'ophtalmologie et les laboratoires dans des locaux très fonctionnels et dotés d'équipements modernes.

En 1990, l'hôpital fête joyeusement son centenaire par une journée scientifique consacrée à différents sujets de génétique, de néonatologie et d'orthopédie. L'établissement comprend alors 228 lits répartis en un service de chirurgie de 58 lits et deux services de médecine (170 lits) ; à la retraite de Mlle le Pr A. Pauli, le service B est dirigé par le Pr H. Ducoulombier. Due à l'augmentation des activités traditionnelles et plus encore à la diversification de nouvelles activités en neurologie, psychiatrie, allergologie, cytogénétique et conseil génétique, pathologie des adolescents, l'activité de l'hôpital atteint un maximum. En quinze ans, le nombre de consultations passe de 15 000 à 35 000 et celui des hospitalisations est plus que doublé, passant de 5 000 à 11 000 par an. L'hôpital emploie 458 personnes dont 402 femmes en 369 équivalents temps plein, 50 cadres dont 39 médecins (17 à temps plein). Son budget est de 85 millions de francs (dont 49 % consacrés à la rémunération du personnel et 22,5 % aux charges sociales). Un chiffre toutefois devrait attirer l'attention : de 1970 à 1981, la durée moyenne de séjour a diminué de moitié, passant de 17 jours à 8,4 jours, une évolution qui s'accentue d'année en année.

Le fonctionnement de l'**hôpital Saint-Philibert** reste très satisfaisant. A la fin des années 80, il comprend 405 lits : 140 lits de médecine groupant sept spécialités, 157 lits de chirurgie, sept lits de réanimation, cinq lits d'urgence, dix lits de soins intensifs, quinze lits d'hôpital de jour et 71 lits de gynécologie-obstétrique. En 1988, avec plus de 15 000 admissions, il totalise 120 140 journées avec un taux d'occupation de 82,6 % et reçoit 14 410 consultants. En maternité, on compte 1 500 à 1 600 naissances annuelles. En 1985, Saint-Philibert connaît des difficultés en gynécologie-obstétrique ainsi qu'aux urgences en raison de l'exiguïté des locaux de ces deux services. Enfin, il emploie 600 personnes, 130 médecins (dont 60 postes équivalents temps plein) et 60 internes.

Sous la direction de M. J. Leroux, sont élaborés plusieurs projets de développement : création d'un SMUR souhaité surtout par la traumatologie, d'un service de neurochirurgie, d'un centre d'hémodynamique, installation d'un scanner, puis d'une Imagerie par résonance magnétique (IRM). Certains de ces projets sont menés à bien ; en décembre 1984, est inauguré le scanner « corps entier ». À cette occasion, le service de radiologie est réorganisé. En novembre 1984, le Dr Michaël Smith (agrégé en 1985) quitte Saint-Antoine pour Saint-Philibert et le service s'étoffe avec un médecin adjoint à temps plein, un chef de clinique, un interne et une dizaine d'attachés.

Autre création, en 1984, celle d'un département de chirurgie viscérale et générale regroupant les trois services de chirurgie générale et vasculaire (Pr P. Langeron), de chirurgie thoracique et digestive (Pr J. Ampe) et d'urologie (Pr G. Chantepie), soit un total de 117 lits. Au départ en retraite du Pr P. Langeron, le service de chirurgie viscérale et vasculaire est scindé en un service de pathologie vasculaire (Dr Paul Puppinck, agrégé en 1988) et un service de chirurgie générale et urgences (Dr Dominique Théry, agrégé en 1989).

Enfin, lors du départ du Pr Christian Vittu, le laboratoire est confié à Mme Noël-Denis, pharmacienne, pour trois ans : en novembre 1986, elle est remplacée par le Pr Dhondt assisté des P^{rs} J.-L. Demory pour l'hématologie et G. Forzy pour la biochimie, Mme Noël gardant la bactériologie.

D'autres projets ne voient pas le jour, telle la création d'un service de chirurgie cardiaque. Après de nombreuses discussions avec la DRASS initialement favorable au projet et avec la DDASS, la Commission Nationale d'hospitalisation émet un avis favorable, mais la direction des Hôpitaux au ministère de la Santé refuse l'implantation de la circulation extracorporelle.

Dernier projet : celui de l'implantation d'un appareil d'IRM : une demande est faite en commun avec les cliniques du Bois (à Lille) et du Parc (à Croix). Après discussion, il est convenu que l'implantation se ferait à Saint-Philibert si la demande est agréée. Mais de nouvelles difficultés surgissent.

Démêlés gynéco-obstétricaux

Lorsque s'ouvre le Centre hospitalier Saint-Philibert en 1977, l'activité de la Maternité Sainte-Anne de Lille est en déclin : 800 accouchements annuels contre 2 000 cinq ans plus tôt. La gynécologie proprement dite n'est représentée que par une consultation externe, assurée par le Pr Louis Corette pour la partie chirurgicale, le Pr Marcel Gaudefroy et le Dr Dominique Coliche pour les aspects médicaux.

La création, à Lomme, de l'ensemble gynécologie-maternité, avec respectivement 35 et 36 lits change profondément la donne. Le service de gynécologie est confié au Pr Corette, celui d'obstétrique au Pr Delerue. La répartition des activités est bien réglée, ce dernier prenant en charge les grossesses à partir du 6e mois, les accouchements et leurs suites.

Toutes les autres pathologies féminines sont du ressort du service de gynécologie, de même que les questions de contraception, de stérilité avec, plus tard, la pratique de la fécondation in vitro (1985).

L'attrait des nouveaux locaux, l'apport de la clientèle de Lomme, les fermetures successives des petites maternités de Comines, Bailleul et Hazebrouck entre 1979 et 1985 font que l'activité obstétricale remonte progressivement ; en cinq ans, elle atteint le chiffre de 1 600 accouchements annuels.

Au départ du Pr Delerue en 1979, le Dr Michel Delcroix est délégué dans les fonctions de chef de service d'obstétrique ; l'année suivante, après avoir passé l'agrégation de gynécologie-obstétrique, il est confirmé dans ces fonctions, limitées à l'obstétrique. Mais très vite apparaissent des conflits larvés : problème des limites respectives des deux disciplines, tensions à l'intérieur de son service, avec les sages-femmes et les internes, gestion des matériels et notamment des échographes, problèmes relationnels qui vont en s'amplifiant. Les choses s'aggravent peu à peu. En 1991, une première « charte » reste inopérante.

L'année suivante, ces dysfonctionnements, au sujet desquels la Commission des litiges de la Faculté se déclare incompétente, justifient l'intervention du recteur : en vain. Le climat délétère qui s'est installé nuit à la réputation du service et le recrutement des patientes commence à décliner. Après un maximum de 1 841 accouchements en 1987, l'activité se réduit peu à peu ; cette baisse s'accentuera encore lors du transfert de la maternité de la Sainte Famille vers la clinique du Bois en 1991.

Fin 1992, le recteur nomme une « Commission des sages » ; elle siège trois mois et auditionne une cinquantaine de personnes. Une nouvelle « charte » de fonctionnement est rédigée en juin 1993 où les attributions de chaque service sont de nouveau précisées et des recommandations de sagesse énoncées. Il est créé une unité d'échographie et de diagnostic anténatal, confiée au Dr Houzé de l'Aulnoit, qui s'est spécialement formé à cette technique. Entre temps, en janvier 1993, suite à de nouveaux incidents, le directeur a prononcé une mise à pied temporaire du chef de service d'obstétrique, évidemment contestée et d'ailleurs sans effet.

L'unité d'échographie est équipée de trois échographes, dont deux très performants : elle dispose de 16 vacations par semaine et réalise près de 7 000 examens par an[5], mais quatre vacations seulement sont attribuées au personnel dépendant du service d'obstétrique. Le Pr Delcroix et son assistant le Dr Guérin du Masgenêt, nommé en juillet 1994, supportent donc mal que *l'obstétrique soit l'otage de l'unité d'échographie.* Des maladresses sont commises, par exemple le retrait du service d'obstétrique d'un 4e appareil d'échographie qui, écrit le Pr Michaël Smith, *n'avait comme seul tort que d'être utile aux obstétriciens [...] Je pense que l'imagerie échographique est nécessaire dans l'activité quotidienne d'un obstétricien, cet examen doit également pouvoir être personnalisé (un médecin qui connaît une patiente doit pouvoir examiner lui-même*

5 – Rapport du Pr M. Smith au recteur le 1er juil. 1995.

sa propre patiente)[6]. Le refus par la direction de l'achat d'un appareil, fort onéreux à vrai dire, qui serait réservé à l'obstétrique ajoute encore à leur exaspération.

L'activité du service diminue toujours, pour tomber à 1 032 accouchements en 1994. Certes le nombre de naissances dans le Nord décroît régulièrement lui aussi, mais la maternité de la Sainte Famille a presque doublé son activité sur son nouveau site.

Le débat s'envenime : en mars 1995, le Pr Delcroix saisit le Conseil des Prud'hommes sur la question de sa mise à pied. En juillet, le Dr Guérin du Masgenêt donne sa démission, *non sans avoir clairement écrit son mépris pour l'institution et pour les médecins qui y travaillent.* Ce départ est mal perçu par le Dr Dépinoy, directeur régional de la Santé. Non sans difficulté, le Dr Guérin est remplacé par les Drs Clara Chéron et Guillemette Poulain.

A la retraite du Pr Corette en 1995, le Pr agrégé Houzé de l'Aulnoit lui succède. L'unité d'échographie qui avait tant empoisonné le débat est confiée au Pr M. Smith, chef du service d'imagerie médicale. Mais les tensions ne se calment guère et de nouveaux incidents amèneront l'autorité rectorale à démettre le Pr Delcroix de ses fonctions en 1999. Le Pr Denis Houzé de l'Aulnoit assure dès lors la direction de l'ensemble.

Durant ces quinze années, **l'hôpital de la Charité aile droite** agonise lentement : la situation est devenue intenable et les conditions de fonctionnement, en termes de personnel, d'équipement, d'hôtellerie, se dégradent de jour en jour. Il s'ensuit un effondrement du recrutement : on comptabilise 2 177 entrées en 1985 et 1 645 en 1988, soit -25 %, le taux d'occupation des lits est de 52 % en médecine, de 30 % en chirurgie. En 1987, une salle de médecine est fermée « *provisoirement* » et, en 1990, le poste de médecin non chef de service en médecine interne est supprimé par le CHR. En chirurgie, le Pr J. Callens, en médecine le Pr P. Giard, puis son successeur le Pr Ph. Choteau, assisté du Pr agrégé M. Mahieu, tentent de garder aux soins une certaine dignité, une situation d'autant plus pénible que le projet Saint-Vincent rencontre bien des obstacles.

L'hôpital Saint-Vincent

Si le principe de la construction du Centre hospitalier Saint-Vincent a été accepté en 1980, sa réalisation va demander douze longues années, en raison surtout des orientations politiques nationales, visant à réduire de façon drastique des capacités hospitalières jugées excessives et coûteuses pour la Sécurité Sociale : pour développer et mener ce projet à son terme, il faudra la volonté et la ténacité de l'Institut Catholique de Lille, de son recteur M. Falise et de son Conseil d'administration, notamment de M. Stahl, en charge des affaires hospitalières, de M. Leroux, directeur du GHICL, du doyen Ph. Choteau et du doyen honoraire J. Liefooghe. Et ce, au prix d'innombrables démarches auprès de la Mairie de Lille, heureusement très favorable au projet, de la Direction départementale des Affaires sanitaires et sociales

6 – *Ibid.*

(DDASS) et de son patron, M. Pierre Rougerie, du préfet de région lui-même et des instances ministérielles, sollicitées à plusieurs reprises.

Concrètement, il fallait d'abord trouver un site approprié, si possible dans ce secteur de Lille-Sud. Après l'échec du projet d'association avec l'hôpital Saint-Antoine, plusieurs emplacements sont envisagés jusqu'à ce que soit négociée avec la Mairie de Lille la cession d'un terrain acheté par elle aux Armées (terrain Kellermann). L'affaire est rapidement conclue et les 16 826 m² sont acquis par l'ICL pour 8,5 MF, grâce à un emprunt remboursable en 20 ans. Ce terrain triangulaire est situé entre le boulevard de Belfort, la rue Jean Jaurès et la rue Desaix.

Le projet, qui a reçu l'aval du ministère en 1980 et qui est activement soutenu par la mairie, est agréé par la Commission régionale d'hospitalisation et par le préfet durant l'été 1982.

La réalisation en est confiée, comme pour l'hôpital Saint-Philibert, au cabinet d'architectes Maes et Maillard et à la société d'ingénierie SODETEG, devenue entretemps SODEG. Le permis de construire est délivré en août 1983.

Mais le financement se heurte à de sérieuses difficultés, en raison d'une part d'un dépassement important de l'enveloppe initiale, d'autre part et surtout de la compression des budgets de l'Etat et de la Sécurité Sociale, qui réduisent fortement les espoirs de subventions. Ce n'est qu'en décembre 1985 que l'ICL obtient l'engagement formel d'un financement de la moitié de la dépense par l'Etat et la Région et de la garantie par celle-ci des emprunts à contracter.

Le 19 avril 1988, la première pierre est enfin posée, solennellement, par M. Pierre Mauroy, maire de Lille, auquel le doyen Choteau adresse de chaleureux remerciements pour son soutien efficace à l'entreprise.

Début 1989, une première tranche de travaux est en voie d'achèvement ; elle représente environ les deux tiers de l'ensemble et a coûté plus de 82 MF.

Un nouveau resserrement des dépenses de santé fait craindre une nouvelle réduction du nombre de lits et surtout des équipements techniques, voire un arrêt temporaire du chantier. C'est le moment aussi où le doyen Choteau doit lâcher la barre, pour raisons de santé. En novembre 1989, la Faculté confie au Pr J. Liefooghe la tâche délicate de reprendre le dossier. En lien avec le recteur et les responsables administratifs, de longues et difficiles négociations sont donc reprises avec les décideurs du département, de la région, et le ministère de la Santé, mais aussi avec les médecins appelés à exercer dans l'établissement, pour obtenir qu'ils modèrent leurs demandes d'équipements, ce qui ne sera pas simple.

Un compromis sera finalement obtenu au ministère en avril 1990. Entre temps, la première tranche a été achevée : 50 lits de médecine, 23 de chirurgie, 10 lits d'hôpital de jour, quatre lits d'urgence et cinq de réanimation.

Après des journées « portes ouvertes », pour les soignants et pour le public, les premiers malades arrivent le 1er octobre 1990, tandis que les derniers quittent la Charité le même jour. Le lendemain, une dernière messe sera célébrée dans la chapelle de l'hôpital de la Charité.

La construction de la deuxième tranche est terminée en février 1992 et le 14 mars, l'hôpital est inauguré par M. Bruno Durieux, secrétaire d'Etat à la Santé. L'ensemble a coûté 169 MF, soit plus du double de l'estimation de 1982. Le financement a été assuré par une subvention de l'État (15 %), du Conseil régional (6 %) et surtout par l'emprunt pour près de 80 %.

L'hôpital comprend un grand bâtiment de sept étages dont l'entrée se situe dans la rue Desaix et qui est surtout destiné aux hospitalisations. Les chambres à un ou deux lits sont spacieuses et disposent du téléphone, de la télévision et d'un cabinet de toilette. Dans les chambres à un lit, on peut installer un lit pour accompagnant. On peut penser que les premiers malades, qui ont connu l'hôpital de la Charité, ont apprécié le changement. Un bâtiment moins élevé, donnant sur le Boulevard de Belfort, accueille les urgences, les consultations externes et les laboratoires. L'hôpital est bien desservi par la station de métro toute proche, mais le parking automobile est d'emblée insuffisant.

L'hôpital Saint-Vincent en fin de construction

L'hôpital emploie 300 personnes, dont 22 médecins et 84 infirmières. Il existe deux services de médecine : médecine A de 50 lits (Pr Ph. Choteau, neuropsychiatre et Dr J.-J. Leduc assistant, médecine interne), et médecine B de 50 lits dont 25 d'hôpital de semaine (Pr M. Mahieu, médecine interne et Dr Ph. Vandevenne, gastro-entérologie). L'hôpital de jour de 15 lits est sous la responsabilité du Dr R. Regdosz, les explorations fonctionnelles sous celle du

Pr Ph. Gallois. Le département de chirurgie comprend 64 lits dont 16 lits d'hôpital de semaine, en deux unités : chirurgie générale et vasculaire de 32 lits (Pr J. Callens et Pr G. Chantepie en urologie) et chirurgie traumatologique et orthopédique de 32 lits (Pr agrégé D. Théry). Le service d'anesthésie réanimation (six lits de réanimation et six boxes d'urgences) est dirigé par le Pr É. Guévart, le laboratoire par le Pr J.-L. Demory assisté du Dr Anne Decoster. Au Pr Robert Empereur-Buisson, est confié le service de radiologie, mais, en octobre 1991, ce dernier démissionne : il entend par ce geste protester contre la réduction drastique des équipements de son service de radiologie (suppression de la salle de radiologie vasculaire, de la mammographie, etc.), et surtout contre l'état des effectifs *particulièrement désolant : un interne, cinq vacations, un surveillant et un manipulateur [...] Je ne souhaite pas engager ma responsabilité, voire ma réputation dans de telles circonstances*[7]. Ce départ entraîne une situation critique : pour la résoudre, le doyen demande au Pr M. Smith la création d'un département d'imagerie médicale commun aux deux hôpitaux (Saint-Philibert et Saint-Vincent). Il comprend trois unités fonctionnelles : neuroradiologie (Dr Henri Tessa qui est également chargé de la direction du service de radiologie de Saint-Vincent), secteur ostéo-articulaire et voies urinaires (Dr Sylvie Dupont), thorax et abdomen (Pr M. Smith).

Dès son ouverture fin 1991 et malgré des problèmes d'effectif (trois vacations d'attachés seulement), l'hôpital Saint-Vincent connaît une montée en charge rapide dans les services de médecine et progressive dans le service de chirurgie ; d'emblée, l'unité de soins polyvalents a un taux d'occupation voisin de 100 %. En 1994, le service d'urgences aura reçu 13 000 présentations « à la porte ».

En octobre 1992, est créé un département de médecine comprenant les deux services de médecine, l'hôpital de jour, le service d'explorations fonctionnelles, les consultations externes de médecine, le service des urgences, les soins polyvalents et l'anesthésie pour la partie médecine. De même, est créé un département de sciences neurologiques comprenant le service et les consultations de neurologie de Saint-Philibert, le service de clinique médicale de Saint-Vincent, les services d'explorations fonctionnelles neurologiques des deux hôpitaux et le laboratoire de physiologie de la Faculté. Ainsi s'exprime la volonté de travailler en hôpital « décloisonné » et de se situer parmi les hôpitaux performants dits de référence, privilégiant les relations humaines et répondant à sa vocation universitaire d'enseignement et de recherche. On peut toutefois regretter que l'hôpital Saint-Vincent ne dispose que d'une imagerie médicale réduite : au Conseil de faculté en 1994, on estime qu'un *hôpital qui ne dispose pas de scanner sur place est un hôpital disqualifié sur le plan du diagnostic et que sa crédibilité est mise en cause.*

Un autre projet est celui d'une **unité de soins palliatifs** que l'on définit comme *soins actifs dans une approche globale de la personne en phase évoluée ou terminale d'une maladie potentiellement mortelle.* La nécessité d'une telle structure est attestée par quelques chiffres ; sur 11 358 patients reçus à Saint-

7 – Lettres du Pr Empereur-Buisson au doyen J. Cousin les 1er et 10 oct. 1991.

Philibert en 1992, 340 sont décédés dont 98 de cancer ; l'activité de l'hôpital de jour relève pour 57 % de la cancérologie. L'implantation souhaitée serait donc l'hôpital Saint-Philibert. En 1994, un rapport du Pr D. de Broucker souhaite une unité multidisciplinaire de faible capacité (5 à 7 lits), doublée d'une unité mobile permettant une ouverture dans les différents services hospitaliers. Outre les soins aux personnes en fin de vie, les objectifs de l'unité comprendraient aussi la sensibilisation des soignants, l'animation du diplôme universitaire de soins palliatifs créé récemment et une activité de recherche en liaison avec le Centre d'éthique médicale. Ce projet est refusé en octobre 1994 en raison de l'impossibilité de créer de nouveaux lits à l'hôpital Saint-Philibert, mais il est suggéré d'implanter cette unité à l'hôpital Saint-Vincent : les négociations se poursuivent donc dans cette voie.

A plus long terme, le Groupe Hospitalier de l'Institut catholique (GHICL) expose en janvier 1997 son projet d'établissement : il propose des alternatives à l'hospitalisation traditionnelle avec création de 30 lits d'hôpital de jour, 115 à 120 lits d'hospitalisation à durée déterminée et 340 lits d'hospitalisation conventionnelle. Il propose également la création, à proximité de Saint-Vincent, d'un **pôle obstétrico-pédiatrique** dit *mère-enfant* dont les avantages semblent évidents : surtout le lien entre maternité et néonatologie, mais aussi la liaison étroite de la maternité avec l'hôpital d'adultes (médecine, chirurgie, soins intensifs), d'où une économie de moyens et l'accélération du regroupement institutionnel entre le GHICL et le Centre Feron-Vrau. *Bien entendu,* ajoute le Pr Filoche, rapporteur au Conseil de faculté du 14 janvier 1997, *il apparaît souhaitable que cette implantation respecte l'identité de l'hôpital Saint-Antoine,* un vœu qui ne sera guère réalisé...

La recherche

Au sein de la Faculté libre, la recherche, partie intégrante de sa mission hospitalo-universitaire, reste une préoccupation permanente, suscitant plusieurs tentatives de solution.

En 1979, a été créé un Conseil de la recherche, proposé par la Commission permanente de gestion et approuvé par le Conseil de faculté le 9 mai ; le Pr J.-L. Dhondt en est élu responsable. Au cours d'une réunion le 21 décembre 1982, ses objectifs sont définis selon quatre axes : éthique médicale (Pr Liefooghe), épidémiologie et prévention (Pr Pélerin), recherche pédagogique (Pr Cousin), recherche bioclinique (Pr Dhondt).

La réflexion en **éthique médicale** se développe : soutenue activement par le Père Charles Lefevre, elle débouchera en novembre 1984 sur la création du Centre d'éthique médicale, dont nous reparlerons au chapitre XXIII.

En ce qui concerne la recherche en **épidémiologie et prévention**, *rien n'est encore réellement en route* en 1983[8], mais plusieurs enseignants de la Faculté siègent dans des instances régionales : les professeurs Pélerin et Delcroix à l'Observatoire régional de la Santé, le doyen, les professeurs Corette et Delcroix au Comité consultatif régional de promotion de la santé

8.– Conseil de faculté du 11 oct. 1983.

et le Pr de Broucker à la Commission épidémiologie et prévention du Conseil régional de la Formation Médicale Continue (FMC).

Puis les choses se mettent en place : en novembre 1986, la Faculté participe à la création du Centre universitaire de promotion de la santé de l'Université catholique qui, outre son rôle d'éducation de la santé dans le milieu étudiant, se donne pour objectifs le dépistage et la prise en charge des problèmes psychologiques. En 1991, en liaison avec la faculté d'État, le Pr P. Pélerin met sur pied un Comité régional d'éducation de la santé, ainsi qu'un diplôme universitaire de conseil et de promotion de la santé en collectivité. En 1992, en liaison avec le Centre d'éthique médicale, sont créés un diplôme universitaire (DU) de formation en soins palliatifs, un DU de gestion des relations humaines en situation aiguë hospitalière (Pr Guévart) et un DU de sciences sociales appliquées à la gérontologie.

En 1993, est mis en place au sein de l'Université un pôle de santé publique : le Pr P. Pélerin expose les atouts du GHICL : large éventail de spécialités, contact étroit avec des zones fragilisées sur le plan de la santé publique, vocation universitaire du groupe hospitalier, possibilité de s'appuyer sur des organismes reconnus en matière d'évaluation et d'économie de la santé comme le **Centre de recherches économiques, sociologiques et de gestion** (CRESGE). Ce pôle serait constitué d'un conseil scientifique et technique d'une trentaine de membres et d'une équipe permanente. Ses objectifs immédiats sont l'ouverture aux exclus, le suivi des personnes âgées, la cancérologie, les pathologies dégénératives. Sur le plan universitaire, des projets sont en cours de réalisation : DU de santé publique, DU de conduites de dépendance et toxicomanie, etc.

Enfin, en 1997, se forme le projet d'Eurasanté suscité par la communauté urbaine de Lille, avec le CHR, le centre Oscar Lambret, l'Institut Pasteur et treize autres institutions, dont la Faculté libre représentée par le Pr Puppinck.

La recherche en **pédagogie** est importante et suscite plusieurs réunions pour chacun des trois cycles, dont le séminaire d'Engrain du 26 avril 1996 qui en précise les objectifs : il s'agit d'intégrer les différentes réformes des études médicales, de développer l'interactivité entre enseignants et étudiants durant les cours. Il faut aussi harmoniser l'enseignement traditionnel et la préparation à l'internat de spécialité, s'adapter à la nouvelle docimologie, mettre en place au cours du 1er cycle un véritable contrôle continu des connaissances, modifier les modalités de l'enseignement par l'utilisation de nouveaux supports pédagogiques. Signalons dans ce domaine l'installation d'un secteur Multimédia par le Pr Anne Decoster. Il faut enfin privilégier la formation humaine propre à la Faculté libre.

La recherche bioclinique, objectif essentiel d'une faculté de médecine, est également devenue indispensable en raison de la création d'une option recherche dans l'internat de spécialités et d'une filière de sciences de la vie et de la santé à vocation pluridisciplinaire. Insérée pourtant dans un ensemble universitaire libre de 23 écoles, instituts et facultés, en particulier d'établissements comme l'Institut Supérieur d'Electronique et de Numérique (ISEN) et l'École des Hautes Études d'Ingénieurs (HEI), associée à de grandes institutions comme l'Université de Louvain-la-Neuve, la Faculté ne peut que reconnaître et déplorer la faiblesse de ses moyens, en particulier en recherche fondamentale : manque de temps, de motivation, d'aptitude à travailler en équipe et surtout manque de moyens financiers. La recherche clinique appliquée est plus développée : sous l'impulsion du Pr J.-L. Dhondt qui représente les chercheurs du Secteur Santé au Conseil de recherches de la Fédération Universitaire et Polytechnique de Lille (FUPL), il est créé en 1986 un Club recherche, puis un Groupe de recherche appliquée à la médecine (GRAM), mais, après quelques réalisations, notamment au laboratoire de biochimie, le GRAM entre en sommeil et, en août 1990, le Pr Dhondt se démet de ses fonctions. Le P^r^ Ph. Gallois se propose alors d'animer de nouveau le Conseil de la recherche, tout en signalant la modestie des moyens et le manque de crédibilité vis-à-vis de la FUPL dont le recteur et les membres *sont étonnés par nos associations non représentatives*. Ce Conseil réactivé comprend neuf membres, dont trois membres du Conseil de Faculté et deux membres du collège intermédiaire : son but est de participer aux activités du Conseil de recherche de la FUPL et de gérer les fonds de recherche. En octobre 1993, Ph. Gallois et Gérard Forzy proposent un programme de recherche selon sept axes : neurosciences, pédiatrie et cytogénétique, immunologie clinique, épidémiologie clinique, recherche clinique appliquée, bioéthique et philosophie médicale, recherche morphologique fondamentale et modélisation, le tout réparti sur une quarantaine de thèmes. En 1994, ces projets bénéficient du fonds de soutien à la recherche de la FUPL qui, cette année-là, retient et prime trois projets sur six. Un apport supplémentaire est réalisé par l'attribution chaque année de deux bourses de recherche allouées par le laboratoire Schering. Attribuées pour la première fois en octobre 1993, ces bourses constituent un généreux sponsoring qui se prolonge encore aujourd'hui et un appoint précieux à la recherche pour la Faculté.

On ne peut terminer cet aperçu sans rappeler la présence au sein de la Faculté du **laboratoire de craniologie comparée** affilié au CNRS. Créé par le Pr Antoine Delattre, il a été ensuite dirigé par le docteur Raphaël Fenart, maître, puis directeur de recherches. Il a déployé en 40 ans une activité considérable qui s'est traduite par 350 communications scientifiques et 120 thèses de doctorat en médecine, sciences, art vétérinaire et chirurgie dentaire. Le Dr Fenart sera appelé en 1975 à présider la Société d'anthropologie de Paris où ont été présentés la plupart de ses travaux. Lorsqu'il prend sa retraite en 1993, le laboratoire a dû cesser ses activités, le CNRS lui ayant retiré son agrément.

La Formation Médicale Continue

La Formation Médicale Continue (FMC), à laquelle la Faculté est très attachée, connaît quelques difficultés : les organismes traditionnels périclitent, telles la Société médicale et anatomo-clinique qui, à plusieurs reprises en 1990 n'a pu tenir de réunion faute de communications ou les Actualités cliniques et thérapeutiques dont les séances habituelles par spécialités attirent peu d'auditeurs, ou encore les Journées médicales dont l'assistance s'éclaircit d'année en année.

Une des raisons de cette désaffection est sans doute la multiplicité des formations proposées dans le cadre hospitalier et s'adressant tant aux médecins généralistes qu'aux spécialistes : Journées hospitalières du praticien, Actualités de médecine interne, Journées de pédiatrie de Saint-Antoine, au rythme de deux réunions annuelles (Prs J. Cousin et H. Ducoulombier), Journées de chirurgie pédiatrique (Pr M. Bayart et Pr B. Vinchon), Journées d'hépato-gastroentérologie (Pr B. Filoche), Journées de coelioscopie digestive (Pr B. Desrousseaux) initiées en 1992 avec le concours du laboratoire d'anatomie et réunissant une cinquantaine de chirurgiens, Journées d'anesthésie péridurale cervico-thoracique (Pr E. Guévart), Journées de gynécologie-obstétrique (Pr L. Corette), *Aux confins de la dermatologie* (Pr P. De Beer), Journées de pathologie veineuse, Journées annuelles du Secteur santé (perte d'autonomie chez la personne âgée en 1994, place et prévention des conduites de dépendance en milieu scolaire et universitaire en 1995, infections nosocomiales en 1996), etc.

En octobre 1996, la Formation Médicale Continue devient obligatoire, mais les décrets d'application de la loi sont contestés par les syndicats auxquels le Conseil d'État donne raison. Cependant, par le décret du 27 août 1997, le centre régional de FMC se trouve renforcé. Y siègent le doyen J. Cousin et le Pr J.-L. Demory, ainsi que le Pr D. de Broucker à la Commission pédagogique et le Pr P. Pélerin à la Commission épidémiologie et prévention. À la Faculté, est créé un département de FMC sous la direction du Pr J.-L. Demory, dont les objectifs sont de recenser les projets d'actions de FMC pour chaque service hospitalier, de formater et apprendre à formater un projet de FMC et d'articuler cette formation avec le 3e cycle de médecine générale. Une tâche difficile... Lorsque le Pr Demory tente ce recensement individuel des actions de FMC, il ne reçoit que six réponses sur 42 services sollicités. Dans l'annuaire régional de la FMC, les formations proposées par la Faculté libre occupent trois pages sur 162 !

Cette désaffection n'épargne pas le Journal des Sciences médicales, disparu en 1981 et remplacé par les Monographies de la Faculté libre qui, après dix numéros de 1982 à 1990, sont abandonnées à leur tour. La Faculté participe alors à la rédaction de LARC Médical qui réunit les cinq facultés de Lille-État, Lille-Catho, Amiens, Caen et Rouen et à celle de NPN (Nord Picardie Normandie).

Les écoles

Comme l'école de sages-femmes, **l'école d'infirmières et de puéricultrices** a maintenant son autonomie administrative. Depuis que la réglementation officielle a exigé des associations indépendantes pour la gestion des écoles d'infirmières, elle n'est rattachée à la Faculté que par son titre, ses enseignants et la présence du doyen au Conseil d'administration. À la formation des infirmières et des puéricultrices, est ajoutée en 1985 la préparation du certificat d'aptitude aux fonctions d'aide-soignante. En 1991 la directrice Soeur Marie de la Providence est remplacée par Mlle Bernadette Miroux. À cette date, l'école a formé 953 infirmières depuis 1927, 369 puéricultrices depuis 1947 et 48 puéricultrices supérieures depuis 1954. Lors de l'assemblée générale du 20 mars 1993, « l'Association de l'Ecole d'infirmiers, d'infirmières et de puéricultrices de la Faculté libre de Médecine de Lille et de ses hôpitaux » décide de s'appeler désormais, comme le demande la réglementation, « Association de l'Institut de Formation en Soins Infirmiers, des Ecoles de Puériculture et d'Auxiliaires de Puériculture, du Centre de Formation d'Aides-soignants de la Faculté libre de médecine », en bref IFSI. Son siège est au 83, boulevard Vauban.

L'école de délégués médicaux. En 1976, à l'instigation du recteur Mgr Leman, le doyen J. Liefooghe et le Pr Chr. Vittu, alors président du Conseil supérieur de la Fédération Universitaire et Polytechnique de Lille, s'intéressent à la formation des délégués médicaux. La profession compte alors 8 à 9 000 personnes, dont la formation est très variable, parfois même rudimentaire. Il existe quelques écoles privées de réputation inégale et, en 1974, le Syndicat National de l'industrie pharmaceutique a créé, à Boulogne-Billancourt, une école nationale de la visite médicale qui offre des stages à temps plein de 4 à 6 mois. Après prise de contact avec M. R. Dupureur, président du Syndicat National professionnel autonome des délégués et visiteurs médicaux et ses représentants régionaux, il est décidé de mener des actions de formation continue et, le cas échéant, de créer un organisme de formation première. Un questionnaire est envoyé aux membres du syndicat : sur 26 réponses, 24 estiment que cette formation est utile, voire indispensable, mais les choses traînent en longueur en raison du décès de M. Dupureur. Entre-temps, l'Université du Droit et de la Santé de Lille II installe en 1978-79, sous la direction du Pr Cazin, une formation continue des délégués médicaux en stages de 15 heures environ pour 30 personnes. À la Faculté libre, grâce à l'action du Pr B. Vanbockstael et à la collaboration de la FORPEM (Formation Permanente et Pédagogie Moderne de M. Ch. Hénin), une première session a lieu du 11 au 15 juin 1979 qui réunit une douzaine de participants. Malheureusement, les sessions prévues en juin 1980 et 1981 ne peuvent avoir lieu en raison du petit nombre d'inscrits et le projet est abandonné.

En janvier 1987, le Dr J.-J. Leduc présente un projet d'École de délégués médicaux (EDM). En deux années après le baccalauréat, cette école dispenserait un enseignement en trois volets : matière médicale, gestion et action commerciale avec l'apport de la FORPEM, relations et ressources humaines avec l'ICAM. La conjoncture est alors favorable : les besoins de l'industrie pharmaceutique sont estimés à 300 délégués par an pour la France et il n'existe que cinq centres de formation dont deux dans la région. Après accord du collectif national sur les objectifs et le programme, l'école ouvre en octobre 1988 et accueille 26 étudiants. En 1990, elle reçoit l'agrément de la Commission paritaire de la visite médicale ; la promotion sortante comprend 18 diplômés. En octobre 1990, elle bénéficie du versement de la taxe d'apprentissage. L'effectif des étudiants double en 1990-91 et atteint 64 en 1992-93.

Mais, après quelques années, les circonstances deviennent bien moins favorables : les dépenses de promotion des laboratoires pharmaceutiques diminuent fortement, ainsi que le nombre de visiteurs médicaux auxquels on demande une qualification accrue sur le plan du marketing et de la formation scientifique. Les centres de formation se sont multipliés : ils sont 50 en 1992 dont 33 agréés, puis 200 en 1995 dont huit dans le Nord... De plus, par l'accord interprofessionnel du 24 juillet 1992, le comité paritaire national instaure un examen obligatoire auquel sont soumis les seuls étudiants sortant des organismes privés. Les résultats à cet examen national, de l'ordre de 65 % de succès, sont insuffisants et le nombre d'étudiants diminue fortement. Enfin, l'école refuse d'appliquer les directives du Comité paritaire national de la visite médicale : sélection des étudiants à Bac + 1, enseignement professionnel et scientifique en une seule année. Elle connaît de grandes difficultés à la fois sur le plan financier et pédagogique et, en mars 1996, elle se voit retirer son habilitation.

C'est la crise : le Dr J.-J. Leduc démissionne, il est remplacé par le Pr D. De Broucker et l'école est rattachée administrativement et financièrement à la Faculté libre. La nouvelle direction tente d'élargir l'équipe pédagogique, de coopter de nouveaux membres du conseil d'administration et de renforcer la sélection des étudiants sur leurs qualités relationnelles, leur motivation et leur formation scientifique. Grâce à ces mesures, en octobre 1996, l'école est de nouveau habilitée par le comité paritaire national. Cependant, les difficultés persistent, mais, en 1997, elles trouvent leur solution en une fusion de l'EDM avec l'Institut de communication médicale de Bailleul dirigé par le Dr Marc Deneuche, ancien de la Faculté. Cet Institut (ICM) est délocalisé à la Faculté qui prend en charge les questions administratives et financières.

Aujourd'hui, l'ICM fait partie intégrante de l'Université catholique : situé sur le campus Saint-Raphaël, il prépare une trentaine d'étudiants à l'examen national portant sur sept unités de compétence. Le taux de réussite est de 80 % et quatre reçus sur cinq trouvent un emploi en moins de six mois.

Budget et travaux

Sans être florissantes (elles ne l'ont jamais été !), les finances de la Faculté s'améliorent progressivement. En 1983-84, la Faculté finance les trois quarts de son budget : le déficit atteint alors 1 262 300 F (recettes : 4 377 700 F et dépenses : 5 640 000 F). À la demande du doyen, les membres du Conseil de faculté acceptent d'abandonner une partie de leur rémunération, disposition renouvelée l'année suivante.

Douze ans plus tard, en 1996, le budget, en nette augmentation, est de 8 500 000 F couvert par la subvention de l'État de 3 300 000 F (39 %) et les scolarités (54,5 %). Les frais de personnel représentent 70 % des dépenses, les frais de fonctionnement 12 %. Il reste peu de possibilités d'investissement.

Quelques travaux sont cependant menés à bien. En 1984, le petit amphithéâtre est transformé en une salle polyvalente par suppression des gradins ; le laboratoire de physiologie, la loge des gardiens et le bureau des assesseurs sont rénovés. En 1985, les salles du 2e étage sont aménagées pour les activités du 3e cycle et l'amphithéâtre Feron-Vrau est modernisé. En 1988, l'ancienne salle de dissection est transformée en une grande salle de cours et de réunion, appelée salle Henry Billet. En 1991, un ascenseur est installé ; les sanitaires refaits. En 1995, le chauffage est modernisé, ainsi que la plupart des équipements audiovisuels. Enfin, en 1997, les secrétariats sont entièrement rénovés.

À long terme, à très long terme même, sont envisagés la création d'un atrium à la place de la cour intérieure et, plus ambitieux encore, le ravalement des façades, ainsi que la réfection des menuiseries.

À la fin des années 90, la rénovation et la modernisation des locaux d'enseignement demeurent un impératif préoccupant. Le doyen J. Cousin y voit une condition nécessaire pour *développer un projet pédagogique cohérent destiné in fine à former des médecins compétents, humanistes et citoyens, en s'appuyant sur une structure hospitalière visant à l'excellence, en développant une politique et un esprit de recherche, élargir les préoccupations des étudiants et des enseignants aux problèmes de santé et du monde, et en privilégiant les échanges internationaux*[9].

9.– Doyen J. Cousin : projet de faculté 1997.

Chapitre XVIII
1997 – 2003 : aujourd'hui

Et nous entrons dans l'époque actuelle correspondant à la fin du décanat du Pr Jacques Cousin et à une bonne partie de celui du Pr Albert Dutoit. Nous avons choisi de fixer la limite de notre récit en l'année 2003 : cette année-là voit en effet l'aboutissement de l'absorption de l'hôpital Saint-Antoine par le Centre hospitalier Saint-Vincent et marque un terme – ou tout au moins une pause – dans les projets hospitaliers.

Jacques Cousin

Albert Dutoit

Des changements structurels profonds marquent cette période de six ans, tant sur le plan universitaire qu'hospitalier. Une nouvelle organisation interne de l'Université catholique a pour conséquence une sujétion accrue de la Faculté à l'autorité rectorale. Quant aux établissements hospitaliers, ils se trouvent désormais sous l'autorité entière de l'administration par l'intermédiaire du directeur du GHICL. Il ne nous appartient pas de juger le bien-fondé de cette évolution d'ailleurs générale, même si notre propos laisse percer une certaine amertume devant le recul désormais inéluctable du pouvoir médical. Sur bien des points, les évènements nous paraissent trop récents pour nous permettre de porter un jugement favorable ou défavorable : si le conteur se sent à l'aise pour retracer le passé, il hésite devant le présent où il voit poindre la polémique...

Cette année 2003 est également celle d'importants changements à la tête de l'institution : Mme Thérèse Lebrun est élue présidente de la Fédération Universitaire et Polytechnique de Lille (FUPL) et recteur de l'Institut Catholique de Lille (ICL) en remplacement de M. Gaston Vandecandelaere.

M. J.-C. Sailly, président du conseil stratégique rectoral du GHICL a quitté ses fonctions en 2000. Ajoutons qu'en 2002, le Dr Jacques Richir, un ancien de la Faculté, a été nommé président du Conseil d'administration de l'ICL en remplacement de M. Hugues Dubly.

Réformes structurelles

Fin 1997, de nouveaux statuts de l'ICL sont édictés par le recteur G. Vandecandelaere. Dans chaque faculté, sont établis un Conseil de direction chargé du fonctionnement courant et un Conseil académique qui élabore le projet pédagogique. Dans chacun de ces conseils siège un délégué du recteur ; un membre du Conseil d'administration de l'Université est chargé de suivre le fonctionnement de la Faculté et a accès de plein droit à tous les conseils. En 1999, cet administrateur est M. Gérard Deschriver, ancien directeur de l'Institut Calot de Berck. La Commission permanente de gestion, issue des réformes de 1968, disparaît donc et avec elle une bonne part d'autonomie.

Le Conseil de direction, composé du doyen, de ses assesseurs, du secrétaire général[1] et du représentant du recteur, étudie toute proposition concernant les activités de la Faculté, ainsi que ses relations à l'intérieur et à l'extérieur de la FUPL. Il établit le projet de budget soumis au Comité central de l'ICL. Il propose les projets de conventions et de règlements définissant les modalités de fonctionnement de la Faculté.

Le Conseil académique comprend le doyen et ses assesseurs, les responsables des trois cycles d'études, de la recherche, de la Formation Médicale Continue (FMC), des relations internationales, du collège des enseignants généralistes, deux représentants du collège intermédiaire, le président et le délégué à la pédagogie de l'ACEM, un représentant du secteur Santé et le représentant du recteur. Ce conseil met en oeuvre et applique les réformes pédagogiques, organise les enseignements et les stages, évalue les formations théoriques et pratiques.

Que reste-t-il au Conseil de faculté en dehors de sa fonction consultative d'ailleurs étrécie, de ses commissions permanentes (commission des litiges et conseil de discipline) et des activités de FMC et de relations internationales qui n'intéressent pas l'administration dans la mesure où elles ne sont pas subventionnées ? En principe, il gère le recrutement et l'avancement des praticiens hospitalo-universitaires. En fait, dès 1998, le doyen J. Cousin déclare au Conseil de faculté : *Les autorités rectorales semblent réticentes à ce que le Conseil de faculté ait une place décisionnelle dans le fonctionnement hospitalier, que ce soit au niveau du recrutement des praticiens ou de la vie de l'ensemble hospitalo-universitaire [...] La place du Conseil de faculté dans la vie hospitalo-universitaire doit être défendue.*

En 2000, est nommée au GHICL une attachée de direction chargée de la gestion des postes et carrières des médecins : c'est le premier volet d'une direction des affaires médicales, mais aussi d'une gestion des projets

1.– En octobre 2000, le secrétaire général M. Claude Surun est remplacé par M. Pascal Roeland.

médicaux dûment recensés, centralisés et contrôlés. En 2001, lors du recrutement de plusieurs médecins, annoncé au Conseil de faculté par une simple lettre de cette directrice adjointe des affaires médicales au GHICL, le doyen A. Dutoit rappelle que *toute nomination au grade de médecin des hôpitaux doit être faite par la Faculté, la nomination étant validée par le recteur.* Fin 2001, à l'occasion de la nomination d'un médecin, il demande de nouveau au recteur que les nominations ne soient prononcées qu'avec l'accord du directeur général et du doyen[2]. Une réforme des statuts établissant une convention entre Faculté et hôpital semble souhaitable, mais ce n'est qu'en mars 2003, suite à de nouvelles difficultés qu'est élaboré un projet de convention-cadre prévoyant une coopération effective entre la direction hospitalière, la CME et la Faculté *dans le cadre de la politique définie par l'Université et plus précisément l'équipe rectorale et le Conseil d'administration de l'ICL*[3]. En fait, il s'agit là d'un voeu pieux et, de plus en plus souvent, les nominations et, plus lourdement encore, les licenciements seront le fait d'un triumvirat : recteur, président du Conseil d'administration de l'Université, directeur du GHICL. Ainsi, en novembre 2003, le Conseil de faculté apprend de M. F. Grateau la nomination de Mme le Pr Brigitte Mauroy comme chef de service en urologie. Certes, la nomination de Mme Mauroy, qui exerçait à l'hôpital de Roubaix et qui enseigne l'anatomie aux étudiants de PCEM 1 de la Faculté d'État, a été l'objet d'une convention tripartite CHR, GHICL et Faculté d'État, après entretien avec le président de la CME et le doyen, mais le Conseil de faculté estime qu'il est de son ressort de statuer sur les nominations, non seulement des praticiens hospitalo-universitaires, mais aussi des praticiens hospitaliers, dès lors qu'ils sont amenés à exercer des fonctions d'enseignement.

L'ensemble de ces dispositions statutaires est encore modifié en 2003 : la composition du Conseil de direction est inchangée, mais le directeur général du GHICL en est l'invité permanent. Le Conseil de faculté garde son appellation et se réunit désormais tous les deux mois. Il est créé un **Conseil de la vie de la Faculté** comprenant l'équipe décanale, six enseignants de rang A et six de rang B désignés par leurs pairs, six étudiants, un membre du secteur santé, le secrétaire général de la Faculté et un représentant du Conseil départemental de l'Ordre des médecins. Ce conseil se réunit tous les deux mois en alternance avec le Conseil de faculté ; sa mission est d'assurer la gestion de la Faculté au quotidien *à l'interface des préoccupations des enseignants, des étudiants et de l'administration.*

Le corps professoral

En 1999, le Pr Albert Dutoit est élu doyen, face à la candidature du Pr Bernard Filoche. Son équipe comprend les P^rs^ G. Forzy (vice-doyen et responsable du 1er cycle et du DCEM1), D. de Broucker (2e cycle), G. Vittu (3e cycle), Ph. Gallois (recherche), C. Creusy (relations internationales), J.-L. Demory (FMC), A. Decoster (Multimédia) et B. Cadoré (Sciences humaines).

2.– CME du 3 déc. 2001.

3.– CME du 20 mars 2003.

En décembre 1998, la Faculté déplore la disparition du doyen honoraire Ph. Choteau, puis celle du Pr J.-F. Dereux en novembre 2002 et du Pr J. Saout en avril 2003, ainsi que celle de plusieurs médecins très attachés à la Faculté : les Drs J.-P. Cécile, radiologue de l'hôpital Saint-Antoine, Eugène Henninot, biologiste, une grande figure énergique et chaleureuse (en 2000).

En 1998, les Prs M. Duhamel, J. Callens et H. Ducoulombier prennent leur retraite, suivis par les Prs J. Cousin en 2001 et P. Pèlerin en 2003. On note encore les départs du Pr Édouard Guévart qui met fin à ses activités hospitalières en février 2002 et du Pr Gérard Duquesne en 2003. Une dizaine d'agrégés sont nommés en cinq ans. Ce sont : en 1998, Philippe Modiano (dermatologie), Odile Kremp (pédiatrie) ; en 1999, Antoine Adénis (cancérologie) ; en 2000, Bruno Delobel (génétique médicale), Christian Rose (médecine interne et hématologie) ; en 2001, Damien Lucidarme (gastro-entérologie), Thierry Van der Linden (réanimation) ; en 2003, Pierre Gosset (anatomie et cytologie pathologiques), Nicolas Kalach (pédiatrie). Sont nommés aussi deux professeurs associés, M. Pierre Boitte (bioéthique) et le Dr Gérard Desbonnets (médecine générale).

Enfin, les professeurs de la Faculté sont désormais astreints à présenter un rapport quadriennal de leurs activités ; en 2000, sept titulaires se plient à cette obligation.

Convention avec le Centre Oscar Lambret

Parmi les nouveaux agrégés, on relève le nom du Dr Antoine Adenis, chef du département de chirurgie digestive et urologique au Centre Oscar Lambret (COL) ; cette nomination intervient lors de la signature, le 3 avril 1998, d'un accord-cadre entre le Centre anti-cancéreux dont le directeur est le Dr J. Bonneterre d'une part, la Faculté libre, le GHICL et divers établissements de la FUPL d'autre part. Cette convention concerne diverses disciplines : médecine et chirurgie, éthique, économie, sciences humaines et sociales. Elle prévoit l'étude des protocoles thérapeutiques et la création de terrains de stage. Au Pr A. Adenis, est confié l'enseignement de la cancérologie générale, ainsi que l'organisation de cycles de conférences pour les étudiants de 2e et 3e cycles et la FMC, et enfin la responsabilité de l'unité de recherche en cancérologie.

En pratique, sont effectués au COL les examens par traceurs radioactifs et la radiothérapie. Au GHICL sont confiés les traitements chirurgicaux des cancers et des métastases, et, bien entendu, les affections intercurrentes.

Mais, dans les faits, et en dehors de l'enseignement du Pr Adenis, il semble que cet accord-cadre n'ait pas tenu ses promesses, ne serait-ce qu'en raison d'une convention similaire signée entre le COL et le CHRU...

Les études

Plusieurs rapports, assortis d'autant de projets, soulignent le profond dysfonctionnement des études médicales engendré par les réformes successives depuis 40 ans : ce sont *la suppression du PCB, l'organisation d'une première année commune à plusieurs professions de santé, l'instauration de*

« l'examen classant » de fin de première année réalisant une sélection sauvage au lieu d'une sélection à l'entrée, la suppression des examens oraux, la suppression de l'externat, la suppression de l'internat par CHU et la suppression des CES, l'absence de réflexion prospective concernant le numerus clausus *entraînant des difficultés de recrutement pour certaines spécialités, l'instauration d'un examen national classant et les problèmes cruciaux de démographie médicale qui en résultent*[4].

Une première solution réside dans l'augmentation franche du *numerus clausus* qui, appliquée à la Faculté libre lui confère une taille non négligeable et une reconnaissance accrue des pouvoirs publics. De 47 en 1999, il passe à 57 en 2001-02, puis 62 en 2002-03 et cette évolution se poursuit aujourd'hui nécessitant entre autres de nouveaux aménagements[5].

De nouvelles mesures tendent à la modernisation des études médicales. Ainsi l'arrêté du 4 mars 1997 instaure de nouveaux enseignements en deuxième partie du 2e cycle : gérontologie, infections nosocomiales, radiologie et imagerie médicale, soins palliatifs, traitement de la douleur, thermalisme, toxicomanie. Certains enseignements sont définis comme prioritaires : dépendance et toxicomanie, génétique, handicaps physiques et mentaux, santé publique, SIDA, thérapeutiques substitutives (c'est-à-dire transfusions et greffes), recherche clinique, intégrant tous des notions d'éthique médicale.

Quatre stages sont rendus obligatoires : pédiatrie, gynécologie-obstétrique, chirurgie, médecine générale ou gériatrie ; le stage en psychiatrie est recommandé, mais non obligatoire.

En 2000, des stages à temps plein (de trois fois deux mois) sont organisés pour les étudiants de DCEM 2 : en leur permettant d'aborder précocement leur métier, ils sont appréciés des étudiants. Ainsi se déroulent en alternance enseignement théorique à temps plein et stages à temps plein.

L'arrêté du 10 octobre 2000 réforme encore la deuxième partie du 2e cycle : le programme définitif est constitué de onze matières transdisciplinaires et complété par l'étude de grands syndromes ou maladies : il en ressort que l'enseignement se présente d'une manière originale, l'éloignant complètement de l'ancienne répartition par spécialités. Au total, selon le doyen A. Dutoit, c'est pour la Faculté *l'occasion d'un renouveau pédagogique* qu'elle a parfois anticipé et qu'elle assume sans difficulté.

Ainsi, en 1998, une évaluation du 3e cycle de médecine générale, menée par le Comité national des établissements publics à caractère scientifique, culturel et professionnel, souligne les points positifs de la Faculté dans sa relation étroite et de longue date avec un groupe actif de médecins

4.– Club des Professeurs honoraires de la faculté de Médecine de Nancy : *Rapport pour une formation efficiente des médecins*, juin 2007.

5.– Pour 2008-09, le *numerus clausus* atteint le chiffre de 97 ; la Faculté libre reste la plus petite faculté de la France métropolitaine. Il est de 7 300 pour la France entière et de 426 pour Lille II, ce qui fait de cette dernière la plus grande faculté de France, devançant de peu Lyon et les facultés parisiennes.

généralistes, ainsi que la qualité de l'organisation et du suivi des étudiants, l'ouverture sur d'autres disciplines, d'autres professions de santé et sur la formation continue. Les points faibles en sont l'absence de rémunération et de statut universitaire pour les enseignants généralistes, remarques en partie compensées par la nomination du P^r^ associé G. Desbonnets.

Étudiants étrangers

La sélection des étudiants étrangers est devenue plus sévère : en 1999, sur 40 dossiers, seuls sept sont acceptés dont six pour le diplôme d'État. En 2002, les conditions d'admission et de formation des étudiants étrangers sont encore révisées. Désormais, les formations théoriques et pratiques aux spécialités sont réservées aux étudiants étrangers non titulaires d'un diplôme français. L'appellation DIS ou DIUS est supprimée. Avant l'admission, les dossiers doivent être soumis à la DRASS. Après son accord, un contrat est établi entre la Faculté, l'hôpital et les autorités administratives fixant les modalités d'admission et de formation de l'étudiant étranger. Une convention entre l'Université d'origine et la Faculté libre est impérative et l'étudiant admis en formation de spécialité doit rentrer dans son pays d'origine après une durée maximale de deux ans en France.

Les locaux

L'augmentation du nombre des étudiants rend nécessaire l'extension des locaux. En 1999, au rez-de-chaussée, un nouvel amphithéâtre prend la place de la bibliothèque ; il recevra le nom de Philippe Choteau. Au premier étage, sont installés, à l'aile gauche le laboratoire de biologie moléculaire et à l'aile droite le laboratoire de craniologie et le laboratoire *Environnement et Santé,* commun avec la Faculté des Sciences. La salle Henri D'Hour devient une salle de travail. En 2001, on agrandit le nouvel amphithéâtre à 280 places et la salle A. Delattre est réhabilitée. Mais tout ceci reste insuffisant et, pour recevoir les nombreux étudiants de PCEM1, il faut prévoir, dans le parc arrière de l'Hôtel académique, la construction d'un grand amphithéâtre de quelque 500 places. Enfin, des travaux de mise en conformité des couloirs sont entrepris, en attendant un éventuel ravalement des façades...

Problèmes hospitaliers

Dans les établissements hospitaliers, le pouvoir décisionnel est donc dévolu au directeur qui devient responsable de sa gestion sous la tutelle de l'Agence régionale de l'Hospitalisation (ARH) dont le directeur est un véritable *préfet (ou proconsul) sanitaire.* En collaboration avec la direction du GHICL, la Commission Médicale d'Établissement (CME), réunissant dès 1999 l'ensemble des établissements hospitaliers du groupe, siège au moins douze fois par an, avec un taux élevé de participation des médecins élus. Présidée par le Pr Denis Cordonnier, réélu en 2001, elle garde un rôle important, au moins consultatif, dans la nomination des médecins et l'organisation des services hospitaliers, la détermination des budgets de fonctionnement, dans le domaine administratif et dans les projets à terme : contrats d'objectifs et de moyens, réforme des statuts, projet informatique,

Comité de Lutte contre les Infections nosocomiales (CLIN), Comité de lutte contre la douleur (CLUD), groupe d'amélioration de la qualité, dans les relations entre Faculté et hôpital, les rapports avec l'extérieur, notamment avec l'ARH, pour ce qui concerne les projets de conventions et de réseaux hospitaliers.

La CME est donc informée des difficultés de gestion du GHICL. En 2000, le Pr Cordonnier estime la situation des établissements hospitaliers globalement préoccupante : pour l'élaboration des contrats d'objectifs et de moyens, l'ARH souhaiterait pour l'ensemble du GHICL un total de 55 M de points ISA (Indice synthétique d'activité[6]), mais le chiffre est alors de l'ordre de 52 M et l'on envisage de le réduire encore à 48 M. Pour atteindre cet objectif, il faudrait accroître l'activité de Saint-Antoine de 8 %, augmenter le nombre d'accouchements (1 090 en 1999 : on en souhaiterait 1250), augmenter aussi le nombre d'entrées (+100) en surveillance polyvalente continue à Saint-Vincent et stabiliser l'activité des autres secteurs. Or l'activité de Saint-Philibert a diminué elle-même de 300 000 points ISA.

Au fil des années, le déficit se creuse pour de nombreuses raisons dont certaines sont incompressibles : charge du personnel médical et paramédical (par exemple, augmentation de 23 % des tarifs des sociétés d'intérim), charges hôtelières, de gestion et d'entretien, coût des nouvelles molécules thérapeutiques, des dispositifs à usage unique (dont l'intérêt sécuritaire est évident), des prothèses (en particulier des pacemakers dont le nombre a pratiquement doublé en quelques années), des réactifs de laboratoire, des produits sanguins (le coût de culots phénotypés a progressé de 111 %). Il faut y ajouter la mise en place d'une équipe de sécurité 24 heures sur 24, une importante augmentation des primes d'assurance, etc.

Pour un budget annuel de 112 M €, le déficit est de 700 000 € en 2002 ; il est prévu de 2 M € en 2003 et 2,4 M € en 2004. Les investissements sont compromis : alors que la capacité d'investissement est de 11 M € disponibles, la demande des services atteint en 2001 34,5 M €... Des abattements successifs sont donc nécessaires, amputant jusqu'à 75 % des demandes initiales. En 2003, le montant des demandes est de 5,1 M € pour un budget disponible de 1,7 M.

Les solutions envisagées sont multiples : il faudrait d'abord développer les points d'excellence qui ont été soulignés lors d'une évaluation nationale des centres hospitaliers où le GHICL se place en 41e position : il s'agit de la cardiologie (où en 1999 on a effectué 629 coronarographies et 288 angioplasties), de la chirurgie digestive et du CLIN très actif. Il faut par ailleurs développer de nouvelles activités comme la rythmologie (Pr P. Graux), la psychiatrie infanto-juvénile (Pr L. Convain), les consultations pour

6 – L'Indice Synthétique d'Activité sert de critère d'évaluation du coût des soins au niveau national. Il permet de valoriser l'activité de chaque hôpital sur la base de données médicales. Il n'a pas pour vocation de supplanter le budget global, mais de s'impliquer dans son mécanisme. Il permet de déterminer un *budget théorique* pour chaque établissement, en valorisant son activité médicale, afin d'ajuster progressivement le *budget historique*, résultant de l'application du taux directeur.

malentendants (Dr B. Drion). Des projets d'ouverture vers la Flandre intérieure, avec les hôpitaux d'Armentières, d'Hazebrouck et de Bailleul prennent corps et des réseaux, concernant notamment les urgences, l'anesthésie, l'orthopédie et la traumatologie, sont constitués.

Les orientations stratégiques des administrateurs du GHICL se précisent : renforcement de l'activité de spécialités sur le site de Saint-Philibert, Saint-Vincent restant un hôpital général pourvu d'un SATU (service d'accueil et de traitement des urgences), autrement dit un pôle spécialisé à vocation universitaire et un pôle généraliste à net caractère médico-social.

Dans ce but et pour diverses raisons évoquées par la direction (manque de place, nécessité de regrouper les laboratoires d'hématologie et d'anatomie pathologique sur Saint-Philibert et impératifs financiers), le transfert de l'activité d'onco-hématologie de Saint-Vincent à Saint-Philibert est envisagé en novembre 2000, puis voté par la CME en avril 2001. Considérant que le service de médecine de Saint-Vincent, privé d'un pôle d'excellence, est *laissé pour compte*, estimant que ce vote est contraire au projet d'établissement, ressentant l'abandon par ses collègues *comme une trahison*, le Pr M. Mahieu démissionne de ses fonctions de chef du département de médecine et de chef de service de médecine interne et onco-hématologie, tout en gardant ses fonctions universitaires de responsable de l'enseignement de la pharmacologie[7].

Plus tard, lors de l'ouverture en 2002 du SATU de Saint-Vincent, le Dr Benoit Rivière, nommé chef du service d'urgences en remplacement du Pr É. Guévart, estime en prenant ses fonctions que le fonctionnement de ce service exigerait la création d'une vingtaine de lits en aval, ainsi que l'agrandissement des locaux et le renforcement de l'effectif médical.

D'autre part, en raison de l'ouverture de ce SATU et compte tenu du projet d'une maternité de niveau III à l'hôpital Saint-Vincent, l'ARH y souhaite l'implantation du scanner... de Saint-Philibert, ce qui, rendant caduques bon nombre d'activités de Saint-Philibert, semble inacceptable : la seule solution serait la création *de novo* d'un scanner sur le site de Saint-Vincent, car il est indispensable de maintenir à Saint-Philibert une activité de bon niveau notamment dans le plateau technique de réanimation et de radiologie. En 2003, après de nombreuses discussions, la conférence sanitaire de secteur se prononce favorablement pour l'installation d'un scanner à Saint-Vincent, le scanner de Saint-Philibert ayant été remplacé en 2002 par un appareil plus performant.

Cette stratégie est donc contestée : à son tour, en février 2003, M. Paul Lefebvre, directeur du GHICL[8], démissionne en raison, selon le recteur, d'un *désaccord profond quant aux modalités de mise en œuvre de la stratégie du groupe.* st remplacé par M. François Grateau, qui fut, entre autres fonctions, directeur général du CHR de Lille. Lors de sa prise de fonctions, le nouveau

7.– Pr Michel Mahieu : communication personnelle. Après concours de praticien hospitalier en 2002, le Pr M. Mahieu a été nommé praticien hospitalier, chef du service de médecine de l'hôpital d'Hazebrouck (médecine polyvalente, médecine interne et oncologie médicale).

8.– En 1998, M. Paul Lefebvre avait succédé à M. Jean Leroux à la direction du GHICL directeur estime la situation financière inquiétante et ébauche un plan de redressement. Une des solutions proposée réside dans la fermeture temporaire de services, à moduler en raison du risque de dégradation de la valeur du point. En 2003, il est envisagé de tripler les périodes de fermeture opérées en 2002, ce qui réduirait l'activité de 8 %. Certaines activités sont aussi à revoir : ainsi, le codage des actes par le DIM (Département d'Information Médicale) est souvent différé et imparfait ; contrôle quasi automatique de la qualité des soins, il devrait être réalisé régulièrement par les médecins seniors. Un certain laxisme est relevé dans l'organisation des gardes, alors qu'il s'agit là pour les médecins d'une obligation professionnelle. La CME pose quant à elle une très bonne question : le samedi matin est-il férié ? Il semblerait logique que les consultations soient largement ouvertes aux patients qui ne travaillent pas ce jour-là !

Parmi les activités hospitalières, il faut souligner le fonctionnement remarquable du Comité de Lutte contre les Infections Nosocomiales (CLIN) commun aux trois établissements. Dirigé par le Pr Anne Decoster, il se compose d'une équipe opérationnelle formée d'un médecin et de deux infirmières hygiénistes, en collaboration étroite avec la commission des antibiotiques. En 2002, est créé un Comité de Lutte contre la douleur avec le Pr Houvenaghel et le Dr F. Dusol. De même, un groupe d'amélioration de la qualité comprenant huit à dix membres du personnel soignant et administratif est mis en place afin de promouvoir des actions concrètes, de veiller à leur mise en oeuvre et à leur évaluation.

Ces motifs de satisfaction ne compensent pas les difficultés que rencontre le GHICL. À l'aube de 2004, est prévue la suppression du budget global et la tarification selon l'activité, autrement dit un mode de financement encourageant la performance. Mais les transferts de Saint-Antoine et de la maternité sur le site de Saint-Vincent risquent de poser de nouveaux problèmes.

L'hôpital Saint-Antoine

L'étude du rapprochement entre le GHICL et l'hôpital Saint-Antoine date de décembre 1996 : le processus est mis en oeuvre en octobre 1997 et un comité de pilotage, dont le délégué général est M. J.-C. Sailly, est constitué. Des pourparlers débutent avec la mairie de Lille sur la question du terrain et le dossier est déposé à l'ARH et au CROSS (Comité régional d'organisation sanitaire et sociale). Les 28 et 29 avril 1998, les Conseils d'administration de l'ICL et du Centre Feron-Vrau adoptent le projet de gestion unique des deux établissements qui fait aussi l'objet d'une délibération de la CME le 7 août. Enfin, le projet de reconstruction de l'hôpital Saint-Antoine sur un terrain attenant à l'hôpital Saint-Vincent, après avis favorable du CROSS, est approuvé par la DRASS, la CRAM, la mairie de Lille, l'ARH et même le CHR : le 1er janvier 1999, la fusion est officialisée et l'hôpital Saint-Antoine, cédé ainsi au GHICL sans aucune contrepartie, perd l'autonomie qu'il avait jusqu'alors jalousement préservée. Son directeur M. Michel Beaupoil est « remercié » ; le chef de service de chirurgie, le Pr M. Bayart, hostile à cette cession, est évincé et son service est dépecé.

Cette décision vise à gérer l'inévitable déclin de l'hôpital pédiatrique : l'hospitalisation traditionnelle de l'enfant n'a plus de raison d'être. Le progrès médical qui abrège la durée de la maladie, l'exercice à temps plein des médecins qui les rend plus disponibles et qui rentabilise le plateau technique, l'amélioration du niveau de vie permettant une prise en charge ambulatoire de l'enfant malade à domicile, tous ces facteurs entraînent une réduction considérable de la durée moyenne de séjour qui passe de 8,4 jours en 1981 à 3,3 jours en 1998, entraînant de ce fait, malgré un recrutement encore satisfaisant, une diminution importante du nombre de journées .

D'autre part, la pédiatrie hospitalière est estimée *non rentable* : un hôpital pédiatrique ne semble guère pouvoir fonctionner en autarcie, avec son laboratoire, son service de radiologie, son service de chirurgie parfois lourde (trois anesthésistes) et des activités coûteuses comme la réanimation néonatale (une puéricultrice pour deux enfants), l'oncologie ou la cytogénétique ; il est dit *totalement hors normes* et ne pourrait survivre que grâce à des ajustements constants de la dotation globale. Dès lors, au nom de la rentabilité, il ne peut que disparaître ou se fondre dans un ensemble hospitalier dont il utilisera les infrastructures et où on pourra en moduler la capacité selon les besoins et les résultats[9].

En mars 1999, la création d'un pôle mère-enfant par fusion de l'hôpital Saint-Antoine et de la maternité Saint-Philibert est décidée ; en mai, l'extension de l'hôpital Saint-Vincent pour recevoir ce transfert est accordée avec un budget de 362 M F, soit 55,2 M €.

Les difficultés ne seront pas résolues pour autant. Avant même le projet de fusion, l'activité de Saint-Antoine avait diminué tant en médecine qu'en chirurgie : en 1997, elle baissait de -1,3 M de points ISA. En l'an 2000, le directeur du GHICL annonce la nécessité de *recalibrer la pédiatrie à la baisse.* Le taux d'occupation, alors de 45 %, entraîne la fermeture d'une partie de l'établissement En 2001, la *performance médico-économique* de Saint-Antoine reste médiocre : la valeur du point ISA est de 13,8 F alors qu'il est de 12,05 F pour l'ensemble du GHICL (en comparaison, la valeur du point à l'hôpital pédiatrique Lenval de Nice est de 30 à 40 % moins chère). On décide donc la fermeture de 25 lits de façon définitive et de 25 autres huit mois par an.

Avant le départ en retraite du Pr J. Cousin, est organisé un département de pédiatrie avec deux chefferies de service : d'une part néonatologie avec le Pr Gabriel Vittu, chargé en outre de la responsabilité universitaire et pédagogique, d'autre part pédiatrie et urgences pédiatriques avec le P^r^ agrégé Odile Kremp, venant de la faculté d'Amiens et remplaçant le P^r^ H.

9.– L'hôpital Saint-Antoine pouvait-il être conservé ? Certes non dans l'état où il se trouvait en 1999, mais l'exemple du magnifique hôpital Lenval, situé Promenade des Anglais à Nice, fait réfléchir. C'est en mémoire de son unique fils, décédé à l'âge de onze ans, que le Baron de Lenval a, dès 1884, consacré une partie de sa fortune à la création de l'hôpital qui porte son nom. Dès 1895, la Fondation Lenval a bénéficié de la reconnaissance d'utilité publique. Ce nouveau statut lui a permis de recevoir dons et legs, de se développer en un peu plus d'un siècle et de compléter dans plusieurs domaines l'œuvre du fondateur. Récemment, la reconstruction de l'hôpital, commencée en 1991, s'est achevée avec l'édification du Pavillon Dauprat à l'ouest du site en juin 2007.

Ducoulombier. Elle assure en outre la coordination hospitalière du département.

Cependant, l'activité diminue encore ; ainsi, la démission de Mme le Dr Manuela Scalbert entraîne une nette diminution du recrutement de pneumologie pédiatrique. Après un maximum de 40 000 consultations annuelles, le nombre diminue à 34 359 en 2002. La baisse est surtout sensible en médecine (-24 % en trois ans) alors que les consultations d'ORL et d'ophtalmologie sont en nette progression. Bien que passant en dessous de 10 000 par an, le nombre d'entrées reste à peu près satisfaisant (-7 %) et progresse même légèrement en 2002, mais la durée moyenne de séjour diminue encore à 2,8 jours et le nombre de journées d'hospitalisation s'effondre (-26 % de 1998 à 2003 dont -50 % en chirurgie-ORL, -20 % en réanimation néo-natale, -26 % en néonatologie).

L'hôpital Saint-Vincent va donc hériter d'une situation difficile...

Le nouvel hôpital Saint-Vincent

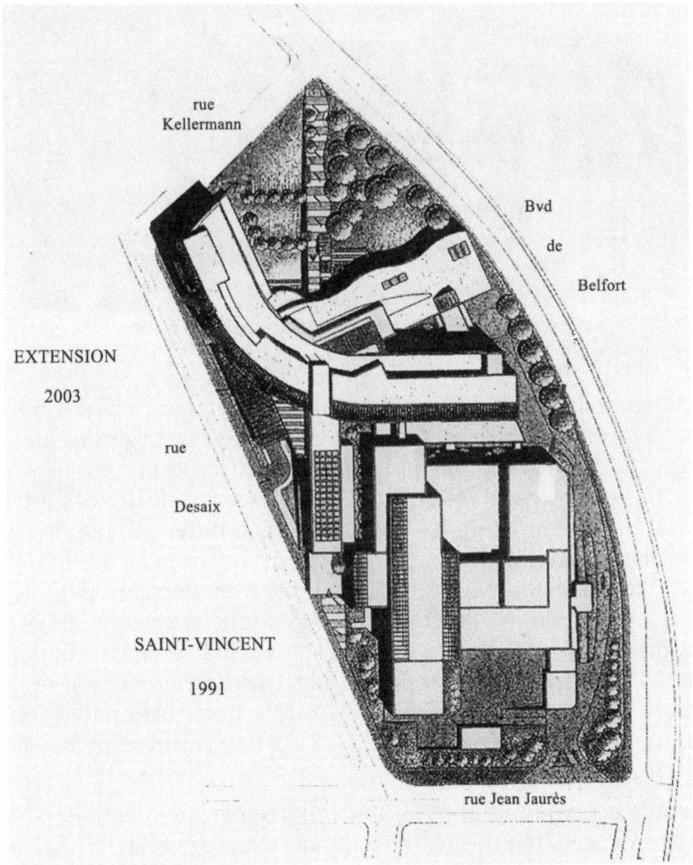

En mai 2000, le chantier démarre au contact de l'hôpital Saint-Vincent dans le trapèze formé par le boulevard de Belfort, les rues Jean Jaurès, Desaix et Kellerman. La première pierre de l'édifice est posée le 13 octobre

2000 par Mme Martine Aubry, maire de Lille. Confié au cabinet Maes, cet édifice important à l'échelle de la Métropole lilloise va occuper 24 000 m2 portant sa surface totale à 41 000 m2. La création d'un grand hall de plus de 2 000 m2 qualifié de *rue traversante* et reliant obliquement l'entrée du boulevard de Belfort en face de la station de métro et celle de la rue Desaix est tout à fait originale ; elle permet de redéfinir les circuits optimisant l'accueil et l'orientation des patients, visiteurs ou personnel.

Extension de l'Hôpital Saint-Vincent en sept. 2003.
Vue de la rue Desaix.

L'édifice comprend deux rez-de-chaussée et cinq étages. Sur les plans initiaux, le rez-de-chaussée inférieur accueille les urgences, le service de radiologie, la pharmacie, les cuisines et le restaurant. Au rez-de-chaussée supérieur, se trouvent le service d'adolescents, les blocs opératoire et obstétrical, la réanimation, les consultations adultes et enfants ; au premier étage, néonatologie (32 lits), service de nourrissons (24 + 15 lits), l'hôpital de jour, les laboratoires ; au deuxième étage, maternité, pathologie de la grossesse, gynécologie et traumatologie ; au troisième étage, pédiatrie enfants de 18 mois à quatre ans (21 + 16 lits) et médecine polyvalente adultes (25 + 25 lits) ; au quatrième étage, pédiatrie enfants de quatre à 12 ans (16 + 21 lits), onco-hématologie (25 lits), hospitalisation à durée déterminée et médecine ambulatoire (12 + 4 lits) ; au cinquième étage, locaux techniques et internat.

Tel est le schéma initial dans lequel on remarque d'emblée un service de pédiatrie très nettement surdimensionné avec un total de 147 lits et une implantation trop importante de certains services comme la néonatologie ou l'unité d'adolescents.

Les services de Saint-Antoine sont transférés en 2003 ; non sans nostalgie. Certains notent qu'en dépit de demandes réitérées, le nom de Saint-Antoine si apprécié de la population de Wazemmes-Moulins, n'apparaît même pas sur la façade. Il ne s'agit sans doute pas d'un simple oubli. Les services de gynécologie et d'obstétrique déménagent en décembre 2003. À Saint-Philibert, leurs locaux devenus vacants sont désormais occupés par les lits de convalescents de la maison médicale Saint-Camille.

Mais cette belle réalisation suscite encore bien des questions : outre les problèmes financiers qui vont nécessiter des restructurations successives qualifiées de *redéploiements* avec notamment une réduction drastique du service de pédiatrie, se posera celui de la maternité qui a connu ainsi son sixième avatar. Son recrutement ne peut que souffrir de ce transfert géographique d'autant plus que l'accession de l'obstétrique et de la néonatologie au niveau III ne sera pas accordée[10].

Désormais, le GHICL dispose de deux grands établissements : l'hôpital Saint-Philibert, de 352 lits, réservé aux spécialités pour adultes, avec un plateau technique comportant notamment IRM, scanner, coronarographie, angiographie vasculaire numérisée, et une unité de soins de suite ; un hôpital général de 284 lits, l'hôpital Saint-Vincent de Paul – qui a retrouvé son patronyme complet – avec un service d'urgences et un pôle mère-enfant. L'ensemble emploie 2 200 salariés dont 1 800 équivalents temps plein et 355 médecins. Il assure 42 000 hospitalisations annuelles, 120 000 consultations et 66 000 passages aux urgences.

Reconnaissance des titres

En marge des problèmes hospitaliers, se posait la question de la reconnaissance du titre de chef de clinique-assistant de nos établissements. Jusqu'en 1999, les anciens chefs de clinique de la Faculé libre arrivés en fin d'exercice, constataient avec quelque amertume que leur titre ne leur permettait l'accès, ni aux concours hospitaliers publics, ni au secteur 2 d'honoraires. Après de laborieuses discussions menées par le Pr P. Graux, le décret du 25 juin 1999 organisant le concours national des établissements de santé donne aux chefs de clinique et aux anciens chefs de clinique de la Faculté libre de médecine, comptant au moins deux années de services effectifs, le droit d'accéder au concours de type I. Par le décret du 9 juillet suivant, ils bénéficient de leur ancienneté dans la fonction de chefs de clinique s'ils deviennent praticiens hospitaliers à temps partiel. De même, le

10.– Les maternités de type III accueillent toutes les grossesses dites pathologiques (menaces d'accouchement prématuré avant 32 semaines d'aménorrhée, malformations fœtales...). Ces maternités sont situées dans un établissement disposant d'une unité individualisée de soins intensifs ou d'un service de réanimation pédiatrique ou néonatale, pouvant s'occuper des grands prématurés et des bébés présentant de graves détresses vitales. Elles doivent pratiquer au moins 1 500 accouchements par an et disposer de six lits de réanimation au minimum et de neuf lits ou plus de néonatologie dont trois au moins affectés aux soins intensifs.

concours de type II est ouvert aux anciens internes de Saint-Antoine, Saint-Philibert et La Charité[11].

Cependant, en 2003, l'accès au secteur 2 des anciens chefs de clinique reste bloqué au niveau de la Caisse Régionale d'Assurance Maladie ; il faudra encore d'autres démarches du Pr Graux pour voir aboutir cette revendication.

Formation Médicale Continue

Malgré de louables efforts du Pr J.-L. Demory, le département de FMC reste encore une structure virtuelle, dotée de peu de moyens, et l'analyse de son activité aboutit à un constat médiocre. Les Actualités Cliniques et Thérapeutiques ne répondent plus à la demande et plusieurs séances ont dû être annulées. Les Journées Médicales voient leur assistance de plus en plus réduite.

Par contre, les journées spécialisées thématiques rencontrent toujours un net succès : ainsi les Journées pédiatriques de Saint-Antoine présentent en 2003 leur 38e édition et vont se poursuivre à l'hôpital Saint-Vincent de Paul. Citons aussi les colloques spécialisés tels que les Controverses et avancées en pathologie rachidienne (Pr D. Cordonnier) dont la septième édition se tient en 2001, les soirées de formation en imagerie médicale (Pr M. Smith) renouvelées en raison de leur succès, la journée de formation pour le collège de chirurgie vasculaire (Pr Puppinck), etc.

En 2003, le Pr Demory démissionne de ses fonctions de chef de département de FMC et il est remplacé par le Pr Modiano. Alors qu'elle est *aussi importante que la formation médicale des étudiants,* déclare Mme Th. Lebrun alors vice-recteur, on assiste à une stagnation et même à une régression de la FMC sur le plan national en terme de dynamique de formation. Relevant d'un monde associatif souvent dispersé, son activité ne peut n'être que difficilement évaluée. Aujourd'hui encore, le problème essentiel, tant local que national, n'est pas résolu.

Les anciens

Nombreux sont les anciens qui désirent garder un lien avec l'Alma Mater. En 2 avril 1933, a été constituée *l'Amicale de la Faculté libre de médecine* réunissant maîtres, étudiants et anciens, pour *conserver, affermir les liens d'estime, d'affection, d'amitié* entre eux et *apporter un concours effectif en vue d'accroître la prospérité morale et matérielle de la Faculté de médecine.* Le premier

---

11 – Décret du 25 juin 1999 : Chaque année, un concours national de praticien des établissements publics de santé, donnant lieu à l'établissement d'une liste d'aptitude unique, établie par discipline, par spécialité et par type d'épreuves, peut être organisé. La durée de validité de cette liste d'aptitude est fixée à cinq ans à compter de sa date de publication. Un arrêté du ministre chargé de la santé fixe, chaque année, les disciplines, les spécialités offertes ainsi que le nombre d'inscriptions possibles sur la liste d'aptitude, par discipline, spécialité et type d'épreuves. Les concours de type I sont ouverts essentiellement aux chefs de clinique, les concours de type II aux anciens internes.

président en était le Pr É. Camelot et le secrétaire général le Pr H. Billet. Après quelques réunions, cette Amicale est tombée en sommeil.

En mai 1952, elle est reconstituée sous le nom de *l'Association des Anciens de la Faculté libre de médecine.* Le premier président en est le Dr Julien Lamoril. Pendant une dizaine d'années, les réunions se tiennent à l'occasion des Journées Médicales, assorties du traditionnel banquet. À plusieurs reprises, notamment en 1968, l'Association intervient dans la vie de la Faculté par des rapports et des souhaits.

Relancée non sans mal en 2003 par le Dr Joris Andrieux qui la préside, l'Association a repris des réunions régulières, ainsi que la publication de l'Annuaire des Anciens.

L'Association des Anciens Enseignants, créée par le Pr Jacques Cousin en 2001 souhaite quant à elle :

- contribuer au rayonnement de la Faculté Libre de Médecine dans la région, le territoire national et à l'étranger,
- offrir aux organismes œuvrant dans le domaine de la santé et/ou de l'éducation médicale et paramédicale, une aide à la formation, une expertise de projets pédagogiques, des conseils en matière de politique ou de développement hospitalier et/ou sanitaire[12] ;
- affermir le lien entre ses membres et les représenter auprès des autorités de la Faculté ou de l'Université catholique, s'assurer notamment qu'ils sont informés de toutes les manifestations organisées dans ces établissements,
- favoriser l'entraide et la convivialité entre ses membres et leurs familles notamment par l'organisation d'activités sociales et culturelles ou la participation à des manifestations de cette nature.

Dans le cadre de ce dernier objectif, l'Association des Anciens Enseignants a pris en charge les cycles de conférences d'Histoire de la médecine, initiés en 1992 par le Dr Jean-Marie Mocq, assurés pendant plusieurs années par le Pr Marc Duhamel, puis par le Pr H. Ducoulombier. De 1992 à 2003, 70 conférences ont été présentées par des médecins émanant non seulement de notre Faculté, mais aussi d'autres universités, notamment de Paris, de Louvain, de la Faculté de Lille-État ou du Service de Santé militaire. Élargie et ouverte, l'Association promeut également des sorties culturelles qui renforcent les liens d'amitié.

Échanges internationaux

Grâce à l'activité inlassable du Pr Colette Creusy, les relations de la Faculté avec l'étranger se développent encore. Les objectifs en sont d'abord les échanges à visée pédagogique grâce à la mobilité des étudiants et des enseignants. Pour les étudiants, il s'agit d'une valorisation indiscutable de

12.– Des objectifs ambitieux ! Dans les faits, un premier rapport sur le fonctionnement des hôpitaux de la Faculté, rédigé par plusieurs professeurs honoraires dont deux anciens doyens, a été reçu par les autorités administratives avec une froide indifférence.

leur cursus ; pour les enseignants, d'une expérience enrichissante sur les modalités pédagogiques. S'y ajoutent l'aide aux pays en voie de développement et la promotion de la recherche dans une dimension internationale.

La mise en oeuvre de ces échanges nécessite d'abord une information des étudiants ; elle est assurée par une présentation annuelle et par un secrétariat permanent. Elle nécessite aussi une formation linguistique, essentiellement l'enseignement de l'anglais menant au First certificate ou au TOEFL (Test of english foreign language). Le tutorat de l'étudiant étranger par un enseignant semble indispensable, de même que son association avec un étudiant français. Enfin, il faut résoudre les problèmes logistiques d'accueil et de logement.

La Faculté continue à participer à plusieurs réseaux d'échanges : SOCRATES (module européen) et son partenaire ECTS (European Credit Transfert System, démarré en 1989 dans le cadre d'ERASMUS), auxquels participent en 2003 50 universités de 14 pays de l'Europe occidentale, de l'Europe de l'Est, du Canada, des États-Unis, de l'Amérique latine, du Maroc, du Liban, du Vietnam, etc. Le programme LEONARDO est numériquement moins important. Des accords avec d'autres universités sont encore à l'origine de nombreux échanges.

Au total, de 1998 à 2003, la Faculté dont la capacité d'accueil est estimée à 40 étudiants reçoit 25 à 39 étrangers pour des stages de deux à six mois. Un nombre à peu près égal de ses étudiants part pour l'étranger, de 32 à 41 par an.

De plus, une trentaine d'étudiants étrangers en fin de cursus viennent postuler un Diplôme Universitaire de Spécialité (DUS). Une collaboration pédiatrique s'est établie avec le Vietnam et la faculté de médecine de Hanoi : en 1997, les premières rencontres franco-vietnamiennes de pédiatrie sont organisées par le doyen Ton That Bach de Hanoi, le Pr J. Cousin et le Pr B. Risbourg d'Amiens. De 1993 à 2001, la Faculté et le département de pédiatrie ont organisé 21 missions de 15 jours au Vietnam.

Enfin, la Faculté collabore activement à d'autres programmes sans échange d'étudiants, tels le MEDNET (réseau thématique sur l'éducation médicale en Europe) dont l'objectif est l'amélioration de la qualité de l'enseignement médical, ou l'AMSE (Association of Medical School in Europa) dont les objectifs sont similaires. En septembre 2002, en partenariat avec l'Université de Lille II et grâce au dynamisme du Pr C. Creusy, la Faculté a organisé le congrès de l'AMSE réunissant 110 participants du monde entier.

Sans nul doute, l'évolution de ces relations internationales est pour la Faculté un témoin de progrès et de dynamisme.

Conclusion

Lorsque s'achève notre récit à la fin de l'année 2003, notre Faculté est ouverte sur l'avenir. Elle a certes perdu quelque peu de son autonomie, mais, dans notre époque de dirigisme, n'est-ce pas le sort commun de nos institutions ?

Parvenue à une taille convenable (celle qu'ambitionnait le doyen Béchamp en 1876, soit 600 étudiants et une centaine de médecins par an), adhérant pleinement à l'évolution pédagogique des études médicales, pourvue d'établissements hospitaliers totalement rénovés et performants, bien intégrée au tissu urbain et ouverte à l'extérieur, ayant échappé récemment à une menace de délocalisation, elle semble aujourd'hui, après des décennies d'épreuves et d'embûches, capable de durer.

Quel chemin parcouru en 130 ans ! On est loin des propos que tenait Mgr Hautcœur, lors de l'inauguration de l'Université catholique le 18 janvier 1877 : *Née dans la lutte, elle grandira et se fortifiera dans la lutte !* C'est désormais dans l'ouverture, le partenariat, la collaboration que la Faculté se propose de vivre.

DEUXIÈME PARTIE

LA VIE D'UNE FACULTÉ

Chapitre XIX
Chaires et enseignements
Le recrutement des enseignants

Jusqu'à une date toute récente, dans notre Occident latin, la « chaire magistrale » constituait l'unité fonctionnelle et administrative de base de toutes les universités. Même si, en France, la loi d'orientation d'Edgar Faure du 12 novembre 1968 a balayé cette structure traditionnelle vénérable, il en reste de nombreux exemples dans notre pays (Collège de France par exemple) et à l'étranger.

L'importance d'une Université se mesurait au nombre de ses chaires et c'était un honneur pour une institution ou un mécène de fonder une chaire. Il en fut ainsi aux débuts de l'Université catholique de Lille. La grande souscription lancée en novembre 1875 pour sa création avait prévu d'accorder le titre de « fondateur de chaire » aux donateurs de 100 000 francs et plus. De 1877 à 1888, cinq chaires sont fondées pour la Faculté de médecine et de pharmacie. La première, sous le vocable de saint Vincent de Paul est affectée le 12 juillet 1877 à la clinique médicale tenue par le Pr Henri Desplats : elle résulte d'un don anonyme fait en action de grâce pour l'autorisation d'ouverture de cette Faculté donnée par le recteur d'Académie quelques jours plus tôt.

La seconde, en novembre 1878, placée sous la protection de saint Vaast, patron des diocèses de Cambrai et d'Arras, est la chaire de chimie biologique occupée par le doyen Antoine Béchamp.

En octobre 1879, est lancée une souscription spéciale pour créer une troisième chaire, dédiée à saint Jean-Baptiste et affectée à la clinique chirurgicale que dirige le Pr Adolphe Faucon. Il faudra plus d'an pour atteindre la somme requise.

En revanche, le 8 décembre 1881, un anonyme offre à l'évêque d'Arras cent mille francs pour la dotation d'une chaire à la Faculté de médecine et de pharmacie, sous le vocable de saint Benoît Joseph Labre, originaire de ce diocèse et canonisé à Rome ce jour-là[1]. Elle est attribuée à la pathologie interne dont le titulaire est le Pr Bouchaud.

1.– Bulletin de l'œuvre des Facultés Catholiques, t. 3, déc. 1881, p. 85.

Enfin en septembre 1888, une cinquième chaire peut être fondée ; sous le patronage de saint Luc, elle est attribuée à la clinique obstétricale que tient alors le Pr Gonzague Eustache.

Ce sont les seules chaires de la Faculté de médecine et de pharmacie qui ont été ainsi créées par une donation ou souscription exceptionnelles[2].

Certaines chaires sont particulièrement prestigieuses et donc convoitées. En médecine, c'est le cas des chaires de clinique médicale, de clinique chirurgicale et, à un degré un peu moindre, d'anatomie. Les titulaires de chaires jouissent de privilèges majeurs, notamment celui de l'inamovibilité : ils sont en place jusqu'à leur mort ou leur retraite, sauf démission ou exclusion pour faute ou empêchement graves.

A l'ouverture des cours, prévue en novembre 1876, seuls sont organisés les enseignements des deux premières années, avec un minimum d'enseignement clinique ; aussi, lors du Conseil de faculté du 5 septembre, le Pr Desplats estime que huit titulaires et quatre suppléants suffisent pour obtenir l'autorisation légale de fonctionner, l'appoint étant assuré par la faculté des sciences.

Mais à la rentrée de 1877, après que le recteur d'Académie eut donné l'autorisation d'inscrire des étudiants (6 juillet 1877), quinze chaires sont pourvues : chimie organique (A. Béchamp), chimie analytique et toxicologie (J. Béchamp), chimie minérale et pharmacie (E. Schmitt), anatomie (D. Domec), physiologie (E. Baltus), hygiène médicale (L. Wintrebert), pathologie interne (J.Bouchaud), pathologie externe (J.-M. Redier), médecine opératoire (A. Jousset), matière médicale et thérapeutique (J. Jeannel), médecine légale (A. Vanverts), cliniques médicales (H. Desplats et E. Papillon), cliniques chirurgicales (A. Faucon et G. Eustache).

Les Statuts fondamentaux de l'Université catholique stipulaient que le corps enseignant comportait trois catégories : *des professeurs titulaires, des suppléants ou de simples chargés de cours* (art. 44) et que *régulièrement, on ne devient professeur qu'après avoir fait ses preuves comme suppléant ou chargé de cours, exception faite pour des candidats qui présenteraient des titres exceptionnels* (art. 45) [3]. Le règlement de 1878 précise que le mandat des suppléants est de trois ans au plus, renouvelable.

La révision de 1887 ajoutera une classe nouvelle, celle des professeurs adjoints, nommés sans limitation de durée ; ils ne jouissent pas de l'inamovibilité et ne peuvent participer à la direction de la Faculté, ni aux votes réservés aux titulaires. Ils sont nommés quand la chaire n'existe pas ou qu'elle n'est pas vacante, ou quand leurs titres sont jugés insuffisants ou « pour autre motif ».

Tous les professeurs, titulaires, suppléants et adjoints sont nommés par le Conseil supérieur des évêques, sur proposition du recteur.

2.– Etat des fondations de chaires confirmé ou arrêté par le Conseil supérieur du 18 novembre 1920. Arch. I.C.L. Délibérations du Conseil supérieur.

3.– Statuts fondamentaux de l'Université catholique de Lille, imp. Ducoulombier, Lille, 1877.

Nous avons relaté au chapitre VIII combien cette question des chaires et celle, connexe, des titularisations était une préoccupation constante de la Faculté et comment l'autorité académique avait tendance à freiner les revendications sans doute légitimes de ses membres. Indiquons seulement que certains des arguments avancés étaient discutables : la loi de 1875 exigeait, non pas un nombre de chaires au moins égal à celui de la plus petite faculté ou école de l'État, mais un nombre égal de docteurs, ce qui ne devait pas créer de difficultés.

On peut s'étonner de ne pas trouver dans les statuts mention d'autres titres, pourtant attribués dès l'origine, ceux de maître de conférences et de chef de travaux. Sans doute les rédacteurs des statuts les considéraient-ils comme de *simples chargés de cours*, dont la nomination relevait du recteur..

On peut en dire autant des assistants de clinique, créés en 1894 et des chefs de clinique, prévus dans les règlements propres à la Faculté de médecine. Ces postes essentiellement hospitaliers faisaient l'objet d'une nomination par le recteur.

Une révision des Statuts fondamentaux effectuée en 1937 indique (art. 57) que *le nombre de chaires magistrales est au moins de quatorze à la Faculté de médecine et de pharmacie*. La notion d'une limite supérieure paraît donc alors abandonnée.

Modalités de recrutement

Après le premier train de nominations lié à la fondation de la Faculté, le recrutement de nouveaux enseignants a toujours suivi une double filière : interne ou extérieure. Il fut aisé en effet de repérer, parmi les étudiants de la Faculté, les sujets d'élite susceptibles de faire partie de son corps enseignant. Ce système offrait une certaine assurance de qualité, tant au plan intellectuel que pédagogique et moral. Le premier ancien élève qui fut nommé ainsi professeur suppléant en 1883 fut le docteur Stéphane Van Oye ; il était l'un des deux étudiants inscrits en deuxième année en novembre 1876, dans la toute première promotion.

Ce n'est qu'en l'absence de candidats du cru que l'on fit appel à des personnes extérieures, une démarche toujours considérée comme importante, sinon grave, et prise en mains par le recteur lui-même, parfois sans l'assentiment ni même l'avis du doyen, et comportant toujours une enquête approfondie de moralité auprès d'autorités religieuses. Les Pères Jésuites responsables de cercles d'étudiants à Paris ou à Lyon furent souvent sollicités.

Un vivier important de candidats de choix allait se trouver dans l'armée, précisément dans le service de santé militaire et son hôpital d'application du Val de Grâce à Paris. Ces « anciens du Val » avaient une réputation de sérieux et d'attachement aux valeurs chrétiennes et patriotiques ; leur mise à la retraite précoce leur laissait le loisir de terminer brillamment une carrière militaire souvent très honorable, mais plusieurs d'entre eux quittèrent l'armée avant l'âge de la retraite, pour s'engager personnellement *dans la belle oeuvre de l'enseignement supérieur catholique*[4].

Se posait néanmoins la question de la vérification des connaissances et des aptitudes de tous ces candidats, internes et surtout externes, la simple qualification sur titres ne paraissant pas toujours exempte d'impartialité. C'est en 1922 que le Conseil de faculté suggère l'idée d'un concours d'agrégation, analogue à celui en usage dans les facultés officielles (depuis bien longtemps, puisqu'on le trouve à Paris à partir de 1823). Ce n'est pourtant qu'en 1929 qu'est organisée la première agrégation au bénéfice du docteur Maurice Favreau, candidat bordelais à la chaire d'obstétrique et de gynécologie, une chaire particulièrement sensible au plan de la morale. Cette candidature avait donc suscité une abondante correspondance préalable à son agrément par le recteur !

La seconde agrégation sera celle de chimie biologique, en 1931, au profit de Marcel Paget, ancien étudiant de la section de pharmacie.

A dire vrai, dès octobre 1877, le recteur avait proposé à la Faculté *la création de quatre places d'agrégés qui seraient suppléants pour les différents cours et chargés des cliniques spéciales des dispensaires,* avec un traitement annuel de 3 000 à 3 500 francs. (Un titulaire touchait alors de 6 000 à 12 000 francs selon l'ancienneté). La Faculté avait vivement approuvé cette idée et demandé au recteur *de l'appuyer auprès du Conseil d'administration, qui aura à rechercher et la convenance et les moyens d'assurer cette publicité*[5]. Deux agrégés devaient être affectés en médecine et deux en chirurgie, mais ils étaient considérés comme du « personnel secondaire » et n'avaient aucune des prérogatives des professeurs. Cette proposition devait rester lettre morte, mais en novembre 1894 la Faculté proposait et obtenait la création de postes d'assistants de clinique, remplissant les mêmes fonctions, avec parfois le titre de professeur suppléant.

Les épreuves du concours d'agrégation étaient les mêmes que dans l'Université d'Etat : l'exposé des titres et travaux, la leçon de trois quarts d'heure après quatre heures de préparation et l'éprouvante leçon d'une heure après 24 heures de préparation. Le jury, présidé par le doyen, comprenait deux ou trois professeurs de la Faculté libre et deux ou trois professeurs d'une faculté officielle française ou de l'Université catholique de Louvain.

Comme dans les facultés officielles aussi, il était entendu que les agrégés étaient nommés pour neuf ans. Mais le lien entre les agrégés et les suppléants n'avait pas été défini. Fallait-il exiger des agrégés, après ces neuf ans, de passer par les trois années statutaires de suppléance avant de briguer une chaire ? En 1937 encore, le Conseil supérieur, autorité suprême en matière de nominations, souligne que le titre d'agrégé *étant acquis sans intervention du Conseil supérieur ne confère aucun droit à la qualité de suppléant*[6].

4.– Lettre du professeur Billet au recteur en 1922.

5.– Conseil de Faculté du 30 oct. 1877.

6.– Délibération du Conseil supérieur du 5 juillet 1937. Arch. I.C.L.

L'usage prévalut quand même de proposer à ce titre les agrégés ayant assuré leurs fonctions de manière satisfaisante pendant trois années au moins.

Le même Conseil supérieur établit néanmoins un *règlement relatif aux candidats à la titularisation, à la suppléance et à la maîtrise de conférences de la faculté libre de médecine et de pharmacie,* où il définit clairement les conditions d'accès à ces différents titres.

Bien qu'il précise qu'*un professeur titulaire ne peut être nommé que pour une chaire qui existe déjà ou qui est créée,* le titre de professeur sans chaire fut quand même attribué – rarement il est vrai – pour reconnaître les mérites d'enseignants de qualité et les garder dans la Faculté en attendant que la chaire correspondant à leur compétence soit vacante.

En 1962, la Faculté revient à la charge en proposant la titularisation sans chaire de quatre suppléants, estimant *qu'il n'y a pas lieu d'attribuer des chaires aux nouveaux candidats, en raison de la réforme de l'enseignement médical et du principe de l'intégration Faculté-hôpital, actuellement inapplicable en totalité*[7]. L'autorité ne suivit pas, rappelant l'article 57 des Statuts, selon lequel on ne peut nommer de titulaires en l'absence de chaires vacantes.

Au lendemain de la « révolution de 1968 », la Faculté de médecine ayant acquis une certaine autonomie lance une réforme de ses statuts en commençant par celui des professeurs. En juin 1970, l'autorité académique accepte ses propositions, qui ne maintiennent plus que deux catégories de professeurs : les titulaires et les agrégés, qu'on dira plus tard « de rang A », mais en crée une « extraordinaire », celle des professeurs associés, personnalités généralement extérieures à la Faculté, parfois d'un grand prestige, chargées d'un enseignement particulier, mais limité. Ce cadre sera peu utilisé.

Quant aux modalités du concours d'agrégation, elles sont simplifiées, se limitant à un exposé des titres et travaux et à la présentation publique d'un mémoire sur un sujet choisi par le ou les candidats, la composition du jury restant la même que précédemment.

Bien sûr, la Faculté maintient les grades non magistraux (on les appellera plus tard « de rang B »), tels que chefs de travaux et chargés de cours, chargés d'enseignement, et, en lien avec les fonctions hospitalières, chefs de clinique-assistants et assistants-assistants (pour les postes en laboratoires)

En 1985, de nouvelles dispositions sont adoptées par le Conseil de faculté pour le recrutement des enseignants. Trois Commissions d'évaluation des titres sont instituées, respectivement pour les disciplines médicales, les disciplines chirurgicales et les sciences dites fondamentales ; chacune d'elles comprend l'ensemble des professeurs concernés. Réunies chaque année, elles ont pour rôle d'évaluer les titres et travaux des candidats à une fonction d'enseignement et, le cas échéant, c'est à dire si le poste est vacant, de les déclarer aptes à l'occuper ; chaque candidat reçoit le rapport le concernant et peut ainsi juger du travail qui lui reste à accomplir pour remplir les conditions d'accès au poste convoité. Pour l'agrégation, reste ensuite pour le

7.– Conseil de Faculté du 9 mai 1962.

candidat à présenter publiquement devant le jury son mémoire, qui devient ainsi une sorte de leçon inaugurale, permettant à chacun d'apprécier ses qualités pédagogiques. Le Conseil de faculté entérine le résultat de l'épreuve qui est transmis au recteur pour nomination.

Hiérarchie des chaires

Question fréquemment débattue que celle de la hiérarchie des chaires ; avec deux aspects, l'un de prestige, l'autre de nécessité.

De prestige : dans la tradition universitaire française et même européenne, les chaires de clinique furent longtemps considérées comme les plus prestigieuses et donc les plus convoitées. En tête, la clinique médicale, puis la clinique chirurgicale et, à un degré moindre, la clinique d'accouchements. Venaient ensuite quelques chaires de sciences fondamentales : l'anatomie, la physiologie et l'anatomie pathologique. Ces classements ont perdu peu à peu leur signification, la renommée des personnes l'emportant légitimement sur le titre de la chaire. La suppression des chaires en novembre 1968 a raboté définitivement ces distinctions, dans les facultés officielles comme dans la nôtre.

De nécessité : on en trouve la preuve en 1922 dans une lettre du recteur Mgr Lesne au Conseil de faculté aux fins de *déterminer le petit nombre de chaires fondamentales sans lesquelles aucune faculté ne peut être constituée*[8]. (On soupçonne là une préoccupation budgétaire !). Le Conseil en énumère vingt et une : dix-neuf pour la médecine et deux pour la pharmacie, mais refuse d'en établir la hiérarchie.

Une demande analogue est répétée vingt ans plus tard par le recteur Mgr Delépine. Cette fois, le Pr Billet, rapporteur du projet, distingue les chaires fondamentales (13) et les chaires secondaires (19) pour la seule médecine. L'idéal serait, dit-il, que toutes les chaires fondamentales soient pourvues d'un titulaire et d'un agrégé ou, à défaut, d'un chef de travaux ou d'un assistant (en clinique).

Mais il admet que les titulaires de chaires fondamentales de clinique peuvent être chargés de l'enseignement d'une chaire secondaire de clinique ou théorique. On arrive ainsi à limiter à 26 le nombre de professeurs et d'agrégés.

Ce rapport parut fort rigide à certains de ses collègues (Lepoutre, Langeron), partisans d'une plus grande souplesse, qui permette de s'adapter aux évolutions des enseignements autant qu'aux disponibilités et aux aptitudes des candidats potentiels.

Candidats internes vs candidats extérieurs

A plusieurs reprises, se sont trouvés en concurrence pour une chaire ou pour une agrégation des candidats anciens de la Faculté et des candidats extérieurs à elle, ces derniers ayant souvent une épreuve de titres et travaux plus nourrie que les premiers, pour des raisons aisées à comprendre, la

8.– Conseil de Faculté du 15 nov. 1922.

pauvreté chronique de notre institution rendant difficiles les travaux de recherche en son sein. Par contre, les qualités pédagogiques, humaines et chrétiennes des candidats locaux étaient mieux connues et avaient pu être appréciées ; ces derniers connaissaient aussi les us et coutumes de la Faculté et étaient censés les accepter *a priori.*

L'agrément du recteur étant une condition préalable à toute candidature, il constituait un premier barrage aux candidatures indésirables ou peu souhaitables. Il a été dit plus haut comment l'autorité cherchait à obtenir le maximum d'assurances, tant au niveau moral et religieux que scientifique. Nombre de candidats renoncèrent aussi à poursuivre leurs démarches en apprenant les conditions matérielles qui leur étaient proposées : équivalentes à celles des facultés d'Etat lors de la fondation, elles étaient 15 à 20 ans plus tard beaucoup moins intéressantes et obligeaient les candidats à rechercher une activité complémentaire à leur charge d'enseignement, c'est-à-dire, pour les médecins, à se constituer une clientèle.

Restait l'hypothèse d'une concurrence vraie au stade ultime du concours d'agrégation. Le chancelier de l'Université, interrogé à ce sujet, avait tranché : en cas d'égalité de prestations scientifique et pédagogique, on donnera la préférence au candidat issu de la Faculté libre.

Népotisme ?

Cette forme de favoritisme au profit de la famille est assez commune dans les milieux universitaires. Le nôtre n'y a pas échappé, et dès l'origine : l'exemple venait d'en haut, puisque, rappelons-le, le doyen Antoine Béchamp n'avait accepté de monter à Lille qu'à la condition d'y emmener son fils Joseph, avec une chaire de professeur.

Peu après, le chirurgien Adolphe Faucon fit de même en engageant son jeune frère Victor dans la même voie ; il occupera la chaire de médecine opératoire.

Henri Desplats ne fut sans doute pas étranger à la promotion de son fils René, certainement moins brillant que lui, et qui obtint en 1932 le titre de professeur adjoint, avec un service d'électroradiologie. Il avait épousé une fille du Pr Redier. Par ailleurs, un de ses petits-fils, Georges Didier, devait devenir professeur d'oto-rhino-laryngologie.

Gonzague Augier eut un fils, Dominique, chef de clinique chirurgicale, chargé de la chirurgie infantile en 1910. Installé à Rennes à la fin de la guerre, on le pria instamment de revenir à Lille avec la promesse d'une chaire, mais il y renonça après bien des tergiversations. Une des filles du Pr Augier épousa Léon Vouters, qui devint assistant, puis professeur de clinique médicale. Un fils de ce dernier, Claude, sera chef du service d'ORL à l'hôpital Saint-Antoine en 1953. L'un de ses gendres, Jean Callens, chirurgien, promis à une chaire, meurt accidentellement en 1940, mais son fils Jean sera le dernier chef du service de chirurgie de l'hôpital de la Charité et le premier du nouvel hôpital Saint-Vincent. Philippe Choteau, futur doyen de la Faculté, était lui aussi, par sa mère, un petit-fils du Pr Léon Vouters.

Guermonprez n'eut pas de descendant direct, mais une de ses nièces épousa Antoine Delattre, futur professeur d'anatomie pathologique et doyen de la Faculté.

Dans les générations suivantes, s'est distinguée la famille Camelot. Émile, professeur de clinique chirurgicale et doyen, eut dix enfants dont un fils, Joseph, qui suivit parfaitement ses traces, comme chirurgien et comme doyen, et une fille, Elisabeth, qui épousa Henri D'Hour, futur titulaire de la chaire de pneumo-phtisiologie. Une autre de ses filles épousa Jean Payelleville, radiologiste à l'hôpital Saint-Philibert. Un fils de Joseph Camelot, Gabriel, aurait sans doute suivi la même voie si les circonstances (externat commun avec la faculté de Nancy et l'Ecole de médecine de Besançon) ne l'avaient contraint à terminer ses études dans cette dernière ville, où il fut lui aussi professeur de chirurgie et… doyen de l'établissement devenu Faculté.

Le Pr Jules Dereux, neurologue réputé, poussa sans doute dans son sillage son fils Jean-François qui devait prendre sa succession dans la même discipline.

Léon Langeron, professeur de clinique médicale, eut un fils, Paul, qui fut lui aussi professeur à la Faculté, mais en chirurgie.

Georges Vincent, anatomiste et urologue, vit également son fils Georges créer un service de rhumatologie, dont il fut le chef et professeur.

Le dernier en date fut sans doute Christian Vittu, docteur d'Etat en pharmacie et professeur de physique médicale, qui eut la joie de voir son fils Gabriel porter sa toge comme professeur de pédiatrie, chef de service de néonatologie.

A moins qu'on y ajoute le cas, très particulier, du docteur Gérard-Philippe Desbonnets, nommé en 1999 professeur associé de médecine générale, ce qui eut ravi son père, le Pr Gérard Desbonnets, chirurgien, titulaire de la chaire de pathologie externe.

Celui de Bernard Vanbockstael, professeur adjoint et pharmacien des Etablissements hospitaliers de l'Insitut catholique, est un peu particulier. Il est en effet l'arrière petit-fils du Pr E. Schmitt, de l'équipe fondatrice, mais ses ascendants directs, pharmaciens eux aussi et anciens de la Faculté libre, n'y ont jamais exercé de charges d'enseignement.

Cette pratique, sinon cet usage, n'a rien de critiquable, dans la mesure où, comme dit l'adage, *bon sang ne saurait mentir*. L'institution peut s'assurer plus aisément des qualités morales et de l'attachement de ces candidats que lorsqu'ils sont recrutés à l'extérieur. Leur connaissance du milieu universitaire privé, voire catholique, avec ses difficultés et problèmes particuliers ne peut que faciliter aussi leur parfaite intégration au corps professoral. Sous les réserves évidentes que soient confirmées leurs aptitudes pédagogiques et leurs qualités scientifiques, ce qu'assurent habituellement, au moins depuis 1929, les concours de recrutement.

On objectera que les mêmes constats ou presque peuvent être effectués pour les anciens élèves, briguant les mêmes postes. Il est rare qu'il y ait eu concurrence directe pour une même place entre un fils de professeur et un autre candidat.

Les chaires et leurs titulaires

De 1876 à 1970, le système des chaires et des professeurs titulaires est donc en vigueur. Les chaires sont créées lorsqu'elles correspondent à un enseignement nécessaire, imposé le plus souvent par la réglementation officielle des études, mais ces enseignements peuvent fort bien être assurés et parfois durant de longues années par des suppléants, des agrégés ou même des chargés de cours.

La vacance d'une chaire ne signifie nullement la carence d'un enseignement. C'est que pour devenir titulaire, il faut *des titres scientifiques irrécusables* (art. 58 des Statuts de 1937).

Comme dit plus haut, l'autorité supérieure fut toujours réticente à créer des chaires, voire à nommer des titulaires dans les chaires vacantes, pour des motifs autant budgétaires que statutaires, l'inamovibilité étant toujours un engagement porteur de risques – l'Université en avait fait la douloureuse expérience à ses débuts !

Ces créations n'intervinrent donc le plus souvent, mais pas toujours, à la demande de la Faculté, que lorsqu'une double condition était remplie : nécessité imposée par les réformes pédagogiques et candidat valable, c'est-à-dire présentant des titres irrécusables, pour occuper le poste. Cette dernière condition fut parfois préférée à la première, aboutissant à la création d'une chaire qui ne s'imposait pas (hépatologie). Toutes ces subtilités n'avaient rien d'exceptionnel ; elles étaient tout aussi habituelles dans les Universités officielles.

Le parcours proposé ci-dessous comporte donc toujours deux temps, celui des chaires et de leur évolution jusqu'en 1970, puis celui des enseignements, libérés du carcan des chaires. (Nous limiterons la présente étude à la Faculté de médecine, celle de pharmacie étant abordée au chapitre XX).

Sciences dites fondamentales

Physique, chimie, biologie constituent de nos jours un socle de prérequis pour l'apprentissage de la médecine ou de la pharmacie. Il en était déjà ainsi en 1876 : ces sciences étaient alors appelées « accessoires ». Elles seront détachées des facultés de médecine et confiées aux facultés de sciences lors de la création du certificat de physique-chimie-histoire naturelle (PCN), en 1894. A vrai dire, ces enseignements de base étaient déjà assurés dans la plupart des facultés et écoles de médecine – dont la nôtre – par des enseignants de la faculté des sciences.

Lorsqu'en 1960 les facultés de médecine ont récupéré définitivement ces enseignements, nombre d'entre elles ont continué à faire appel aux collègues des facultés de sciences.

Physique et biophysique

A l'ouverture des cours, la physique générale est enseignée par le professeur Chautard, doyen de la faculté des sciences, assisté du professeur Aimé Witz, de la même faculté, tandis que le Dr Wintrebert assure la partie plus médicale. Dès novembre 1881, Aimé Witz est titularisé en médecine et assure l'enseignement théorique et, à partir de 1883-84, les travaux pratiques ; en 1884, est nommé un chef de travaux en la personne de M. Lamblin.

Lorsqu'en 1894 est créé le PCN, il reste à la charge de la Faculté de médecine une part de physique biologique ou médicale ; c'est encore un scientifique qui la prend en charge, le Pr Delemer, avec M. Lamblin, jusqu'à la guerre de 1914-18. Il est néanmoins secondé à partir de 1909 par le Dr Maurice D'Halluin, chef des travaux de physiologie depuis 1904 et nommé maître de conférences cette année-là. Électroradiologiste en ville[9] et au dispensaire Saint-Raphaël, il assure alors l'enseignement de cette branche de la physique.

En 1919, M. D'Halluin, qui a été promu professeur suppléant en 1912, est chargé nommément de l'enseignement de la physique médicale. Il sera titularisé dans cette chaire en novembre 1923. Il n'aura de cesse, par des dizaines de rapports et de lettres adressés au doyen, au recteur et même à l'archevêque de Cambrai, président du Conseil supérieur, avec lequel il avait des liens personnels, de réclamer des locaux, du matériel et de l'aide pour réaliser les travaux pratiques des étudiants et ses recherches sur l'animal[10].

L'administration lui opposera une résistance constante, en raison de sa pauvreté d'une part, mais aussi et surtout du fait que D'Halluin passait à Nice toute la saison d'hiver, pour des raisons de santé, séquelles de la guerre de 1914-1918. Cette situation parut toujours à l'autorité peu compatible avec un travail universitaire suivi. Par ailleurs, la faculté des sciences était à même de fournir le matériel, les locaux et le personnel pour la plupart des travaux pratiques exigés pour l'examen des étudiants.

Le conflit va durer jusqu'en 1937, lorsque après avoir obtenu deux ans de congé pour maladie, le Pr D'Halluin sera transféré dans une chaire de cancérologie, créée pour lui. Toute la physique est alors reprise en charge par le Pr Edmond Charron, de la faculté des sciences, déjà engagé les années précédentes.

A partir de 1943-44, un médecin, le Dr Jean Béra, électroradiologiste à l'hôpital de la Charité, assure l'enseignement de cette partie de la physique, conforté par un titre de maître de conférences en 1945.

Ainsi jusqu'en 1951-52, où un jeune pharmacien, Christian Vittu, licencié ès sciences physiques et ès sciences mathématiques, remplace M. Charron pour la physique générale. A temps plein en Faculté d'octobre à fin mai, il peut enfin installer un laboratoire de physique, mettre en place des travaux

9.– Où son cabinet est pompeusement intitulé « Institut des Agents physiques ».

10.– Les archives possèdent plus de 150 grandes pages de ces réclamations !

pratiques pour les étudiants de médecine et de pharmacie et même lancer quelques travaux de recherche.

Titularisé en 1960, il est secondé pour la physique médicale par le Dr Béra, puis par le Dr Empereur-Buisson, agrégé de radiologie, par le Dr Dhaussy en ophtalmologie et le Dr Vannieuwenhuyse, agrégé d'oto-rhino-laryngologie.

A partir de 1960-61, un enseignement de mathématiques et statistiques est adjoint à celui de la physique. Il sera donné par des enseignants de sciences (M. Loboda, B. Joppin), puis par un pharmacien, M. Roger Martin, auquel succède quelques années plus tard M. Saïd Serbouti. .

En 1966, un praticien belge, le Dr Jean Dumoulin, ancien agrégé de l'Université catholique de Louvain, chef du service de médecine physique et réadaptation de l'hôpital civil de Charleroi, offre ses services à la Faculté. Particulièrement compétent en électrologie[11], il assurera l'enseignement correspondant jusqu'en 1990, avec les titres successifs de chargé d'enseignement, puis de maître de conférences associé et enfin de professeur associé en 1975.

A la retraite du professeur C. Vittu (1985), la responsabilité des enseignements de physique et de statistique est confiée au Dr Gérard Forzy, biologiste au laboratoire du Centre hospitalier Saint-Philibert et qui sera agrégé en 1991.

Chimie et biochimie

Trois chaires de chimie existaient lors de la fondation de la Faculté, celle de chimie organique et biologique occupée par le doyen Antoine Béchamp, celle de chimie analytique et toxicologie accordée à son fils Joseph Béchamp et celle de chimie minérale et pharmacie attribuée à Ernest Schmitt.

Un développement jugé excessif par certains (Pr Desplats), d'autant que le volume des enseignements y dépassait celui des facultés officielles, au moins dans la discipline du doyen.

On sait que cette inflation fut le motif, ou du moins le prétexte, de la suppression de la chaire de Joseph Béchamp en 1886, ce qui entraîna son licenciement et le procès qui s'ensuivit...

Restèrent donc la chaire de chimie et pharmacie de Schmitt et celle de chimie organique et biologique, devenue chaire de chimie médicale, pour laquelle il ne fut pas aisé de trouver un successeur à A. Béchamp. On fit appel à un pharmacien, Émile Lenoble, chargé de cours, puis professeur suppléant (1893) pour enseigner la chimie minérale, tandis que, dès la même année, Cyrille Carrez, pharmacien lui aussi, prenait en charge la chimie organique et biologique.

Les travaux pratiques, importants surtout en pharmacie, étaient assurés par M. Eugène Monnet, de la faculté des sciences, et par M. Carrez, qui les

11.– Auteur de nombreux travaux d'électrophysiologie, dont un précis d'électromyographie, il est le fondateur et rédacteur en chef de la revue *Electrodiagnostic-thérapie*, revue européenne d'électrophysiologie appliquée.

céda en 1895 à M. Hubert Caron. En 1922, c'est le Père Belval, S.J., puis deux ans plus tard le Père Grandsire, S.J., qui assurent ces activités.

En 1927, M. Carrez est remplacé en chimie biologique par M. André Augem, jeune licencié ès sciences, qui ne fait pas l'affaire. Tout change en 1928-29, lorsqu'un ancien élève de pharmacie, brillant sujet, se consacre à l'enseignement de la biochimie et de la chimie organique biologique. Maître de conférences en 1927 et enseignant dans la section de pharmacie, Marcel Paget passe en juillet 1931 les épreuves de l'agrégation. Il est nommé suppléant l'année suivante et titularisé en 1936. Orateur de talent et excellent pédagogue, d'une activité débordante, d'une rigueur scientifique exemplaire, exigeant pour lui-même et pour les élèves, au risque de les terroriser, il est un pionnier de la biologie clinique alors en plein essor. Dès 1936, il est rédacteur en chef du *Bulletin des biologistes pharmaciens*, devenu en 1947 la *Documentation du biologiste praticien.* Co-fondateur de la Société française de biologie clinique, il est rédacteur en chef des *Annales de biologie clinique* de 1943 à 1968. Son laboratoire réalisait des analyses pour les hôpitaux et pour la clientèle, en collaboration avec le Dr Henninot. Il aura quelques élèves, mais jamais d'assistant, assurant seul tous les enseignements de biochimie en médecine et en pharmacie. De 1944 à 1959, il assumera l'organisation de la section de pharmacie, avec le titre d'assesseur du doyen.

Il supervise aussi les travaux pratiques de biochimie, pris en charge par ses chefs de travaux, tous pharmaciens : Mlle Yvonne Dupont, MM. Christian Vittu et Maurice Callens.

A sa retraite en 1976, la vacance fut brutale. Il fallut faire appel à de jeunes enseignants de la faculté de l'Etat pour assurer une partie de l'enseignement en médecine. Heureusement, en octobre 1977, une agrégation permit de recruter le Dr Jean-Louis Dhondt, responsable actuel de cet enseignement et par ailleurs chef du laboratoire du Centre hospitalier Saint-Philibert.

La chimie fondamentale, reprise par la faculté des sciences à la création du PCN, revient en médecine lors de la réforme de 1960, mais reste enseignée par des scientifiques, puis par le pharmacien de l'hôpital Saint-Philibert, Bernard Vanbockstael, nommé professeur adjoint en 1977.

A sa retraite en 1998, son successeur à la pharmacie dudit hôpital, Eric Boury, reprendra également sa charge d'enseignement de la chimie générale en 1re année de médecine.

Biologie

Si le terme a été inventé par Lamarck en 1802, il n'entre dans la palette des disciplines prémédicales qu'en 1935, lorsque le PCN devient le PCB (physique, chimie, biologie) en faculté des sciences. Jusque là, et donc au temps de la fondation de la Faculté, on ne connaît et enseigne que « l'histoire naturelle médicale », comprenant la botanique et la zoologie. Cette dernière est enseignée par le Pr Cairol en hiver, la première par l'abbé Boulay : l'un et l'autre sont enseignants de la faculté des sciences. Mais Cairol étant rappelé à Lyon dès l'année suivante, c'est le jeune Dr François Guermonprez qui reprend son enseignement avec le titre de professeur suppléant.

Ces enseignements sont communs à la première année de médecine, à la première de pharmacie et à la licence de sciences naturelles. Un jardin botanique, rapidement planté rue de la Barre, fournit la matière première des travaux pratiques de botanique, les dissections d'animaux et la collection de zoologie – y compris un squelette de baleine bien encombrant, acquis par Guermonprez ! – alimentent les travaux pratiques de zoologie.

Lors du transfert des enseignements dans la nouvelle Faculté rue du Port, un jardin botanique bien plus vaste et plus systématique de 3 000 espèces, avec serres et bassins aquatiques, est recréé par l'abbé Boulay ; ce qui en reste aujourd'hui porte encore son nom.

Lorsqu'en 1885 Guermonprez succède à Jeannel dans la chaire de matière médicale et thérapeutique, il abandonne l'histoire naturelle, reprise alors par des enseignants de la faculté des sciences, le Dr Stéphane Van Oye, puis le Dr Pierre Bernard.

Lorsqu'est créé le certificat de physique, chimie, sciences naturelles (PCN) en 1894, la discipline retourne entièrement à la faculté des sciences, gardant d'ailleurs les mêmes enseignants.

En 1935 est créé le PCB, la biologie demeure sous la coupe des enseignants de la faculté des sciences, même si, de temps à autre, certaines parties du programme sont reprises par des médecins (par exemple embryologie et génétique par le Dr Fenart).

Lorsque les facultés de médecine récupèrent ces enseignements fondamentaux (Année Préparatoire à la Médecine (A.P.M.) en 1943-44, CPEM (Certificat préparatoire aux études médicales en 1966) et premier cycle d'études médicales depuis 1968, une part des enseignements de biologie demeure aux mains d'enseignants de la faculté des sciences. C'est encore le cas aujourd'hui.

Anatomie

« Reine des concours », première des sciences médicales, l'anatomie a joui très longtemps d'un grand prestige. Indispensable à tout médecin, son enseignement, théorique et surtout pratique – la dissection – occupait jusqu'à une date récente un bon tiers du temps scolaire pendant le semestre d'hiver, et ce durant les deux premières années d'études. En 1950 encore, les étudiants des deux premières années étaient en salle de dissection tous les jours de 13 h 30 à 16 h, heure du cours quotidien d'anatomie du professeur. Seuls les cours étaient maintenus au semestre d'été, car la loi interdisait la dissection à partir du 15 mars, sans doute pour des raisons d'hygiène.

Le premier titulaire de la chaire d'anatomie est le Pr Gonzague Eustache, par ailleurs chef d'un des deux services de chirurgie à l'hôpital Sainte-Eugénie, avant de prendre en charge les accouchements. Mais dès 1877, il laisse la place au Pr Dominique Domec, ancien agrégé de Montpellier, de retour d'une mission brillante à Quito (Equateur) où il fut appelé par le Président pour y fonder une faculté de médecine. En 1880, Domec prend la chaire de médecine opératoire. L'enseignement est alors assuré par le chef des travaux anatomiques, le Dr Charles Rogie, nommé professeur suppléant. Titularisé en 1883, il consacre la totalité de son temps à l'enseignement et au laboratoire. Il dissèque beaucoup, mais ne publie guère… et sa traduction d'un volumineux ouvrage allemand d'anatomie restera inédite. (La Faculté en possède le manuscrit).

A sa retraite, un peu forcée, en 1922, l'autorité fait appel à un professeur du Val de Grâce, le Dr Henry Billet, qui illustrera la chaire pendant 30 ans. Anatomiste reconnu, excellent pédagogue, il était d'une conscience professionnelle exemplaire. A ce chirurgien militaire, est confié le service de chirurgie infantile de l'hôpital Saint-Antoine dont il s'occupera remarquablement.

Salle d'anatomie

A son départ, en 1952, la chaire est attribuée à un autre médecin militaire, anatomiste confirmé lui aussi, le Pr Raoul Coudane ; il n'y sera qu'une année, la mort interrompant subitement sa carrière. Lui succède le Pr Georges Vincent (père), ancien chef des travaux anatomiques, agrégé d'anatomie en 1930 et urologue, puis, après un concours d'agrégation en 1955, le Dr Henri Batteur, urologue lui aussi et titularisé dans cette discipline.

C'est encore un urologue, bien titré en anatomie, le Dr Gilbert Chantepie, ancien de la faculté de Tours, qui prend après concours la succession de Batteur en 1982. En 1990, une nouvelle agrégation prépare la transmission de la charge au Dr Michael Smith, chef du service de radiologie, puis d'imagerie médicale, au Centre hospitalier Saint-Philibert.

Dans aucune faculté, l'enseignement très lourd de l'anatomie, théorique et pratique, ne peut être assuré par un seul professeur. Il est toujours assisté par un chef des travaux, qui dirige les dissections et assure une partie du cours, ainsi que par un prosecteur et des aides d'anatomie, recrutés sur concours, et éventuellement par d'autres médecins. Les chefs de travaux sont d'ailleurs presque toujours des chirurgiens, souvent eux-mêmes professeurs suppléants avec, si l'on peut dire, droit de succession le cas échéant.

C'est ainsi que l'on trouve dans la chefferie de travaux Adrien César en 1876, Charles Rogie en 1879, Agile Delassus en 1882, Paul Vallin en 1887, Emile Camelot en 1888, Dominique Augier en 1911, Carlos Lepoutre en 1913 et 1921, Antoine Delattre en 1923, Georges Vincent en 1930, Henri Batteur en 1949, André Lugez en 1964, Jean Callens en 1965, Paul Pélerin en 1977. Ce dernier organisera un enseignement pratique de radio-anatomie, excellente initiation à l'interprétation des radiographies, mais délaissé quelques années plus tard.

Quant au prosecteur et aux aides d'anatomie, ils sont recrutés sur concours depuis l'origine et participent à l'enseignement théorique et surtout pratique de l'anatomie (Cf. chap. XXI). Nul doute que, pour les candidats à l'externat et surtout à l'internat, l'adjuvat procurait l'occasion d'une révision approfondie d'une matière toujours présente dans ces concours, la note d'anatomie étant souvent déterminante pour le classement.

En 1923, une réforme pédagogique introduit dans les programmes un cours d'anatomie topographique ou chirurgicale en 4e année ; il est confié au chirurgien Louis Courty avec le titre de maître de conférences, puis de professeur suppléant. Il gardera cet enseignement quand il sera titularisé dans la chaire de médecine opératoire en 1929.

Dévoreuse de temps, l'anatomie l'était aussi de surfaces. Comme il a été dit au chapitre II, après avoir occupé un pavillon sur la route de Saint-André depuis la fondation jusqu'en 1882, elle reçoit alors la moitié du rez-de-chaussée de la nouvelle Faculté, rue du Port (Cf. Chap.VI) : bureau et laboratoire des professeurs d'anatomie et de médecine opératoire, bureau du prosecteur et des aides, vestibule avec lavabos et vestiaires personnels et surtout salle de dissection, avec ses dix tables accueillant chacune quatre ou cinq étudiants. Quand les effectifs augmentèrent, la cour intérieure de l'aile gauche fut recouverte et devint la nouvelle salle de dissection (1895), retentissant régulièrement des chansons plus ou moins paillardes des carabins[12]. Les cadavres étaient alors conservés dans des cuves de ciment à même la salle, où ils baignaient dans une solution formolée, dont l'odeur envahissait toute la Faculté.

La réorganisation interne des locaux entre 1975 et 1980, avec la création de nouveaux bureaux pour le secrétariat de la Faculté, d'une bibliothèque propre aux étudiants en médecine (alors que jusque là ils étaient accueillis dans la bibliothèque universitaire centrale) décide le doyen à construire en sous-sol une nouvelle salle de dissection d'une douzaine de tables, avec ses dépendances pour l'accueil, l'injection et la conservation des corps. C'est

12 – On assure que Maxence Vandermeersch s'est inspiré d'une visite de cette salle de dissection pour évoquer la première scène de son célèbre roman *Corps et âmes*.

alors que disparut enfin l'imprégnation formolée de l'atmosphère du bâtiment.

Inaugurée à la rentrée 1980, cette salle cesse de fonctionner quelques années plus tard, la dissection disparaissant des programmes, à la fois par manque de temps, de cadavres et en raison de l'inflation des effectifs.

La salle est alors affectée au stockage du fonds semi-moderne de la bibliothèque. Les salles annexes suffisent pour la présentation de dissections aux étudiants.

Une autre composante importante du laboratoire d'anatomie est représentée par le musée. Constitué dès l'origine dans un but pédagogique évident, il s'enrichit chaque année de pièces achetées chez des spécialistes – certaines en cire sont de véritables chefs d'œuvre – ou plus souvent préparées par les candidats aux concours d'adjuvat et de prosectorat d'anatomie.

Le musée commun à l'anatomie et à l'anatomie pathologique était d'abord situé au premier étage de l'aile gauche de la Faculté (plus tard dévolu à la bactériologie). En 1895, il est déplacé au même étage, dans la grande salle de façade (aujourd'hui salle Delattre) dans des vitrines fixes murales et des vitrines mobiles occupant le milieu de la salle. Dans les années 1930, ces vitrines centrales sont descendues avec leur contenu au rez-de-chaussée, dans la salle attenante à la nouvelle salle de dissection, un site plus commode, surtout pour la préparation des pièces à présenter lors des cours des professeurs au grand amphithéâtre. Seules restent alors à l'étage les vitrines fixes avec leurs pièces d'anatomie pathologique.

Le Pr Rogie, qui était féru de photographie, avait sollicité dès 1905-1906 l'installation dans ce même amphithéâtre d'un système de projections, de pièces anatomiques ou de leurs photographies, une demande toujours refusée par l'administration, malgré l'offre du Dr D'Halluin, alors chef de travaux de physiologie, d'installer l'électricité dans la Faculté et de trouver un mécène pour prendre en charge la dépense. Malgré cette proposition, l'administration maintint son refus, arguant du coût de la consommation électrique et de l'installation de rideaux pour l'obturation des grandes baies vitrées de l'amphithéâtre.

Les progrès de la photographie, de la reprographie, la fabrication à bon prix des moulages en matière plastique et les ressources d'Internet ont rendu caduque aujourd'hui la préparation de nouvelles pièces anatomiques provenant de cadavres humains. Du musée d'autrefois, il reste de nos jours une centaine de pièces, dont quelques dizaines ont été restaurées récemment par des étudiants de deuxième année dans le cadre d'une activité optionnelle de conservation et de restauration du patrimoine de l'Université catholique.

Dans les années 1930, trois pièces de façade inoccupées sont attribuées au Pr Henri D'Hour pour ses recherches anatomo-radiologiques thoraciques : radiologie des lobes et des scissures pulmonaires à partir de moulages en plâtre ou en métal. Il y reprendra bien plus tard, dans la décennie 1960, des études sur l'arborisation bronchique et ses aspects endoscopiques, avec Jacques Crinquette chez l'homme, et Micheline Mahieu chez quelques mammifères. Cette section de l'anatomie porte alors le nom de « Laboratoire d'Études thoraciques ». A partir de ces travaux, D'Hour créa ainsi le « musée anatomo-radiologique thoracique » qui reçut des visiteurs de marque, à l'occasion des Journées médicales de la Faculté ou de congrès médicaux réunis à Lille..

Un dernier mot sur les ressources bibliographiques du laboratoire d'anatomie. La bibliothèque du patrimoine de l'Université catholique possède une cinquantaine d'ouvrages des XVIIe et XVIIIe siècles dont certains remarquables. La Faculté possède la plupart des traités français et quelques ouvrages étrangers du XIXe siècle, dont le célèbre traité de Bourgery, Cl. Bernard et Jacob (1867) : huit tomes et plusieurs centaines de lithographies, admirables de précision et de finesse.

Physiologie

A l'ouverture de la Faculté, la chaire de physiologie est confiée à Ernest Baltus, de Montpellier. Il n'avait pour titre qu'une thèse solide, inspirée par Antoine Béchamp et intitulée *Le microzyma. Etude théorique et pratique de la pyogénèse (1874).* Mais la polyvalence était de règle en ce temps-là et le Pr Baltus allait assumer ses fonctions avec compétence et persévérance sans discontinuer jusqu'à sa retraite en novembre 1925, soit près de 50 ans !

L'enseignement comportait une partie théorique certes, mais aussi, à partir de 1896, des travaux pratiques ou plutôt des démonstrations sur le chien, le lapin ou d'autres animaux. Le laboratoire de physiologie était donc responsable de l'entretien d'une animalerie, plus précisément d'un chenil et de cages à lapins et à cobayes, situées dans le jardin entourant la Faculté. Ce fut d'ailleurs l'occasion de fréquentes plaintes de voisins pour les nuisances sonores ou odorantes engendrées par cette présence animale !

Salle des travaux pratiques de physiologie

Un chef de travaux pratiques est donc nommé cette année-là : c'est le Dr Albert Didier, chef de clinique médicale (et premier gendre) du Pr Desplats. Hélas, il devait mourir prématurément deux ans plus tard. Le poste reste vacant jusqu'en 1901, où le Dr M. D'Halluin reçoit la charge des travaux pratiques : il sera nommé chef de travaux en 1904. Il mène par ailleurs des recherches remarquables, notamment sur la « ressuscitation » par massage cardiaque, travaux encore cités aujourd'hui. Lors de la reprise des enseignements en 1917, Baltus fait appel aux médecins spécialistes pour l'aider selon leur compétence (audition, vision, système nerveux, reproduction…).

Au lendemain de la guerre 1914-18, est recruté un assistant avec promesse de succession, en la personne du Dr Gustave Battez, agrégé de physiologie des facultés de médecine en 1913, qui avait enseigné à l'Ecole d'Alger. G. Battez, nommé rapidement professeur titulaire à titre personnel, prend en charge les travaux pratiques et les enseignements de 2e année, mais, rappelé par le ministre en 1923 pour retourner à Alger, il doit quitter son poste et ses fonctions.

Baltus se retrouve donc seul. Un recrutement extérieur s'impose. Un appel public est lancé et reçu par le Dr André Le Grand, médecin des hôpitaux psychiatriques de la Seine, ancien chef de travaux pratiques de physiologie à la faculté de Paris et admissible à l'agrégation de physiologie. Nommé d'emblée professeur suppléant en 1926, il reprend l'enseignement théorique et pratique de physiologie et l'assure avec compétence et brio.

En 1943, un concours d'agrégation lui apporte l'aide indispensable du Dr Pierre Lamelin, neuropsychiatre comme lui. Le Pr Le Grand, qui était par ailleurs médecin-chef de l'Asile d'aliénés Saint Jean de Dieu à Lommelet, trouvait le temps et les moyens de poursuivre ses recherches d'abord sur les fonctions du bulbe rachidien, puis sur les effets de l'électrochoc sur la mémoire ; c'était le temps où cette technique faisait florès dans certaines psychopathies.

Sa disparition brutale en avril 1951 est dramatique. Il faut parer au plus pressé pour assurer l'enseignement de la physiologie. P. Lamelin recrute alors quelques jeunes médecins, assistants ou chefs de clinique, pour l'aider dans cette tâche.

C'est l'un d'eux, Jacques Liefooghe, qui, sollicité expressément par son maître Léon Langeron, accepte de se former en physiologie et d'envisager d'en prendre la responsabilité entière. Son agrégation en 1957 lui met définitivement le pied à l'étrier. Il se consacre dès lors à temps plein à réorganiser l'enseignement théorique et pratique de la discipline.

Il assure peu à peu la totalité de l'enseignement de la physiologie, organise des travaux pratiques sur l'animal et sur l'homme, crée une animalerie à température constante pour rats et souris, ce qui lui permet de lancer des activités de biologie clinique (dosages hormonaux biologiques) qui vont évoluer au fil des ans vers l'immuno-analyse. Le laboratoire de physiologie participe ainsi à la mise au point de nouvelles techniques, à la demande de grands laboratoires (Organon, Boehringer-Mannheim, Abbott). Il s'ensuivra une importante activité de recherche. Il sera aidé pour les travaux pratiques par des moniteurs recrutés sans peine parmi les étudiants avancés, et pour les activités techniques de laboratoire par des préparatrices efficaces, Antoinette Wibaux, plus tard épouse Debienne, et surtout Danièle Ponchaux, ingénieur biochimiste, qui fera fonction à la fois de laborantine, secrétaire et monitrice de travaux pratiques et ce, pendant plus de vingt ans.

La présence permanente de J. Liefooghe en Faculté lui vaut d'être sollicité pour enseigner la biologie animale en pharmacie, la physiologie animale en faculté des sciences et la biologie pour les psychologues en faculté des lettres et sciences humaines, sans parler d'autres cours à l'Ecole d'infirmières et à l'Institut technique de Loos. Elle lui vaut aussi d'être pendant de longues années le conseiller et parfois le confident de nombreux étudiants et de s'initier aux charges administratives des doyens successifs.

Aussi lorsqu'en 1962 Pierre Lamelin, professeur suppléant, surchargé par une clientèle abondante et un lourd service d'explorations fonctionnelles (métabolisme basal, ECG, électroencéphalographie...) à l'hôpital Saint-Philibert, sollicite sa titularisation dans la chaire de physiologie, le doyen Delattre et une majorité au Conseil de faculté préfèrent la réserver pour J. Liefooghe. L'on trouvera une issue honorable à ce conflit de personnes en nommant P. Lamelin professeur de physiologie appliquée et de pharmacologie, discipline qu'il enseignait également. Le Dr Liefooghe sera nommé suppléant en 1962 et titularisé en 1965. Il prendra sa retraite en 1991.

Entre-temps les chaires ont été supprimées, mais la nécessité de coordonner les enseignements perdure. Un concours d'agrégation intronise en 1989 Philippe Gallois, neurologue de formation, dans la place qu'il occupe encore aujourd'hui. L'enseignement de la physiologie est désormais assuré par une dizaine de spécialistes des différentes disciplines médicales. Les activités pratiques, maintenues en 1re et 2e années et centrées sur les explorations fonctionnelles, sont supervisées par le docteur Christian Ponchaux, chef de travaux depuis 1991 et Mme D. Ponchaux, aujourd'hui responsable des laboratoires de la Faculté.

Histologie

Couplé à l'origine avec l'anatomie pathologique, l'enseignement de l'histologie, théorique et pratique – examen de coupes microscopiques – est assuré par Gonzague Augier, qui n'y est guère plus prédisposé que son collègue Baltus à la physiologie.

Dès 1886, il souhaite la séparation de ces deux disciplines. Par chance, un des tout premiers élèves de la Faculté, Pierre Joseph Toison, s'y intéresse et, après sa thèse, prend en charge les activités pratiques comme chef de travaux, puis une partie croissante de l'enseignement magistral. Nommé suppléant en 1886, il obtient sa titularisation en 1900 dans la chaire d'histologie, nouvellement créée. Toison avait son cabinet médical à Douai et cette distance fut sans doute un obstacle au développement des activités du laboratoire. Mais il assure l'essentiel de ses fonctions jusqu'en 1932.

Pour l'aider, un chef de travaux lui est accordé en 1920 : c'est un Père Jésuite, Pierre Cappe de Baillon, docteur ès sciences naturelles, nommé en 1921 professeur adjoint. Il n'avait évidemment pas d'activité médicale, mais le dénuement du laboratoire et la pauvreté de l'institution étaient tels que l'activité de recherche resta modeste.

Salle de travaux pratiques d'histologie et d'embryologie

Au départ du Père Cappe de Baillon en 1932, la vacance est comblée, à contre cœur, par un jeune médecin, Vincent Cordonnier, très attiré par une carrière dans la Faculté, mais dans une discipline clinique. Il s'astreint donc à assurer l'enseignement de l'histologie et même à passer un concours d'agrégation dans la discipline en 1943. Il reçoit l'aide de quelques jeunes médecins, Georges Brassart pour les travaux pratiques, Paul Giard, Antoinette Clerc. Cette dernière acceptera même, et jusqu'à sa retraite, la lourde charge de l'organisation et de la direction des travaux pratiques après le départ de l'abbé Brassart.

Lorsqu'en 1954 Vincent Cordonnier obtient enfin sa titularisation dans la chaire de dermatologie-syphiligraphie qu'il convoitait, l'histologie se trouve de nouveau orpheline. Les doyens successifs feront appel à des enseignants extérieurs, pour la plupart parisiens, qui fourniront un enseignement de qualité certes, mais ne pourront prendre en charge les travaux pratiques. Ceux-ci sont dirigés par le Dr Antoinette Clerc, promue entre-temps professeur adjoint, et sa préparatrice Yvonne Bouxom. Ainsi se succéderont au laboratoire les Drs Jacques Mignot, Bernard Droz, Jacques Dalion, Alain Rambourg, Léon Olivier, Jean-Claude Nouet, Jean Grémain, Marc Ducamp et Madame Toussaint, de Louvain.

Finalement, en 1988, est constitué un département d'histologie et d'anatomie pathologique qui reprend la responsabilité des deux enseignements, sous la direction du Pr Colette Creusy et, après elle, de Pierre Gosset, son agrégé.

Quant à l'embryologie, régulièrement associée à l'histologie, elle est enseignée tantôt par le professeur d'histologie lui-même, tantôt par son chef de travaux (Perrin 1911-12), puis par le Pr A. Delattre (1953) anatomopathologiste, le Dr Raphaël Fenart, et à l'heure actuelle par Richard Baillet, docteur en chirurgie dentaire.

Anatomie pathologique

Le premier titulaire de la discipline est donc le Pr Gonzague Augier. Si l'enseignement de l'anatomie pathologique n'était pas aussi lourd que de nos jours – mais il était couplé à celui de l'histologie – le professeur était tenu d'effectuer les autopsies des malades décédés à l'hôpital Sainte-Eugénie, avec un double objectif : rendre compte de ses observations aux professeurs de clinique et prélever des pièces significatives pour le musée de la Faculté. Celle-ci possède encore nombre de ces pièces, humides ou sèches, recueillies dans ces conditions. En 1890, lui est adjoint un chef de travaux pratiques, le Dr Georges Lemière, auquel succède en 1905 le Dr Louis Danel, qui sera nommé maître de conférences en 1912.

Le Pr Augier reçoit par ailleurs en 1890 la charge de médecin de l'hôpital des enfants malades, ouvert cette année-là.

A la mort d'Augier (1917), l'enseignement est repris par le Dr Danel, nommé professeur suppléant en 1923 et adjoint deux ans plus tard. Mais il est beaucoup plus tenté par sa spécialité clinique, la dermatologie, discipline dans laquelle il est titularisé en 1929. L'anatomie pathologique revient alors au Dr Antoine Delattre. Ancien chef des travaux d'anatomie, docteur ès sciences, il y est titularisé en 1930 et en gardera la responsabilité jusqu'à sa retraite en 1965. Il a un chef de travaux, le Dr Jacques Denis du Péage, pédiatre, et d'excellents préparateurs à temps plein, dont Marcel Valour et Denise Saint-Wril. Il développe en effet le laboratoire d'analyses anatomo-pathologiques, au service des hôpitaux de la Faculté et d'une clientèle personnelle. Il y poursuit aussi des travaux de recherche en anthropologie, spécialement en craniologie. Dans les années 1950, il y formera un élève, le Dr Raphaël Fenart, qui fera bientôt carrière au CNRS.

Son laboratoire accueille aussi le laboratoire de cytologie gynécologique du Pr Marcel Gaudefroy, pionnier en matière de dépistage du cancer du col utérin par les frottis vaginaux.

A l'approche de sa retraite, un concours d'agrégation est organisé. Le candidat, le Dr Jean Saout, est un ancien médecin officier de marine, parfaitement qualifié en anatomie pathologique. En place en octobre 1965, il donne au laboratoire une extension considérable, au profit des hôpitaux de la Faculté certes, mais aussi d'une clientèle extérieure de plus en plus abondante. Il faut lui fournir des locaux et du personnel supplémentaires et recruter des assistants. Une dizaine vont se succéder pendant les vingt ans qui suivent. Deux d'entre eux poursuivront une carrière universitaire. La première sera le Dr Colette Creusy, agrégée en 1980 et qui remplace le Pr Saout en 1987. C'est sous sa direction que le laboratoire quitte les locaux de la Faculté pour s'installer dans le nouvel hôpital Saint-Vincent. En 2003, le Dr Pierre Gosset devient à son tour agrégé, avec espoir de succession. Sans doute, l'abandon de la clientèle extérieure a-t-il allégé la charge des analyses, mais la reprise par le service des enseignements théorique et pratique d'histologie a largement compensé cette réduction ; il a permis aussi de participer à la création et au fonctionnement du laboratoire *Environnement et santé*, commun aux facultés de sciences et de médecine.

En outre, Mme le Pr Creusy a pris en charge et largement développé les relations internationales au sein de la Faculté et notamment les échanges d'étudiants dans le cadre des programmes *Erasmus* et assimilés.

Hygiène et bactériologie

Discipline hippocratique, l'hygiène a de tout temps été enseignée dans les écoles et facultés de médecine, mais plutôt en fin de parcours, alors que les étudiants se préoccupent davantage de leur formation clinique que de ces matières, jugées volontiers accessoires ! Dès 1877, la Faculté libre a sa chaire d'hygiène, attribuée au Dr Louis Wintrebert, un lillois fort engagé dans des activités qu'on appellerait aujourd'hui de santé publique. Il meurt prématurément en 1885 ; l'enseignement est alors assuré par le Dr Hubert Lavrand, chargé de cours, nommé professeur suppléant en 1887.

L'essor de la bactériologie, consécutif aux découvertes majeures de Pasteur et de ses contemporains, a amené les facultés à créer des enseignements correspondants, sous l'égide logique de la chaire d'hygiène. A la Faculté libre, un enseignement théorique et pratique de bactériologie est assuré dès 1890 par Georges Lemière, ancien étudiant de la Faculté et chef du laboratoire de clinique d'une part, chef des travaux pratiques d'histologie, d'anatomie pathologique et de bactériologie d'autre part. En 1895, il est nommé professeur suppléant de la chaire d'hygiène et bactériologie à la place d' H. Lavrand. Il y travaille à temps plein, renonçant à la clientèle, et il assure en même temps des charges syndicales et le secrétariat du journal de la Faculté. Titularisé à titre personnel en 1904, il sera aidé par le Dr Adolphe Bernard pour les travaux pratiques de bactériologie à partir de 1919. Il est admis à la retraite en 1927.

En 1928, le Dr Robert Archer est recruté dans les cadres de l'armée (il était médecin-chef du centre de bactériologie du 7e Corps d'armée) et nommé professeur suppléant de bactériologie. Il sera titulaire de la chaire en 1932. Mobilisé lors la guerre de 1939, il est fait prisonnier, mais libéré en 1941, il décide de ne pas reprendre son poste à la Faculté. Dès 1940, l'enseignement théorique et pratique de la bactériologie est confié au Dr Jules Defaux, chargé du laboratoire de l'hôpital de la Charité et nommé maître de conférences en juillet 1942. En 1947, le Dr Eugène Henninot, biologiste, sera nommé chef des travaux.

L'année suivante, une agrégation permet de nommer le Dr Pierre Brygoo, de l'Institut Pasteur de Paris, responsable de l'enseignement de la discipline. Excellent enseignant, mais résidant à Paris où il garde des activités importantes (il est responsable de la rédaction du Bulletin de l'Institut Pasteur et de l'Association des anciens élèves de cet Institut), il réclamera sans cesse la direction du laboratoire central d'analyses médicales pour les hôpitaux de la Faculté, laboratoire créé par Archer, puis développé par E. Henninot. Cette revendication sera source de tensions permanentes au sein de la Faculté et au niveau rectoral… Finalement, P. Brygoo, promu suppléant en 1957 et titularisé en 1959, se contentera de délivrer son enseignement théorique un jour par semaine, les travaux pratiques étant assurés par son chef de travaux, le Dr Henninot, bientôt aidé par le Dr Marc Duhamel.

En 1953, le doyen Courty rétablit la chaire d'hygiène au profit d'un ancien professeur du Val de Grâce, le Dr Bernard Le Bourdellès ; celui-ci viendra fidèlement à la Faculté chaque semaine jusqu'en 1960, mais n'aura guère plus d'auditeurs que ses prédécesseurs !

Après les réformes de 1968, l'hygiène est incluse dans le vaste ensemble dénommé Santé publique et ne fait plus l'objet d'un enseignement individualisé.

La bactériologie, à laquelle ont été adjointes la virologie et l'immunologie (BVI) prend par contre un développement considérable. Après la démission du Pr Brygoo en 1968, qui a accepté des fonctions très prenantes dans des firmes pharmaceutiques, l'enseignement continue à être assuré par les docteurs Henninot et Duhamel, jusqu'à l'agrégation de ce dernier en 1975, et plus tard celle du Dr Anne Decoster-Gravelines (1993), aujourd'hui responsable de la BVI. L'un et l'autre eurent l'aide précieuse de Jean-Claude Lemahieu, docteur en pharmacie, et d'une autre pharmacienne, nommée chef des travaux, Mme Anne-Marie Noël-Denis.

Parasitologie

Introduit dans le programme des études médicales par le décret du 30 juillet 1899, l'enseignement de la parasitologie médicale ne représentait pas un volume suffisant pour justifier la fondation d'une chaire. La charge est alors confiée au Dr Robert Bosquier, nommé à cet effet maître de conférences. Médecin formé aux techniques de laboratoire et orienté vers la pathologie digestive, il s'en acquitte avec une conscience exemplaire chaque semestre d'été au profit des étudiants en médecine et en pharmacie. Il est nommé professeur suppléant en 1906 et assure ses fonctions jusqu'en 1922.

Son décès prématuré laisse le poste vacant. Le recteur Mgr Lesne recrute alors un Père jésuite, le Dr Joseph Loiselet, ancien médecin colonial ; il vient de la Faculté de médecine Saint-Joseph de Beyrouth, qu'il doit quitter pour raisons de santé. Nommé aussitôt professeur suppléant, il commence son enseignement théorique et pratique durant l'été 1923. Titularisé dès l'année suivante, il réside à Paris dans sa communauté et y possède même un petit laboratoire personnel ; il a aussi ses entrées au laboratoire du Pr É. Brumpt à la faculté de Paris ; il en profite pour améliorer l'équipement du laboratoire de la Faculté libre. Celle-ci possède encore aujourd'hui les planches murales et quelques pièces macroscopiques et coupes microscopiques qu'il a pu acquérir grâce à ces relations.

Appuyé par le doyen Thilliez, il est le moteur et la cheville ouvrière des cours d'initiation médicale pour missionnaires, ouverts en 1926 et qui lui survivront longtemps. Il est aussi responsable de l'édition du *Bréviaire médical à l'usage des missionnaires et de leurs collaborateurs*, qui rendit d'énormes services à ses usagers. Ses problèmes de santé l'amènent à abandonner sa charge en 1935. Sa succession est alors assurée par le Dr Manuel Ansel, jusqu'à la guerre de 1939-1945.

Après la guerre, c'est un pharmacien, M. Henri Claeys qui, avec le titre de maître de conférences, ajoute à son enseignement de zoologie aux étudiants en pharmacie, celui de la parasitologie aux futurs médecins et ce jusqu'en 1957, où le Dr René Becquet, après plusieurs séjours en Afrique française, lui succède et donne un nouvel élan à cette discipline. Il crée en même temps une consultation de médecine tropicale et relance les sessions d'initiation médicale pour missionnaires et coopérants. C'est une agrégation de parasitologie que passera R. Becquet en 1961. Nommé professeur suppléant en 1966, il sera titularisé en 1970, au moment où les chaires sont supprimées. Deux personnes lui apportent une aide précieuse dans ses activités, Mme Janine Vittu, pharmacienne et chef de travaux de parasitologie depuis 1969 et Mme Ledoux, secrétaire, préparatrice et technicienne fidèle et dévouée.

Après lui, en 1979, l'enseignement est repris par le Dr Edouard Guévart. Lui aussi a effectué un séjour prolongé en Afrique, avant de se spécialiser en anesthésie et réanimation. En 1991, il est d'ailleurs agrégé dans cette discipline et chef du service correspondant au nouvel hôpital Saint-Vincent. Mais, rappelé par l'Organisation Mondiale de la Santé en février 2002, il quitte sa charge d'enseignement, qui est alors confiée au Dr Eric Dehecq, biologiste, lequel les assure encore aujourd'hui.

Pharmacologie

La réforme des études médicales de novembre 1911 introduit dans le programme de quatrième année des éléments de pharmacologie, définie comme *l'action physiologique des substances toxiques et des médicaments*. En 1912, il est précisé que cet enseignement est sanctionné par deux examens, pratique et oral, distincts de ceux de matière médicale. On ne sait ce qu'il en fut en réalité, mais le mot *pharmacologie* n'apparaît dans les programmes des cours de la Faculté qu'en 1925, associé à la matière médicale, toujours enseignée par le Pr Guermonprez. Bien qu'une nouvelle réforme en 1925-26 reporte cet enseignement en 5e année en supprimant la matière médicale, le programme annoncé pour 1926-27 maintient à la Faculté libre le libellé antérieur, auquel son titulaire était sans doute trop attaché pour l'abandonner !

Mais ce dernier part en retraite en novembre 1927. L'enseignement est sans doute assuré pendant quelques années par tel ou tel enseignant compétent : impossible cependant d'en trouver la trace dans les archives de la Faculté.

Et ce jusqu'en 1934-35 : il est alors confié à M. Henri Claeys, pharmacien, maître de conférences dans la section de pharmacie, où il assure les cours de zoologie et de parasitologie. Il le garde jusqu'en 1941. Il revient alors à un médecin, le Dr Pierre Lamelin, qui se prépare à une carrière en physiologie. La discipline est alors intitulée pharmacodynamie et est au programme du 2e semestre de la 5e année.

En 1952, cet enseignement est transféré au Dr Victor Nolf, agrégé de médecine en 1954. A partir de 1957-58, il est reporté en 4e année et étalé sur toute l'année. Le développement exponentiel des connaissances physiologiques et de la chimie pharmaceutique a conduit en effet à lui donner une place beaucoup plus importante dans les programmes.

Au décès brutal du Pr Nolf en 1963, la charge est reprise quelque temps par le Pr Lamelin, coordonnant un enseignement donné par divers médecins. Il faudra attendre 1983 pour qu'apparaisse un responsable unique, en la personne du Dr Michel Mahieu, pour lequel est ouverte une agrégation. Il organise depuis lors cet enseignement et en assure lui-même une bonne part.

Matière médicale et thérapeutique

Il s'agit là de deux disciplines effectivement complémentaires : la première, plutôt pharmaceutique, étudie les matières premières des médicaments, minéraux, végétaux, animaux, la seconde, plus médicale, dépasse l'utilisation des seuls médicaments pour s'élargir à l'hygiène, à la diététique, aux moyens physiques, voire aux cures thermales. L'on conçoit aisément que ces deux disciplines puissent relever d'une seule et même chaire.

Le premier titulaire en est le Pr Jean Julien Jeannel, pharmacien militaire de renom, mais déjà âgé de 63 ans à son entrée à l'Université catholique. Il est rapidement secondé par le Pr François Guermonprez, qui prend sa succession lors de sa retraite en 1885 et est titularisé l'année suivante. D'aucuns auraient souhaité la scission de la chaire en ses deux composantes, pharmaceutique et médicale : l'autorité académique la refuse. La séparation n'aura lieu qu'en 1905. Le Pr Guermonprez continue à prodiguer son enseignement aux étudiants en médecine, tandis qu'un jeune pharmacien, M. Désiré Raquet, prend en charge les élèves de la section de pharmacie. Les deux auditoires seront désormais séparés (Cf. chapitre sur la section de pharmacie).

A partir de 1911, le Dr Alphonse David donne quelques « conférences » complémentaires de thérapeutique en médecine, pour lesquelles il reçoit le titre de maître de conférences l'année suivante.

Au lendemain de la guerre, en 1919, le Pr Guermonprez ne garde que le cours de matière médicale, étoffé à partir de 1922-23, par la pharmacologie, tandis que le Dr David enseigne la thérapeutique proprement dite. Nommé suppléant en 1920 pour la pathologie générale et la thérapeutique, il sera titularisé en 1923 dans la chaire de même appellation.

Quand Guermonprez prend enfin sa retraite en 1927, le Pr David assure la totalité de l'enseignement, aidé par le Pr Louis Danel pour l'hydrologie, venue s'ajouter au programme.

Le Pr David meurt prématurément en 1940 ; sa charge est alors confiée à un jeune médecin, le Dr André Danès, ancien chef de clinique médicale, qui fera sa carrière universitaire dans cette discipline. Agrégé de médecine en 1943, spécialisé en pathologie digestive, il sera titularisé en 1954 dans la chaire de thérapeutique clinique et d'hydrologie. Et ce jusqu'en 1970, la thérapeutique étant alors incluse dans les différents « certificats » de pathologie, au grand dam de quelques-uns…

On notera que la Faculté libre n'a jamais eu de chaire d'hydrologie proprement dite, le professeur de thérapeutique se chargeant d'en enseigner les bases et les pratiques. Mais un enseignement pratique original a été organisé à la Faculté libre, comme dans les facultés d'Etat d'ailleurs, sous forme des « voyages d'études médicales », auxquels étaient invités à participer les étudiants en fin de cursus.

C'est en 1899 que le Dr L. Landouzy, alors professeur de thérapeutique et d'hydrologie à la faculté de médecine de Paris, lance avec un certain G. Carron de la Carrière l'idée des **Voyages d'études médicales**, sous l'égide du Ministère de la Santé et des organismes officiels de thermoclimatisme. Interrompus pendant la Grande guerre, ils reprennent ensuite sous la direction du Dr P. Carnot.

Leur but est de faire connaître aux médecins et aux étudiants en médecine en fin d'études les établissements thermaux d'une région de France, avec visite des installations, conférences sur les indications et techniques des cures thermales, données par des maîtres comme Landouzy, Gaucher, Huchard ou des praticiens de ces villes d'eaux. Les attraits touristiques de la région ne sont pas oubliés et la convivialité est de mise pendant la dizaine de jours que dure le voyage. Le prix en est raisonnable, sinon attractif : 200 F en 1899, soit environ 650 de nos euros, avec réduction de 50 % sur le prix du voyage en chemin de fer jusqu'au lieu de rassemblement.

Après Paris et à une échelle plus modeste, l'idée de tels voyages est reprise par différentes facultés françaises. Quelques professeurs de la Faculté libre y ont participé, le plus fidèle et le plus enthousiaste étant le Pr Alphonse David, qui enseigna la thérapeutique de 1911 à 1940. Il en fera à plusieurs reprises une relation élogieuse dans le *Journal des Sciences Médicales de Lille*.

En 1932, les Prs M. Favreau et L. Langeron, qui viennent de créer le *Journal de Médecine de Lille* décident d'en organiser pour les étudiants de la Faculté libre. Le Pr Favreau en est le directeur-organisateur, le Pr Langeron prend le titre de directeur scientifique. Le premier voyage se déroule dans les stations des Vosges à la Pentecôte de cette année-là ; il réunit une quinzaine d'étudiants autour des professeurs précités. L'année suivante, c'est une trentaine de participants qui visite les stations d'Auvergne. En mai 1934, le voyage en Savoie commence par la visite des usines du Lait Mont Blanc à Rumilly et se termine par les stations prestigieuses d'Aix les Bains et d'Evian. Cette fois, 80 personnes y participent ; il faut dire que le Pr Favreau a invité des élèves sages-femmes et infirmières, et même – quelle audace ! – des fiancées d'étudiants. En 1935, ce sont les stations des Pyrénées qui accueillent ces visiteurs.

Chaque année, une relation détaillée du voyage est présentée dans le *Journal de médecine de Lille* ; introduite par le Pr Langeron le plus souvent, elle donne le texte des conférences des médecins de cure sur leurs activités et les particularités de chaque station[13]. Sont soulignés chaque fois l'excellence de

13.– Dans le *Journal de Médecine de Lille* :

- 1932, Le premier V.E.M. de la Faculté libre de Lille aux stations thermales des Vosges, n° 11, juin A, pp. 393-436 ; n° 12, juin B, pp. 437-468 ; n° 13, juillet B, pp. 517-526.

l'accueil, le raffinement des réceptions et des repas, mais aussi le comportement très correct des étudiants, ce qui, paraît-il, n'est pas toujours le cas…

Les démarches persuasives du Pr Favreau permettent de réduire le coût du voyage pour les étudiants : ainsi sont mis à contribution la Faculté sur les fonds des Journées médicales, de nombreux laboratoires pharmaceutiques et, bien sûr, les villes d'eaux elles-mêmes, qui se prêtent bien volontiers, on le comprend, à cet exercice.

Hélas, en 1936, un conflit d'intérêts à propos du *Journal de Médecine de Lille* crée la rupture entre les deux promoteurs de ces voyages. Le Pr Favreau abandonne la direction du Journal, qui désormais n'en parle plus. Il semble qu'ils se soient poursuivis jusqu'en 1939, puisque les archives de la Faculté possèdent une photographie prise à Luchon en juillet de cette année-là ; y figurent 29 étudiants autour d'un médecin de la station… mais le Pr Favreau n'y est point !

Médecine opératoire

Aujourd'hui disparue, cette discipline était importante à la fin du XIXe siècle, lorsque le médecin, réellement polyvalent, devait pouvoir répondre lui-même à toute urgence, éventuellement chirurgicale. Le futur médecin apprenait donc à ligaturer les principales artères, à amputer ou désarticuler une phalange, voire un membre, et même à enlever un segment de côte… toutes interventions auxquelles il devait s'exercer sur le cadavre.

Cette chaire sera souvent une salle d'attente, voire un tremplin pour l'accès à la chaire de clinique chirurgicale. Alfred Jousset en est le premier titulaire en 1877. Quand il démissionne en 1880, le chirurgien Dominique Domec sollicite son transfert de l'anatomie à la médecine opératoire ; mais Domec meurt en 1884. Le professeur suppléant Victor Faucon prend sa succession. Titularisé en 1885, il occupe la chaire jusqu'à sa retraite en 1923.

Elle revient alors au Pr Carlos Lepoutre, qui en modifie l'intitulé en « médecine opératoire et technique chirurgicale ». De 1937 à 1947, elle est occupée par le Pr Louis Courty ; lui succède le Pr Joseph Camelot qui y est titularisé en 1959. Lorsque ce dernier passe à la clinique chirurgicale de l'hôpital de la Charité en 1963, c'est son assistant le Dr Henri Batteur qui assure l'enseignement de la technique chirurgicale jusqu'à sa disparition, lors de la grande réforme de 1970.

Médecine légale – Santé publique

Comme l'hygiène, la médecine légale est enseignée logiquement en fin d'études, mais s'apprend bien dans les livres… La Faculté libre s'est souvent

---

- 1933, Un V.E.M. aux stations d'Auvergne, 2-6 juin 1933 ; n°12, juin B, pp. 339-375 ; n° 13, juillet A, pp. 379-410 ; n° 14, août, pp. 453-490.
- 1934, Le 3e V.E.M. du *Journal de Médecine de Lille*, 18-22 mai 1934 ; n° 12, juin B, pp. 304-329 ; n° 13, juillet A, pp. 334-362.
- 1935, V.E.M. dans les Pyrénées, *id*, n° 13, juillet A, pp. 335-363, juillet B, pp. 373-381.

passée d'un titulaire de chaire en médecine légale. Il n'était pas question pour un établissement privé d'avoir un Institut à la disposition de l'autorité judiciaire, ce dont bénéficient les facultés de l'Etat.

C'est à la rentrée de 1907 que l'on trouve pour la première fois un enseignant stable dans la discipline. C'est le Dr Adrien Besson, chirurgien de son état, qui la prend en charge, avec le titre de maître de conférences, puis de professeur suppléant en 1912. Titularisé en 1923, il occupe la chaire jusqu'à sa mort prématurée en février 1944.

La chaire est restée vacante depuis lors. Mais les enseignements ont toujours été assurés, couplés le plus souvent avec d'autres disciplines, telles que déontologie, médecine du travail, médecine sociale. Ainsi de 1946 à 1967, c'est un médecin du travail, le Dr Caffiaux qui, avec le titre de chargé de cours, prend en charge cet enseignement, plutôt délaissé par les étudiants d'ailleurs.

Dans les années 1950, le doyen Delattre, considérant qu'une faculté catholique se devait d'être ouverte à la dimension sociale de la médecine, conçoit et met en chantier le projet d'une chaire de médecine sociale, dont il aurait confié la responsabilité au Dr Albert Grimbelle, très impliqué dans ces domaines : il était, entre autres, vice-président de la Caisse d'allocations familiales de Lille. Mais le projet n'aboutit pas, faute sans doute d'auditoire potentiel…

En 1970, ces différentes disciplines seront englobées dans le grand certificat dit de Santé publique. Une agrégation est organisée en 1983, au profit du Dr Paul Pélerin, médecin conseil de la Mutualité sociale agricole et à ce titre très engagé dans des actions de Santé publique. Il sera aidé, précisément pour la médecine légale, par une jeune diplômée, le Dr Maguy Trumeau Wiart, remplacée en 1998 par le Dr J.-P. Vanraes.

Enseignements de pathologie

Pathologie générale

En 1876, la pathologie générale tient une place importante dans les études médicales, même si elle ne fait l'objet d'aucun examen particulier. En témoignent les nombreux traités et précis qui lui sont consacrés. Mais son contenu est fort variable d'une faculté à l'autre, avec deux orientations très différentes. L'une est centrée sur la philosophie de la médecine, les grandes théories et les systèmes médicaux : vitalisme et mécanisme, humorisme et solidisme… L'autre propose plutôt une vue panoramique de la science médicale, tel l'ouvrage en six volumes dirigé par Bouchaud et édité entre 1885 et 1903. Il traite des causes et mécanismes des maladies, de leur classement (nosologie), de la séméiologie, de l'anatomie pathologique, du diagnostic, de l'hygiène et de la thérapeutique générale ; bref, un véritable traité de médecine.

A la Faculté libre, une chaire de pathologie générale est créée en novembre 1884 pour une recrue de choix, le chirurgien Henry Duret, en attente de la chaire de clinique chirurgicale à laquelle il est destiné et qu'il occupera deux mois plus tard. Son enseignement se situait en dernière année d'études.

Après lui, il est ramené en première année sous le titre de *pathologie générale élémentaire et séméiologie* ou parfois d'*introduction à la médecine* et il est prodigué par des assistants de médecine ou de chirurgie (Drs Derville et Voituriez), puis par des professeurs : H. Lavrand de 1899 à 1907, Robert Bosquier de 1907 à 1913, Alphonse David, avec la thérapeutique jusqu'en 1938, date à laquelle la chaire est en quelque sorte « recréée » pour le Pr Adolphe Bernard. Depuis la réforme de 1924-25, cet enseignement est programmé en quatrième année et sanctionné par un examen. Chaque faculté fixant son propre programme, la nôtre est contrainte de s'aligner sur l'enseignement des facultés de l'Etat où les élèves passent leur examen.

Le Pr A. Bernard prend sa retraite vingt ans plus tard ; l'enseignement est alors repris par le Dr Paul Giard, professeur suppléant, jusqu'en 1963, date à laquelle il disparaît des programmes.

Pathologie médicale

Concurremment avec les enseignements cliniques, mais de manière plus systématique, les enseignements de pathologie médicale (ou interne) et chirurgicale (ou externe) sont essentiels à la formation des futurs médecins. Il s'agit donc de chaires majeures.

Le premier titulaire de la chaire de pathologie interne est le Pr Jean-Baptiste Bouchaud, médecin de l'asile de Lommelet, en 1877-78. Il la gardera jusqu'à sa retraite en 1907.

Elle revient ensuite au Pr Hubert Lavrand, jusqu'en 1927, puis au Pr J.-B. Rieux, démissionnaire en 1932, et auquel succède le Dr Jules Dereux, alors maître de conférences. Agrégé de médecine en 1934 et chef du service de médecine et de neuro-psychiatrie à l'hôpital Saint-Philibert qui vient de s'ouvrir, il est titularisé en novembre 1943 dans une chaire double de pathologie médicale et de clinique neuro-psychiatrique.

La suppression des chaires en 1968 amène à l'éclatement des enseignements dans les différents « certificats » de pathologie. A vrai dire, quelques chapitres de la discipline avaient déjà été distraits de la pathologie interne : en pneumo-phtisiologie, en gastroentérologie... et même en hépatologie (maladies du foie), une chaire spéciale ayant été créée pour le Dr Gaston Parturier, médecin thermal à Vichy, chaire qui disparaît lors de sa retraite en 1950.

Pathologie chirurgicale

Le Pr Jean-Marie Redier est le premier titulaire de cette chaire dès 1877 ou plus exactement, il y prend la succession de Bouchaud, qui n'a pas eu l'occasion d'enseigner cette discipline, faute d'étudiants en troisième année d'études. Médecin stomatologiste, Redier animera pendant toute sa carrière un dispensaire, très fréquenté, des maladies de la bouche et des dents.

A sa retraite, en 1912, le Dr Emile Camelot lui succède ; assistant de chirurgie à l'hôpital de la Charité, il est déjà professeur titulaire à titre personnel. En 1924, il permute sa chaire avec celle du Pr Agile Delassus, qui souhaite un poste moins lourd que la clinique chirurgicale de l'hôpital de la Charité.

A.Delassus retraité, l'enseignement de la pathologie externe est confié en 1927 au Pr Léon Reverchon, ancien médecin militaire spécialisé en ORL : c'est la condition que met l'autorité pour l'installer dans la chaire d'oto-rhino-laryngologie, créée pour lui. Il meurt trop tôt en 1936 ; l'enseignement est alors repris par les Prs Lepoutre jusqu'en 1941, puis Emile Camelot. A partir de 1943, il est confié au Pr Gérard Desbonnets, agrégé depuis 1934 et bientôt titularisé dans cette chaire (1945). À son décès, en février 1968, il revient au Pr P. Langeron.

En 1970, la pathologie chirurgicale subit le même sort que la pathologie médicale, c'est-à-dire qu'elle est dispersée dans les différents « certificats » spécialisés : pathologie digestive, traumatologie-orthopédie, gynécologie ; depuis quelques années déjà, certains chapitres avaient été confiés à de jeunes chirurgiens spécialisés. Quant à l'urologie, elle avait depuis longtemps acquis son autonomie pédagogique avec le Pr Carlos Lepoutre dès 1927, puis Georges Vincent en 1942.

Médecine expérimentale

Cet enseignement est introduit dans le cursus des études médicales en 1927 en 3e année d'études, mais il ne sera l'objet d'une chaire que bien plus tard.

Chaque faculté ayant la liberté de son contenu, on conçoit l'obligation pour la nôtre de se calquer sur la faculté de tutelle en vue de l'examen terminal. Il est d'abord confié au Dr Jules Dereux avec le titre de maître de conférences. Il le garde après son agrégation en 1934 et ce jusqu'en 1942, où il passe au Dr Pierre Lamelin, maître de conférences, agrégé de physiologie l'année suivante.

En 1952-53, il est assuré par le Pr L. Langeron et son jeune agrégé Paul Giard. Lorsque nos étudiants passèrent leurs examens à Nancy, l'enseignement prit la même dénomination que dans cette faculté, c'est-à-dire *pathologie expérimentale et physiopathologie*. En 1957-58, il est repris par le Pr agrégé Paul Langeron, suppléant en 1961 et titularisé dans la chaire du même nom en 1963.

La discipline disparaît avec la réforme de 1970.

Les chaires de clinique

Clinique médicale

La plus prestigieuse des chaires est attribuée dès la fondation de la Faculté au Pr Henri Desplats avant même que ses lits ne soient disponibles à l'hôpital Sainte Eugénie... Lorsqu'ils le sont, ce sont deux professeurs de clinique médicale qui sont nommés, chargés chacun d'un des deux étages réservés à la médecine. Le Pr Papillon reçoit alors le deuxième service. Quand, en 1881, l'Administration des Hospices décide de n'accepter qu'un seul service de médecine, le Pr Papillon est remercié : l'occasion était belle de se séparer de cet élément plutôt perturbateur. Desplats occupe donc la chaire unique de clinique médicale jusqu'à son décès en décembre 1912. Il lui donnera un lustre enviable et assurera un enseignement clinique de qualité, justement apprécié des étudiants. Aidé de deux internes et, à partir de novembre 1894, d'un assistant, il luttera pendant des années pour obtenir de l'administration des Facultés catholiques la création d'un laboratoire de clinique.

En 1913, la chaire est confiée à son assistant, le Pr Léon Vouters. Malheureusement, la maladie affaiblit beaucoup ses capacités et la renommée de son service, qui souffrira d'un abandon réel de la part des malades et des étudiants. Son assistant d'alors, Adolphe Bernard, consacrait plus de temps à son abondante clientèle qu'au service hospitalier.

A la mort du Pr Vouters (1926), deux candidats sont en concurrence, le Pr Jean Rieux, brillant médecin militaire, ancien du Val de Grâce, et le Dr Francis Bordet, jeune médecin ancien interne des hôpitaux de Paris ; c'est le premier qui est choisi, mais le poids excessif du service et des contraintes familiales à Paris l'obligent à renoncer rapidement à assumer cette charge. Il gardera néanmoins un enseignement en Faculté et une consultation clinique à l'Asile des Cinq Plaies jusqu'en 1932.

Il faut donc de nouveau recruter à l'extérieur ; un lyonnais, le Dr Léon Langeron, médecin des hôpitaux de cette ville et agrégeable, accepte de remettre le service à niveau – et à un excellent niveau – qu'il maintiendra jusqu'à sa retraite. Esprit novateur, scientifique, travailleur, ouvert au développement de la biologie clinique, où il trouve en M. Paget un collaborateur essentiel, il donne à la clinique médicale le renom qu'on pouvait en attendre.

A sa retraite, à la fin de l'année 1962, à 72 ans, le service passe aux mains de son assistant, le Pr Paul Giard, brillant clinicien lui aussi. Après lui, en 1984, c'est le Pr Philippe Choteau qui prend le relais comme chef de service, mais entre-temps, les chaires ont disparu…

A noter aussi que dès 1934, une autre clinique médicale est créée, dans le nouvel hôpital Saint- Philibert qui vient de s'ouvrir. Elle est confiée au Pr Jules Dereux, qui lui donne une orientation franchement neurologique, conforme à sa propre spécialisation.

En avril 1977, est inauguré le nouvel hôpital Saint-Philibert de Lomme ; la médecine éclate alors en différentes services spécialisés : médecine interne et cardiologie avec le Pr Lucien Croccel, pneumo-phtisiologie avec le Pr Jacques Crinquette, gastro-entérologie avec le Pr René Becquet, neurologie avec le Pr Jean-François Dereux, psychiatrie avec le Pr Jean Ernst, dermatologie avec le Pr Vincent Cordonnier, rhumatologie avec le Pr Georges Vincent jr.

Le Centre hospitalier Saint-Vincent, ouvert en 1991, accueille dans son service de médecine les praticiens de l'hôpital de la Charité, désaffecté, à savoir le Pr Ph. Choteau, le Pr agrégé M. Mahieu et le Dr J.-J. Leduc.

Clinique chirurgicale

Comme pour la clinique médicale, la Faculté avait prévu à l'origine de créer deux services de clinique chirurgicale avec les 70 lits attribués à cette discipline à l'hôpital Sainte-Eugénie ; ils furent confiés aux professeurs Gonzague Eustache et Adolphe Faucon.

Lorsqu'en 1881, l'Administration des Hospices décide de ne reconnaître qu'un unique service de chirurgie, il est attribué au Pr Faucon, G. Eustache prenant en charge les quelques lits d'obstétrique installés dans le même bâtiment, à contrecoeur et avec droit de priorité pour la chirurgie au cas où la chaire deviendrait vacante. Or Adolphe Faucon meurt prématurément en 1884, mais Eustache, relancé à ce moment, préfère garder l'obstétrique. La chirurgie revient donc au Pr Heny Duret. Durant 27 ans, il lui donne un lustre et une réputation remarquables, tant au point de vue pédagogique que scientifique.

À la mort de ce dernier en 1913, la chaire échoit au Pr Agile Delassus, auquel succède le professeur Emile Camelot de 1923 à 1940. Le Pr Carlos Lepoutre prendra sa succession cette année-là, puis le Pr Louis Courty, malgré des oppositions internes. Au départ de ce dernier, elle revient au Pr Joseph Camelot, le Pr Gérard Desbonnets d'abord pressenti y ayant renoncé.

Enfin, après la suppression des chaires, le service de la Charité est dans les mains du Pr Jean Callens.

Entre-temps, un deuxième service de chirurgie générale a été créé à l'hôpital Saint-Philibert et confié au Pr Gérard Desbonnets, titulaire de la chaire de pathologie externe, puis en 1968 au Pr Paul Langeron.

L'éclatement de la chirurgie apparaît en 1977 à l'ouverture du nouvel hôpital Saint-Philibert de Lomme. Le service de chirurgie générale prend une orientation vasculaire avec Paul Langeron, la chirurgie orthopédique et traumatologique est confiée à Bertrand Vinchon, la chirurgie viscérale à Joseph Ampe, la gynécologie à Louis Corette. L'urologie, depuis longtemps autonome, revient à Henri Batteur.

A l'ouverture de l'hôpital Saint-Vincent, le Pr Jean Callens garde la chirurgie générale et viscérale, tandis que l'orthopédie et la traumatologie sont confiées au professeur agrégé Dominique Théry.

Clinique obstétricale et gynécologique

Lors de l'ouverture de l'hôpital Sainte-Eugénie (juin 1877), six lits d'accouchement sont réservés au deuxième étage, près du service de médecine, à charge pour les professeurs de médecine et de chirurgie de s'en occuper à tour de rôle, six mois par an. Les chirurgiens avaient bien protesté, clamant que l'obstétrique relevait davantage de leur compétence que de celle des médecins. En vain. Ceci jusqu'en janvier 1878 où le Dr Vanverts est nommé professeur de clinique obstétricale. Sa mort prématurée en octobre 1880 remet en vigueur le système antérieur.

Lorsqu'en février 1881, l'Administration des Hospices exige le départ de ce petit service d'accouchements, il est transféré dans une maison bourgeoise au 23 de la rue du Marché. En septembre 1881, Gonzague Eustache en reçoit la charge avec le titre de professeur de clinique obstétricale et gynécologique, un peu contre son gré à vrai dire. Mais il y prend goût et y fait un excellent travail ; il le gardera jusqu'à sa retraite en 1907. En 1889-90, il est très fier de publier dans le *Journal des Sciences Médicales de Lille* le bilan de ses huit premières années d'activité, un bilan assez flatteur, puisque la mortalité maternelle y est de 0,91 % (17 sur 1848 accouchements), alors qu'elle atteignait 2,5 % à la maternité parisienne du Pr Tarnier, depuis l'introduction de l'antisepsie dans son service (9,3 % auparavant !).

Au départ d'Eustache, le Pr Agile Delassus, déjà orienté vers la gynécologie, prend sa succession. Quatre ans plus tard, il passe à la clinique chirurgicale de l'hôpital de la Charité, laissant sa chaire au Pr Jules Voituriez qui l'occupera jusqu'en 1929. Pendant la guerre de 1914-18 où il est mobilisé, le service est assuré par le Dr Alexandre Bonnet-Laborderie qui meurt en juillet 1918, à l'âge de 38 ans. A la rentrée de 1919, il est remplacé dans ses fonctions d'assistant par le Dr Ernest Klein.

Après de multiples démarches menées par le recteur lui-même, on engage pour succéder au Pr Voituriez le Dr Maurice Favreau, venu de Bordeaux. Il a la chance de bénéficier d'une nouvelle maternité, 83, boulevard Vauban, due à la libéralité des familles Delassus et Sander.

Nouvelles difficultés au départ de Favreau en 1959 : le candidat pressenti par le doyen Delattre, le Dr Yves Malinas, ancien professeur à la faculté Saint-Joseph de Beyrouth, est récusé par le Conseil de la faculté (Cf. chap. XV).

Après un concours d'agrégation disputé (1961), le service et l'enseignement sont confiés au Dr Jacques Delerue, qui sera titularisé en 1970. Il passe au plein temps lors du transfert à Lomme de la maternité Sainte-Anne de Lille, agrandie à 30 lits. A son départ en retraite, dix ans plus tard, la Faculté ouvre une nouvelle agrégation, pour un de ses anciens élèves, le Dr Michel Delcroix, médecin dynamique et d'une activité débordante, mais d'une exigence difficilement supportable pour ses subordonnés, au point que l'autorité devra mettre fin à ses fonctions.

En 1999, l'enseignement théorique et pratique de l'obstétrique rejoint celui de la gynécologie et revient à l'agrégé de cette discipline, le Dr Denis Houzé de l'Aulnoit.

A noter que depuis l'origine, le professeur d'obstétrique est de droit directeur médical (on dira plus tard directeur technique) de l'Ecole de sages-femmes de la Faculté libre, ouverte dès 1883 à la maternité de la Sainte Famille, place Sébastopol.

La gynécologie proprement dite a longtemps fait partie des disciplines chirurgicales ; elle était enseignée par le professeur de pathologie externe et les consultations des maladies des femmes, instaurées dans les tout premiers dispensaires étaient assurées par des chirurgiens. (Rappelons qu'un règlement avait exclu les professeurs des cliniques des activités de dispensaires).

Dans les années 1950-60, se développe une branche nouvelle, la gynécologie médicale, dans laquelle se forme et se distingue rapidement un jeune médecin, le Dr Marcel Gaudefroy. Il crée une consultation spécialisée et un laboratoire de cytologie et d'hormonologie gynécologiques, d'abord dans la mouvance du laboratoire d'anatomie pathologique, puis avec sa propre autonomie. Lorsque se développe le concept de régulation des naissances, bientôt débordé par celui de contraception, avec ses techniques efficaces, chimiques (« pilule ») et mécaniques (stérilet), de sérieux problèmes moraux se posent dans ces consultations. Le projet de créer un Centre de régulation des naissances et de planification familiale d'inspiration catholique, auquel on a donné très tôt le nom de Centre Sainte Anne, se heurte finalement à l'opposition de l'autorité rectorale, consciente des difficultés majeures que ne manqueraient pas d'y rencontrer les praticiens... Le projet sera abandonné.

Lorsque est conçu le Centre hospitalier Saint-Philibert de Lomme, y est prévu un secteur important de gynécologie-obstétrique : 61 lits, répartis à égalité entre les deux secteurs, mais pour des raisons historiques et personnelles, ce sont deux services séparés qui sont créés, avec deux chefs de service, le Pr Louis Corette en gynécologie, le Pr Jacques Delerue en obstétrique. La compétence chirurgicale du premier laisse au Pr Gaudefroy le champ libre pour ses consultations de gynécologie médicale, maintenues à Lille dans les locaux de l'ancien hôpital Saint-Philibert.

De nouveaux problèmes vont surgir avec l'avènement de l'assistance médicale à la procréation, appelée d'abord fécondation *in vitro* et transplantation d'embryon (FIVETE). La consultation de stérilité de l'hôpital Saint-Philibert de Lomme amène en effet à poser la question ; avec l'accord des autorités académiques, la technique est mise en œuvre dans cet hôpital, avec la participation des docteurs Dominique Coliche et Eliane Feldman-Desrousseaux et en lien avec le service analogue de la faculté d'Etat. Les péripéties qui ont suivi la publication de l'Instruction romaine *Donum Vitae* sont rapportées au chapitre XXIII.

Cliniques de spécialités

Jadis appelées « cliniques complémentaires », ces chaires, par opposition aux précédentes, dites « fondamentales », ne disposent pas de lits à l'origine, mais comportent essentiellement un service de consultations dans l'un ou l'autre des dispensaires, assorti d'un enseignement clinique et parfois théorique (« leçons cliniques »). Très vite, quelques lits permettent des hospitalisations de courte durée (cinq jours au plus, l'amorce des cliniques Saint-Camille et Saint-Raphaël), jusqu'à l'ouverture de l'hôpital Saint-Antoine dès 1890 et de l'hôpital Saint-Philibert de Lille beaucoup plus tard, en 1934.

Pédiatrie

L'une des premières créées est donc la chaire de clinique médicale infantile, grâce à la générosité de Camille Feron-Vrau. C'est le Pr Gonzague Augier, déjà titulaire de l'anatomie pathologique, qui en reçoit la charge en 1890 ; il s'en acquittera avec une compétence, un dévouement et une humanité qui ont laissé des traces dans la maison, au point qu'un buste commémoratif sera érigé dans la cour d'entrée dudit hôpital.

A son décès en 1917, un de ses élèves, le Dr Henri Deherripon assure le fonctionnement du service pendant plusieurs années, mais au moment d'attribuer la chaire, il se trouve en concurrence avec le Dr De Vaugiraud, ancien interne des hôpitaux de Paris, où il a acquis une solide formation pédiatrique. Après de longues discussions, le service est partagé (1920), mais le décès prématuré du Dr De Vaugiraud en 1925 permet à Deherripon d'occuper la chaire qu'il convoite. Il la gardera longtemps, trop longtemps sans doute lorsque la maladie va amoindrir ses capacités. Il sera heureusement secondé dans ses dernières années par le Dr Albert Fournier, généraliste, orienté tardivement, mais avec passion, vers la pédiatrie. Agrégé en 1953, il succède très logiquement à son maître en 1955. Titularisé en 1958, il obtient que sa chaire devienne chaire de *pédiatrie et maladies infectieuses*. Il est vrai qu'avec l'arrivée des antibiotiques, la majorité des maladies infectieuses encore rencontrées concernait les enfants (fièvres éruptives, gastro-entérites, méningites…). Le service connaît sous sa direction un développement et une activité remarquables.

Ses agrégés, Anne Pauli (1964), puis Jacques Cousin (1972), Henri Ducoulombier (1981) et, plus tard, Gabriel Vittu (1987) poursuivront dans la même voie, en y adjoignant deux disciplines nouvelles, la génétique médicale (J. Cousin), puis la néonatologie (G. Vittu). Les chaires étant supprimées, seules les fonctions persistaient : enseignement et services hospitaliers.

Au départ en retraite des Prs Cousin et Ducoulombier, de nouvelles agrégations sont organisées : elles permettent d'engager les Drs Odile Kremp, une amiénoise, en 1998 et Nicolas Kalach en 2003, tandis qu'en 2000 le Dr Bruno Delobel est agrégé en génétique médicale.

On sait que l'hôpital Saint-Antoine a été transféré à Saint-Vincent en 2003, constituant une partie du « pôle mère-enfant », l'autre part résultant du transfert de la maternité de l'hôpital Saint-Philibert de Lomme.

Quant au service de **chirurgie infantile**, il est repris, après le retrait de Dominique Augier, par le Dr Carlos Lepoutre jusqu'en 1922, date à laquelle il revient au Pr Henry Billet, anatomiste. Ce chirurgien militaire sut parfaitement s'adapter à cette discipline particulière qu'il n'avait guère eu l'occasion de pratiquer jusque là. Il développa notamment une section réputée d'orthopédie.

Après lui, en 1949, le Dr Germain Desorgher, agrégé de chirurgie, continuera dans la même ligne, aidé par le Dr Bertrand Vinchon pour l'orthopédie.

Lui succède en 1974 le Dr Michel Bayart, agrégé de chirurgie en 1972 jusqu'à ce qu'une décision autoritaire de l'administration ne décide la fermeture du service comme unité indépendante.

Oto-rhino-laryngologie

La première consultation des maladies de la gorge, du nez et des oreilles – c'est ainsi qu'elle est affichée – est ouverte en 1887 au dispensaire Saint-Camille ; elle est assurée par le Dr Hubert Lavrand, qui enseigne alors l'hygiène et bientôt la pathologie générale élémentaire. Il sera titularisé en 1907, mais dans la chaire de pathologie interne.

La chaire d'oto-rhino-laryngologie sera créée en octobre 1927, à l'arrivée du Pr Léon Reverchon, sous réserve qu'il accepte la charge d'enseigner la pathologie externe. Il trouvera bientôt un excellent chef de clinique en la personne du Dr Georges Didier, petit-fils d'Henri Desplats, pour qui une agrégation sera ouverte en 1937. Nommé chef de service à l'hôpital Saint-Philibert de Lille, il sera titularisé en 1949.

L'importance de cette pathologie chez les enfants amena le Conseil d'administration de l'hôpital Saint-Antoine à ouvrir à son tour une consultation spécialisée, confiée au Dr Antoine Lavrand, fils du professeur. C'était en 1955. Trois ans plus tard, il prend sa retraite et c'est son neveu, le Dr Claude Vouters qui lui succède et obtient la création d'un service relativement autonome.

A Saint-Philibert, le Pr Didier obtient en 1984 un agrégé, le Dr Jean-Bernard Van Nieuwenhuyse, qui prend sa succession deux ans plus tard. Lors de l'ouverture du Centre hospitalier Saint-Philibert de Lomme en 1977, ce dernier peut y développer les consultations et explorations spécialisées. Il dispose aussi de quelques lits dans le service de chirurgie. En 1970, un enseignement obligatoire d'ORL est imposé aux étudiants, une vingtaine d'heures de cours, dans un certificat mixte ORL – Ophtalmologie - Stomatologie. Il en reçoit évidemment la responsabilité. A sa retraite en octobre 1992, le tout est transféré à son successeur, le Dr Luc Moreau.

Ophtalmologie

Dès l'origine, une consultation des maladies des yeux attire une clientèle considérable dans les dispensaires ; confiée au Dr Alfred Dujardin, c'est la plus fréquentée de toutes les consultations. Voilà qui aurait pu justifier aux yeux des autorités la création d'une chaire d'ophtalmologie : mais A. Dujardin sera simplement nommé professeur suppléant en 1887 et adjoint en 1889, après avoir assuré ce service pendant plus de dix ans.

Très logiquement, en 1900, son chef de clinique Léonce Thilliez recueille sa succession avec le titre de maître de conférences, puis de professeur suppléant trois ans plus tard. Ce n'est qu'en 1910 qu'il est titularisé dans la chaire d'ophtalmologie, créée pour lui.

A sa retraite en 1939, la chaire est vacante et elle le restera : une agrégation d'ophtalmologie est annoncée pour octobre 1939, mais la guerre empêchera d'y donner suite. L'enseignement et les consultations sont néanmoins pleinement et valablement assurés, d'abord par le Dr Adrien Baude, puis par le Dr Philippe Leurent et enfin par le Dr Patrick Goeminne. Le premier recevra en 1964 le titre de maître de conférences, mais pour sa participation à l'enseignement de l'anatomie. Un projet d'agrégation avait également été formulé en 1960 à son intention, mais il ne fut pas concrétisé.

Stomatologie

La Faculté a eu très tôt (1877) un médecin stomatologiste en la personne de Jean-Marie Redier, ancien médecin militaire, qui tint logiquement le dispensaire très fréquenté des maladies de la bouche et des dents. Titulaire de la chaire de pathologie externe jusqu'à sa retraite, il oeuvrera sans cesse pour le développement de sa discipline tant au plan local qu'au niveau national. Dans la Faculté, il réussit à former de vrais spécialistes en stomatologie et tenta, sans succès, de mettre en place une école de chirurgie dentaire, bien avant la faculté d'Etat. Au plan national, il dressa un programme d'études pour les futurs chirurgiens dentistes et fut président d'honneur du 1er Congrès international de stomatologie de Paris en 1907. Il est l'auteur d'un *Précis de stomatologie.*

Après lui, la discipline ne sera pas reprise. L'enseignement sera intégré dans celui de la pathologie externe. Certes dans les années 1960, le Dr Michel Goudaert, ancien de la Faculté, proposera à nouveau l'ouverture d'une section de chirurgie dentaire rattachée à la Faculté libre. L'administration refusera, faute de ressources, et M. Goudaert offrira ses services à l'université de l'Etat où il poursuivra une carrière appréciée.

La question refait surface lorsque la réglementation nationale impose aux centres hospitaliers publics et privés la présence dans leur équipement d'un service de stomatologie. Un baraquement est alors édifié dans les jardins de l'hôpital Saint-Philibert de Lille et un stomatologiste recruté pour diriger le service ; c'est le Dr Paul Moitel, retraité de l'armée, qui occupe le poste, aidé d'une équipe de dentistes et prothésistes. Il assure aussi l'enseignement correspondant. Après lui, le poste est offert au Dr Franck Lepoutre, ancien élève de la Faculté et stomatologiste de profession, jusqu'au jour où la direction du GHICL décide de supprimer ce service, trop coûteux, et donc de licencier tout son personnel. Le Dr Franck Lepoutre continue néanmoins à prodiguer l'enseignement théorique aux étudiants.

Gastro-entérologie

Une consultation des maladies des voies digestives apparaît pour la première fois au dispensaire Saint-Camille en 1907, tenue par le Dr Robert Bosquier, qui enseigne par ailleurs la parasitologie.

En 1919, elle est confiée au Dr Adolphe Bernard, qui s'est spécialisé dans cette discipline. Deux fois par semaine, il donne une leçon théorique aux étudiants. Mais la chaire de gastro-entérologie ne sera cependant créée à son profit qu'en 1938 ; il l'occupera jusqu'à sa retraite en 1958.

Le service – consultation et quelques lits à l'hôpital Saint-Philibert de Lille – échoit alors au Dr André Danès, professeur de thérapeutique, installé en ville comme gastro-entérologue. Il aura un assistant en la personne du Dr Albert Grimbelle.

Après lui, c'est le Dr René Becquet, agrégé de parasitologie, qui assure l'enseignement et les consultations, en attendant de disposer, dans le nouvel hôpital Saint-Philibert de Lomme, d'un service clinique de quinze lits.

Une agrégation est ouverte en juin 1980 pour préparer sa succession, au profit de Bernard Filoche, excellent endoscopiste, assisté de Damien Lucidarme, qui à son tour deviendra son agrégé en 2001.

Le service hospitalier a toujours été couplé avec celui de chirurgie digestive, dirigé par le Pr Joseph Ampe, puis le Pr Bruno Desrousseaux, en un département médico-chirurgical.

Rappelons aussi la création en 1932 d'une chaire d'hépatologie, manifestement *ad personam,* dont le titulaire, le Dr Gaston Parturier, exerçant à Paris et à Vichy pendant la saison thermale, jouissait d'une réputation flatteuse. Il offrit ses services à l'Université catholique par conviction chrétienne, gracieusement, et proposa, en vain semble-t-il, de former à Paris des élèves qu'il aurait même hébergés dans ses appartements spacieux... La chaire disparut avec lui en 1950, date de sa retraite.

Urologie

On voit apparaître une consultation spécialisée des maladies des voies urinaires en l'année 1900 au dispensaire Saint-Camille ; elle est tenue par le Dr Emile Camelot. Il l'assurera jusqu'en 1922-23, où le Pr Carlos Lepoutre la reprend. Mais la chaire d'urologie ne sera créée à son profit qu'en 1927 : le Pr Lepoutre possède alors une renommée nationale en la discipline. Lorsqu'il la quitte pour la clinique chirurgicale en 1940, la consultation revient au Pr Georges Vincent (père) qui sera titularisé en 1942.

Le Pr Henri Batteur lui succède en 1970 et inaugure en 1977 le service spécial de 15 lits créé au Centre hospitalier Saint-Philibert de Lomme. Après lui (1981), on y trouve le Dr Gilbert Chantepie, agrégé d'anatomie, titularisé en 1988. Au départ de ce dernier en 1994, le service est dirigé par son agrégé, le Dr Gérard Duquesne. Ce dernier démissionne en 2003 ; il est alors remplacé par le Dr Brigitte Mauroy, professeur d'anatomie à la faculté d'Etat, intéressée par le poste.

Pneumo-phtisiologie

La première consultation spécialisée des maladies des voies respiratoires est annoncée en 1921 ; elle est alors assurée par le Dr Vannieuwenhuyse, qui la garde jusqu'en 1928. Elle réapparaît en 1934-35, assurée par le Dr Henri D'Hour. Agrégé en 1941, D'Hour va accomplir une œuvre clinique considérable en pneumo-phtisiologie.

Une petite unité hospitalière est construite en 1934 au voisinage de l'hôpital Saint-Philibert de Lille, c'est le Pavillon Saint-Luc. Ses 17 lits prévus pour accueillir des malades contagieux sont très vite affectés au traitement des tuberculeux pulmonaires. D'Hour en est le chef de service. Titularisé en 1964 dans la chaire de pneumo-phtisiologie, créée pour lui, il sera aidé par un agrégé, le Dr Jacques Crinquette, et par le Dr Antoinette Clerc, nommée en 1957 professeur adjoint.

Le 18 août 1960, un arrêté préfectoral agrée le pavillon Saint-Luc comme clinique phtisiologique médicochirurgicale. Le Pr Gérard Desbonnets assure les interventions de chirurgie thoracique, reprises après lui par le Pr Joseph Camelot.

En 1977, un service de 30 lits est ouvert dans le nouvel hôpital Saint-Philibert de Lomme, sous la direction du Pr Crinquette, puis du Dr Philippe Mulliez, agrégé en 1984.

Neuropsychiatrie

Dès 1877, existait à la Faculté libre un enseignement clinique des maladies mentales. Le terme de psychiatrie, bien qu'existant depuis 1842, n'entre dans le langage médical qu'à la fin du XIXe siècle. En effet, le Pr Jean-Baptiste Bouchaud, titulaire de la chaire de pathologie médicale, avait été agréé comme médecin-chef à l'Asile d'aliénés de Lommelet, tenu par les Frères de Saint Jean de Dieu et il y avait organisé chaque dimanche matin pour les étudiants volontaires, des présentations commentées de malades mentaux.

Lorsqu'il quitte Lommelet en 1913, il y est remplacé par un de ses élèves, le docteur Joseph Sablé, nommé maître de conférences de psychiatrie à la Faculté. Durant la guerre 1914-1918, l'établissement est vidé de ses pensionnaires et occupé par les Allemands. Bouchaud meurt en 1917.

En 1920, le Dr Sablé, souffrant, ne peut reprendre ses fonctions ; c'est son auxiliaire, le Dr Norbert Herbaux, médecin généraliste, mais passionné par la psychiatrie, qui assure l'intérim… et les présentations de malades.

Quand en 1925 le Dr André le Grand arrive à Lille pour assurer les enseignements de physiologie, il est agréé sans peine – car il a été reçu 1er au concours des hôpitaux psychiatriques de la Seine – comme médecin-chef à Lommelet ; il reprend donc les usages de son prédécesseur jusqu'à sa mort prématurée en 1951. Après lui, le corps médical de l'Asile s'étoffe. En 1953, un ancien de la Faculté, le Dr Jean-Baptiste Cornavin, en fait partie et relance l'idée d'une coopération avec la Faculté libre pour l'enseignement et surtout pour l'accueil d'internes ou de stagiaires internés. Une convention sera même signée en 1966 dans ce but. Elle ne sera jamais suivie d'effet, faute de candidats…

L'enseignement théorique de la neurologie et de la psychiatrie – les deux étant longtemps jumelés – était, quant à lui, inclus dans celui de la pathologie médicale, et d'autant plus aisément que les titulaires de la chaire (Bouchaud, et plus tard Jules Dereux) étaient particulièrement qualifiés en cette discipline. L'un comme l'autre assuraient par ailleurs une consultation des maladies nerveuses et mentales dans les dispensaires de la Faculté. Lors de la titularisation du professeur Dereux en 1943, il demanda que l'intitulé de sa chaire soit modifié en chaire de pathologie interne et de clinique neuropsychiatrique, ce qui lui fut accordé.

Quand éclata l'enseignement de la pathologie interne, il garda, entre autres, celui de cette discipline, jusqu'à sa retraite en 1969.

Les chaires sont supprimées en 1970 ; la neuropsychiatrie est dissociée ; deux agrégés sont recrutés, son propre fils Jean-François Dereux pour la neurologie et Jean Ernst pour la psychiatrie. L'un et l'autre ont des consultations spécialisées à Saint-Philibert et à Saint-Antoine pour la psychiatrie. Au nouvel hôpital Saint-Philibert de Lomme, tous deux disposeront d'un service de quinze lits ; Jean Ernst, musicien et mélomane, y développera notamment une activité de musicothérapie. Son décès inopiné en 1986 amènera à ce poste son assistant, le Dr Maurice Henniaux, après une agrégation en 1987. Lorsqu'à son tour il prend sa retraite en 2006, le service d'adultes sera repris par le Dr Vincent Dodin, agrégé deux ans plus tôt, tandis que la psychiatrie infantile sera individualisée par le Dr Lionel Convain, lui aussi agrégé en 1997.

En neurologie, J.-F. Dereux entre en retraite en 1992, laissant le service au Dr Patrick Hautecœur, agrégé deux ans plus tard, assisté du Dr Philippe

Gallois, responsable de la physiologie, neurologue de formation et de cœur, et orienté vers les explorations fonctionnelles neurologiques.

Lorsqu'en 1961-62, la psychologie apparaît dans les programmes de première année de médecine, elle est tout naturellement confiée aux psychiatres qui assurent cours et enseignements dirigés avec compétence et régularité, aidés par leurs assistants et par le Dr Eliane Feldman-Desrousseaux, passionnée entre autres par le thème de la relation médecin-malade.

Dermatologie

C'est en septembre 1879 qu'est proposée pour la première fois une consultation des maladies cutanées et syphilitiques ; elle est assurée par le Pr Domec, chirurgien. Il était d'usage en effet que les chirurgiens soient compétents en matière de maladies vénériennes. De 1881 à 1886, elle est reprise par le Pr Augier. De 1889 à 1909, s'y dévoue le Pr Léon Derville, qui y possède une réelle qualification, acquise au cours de son internat à Paris, dans un service spécialisé. Il sera titularisé dans cette chaire en 1901. En 1910, le Dr Louis Danel, est chargé du service, qu'il gardera jusqu'à sa retraite en 1955. D'abord nommé maître de conférences (1912), il deviendra professeur suppléant en 1923 et titulaire en 1929.

A sa retraite en 1942, le Dr Vincent Cordonnier reprend ses consultations au dispensaire, mais, contraint de passer l'agrégation d'histologie, il ne sera titularisé en dermatologie qu'en 1954. Il obtient alors quelques lits d'hospitalisation à Saint-Philibert de Lille, puis un grand service de 30 lits dans le nouvel hôpital Saint-Philibert de Lomme. Il y sera assisté par les Drs Paul David, Pierre De Beer et Micheline Lundy-Mahieu. Le second deviendra son agrégé en 1973 et lui succédera en 1978. Lorsqu'à son tour, il prend sa retraite (1995), on accueillera la candidature du Dr Philippe Modiano, de Strasbourg, agrégé en 1998.

L'enseignement de la dermatologie en Faculté n'a été inscrit dans les programmes qu'en 1970, d'abord sous forme d'option, qui deviendra bien vite obligatoire ; sans difficulté, il fut pris en charge par les dermatologues cliniciens.

Cancérologie

La cancérologie entre dans les programmes d'enseignement en 1970, jointe d'ailleurs à l'immunologie. Mais cet enseignement ne porte que sur des aspects généraux, les situations cliniques étant logiquement étudiées avec les pathologies d'organes. En fait, ces enseignements étaient jusque là inclus dans les programmes d'anatomie pathologique, de physique appliquée et de thérapeutique.

La Faculté libre a créé une chaire de cancérologie dès 1937, pour y placer le Pr D'Halluin, électroradiologiste, en le déchargeant de la chaire de physique médicale où son activité posait des problèmes évoqués à propos de cette discipline. La chaire disparut avec lui en 1947.

Mais le développement de la cancérologie (on dit plutôt de nos jours : oncologie) et des possibilités thérapeutiques (chimiothérapie, chirurgie, radiothérapie) a amené la Faculté à passer en février 1997 une convention avec le Centre Oscar Lambret (Centre anti-cancéreux de Lille) pour la prise en charge optimale des malades cancéreux. L'un des chefs de service dudit centre, le Dr A. Adenis, a ainsi passé l'agrégation de la Faculté en 1999 ; c'est lui qui assure désormais l'enseignement de la discipline.

Autres enseignements[14]

Avec la grande réforme de 1968-70, et notamment le découpage en « certificats » de l'enseignement de la pathologie, de nouvelles sections apparaissent, pour lesquelles il faut trouver des responsables d'enseignements. Ainsi de la génétique médicale, prise en mains par les pédiatres, de l'anesthésie et de la réanimation, de l'hématologie (Pr Demory, Pr agrégé Rose), de l'endocrinologie, du métabolisme et de la nutrition (Pr de Broucker, Dr Delecourt) et même de la séméiologie qui jusque là ne faisait pas l'objet d'un examen, étant considérée comme une simple introduction à la pathologie et à la clinique. Plus tard apparaîtront des enseignements de gériatrie (Pr agrégé Beaugeard), de soins palliatifs (Pr De Broucker).

La Faculté s'adapte à ces modifications et trouve facilement parmi ses médecins spécialisés ou, à défaut, à la faculté de l'Etat, les enseignants compétents, intronisés en général par une agrégation.

La même réforme de 1970 a prévu des certificats « optionnels », c'est-à-dire offerts au choix des étudiants. La Faculté en proposa plusieurs, dont certains, qui lui étaient propres, furent offerts aux étudiants de l'Etat : pathologie vasculaire et surtout sexologie. En 1962, l'Université catholique avait créé en effet, à l'initiative du Pr M. Gaudefroy, le Groupement d'études familiales et sexologiques, qui proposait chaque année au grand public une série de conférences sur ces questions. Il fut aisé d'en extraire la matière d'un enseignement adapté aux besoins des futurs médecins. Ces certificats optionnels disparurent des programmes dans les années 1990.

14.– Les enseignements spécifiques d'apologétique et de morale médicale chrétienne seront abordés dans le dernier chapitre consacré au caractère propre de la Faculté.

Chapitre XX
La section de pharmacie

Les fondateurs de l'Université catholique ont voulu dès sa conception joindre à la Faculté de médecine une section de pharmacie, estimant que *les pharmaciens des villes et des campagnes, en contact journalier avec toutes les classes de la population, exercent sur elles une influence considérable*[1]. Notons d'ailleurs qu'à l'époque les trois villes de France, dotées d'une faculté de médecine (Paris, Montpellier et Nancy, après le transfert de Strasbourg) possèdent également une Ecole supérieure de pharmacie.

De surcroît, la première équipe professorale de la Faculté comprend quatre enseignants diplômés en pharmacie, le doyen Antoine Béchamp, pharmacien de 1re classe avant d'être docteur ès sciences et en médecine, son fils Joseph, également pharmacien et docteur en médecine, Julien Jeannel, ancien pharmacien inspecteur des armées et docteur en médecine, et Charles-Ernest Schmitt, agrégé de l'Ecole de pharmacie de Strasbourg et docteur ès sciences physiques. Un autre membre de cette équipe, le Dr François Guermonprez, est lui-même fils de pharmacien et a commencé des études de pharmacie à Lille avant d'opter pour celles de médecine à Lille, puis à Paris.

Depuis le décret du 22 août 1854, il existe deux classes de pharmaciens, ne différant guère que par leur bagage initial – baccalauréat ou simple certificat de grammaire – et par le jury de l'examen terminal ; mais les pharmaciens de 2e classe ne peuvent exercer que dans le département de leurs études. Dans un souci d'excellence, la Faculté libre a prévu de donner à tous la même formation, mais décidé de vérifier à l'entrée le niveau des connaissances des non-bacheliers. La formation dure alors six ans, trois ans de stage en officine, suivis de trois années de scolarité en Ecole supérieure.

Pour la jeune Université catholique, les études paraissent d'autant plus faciles à organiser que les disciplines enseignées – physique, chimie, botanique, zoologie et même matière médicale – sont communes aux étudiants en pharmacie, en médecine et, sauf la dernière, en licence de sciences. Ainsi la physique est-elle prise en charge par le doyen de la Faculté

1.– Anonyme. *Des conditions d'organisation d'une Faculté libre de médecine*. Paris, 1876, Impr. J. Le Clerc et Cie, 64 p.

des sciences, le Pr Chautard, bientôt remplacé par le Pr Aimé Witz ; Antoine Béchamp et son fils Joseph se partagent la chimie organique et biologique. Ce dernier y ajoute la toxicologie. Le Pr Schmitt enseigne la chimie générale et minérale, bientôt aidé par M. Lenoble. Au départ des Béchamp (1886), c'est M. Cyrille Carrez, un jeune pharmacien, qui reprend leurs enseignements. Quant aux travaux pratiques de chimie, ils sont assurés par M. Monnet, bientôt assisté par M. Henri Caron, tous deux de la Faculté des sciences.

La botanique, essentielle pour les futurs pharmaciens, est prise en charge par l'abbé Boulay, scientifique de renom. Il fait rapidement planter un petit jardin botanique rue de la Barre, exigence légale pour pouvoir ouvrir une faculté de médecine et *a fortiori* de pharmacie. Il recommence l'opération en 1882-83 autour du vaste et majestueux bâtiment de la Faculté de médecine, rue du Port, mais cette fois bien au large, avec serres et bassins pour les plantes aquatiques. Il assure aussi les travaux pratiques et les excursions botaniques où il excelle. Il est aidé dès 1877 par le Dr Constant Lienhart, nommé chef de travaux en 1884 et professeur adjoint en 1890. En 1896, il est convenu que M. Lienhart assumera la totalité de l'enseignement, mais il meurt prématurément deux ans plus tard. Ses cours sont alors repris par M. P. Cunien, puis M. Decottignies et, en 1905, par les abbés Licent et Carpentier, botanistes de la Faculté des sciences. Un jeune pharmacien, M. Raquet, apporte son aide aux travaux pratiques.

La zoologie appliquée est confiée à l'ouverture des cours au Pr Cairol, docteur ès sciences, remplacé dès la rentrée suivante par le Dr François Guermonprez, autrefois préparateur en cette discipline. En 1884, lui succède le Dr Pierre Bernard, licencié ès sciences, qui meurt prématurément en 1899. Le Dr Stéphane Van Oye, professeur à la Faculté des sciences, reprend alors cet enseignement.

Le programme comporte aussi un enseignement de minéralogie, assuré d'abord par un mathématicien, M. Villié, puis par le chanoine Bourgeat, tous deux de la Faculté des sciences.

La matière médicale – étude des substances minérales, animales et surtout végétales susceptibles de posséder des vertus thérapeutiques – est confiée d'emblée au Pr Jeannel : ancien inspecteur des pharmacies militaires, il y est très à l'aise ; compétent et précis, il garde la chaire jusqu'en 1885 où le Pr Guermonprez prend sa succession. Jusqu'en 1905, le cours reste commun aux étudiants en médecine et en pharmacie.

Tout aussi spécifique est l'enseignement de la pharmacie proprement dite, c'est-à-dire la confection des préparations pharmaceutiques, art et science à la fois. De novembre 1876 à 1905, le Pr Schmitt assure cet enseignement *avec un rare enthousiasme communicatif* [2]. Lorsqu'il disparaît, sa charge est confiée au jeune pharmacien Joseph Willot avec le titre de maître de conférences. Il accédera au grade de professeur suppléant en 1912.

2.– C. Carrez. *Cinquantenaire de la Faculté libre de Pharmacie. J Sci Méd Lille,* 1929, nos 7 et 8, pp. 114-122 et 133-147.

Quant aux travaux pratiques de pharmacie, ils se déroulent initialement à l'hôpital Sainte-Eugénie, sous la direction du pharmacien en chef, M. Demandre, bientôt assisté par M. Albéric Baelde. Le 1er janvier 1881, ce dernier succède à M. Demandre, démissionnaire, et reçoit le titre de chef des travaux de pharmacie. En 1887, cette activité est transférée à la Faculté libre des sciences. Le 1er février 1902, M. Baelde quitte la pharmacie de l'hôpital, où, sans consulter ni même informer l'Université catholique, l'Administration des Hospices a nommé un nouveau titulaire, M. Edmond Leclair, ancien élève de la Faculté libre.

Après dix années passées à la Maison Saint-Maur, rue de la Barre, les étudiants en pharmacie sont accueillis pour la plupart de leurs cours et travaux pratiques dans le nouveau bâtiment de la Faculté des sciences, rue de Toul. Leurs maîtres y disposent de quelques locaux qui leur sont réservés. Seuls les cours de matière médicale, alors communs aux étudiants en médecine et en pharmacie, sont donnés en Faculté de médecine, rue du Port, dans une salle de l'aile droite du premier étage, que F. Guermonprez garnira plus tard de belles vitrines gothiques.

Salle de matière médicale et pharmacie

Le 31 juillet 1878, un décret, applicable à la rentrée 1879, précise les modalités des examens, jusque là assez floues, et crée le diplôme de pharmacien supérieur, que peuvent briguer les pharmaciens de 1re classe, possédant par ailleurs une licence de sciences physiques ou naturelles et ayant soutenu une thèse. Ce diplôme ouvrait l'accession à l'agrégation et au professorat.

D'autres modifications des études et des examens sont décrétées en 1885, puis en 1889 ; elles n'ont que peu d'incidence sur le déroulement de la scolarité. C'est en vain que M. Carrez demande instamment en 1896[3] que les

3.– C. Carrez. Rapport au doyen sur l'année 1895-96. Arch. I.C.L. Dossier Q2E.

étudiants en pharmacie disposent d'enseignements particuliers, en dehors de la physique et de la chimie. Il revient encore à la charge en 1905[4], sans plus de succès...

C'est en 1895 qu'apparaît dans la liste des enseignements la micrographie : on entend par là une formation à la pratique des examens microscopiques : tissus végétaux, animaux, sang, sédiment urinaire, bactéries, parasites animaux et végétaux... toutes choses fort utiles aux pharmaciens d'officine.

La réforme de 1909

Le décret du 26 juillet 1909 modifie profondément la structure des études ; il supprime les deux classes de pharmaciens, réduit le stage préscolaire à une année, porte la scolarité à quatre ans et précise pour chaque année le programme des enseignements. Aux disciplines précédentes s'ajoutent désormais l'hygiène et la microbiologie, la parasitologie, ainsi que des notions de législation et de déontologie pharmaceutiques. Les examens, oraux et pratiques, sont réorganisés en conséquence.

La Faculté s'adapte. Le Pr Désiré Raquet crée le cours de chimie analytique ; la parasitologie est prise en charge par le Pr Bosquier, la microbiologie par le Pr Lemière, l'un et l'autre enseignants en médecine. A dire vrai, cette dernière discipline était déjà au programme des étudiants en pharmacie de la Faculté libre depuis 1899.

Jusqu'en 1909, seuls les examens terminaux, dits probatoires, étaient subis devant la Faculté d'Etat, les autres étant organisés par la Faculté libre. A partir de 1910, tous les examens doivent être pris devant une faculté officielle : *Ce n'est pas sans regret qu'on perd une liberté,* rappellera plus tard le Pr Carrez[2].

La guerre de 1914-1918 met la section en sommeil : aucune inscription à la rentrée de 1914, une seule en 1915, trois en 1916, une en 1917. Ces rares étudiants reçoivent donc des leçons vraiment particulières ou sont invités à travailler dans les ouvrages appropriés, mais les travaux pratiques sont organisés régulièrement.

Vers l'autonomie : la pharmacie aux pharmaciens

A partir des années 1920, la section de pharmacie s'affranchit peu à peu de la tutelle de la Faculté des sciences. Certes les enseignements théoriques et pratiques continuent à être prodigués dans l'immeuble de la rue de Toul, sauf la matière médicale, et ce jusqu'en 1928-29. A cette date, sont aménagés au deuxième étage de l'aile droite du bâtiment de médecine un laboratoire pour les travaux pratiques de chimie, de biochimie et de pharmacie, ainsi qu'un laboratoire d'analyses biochimiques où s'installe le Pr Paget. Le souhait exprimé par M. Carrez en 1905 se réalise enfin. Au premier étage, la salle de matière médicale est agrandie et réaménagée en 1928 ; elle accueille

4.– C. Carrez. Lettre au prorecteur du 6 juin 1905. Arch. I.C.L. Dossier Q3.

désormais la plupart des cours particuliers aux pharmaciens. A côté de cette salle, sont équipés un bureau et un laboratoire, destinés à la parasitologie et à la botanique.

Tous les enseignants de chimie, minérale, organique et biologique sont des pharmaciens. Outre M. Cyrille Carrez, on trouve M. Désiré Raquet, M. Marcel Paget à partir de 1927, M. Christian Vittu en 1942, M. Arsène Debeaumont en 1945. Seules exceptions, pendant la guerre de 1939-1945, l'intérim est assuré par MM. Caron et Leman, en 1959 où M. Pierre Pigache reprend la chimie organique et en 1961 où Mlle Hélène Obert reprend la chimie minérale. Tous appartiennent au secteur scientifique.

Il en est de même pour les travaux pratiques, presque toujours dirigés par des pharmaciens : M. Edouard Levis (1922), M. Marcel Paget (1927), Mlle Y. Dupont (1940), M. Maurice Callens (1960) ; seules exceptions, M. Docquin en 1919 et Mlle Josien de 1936 à 1940, l'un et l'autre scientifiques.

Quant à la chimie analytique, qui prend un développement majeur, elle est prise en charge, cours et travaux, par M. Désiré Raquet, nommé professeur titulaire en 1923, puis par M. Michel Delannoy à partir de 1944 ; M. Bernard Vanbockstael en dirigera les travaux pratiques à partir de 1961.

La physique par contre est restée longtemps aux mains des scientifiques. À M. Witz a succédé en 1919 M. Edmond Charron, titulaire de la chaire en Faculté des sciences ; il occupe le poste jusqu'en 1944, lorsque M. Christian Vittu, pharmacien, licencié ès sciences physiques et ès sciences mathématiques, prend sa succession. En 1964, il recevra l'aide de M. Roger Martin.

En minéralogie, l'abbé Delépine, géologue éminent, succède au chanoine Bourgeat en 1919 ; en 1941 l'abbé Dubar prend le relais, mais pour peu de temps puisque la discipline disparaît des programmes en 1942-43.

La botanique, avec sa branche spéciale, la cryptogamie (étude des champignons), est encore en 1919 aux mains des scientifiques, le chanoine Carpentier, puis l'abbé Depape (1922). Elle retrouve un pharmacien en 1944 en la personne de M. André Borel.

La zoologie est enseignée par son titulaire en Faculté des sciences, M. Henry Boulangé, en même temps qu'aux élèves du certificat de P.C.N. (Physique, Chimie, Sciences naturelles), une cohabitation qui pose problème, car à la Faculté d'Etat devant laquelle se passent les examens, le programme est très différent et variable d'une année à l'autre... En 1917, à la demande du doyen Delassus, le Dr Lepoutre accepte de donner 27 heures d'anatomie et de physiologie humaines aux étudiants de pharmacie. A partir de 1928, M. Henri Claeys, pharmacien, prend en charge cet enseignement, qu'il assurera jusqu'en 1952. Celui-ci passe alors à un jeune médecin, le Dr Jacques Liefooghe et prend le nom de biologie animale, mieux adapté à son contenu. En 1965-66, une partie de l'enseignement est repris par un jeune pharmacien, M. Jean-Claude Lemahieu.

A partir de 1905, la matière médicale fait l'objet d'un cours spécial pour les futurs pharmaciens ; il est assuré par M. Désiré Raquet, maître de conférences. Lui succède en 1912 M. Coeugnet, lui aussi pharmacien, puis M.

Levis en 1919, M. Paget en 1927 et l'année suivante M. Claeys, enfin M. Borel à partir de 1944.

La toxicologie, fief du Pr Carrez, est reprise par le Pr Paget en 1936 ; il la gardera jusqu'à la fin, sauf durant son absence pendant la guerre où elle est enseignée par M. Delannoy. En 1961-62, les travaux pratiques sont repris par M. Vanbockstael.

Au décès du Pr J. Willot en 1919, c'est encore le Pr Raquet qui enseigne la pharmacie galénique et chimique, jusqu'à sa mort en 1951. Lui succède alors le Pr Michel Delannoy, assisté dans les années 1960 par M. Henri Desmettre.

Parasitologie et bactériologie continuent à être prises en charge par les enseignants de médecine. Pour la première, après Bosquier décédé en 1922, c'est donc le Père Loiselet, puis le Dr Ansel qui s'en chargent. En 1942, elle revient au pharmacien Henri Claeys, puis en 1957 au Pr René Becquet. Les enseignements sont toujours communs aux pharmaciens et aux médecins, mais les travaux pratiques sont individualisés, sous la direction de Mme Janine Vittu, chef des travaux.

Il en est de même en microbiologie, où le Pr Archer prend la succession du Pr Lemière en 1928. En 1941, c'est le Dr Jules Defaux qui assure cours et travaux pratiques. Le Dr Eugène Henninot, médecin et pharmacien, dirige les travaux à partir de 1942 et participe à l'enseignement théorique jusqu'à l'arrivée du Pr P. Brygoo en 1952. Ce dernier donnera aussi un cours d'hygiène pendant deux ans, cédant sa place au P^r^ Le Bourdellès en 1958.

Quelques enseignements temporaires peuvent aussi être mentionnés, créés pour s'aligner sur la faculté de l'Etat ou pour satisfaire aux exigences de nouveaux programmes.

Ainsi de l'hydrologie-géologie de 1923 à 1927 (abbé Delépine), de l'hydrologie-thermalisme en 1936 (Pr David), de la pharmacodynamie de 1939 à 1942 (Dr Lamelin).

Quant à la législation et la déontologie pharmaceutiques, c'est sans difficulté qu'elles sont enseignées par des praticiens, M. Raquet jusqu'en 1943, puis M. Delannoy jusqu'en 1945 et, à partir de cette date, par M. Borel, tout à fait qualifié en tant qu'inspecteur régional des pharmacies.

Enfin, un cours d'apologétique (littéralement : défense de la religion) figure sur les horaires, assuré le plus souvent par des prêtres de la faculté de théologie, l'abbé Pirot en 1920, l'abbé Vandenabeele en 1923, l'abbé Depape en 1928 et le chanoine Tiberghien à partir de 1943.

Tous les enseignants pharmaciens suivent le même parcours que les médecins dans la hiérarchie universitaire : maîtres de conférences, professeurs suppléants, puis titulaires, mais seul M. Paget a subi les épreuves de l'agrégation, en 1931 ; tous les autres qui ont accédé au professorat ont bénéficié de l'équivalence prévue dans les statuts pour les titulaires du doctorat d'Etat en pharmacie.

La plupart de ces enseignants possèdent une officine en ville et sont tenus de se faire remplacer pendant leurs activités universitaires par un pharmacien diplômé ou sur le point de l'être. A maintes reprises, ils se plaignent auprès des autorités de la modestie de leur traitement, souvent inférieur à celui qu'ils devaient allouer à leur remplaçant ![5]

On peut enfin noter quelques situations particulières. Celle de M. Paget, qui effectuait dans son laboratoire de faculté des analyses biologiques pour les hôpitaux, mais aussi pour la clientèle du laboratoire du Dr Henninot auquel il était associé. Un contrat avec l'administration précisait le pourcentage des recettes qui revenaient à l'Université (25 %) ; celle de M. Borel, inspecteur des pharmacies, mais dont l'épouse tenait une officine à Lille ; celle de M. Christian Vittu, à temps plein en faculté pendant l'année universitaire, mais directeur d'un laboratoire d'analyses médicales à Evian pendant la saison thermale, du 1er juin au 30 septembre de chaque année ; celle enfin de M. Vanbockstael, pharmacien des hôpitaux et cliniques de l'Université catholique, puis du Centre hospitalier Saint-Philibert de Lomme.

Nouvelles réglementations

Le décret du 4 mai 1937 précise les modalités du stage en officine, qui doit durer 12 mois pleins chez un pharmacien agréé et doit être désormais validé par un examen. Quelques disciplines nouvelles sont introduites dans les programmes : cryptogamie en 3e année, pharmacodynamie, hydrologie. Et surtout, la quatrième année devient essentiellement pratique, avec essais de médicaments, analyses biologiques des humeurs, des aliments et des eaux et surtout préparation des examens dits probatoires, c'est-à-dire définitifs, portant sur tout le contenu des quatre années d'études.

La Faculté s'adapte assez facilement à ces modifications. Des conférences de stage sont organisées avec le concours de l'Association des anciens étudiants en pharmacie, tandis que ces derniers participent à part égale avec ceux de l'Etat à la Société des pharmaciens agréés de l'Université de Lille.

Le 23 février 1941, un nouveau décret a surtout pour effet de réformer les modalités des examens, en ramenant en fin de troisième année les examens probatoires sur les sciences fondamentales, ce qui est une décision appréciée des étudiants ; il renforce aussi les activités pratiques en quatrième année. Il ne crée pas de problème majeur pour la section de pharmacie, sauf à alourdir un peu plus la charge de quelques enseignants.

On ne peut que souligner à ce propos la polyvalence de ces derniers et admirer leur dévouement et la somme de travail à laquelle ils s'astreignaient[6].

Est-ce cette surcharge, jointe à des effectifs squelettiques, qui porte M. Paget, alors assesseur, à proposer au recteur et au Conseil d'administration

5.– Lettre de M. Carrez au recteur du 21 octobre 1924. Il paie son remplaçant 12 000 F l'an, mais ne gagne à la Faculté que 7 500 F : *Mon intérêt est d'abandonner l'enseignement...* Plaintes identiques de M. Levis en 1926, de M. Raquet en 1927 et 1930 : *Je reçois 14 500 F par an, mais je dois payer plus de 25 000 F à un élève pour tenir l'officine quand je suis à la Faculté* ; de M. Claeys en 1930, de MM. Delannoy, Borel et Claeys en 1951. Arch. I.C.L. Dossiers Q7B et Q8B.

6.– Dans une lettre au recteur du 9 septembre 1936, M. Claeys déclare qu'il assure seul les enseignements de zoologie et de parasitologie, donnés par six personnes à la faculté de l'Etat.

en juin 1959 la *mise en veilleuse* de la section de pharmacie ? Ou quelques déboires dans l'enseignement de la chimie organique ? M. Paget, suite à un différend avec un enseignant de la Faculté des sciences, M. Pigache, a fait appel en 1956-57 à un parisien, M. Bourdu, lequel a profondément déçu… Toujours est-il que M. Paget refuse d'assurer le cours de chimie organique, préconise cette mise en veilleuse et démissionne de son poste d'assesseur, entraînant de surcroît son chef de travaux, Mlle Y. Dupont. Le Conseil d'administration du 23 juin 1959 accepte cette proposition, présentée *pour des raisons financières et démographique*, entendant par là une charge financière disproportionnée par rapport au nombre d'étudiants, malgré l'avis de son président, M. Sander, qui estime que cette décision ne relève pas de sa compétence.

Le recteur, Mgr Delacroix, en avise aussitôt le Pr Paget, mais 48 heures plus tard, il l'informe que cette proposition *ne sera en rien suivie d'effet7.* A la rentrée d'octobre 1959, les étudiants en pharmacie apprennent avec surprise ces démissions et s'émeuvent des *bruits qui circulent sur une éventuelle fermeture de la Faculté libre de pharmacie.* Ils adressent donc au doyen Delattre une véhémente pétition[8]. Tout en affirmant leur *attachement à la Catho et leur désir légitime d'y rester,* ils estiment que *la fermeture de la Faculté de pharmacie serait lourde de conséquences pour l'Université catholique.* Précisant que les résultats obtenus aux examens officiels ont été très satisfaisants, ils *déplorent que les démissions dont on parle aient été données de telle sorte que la situation de la Faculté soit en danger, sans qu'elle ait eu le temps de réorganiser complètement les cours qui y sont enseignés, soulignent que ces démissions n'ont été en aucune façon provoquées par les étudiants en pharmacie et qu'ils ne voient pas pourquoi ils en subiraient les conséquences.*

Le 14 octobre, au Conseil de Faculté, M. Delannoy, *en l'absence du Pr Paget, excusé, expose l'historique des difficultés qui ont pu faire envisager la fermeture de la section de pharmacie et l'état actuel de la situation qui paraît en voie de solution.* Après échange de vues, le vœu suivant est formulé : *La Faculté de médecine et de pharmacie, émue des bruits qui circulent selon lesquels la section de Pharmacie serait en danger d'être fermée, attire l'attention de l'Autorité académique sur la nécessité de maintenir la section de Pharmacie et de renforcer son corps professoral* [9].

La motion des étudiants est fort mal accueillie par les autorités académiques et… par le Pr Paget. Mgr Dupont, qui assume alors l'intérim du rectorat, reçoit leurs représentants et les somme de présenter leurs excuses à M. Paget. Quelques jours plus tard, ceux-ci rédigent une lettre que, sur les conseils du président de l'Association des Anciens, M. Michel Delerue, ils soumettent d'abord à M. René Théry, professeur à la Faculté de droit, et au doyen Delattre ; ils y reconnaissent, en des termes plutôt alambiqués, que *les démissions dont ils ont déploré le contretemps avaient été la conséquence et non la cause de ce que les mesures souhaitées pour assurer à notre faculté les moyens d'expression dans une plénitude de tous ses enseignements n'avaient pu être mises*

7.- Lettres du recteur Mgr S. Delacroix au Pr Paget des 23 et 26 juin 1959. Arch. Fac. libre de médecine. Pharmacie.

8.– Procès verbal du Conseil de Faculté du 14 octobre 1959.

9.– Conseil de Faculté du 14 octobre 1959.

en œuvre[10]. Finalement, par décision du vice-recteur, l'enseignement de la chimie organique sera assuré en première année par M. Pigache, en deuxième année par M. Vittu, une solution toute provisoire…

En 1961, suite à la demande de M. Delannoy, soutenue par le vice-recteur, le chanoine Gérard Lepoutre, le Conseil d'administration accepte de créer un poste de pharmacien des hôpitaux de l'Institut catholique, associé à une charge d'enseignement, dans le but d'étoffer le corps professoral de la section de pharmacie. M. Bernard Vanbockstael en est le premier titulaire.

Nouvelle réforme, nouveaux problèmes

La réforme instaurée par le décret du 26 novembre 1962 va créer de nouvelles difficultés, majeures cette fois.

Elle supprime le stage pré universitaire en officine, remplacé par deux stages de trois mois en cours d'études ; elle impose des épreuves écrites dans tous les examens et crée une cinquième année d'études, ouvrant d'autres perspectives que la pharmacie d'officine. L'étudiant doit y valider ses stages et acquérir deux « certificats », l'un de technique biologique ou de technique pharmaceutique industrielle, l'autre choisi parmi trois options : éducation sanitaire et sociale, chimie analytique appliquée, technique physico-chimique. Ces dispositions posent de sérieux problèmes pour l'avenir de la section : comment, avec une équipe professorale aussi restreinte et surchargée, et surtout des effectifs étudiants aussi faibles – quelques unités dans les dernières années – organiser l'enseignement de ces différents certificats ?

A la recherche de solutions, de nombreuses rencontres sont organisées à partir de janvier 1963, à l'initiative de M. Delannoy, désormais responsable de la section, et sous la houlette du vice-recteur, Gérard Lepoutre. Elles réunissent la plupart des enseignants, quelques anciens motivés et quelquefois les représentants élus des étudiants.

Rapidement, deux courants se dessinent : l'un, autour de M. Delannoy, est plutôt pessimiste, ne voyant d'autre issue que la fermeture à terme de la section, ou au mieux le maintien des seules premières années ; l'autre, soutenu surtout par les étudiants et les jeunes anciens, menés par Bernard Vanbockstael, tente de chercher des solutions conservatrices ou, à défaut, alternatives, dont quelques rapports gardent le souvenir[11] et dont certaines ont pu être mises en œuvre.

1. renforcer la formation humaine et chrétienne des pharmaciens installés et des futurs pharmaciens. Cela débouchera en 1965 sur la création du Groupe d'études des pharmaciens du Nord, présidé par un ancien, M. Charles Liagre, et animé par B. Vanbockstael. Ce groupe, d'inspiration ouvertement catholique, organise cette année-là, à l'occasion de la journée des Anciens, une première conférence sur les techniques du dialogue.

10.– Arch. I.C.L. série QL.

11.– *Ibid.*

Il prévoit pour l'année suivante cinq réunions sur ce thème, ouvertes à tous et suivies avec succès. Le groupe initial perdure encore de nos jours et continue à se réunir sur des sujets intéressant à la fois la profession et la religion.

2. développer la formation économique et sociale des pharmaciens et plus généralement des membres des professions de santé (M. Joseph Morgant, avril 1966), sous la forme d'un Institut éponyme, au recrutement national, dont les études seraient axées sur le droit, l'économie et la psychologie et qui fournirait des cadres aux organismes et entreprises qui relèvent de la santé (ministère, administrations, industrie, hôpitaux...).
3. créer un Institut de pharmacie industrielle, sur le modèle de celui qui existe à Montpellier et qui préparerait de manière spécifique des diplômés pour les besoins de l'industrie pharmaceutique. Un tel projet avait été élaboré dès 1961, mais abandonné faute de maître d'oeuvre.
4. rendre plus attractif le cursus des études à la Catho, en proposant des notions de secourisme, une initiation au contact avec les malades (le pharmacien *sera trop tenté de ne connaître plus tard que le client*[12]), un stage de puériculture et de diététique infantile en dernière année – il sera organisé effectivement en 1965 et 1966 à l'hôpital Saint-Antoine, avec l'aide de la pharmacienne de l'établissement, Mlle Marie-Hélène Lobbé.
5. recréer l'internat en pharmacie, avec une double fonction : assister le pharmacien des hôpitaux de la Faculté dans la préparation et la distribution des médicaments et participer aux activités et aux gardes au laboratoire central de l'hôpital Saint-Philibert. Cet internat sera mis en place en 1964, comme il sera dit ci-dessous.

Au printemps de 1966, de nouvelles réunions sont organisées par de jeunes anciens autour du vice-recteur G. Lepoutre. Elles donnent lieu à un rapport aux termes vigoureux, adressé au recteur par J. Cl. Lemahieu[13].

Nous serions tentés de dire toute notre amertume et toute notre colère quand nous remuons à regret le passé. Quand nous voyons que tous nos appels prémonitoires, toutes nos mises en garde, toutes nos propositions sont restées vaines et ce, depuis plus de vingt ans déjà. Les intéressés apprennent en effet que la fermeture de la section de pharmacie apparaît inéluctable aux autorités académiques.

Et de décliner les trois solutions envisageables :

- la reconduction pure et simple, c'est-à-dire le maintien de la section en l'adaptant aux exigences nouvelles ; formule souhaitée par les étudiants actuels et une partie des anciens. Elle exigera évidemment de renforcer le nombre et le temps de présence des pharmaciens ensei-

12.– Orientations de la Faculté de Pharmacie – 18 novembre 1964. Rapport non signé. Arch. I.C.L. Série QL.

13.– Opinions et suggestions des Anciens étudiants de la Faculté libre de pharmacie. Réunion du mois d'avril 1966 - Arch. I.C.L. Série QL.

gnants, en utilisant entre autres les ressources qu'offrent les hôpitaux et les laboratoires de l'Université catholique.

- le maintien d'un enseignement limité aux premières années, qui aurait l'agrément de l'administration, car peu coûteux, mais que rejette la majorité des étudiants.
- la « reconversion » de la Faculté, en réalité le remplacement de la Faculté par un Institut de formation humaine et sociale et/ou un Institut de pharmacie industrielle.

Ce rapport reçoit de la part du recteur Mgr Leclercq un accusé de réception plutôt froid, confirmant implicitement la décision de fermeture de la section.

Sur le terrain, les résultats des examens devant la faculté de Lille restent satisfaisants, de l'ordre de 60 % de succès en première année et généralement voisins de 100 % les années suivantes. Néanmoins, les effectifs diminuent rapidement : 29 étudiants en 1961-62, 23 l'année suivante, mais la mise en place de la réforme entraîne une sélection sévère en première année : 25 % de succès ; bien que ce chiffre soit supérieur à celui de toutes les facultés d'Etat, l'érosion s'accélère. En 1964-65, il reste 20 étudiants en première année dont huit redoublants et cinq en deuxième année. L'année suivante, sept étudiants sur les huit admis en fin de première année et tous ceux de deuxième année passent à la faculté de l'Etat ; seuls les étudiants de troisième année terminent leur cursus à la Faculté libre. C'est la fin...

Celle-ci sera effective au terme de l'année universitaire 1966-67. Dans son rapport sur cette année-là, le professeur Vittu écrit : *En définitive, il n'y a aucun étudiant en pharmacie à la Faculté libre pour l'année 1967-68. Il est vraisemblable que cette situation est définitive puisqu'à ce jour rien n'est envisagé, au point de vue universitaire pour l'avenir.* Une lettre du recteur Mgr Leclercq le confirme : tout en *exprimant au corps professoral sa vive reconnaissance pour le dévouement dont il a fait preuve*, il estime que *tout ce qui était humainement possible a été fait*[14].

Cette fermeture ne posera aucun problème de reclassement des enseignants, les professeurs Paget et Vittu ayant suffisamment d'activités en médecine et dans leurs laboratoires, les quelques autres rejoignant leur officine (MM. Delannoy, Lemahieu), leur laboratoire (M. Debeaumont), leur poste hospitalier (M. Vanbockstael) ou administratif (M. Borel, qui prendra en sus la direction de l'Institut Supérieur d'Agriculture, dont il est déjà directeur des études).

Les assesseurs de pharmacie

L'organisation des études de la section de pharmacie nécessitait évidemment une certaine expérience. Le doyen Béchamp la possédait. Mais lorsqu'en juillet 1879, il renonce de fait à sa charge, le recteur Mgr Hautecœur nomme deux assesseurs pour le remplacer, dont M. Ch. E. Schmitt pour la pharmacie. Il était en effet le plus qualifié pour assumer cette

14.- Lettre du recteur Mgr G. Leclercq au Pr Vittu du 3 novembre 1967.

charge, du fait de son appartenance antérieure à une Ecole supérieure de pharmacie. Il gardera cette responsabilité jusqu'à sa mort en 1905, l'assumant avec une conscience et une efficacité exemplaires. Il fut, dira plus tard le Pr Cyrille Carrez, *le véritable chef de l'Ecole de pharmacie*[2]. C'est à ce dernier que le recteur demande alors de lui succéder. Il reçoit en 1908 le titre d'assesseur du doyen pour la pharmacie. Il le restera vingt-neuf ans, c'est-à-dire jusqu'à sa retraite en 1937. Après lui, la charge échoit au Pr Désiré Raquet jusqu'en 1944 où elle revient au Pr Marcel Paget, qui démissionne en 1959. La Faculté renonce alors à proposer un nouvel assesseur, mais demande simplement au Pr Michel Delannoy d'en assumer les fonctions, ce qu'il fait jusqu'en 1966, date à laquelle il souhaite instamment en être déchargé. C'est le Pr Christian Vittu qui reprend alors le flambeau pour cette dernière année de fonctionnement.

Charles-Ernest Schmitt

Cyrille Carrez

Désiré Raquet

Marcel Paget

Michel Delannoy

Christian Vittu

L'internat en pharmacie

A deux reprises, au cours de son existence, la Faculté de médecine et de pharmacie a organisé un internat en pharmacie. La première se situe lors de sa création. La pharmacie de l'hôpital Sainte-Eugénie est alors sous la responsabilité de la Faculté catholique et celle-ci a obtenu sans peine un internat en pharmacie, équivalent à l'internat en médecine ; deux, puis quatre postes sont créés.

Ces internes sont chargés de suivre la visite des médecins et chirurgiens dans les services, de recueillir leurs prescriptions, de les transmettre au pharmacien en chef, M. Demandre, puis M. Baelde, et de participer à leur préparation sous sa direction. Des activités prenantes certes, mais très formatrices, on le conçoit. Le premier concours, en juillet 1878, se termine par la nomination de deux internes, MM. Auguste Judas et André Rousseau. D'autres suivent régulièrement, tous les ans ou tous les deux ans, avec en général une place par an et une nomination pour deux ans.

Lorsqu'en février 1902, l'Administration des Hospices nomme M. Leclair pharmacien de l'hôpital de la Charité en remplacement de M. A. Baelde, elle décide aussi d'organiser un concours unique d'internat en pharmacie pour ses deux hôpitaux, Saint-Sauveur et la Charité, en admettant cependant la présence parmi les cinq membres du jury d'un professeur de la Faculté catholique. *Le concours de l'internat en pharmacie nous échappe désormais*, conclut le doyen Duret au Conseil de faculté du 5 février 1902. Les étudiants de la Faculté libre peuvent concourir avec ceux de la faculté d'Etat. Cette année-là, l'un d'eux est admis. Il en sera de même en novembre 1903. En 1905, un étudiant de la Faculté libre est nommé interne provisoire à l'hôpital Saint-Sauveur, il sera titularisé en 1907. Il semble qu'au-delà de cette date aucun élève de la Faculté libre ne se soit plus présenté au concours commun.

En 1946, sous le décanat du Pr L. Langeron, est relancé au Conseil de Faculté le projet d'un internat en pharmacie. Les deux postes créés seraient affectés aux laboratoires de l'hôpital de la Charité et de l'hôpital Saint-Philibert. Aucune suite n'est donnée à cette suggestion.

Elle ne sera reprise qu'en 1963, à l'initiative de M. Bernard Vanbockstael, pharmacien de l'hôpital Saint-Philibert et avec l'appui de M. Jean Tirloy, secrétaire général des Etablissements hospitaliers. Ce dernier élabore donc un règlement de l'internat, que le recteur signe en juin 1964. Il prévoit les modalités du concours et les devoirs de l'interne : participer à la vie de la pharmacie centrale des hôpitaux de la Catho et aux activités du laboratoire Saint-Philibert, y compris les gardes. A l'issue du premier concours qui s'est déroulé le 22 mai 1964, M. Xavier Deschamps est nommé interne titulaire, M. Daniel Bout proposé comme interne suppléant. Hélas, M. Deschamps donne sa démission en décembre 1965, estimant ses fonctions trop prenantes et incompatibles avec la préparation de ses examens terminaux. Un nouveau concours est donc prévu en mars 1966. Il semble qu'il n'ait pas été organisé, faute de candidat.

Une troisième étape se profile avec la création du 3e cycle d'études de pharmacie et la réorganisation de l'internat en pharmacie dans les années 1980. Le responsable du service de pharmacie et de stérilisation du Centre hospitalier Saint-Philibert de Lomme, Bernard Vanbockstael, obtient de la Direction régionale des Affaires sanitaires et sociales l'attribution de deux postes d'internes. En novembre 1984, Mlles Annie Bomart et Dominique Degroote choisissent ce service pour effectuer une première année d'internat. Elles seront les premiers internes en pharmacie de la région à recevoir une partie de leur formation dans nos établissements. Bien d'autres après elles occuperont ces postes.

Les étudiants, les Anciens et leurs Associations

Les effectifs de la section de pharmacie ont toujours été modestes. Jusqu'en 1909, les trois années d'études rassemblaient entre 6 et 26 étudiants, ce dernier nombre étant atteint en 1895-96. En 1909, la scolarité passe à quatre années, mais ceci n'augmente guère le nombre des élèves.

Durant la guerre de 1914-18, le nombre d'inscrits annuels oscille entre zéro et trois : ils sont alors pris en charge individuellement par les quelques professeurs présents, dont Joseph Willot, qui se distinguera par ses hauts faits de résistance à l'occupant, rappelés au chapitre X.

Lors de la reprise, les effectifs varient de 10 à 22 jusqu'en 1928 ; ils s'élèvent ensuite sensiblement, jusqu'à atteindre un maximum de 49 en 1957-58, pour retomber autour de la trentaine dans les années 1960 et à douze la dernière année de fonctionnement (1966-67).

Ces oscillations n'ont pas toujours d'explication évidente. Les résultats aux examens sont presque toujours jugés satisfaisants, voire excellents dans le rapport annuel des assesseurs successifs. Mais ils n'empêchent pas la fuite de nombreux élèves vers la faculté d'Etat en cours d'études.

Il est vrai qu'à certaines périodes, tel ou tel enseignement donné à la Faculté libre a pu être déficient : c'est plutôt rare ; plus fréquentes sont les différences de contenu ou de présentation par rapport à ceux de la faculté officielle de Lille, devant laquelle se passent tous les examens. Dès 1890, des étudiants de première année se plaignent de cette distorsion, aggravée par le fait que la plupart de leurs cours sont communs avec ceux des élèves préparant une licence de sciences. En 1927 encore, un rapport rédigé après enquête par un ancien (G. Logié) révèle que nombre d'étudiants en pharmacie se procurent les cours de la faculté d'Etat, une assurance de succès aux examens[15].

Par contre, le petit nombre d'étudiants ne pouvait que favoriser une excellente formation pratique, reconnue par les examinateurs officiels.

Est-ce ce petit nombre qui explique l'étonnante vitalité des associations successives des étudiants en pharmacie ? Ce n'est pas improbable. En tous cas, ceux-ci sont parmi les premiers au sein de l'Université catholique à créer, dès la rentrée 1892-93, une *Union amicale des étudiants en pharmacie*, laquelle, le 1er juillet 1893, devient l'*Association pharmaceutique des Facultés catholiques de Lille*, réunissant étudiants, professeurs et anciens. Son objet principal consiste à faciliter le recrutement des étudiants et le placement des stagiaires. L'Association se réunit une fois l'an et décide de prendre pour patronne sainte Marie-Madeleine. Une de ses initiatives remarquables est la création par son président, Emile Massart, du *Chant des étudiants de l'Université catholique* (Cf. chapitre VII).

En 1905, l'Association rentre dans le cadre de la loi sur les associations et prend la dénomination d'*Association amicale des élèves et anciens élèves de la Faculté libre de pharmacie*. Elle maintiendra longtemps sa réunion annuelle, très suivie, avec messe, assemblée générale, enrichie le plus souvent d'une

15.– Enquête de l'été 1927 par G.Logié à l'intention du recteur Lesne. Arch. I.C.L. Dossier Q6E.

conférence, banquet convivial avec nombreux toasts et l'incontournable chant des étudiants de M. Massart.

À partir de 1920, le programme de la journée comporte toujours le « pèlerinage » au monument du Pr Willot, dans le jardin de la Faculté, avec dépôt d'une gerbe de fleurs.

Le buste de Joseph Willot dans l'allée de la Faculté

En 1929, la réunion revêt une solennité particulière, car célébrant – avec trois ans de retard – le cinquantenaire de la section de pharmacie. Préparée par G. Logié, cette journée entendra de la bouche du Pr Carrez le récit de l'histoire de ces 50 premières années[2].

A partir de 1937, la promotion sortante est invitée pendant la messe à prononcer le serment du pharmacien chrétien. C'est qu'en avril 1936 en effet, le recteur Mgr Lesne transmet à M. Carrez, assesseur, le vœu de l'assemblée des Cardinaux et Archevêques *qu'à la fin de leurs études, les étudiants des Facultés catholiques [...] prêtent un serment analogue à celui qu'émettent déjà les étudiants en médecine à la veille de passer leur thèse*[16].

M. Carrez accueille d'autant mieux cette suggestion qu'il l'avait lui-même formulée bien des années plus tôt, sans être entendu... Le recteur rédige donc un projet, inspiré du serment ancien des « maistres apothicaires chrestiens et craignants Dieu » et de l'engagement du médecin chrétien

16.– Lettre du 24 avril 1936 du recteur Mgr Lesne au « directeur ». Arch. I.C.L. Dossier QK.

rédigé par Camille Feron-Vrau. Légèrement modifié par quelques enseignants et anciens élèves, ce texte est reproduit à la fin de ce chapitre.

C'est vers la même époque que la journée des anciens est fixée au dimanche de *Laetare* (4e dimanche de carême) et qu'elle se termine par une « sauterie » ou, soit dit plus élégamment, par une soirée dansante…

Supprimées pendant la guerre, les réunions annuelles reprennent en 1946, sous la présidence de Marcel Lecocq, puis de Michel Delerue (1954).

La suspension des enseignements n'a pas dissous pour autant l'Association des Anciens. Trois manifestations majeures en ont rassemblé un grand nombre. La première en mars 1968, autour du Pr Michel Delannoy, pour fêter ses vingt-cinq années de dévouement au service des étudiants, la seconde en 1986 pour célébrer avec faste et ferveur les 50 ans de présence du Pr Christian Vittu à l'Université catholique. La troisième, tenue le 13 avril 2003, bien après la suspension des activités de la section, réunira encore 63 pharmaciens (45 absents s'étaient excusés), qui avec leurs conjoints garniront une table de plus de 80 participants. Cette journée de retrouvailles dont l'initiative revient à Lucie Prévost Evrard, a été organisée par Christian et Janine Vittu, Gilbert Malou, Pierre Chavatte, Bernard Vanbockstael, Pascal et Thérèse Debeunne. Elle a laissé des souvenirs chaleureux chez ceux qui l'ont vécue.

Autre signe de vitalité de l'Association : la publication à plusieurs reprises d'un annuaire des anciens et celle d'un bulletin, au titre et à la périodicité variables (Bulletin de l'Association, Apothic News), mais au contenu toujours copieux et sérieux.

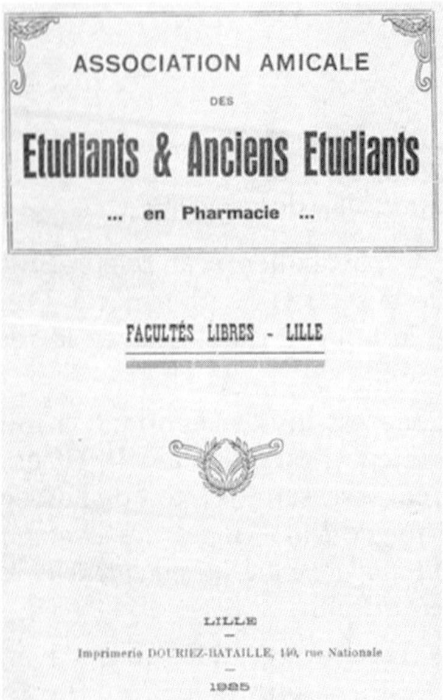

Bulletin et plaquette à l'effigie de Sainte Marie-Madeleine
de l'Association des Étudiants et Anciens Étudiants en pharmacie

Et encore, quelques interventions de ses présidents auprès des autorités académiques à l'occasion de tensions ou de difficultés au sein de la section, interventions toujours pertinentes, mais pas toujours bien reçues de la part de certains enseignants et notamment de tel assesseur en titre, dont la susceptibilité était extrême et la réactivité redoutable ! Quelques-uns de ces responsables ont vraiment marqué l'association par leur longévité et la vigueur de leur engagement, tels M. Thieullet (1906-1922), Georges Logié, Georges Joly (1928-1945), Marcel Lecocq (1946-1953), Michel Delerue (1954-1966), Jean-Claude Lemahieu (1966).

En guise de conclusion

Au total, en un peu moins d'un siècle, la section de pharmacie aura formé plusieurs centaines de praticiens dont le rayonnement et l'action sociale ont été souvent exemplaires. Nombre d'entre eux ont assumé des responsabilités civiques (dans les municipalités, les conseils généraux, voire à l'Assemblée nationale, tel M. Maurice Berger, pharmacien à Orléans, député du Loiret en 1928), professionnelles (Ordre des pharmaciens et syndicats) et, bien sûr, confessionnelles (conseils paroissiaux, œuvres caritatives et autres). Ils confirment ainsi *l'influence considérable sur la population* qui avait justifié la création de cette section de la Faculté catholique de médecine et de pharmacie.

FACULTÉS CATHOLIQUES DE LILLE

Engagement du Pharmacien chrétien

En présence de Dieu, et après l'avoir invoqué, je promets de remplir consciencieusement mes devoirs religieux et professionnels.

J'observerai les commandements de Dieu et de l'Eglise, je garderai pures et chastes ma vie et ma profession.

J'honorerai l'Université Catholique, ses chefs et ses maîtres qui m'ont enseigné ; je me montrerai bon et secourable à l'égard de mes anciens condisciples.

Dans ma profession je serai fidèle à tous les préceptes de la Déontologie du pharmacien chrétien.

Je serai toujours soucieux de la dignité et de l'honnêteté professionnelles.

J'entretiendrai des rapports empreints de loyauté et de charité avec tous mes confrères ; je m'abstiendrai de tenir à leur sujet devant mes clients tous propos de nature à leur causer préjudice.

Je collaborerai loyalement avec les médecins pour le plus grand bien des malades.

Les choses qui arriveront à ma connaissance dans l'exercice de ma profession et qui touchent à la réputation et aux intérêts légitimes des malades et de leurs familles, je les garderai comme des secrets inviolables.

Je n'exigerai d'aucun client des prix supérieurs à ceux que fixent les tarifs ou les usages de la profession.

Je m'abstiendrai de toute connivence avec ceux qui voudraient exploiter la confiance ou la crédulité des malades.

Je refuserai de tenir dans mon officine tout article de destination anticonceptionnelle et tout ce que je saurai devoir servir à des actes que réprouve la morale chrétienne.

Je m'efforcerai de donner à tous de bons conseils, conformes aux justes lois du pays, aux préceptes de la sagesse et de la prudence chrétiennes, aux exigences de la foi et de la morale catholiques.

Daigne sainte Marie-Madeleine, Patronne de notre profession, me venir

en aide dans l'accomplissement de ces promesses.

Chapitre XXI
Concours, prix et médailles

La tradition universitaire française a longtemps privilégié les concours comme moyen de dégager l'élite d'une profession, en particulier en médecine, et d'assurer ainsi le recrutement de cadres de valeur.

Dans un rapport au Conseil de faculté du 11 novembre 1879, le Pr Redier souligne ainsi que les concours doivent *permettre de choisir des titulaires pour divers emplois d'une grande importance et qui ne doivent être occupés que par des jeunes gens offrant toutes les garanties.*

C'est ainsi que sont mis en place dans la Faculté les concours d'internat et d'externat des hôpitaux dès juillet 1878, d'adjuvat d'anatomie la même année et de clinicat à partir de 1882. La première agrégation ne sera organisée qu'en 1929 (Cf. Chap. XI).

Le même souci de promouvoir des élites et de stimuler leur zèle justifie la création et l'attribution de récompenses : prix et médailles sont décernés chaque année dans ce but et les lauréats sont toujours fiers de les citer dans la liste de leurs titres.

Internat et externat des hopitaux[1]

Les concours d'externat et d'internat ont été institués le 4 ventôse an X (10 février 1802) par un simple règlement du service de santé dans les hôpitaux et hospices de Paris. Cette création coïncidait avec la réforme des études médicales voulue par le Premier Consul et réalisée par Fourcroy et Thouret ; elle marquait les débuts de la médecine clinique, celle qui s'apprend au chevet du malade. Après Paris, au fil des décennies, se sont créés des internats dans les facultés et les écoles de santé des villes de province[2], mais le rayonnement de l'internat parisien se maintiendra pendant

1.– Le CD joint à cet ouvrage donne la liste de tous les internes de l'Hôpital Sainte-Eugénie – La Charité et des internes des Hôpitaux propres de la Faculté libre jusqu'en 1982.

2.– Ainsi, en 1866, l'hôpital Saint-Sauveur de Lille compte six internes dont deux, nourris et logés à l'hôpital, sont alternativement de garde un jour et une nuit. Les quatre autres ne font qu'assister aux visites du matin, une pratique jugée défectueuse par A. Houzé de l'Aulnoit. *De l'Assistance publique à Lille, op. cit.*, pp. 105-106.

plus de 150 ans : nombreux sont les étudiants de province qui montent à Paris pour tenter d'acquérir ce titre prestigieux.

Tremplin obligatoire de toute carrière hospitalière et/ou universitaire, l'internat est la première marche de la *voie royale des concours*, après la sélection préalable de l'externat. L'interne est la *cheville ouvrière* des services hospitaliers où le temps plein n'existe pas encore. En contact premier et constant avec le malade, il est l'interlocuteur privilégié du patron, lors de la visite du matin, devant la *piétaille des stagiaires*. Il assure le suivi des prescriptions, la contre-visite de l'après-midi, et, à tour de rôle, la garde de nuit pour l'ensemble de l'hôpital. Il porte donc de lourdes responsabilités.

C'est un personnage respecté. Et c'est avec une fierté légitime qu'au lendemain du concours, il ceint pour la première fois, au-dessus de sa blouse, le tablier blanc dont la large poche contient, entre autres, ordonnances, stéthoscope et marteau à réflexes...

Après quelques années d'un dur métier, il aura la satisfaction d'apposer sur sa plaque la mention *ancien interne des hôpitaux de N* (au mieux de Paris), garant d'expérience et de réussite, à moins que, sélectionné cette fois sur le terrain, il n'accède à d'autres concours.

A la Faculté libre de médecine, dès l'ouverture de l'hôpital Sainte-Eugénie, fin juin 1877, les deux élèves de deuxième année, Stéphane Van Oye et Achille Cochez, sont nommés internes provisoires. A partir du 1er décembre de la même année, trois internes en médecine et en chirurgie (Stéphane Van Oye, Antoine Jaffus et Henri Gayrard) et un interne en pharmacie (Louis Cardon) sont proposés à la Commission administrative des Hospices[3]. Dès la rentrée 1877-78, le Conseil de la Faculté met au point le règlement des concours hospitaliers, lequel, voté le 4 mars 1878, est adopté par l'Administration des Hospices qui en assure l'organisation.

Le **concours d'externat** est ouvert aux étudiants possédant au moins quatre inscriptions, dont la dernière prise à la Faculté libre (c'est-à-dire à la fin de la première année). Le jury est formé de cinq professeurs de la Faculté, autres que les professeurs de clinique, choisis d'abord par la Faculté elle-même et, plus tard, tirés au sort par l'Administration des Hospices dans une liste fournie par la Faculté.

Initialement les épreuves comportent un examen écrit de deux heures sur une question d'anatomie et une question de petite chirurgie, puis une interrogation orale de deux fois dix minutes portant sur les mêmes matières. Plus tard, on ajoutera une épreuve pratique : bandage, appareil d'anesthésie, prise de tension artérielle...

Les externes sont nommés pour deux ans. Il y a autant de postes en médecine qu'en chirurgie, bien qu'il y ait le double de lits en médecine. Le concours a lieu en novembre pour une entrée en fonctions le 1er décembre. Au premier concours, douze candidats se présentent, dix sont nommés.

3.– Séance de la Commission administrative des hospices de Lille du 1er décembre 1877. *A.D.N. Dossier 96 K 239*. Nombreux sont les noms d'internes, provisoires ou nommés au concours (tels ceux de Cochez et Gayrard) qui disparaissent rapidement des listes, sans doute pour s'inscrire définitivement à Paris.

Leurs fonctions sont clairement définies : *Ils doivent suivre les visites des chefs de service, tenir les cahiers de visite et aider les internes à en faire le relevé, faire les pansements, les diverses opérations de petite chirurgie, prendre part aux autopsies et recueillir les observations, etc.*

A partir du 1er novembre 1879, le **concours d'internat** est réservé aux anciens externes de la Faculté libre ou d'une autre faculté, sous réserve que leur dernière inscription ait été prise à la Faculté libre. Le concours comporte une épreuve écrite de trois heures portant sur l'anatomie et la physiologie, un examen oral de deux fois dix minutes sur des questions de pathologie médicale et chirurgicale et une épreuve pratique comportant l'examen de deux malades de médecine et de chirurgie pendant dix minutes, suivi d'une rédaction pendant trente minutes. Les trois épreuves ont le même coefficient. Cette épreuve clinique, propre à la Faculté libre, est appréciée même par nos adversaires : on lit dans le *Progrès médical* du 12 avril 1899 dont le rédacteur en chef n'est autre que le farouche anticlérical Dr Bourneville : *On voit qu'à la Faculté catholique de Lille, on n'hésite pas à adjoindre une épreuve clinique aux épreuves théoriques du concours de l'internat. Chacun trouve son bien où il le trouve…*

Comme pour l'externat, le jury, nommé dans les mêmes conditions, est composé de cinq membres dont les trois professeurs de clinique médicale, chirurgicale et obstétricale.

Le concours d'internat est une véritable épreuve. Pendant plus de cent ans, jusqu'à la suppression de l'externat et la création de l'internat national, il se déroule selon un rite immuable dans la grande salle du rez-de-chaussée de l'hôpital Sainte-Eugénie - La Charité, appelée « chauffoir ». Le jour de l'ouverture, après l'appel des candidats par le président, un membre de la Commission administrative des hospices, les questions de l'écrit sont tirées au sort ; dès leur énoncé, les candidats se jettent sur leur copie, sauf ceux qui, rebutés par les sujets, « filent ». Les copies, anonymes, seront lues devant le jury par un interne en fonction, ce qui entraîne déjà une certaine inégalité : tel lecteur embellit la copie, tel autre au contraire ânonne ou peine à lire une copie mal écrite…

Après l'écrit, un premier classement est établi, avec élimination des candidats qui n'ont pas obtenu la moyenne. C'est alors l'oral, particulièrement éprouvant. Le candidat est d'abord isolé dans une petite pièce où il prend connaissance de la question et prépare son exposé. Puis, introduit devant le jury, il a dix minutes exactement pour exprimer ce qu'il sait. A la seconde près, il lui faut s'interrompre dès que retentit la sonnerie impérative. Au contraire, s'il est trop bref, il lui faut attendre dans un silence écrasant la fin du temps règlementaire… L'examen clinique n'est pas moins stressant : le candidat peut tomber sur un malade coopérant voire complice, ou sur un sujet confus ou comateux…

Il reste que ces deux épreuves, dont le poids est important, ne sont pas anonymes, ce qui pourrait permettre un certain favoritisme, rendu à vrai dire difficile par le petit nombre de candidats. Pour en juger, il faudrait connaître les délibérations du jury, gardées secrètes et ne donnant lieu à aucun compte-rendu[4].

Initialement, les internes sont nommés pour deux ans, mais ne peuvent passer qu'une année dans le même service. Les internes de deuxième année sont logés et nourris par l'hôpital et reçoivent une indemnité annuelle de 100 F, portée à 400 F quelques années plus tard.

Le premier concours d'internat a lieu le 22 juillet 1878 : sur six candidats, quatre sont nommés ; ce sont Van Oye, Giamboni (d'origine italienne), Jaffus (de Montpellier) et Rome, mais ce dernier est nommé pour un an seulement et devra repasser le concours pour posséder le titre. Un cinquième, Vilfroy, est nommé interne provisoire. Seuls les trois premiers sont payés par l'Administration des Hospices ; c'est elle en effet qui fixe le nombre de places. Les autres sont rémunérés par l'Université catholique. En août, le major Stéphane Van Oye reçoit le prix de l'internat, une médaille d'argent décernée par l'Administration des Hospices.

Dès l'année suivante, le concours est reporté au mois de novembre. Le prix est attribué à Antoine Jaffus[5], mais l'administration ayant appris *qu'il était tombé malade pendant l'exercice de ses fonctions à l'hôpital Sainte-Eugénie et qu'il avait succombé victime de son zèle et de son dévouement,* le prix est remis au recteur pour qu'il l'envoie à sa famille.

En 1880, l'administration annonce que le prix de l'internat sera réservé aux internes en fonction à la suite d'un concours comportant deux épreuves cliniques. À ce premier concours, deux candidats s'affrontent ; ils sont de même valeur et pour les départager, le jury décide de leur faire subir une épreuve supplémentaire. Retenons le nom de l'heureux lauréat : Charles Butruille[6].

À cette date, l'aile droite de Sainte-Eugénie possède cinq internes : deux en médecine, deux en chirurgie et un en obstétrique. L'administration s'en étonne car elle ne reconnaît et n'en rémunère que trois. Le recteur répond que l'Université prend les deux autres à sa charge. Mais l'année suivante, l'Administration des Hospices a été remaniée, dans un sens moins favorable à la Faculté libre. *L'administration actuelle n'a pas à s'occuper ici de la tolérance de l'ancienne Commission vis-à-vis de la Faculté libre*[7]. Revoyant le texte de la Convention initiale, elle refuse d'entériner le tableau de service pour l'année 1880-81, n'accepte plus qu'un service de médecine, un service de chirurgie et

4.– Dès les débuts de l'institution, des cas de tricherie et de favoritisme, voire des scandales, ont perturbé l'internat des hôpitaux de Paris. B. Vergez-Chaignon : *Les internes des Hôpitaux de Paris (1802-1952),* Hachette littératures, Paris ; 2002, 319 p. A la Faculté libre, on ne relève aucun cas probant de ce genre, même si parfois des résultats inattendus ont pu soulever des doutes...

5.– Antoine Jaffus (1857-1879). Nombreux sont les cas de maladies contractées en service ; ainsi en 1880, un interne Irénée Macquart est hospitalisé pour une fièvre typhoïde. La Commission administrative lui accorde l'exemption des frais de séjour.

6.– Charles Butruille (1858-1885). Au seuil d'une carrière prometteuse, ce lauréat est décédé à Paris, âgé de 28 ans, peu de temps après sa thèse et son mariage.

7.– Séance de la Commission administrative des Hospices du 22 janvier 1881. A.D.N. Dossier K 728.

supprime le service d'obstétrique : au total, deux professeurs, trois internes et dix externes. C'est un premier accrochage : il y en aura d'autres.

Les règlements initiaux de ces concours resteront longtemps en vigueur, moyennant quelques aménagements au fil des ans : durée de certaines épreuves, modifications des coefficients (l'épreuve clinique est très vite surcotée), dates du concours et de la prise de fonctions, durée des fonctions : celle de l'internat passant à trois, puis quatre années, listes de questions...

L'énumération de ces réformes serait assez fastidieuse. Certaines, plus importantes, méritent cependant d'être notées. Ainsi la création en 1885 d'un deuxième concours d'internat pour la maternité, émigrée rue du Marché depuis 1881. Au terme d'épreuves spécifiques, l'élu sera Isidore Duricz, avec pour suppléant Jules Vanneufville. Deux ans plus tard, les étudiants, appuyés par quelques professeurs, demandent la fusion des deux concours. Elle ne sera acceptée qu'en 1888 : à partir de cette date, les internes de l'hôpital Sainte-Eugénie, devenu entre temps La Charité, peuvent effectuer une troisième année d'internat à la maternité.

C'est également en 1888 que le Pr Paul Vallin, ancien interne des hôpitaux de Paris, propose d'organiser des conférences d'internat, séances de préparation intensive au concours : elles ont lieu le samedi soir et connaissent un réel succès, mais éveillent à leur tour un soupçon de favoritisme, au point que certains professeurs demandent que les conférenciers ne puissent faire partie du jury, une proposition qui sera rejetée.

En 1891, un second poste d'interne est créé en chirurgie. A la même époque, en raison de l'accroissement de leur activité, le Conseil de Faculté sollicite de l'autorité la création de postes d'internes pour les dispensaires, une demande refusée pour des motifs budgétaires. Il faudra attendre 1906 pour que ce vœu soit exaucé, mais l'interne des dispensaires, en fait de Saint-Camille est alors nommé sans concours par le recteur. Il semble qu'il en fut de même pour l'unique interne de l'hôpital Saint-Antoine, lors de l'ouverture de cet établissement en novembre 1890.

La guerre de 1914-1918 suspend l'organisation des concours. A l'aile droite de la Charité, dont tous les internes sont mobilisés, des étudiants de la faculté d'Etat assurent leurs fonctions, à la satisfaction générale.

Les concours reprennent en décembre 1919, avec quelques facilités pour les anciens combattants : deux places sur trois leur sont réservées. Le titre d'externe n'est plus exigé ; sept inscriptions validées suffisent, c'est-à-dire en fin de seconde année ; la liste des questions est allégée. A l'externat, seize externes sont nommés : il n'y avait plus aucun externe titulaire en fonction.

En 1924, est élaboré un nouveau règlement de l'internat et de l'externat des hôpitaux de Lille, tandis que l'Institut catholique crée son propre internat pour ses établissements, maternité et dispensaires, et pour l'hôpital d'enfants Saint-Antoine. Le concours unique est cependant maintenu ; les premiers classés choisissent toujours l'hôpital de la Charité, les suivants optent pour les services de la Faculté libre, sous condition qu'ils aient obtenu des notes suffisantes au concours. Les places restées vacantes sont attribuées à des « faisant fonction ». Chaque année, une grande affiche annonce les concours pour l'aile droite de la Charité.

Discrimination

En 1925, Mlle Claire Pernet est la première interne de sexe féminin à l'hôpital de la Charité ; elle y assure normalement ses deux années de service, mais lorsqu'en juin 1930 elle demande à effectuer une troisième année à l'hôpital Saint-Antoine, elle se voit refuser ce poste par la supérieure de l'établissement, en raison de son sexe. Mlle Pernet bénéficie du soutien de son chef de service, le Pr Deherripon, du doyen et du Conseil de la Faculté et du recteur lui-même. L'Association Corporative des Etudiants en médecine (ACEM), en réunion extraordinaire, vote une série de motions de protestation vigoureuses. Elle *demande instamment que les étudiantes en médecine, admises à la Faculté sur le même pied que les étudiants, jouissent des mêmes droits que ces derniers et qu'en particulier les prérogatives attachées au titre d'interne leur soient entièrement assurées. [...]* Elle *décide qu'à partir du 1er juillet aucun étudiant n'acceptera de remplir les fonctions d'internes de l'hôpital Saint-Antoine aussi longtemps qu'une solution favorable n'aura pas été accordée à Mlle Pernet.*

L'affaire vient même devant le Conseil supérieur des évêques le 30 septembre 1930, lequel *émet l'avis que toutes garanties de moralité prises, l'internat est accessible aux étudiantes comme aux étudiants dans tous les services de la Faculté.*

Rien n'y fait. En octobre, le doyen Thilliez note que le Cardinal Liénart, chancelier de l'Université, refuse de trancher la question : *Les points de vue ont paru légitimes tous les deux. On veut bien des étudiantes internes, au même titre que des étudiants, mais on ne les voit pas ensemble et nous n'avons aucun droit de l'imposer.* Les choses en restent là. Dans le registre des internes de l'hôpital, soigneusement tenu depuis sa fondation, le nom de Mlle Pernet n'apparaît pas. Mais selon les comptes rendus du Conseil de faculté, il semble qu'un compromis soit intervenu et qu'elle ait été finalement autorisée à effectuer son service à Saint-Antoine de juin à novembre 1930, mais seulement de jour. Le cas de Mlle Pernet n'est d'ailleurs pas unique : en juillet 1930, le Dr Mahieu de Wimereux annonce au doyen É. Camelot que sa fille étudiante à la Faculté libre demande son transfert à Paris parce qu'on lui refuse l'internat à l'hôpital Saint-Antoine. Ici aussi, on ignore la suite donnée à cette demande, mais deux ans plus tard l'établissement accueillera comme interne, et cette fois sans problème, Mlle Thérèse Sénellart. La voie est désormais ouverte pour beaucoup d'autres.

Cet ostracisme vis-à-vis du sexe dit faible était dans l'air du temps. Il sera l'une des causes de la démission en 1934 de M. Paul Feron-Vrau, fils de Camille, de son poste de président du Conseil d'administration de l'Institut catholique, au constat qu'il y a de plus en plus de jeunes filles à la Catho et que cela nuit à la moralité de l'ensemble.

S'agit-il d'une mesure de rétorsion ? Avec un *douloureux étonnement,* le Conseil de faculté apprend le 5 novembre 1930 la suppression de l'un des deux internes de l'hôpital Saint-Antoine *au lendemain du jour où les services de cet hôpital ont été transformés en clinique d'enseignement et à la veille d'agrandissements importants.* Cette décision a été prise sans l'avis technique ni des chefs de service intéressés, ni du doyen, ni du Conseil de faculté. Cette mesure venant après plusieurs autres est apparue *profondément blessante à l'unanimité du corps professoral qui n'a pas cru devoir taire son découragement. Brimé par les administrations officielles, le corps professoral de la Faculté attendait un peu plus de bienveillance d'une administration catholique... En outre, cette suppression d'un des emplois d'internes les plus recherchés est de nature à décourager l'intéressement au concours de l'élite de nos étudiants, à compromettre le recrutement de nos élèves et à favoriser l'exode des meilleurs d'entre eux vers des facultés où leurs droits traditionnels ne seront pas perpétuellement menacés.* Apparemment, les choses se sont arrangées, puisqu'en 1930 et les années suivantes, le registre des internes consigne toujours deux noms par semestre.

En 1934, lorsque s'ouvre l'hôpital Saint-Philibert, un internat commun est créé pour cet établissement et la clinique Saint-Camille qui lui est contiguë ; un deuxième poste est donc mis au concours de la Faculté libre, puis un troisième deux ans plus tard.

En 1935, est introduite dans le règlement des concours de la Faculté libre une épreuve de déontologie, sur le programme enseigné par le chanoine Tiberghien ; une liste de questions est publiée dans le *Journal des Sciences Médicales de Lille* en 1937.

La guerre de 1939 suspend de nouveau le recrutement des externes et internes jusqu'à la fin de 1941, mais l'hôpital Saint-Philibert, réquisitionné par les Allemands n'a plus d'interne. En 1945 et 1946, des concours spéciaux sont organisés pour les étudiants démobilisés et pour les candidats déportés du Service du Travail Obligatoire (STO) ou ayant pris part aux combats de la Libération. Deux élèves en bénéficieront.

En 1946 également, les deux concours, celui des Hospices et celui des hôpitaux de la Faculté libre, sont de nouveau séparés et organisés en des lieux, des temps et avec des jurys différents. Cette double dépense d'énergie est vite jugée insupportable. Après enquête, le Conseil de Faculté propose de revenir au concours unique dès 1949, l'internat des hôpitaux de la Faculté libre gardant quand même sa spécificité grâce à l'épreuve complémentaire de déontologie.

En 1953, l'ouverture à Lille d'une première aile de la Cité hospitalière marque l'installation du Centre hospitalier régional[8], dont le Conseil d'administration est présidé par le maire de la ville. A partir de cette date, la Faculté libre se trouve marginalisée et totalement exclue du circuit officiel. Dès lors, pour ses élèves, vont se poser de façon aiguë la reconnaissance de leurs titres et leur accès aux spécialités. Certes, elle garde ses propres concours pour l'aile droite de la Charité et elle propose, en 1954, en accord avec le recteur, d'aligner la nature des épreuves et les programmes sur ceux du CHR, ce qui implique la disparition des épreuves orales et cliniques, un allègement jugé regrettable par certains. Cette proposition est acceptée par la

8.– Le CHR deviendra CHU (Centre Hospitalier Universitaire) à la faveur de l'ordonnance du 30 décembre 1958.

Commission administrative du CHR qui précise toutefois *que les titres d'interne et d'externe de l'hôpital de la Charité (aile droite) ne pourront pas être les mêmes que ceux des internes et externes des hôpitaux de Lille. Elle propose, si on voulait que cette cotation soit la même, un concours unique pour l'ensemble des hôpitaux du centre hospitalier et auquel nos élèves se présenteraient.* Le Conseil de Faculté du 9 juin 1954, après discussion, refuse cette proposition.

En mars 1956, la direction du CHR n'autorise à nos internes nommés au concours que le titre d'*internes des services de la Faculté libre.* C'est une grave discrimination mettant automatiquement nos anciens externes et internes dans une position d'infériorité par rapport aux étudiants de la faculté d'Etat, en particulier dans les concours pour des postes hospitaliers publics.

L'année suivante, le décret du 26 août 1957 transfère l'organisation des concours hospitaliers de l'Administration des Hospices à l'Inspection divisionnaire de la Santé. En octobre, l'Inspecteur de Lille refuse d'organiser des concours spéciaux pour la Faculté libre. Celle-ci réagit par une série d'interventions auprès d'autorités supérieures, dont le directeur de la Santé publique au ministère, le Dr Aujaleu. Mais ce dernier se dit favorable au concours unique… à l'inverse du Conseil de la Faculté qui y est opposé à la quasi unanimité : *C'est un danger de mort pour notre internat et même pour notre Faculté.*

On en reste donc là. En 1958, la Faculté adopte le programme de l'internat des hôpitaux de Paris, tandis qu'une demande de cotation officielle du titre d'interne de l'hôpital de la Charité est présentée au ministère ; elle ne recevra jamais de réponse. Le CHR continue à organiser les concours, qui restent communs aux deux secteurs, l'hôpital de la Charité et les hôpitaux propres de l'Institut catholique, avec en plus l'épreuve de déontologie pour ces derniers.

Prévue par la réforme Debré, la suppression du concours d'externat devient effective par le décret du 7 mars 1967. Sont désormais nommés externes les étudiants les mieux classés aux examens de fin de 1re et de 2e année. Ceux de la Faculté libre étant classés avec ceux de la faculté de Nancy où ils passent alors leurs examens, un dilemme crucial est posé : ou ils quittent la faculté libre et s'inscrivent à Nancy (ou Besançon) ou ils renoncent à leur titre officiel et donc au droit de présenter le concours d'internat. Cette situation délicate, menaçant sérieusement l'avenir de la Faculté, dans la mesure où elle la prive de ses meilleurs éléments, va entraîner de multiples discussions avec la faculté de Lille-Etat, l'Inspection divisionnaire de la Santé et le ministère[9]. Il ne faudra pas moins que les « événements » de mai 1968 pour qu'apparaisse une solution satisfaisante et… salvatrice.

En octobre 1968 en effet, est décrété l'« externat pour tous » : tous les étudiants doivent bénéficier d'un poste hospitalier : ils ne sont plus externes, mais étudiants hospitaliers. Du même coup, le concours d'internat est ouvert à tous les étudiants de 4e année et au-delà, ce qui entraîne un afflux de

9 .- Cf. chap. XV : la Faculté « hors la loi ».

candidatures et donc une refonte majeure des modalités du concours. Seules persistent des épreuves écrites, sous des formes renouvelées.

La Faculté garde son internat propre avec ses deux secteurs, mais du moment où ses étudiants peuvent se présenter aux concours des CHU, elle admet la réciproque. A partir de 1975, le concours est donc ouvert aux étudiants des UER et en particulier de l'UER de Lille-Etat. Cette année-là, sur dix candidats, quatre viennent de l'UER.

En 1977, l'ouverture du Centre hospitalier Saint-Philibert de Lomme augmente fortement les besoins en internes : sept à neuf places sont alors offertes chaque année dans les hôpitaux de la Faculté : l'attraction est réelle. Entre 1979 et 1982, ce sont 52 à 100 candidats qui s'inscrivent à ce concours, une moitié d'entre eux terminant les épreuves.

Les internes sont nommés pour quatre ans, mais beaucoup d'entre eux ne terminent pas leur parcours, car reçus les années suivantes à un concours de CHU.

1982 voit le début d'une réforme majeure, aboutissant à l'*internat pour tous* et à la suppression des certificats d'études spéciales, qui permettaient aux médecins non internes d'obtenir leur qualification de spécialistes.

La mise en place, laborieuse et chaotique, de la réforme du 3e cycle d'études médicales (Cf. Chap. XVIII) bouleverse l'« institution » qu'est le concours d'internat. Mesures transitoires, tâtonnements multiples, modalités fluctuantes, géométrie variable... émaillent une évolution irréversible vers une disparition définitive.

Ainsi, dès 1982-83, la Faculté organise-t-elle deux concours, un concours A selon la formule traditionnelle pour les ayant droits (4 places, 27 candidats) et un concours B, aux modalités très proches de celles des UER officielles (Questions à choix multiples et questions à réponses ouvertes et courtes : QCM et QROC) avec 5 places et 47 candidats.

L'année suivante, ce sont trois concours qui sont programmés, le concours A selon l'ancienne formule, le concours B local et le concours C interrégional, concours commun aux cinq facultés de l'interrégion Nord Ouest (Lille-État, Lille-Catho, Amiens, Rouen et Caen).

Après bien des ajustements, le concours garde son nom et devient la seule voie d'accès aux spécialités. Il est désormais géré par le Centre National des Concours d'Internat (CNCI) où la Faculté libre est présente. Les étudiants qui n'ont pas voulu passer le concours ou qui n'ont pas réussi l'internat de spécialités sont nommés résidents et destinés à l'exercice de la médecine générale.

Au niveau de l'interrégion Nord-Ouest, des commissions de qualification fixent le nombre d'internes de spécialités dans les services hospitaliers et très rapidement la Faculté libre obtient la validation de la majorité de ses services.

En janvier 2004, le concours de l'internat sera remplacé par un « examen national classant » (ENC) à passer à la fin du deuxième cycle des études. Tous les étudiants doivent s'y présenter, puisque désormais tous sont « internes », y compris en médecine générale, celle-ci étant appelée à devenir elle-même une spécialité. On ne peut que se louer, certes, de l'amélioration de la formation des futurs médecins, spécialistes notamment, tous astreints à prendre des responsabilités (gardes et autres) ce que les CES n'assuraient pas jusque là. Mais beaucoup d'anciens garderont une certaine nostalgie du vénérable internat !

Clinicat et assistanat[10]

Dans la tradition française, le chef de clinique est un docteur en médecine, ancien interne des hôpitaux, recruté sur concours pour encadrer la formation clinique des étudiants en médecine ; c'est donc un titre universitaire assorti d'une fonction hospitalière.

C'est ainsi que le Conseil de la Faculté libre de médecine du 30 octobre 1877 précise que *le chef de clinique assiste à la visite* [du patron] *et assure la contre-visite, supplée le chef de service absent, fait les autopsies ou y préside, rassemble tous les éléments de la statistique du service.*

La fonction est temporaire. D'une durée de trois ans à l'origine, elle oscille ensuite entre deux et trois ans, avec possibilité de prorogation annuelle, renouvelable.

A l'ouverture de l'hôpital Sainte-Eugénie (été 1877), sont prévus deux chefs de clinique en médecine, un en chirurgie et un en « accouchements », mais la Faculté propose de surseoir à la nomination dans ce dernier poste jusqu'à l'installation d'un service plus important que les six lits effectifs.

En chirurgie, le Dr Victor Faucon est nommé sans concours chef de clinique en novembre 1877, dans le service de son frère aîné, Adolphe.

Curieusement, en juin 1878, le même Conseil de Faculté donne son accord pour nommer le Dr Constant Lienhart chef de clinique médicale, *en réservant le principe de l'utilité ou de l'inutilité des chefs de clinique.* Rien n'indique qu'il ait pris ses fonctions.

Toujours est-il que le premier concours de clinicat médical date du 15 novembre 1882. Les épreuves sont consistantes : examen approfondi d'un malade avec rédaction de la consultation, épreuve écrite de pathologie médicale, épreuve technique et examen de deux malades avec présentation orale. A l'issue du concours, le Dr Hubert Lavrand, seul candidat, est proposé à la nomination.

En juillet 1885 se déroule le concours de clinicat chirurgical. Les épreuves sont du même ordre qu'en médecine, sauf que la pratique consiste en deux exercices de médecine opératoire. Le Dr Jules Voituriez, candidat unique, est proposé.

Le 25 novembre 1885, le concours de clinicat médical voit s'affronter deux candidats qui terminent ex-aequo. Le jury propose de les nommer tous les deux successivement pour une année.

---

10 – Le CD joint à cet ouvrage donne la liste des chefs de clinique et chefs de clinique – assistants de la Faculté libre à Sainte-Eugénie – La Charité et dans ses hôpitaux propres des origines à 1982.

Les concours se succèderont ainsi tous les deux ou trois ans en chirurgie, car en médecine, le Pr Desplats avait renoncé à pourvoir ce poste, préférant consacrer les crédits correspondants à la création d'un petit laboratoire, dont il rappelait sans cesse et à juste titre la nécessité, mais que l'administration de l'Université lui refusait constamment. Il dispose alors d'un assistant en la personne du Pr Derville et d'un aide de clinique, le Dr Macquart, et se satisfait de cette situation. Ceci jusqu'en janvier 1893 où il souhaite pourvoir le poste de chef de clinique, tout en gardant son assistant. Le 17 avril, le concours a lieu au bénéfice du Dr Albert Didier, son ancien interne, lequel épouse Marguerite Desplats le 28 du même mois ... Le concours suivant aura lieu en 1907 au bénéfice du Dr Alphonse David.

Par la suite, et jusqu'en 1991, date de la fermeture de l'hôpital de la Charité, les concours de clinicat en chirurgie et en médecine se succèdent régulièrement, sauf pendant les deux guerres, et avec de fréquentes prorogations d'une ou deux années.

En 1944, apparaît un titre nouveau, celui de **moniteur de chirurgie**, donné au candidat reçu second au concours de clinicat. En 1948, il est remplacé par celui de chef de clinique adjoint. La médecine, à son tour, admet un chef de clinique adjoint à partir de 1949. Ces créations de postes sont parfaitement justifiées par l'activité croissante des services cliniques et le développement de l'enseignement.

Dans les autres hôpitaux de la Faculté, la création des chefferies de clinique est bien plus tardive. Certes, en 1920, le Pr Voituriez en sollicite une pour son service de gynécologie-obstétrique, mais le candidat se désiste au dernier moment.

En 1933 est posée au recteur la question de l'accession des jeunes filles au clinicat. Au vu de sa réponse négative, le Conseil de Faculté considère cette position comme une *injustice et une faute.*

En juin 1946, sur demande du Conseil d'administration de l'hôpital Saint-Antoine, le recteur Mgr Delépine demande à la Faculté de nommer des chefs de clinique ou des assistants pour les deux services de cet établissement ; il propose lui-même de nommer assistant dans le service de chirurgie le Dr Desorgher, classé deuxième au récent concours d'agrégation de la Faculté. Le doyen Langeron en profite pour élargir le recrutement à d'autres disciplines. Des concours de clinicat sont donc ouverts en octobre. Sont ainsi nommés le Dr André Buisine chef de clinique titulaire, le Dr Germaine Dubuisson, chef de clinique adjoint en médecine infantile, les Drs Henri Piet en obstétrique, Antoinette Clerc en pneumo-phtisiologie, Paul David en dermatologie.

Dès lors, les renouvellements vont se succéder régulièrement dans toutes ces disciplines. En 1955, sera créé à Saint-Antoine un clinicat d'oto-rhino-laryngologie, au profit du Dr Claude Vouters. Il n'aura pas de successeur.

A partir de 1972, les chefs de clinique deviennent « assistants des hôpitaux ».

Où se situe donc l'**assistanat** dans cette hiérarchie des grades ?

Le titre et la fonction d'assistant de clinique sont créés dès novembre 1894 à la demande de la Faculté pour seconder les chefs de service hospitaliers. Nommés sur proposition de ces derniers, ce sont des médecins expérimentés, capables de les suppléer ; souvent d'ailleurs, ils ont le grade de professeur suppléant. C'est le cas des deux premiers nommés, les P^{rs} Léon Derville en médecine et Paul Vallin en chirurgie.

Après eux, les assistants seront toujours nommés selon les mêmes modalités et avec les mêmes prérogatives. Bien souvent, ils seront appelés à succéder à leurs maîtres comme chefs de service.

Dans les autres disciplines, ce n'est qu'à partir de 1919 qu'est désigné un assistant d'obstétrique, le Dr Ernest Klein : il restera en fonction avec le même titre jusqu'à sa retraite à la fin de 1949.

En 1946, sans que la Faculté ait été consultée, le recteur nomme trois assistants, le Dr Antoine Lavrand en ORL, le Dr Germain Desorgher en chirurgie infantile et le Dr Jacques Delerue en obstétrique. Cette dernière nomination provoque quelque émoi dans la Faculté, car J. Delerue avait concouru sans succès pour le poste de chef de clinique. Le recteur, sans doute appuyé par les religieuses des maternités, lui conférait ainsi un grade supérieur à celui qu'il convoitait et surtout un mandat permanent… Les protestations n'y feront rien et le Conseil supérieur confirmera la nomination.

Quelques assistants sont encore nommés les années suivantes : le Dr Pierre De Beer, ancien chef de clinique en dermatologie (1962), le Dr Anne Pauli, ancien chef de clinique en pédiatrie (1964) et, dans deux disciplines nouvelles et après concours, en 1964, les Drs Robert Empereur-Buisson en radiologie, Hélène Leuridan et Roselyne Bayart en anesthésie-réanimation.

La grande réforme hospitalière de décembre 1970, entérinant la création du système hospitalo-universitaire, bouleverse cette hiérarchie. Les chefs de clinique sont désormais des chefs de clinique-assistants, relevant donc de la « bi-appartenance » et les ci-devant assistants deviennent «médecins des hôpitaux non-chefs de service ». La Faculté libre s'aligne sur cette nomenclature et l'inscrit dans ses nouveaux statuts de 1972.

Le recrutement des chefs de clinique-assistants se poursuit donc et de nouveaux postes sont créés avec l'ouverture du nouvel hôpital Saint-Philibert en 1977. Les candidats manquent rarement, le clinicat devenant une sorte de post-internat, dans l'attente d'une installation ou d'une carrière hospitalo-universitaire.

Mais les modalités de recrutement sont allégées. Le règlement de 1980 ne retient plus que la soumission des titres et travaux du ou des candidats et l'examen d'un malade avec présentation devant les trois membres du jury, dans une perspective pédagogique.

En 1986, une nouvelle rédaction du statut des médecins hospitaliers de la Catho distingue les assistants de faculté, qui participent aux activités d'enseignement et de recherche, les assistants hospitaliers qui assurent des activités de diagnostic et de soins, les deux activités pouvant être cumulées : il s'agit alors de chefs de clinique-assistants si elles s'exercent dans une discipline clinique ou d'assistants-assistants dans le cas d'activités de laboratoire.

Pour accéder à ce titre, il faut être docteur en médecine, ancien interne des hôpitaux, être titulaire d'un diplôme d'études spéciales (DES) ou en avoir validé au moins deux années d'études et présenter ses titres, travaux, activités et projets devant une commission *ad hoc*, composée du doyen de la Faculté, du président de la Commission médicale d'établissement et du chef de service concerné. Le Conseil de Faculté entérine généralement leur proposition. Les nominations sont toujours prononcées par le recteur. La durée des fonctions est de trois années, avec prorogation possible d'une ou deux années.

Adjuvat et prosectorat d'anatomie

Au temps où l'anatomie était « reine » en médecine et où la dissection occupait une large partie du temps des étudiants de première et de deuxième années, la charge d'enseignement était évidemment fort lourde. Le professeur était donc secondé par un chef de travaux, souvent professeur lui-même, un prosecteur et des aides d'anatomie. Le prosectorat et l'adjuvat d'anatomie étaient des fonctions recherchées, surtout de la part des futurs chirurgiens, car elles permettaient un contact prolongé avec une discipline essentielle dans la pratique de leur art.

Adjuvat d'anatomie

Dès le mois de mars 1878, le Conseil de faculté se préoccupe d'établir un règlement pour l'adjuvat d'anatomie. Comme plusieurs de ses membres sont d'anciens aides d'anatomie, cette rédaction leur est aisée. Les aides sont recrutés sur concours, accessible à tous les étudiants en médecine de la Faculté. Le concours est ouvert à la rentrée des vacances de Pâques et se termine en juin, ce qui laisse six à huit semaines aux candidats pour la préparation de pièces anatomiques, sèches ou humides ; les épreuves finales comportent un examen écrit d'anatomie et de physiologie, l'exposé oral d'une question d'anatomie et une dissection extemporanée de quatre heures. Cinq enseignants sont mobilisés pour constituer le jury.

Il est prévu deux postes d'aides, dont les fonctions, incompatibles avec celles de l'internat, durent deux ans. Elles consistent dans la préparation de pièces pour les cours du professeur, la confection de pièces pour le musée et surtout l'aide aux étudiants dans leurs dissections. Elles sont donc fort prenantes, quand on se souvient que cette activité occupe trois heures tous les après-midi du semestre d'hiver. Le traitement prévu est de 500 F par an.

Le premier concours se déroule en mai-juin 1878 : les premiers aides nommés seront Agile Delassus et Paul Vallin, futurs professeurs de la Faculté.

Les concours suivants ont lieu tous les ans, pour une ou deux places (car certains candidats, dont les épreuves sont faibles ne sont nommés que pour une année) ; d'autres démissionnent, (par exemple parce qu'ils sont nommés internes). Ils suscitent selon les années un à sept candidats.

Entre 1882 et 1887, sont recrutés des « aides suppléants » ou « sous-aides » d'anatomie, nommés pour un an à l'issue d'un concours aux épreuves simplifiées ; d'autres années, ce sont des « aides provisoires » qui sont nommés, pour pallier l'absence des titulaires, retenus par exemple par leur service militaire.

L'institution – car c'en est une – persiste au fil des ans, avec quelques variantes dans les épreuves et leurs coefficients : ainsi en 1926, l'histologie remplace la physiologie à l'écrit, mais celle-ci reviendra quelques années plus tard. Les épreuves pratiques sont parfois allégées, notamment quand les cadavres se font rares.

En novembre 1983, ne restent plus qu'une dissection de quatre heures et un exposé oral de 10 minutes, avec un jury réduit à trois membres.

Ces dernières années, le nombre d'étudiants ne permettant plus les dissections, les fonctions des aides d'anatomie se réduisent à la présentation à des groupes restreints d'étudiants de questions d'anatomie plutôt simples (ostéologie, anatomie des membres...). Leur nombre a augmenté (6 à 10 par an), mais le concours de recrutement ne comporte plus que l'exposé oral d'une question d'anatomie devant le professeur et quelques aides en fonction. Du moins permet-il de juger des qualités pédagogiques des candidats : ceux-ci ne manquent pas ; la fonction séduit toujours ! Leur titre a changé ; ils s'appellent maintenant « adjuviens ».

Prosectorat d'anatomie

Le besoin d'un prosecteur d'anatomie se fera sentir bien plus tard, puisque ce n'est qu'en février 1893 que le Conseil de faculté en envisage le recrutement. Jusque là, les fonctions de chef des travaux anatomiques et de prosecteur étaient confondues.

Les épreuves sont voisines de celles de l'adjuvat, sauf que la physiologie est remplacée par la pathologie externe et qu'il s'y ajoute une épreuve de médecine opératoire. C'est que le prosecteur, qui doit posséder 15 inscriptions et avoir été aide d'anatomie ou être docteur en médecine, a pour fonctions d'assister non seulement le professeur d'anatomie, mais aussi celui de médecine opératoire au semestre d'été. Il supervise l'activité des aides d'anatomie, lors de toutes les séances de dissections et assure une partie de l'enseignement magistral. Son traitement est à l'origine de 1 200 F par an.

Le prosectorat est un titre apprécié, car il sert bien souvent de marchepied pour une carrière chirurgicale, universitaire ou non.

Le premier concours a lieu en juillet 1893 : M. Fayet, seul candidat, est nommé pour deux ans. A plusieurs reprises par la suite, le concours a dû être annulé, faute de candidat ; quand il a lieu, il est rare qu'il attire plus d'un amateur. Lorsque celui-ci ne présente pas les titres requis par le règlement, il peut néanmoins concourir et être nommé, mais avec le titre de moniteur d'anatomie (règlement de 1926).

En novembre 1983, les épreuves du concours sont allégées, comme celles de l'adjuvat, se limitant à un écrit, un oral et une dissection. Rappelons que la médecine opératoire a disparu des programmes en 1970. Le prosecteur est alors un « super-aide » d'anatomie et participe à l'enseignement théorique de la discipline.

Depuis, le poste trouve régulièrement preneur parmi les anciens aides d'anatomie, d'autant que les modalités de recrutement ont été simplifiées au maximum.

Prix et médailles

C'est une coutume bien ancienne que celle de l'attribution de prix aux meilleurs sujets, dans tous les domaines. L'Université n'y échappe pas, non plus que l'Université catholique dès ses origines.

A la Faculté libre de médecine et de pharmacie, on en trouve toute une série, variant au fil du temps, mais avec une constance qui n'est pas sans signification...

Prix de la Faculté

C'est le premier à être institué. Le Conseil de faculté s'en préoccupe dès le mois de mai 1878 et il décide d'attribuer une médaille au premier classé dans chacune des quatre années d'études. Une moyenne de 15/20 (un peu plus tard 14/20) est exigée pour obtenir la médaille d'argent. Chaque année, un jury est constitué à cet effet. Et lors de la séance solennelle de rentrée de l'Université, les doyens des différentes facultés proclament à la fin de leur rapport annuel les noms des lauréats, qui reçoivent une médaille d'argent, de bronze, ou des livres. De temps à autre, des étudiants contestent le classement ; il arrive aussi qu'aucun élève ne mérite de médaille.

De 1923 à 1931, un véritable concours est organisé, avec des épreuves spéciales ; il n'attire en général que peu de candidats. En 1931, changement de perspective : les critères d'attribution des médailles seront l'assiduité aux cours et les notes obtenues à l'issue des interrogations effectuées en cours d'année, une modification peu appréciée des intéressés.

En 1933, le jury est supprimé : le doyen et le vice-recteur (responsable de la discipline des étudiants) décident eux-mêmes de l'attribution des récompenses : nouvelles plaintes ! On revient donc aux notes des compositions écrites en 1re et 2e années et au concours sur épreuves en 3e et 4e années. Bien que ces modifications aient été demandées par les étudiants, ils sont bien peu nombreux à s'y présenter, parfois aucun ! En 1936, on retrouve le système des notes de l'année pour toutes les promotions.

Les prix de la Faculté ont perduré jusqu'en 1951, sauf interruption pendant les années de guerre.

Prix de la Société des Sciences Médicales

En juin 1879, la jeune *Société des Sciences médicales de Lille* annonce qu'elle décernera deux prix, l'un de 1 000 F pour le meilleur ouvrage inédit consacré à *l'introduction à l'étude des sciences médicales* ou à un *guide de l'étudiant ou du jeune docteur*, l'autre de 500 F sur la chirurgie ou l'accouchement : aucun candidat ne s'est manifesté pour le premier prix, quant au second il est décerné en 1880 à l'auteur d'un mémoire d'ophtalmologie, qui ne fit pas l'unanimité...

En 1881, la Société maintient le premier prix, sans plus de succès, tandis que le second, ramené à 100 F est proposé au meilleur travail d'un élève de la Faculté libre.

Les années suivantes ne font plus mention de ces prix.

Prix de l'association des Anciens Étudiants de l'Université catholique

En 1884 est créé ce prix de 100 F par l'Association des anciens élèves de l'Université catholique. Il est décerné tous les ans dans deux des cinq facultés (six en fait avec la section de pharmacie) par un jury composé de deux membres de l'Association (parmi les anciens de la discipline) et un ou deux membres désignés par le Conseil des facultés concernées. L'épreuve consiste en la présentation d'un mémoire original sur un sujet laissé au choix des candidats. Ils n'ont jamais été nombreux ! Certaines années, le prix n'a même pas pu être décerné, faute de candidat.

Le prix sera revalorisé à plusieurs reprises : 200 F au début du XXe siècle, 400 F dans les années 1930, 600 F en 1941. Il disparaît vers 1950.

Prix de la Société anatomo-clinique

Créé en 1886, grâce à un don du Dr Camille Feron-Vrau, et souvent désigné sous cette appellation, ce prix de 100 F est décerné tous les deux ans par cette Société, fondée au profit des étudiants et des internes. Il est accordé au meilleur mémoire présenté par un étudiant sur un sujet proposé par la Société ou choisi par lui-même.

Ce prix est maintenu lorsque, en novembre 1929, la Société fusionne avec la Société des Sciences médicales de Lille pour former la Société médicale et anatomo-clinique de Lille. On le trouve en 1932, porté à 200 F.

Il disparaît à son tour dans les années 1950.

Prix du Journal des Sciences Médicales de Lille

En 1937, le *Journal des Sciences Médicales de Lille*, organe de la Faculté libre, décide d'offrir un prix de 1 000 F au meilleur travail publié dans cette revue par un étudiant de la Faculté. On ne trouve aucune trace de son attribution ; l'offre ne sera pas renouvelée.

Prix de l'internat

Dès 1878, l'Administration des Hospices de Lille offre un prix à l'interne en exercice le mieux classé à l'issue d'un concours organisé sous l'égide de la Faculté.

Supprimé en 1883, il est rétabli, par la Faculté cette fois, en 1928. Il est même dédoublé, puisqu'une médaille est remise au premier du concours de chaque année et une autre à la fin de l'internat *à celui d'entre eux qui s'est le plus distingué par ses travaux scientifiques et par les services rendus pendant la durée de ses fonctions.* Ici encore, on n'en trouve plus trace à partir des années 1950.

Une variante de ce prix, si l'on peut dire, est la « médaille d'or ». Cette pratique assez répandue accorde à un interne demandeur et particulièrement méritant le droit d'effectuer une année supplémentaire d'internat, normalement rémunérée. Pareille demande est apparue dans notre Faculté dans les années 1980 et, avec l'accord du Conseil et de l'administration hospitalière de l'Institut catholique, elle a permis à quelques internes, désireux de prolonger leurs activités, de le faire en toute légalité. Si plusieurs internes briguent cette prolongation, un concours sur épreuves est organisé.

Prix de l'internat et de l'externat des Laboratoires

En 1947, le laboratoire SPECIA (filiale de Rhône-Poulenc) annonce au doyen de la Faculté libre qu'il offre un prix d'internat d'une valeur de 5 000 F et deux prix d'externat de 3 000 et 2 000 F aux étudiants désignés par un jury de la Faculté. Presque toujours, ces prix ont consisté en un ou plusieurs volumes de l'Encyclopédie médico-chirurgicale ou d'autres collections. Ils sont remis au cours d'une cérémonie officielle avec discours et cocktail. La générosité du laboratoire s'accroît en 1952, puisqu'il décide alors d'accorder trois prix d'internat et deux d'externat. Et ce jusqu'en 1965, dernière année où la Faculté est invitée à présenter des candidats pour ces prix.

De 1960 à 1972, les laboratoires MIDY, devenus en 1970 CLIN-MIDY, offrent à leur tour un prix de 1 000 F pour récompenser le meilleur travail de l'année ; d'abord réservé aux internes, il devient en 1970 un prix de thèse.

Prix de thèse

Les étudiants de la Faculté libre soutenant leur thèse devant une faculté d'État, à Paris, Lille ou Nancy peuvent, au même titre que les élèves de ces facultés, être retenus pour un prix de thèse et couronnés en fin d'année universitaire pour leur travail inaugural. On en connaît des exemples, à vrai dire assez rares. Ces prix sont purement honorifiques, donnant droit simplement au titre de lauréat de la Faculté.

Mais en 1930, l'Association Corporative des Etudiants en médecine (ACEM), avec le concours, sans doute financier, de la Société médicale et anatomo-clinique, prend l'initiative de créer un prix pour récompenser l'auteur de la meilleure thèse présentée par un étudiant de la Faculté libre. Ce prix disparaît lui aussi à partir de 1950.

En 1955 et 1956, les laboratoires ROUSSEL offrent un prix à l'étudiant étranger présentant la meilleure thèse devant la Faculté (Diplôme de l'Université catholique).

En 1963, le Pr Fournier propose au Conseil de Faculté l'attribution d'un prix de thèse en faveur d'un candidat étranger particulièrement brillant, prix qui pourrait être financé par le Comité des Journées médicales. Les deux instances en sont d'accord : le prix sera accordé en 1963 et en 1966.

En mai 1978, le doyen reprend cette même proposition de prix, que le Comité des Journées Médicales se dit prêt à honorer. L'année suivante, les candidatures sont élargies à toutes les thèses présentées par les étudiants durant l'année universitaire et retenues par le jury officiel pour ce prix. Un groupe de quatre professeurs de la Faculté libre désigne à partir de critères préétablis le lauréat de l'année. Cette pratique se maintient jusqu'à ce jour.

Prix Schering

En 1993, les laboratoires Schering, dont le siège social pour la France est dans la métropole lilloise, décident d'offrir des bourses de recherche à quelques projets présentés par des membres de la Faculté et aussi d'attribuer des sommes d'argent de l'ordre de 300 € à des étudiants méritants. La Faculté a choisi de récompenser ainsi le major du concours de fin de première année et l'étudiant le mieux classé au concours national d'internat, appelé maintenant examen national classant (ENC).

Ces prix sont remis soit lors de l'Assemblée générale annuelle de la Faculté, soit à l'occasion de la cérémonie des vœux de Nouvel an.

En pharmacie

Les étudiants de la section de pharmacie ont droit eux aussi aux médailles de la Faculté et au prix de l'Association des anciens étudiants de l'Université catholique. Plusieurs prix spécifiques leur sont en outre réservés.

Le **Prix Joseph Willot,** d'un montant de 500 F, est créé par sa famille en 1934. Réservé aux étudiants de 3e et 4e années, il est décerné à l'issue d'un concours sur épreuves portant sur les matières enseignées ces années-là. On n'en parle plus à partir de 1950.

Une autre contribution est celle de **l'Office Commercial Pharmaceutique** (OCP) qui, à partir de 1930 et au moins jusqu'en 1954, offre au recteur de l'Université catholique un don de 1 500 F au début, 8 000 F la dernière année, pour récompenser les deux ou trois meilleurs élèves de 4e année. Son concurrent, la **Cooper** n'est pas en reste, mais on a peu de traces de ses libéralités.

Dans les mêmes années, sont décernés les **Prix Adrian**, par le laboratoire du même nom, aux étudiants les plus performants en travaux pratiques (100 F en 1re, 2e et 3e années, 200 F en 4e année).

Et encore, institué en 1935, un autre prix de travaux pratiques de 250 F offert par la **Nationale Réglementation**, organisme aujourd'hui disparu et dont nous ignorons la nature et les activités.

Pour l'anecdote...

A titre anecdotique, signalons enfin l'initiative d'un médecin canadien, le docteur Lajoye, qui en novembre 1903, à la suite d'une visite à la Faculté, a offert une médaille au meilleur élève en anatomie. On ignore le nom du bénéficiaire.

Et celle du Pr Agile Delassus qui, lorsqu'il était président annuel de la Société Scientifique de Bruxelles (dépendant de l'Université catholique de Louvain), crée un prix de 1 000 F au bénéfice d'un étudiant de la Faculté libre de médecine de Lille. Ici encore, on ignore la suite donnée à cette offre. Mais en 1951, l'un des auteurs de ces lignes (J.L.) a été lauréat de la Fondation Delassus.

Chapitre XXII
Sociétés savantes et publications de la faculté

Comme toute faculté digne de ce nom, la jeune Faculté libre de médecine et de pharmacie de Lille se doit de posséder sa société savante, ainsi que son journal ou sa revue propre. En fait, elle aura deux sociétés savantes et plusieurs journaux parfois concurrents…

La Société des Sciences médicales de Lille

Voici comment le *Journal des Sciences médicales* dans son premier numéro de novembre 1878 rapporte la création de cette Société : *Les fondateurs de ce Journal s'étaient déjà réunis au mois de juin dernier pour former entre eux une société de médecine et de pharmacie. Dès le début, cette Société était uniquement créée en vue de stimuler le zèle d'un chacun et de fournir ainsi à notre Journal les éléments nécessaires. Mais bientôt les choses changèrent d'aspect et nous fûmes vite convaincus que l'une et l'autre de ces fondations pouvaient et devaient avoir une vie propre, tout en se prêtant un mutuel appui. Ainsi la Société des sciences médicales est-elle indépendante du Journal qui se contentera de lui emprunter ses meilleurs travaux et de donner un compte rendu très sommaire de ses séances*[1] .

La Société a pour but de concourir au progrès des sciences médicales et pharmaceutiques et à l'amélioration des services de secours médicaux, organisés soit dans les hôpitaux, soit dans les dispensaires ou les bureaux de bienfaisance. [...] Elle se propose en outre de maintenir l'exercice de l'art de guérir dans les voies utiles au bien public et conformes à la dignité professionnelle[2].

La Société comprend des membres titulaires, docteurs en médecine ou pharmaciens de 1re classe, des membres adjoints et correspondants. Le président est élu chaque année. La cotisation est de 20 F par an, un taux élevé certes, mais atténué par l'attribution de jetons de présence de 1,50 F par séance. Les séances, prévues d'abord tous les quinze jours, deviennent très vite mensuelles ; leurs comptes rendus sommaires sont publiés dans le *Journal des Sciences médicales de Lille* et, à partir du 1er janvier 1883, de manière plus complète, dans un Bulletin annuel qui paraîtra jusqu'en 1909.

1.– Société des Sciences Médicales de Lille, *J Sci Méd Lille*, n°2, déc. 1878, pp. 129-130.

2.– Statuts de la Société des Sciences médicales de Lille, *Arch.FLM*. Dossier Sociétés.

Societas a Scientiis Medicis Insulana.

Notum sit omnibus quod, ad normam sui statuti, Societas a Scientiis Medicis Insulana, in consessu die 24 mensis Juin anni MDCCCLXXXVIII habito Guermonprez François clarissimum virum doctorem medicum, sibi inter socios participants adjungere decreverit, eumque consentaneis juribus auxerit.

Datum Insulis, die 11 mensis Juillet anni MDCCCLXXXIII.

PRÆSES, PRÆSIDIS VICARIUS,

A SECRETIS CONSESSUUM,

A SECRETIS OMNIBUS, AB ÆRARIO ET ARCHIVO,

Le premier bureau s'est donné un président d'honneur, le doyen A. Béchamp, un président le Pr J. Jeannel, un vice-président le Pr G. Eustache ; le secrétaire général est le Pr H.Desplats, le secrétaire annuel le Pr G. Augier et le trésorier-archiviste le Pr E. Schmitt[3]. Les membres titulaires reçoivent, au moins pendant quelques années, un magnifique diplôme, de format impressionnant et rédigé en latin.

En juin 1880, elle met au concours deux prix annuels de 1000 F et de 500 F, pour lesquels elle a du mal à trouver des candidats (Cf. chap. XXI).

La Société se réunira régulièrement, sauf pendant les vacances d'été ; elle s'offrira chaque année un banquet : mais ses effectifs ne dépasseront jamais, semble-t-il, le nombre de trente membres titulaires et une quarantaine de correspondants[4].

La Société anatomo-clinique de Lille

C'est sur le modèle de la Société anatomique de Paris dont il avait été vice-président, que le 7 décembre 1885 le professeur H. Duret décide quelques internes et étudiants motivés à se réunir au sein d'une société créée spécialement pour eux, la Société anatomo-clinique de Lille. En réalité, elle comporte à l'origine six membres titulaires, docteurs en médecine, dont son fondateur et président le Pr Duret, et douze membres adjoints, internes, externes et étudiants.

Son objet est simple : faciliter les études anatomiques et cliniques des élèves. Elle se réunit deux fois par mois.

3.– Dr A. Dujardin. Compte-rendu des travaux de la *Société (des Sci Méd de Lille)* pendant l'année 1884. *J Sci Méd Lille*,1885, n°4, pp. 201-218.

4.– Dr H. Deherripon, président de la *Soc. des Sci. Méd.* Cinquantenaire de la Faculté de médecine. *J Sci Méd Lille*, 1927, n°14,, pp. 238-244.

Lorsqu'en 1911 elle célèbre son 25e anniversaire, elle s'enorgueillit de compter 140 membres, dont 110 correspondants, anciens de la Faculté qui lui sont restés attachés. Elle a alors édité 25 volumes de 300 à 500 pages ; ces bulletins, d'abord annuels, sont devenus trimestriels en 1898. Leur contenu est un ensemble d'observations, de faits cliniques, de travaux anatomiques très divers, dont C. Lepoutre fait l'inventaire à cette date. Beaucoup de ces travaux sont le résumé de thèses de doctorat[5].

Le Pr Duret gardera la présidence de la société jusqu'en 1911, soit pendant 26 ans ; souffrant, il passe alors la main au Pr G. Augier. La guerre suspend ses activités, mais le 14 juin 1919, le Pr F. Guermonprez la relance et fait nommer le Pr L. Danel comme président, lequel lui renvoie la balle en le faisant nommer président d'honneur ; l'année suivante, le Pr A. David prend la relève et reste en poste jusqu'à la fusion.

En 1927, la Société aura publié 40 volumes de son Bulletin, un bilan remarquable pour une société composée essentiellement d'étudiants[6] !

La Société Médicale et Anatomo-clinique de Lille

Le 2 juillet 1929, les deux sociétés tiennent une séance commune et décident de fusionner pour former la *Société médicale et anatomo-clinique de Lille*. Celle-ci tient sa première réunion le 1er novembre 1929.

Ses statuts, approuvés par l'autorité académique et déposés en Préfecture, reprennent les objectifs des deux sociétés constituantes, fort voisins à vrai dire, à savoir *l'étude de l'anatomie, de la clinique et des sciences médicales et biologiques*[7].

La société tient deux réunions par mois, dont le *Journal des Sciences médicales* rend compte, de manière plus ou moins régulière. Un Bulletin est

---

5.– C. Lepoutre. Rapport sur les mémoires et observations de la Société anatomo-clinique de Lille (1885-1911). *J Sci Méd Lille,* 1911, n°2, pp. 25-35.

6.– A. David. Cinquantenaire de la Faculté de Médecine. *J Sci Méd Lille,* 1927, n°14, pp. 245-252.

7.– Statuts de la *Société Médicale et anatomo-clinique de Lille.* Arch.FLM. Dossier Sociétés.

édité par ses soins jusqu'en 1939. Le président est élu chaque année, mais un secrétaire général, élu pour cinq ans renouvelables, assure la bonne continuité du fonctionnement.

Une cotisation annuelle de 40 F est demandée aux membres titulaires, 20 F aux membres adjoints (non docteurs, ni pharmaciens), mais un jeton de présence de 1 F par séance est déductible de cette cotisation. L'une et l'autre ont disparu au fil des ans.

Comme toutes les sociétés de province, à partir des années 1980, la Société médicale et anatomo-clinique connaît des difficultés de fonctionnement : programmes des séances de plus en plus légers, désaffection des jeunes. En 1973, un essai de jumelage des réunions avec celles des *Actualités cliniques et thérapeutiques* n'améliore nullement la situation. Les séances sont donc espacées, jusqu'à devenir annuelles et *extraordinaires*, à l'occasion des Journées médicales de la Faculté : c'est encore le cas aujourd'hui, nous confirme son secrétaire général, le Pr Ph. Mulliez.

Les publications

Le Journal des Sciences Médicales de Lille

Dans le but d'exposer leurs travaux et les comptes rendus des sociétés savantes, les professeurs de la Faculté fondent le *Journal des Sciences médicales de Lille*. Ce titre est peut-être inspiré du Journal des Sciences Médicales publié depuis 1809 par la Société de médecine pratique de Montpellier. La revue est d'abord mensuelle et le premier numéro paraît en novembre 1878. Le comité de rédaction est formé par MM. Desplats, Domec, Redier, Schmitt et Eustache, ce dernier en est le secrétaire. Chaque numéro comprend au moins 72 pages. L'abonnement est de 16 F par an.

Édité par la maison Baillière de Paris et imprimé à Lille par Danel, le Journal connaît un succès immédiat : dès la cinquième année, il paraît deux fois par mois avec au moins 32 pages et le prix de l'abonnement diminue de 16 à 10 F. En 1887, il devient hebdomadaire, puis de nouveau bimensuel en 1940 en raison des restrictions de papier, et mensuel en 1953.

La maquette évolue au cours des années, passant du 14 x 22,5 cm jusqu'en 1932 au format 21 x 27 cm en 1971. Les illustrations sont rares au début, faites de photogravures ; la première figure, en hors-texte, est celle d'un anencéphale, vu par Eustache en janvier 1879, à la fin d'un long article sur le sujet.

Initialement, le financement est largement assuré par la publicité : dès fin 1878, on compte une vingtaine d'annonceurs sur quatre pages en fin de numéro et en couverture, puis 46 en 1884, mais, en 1909, on ne relève plus que 19 annonceurs sur les quatre pages de couverture.

À partir de 1884, il n'est plus fait mention d'un comité de rédaction. Seuls apparaissent alors les noms des secrétaires de rédaction qui se succèdent et semblent diriger seuls la vie du Journal : ce sont Eustache, Lemière en 1910, Besson en 1912. En décembre 1929, le Conseil de faculté demande que *la couverture indique la liste de direction scientifique, laquelle désignera une commission chargée de la direction du Journal.* Effectivement, en janvier 1930, apparaît sur la couverture la composition de ce comité de rédaction : Besson, Billet, Le Grand, Camelot, David. En 1935, une société par actions est créée, réservée aux professeurs et administrée par les Prs Raquet, puis Delannoy. Mais cette gestion est critiquée par certains enseignants qui, comme nous le verrons plus loin, créeront en 1931 un journal concurrent, le *Journal de médecine de Lille.*

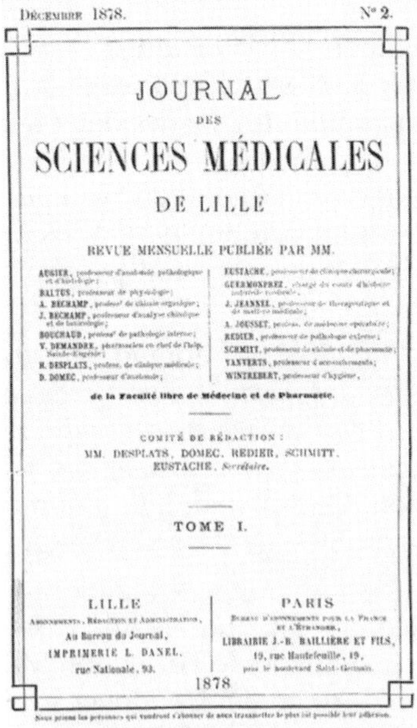

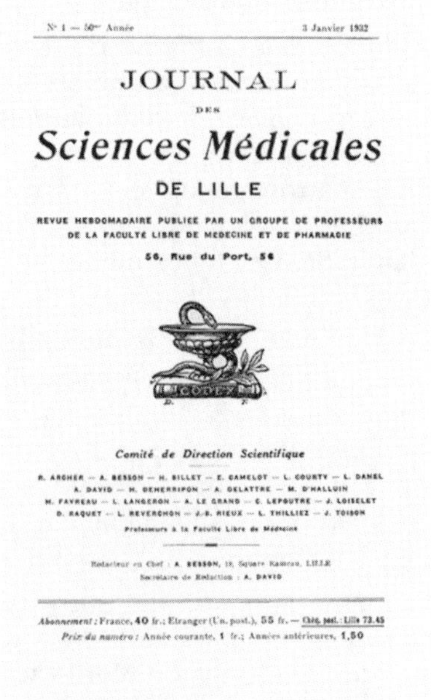

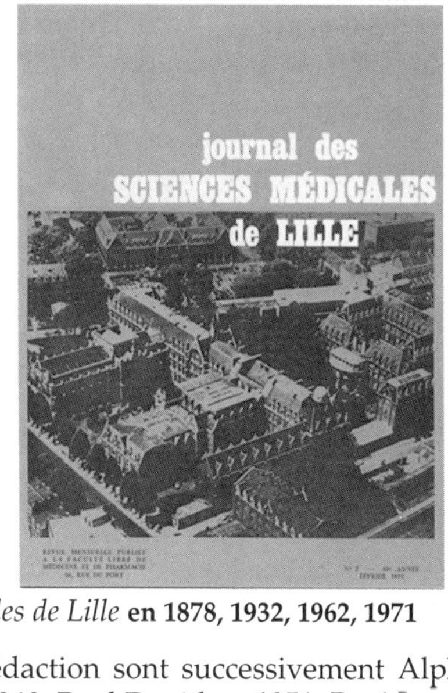

Le Journal des Sciences Médicales de Lille **en 1878, 1932, 1962, 1971**

Par la suite, les secrétaires de rédaction sont successivement Alphonse David en 1933, Carlos Lepoutre en 1940, Paul David en 1951, Paul Langeron en 1969 assisté d'un comité de rédaction de cinq membres. En 1969, la

Société est dissoute et remplacée par *l'Association du Journal des Sciences Médicales de Lille,* association régie par la loi de 1901 et constituée par quatre professeurs : P. Giard, P. Langeron, J. Liefooghe et R. Empereur-Buisson.

En 1981, le *Journal des Sciences Médicales* cesse de paraître, ainsi que de nombreux journaux de province et pour plusieurs raisons : chute drastique de la publicité pharmaceutique, diminution des abonnements et surtout difficulté d'obtenir de la copie !

Dans le Nord, à l'initiative du doyen Fourrier de la faculté d'État de Lille, est proposée la création d'une revue pour le Nord Ouest : elle s'appellera *LARC médical, organe officiel des facultés de médecine de Lille* (les deux facultés), *Amiens, Rouen et Caen.* Le doyen J. Liefooghe est invité à faire partie du comité de patronage et le Pr Paul Langeron siège dans le comité de rédaction. Le premier numéro mensuel sort en octobre 1981, le dernier en juin-juillet 1986. Quelques médecins de la Faculté libre ont pu y proposer des articles.

En 1987, LARC Médical disparaît et *Lille Médical* reprend sa parution : C'était *un projet ambitieux répondant à une carte régionale qui ne correspond plus aux orientations actuelles. La Faculté de Médecine d'Etat et la Faculté Libre de Médecine unissent leurs efforts à ceux des auteurs pour ce renouveau.* Le Pr P. Langeron fait partie du comité de rédaction. Ce nouveau *Lille médical* paraît jusqu'en 1990, date à laquelle les responsables de la publication jettent l'éponge à leur tour...

À la même époque, une autre publication est due à l'initiative du Pr Bernard Devulder (Lille État) : *NPN Médecine*, revue de Formation Médicale Continue des praticiens de Nord-Picardie-Normandie. Les doyens des cinq facultés forment le comité de Patronage (dont le doyen J. Liefooghe). Deux enseignants font partie du comité de rédaction du Nord (Ph. Choteau et G.-P. Desbonnets). Le premier numéro date de janvier 1981, le journal disparaît en 1997.

Après la suppression du *Journal des Sciences médicales,* son comité de rédaction et la Faculté décident de poursuivre une activité de production spécifique sous forme de monographies à parution plus ou moins régulière, en principe trimestrielle : ce sont les *Monographies de la Faculté Libre de Médecine de Lille.* Le premier numéro sort en 1982, avec une quarantaine de pages sur la stérilisation ; au total, onze numéros seront publiés jusqu'à la fin de 1990.

Le contenu du *Journal des Sciences médicales*

Aujourd'hui encore, la lecture du *Journal des Sciences médicales* est d'un grand intérêt : son ambition était d'être une *vitrine* sur le monde médical et universitaire en exposant les travaux des sociétés savantes, mais aussi de prendre position sur les problèmes de l'heure, de maintenir le lien avec les anciens, de proposer avant la lettre une formation continue. Mais au delà de son but scientifique et de ses préoccupations déontologiques, le Journal entendait *soutenir la cause de l'enseignement supérieur libre dont le rôle grandit en proportion des attaques dont il est l'objet* et il se fait l'écho des discussions qui s'élèvent autour de son existence et de son avenir[8].

Pendant bien des années, le Journal relate les festivités de la Saint-Luc, patron de la Faculté, l'occasion de publier le panégyrique du saint évangéliste, prononcé par un prêtre des facultés de théologie ou de lettres.

A la fin du XIXe siècle, il prend parti – et on devine lequel – dans la querelle suscitée par les *laïcs* autour des apparitions et des miracles de Lourdes. Il lance aussi des souscriptions pour financer certains projets, dont la chapelle dédiée aux saints Luc, Côme et Damien en la basilique de Montmartre.

Il est certes impossible d'analyser dans le détail le contenu scientifique de la revue. Nous limitant aux trente premières années, nous remarquerons cependant, à la lecture de leurs travaux, que les enseignants de la Faculté, médecins et scientifiques, ont adhéré pleinement aux grandes découvertes de la fin du XIXe siècle, mises en œuvre au début du XXe : connaissance des microbes et ses conséquences : l'antisepsie, puis l'asepsie, vaccinations et sérothérapie, anesthésie, utilisation des rayons X, découverte de la radioactivité (en 1898, mais appliquée bien plus tard), apparition de traitements chimiques actifs.

Si l'anesthésie générale, à l'éther ou au chloroforme, permet désormais au chirurgien d'opérer avec moins de hâte et de pratiquer des interventions réglées, les progrès ne sont pas immédiats : les idées sur les indications de la césarienne évoluent lentement et il en est de même pour des interventions aujourd'hui banales. En 1905, rapportant six cas malheureux d'appendicite opérés tardivement, A. Delassus se dit partisan d'une chirurgie précoce, mais ce n'est qu'en 1913 qu'il publie une observation d'appendicite opérée dans les 32 heures ; cette question est d'ailleurs d'actualité à la Société de Chirurgie de Paris en mai 1913. Mais l'anesthésie est toujours administrée par des aides peu compétents, sous la responsabilité du chirurgien. Alors que dès 1877, à Londres, Redier s'est étonné de voir des *anesthésieurs* de profession à l'hôpital et en ville, l'évolution des idées sera là aussi fort lente et les plus anciens d'entre nous se souviennent d'avoir manié avec plus ou moins de bonheur l'appareil d'Ombredanne ! Les accidents dus au chloroforme ne sont pas rares et certains relaient l'opinion de Wicart que cite le *Journal des Sciences Médicales* : *Sachez bien que les amygdales et les végétations adénoïdes sont opérées en toute assurance et en toute perfection sans le secours d'aucun des plus merveilleux anesthésiques actuels*, une opinion qui prévaudra jusque dans les années 1950, transformant l'amygdalectomie en une épique boucherie. Une exception toutefois : pendant plusieurs années, V. Faucon exige que le chloroforme soit donné par le chef de clinique lui-même.

L'antisepsie permet des progrès plus rapides : A. Faucon, F. Guermonprez en chirurgie, G. Eustache en obstétrique sont favorablement impressionnés par les résultats obtenus par les pulvérisations ou les pansements phéniqués et partagent l'enthousiasme de Lucas-Championnière qui a visité le service de Lister en 1869 : *L'espace nous manque*

8.– Cf. le chapitre XXIII : *Une Faculté catholique de médecine : qu'est-ce à dire ?*

pour rapporter tous les résultats de cette chirurgie qui tient du merveilleux. Les pansements, le matin, n'exhalent pas la moindre odeur, et ne contiennent pas de pus...

Après les travaux de Pasteur, la bactériologie est en plein essor et le premier bactériologiste de la Faculté, le Pr G. Lemière en suit attentivement les progrès. En février 1895, l'Institut Pasteur de Lille ouvre ses portes et ses laboratoires. Bientôt apparaissent dans le *Journal des Sciences Médicales* les premiers cas de guérison par sérothérapie de la diphtérie (1894) et du tétanos (1895), mais les sérums anti-streptococcique et anti-méningococcique ne tiennent pas leurs promesses. De fausses pistes sont vite abandonnées : le faux bacille de la grippe de Pfeiffer, le prétendu bacille de l'éclampsie, le traitement de la tuberculose par la *lymphe* (ou tuberculine) de Koch. Les maladies infectieuses restent une cause importante de mortalité : la fièvre typhoïde, endémique à Lille, le typhus même en 1893 (39 cas à Lille dont 12 décès), les maladies infantiles (rougeole et coqueluche), les gastro-entérites. La mortalité de la ville de Lille, avec 27,6 décès pour 1 000 habitants en 1890, est supérieure à la moyenne nationale qui est de 22,2 pour mille, mais toutefois inférieure à celle des grands ports : Marseille, Rouen et le Havre. Une anecdote en dit plus que toutes les statistiques : en 1890, le Pr H. Desplats signale à la municipalité et au comité de salubrité une épidémie de typhoïde sévissant depuis plusieurs mois dans le quartier de Wazemmes : quarante habitants de la cité Leclercq au 39 de la rue des Postes ont été atteints, sept sont morts dont une mère et quatre de ses huit enfants. Aucune mesure sanitaire n'a été prise, alors que d'autres cas apparaissent rue Magenta et rue Mourmant.

La déclaration obligatoire des maladies contagieuses date de 1891, mais n'est d'abord considérée que comme *une formalité de plus*. La tuberculose surtout fait des ravages chez l'adulte jeune (865 décès de *phtisie pulmonaire* en 1883, dont 643 de 10 à 40 ans) ; elle n'épargne pas plusieurs jeunes enseignants de la Faculté. J.-A. Villemin (1865) en a prouvé la contagiosité, R. Koch a découvert le germe responsable, mais, en pratique, aucun isolement n'est encore de mise à l'hôpital, aucune mesure préventive n'est envisagée, aucun traitement n'est efficace en dehors de la cure au grand air (bien problématique à Lille), repos, alimentation saine et abondante. La collapsothérapie, codifiée par Forlanini dès 1880 n'est pas encore entrée dans les habitudes médicales.

De plus en plus, les médecins utilisent les thérapeutiques nouvelles et surtout les principes actifs extraits de plantes médicinales : quinine, morphine, digitaline, cocaïne, curare, puis les premiers médicaments obtenus par synthèse : acide salicylique et salicylate de sodium (1895). Ils découvrent l'opothérapie et, en 1896, H. Desplats note que *le corps thyroïde a quelque utilité* en traitant un myxœdème par l'extrait thyroïdien et en proposant son utilisation... dans l'obésité. Ils bénéficient aussi de précieuses découvertes comme la technique de la *ponction lombo-sacrée* (Quincke 1897), suivie de *l'anesthésie cocaïno-lombaire* (1901), ou, plus modeste mais tout aussi utile, le miroir de Clar pour l'examen de la gorge et des fosses nasales (1895).

Certes, la pratique des saignées est à peu près abandonnée, mais pas l'usage des sangsues, qui ont encore de belles années devant elles, ainsi que celui des révulsifs, des *pointes de feu* et autres sinapismes, des ventouses scarifiées ou non, des loochs et des juleps. Parmi les méthodes physiques, la balnéothérapie a les faveurs d'H. Desplats, particulièrement au cours de la fièvre typhoïde. Il étudie aussi l'application de l'électricité au diagnostic et au traitement des maladies. Par contre, les moyens de réanimation sont pratiquement nuls : le sérum physiologique dit *plasma de Quinton* date de 1905 et il est toujours injecté par voie sous-cutanée.

Réservée pendant quelques années à de rares initiatives privées comme celle de Witz à la faculté des Sciences, la radiologie fait son entrée à l'hôpital de la Charité avec René Desplats en 1909 et avec beaucoup de difficultés, semble-t-il, au dispensaire Saint-Raphaël avec le docteur D'Halluin. Ce dernier, chef des travaux de physiologie, se signale par des expériences prometteuses : survie du cœur isolé, massage cardiaque chez l'homme, moyens de combattre les trémulations fibrillaires du cœur. De même, après expérimentation animale, il effectue l'extraction d'un corps étranger bronchique sous radioscopie et en fait la démonstration au Congrès de la Société pour l'avancement des sciences réuni à Lille en 1910.

Les spécialités s'autonomisent progressivement : l'urologie par exemple avec Camelot, et, non sans mal comme nous l'avons vu, la chirurgie des accidents du travail avec F. Guermonprez, véritable *chirurgien de l'industrie* selon le mot d'Hippolyte Larrey. Médecins des dispensaires, Redier en stomatologie, Dujardin en ophtalmologie publient souvent les résultats de leurs observations dont certains ne laissent pas indifférent. Ainsi A. Dujardin expose à plusieurs reprises son traitement des séquelles du trachome, c'est-à-dire du *pannus granuleux généralisé par inoculation blennorrhagique [...], avec du pus recueilli de l'œil d'un nouveau-né atteint d'ophtalmie purulente* ; il semble que les malades en aient retiré un léger bénéfice... Le même Dujardin expose le cas d'une fille de 9 ans, *idiote* et obèse, qui présente une polydactylie des mains et des pieds, et une rétinite pigmentaire : c'est là le syndrome que Laurence, Bardet et Biedl viennent de décrire.

Les grands problèmes d'hygiène et de médecine légale sont couramment abordés dans le *Journal des Sciences Médicales* : avortement provoqué obstétrical (Vanverts) à l'origine d'une vive polémique. La césarienne est alors une question brûlante pour laquelle, après les premières tentatives de Vanverts en juillet 1879, est établie *une commission chargée de faire la doctrine de la Faculté sur ce problème important de déontologie médicale.* L. Wintrebert étudie l'hygiène des enfants du 1er âge ; la question du logement ouvrier fait l'objet des travaux de H. Lavrand, de C. Feron-Vrau (1896) et de G. Lemière. Au congrès de médecine légale de 1878, J. Jeannel traite de *la répression légale du suicide* dont il fait une intéressante étude historique, mais il a la curieuse idée de réserver aux études anatomiques les cadavres des suicidés, du moins de ceux *reconnus responsables de leur attentat* et ne pouvant de ce fait reposer en terre chrétienne.

Le *Journal des Sciences Médicales* aborde aussi les grandes questions qui agitent la fin du XIXe siècle et les débuts du XXe. Nous avons souligné ailleurs l'engagement des maîtres de la Faculté, H. Duret et F. Guermonprez surtout, contre la laïcisation des hôpitaux. Une autre grave préoccupation est la dénatalité, *le suicide de la race française* selon les propos de Roosevelt. Toute mesure visant à réduire les naissances est vigoureusement dénoncée. En 1905, G. Eustache écrit : *Qu'il s'agisse de la pratique criminelle de l'avortement, des précautions anticonceptionnelles ou de la stérilisation opératoire de la femme, disons hautement, nous médecins, que nous ne devons aucunement nous en mêler, que nous devons, au contraire, nous en déclarer les adversaires irréductibles : c'est le devoir strict de notre profession.* Le but de cette politique nataliste n'est pas même dissimulé : *Dans quelques années, dixit un rédacteur d'un grand quotidien, nous aurons cinq corps d'armée de moins que notre voisine...* (1909).

Des questions plus triviales sont enfin abordées, comme celle du projet d'impôt sur le revenu (Caillaux 1907)... dont on devine qu'il fut mal accueilli !

La collection du *Journal des Sciences Médicales* comporte aussi des numéros spéciaux. Dès 1891, il publie un « numéro des étudiants », contenant d'abondantes informations sur l'Université catholique et la Faculté de médecine et de pharmacie, les études, les concours, les terrains de stages, les prix, les établissements hospitaliers, l'hébergement, la discipline. À partir de 1922, est joint l'annuaire des anciens de la Faculté : celui-ci fera l'objet d'un fascicule spécial à partir de 1947. Le dernier annuaire édité est de 1968.

En avril 1935, le Conseil de Faculté propose que le *Journal des Sciences médicales* prenne en charge un numéro spécial consacré aux conférences données lors des *Journées Médicales*. Cette pratique se maintiendra jusqu'à la disparition du Journal. Un épais numéro spécial marquera son 75e anniversaire en novembre 1957.

La Pratique Journalière

Si l'on en croit l'éditorial, c'est à la demande des lecteurs du *Journal des Sciences médicales de Lille* qu'un groupe de professeurs de la Faculté libre publie ce journal, promettant *des articles très simples ayant trait aux difficultés que le praticien peut rencontrer dans l'exercice de son art.* Revue mensuelle de clinique et de thérapeutique, le premier numéro sort le 10 juin 1895. Tous les numéros ont 16 pages ; l'abonnement est de 6 F par an. Tous portent la même signature : *un des secrétaires de rédaction : G. Lemière.* Dans les premières livraisons, le contenu semble répondre à l'annonce ; il s'en écarte assez souvent plus tard, en publiant par exemple le texte de *Conférences d'extension universitaire,* fréquemment signées par G. Lemière. On y trouve peu de publicité pharmaceutique. Le dernier numéro de la revue est daté de décembre 1911, sans que soit annoncée la fin de sa publication.

Le Journal de Médecine de Lille

Ce périodique a été édité de janvier 1932 à juin 1939 par M. Favreau, L. Langeron, A. Le Grand, M. Paget et G. Vincent, ce dernier étant secrétaire général. Ils estiment en effet que le contenu du *Journal des Sciences Médicales* est de moins en moins intéressant et surtout qu'il est devenu en quelque sorte la propriété de Besson et David. Ils lancent donc ce journal concurrent...

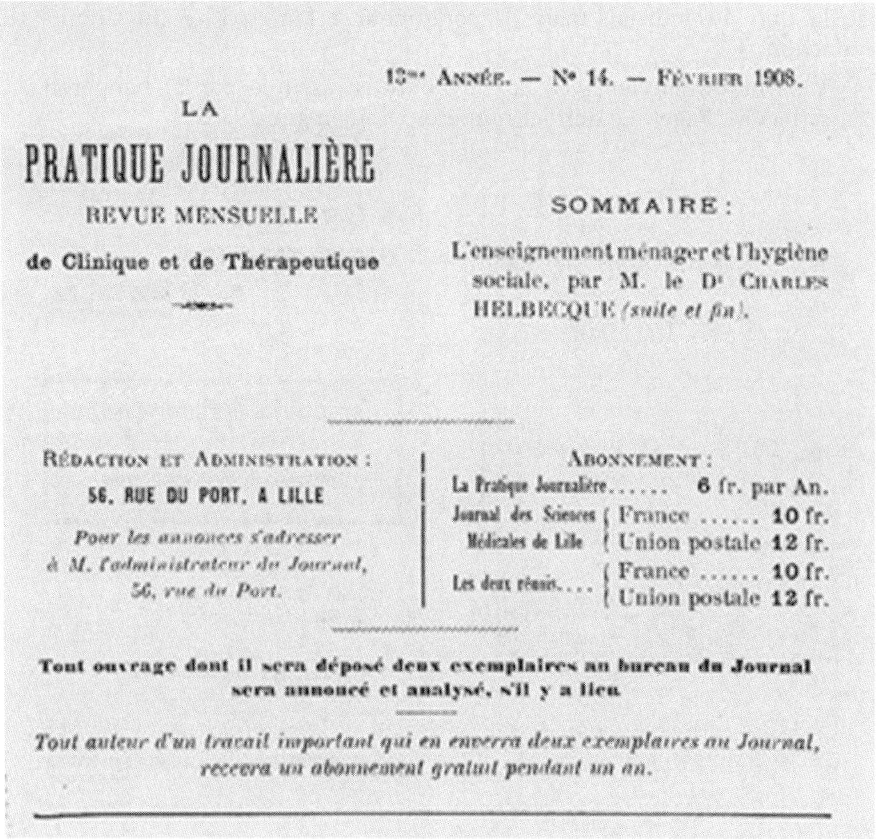

13me Année. — N° 14. — Février 1908.

LA

PRATIQUE JOURNALIÈRE

REVUE MENSUELLE

de Clinique et de Thérapeutique

SOMMAIRE :

L'enseignement ménager et l'hygiène sociale, par M. le Dr Charles Helbecque *(suite et fin)*.

Rédaction et Administration :

56, RUE DU PORT, A LILLE

Pour les annonces s'adresser à M. l'administrateur du Journal, 56, rue du Port.

Abonnement :

La Pratique Journalière......		6 fr. par An.
Journal des Sciences Médicales de Lille	France	10 fr.
	Union postale	12 fr.
Les deux réunis....	France	10 fr.
	Union postale	12 fr.

Tout ouvrage dont il sera déposé deux exemplaires au bureau du Journal sera annoncé et analysé, s'il y a lieu.

Tout auteur d'un travail important qui en enverra deux exemplaires au Journal, recevra un abonnement gratuit pendant un an.

C'est une publication de 40 pages environ, comprenant 22 numéros par an, soit deux numéros par mois, (un seul en août et septembre), l'un (A) consacré à des questions relevant de différentes spécialités médicales, l'autre (B) aux principaux éléments du mouvement scientifique du mois et aux comptes rendus des Sociétés savantes, à des articles de pratique courante, des *petites cliniques*, de la documentation professionnelle et des informations médicales diverses.

Dès le n° 4 de février 1932, la revue fait état d'un Comité de rédaction de 14 membres, c'est-à-dire l'ensemble des professeurs de la Faculté, sauf A. Besson et A. David, les responsables du *Journal des Sciences médicales*, ainsi que Delattre, Danel, Dhalluin et Lepoutre. H. Billet en disparaît quand il est nommé doyen en 1935.

L'abonnement est de 40 F par an. Avec quelques publicités pharmaceutiques, l'opération est rentable, au point qu'un conflit va surgir en 1935 pour le partage des bénéfices ! M. Favreau assure en effet la direction matérielle du Journal et reçoit *la moitié des bénéfices pour (sa) peine*, dit-il dans une lettre au recteur. A la fin de la 1re année, les bénéfices sont de 24 000 F, mais, ajoute M. Favreau, *je n'ai accepté que 10 000. Cette année, on ne me propose que 6 000 F malgré des bénéfices supérieurs*. C'est injuste : Favreau et Le Grand démissionnent et, en octobre 1935, leurs noms disparaissent en effet de la une du Journal, mais ils continuent à faire partie du Comité de rédaction.

À partir de janvier 1936, la direction est assurée par L. Langeron, G. Vincent et M. Paget. Le dernier numéro paraît en juin 1939.

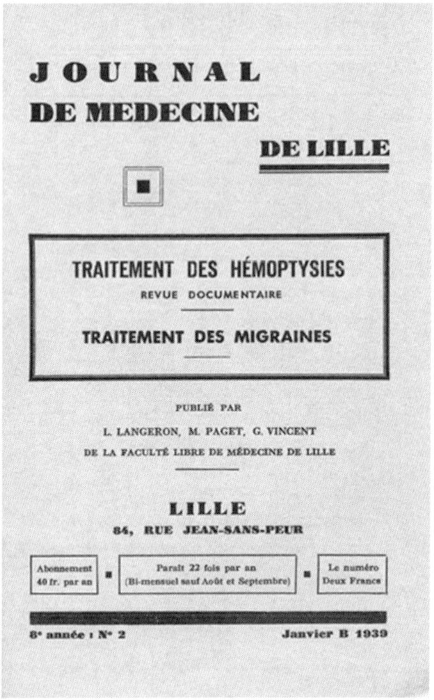

Questions Médicales d'actualité

Comme la précédente, cette revue est créée à l'initiative des Prs L. Langeron, rédacteur en chef, et M. Favreau, administrateur-directeur. Le premier numéro date de janvier 1931 ; douze numéros annuels paraissent sur 30 à 40 pages. Chaque numéro est consacré à l'étude approfondie d'une question d'actualité, traitée par un auteur spécialement qualifié.

La couverture cite 33 collaborateurs, presque tous professeurs de faculté ; ils sont d'Alger, Bordeaux, Lille (Faculté libre), Lyon, Nancy, Toulouse, Paris, Genève, Bâle.

L'abonnement est de 48 F par an. Chaque numéro donne la liste des sujets traités depuis l'origine et de ceux à venir. Dès le premier numéro, on a ainsi la liste des questions qui seront abordées durant l'année 1931. Quand la matière est abondante, elle peut s'étaler sur deux, voire trois numéros. En parcourant les années successives, on voit que la Faculté libre prend une place de plus en plus grande dans la production (quatre numéros sur douze en 1931, cinq en 1932, neuf en 1936), presque toujours sous la signature de Langeron. Le dernier numéro paraît en septembre 1939.

L'Avenir Médical du Nord de la France

Le titre est ambitieux pour ce journal fondé en janvier 1878 par les professeurs E. Papillon et A. Faucon, en *francs-tireurs*. Après les querelles et péripéties rapportées au chapitre V, il disparaît en novembre de la même année, après sa violente querelle avec le Pr Jeannel.

Nouvelles de la Faculté Libre de Médecine

Ce n'est pas un journal, ni une revue, mais quelques feuilles ronéotypées distribuées en interne à tous les enseignants et hospitaliers de la Faculté libre et aux autorités académiques, à l'initiative du doyen J. Liefooghe. Le premier numéro date du 1er juillet 1970, le 67e et dernier de juin 1984.

Son contenu : calendrier, résultats des examens, statistiques diverses, décisions du Conseil de faculté, nominations, concours, manifestations, questions hospitalières, carnet…

Lettre de la Faculté Libre de Médecine

Le doyen Ph. Choteau, élu en 1982, continue donc pendant deux ans l'édition des *Nouvelles*, puis décide de leur donner une plus large diffusion et une tenue plus solide. Elle est donc imprimée et soumise au dépôt légal. C'est la *Lettre de la Faculté*, dont la rédaction est confiée à un petit comité présidé par le Pr G. Chantepie. Le premier numéro sort en octobre 1984 ; les parutions sont à peu près trimestrielles, puis s'espacent peu à peu, pour devenir annuelles à la fin : le 18e et dernier numéro date d'octobre 1995.

Son contenu reprend au début celui des *Nouvelles*, auquel s'ajoute parfois un article scientifique. A partir de 1989, il se contente de donner le compte-rendu des activités de la Faculté, telles que rapportées à l'Assemblée générale annuelle.

Le Monde du Carabin – L'Écho du Carabin

Ce sont deux titres successifs du Journal édité plus ou moins régulièrement par les étudiants en médecine et leur corporation (ACEM). Leur contenu est très divers : y voisinent des articles sérieux, parfois même religieux, des informations sur la Faculté et les études médicales, les manifestations étudiantes, les réunions de la Corpo, le mouvement étudiant au niveau national, et d'autres papiers beaucoup légers (c'est un euphémisme !), à orientation érotique voire pornographique, dans la plus pure (?) tradition carabine… Les premiers numéros semblent dater des années 1970.

Auparavant, des étudiants en médecine collaboraient à la revue des étudiants de la Catho : *l'Escholier lillois*, puis *Catho*. L'un d'eux, André Peel, a été dans les années 1945-50 rédacteur en chef de *Catho* ; il avait la plume facile et plutôt acérée, l'une de ses cibles préférées étant le vice-recteur de l'époque, le chanoine Henri Barbeau.

Publications hors Faculté

Bon nombre de professeurs de la Faculté ont fait partie de Comités de rédaction de revues nationales, dans leur spécialité. Quelques-uns ont même fondé ou dirigé des journaux de diffusion nationale.

Ainsi, M. Paget a été rédacteur en chef des *Annales de Biologie Clinique* de 1943 à 1968 et du *Bulletin des biologistes pharmaciens* devenu plus tard la *Documentation du biologiste praticien.*

G. Parturier a fondé la *Revue des maladies du foie* avant même son engagement professoral à la Faculté libre ; P. Brygoo a été secrétaire général, c'est-à-dire rédacteur en chef du *Bulletin de l'Institut Pasteur* en 1954.

Bien qu'il ne s'agisse pas de publications, il nous semble opportun de signaler ici deux initiatives auxquelles ont largement participé les professeurs de la Faculté de médecine et de pharmacie.

Conférences d'anthropologie et de biologie

Novembre 1898. Un groupe de professeurs des facultés de droit, de médecine, de sciences et de théologie propose un programme annuel de dix à seize conférences, pendant le semestre d'hiver, destiné aux étudiants désireux d'étendre leur culture au-delà de leur stricte formation professionnelle.

L'initiative semble émaner du Pr Duret : il prend en charge chaque année une ou plus souvent deux conférences. Ses thèmes favoris concernent les origines de l'homme, la préhistoire, les races humaines. Il sollicite aussi le concours de collègues de la Faculté de médecine, avec succès d'ailleurs, puisque, bon an mal an, la moitié au moins des exposés sont présentés par des enseignants de cette Faculté, Lemière, Rogie, Delassus, Lavrand et quelques autres sont ainsi mis régulièrement à contribution.

On ignore le taux de fréquentation de ces conférences, mais elles se maintiennent jusqu'en 1910-1911, régulièrement annoncées dans le *Journal des Sciences Médicales de Lille.* Elles disparaissent ensuite, l'année où le Pr Duret se trouve en congé de maladie.

Conférences d'extension universitaire

Dans le même ordre d'idées, l'Université catholique proposait au grand public des conférences de culture générale, dites d'extension universitaire, car elles étaient données non seulement à Lille, mais aussi dans plusieurs villes de la région. Les premières ont lieu à Roubaix de novembre 1896 à février 1897. L'année suivante, Tourcoing et Armentières reçoivent des conférenciers. Les auditoires sont consistants, jusqu'à 120 personnes. Cette année-là, 143 leçons auront été données par quinze intervenants. Elles touchent des thèmes très variés, d'apologétique, d'économie sociale, d'histoire, de droit, de science et de médecine.

Les années suivantes, l'extension se poursuit vers Douai, Arras, Hazebrouck et Bailleul, Saint-Omer, Dunkerque, Cambrai. Pour fidéliser l'auditoire, il est demandé aux participants qui l'acceptent de soumettre à un jury les résumés des conférences, des prix étant attribués en fin d'année aux meilleurs d'entre eux.

Régulièrement, *le Bulletin des Facultés catholiques* propose à ses lecteurs un compte rendu de ces activités, en y joignant parfois le résumé des conférences.

Cette initiative d'avant-garde devait être rapidement imitée. Le *Journal des Sciences médicales de Lille* du 10 novembre 1900 écrit en effet à propos des « universités populaires » qui fleurissent dans le pays : *Nos adversaires se sont empressés de nous imiter un peu partout et en modifiant le nom, ils ont cru faire une chose nouvelle.*

La guerre de 1914 voit évidemment disparaître cette extension universitaire, qui ne sera reprise, mais localement, que beaucoup plus tard par le doyen Michel Spanneut, de la faculté des lettres et sciences humaines, sous le nom d'Institut Supérieur de Culture Française Contemporaine (ISCFC), devenu plus tard le Centre Culturel Vauban. Ce dernier fonctionne encore de nos jours avec un succès qui ne faiblit pas. Plusieurs professeurs de la Faculté de médecine et de pharmacie ont évidemment apporté leurs compétences à ses activités.

La participation des mêmes professeurs est acquise aussi dans une autre institution du même genre, réservée aux jeunes filles et jeunes femmes de Lille. Ces *Conférences pour Jeunes Filles*, lancées elles aussi en 1898, se déroulent à l'Institution Blanche de Castille, alors rue Jean Levasseur, près de la place de Tourcoing (aujourd'hui place du Maréchal Leclerc). Il s'agit ici encore d'une formation de culture générale, plus axée sans doute sur les questions de famille et d'éducation. Un essaimage vers Roubaix et Douai est également signalé en 1912.

Chapitre XXIII
Une faculté catholique de médecine : qu'est-ce à dire ?

La question est posée depuis son origine ; elle l'est encore aujourd'hui : qu'on l'appelle *raison d'être, spécificité, originalité, caractère propre...* il s'agit toujours d'une question de sens, de signification. Comment cet adjectif « catholique » se traduit-il dans les faits, dans les activités de la Faculté ? Y aurait-il une médecine « catholique » et en quoi différerait-elle de la médecine officielle, enseignée dans les facultés de l'Etat ?

On la dit aussi, et de plus en plus de nos jours, «Faculté libre » plutôt que « Faculté catholique ». Les deux termes n'ont évidemment pas le même sens. Le second est nettement plus précis et exigeant que le premier. Celui-ci indique seulement que son existence ne doit rien à une décision gouvernementale et que son administration, ses enseignants sont indépendants de l'autorité de l'Etat. Il reste que, surtout dans un domaine comme celui de la médecine et de la pharmacie, réglementé par des diplômes nationaux, l'enseignement doit se conformer strictement aux lois, décrets et arrêtés en vigueur et à toutes leurs modifications. Les seules libertés possibles résident alors dans des aménagements de programmes, de modalités d'enseignement, dans des compléments jugés opportuns ou des activités annexes considérées comme des suppléments bénéfiques pour l'exercice de la profession, la santé publique ou la formation humaine des futurs praticiens.

Les réponses apportées à cette question du sens ont évolué au cours des ans : les pages qui suivent essaieront de le montrer. Tantôt elles se concentrent sur le caractère religieux de l'institution, tantôt elles se contentent de profiter du peu de liberté dont la Faculté dispose pour offrir un « plus » à ses étudiants.

De la fondation à la guerre de 1914-1918

Les premiers chapitres de ce livre ont longuement développé les raisons qui ont conduit à la création d'une Université catholique. Citons seulement le double objectif maintes fois affirmé : *élever un rempart contre la science athée et matérialiste*[1] de l'époque et préserver la jeunesse des dangers du monde ambiant, en particulier dans le milieu universitaire et médical.

En 1874, devant la Commission préparatoire à la création de l'Université, Camille Feron-Vrau exprime ainsi sa pensée : *La profession médicale emploie toutes les facultés de l'homme, esprit, cœur, conscience : on est médecin par son âme tout entière. Plus encore que le travail des cours et du laboratoire, deux choses sont nécessaires à cette formation : la philosophie et la théologie médicales et la morale professionnelle. Or cela ne se trouve que dans la religion ; et c'est la religion dans la médecine que nous avons voulu introniser ici.*

Dans le climat d'hostilité permanente, sinon de persécution, qui a entouré les quarante premières années de l'Université catholique, il fallait posséder des convictions chrétiennes solidement ancrées pour accepter d'y enseigner et, pour les familles, d'y inscrire leurs fils.

Le 20 mai 1881, à l'Assemblée générale des catholiques de France à Paris, C. Feron-Vrau proclamait : pour entrer dans notre Faculté catholique comme enseignant, *il faut dire ce que l'on est ; cette entrée est par elle seule une véritable profession de foi catholique, qu'il faut d'ailleurs renouveler solennellement.*

Le recrutement des enseignants est effectivement soumis à des critères rigoureux en matière religieuse. Le recteur sollicite l'avis des curés de paroisse ou d'autres clercs, voire des évêques (Montpellier). Les atermoiements autour de la candidature du Dr Duret évoqués au chapitre IX confirment bien ce souci. On attend en effet des maîtres qu'ils soient des exemples pour leurs élèves.

Toutes les salles arborent évidemment le crucifix. Une prière est récitée au début et à la fin des cours. Chaque réunion du Conseil de faculté commence par la récitation du *Veni Sancte Spiritus* – un petit carton aide les doyens dont la mémoire vacillerait. (Le doyen Liefooghe sera le premier à réciter cette invocation en français). À la fin de la réunion, est récité le *Sub tuum praesidium*, une prière à la Vierge.

Chaque année, une retraite est proposée pour tous les membres de l'Université. Professeurs et étudiants sont tenus d'assister, les premiers en costume académique, à la messe solennelle de rentrée, début novembre, et à celle de la fête patronale de saint Joseph, le 19 mars, présidée par les évêques du Conseil supérieur.

Lorsqu'en 1884 est fondée au Mans, à l'initiative du D^r^ Le Bèle, soutenu par son évêque, la Société Saint-Luc, Saint-Côme et Saint-Damien, destinée à regrouper les médecins catholiques, C. Feron-Vrau et quelques professeurs de la Faculté de médecine en font immédiatement partie. L. Wintrebert en était l'un des membres fondateurs. Cette société se veut d'abord *une confrérie de médecins catholiques unis par des pratiques religieuses communes, pèlerinages et*

1.– Bref de félicitation et d'encouragement du pape Pie IX aux évêques de la province du 4 novembre 1875, *in : Vingt années de l'Université catholique de Lille 1875-1895.* Desclée, de Brouwer et Cie éd. Lille 1896, p. 7.

invocation des saints médecins. S'opposant d'emblée à l'anticléricalisme et à l'emprise croissante du rationalisme, elle cherche, au tournant du siècle, à devenir une société savante tournée vers l'action catholique et apologétique[2]. Très tôt est créée à Lille une section de cette société, dont le Pr Desplats prend et tient longtemps la présidence, étant par ailleurs vice-président de la société nationale, laquelle à la veille de la Grande guerre comptera 1 200 membres.

Côté étudiants, leur inscription en Faculté est conditionnée à la présentation d'une recommandation du curé de la paroisse ou d'un autre prêtre et/ou du supérieur de l'établissement secondaire d'où ils viennent. La protection de la foi et de la moralité des jeunes gens est un souci constant. Les maisons de famille les accueillent dans ce but. Elles sont dirigées par des prêtres qui sont pour eux les substituts de leurs parents. Elles proposent la messe quotidienne, mais ne l'imposent pas. Nombre d'étudiants font partie des confréries du Saint-Sacrement ou de la Sainte Vierge, les astreignant à des exercices de piété réguliers.

La Pieuse Association des malades et des serviteurs des malades, créée par C. Feron-Vrau et les Pères Camilliens aura moins de succès auprès des étudiants, comme d'ailleurs des médecins. Son objet était de réunir dans un même groupe de prière les souffrants et les soignants, en leur proposant des intentions, des exercices pieux et un bulletin de liaison aux articles édifiants.

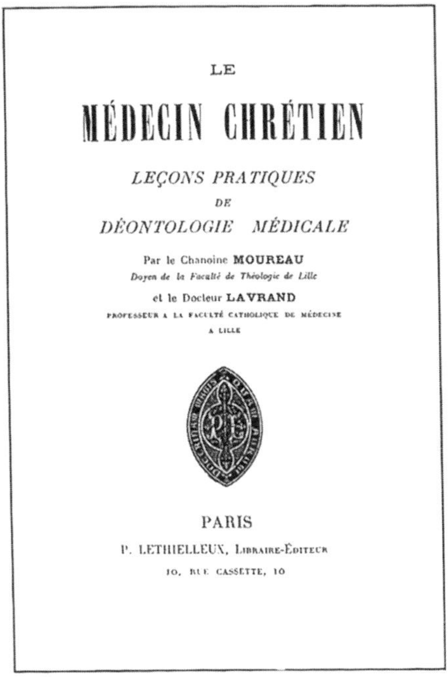
LE

MÉDECIN CHRÉTIEN

LEÇONS PRATIQUES

DE

DÉONTOLOGIE MÉDICALE

Par le Chanoine **MOUREAU**

Doyen de la Faculté de Théologie de Lille

et le Docteur **LAVRAND**

PROFESSEUR A LA FACULTÉ CATHOLIQUE DE MÉDECINE A LILLE

PARIS

P. LETHIELLEUX, Libraire-Éditeur

10, rue Cassette, 10

Dans le discours cité ci-dessus, le Dr Feron-Vrau rappelle qu'il veut pour ses étudiants en médecine une solide **formation philosophique et religieuse**. La première, il l'attend de la faculté des lettres. Dans une longue lettre du 29 août 1884 au doyen de cette faculté, M. de Margerie, il propose

2.– H. Guillemain. *Les débuts de la médecine catholique en France. La Société médicale Saint Luc, Saint Côme et Saint Damien (1884-1914). Revue d'Histoire du XXe siècle*, 2003, pp. 26-27.

un programme détaillé de formation philosophique chrétienne pour les étudiants en médecine. Il ne semble pas que cette demande ait été suivie d'effet. Mais dès les premières années de fonctionnement, ils reçoivent un enseignement d'apologétique, c'est-à-dire de défense de la foi et de la religion, donné par l'abbé Moureau, professeur et futur doyen de la faculté de théologie. S'y ajoutent, à partir de 1908, quelques conférences de déontologie données par le Pr Hubert Lavrand.

En 1901, tous deux publient en collaboration un ouvrage de 300 pages, intitulé *Le médecin chrétien*[3], dont le contenu reflétait sans doute celui de leur enseignement. Y sont traités d'abord des « devoirs généraux » : fondements et sources du devoir médical, la religion du médecin, la science nécessaire au médecin, la dignité et l'honnêteté professionnelles, les relations avec les confrères, le dévouement du médecin, les remèdes et opérations, la discrétion médicale, les honoraires, la responsabilité médicale. Une deuxième partie est consacrée aux « devoirs spéciaux » du médecin chrétien : l'obstétrique et la morale, le médecin et la religion de ses clients, certificats et conseils, guérisons miraculeuses, procédures matrimoniales, crémation et inhumation. Un ensemble fort complet dont beaucoup de données sont encore d'actualité.

Le chanoine Moureau assurera son enseignement jusqu'en 1910. Lui succède un autre professeur de la faculté de théologie, l'abbé Michel.

Des activités caritatives sont proposées aux enseignants comme aux étudiants. Quelques professeurs animent ainsi les **Conférences de Saint Vincent de Paul** qui repèrent et secourent les pauvres : conférence Sainte-Eugénie présidée par H. Desplats, conférence Saint-Louis présidée par G. Augier, conférence Saint-Joseph présidée par M. Canet, professeur à la faculté des lettres. Ces conférences se réunissent toutes les semaines dans l'une ou l'autre des trois maisons de famille. Tous les ans, elles organisent une séance récréative au profit de leurs familles pauvres. *Tous savent que la recette constitue presque uniquement le fonds de la caisse de chaque conférence pour l'année et qu'il faut contribuer à la garnir le plus possible*[4]. En 1908 par exemple, soixante et onze étudiants de la Faculté de médecine et de pharmacie sont inscrits dans ces groupes.

Les épouses des professeurs ne sont pas en reste dans ces activités, ne serait-ce qu'en alimentant l'œuvre des layettes, animée par Mme Desplats, qui fournit à chaque mère indigente à sa sortie de maternité deux layettes pour son bébé. En 1931, Delassus estime à 14 000 le nombre de layettes ainsi distribuées.

La **fête de saint Luc**, patron des médecins et de la Faculté, est célébrée avec faste dès 1882. Comme la fête liturgique tombe le 18 octobre, c'est-à-dire pendant les vacances de la Faculté, elle est systématiquement avancée à la fin du mois de juin ou au début de juillet. Elle comporte toujours une messe, avec panégyrique du saint évangéliste, et un banquet réunissant professeurs, autorités académiques et étudiants, lesquels proposent souvent des animations diverses, chansons, saynètes, revues plus ou moins caustiques ou osées, dont le Conseil de faculté répercute parfois les plaintes

3.– Chan. Moureau et Dr H. Lavrand. *Le médecin chrétien,* Lethielleux éd. Paris, 1901, 300 p.

4.– L'Escholier lillois, n° 2, février 1910.

de tel ou tel professeur, un peu trop malmené... En 1893, la fête revêt une solennité particulière. Elle est l'occasion de la bénédiction de la statue de saint Luc, qui trônera désormais dans le vestibule de la Faculté. La cérémonie est grandiose, présidée par plusieurs évêques, entourés d'un clergé abondant et d'une assistance considérable. Le souvenir en persiste dans une photographie géante, toujours visible dans un couloir de la Faculté.

En 1908, est prêté pour la première fois durant cette messe le **serment du médecin chrétien**, par la promotion sortante des jeunes médecins. C. Feron-Vrau en avait soumis l'idée au recteur l'année précédente et il en avait rédigé lui-même le texte que voici.

SERMENT DU MEDECIN CHRETIEN

En présence de Dieu et après l'avoir invoqué, je promets d'exercer ma profession médicale en y appliquant les directives catholiques qui la concernent.

Je donnerai à mes malades des soins dévoués et consciencieux et, dans cette vue, je m'efforcerai de perfectionner mes connaissances selon les progrès de la science et de la pratique, toujours soucieux de la dignité et de l'honnêteté professionnelle.

Les choses qui arriveront à ma connaissance dans la pratique de mon art et qui ne doivent pas être divulguées, je les garderai comme des secrets inviolables.

Je considérerai comme une grave obligation de me rendre auprès des malades atteints d'affections contagieuses ou épidémiques et, en toutes circonstances, de ne pas fuir le danger professionnel.

La vie étant un bien inviolable, je la traiterai avec un respect sacré chez tous mes malades, en écartant tout ce qui, dans la pratique, porterait atteinte, d'une manière ou d'une autre, aux droits naturels et imprescriptibles de la personne humaine. En particulier, en obstétrique, j'aurai le souci de faire le nécessaire pour sauver la vie de la mère et celle de l'enfant ; en cas de danger pour celui-ci, je m'efforcerai de lui procurer le baptême.

J'aurai toujours présent à l'esprit la dignité de l'homme créé par Dieu et racheté par Jésus-Christ, et je me refuserai à voir en lui une chose à utiliser comme un moyen : moyen pour la science sous la forme de l'expérimentation, moyen pour la race sous la forme d'eugénisme, moyen pour gagner de l'argent.

Je serai charitable à l'égard des pauvres, les considérant comme des frères en Notre-Seigneur Jésus-Christ.

Je ne demanderai à personne des honoraires au-dessus de sa condition.

J'estimerai comme un devoir d'avertir ou de faire prévenir un client gravement malade, qu'il doit prendre soin de ses intérêts religieux et matériels.

Je m'efforcerai de prendre une part effective à l'organisation chrétienne de ma profession pour lui conserver son noble but de service social et répondre ainsi aux directives de l'Eglise.

Daignent les saints Luc, Cosme et Damien, Patrons de notre profession, me venir en aide dans l'accomplissement de ces promesses.

Très régulièrement, le *Journal des Sciences Médicales de Lille* rend compte de ces festivités, et publie l'allocution prononcée à cette occasion par le prédicateur de service.

Tant que les Camilliens étaient présents à Lille, la fête de leur saint patron, le 18 juillet, était célébrée également avec éclat et piété : neuvaine préparatoire et messe solennelle. Leur départ définitif en 1902 a atténué grandement la dimension festive de l'événement.

Au plan institutionnel, le **Journal des Sciences Médicales de Lille**, organe de la Faculté, bien qu'affirmant sa neutralité, prend fréquemment position sur des sujets religieux.

Ainsi dès les premiers numéros apparaît une vive discussion entre le Pr Jeannel et un médecin écrivant dans le journal *l'Union médicale* (23 novembre 1878) sous le nom de Dr Simplice et s'interrogeant sur le but, le caractère et la nature du *Journal des Sciences Médicales. Organe d'une faculté de médecine que vous appelez libre, faites-nous voir en quoi et pourquoi votre enseignement diffère de l'enseignement des Facultés de l'État.* Il se demande comment le Journal se propose de soutenir le spiritualisme, *tout en voulant rester étranger aux questions de doctrine* : c'était d'ailleurs déformer les termes du Journal qui, se voulant essentiellement scientifique et médical, et non point philosophique et théologique, déclarait : *Nous sommes les défenseurs des doctrines spiritualistes ; toutefois nous éviterons autant que possible les discussions purement doctrinales.* C'est J. Jeannel qui, en deux articles, répond au Dr Simplice ; critiquant le matérialisme, il réplique : *Je crois et nous croyons qu'au dessus de l'enseignement des sciences naturelles, au dessus du monde matériel, il y a le monde des idées, le domaine de l'âme auquel se rattachent indissolublement la morale et la religion, la patrie et le devoir, le beau et le bien.* Dès les débuts de la Faculté, c'était là une profession de foi.

Le même journal relate aussi avec tristesse et souvent quelque ironie les avancées de la laïcisation des hôpitaux de Paris et d'autres villes de France, en en soulignant les conséquences néfastes sur la qualité des soins… et leur coût.

Il consacre de longues pages aux **événements de Lourdes** et aux polémiques qu'ils suscitent[5]. Des liens réguliers vont d'ailleurs se tisser entre la Faculté et la « clinique de Lourdes » qui deviendra bientôt le Bureau des constatations médicales. Ainsi en décembre 1891, la Société des sciences médicales de Lille nomme le Dr Boissarie, président dudit bureau, membre correspondant, suite à la quatrième édition de son livre sur *l'histoire médicale de Lourdes.* A cette occasion, le rapporteur proposait déjà la création d'une Commission chargée d'examiner les malades du Nord avant leur départ et au retour d'un pèlerinage à Lourdes.

Bien d'autres témoignages sur Lourdes sont publiés en 1892 et les années suivantes. A partir de 1897, le Dr Feron-Vrau vient chaque année à Lourdes seconder le Dr Boissarie. Il est l'un des membres les plus actifs du Bureau des constatations. Plusieurs professeurs de la Faculté font eux aussi leur pèlerinage annuel. Le 3 décembre 1899, le Dr Boissarie monte à Roubaix, où il donne une conférence exceptionnelle, dont le Pr Lemière fournira plus tard un compte rendu dithyrambique dans le journal de la Faculté[6]. Le lendemain

5.– Dom B. Billet. *L'histoire médicale de Lourdes et la Faculté catholique de médecine de Lille. Ensemble,* 1996, n° 2, pp. 87-97.

6.– G. Lemière. *Les faits miraculeux constatés à Lourdes. Conférence à l'Union catholique de Roubaix. Dr Boissarie. J Sci Méd Lille,* 1899, n° 49-50, pp 553-595.

même, le Dr Boissarie est prié de répéter sa conférence devant les professeurs et étudiants de la Faculté catholique ; il y recueille un égal succès. C'est alors qu'est décidé l'envoi à Lourdes chaque année, du 15 août au 15 septembre, de deux internes de la Faculté pour aider le Dr Boissarie au Bureau des constatations. Ce sera chose faite à partir de l'année suivante. En juillet 1902, Camille Feron-Vrau remet au recteur deux titres de rente dont le produit doit couvrir les frais de ce séjour à Lourdes.

L'année précédente, il avait offert au sanctuaire une réplique de la statue de saint Luc érigée à la Faculté libre de médecine. Le 1er septembre 1901, elle est bénie solennellement par l'évêque de Tarbes. Sous la statue, une plaque commémorative porte ces lignes : *Hommage de la Faculté catholique de Médecine de Lille à Notre Dame de Lourdes*[7].

Les années suivantes, le *Journal des Sciences médicales* continue de publier des articles sur Lourdes et les guérisons miraculeuses. On en compte une vingtaine entre 1902 et 1907.

En 1903, le Pr Duret, alors doyen de la Faculté, prépare avec le Dr Feron-Vrau, le président de la Société Saint Luc de Paris et le Dr Boissarie un pèlerinage à Rome de médecins catholiques, auquel on compte inviter quelques personnes guéries à Lourdes.

7.– C. Feron-Vrau aurait voulu aussi que la statue de saint Luc fût placée dans la chapelle des saints médecins de la basilique du Sacré-Cœur de Montmartre, mais ce vœu ne sera jamais réalisé.

Audacieux projet pour l'époque, mais dont le succès dépassera les espérances, d'autant plus que plusieurs groupes de médecins catholiques de différents pays d'Europe rejoignent les 150 médecins français. Sept médecins de la Faculté en étaient : C. Feron-Vrau, H. Desplats, H. Duret, G. Eustache, V. Faucon, H. Lavrand et G. Lemière[8], certains avec leur épouse.

Le pèlerinage se déroule du 7 au 13 avril 1904, avec une audience spéciale du Pape Pie X et une messe solennelle à Saint Pierre de Rome, des visites de la ville, des conférences diverses dont celle du Dr Boissarie sur les guérisons miraculeuses de Lourdes. Les organisateurs avaient envisagé de présenter au Saint Père au cours de l'audience le récit des plus belles guérisons, mais son entourage avait récusé cette proposition ; Pie X avait dit et répété : *à notre époque, il ne faut pas prononcer à la légère le mot de miracle.* C'est peu après cependant que Rome devait décider la création de Commissions canoniques diocésaines chargées d'examiner avec la plus grande objectivité les cas de guérisons inexpliquées retenues par le Bureau des constatations. Le diocèse de Cambrai inclura dans sa Commission plusieurs professeurs de la Faculté.

En 1906, un journaliste pamphlétaire, Jean de Bonnefon, publie un ouvrage plein de mensonges sur Lourdes et envoie à l'ensemble du corps médical une circulaire referendum demandant de *fermer Lourdes au nom de l'hygiène.* Le *Journal des Sciences Médicales* prend alors la tête d'un contre-referendum, qui recueillera en quinze mois deux mille trois cent cinquante signatures[9].

Au Congrès eucharistique de Lourdes en 1908, le Pr Duret présente un rapport sur *Les guérisons de Lourdes au passage du Saint Sacrement*, que publie également le journal de la Faculté[10].

L'allégeance à Rome et la vénération du Saint Père vont de soi : l'Université catholique est pontificale. Chaque année, à la fête de saint Luc, est adressé au Pape un message de respectueuse et filiale soumission. Et la nomination de la plupart des professeurs dans l'Ordre pontifical de saint Grégoire le Grand est une forme de reconnaissance de cette attitude.

L'un des plus ardents défenseurs de la Papauté est le Pr François Guermonprez, résolument engagé dans les milieux catholiques lillois (un rapport de police en fait *la tête du parti clérical de Lille,* mais le préfet du Nord juge *son activité turbulente et brouillonne...).* Regrettant de n'avoir pu s'engager pour la défense des Etats pontificaux, il entretient des rapports épistolaires réguliers avec le Vatican. Son zèle lui vaut d'être nommé dès 1889 commandeur de l'ordre de Pie IX. Président de la section du Nord du Comité des droits du pape, il fait plusieurs fois le voyage de Rome et est reçu deux fois en audience privée par Pie X.

Se définissant lui-même comme un *catholique intégral* – on dirait aujourd'hui *intégriste* –, il est radicalement opposé au modernisme[11] et il se

---

8.– G. Lemière. *Les médecins catholiques à Rome. Impressions de voyage. J Sci Méd Lille,* 1904, n°s 18 à 22, pp. 441-447, 465-471, 491-495, 511-517, 532-543.

9.– *Le referendum médical sur les dangers que présentent les pèlerinages de Lourdes. J Sci Méd Lille.* (12 numéros du 23 juin 1906 au 3 août 1907).

10.– H. Duret, *Les guérisons de Lourdes sur le passage du Saint-Sacrement. J Sci Méd Lille,* 1908, n°s 45 à 47, pp. 433-452, 457-466, 481-496.

trouve en première ligne lors de la prestation du serment antimoderniste, prescrit par Pie X à tous les membres du clergé et aux professeurs des facultés catholiques. Cette cérémonie solennelle se déroula le 4 novembre 1910 en l'église du Sacré-Cœur devant le recteur Mgr Margerin. S'il ne fut sans doute pas l'inspirateur de cette manifestation, c'est lui qui commanda à un peintre local le tableau qui en a fixé le souvenir[12].

Prestation du serment antimoderniste

Non sans véhémence, Guermonprez lutte aussi contre l'hypnotisme, le spiritisme qu'il associe à la franc-maçonnerie, contre les partisans de l'euthanasie[13] et contre le laxisme qui tenterait parfois les accoucheurs.

Au début du XXe siècle, le même Guermonprez informe régulièrement son correspondant romain, Mgr Begnini, des faits et gestes de l'abbé Jules Lemire, prêtre démocrate et social, député puis maire d'Hazebrouck ; il en dénoncera dans cinq petits livres[14] les attitudes contraires selon lui à la discipline catholique. Ses interventions dans la presse lui vaudront une admonestation de la part de l'archevêque de Cambrai, qu'il tentera de contester en faisant appel à Rome...

Notons quand même que, parmi les jeunes, certains empruntent des voies différentes de leurs aînés ; on sait ainsi que le jeune René Desplats affiche dans sa chambre l'Epi du *Sillon*, symbole du catholicisme social de

---

11.– Mgr G. Leclercq. *Sommes-nous sortis de la crise moderniste ?* Ensemble, 1981, n° 2, pp. 63-71. Sous le terme de modernisme, on réunit les tentatives de philosophes et de théologiens, surtout français et italiens, pour adapter la doctrine catholique à la pensée et à la science modernes. Par le décret *Lamentabili* de la Congrégation du Saint Office et l'encyclique *Pascendi Dominici gregis* de Pie X, Rome se montra intransigeant à l'égard de ces orientations.

12.– Le serment fut prononcé par le chanoine Lecigne. Au verso d'une carte postale représentant ce tableau, œuvre de Joseph Bouüaert, le Pr A. Delattre a écrit ces mots : *Le tableau a disparu, le modernisme a triomphé !*

13.– F. Guermonprez. *L'assassinat médical et le respect de la vie humaine,* Rousset éd. Paris, 1904, 290 p.

14.– F. Guermonprez. Les cinq ouvrages édités chez Rousset à Paris, de 1910 à 1912 totalisent plus de 2 000 pages.

Marc Sangnier, condamné également par Pie X, ce qui laisse supposer de vives discussions avec ses collègues de l'autre bord…

De 1920 à 1968

Au lendemain de la Grande guerre, l'anticléricalisme a perdu beaucoup de son mordant, même s'il en reste de solides racines. Le retour à la liberté, les épreuves vécues par les mobilisés ont modifié l'attitude des uns et des autres par rapport à l'autorité.

Par ailleurs, la nécessité d'un recrutement extérieur (Cf. chap. XI) a changé les mentalités du corps professoral, moins ultramontain, moins clérical, même si l'on y trouve désormais plusieurs clercs (P. Loiselet, P. Cappe de Baillon, plus tard abbé Brassart). Seul témoin d'une époque révolue, Guermonprez persiste dans son intransigeance.

Dans le *Journal des Sciences médicales*, les articles à tonalité religieuse se font plus rares ; mais on y trouve encore quelques pages sur Lourdes et, chaque année, le compte rendu de la fête patronale de saint Luc, avec le sermon de circonstance.

Le recrutement des étudiants est de moins en moins conditionné par leur appartenance religieuse. Et ce en dépit des nombreux appels et démarches du haut clergé, qui rappelle régulièrement les paroles du pape et des évêques. *La religion est le couronnement de l'enseignement à tous les degrés* (Pie XI). *Il n'y a pour un chrétien d'école pleinement satisfaisante que l'école chrétienne* (les évêques de France). Les tournées de propagande du vice-recteur H. Barbeau dans les années 1950 -1960 dans les établissements secondaires de la région, de quelques autres provinces et à l'étranger (Canada, Etats-Unis) n'ont pas le succès escompté.

L'enseignement de la déontologie médicale figure toujours au programme des premières années. Il est confié à l'abbé, bientôt chanoine, Pierre Tiberghien, professeur à la faculté de théologie. Celui-ci allait devenir un moraliste de renom et marquer profondément des générations d'étudiants pendant une trentaine d'années. Avec une compétence et une conviction admirables, il assurait son cours avec une maîtrise parfaite, appuyée sur un postulat simple : la morale catholique est une morale de principes. Il suffit donc de bien connaître ces principes pour en déduire les comportements à mettre en œuvre dans telle ou telle situation concrète. *Les jeunes carabins prenaient évidemment un malin plaisir à rapporter ou imaginer des situations conflictuelles ou limites, et une bonne partie de l'heure de cours se passait à résoudre ces cas, en faisant appel par exemple à d'autres principes (acte à double effet). Nous acquérions une bonne pratique de la casuistique, déviation inévitable de ce genre de morale*[15].

Le chanoine Tiberghien cesse son enseignement en 1951 pour raisons de santé, mais l'année suivante, il en publie le contenu dans un ouvrage intitulé *Médecine et Morale* qui connaît un réel succès[16].

15.– J. Liefooghe. *L'enseignement de la morale médicale à la Faculté catholique de médecine de Lille. Ensemble*, 1993, n° 3, pp. 81-87.

16.– P. Tiberghien. *Médecine et morale.* Desclée de Brouwer éd. Paris 1952, 366 p.

Les candidats aux concours d'externat et d'internat des hôpitaux de la Faculté doivent d'ailleurs en connaître le contenu, car une épreuve de déontologie figure au programme de ces concours et elle intervient pour 15 pour 100 des points dans la note finale.

Quelques années de flottement suivirent le départ du chanoine Tiberghien. Il fut remplacé quelque temps par l'abbé Joseph Masselot, aumônier des étudiants, ce qui créa une confusion des genres assez mal vécue.

Mgr P. Tiberghien

En 1954, dès son élection au décanat, le Pr Antoine Delattre, convaincu de l'importance de cet enseignement, en prend personnellement la responsabilité. S'inspirant du programme de « théologie professionnelle » de la faculté de médecine de Montréal, il organise avec le concours de quelques enseignants des cycles de conférences appelées tantôt déontologie, tantôt déontologie et théologie, tantôt conférences religieuses. Ces programmes de dix à douze séances, à l'intention des étudiants des premières années, comprennent à la fois des réflexions purement religieuses (la foi, la charité, le mystère pascal, l'immortalité...) formulées par des prêtres venant pour la plupart de la faculté de théologie, et des exposés de morale professionnelle présentés par des médecins de la Faculté sur des sujets classiques (secret médical, avortement, responsabilité du médecin...). Ces derniers ne pouvaient que reprendre les enseignements qu'ils avaient eux-mêmes reçus du Père Tiberghien, complétés éventuellement par tel ou tel discours du pape. On sait combien Pie XII, qui régna de 1939 à 1958, s'exprimait volontiers sur ces sujets. Vingt-huit de ces discours avaient d'ailleurs été rassemblés dans un ouvrage préfacé en 1954… par le doyen Louis Courty[17].

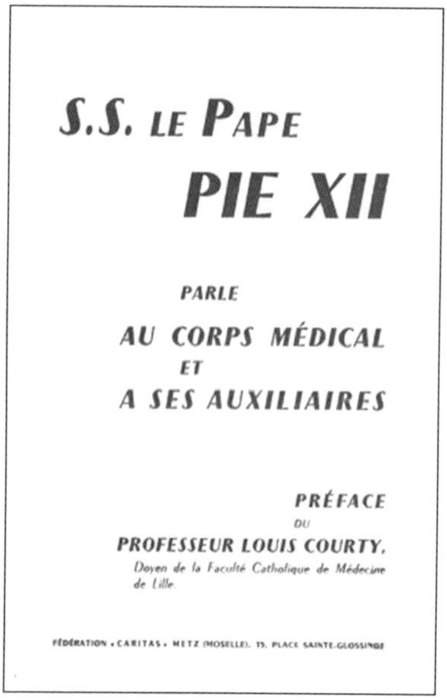
S.S. LE PAPE
PIE XII
PARLE
AU CORPS MÉDICAL
ET
A SES AUXILIAIRES

PRÉFACE
DU
PROFESSEUR LOUIS COURTY,
Doyen de la Faculté Catholique de Médecine de Lille.

FÉDÉRATION « CARITAS » METZ (MOSELLE), 15, PLACE SAINTE-GLOSSINDE

Durant quelques années, les étudiants en médecine ont pu profiter des enseignements du **Cercle Henry Duret.** Fondé en mars 1926, à l'initiative de l'abbé Depape, professeur de botanique à la Faculté libre des sciences et très proche des étudiants, ce Cercle est décrit comme *une réunion amicale d'étudiants en médecine, un foyer de vie intellectuelle, morale et chrétienne, un centre d'action et d'apostolat. Il tend à grouper les étudiants en médecine désireux de joindre au développement de leur compétence scientifique le souci d'une vie intérieure et d'une action sociale appuyée sur une foi et une charité vivantes*[18].

Les thèmes abordés au fil des mois sont divers : le médecin et la vie individuelle, Dieu, la douleur, l'au-delà, riches et pauvres, la femme, hérédité et eugénisme, les passions ou encore la biographie de quelques médecins exemplaires, les questions sociales, Lourdes et Konnersreuth (la stigmatisée).

Ici encore, chaque année, le *Journal des Sciences médicales de Lille* propose une relation sommaire des activités du cercle, sous la plume de son animateur, l'abbé Depape ; en 1930 et 1931, l'article est signé G. Depape et L. Aujoulat, un étudiant en médecine qui fera parler beaucoup de lui un peu plus tard.

Le cercle semble s'éteindre à la fin de 1931.

Plus spécialement destiné aux cadres de la Faculté, le **Cercle d'Etudes Feron-Vrau**, créé en 1954, est présenté par son fondateur en ces termes : *Le Cercle d'Etudes Feron-Vrau est né du désir du corps professoral de la Faculté libre*

17.– *S.S. le Pape Pie XII parle au Corps médical et à ses auxiliaires. Préface du Professeur Louis Courty, Doyen de la Faculté catholique de Médecine de Lille,* Fédération Caritas éd., Metz, 1955, 256 p.

18.– G. Depape. *Une année de travail au cercle Henry Duret. J. Sci Méd Lille,* 1926, n° 46, pp. 363-364.

de Médecine et de Pharmacie de Lille d'étudier en commun des questions d'ordre spirituel en rapport avec la médecine.

Il s'agit d'une prise de conscience d'un rôle à remplir dans la communauté chrétienne. [...] De nouveaux problèmes se posent, à une cadence extrêmement rapide qui demandent aux universitaires catholiques et aux savants des réponses pertinentes dans leur domaine propre. C'est une des missions des Universités catholiques de confronter les données de la science et les exigences du dogme et d'informer ceux qui en ont la charge[19].

En réalité, l'initiative en revient tout entière au doyen Antoine Delattre, soucieux tout au long de son mandat (1954-1960) de raviver la flamme chrétienne de la Faculté. C'est lui qui met le Cercle sous le patronage de Camille Feron-Vrau, *saint fondateur de notre Faculté.*

Le Cercle est ouvert aux professeurs des autres facultés et à toutes les personnalités du monde intellectuel, scientifique ou religieux qui lui font l'honneur d'assister à ses réunions.

De fait, le Cercle s'est honoré de compter parmi ses membres les plus fidèles Mgr Henri Dupont, évêque auxiliaire de Lille, qui assura d'ailleurs durant quelques mois l'intérim du rectorat comme délégué du Conseil supérieur.

Le Cercle se réunit six à dix fois par an sur des thèmes variés, en rapport en effet avec les objectifs annoncés. Après un rappel de l'histoire de l'Université catholique, de celle de la Faculté de médecine et de pharmacie et de la mission de l'enseignement supérieur catholique, il consacre ses conférences-débats à l'étude de l'âme, de la mort, du miracle, de l'infini, de la vérité, de la souffrance, de la personne humaine.

La plupart des conférences sont publiées dans le *Journal des Sciences Médicales de Lille* et reprises ensuite dans une publication propre, les *Cahiers Feron-Vrau*. Dix cahiers seront édités, de 1954 à 1960, avec le concours du Dr René Becquet, secrétaire dévoué et efficace du Cercle.

Le décanat du Pr Delattre prend fin en 1960 et avec lui le Cercle Feron-Vrau.

En 1963, l'enseignement de la déontologie est confié à un théologien moraliste, professeur au Grand Séminaire, le chanoine Pierre Montaigne. La méthode introduite par ce nouveau titulaire allait en dérouter plus d'un... L'approche qu'il propose des problèmes médico-moraux est en effet bien différente de celle du chanoine Tiberghien et s'inspire plutôt de la démarche des militants de l'Action catholique : voir, juger, agir. Il demande donc à des praticiens de la Faculté de présenter des situations concrètes auxquelles ils sont confrontés et qui leur posent des questions morales. La discussion qui suit fait appel aux principes moraux traditionnels – et les textes du Magistère romain font toujours autorité – mais aussi plus directement à l'Evangile lui-même. On en déduit des orientations pour l'action. Aux quelques séances bâties sur ce plan s'ajoutent des conférences plus générales portant sur les aspects psychologiques, philosophiques et théologiques de thèmes touchant à la médecine : douleur et souffrance, problème de l'âme, vie et mort, origine de l'homme... Au total, une dizaine de réunions

---

19.– A. Delattre. *Introduction. Cahiers Feron-Vrau*, n° 1, 1954-55, pp. 11-12.

auxquelles participent 30 à 40 étudiants, soit l'effectif de deux promotions de ces années-là.

Au plan de l'action, plusieurs initiatives originales méritent quelque développement. On sait combien le pontificat de Pie XI (1922-1939) a été marqué par deux préoccupations majeures : la naissance de l'Action catholique et l'élan donné aux missions. Nul doute que ces orientations aient favorisé la création de deux réalisations importantes à l'Université catholique, et spécialement à la Faculté de médecine et de pharmacie, à savoir les cours d'initiation médicale pour missionnaires et la fondation d'*Ad Lucem.*

Le premier **cours d'initiation médicale et scientifique à l'usage des missionnaires et de leurs collaborateurs** est ouvert le 15 septembre 1926. L'initiative en revient sans nul doute au Père Joseph Loiselet, S.J., qui en 1925 en conçoit l'idée au cours de sa visite à Rome de l'Exposition missionnaire vaticane et notamment de sa section médicale. Les catholiques allemands et l'Université catholique de Louvain organisent déjà depuis plusieurs années des formations médicales spécifiques pour les futurs missionnaires, mais elles sont lourdes.

Le P. Loiselet propose donc au recteur Mgr Lesne une formation plus légère, d'une durée de six semaines, avec une part pratique importante ; un programme est mis au point avec les professeurs David et Lemière ; les deux protagonistes essaient d'obtenir de Rome une lettre d'approbation, mais le Cardinal Van Rossum, préfet de la Congrégation de la Propagande, répond que *le Saint Siège confirme, mais ne baptise pas !*

R.P. J. Loiselet

Médecins et religieuses hospitalières sont donc mis à contribution pendant les vacances d'été pour inculquer à ces missionnaires des notions théoriques et pratiques de médecine, petite chirurgie, obstétrique, thérapeutique et hygiène qui leur permettront de soulager et parfois de guérir bien des maux. Bien évidemment, la parasitologie et les maladies des pays chauds (Pr Loiselet) occupent le quart des leçons. Viennent ensuite la thérapeutique et les médicaments usuels (Pr David), la microbiologie (Pr Lemière), la petite chirurgie (Pr Besson), les maladies générales les plus courantes (D^r D'Hour), celles des yeux (Pr Thilliez), de la peau (Pr Danel), des notions d'ORL (Pr Lavrand) et enfin des démonstrations d'applications d'appareils et de pansements.

Session des Missionnaires vers 1930
Au centre, le recteur Mgr Lesne. À sa droite, L. Thilliez et H. Billet.
À sa gauche, le R.P. Loiselet et G. Vincent.

Dès 1927 est élaboré un projet de *Bréviaire médical à l'usage des missionnaires*, reprenant l'ensemble des enseignements reçus pendant les sessions. Il sortira en août 1930 (740 pages) et rendra d'immenses services. Curieusement le Père Loiselet laissera publier sous sa responsabilité un condensé intitulé *Guide missionnaire médical et pharmaceutique*, entièrement financé par des laboratoires pharmaceutiques et patronné par des ecclésiastiques de renom, en tête desquels le Cardinal Verdier, archevêque de Paris.

Ces sessions d'été se poursuivent d'année en année avec le même succès et des auditoires de 30 à 55 personnes, Pères missionnaires et bientôt religieuses ; dix à quinze congrégations sont représentées avec un recrutement qui s'étend au-delà de nos frontières.

Le P. Loiselet tient lui-même un secrétariat pour répondre à toutes les questions d'ordre médical que rencontrent les missionnaires. Il met en place une collecte de livres, d'instruments et surtout de médicaments destinés aux missions. Il en enverra quatre tonnes en 1927, onze en 1929, soixante en 1930. Les cours ont lieu d'abord en fin d'année universitaire, de début juin à mi-juillet, puis, lorsqu'on remarque que les internes et externes qui participent à l'enseignement désertent volontiers l'hôpital à cette période d'examens, puis de vacances, on déplace la session en septembre-octobre.

Au départ du P. Loiselet, c'est le Pr Henry Billet qui prend la responsabilité des sessions. Suspendues durant la guerre 1939-1945, elles reprendront ensuite en 1951 sous la direction du Pr André Danès. Puis, après une période creuse (4 inscrits en 1963) où l'utilité de cet enseignement se trouve contestée, le Pr René Becquet leur donne un nouvel élan en 1964. Il relance le recrutement et recentre l'enseignement sur la pathologie exotique. Les effectifs remontent dès l'année suivante. Il bénéficie de l'assistance enthousiaste et efficace de Mme Janine Vittu, pharmacienne et chef de travaux de parasitologie. Il crée aussi un diplôme d'assistant médical missionnaire pour sanctionner les enseignements reçus : une réponse à une demande des missionnaires qui s'estimaient en infériorité vis-à-vis des religieuses souvent pourvues d'un diplôme d'infirmière. Vingt-six diplômes sont ainsi délivrés en 1966, 43 en 1968.

Dans la même ligne missionnaire s'inscrit la **fondation** *Ad Lucem*[20]. L'étincelle initiale part du Collège Saint-Joseph de Lille, où le Père Ursmar Milliez, S.J., crée en 1926 un groupe qui deviendra trois ans plus tard la *Ligue missionnaire des Ecoles*. En 1934, celle-ci se transforme en *Ligue missionnaire des étudiants de France (LMEF)*. Deux étudiants de la Faculté libre de médecine y militent activement. Charles Leblond, ancien de Saint-Joseph, lance en 1931 un groupe baptisé LUCEM (Ligue universitaire catholique et missionnaire), devenu l'année suivante *AD LUCEM : Association des laïcs universitaires catholiques et missionnaires.* L'abbé Robert Prévost, aumônier des étudiants, consacre au mouvement une part importante de son temps ; il a l'appui du philosophe chrétien Jacques Maritain et surtout du cardinal Liénart, évêque de Lille, qui accepte la présidence de l'Association. Il la soutiendra sans faille toute sa vie.

La *Ligue missionnaire des étudiants de France* tient son premier congrès national durant l'exposition coloniale de Vincennes en 1931. C'est là que Louis-Paul Aujoulat, étudiant en médecine lui aussi, a la révélation de sa vocation de missionnaire laïc. Devenu président national de la Ligue en 1932, il organise l'année suivante son congrès à Lille où son ami Henri Gaubert présente un rapport sur « l'aide médicale aux missions », au cours d'une séance présidée par le médecin général Rieux, ancien colonial, professeur à la Faculté libre.

L.- P. Aujoulat

Sitôt diplômé, Aujoulat effectue une mission exploratoire au Cameroun et au Gabon et prépare son départ en Afrique. Il reçoit de l'évêque de Lille un *mandat missionnaire* au cours d'une cérémonie spéciale le 31 mars 1936 et part aussitôt s'installer au Cameroun avec son épouse, Marguerite Catinot, ainsi que le Dr Henri Gaubert et son épouse. En 1937 naissent ainsi le premier hôpital *Ad Lucem* à Efok et un dispensaire à Omvan, où Mme Gaubert crée une pouponnière. Dans les années suivantes s'ajouteront cinq autres hôpitaux et une léproserie. Leurs actions sont suivies avec enthousiasme à

20.– A. Caudron. Former des médecins chrétiens : l'ambition de la Faculté libre de médecine et de pharmacie entre les deux guerres. Entre Science et Foi, une Université catholique, 1877-2002, pp. 108-123.

Lille où l'association continue à réunir ses militants, futurs médecins et autres, autour de quelques professeurs et prêtres de renom, dans une maison du quartier Vauban, appelée un peu pompeusement *Institut Ad Lucem*.

Trois jeunes filles figurent dans ce premier noyau, en un temps où leur sexe était encore peu représenté dans les universités, et toutes trois serviront au-delà des mers. Elisabeth Dubreuil Chambardel, présidente des étudiantes de l'Université catholique, gagne le Maroc dès 1934, Yvette Tiphagne deviendra médecin en Inde et y dirigera un hôpital. Le Dr Andrée Rossignol sera religieuse franciscaine de Marie au Maroc où elle mourra d'une fièvre typhoïde à Meknès en 1944 à 31 ans. À citer aussi une infirmière de l'école de la Catho, Emma Payelleville, qui se dévouera sans compter à Dakar, puis à Abidjan et à qui Léopold Senghor dédiera un de ses poèmes.

A plusieurs reprises, le *Journal des Sciences médicales* rend compte des activités d'*Ad Lucem* et des congrès de la Ligue Missionnaire des Etudiants de France, et fait appel à la générosité de ses lecteurs pour soutenir la Fondation. Les dons arrivent, mais lentement... En mai 1939, le doyen Carlos Lepoutre indique que la Faculté n'a récolté jusqu'ici que 8 750 francs sur les 10 000 francs exigés pour devenir membre fondateur de l'Association.

Quant au Dr Aujoulat, il crée des groupes indigènes d'Action catholique au Cameroun. Bloqué dans ce pays par la guerre en 1939, il continue à diriger la Fondation jusqu'à son entrée dans la carrière politique en 1945 comme député de ce pays. Il la poursuivra comme secrétaire d'Etat à la France d'Outre Mer sous plusieurs gouvernements de 1949 à 1953, puis comme ministre de la Santé publique, et enfin du Travail et de la Sécurité sociale jusqu'en 1955.

Les liens avec Ad Lucem se sont rétablis après la guerre : deux médecins de la Faculté, un jeune chirurgien, Etienne Bracq, et Michel Blanc se rendent au Cameroun, le premier en novembre 1945, le second un peu plus tard ; ce dernier deviendra directeur de la Fondation.

En 1957, Lille accueille la célébration solennelle des 25 ans du mouvement, sous la présidence du cardinal Liénart ; c'est l'année de l'encyclique *Fidei Donum,* qui demande aux diocèses d'envoyer des prêtres en missions temporaires ; c'est aussi celle du jumelage entre les diocèses de Lille et du Cameroun.

Malheureusement, *Ad Lucem* devait rapidement subir les effets de la décolonisation, *le courant politique ne pouvant rester sans influence sur les institutions ecclésiales*[21].

Le Dr Aujoulat demeurait néanmoins optimiste. En 1958, dans une conférence donnée aux Facultés catholiques, il expose avec lucidité la situation des pays d'Afrique en voie d'émancipation et le rôle irremplaçable

---

21.– J.P. Ribaut. *Un mouvement missionnaire universitaire : Ad Lucem. Les archives missionnaires. Actes du 9e Congrès national des archivistes de l'Eglise de France,* Paris, 1991, pp. 205-212. Signalons toutefois l'heureuse renaissance de l'hôpital d'Efok, entreprise par le nouveau directeur d'*Ad Lucem,* le Dr Théodore Bidjongo, ancien de la Faculté libre, avec le précieux concours des Drs Michel et Roselyne Bayart Gary, anciens chirurgien et anesthésiste de l'hôpital Saint-Antoine, depuis 2004.

que pourrait y jouer le laïcat missionnaire : *Le laïcat est en mesure de procurer aux missions autre chose qu'un surcroît de prestige, mieux aussi qu'un apport culturel ou technique cependant très utile. Il met à leur disposition des « ouvriers de rédemption » qualifiés, des tâches apostoliques particulières : à eux reviendra notamment d'aider un laïcat et une action catholique indigènes pour qu'ils agissent sur les structures sociales [...] Cette coopération suppose une condition, c'est que les chrétiens aient d'avance substitué à l'idée de conquête spirituelle ou d'apport sans réciprocité celle du service et de la collaboration dans l'amitié.* Il apportait là l'expérience d'un pionnier[22].

Quelques années plus tard, en 1962, le même Dr Aujoulat lançait la branche française de *Medicus Mundi,* organisme de coopération internationale pour la promotion de la santé dans les pays en développement. L'association venait d'être fondée en Belgique ; elle allait devenir rapidement internationale. Le doyen Camelot, alerté par le vice-recteur Gérard Lepoutre, s'engage dans le mouvement et incite vivement professeurs et étudiants à s'y investir. Bientôt, une vingtaine des premiers et autant des seconds forment un noyau suffisant pour créer la section Nord de *Medicus Mundi.* Présidée par le Pr Camelot, elle a pour vice-présidents le Pr René Becquet et un étudiant, Dominique Desplats. Avec la collaboration du Dr Eugène Henninot, le Pr Becquet organise toute une série d'actions concrètes : soirées d'information, séances d'initiation théorique et pratique à la pathologie exotique, exposés-débats sur l'Algérie et les pays d'Afrique noire, et surtout des stages de coopération à partir de 1965 durant les vacances d'été dans les mêmes pays. En 1968, à la demande du Secrétariat à la Coopération, il effectue une mission d'étude sur la bilharziose au Gabon et au Cameroun. Les remous de 1968 ne freineront pas le mouvement, au contraire ; les stages d'été se poursuivent au moins jusqu'en 1972. Cette année-là, le Pr Becquet est vice-président national de *Medicus Mundi France,* aux côtés du Pr Paul Milliez. À noter que plusieurs infirmières et quelques étudiants de la faculté de l'État participent à ces actions de solidarité après avoir suivi la formation préalable.

Dans un domaine tout à fait différent, mais beaucoup plus délicat sur le plan de la morale, s'inscrit la création du **Groupement d'Etudes Familiales et Sexologiques.** En février 1962, le Pr Marcel Gaudefroy fait part de son projet au doyen Dereux en ces termes : *Au moment où s'installe en France la propagande pour la liberté des méthodes anticonceptionnelles et où des centres dits de « planning familial » s'ouvrent un peu partout, il m'a paru important que l'Université catholique de Lille prenne une initiative en ce domaine de la régulation des naissances, en particulier la Faculté libre de médecine de Lille*[23].

Malgré les réticences de quelques membres du Conseil de Faculté, le projet interdisciplinaire se concrétise dès la rentrée de novembre. Destiné d'abord aux étudiants de la Faculté de médecine et des autres facultés et écoles, il est ouvert au grand public et obtient d'emblée un succès considérable. Psychologie, sociologie de la sexualité, anatomie, physiologie, pathologie, hygiène sexuelles, aspects démographiques, techniques et

22.– L.P. Aujoulat. *Place et action des laïcs dans une Eglise aux dimensions du monde. Les Facultés Catholiques de Lille,* juillet 1958, pp. 247-272.

23.– Arch. Faculté libre de médecine, dossier *sexologie.*

moraux de la régulation des naissances sont abordés dans une vingtaine de conférences qui rassemblent jusqu'à 400 auditeurs.

L'opération est renouvelée chaque année jusqu'en 1973-74, où elle est réservée, au prix de quelques adaptations, aux futurs médecins.

Entre-temps, en 1965, l'ensemble des enseignements est publié en un ouvrage édité chez Bloud et Gay[24], préfacé par le Cardinal Liénart, qui sera vendu à plus de 50 000 exemplaires, avant d'être traduit en italien et en espagnol et repris en format de poche.

Quelques-uns de ses auteurs seront invités à participer à la rédaction de *l'Encyclopédie de la Sexualité*, ouvrage de 550 pages, sous la direction du Pr René Volcher, de l'Université catholique de Louvain, paru aux Editions universitaires (Paris) en 1973.

Rappelons enfin les comportements exemplaires et les **engagements sociaux, religieux et politiques** d'un bon nombre de professeurs et de médecins de la Faculté. Les témoignages recueillis le plus souvent dans les notices nécrologiques sont nombreux et éloquents. Il en est ainsi du Pr J.B. Bouchaud dont G. Lemière décrit en 1917 *la charité et l'assistance si humbles et si discrètes* ou encore du Pr G. Augier dont on souligne *la foi religieuse éclairée et ardente du grand chrétien qu'il était*[25]. De même sont soulignés le désintéressement, la loyauté et la conviction du Pr E. Baltus que l'on dit *mort presque pauvre* en 1937. Il en est de même du détachement d'un Guermonprez et d'un Lepoutre, du dévouement d'un Delassus et d'un Lemière, de l'engagement social et socio-politique des Camelot, D'Hour, Defaux, Grimbelle et de nombreux anciens de la Faculté qui assurent des

24 – Sous la direction de M. Gaudefroy. *Etudes de sexologie,* Bloud et Gay éd. Paris, 1965, 454 p.

25.– G. Lemière. *Le Professeur Bouchaud, Bull de guerre des Facultés Catholiques,* août 1917, pp. 7-9. Cité par A. Caudron. *Former des médecins chrétiens, op. cit.* p. 114.

responsabilités dans leurs paroisses, leurs communes et parfois à un plus haut niveau.

Dans la ligne de l'encyclique *Rerum novarum,* le catholicisme social entraîne de nombreuses adhésions. Le Dr Jules Defaux est d'abord militant du *Sillon* de Marc Sangnier avant sa condamnation par Pie X ; il sera ensuite, avec Bruno Béthouard, membre des Résistants d'inspiration chrétienne (RIC) dans le Nord – Pas-de-Calais, président du Parti démocrate populaire, membre actif du Mouvement Républicain Populaire (MRP), adjoint au maire de Lille et conseiller général du Nord.

On sait aussi que le jeune René Desplats affiche dans sa chambre l'Epi du *Sillon,* ainsi que le portrait de Déroulède et que les partisans de l'abbé Lemire sont nombreux. Dans le camp adverse, François Guermonprez, fougueux monarchiste, président de la section locale de l'Action française, sera suivi dans cette voie par son neveu Antoine Delattre et par Vincent Cordonnier. Léon Reverchon, ancien médecin militaire, fait partie des Croix de feu du colonel F. de La Rocque. Rappelons aussi la carrière municipale du Pr Marcel Paget, non moins dynamique mais plus modéré dans ses options. Adjoint au maire de Lille, il assura quelque temps les fonctions de maire par intérim après la démission de M. René Gaifie en 1955.

Le séisme de 1968 et la formation humaine

Il est interdit d'interdire ! Un slogan qui fait florès durant la mini-révolution étudiante de mai 1968. Même s'il apparaît bien vite inapplicable dans la pratique, il laissera longtemps des traces dans les mentalités : le souffle de liberté, pour ne pas dire libertaire, qui l'inspire a marqué les esprits.

La publication en juillet de la même année de l'encyclique de Paul VI *Humanae Vitae* prenant nettement position contre toutes les formes de limitation artificielle des naissances fait l'effet d'une bombe, tant elle suscite chez beaucoup de catholiques pratiquants un sentiment de désarroi et une réelle souffrance. Quelques membres du Groupement d'Etudes familiales et sexologiques n'hésiteront pas à faire part au journal *Le Monde* de leurs réactions amères sous le titre : *Une parole crucifiante !* Et ce, d'autant plus que le Pr Gaudefroy avait participé aux travaux de la Commission pontificale créée par Rome pour préparer l'encyclique et dont les conclusions étaient favorables à la levée, sous quelques conditions, de la condamnation des méthodes anticonceptionnelles prononcée par Pie XI en 1939 dans *Casti Connubii.* La contestation de l'autorité se développe aussi dans l'Eglise.

Au sein même de la Catho, la mentalité étudiante est bouleversée. Toutes les institutions sont remises en question : on rejette la « paroisse étudiante », qui est remplacée par le CAP : Centre Accueil et Partage. Ce dernier, en octobre 1973, refuse de prendre en charge la messe de rentrée et même de *participer à ce rassemblement traditionnel trop figé et trop artificiel.* Le recteur Mgr Leman réagit vivement et forme un groupe de travail interdisciplinaire l'incitant à réfléchir sur l'animation chrétienne des facultés et écoles. Y participent des volontaires des différentes composantes de l'Université et des membres du CAP. Le groupe est animé par l'aumônier des étudiants, le Père Dubois, S.J. qui, dans un rapport introductif, n'hésite pas à définir cette animation chrétienne comme un *projet missionnaire* pour la Catho. La Faculté de médecine est présente dans le groupe par son doyen, un ou deux enseignants et quelques étudiants, dont la présidente de la Fédé, Carole Stoven. Au bout d'un an d'échanges, un consensus se dégage sur la nécessité de développer une pédagogie participative et de promouvoir dans tous les secteurs la *formation humaine* des étudiants, une expression sans doute ambiguë, mais suffisamment vague pour que son contenu puisse intégrer toutes sortes d'approches, y compris morales et religieuses.

En médecine, est donc créée une Commission Formation humaine, animée par le Dr Bernard Leuridan, avec le concours actif du Dr Bertrand Vinchon et d'étudiants de l'ACEM, laquelle a formé sa propre commission. Leurs initiatives, rappelées au chapitre XVI, sont appréciées, mais ne touchent guère au domaine religieux.

L'enseignement de la morale médicale à la Faculté libre se ressent aussi de cette secousse. Pendant plusieurs années, il se limite au rappel de la doctrine spécifique de l'Eglise à l'occasion des cours réguliers de médecine légale et sociale et de déontologie qu'assure un praticien compétent et croyant, le Dr Albert Grimbelle. Les écrits et discours des Papes Pie XI et Pie XII, ce dernier très attentif à ces questions, constituent la référence majeure de cet enseignement.

Cette situation persistera quelques années, avec des développements et des succès très divers d'une année à l'autre, en fonction de la qualité et de la réputation des intervenants, mais aussi et surtout du dynamisme de l'équipe étudiante organisatrice.

Les réformes des études médicales ont donné par ailleurs la possibilité de proposer en deuxième cycle des enseignements optionnels. Le souci de spécificité chrétienne a amené la Faculté à organiser un certificat optionnel de sexologie de 25 heures qui reprend à l'intention des étudiants de la faculté et de ceux de l'UER officielle l'essentiel des cours publics de sexologie et dans lequel la position des Eglises chrétiennes sur ces questions est traitée, bien qu'exclue des sujets possibles d'examen.

L'élan missionnaire qui avait donné naissance à *Ad Lucem* prend désormais d'autres aspects. Les sessions d'initiation médicale pour missionnaires s'ouvrent aux « coopérants », ces jeunes laïcs engagés dans des actions de formation et de développement dans les anciennes colonies.

Mais une autre forme de service s'instaure, l'accueil à la Faculté pour leurs études médicales de jeunes gens provenant de pays africains. A leur intention, le Dr Henninot et son épouse créent un foyer africain, en plein centre de Lille, où ils peuvent se retrouver dans une ambiance conviviale et chaleureuse. Nombre d'entre eux, rentrés dans leur pays, y ont occupé des responsabilités importantes en santé publique ou ont engagé des initiatives remarquables pour le développement de leur région. Tel le Dr Pierre Marie Metangmo au Cameroun, soutenu par une association française, EPIDRI[26], animée avec conviction et persévérance par l'abbé Raymond Lesure, alors aumônier des étudiants.

Dans les années 1970-80, à la demande du vice-recteur, puis recteur Gérard Lepoutre, ce sont des étudiants indiens qui sont accueillis à la

26.– EPIDRI : Echange et Partage International pour un Développement Régional Intégré

Faculté et qui y bénéficient d'un régime d'études aménagé, mieux adapté à leur formation initiale et aux besoins de leur pays. Munis du diplôme de l'Université catholique, que G. Lepoutre a réussi à faire reconnaître en Inde, quelques-uns d'entre eux seront à l'origine de réalisations médico-sociales remarquables.

Résurgence et urgence de l'éthique médicale

Le développement exponentiel des connaissances biologiques et médicales et des possibilités d'action sur l'homme, en particulier la maîtrise, au moins partielle, des débuts de la vie et de sa fin, commencent bientôt à poser à notre société occidentale, et surtout aux médecins, de nouveaux problèmes moraux, qu'on appelle désormais éthiques, le terme de morale ayant depuis 1968 assez mauvaise presse.

En 1969, les abbés G. Lepoutre et Paul Guilluy avaient créé au sein de l'Université catholique un Centre interdisciplinaire de recherche et de réflexion chrétienne (CIRREC). Quelques enseignants de la Faculté de médecine participaient aux travaux de sa section biologie et médecine.

Ce groupe, accompagné par le Père Charles Lefèvre, docteur en philosophie et enseignant en faculté de lettres et sciences humaines, décide alors d'orienter son activité vers la réflexion en éthique médicale.

Charles Lefevre

Le Père Charles Lefèvre et le doyen J. Liefooghe organisent ainsi des rencontres interdisciplinaires réunissant médecins, juristes, psychologues, sociologues, philosophes et théologiens, douze à vingt-cinq personnes, pour étudier certains problèmes posés par l'exercice de la médecine aujourd'hui. Ainsi sont abordés, entre autres, la stérilisation, l'eugénisme, l'acharnement thérapeutique, les soins palliatifs, le SIDA, le diagnostic prénatal. Ces groupes, de composition variable selon les thèmes, sont animés avec intelligence et dynamisme par le Père Lefèvre. L'aisance avec laquelle il maniait la plume lui permet de publier de nombreux articles inspirés de ces échanges pluridisciplinaires, ainsi que deux ouvrages : *Maître de la vie* (1987) et *L'impossible bonheur* (1988). Il devait donner aussi, avec deux ou trois autres membres permanents du groupe, de nombreuses conférences publiques aux niveaux régional et national.

Tous les médecins, enseignants ou non, qui ont participé aux discussions au sein de ce groupe, y ont acquis une sensibilisation et une formation à la réflexion éthique, effets importants, car susceptibles de retombées positives sur l'éducation des futurs médecins et des autres acteurs de santé.

C'est dans la logique de cette évolution que se situe la création, au sein de l'Université catholique de Lille, du **Centre d'éthique médicale** en novembre 1984. Défini dans sa charte de fondation comme une initiative conjointe du Centre interdisciplinaire de réflexion chrétienne et de la Faculté de médecine, ce centre se donne pour objectifs de développer la formation éthique dans les différents établissements de santé de l'Université, de susciter et d'entretenir une recherche permanente, de niveau universitaire, dans le domaine de l'éthique médicale et d'en diffuser les conclusions par tous moyens habituels. A cet effet, un Centre de documentation informatisé est mis en place progressivement. Il se développera de façon importante et est toujours aujourd'hui à la disposition de tous ceux qui souhaitent aborder ou approfondir un thème d'éthique médicale ou de bioéthique.

Présidé dès le début par le doyen J. Liefooghe, le Centre est dirigé d'abord par le P. Lefèvre, puis, après son décès prématuré en 1988, par une religieuse, Marie-Louise Lamau, *o.p.* en religion Sœur Marie-François, docteur en théologie et très au fait des pratiques de soins, ancienne responsable de l'association des Religieuses en professions de santé (REPSA). Elle manifestera une forte activité dans un domaine encore peu connu en France, celui des soins palliatifs. Elle va instaurer et développer de façon importante des formations aux soins palliatifs, avec le concours de quelques médecins de la Faculté, dont le Pr D. De Broucker, chef de l'unité de soins palliatifs à l'hôpital Saint-Philibert et les Drs Georges Castelain, Jean Loup Demory et Eliane Feldman. On lui doit deux ouvrages sur le sujet[27].

Lui succède en 1993, le Frère Bruno Cadoré, *o.p.*, docteur en médecine et en théologie, bientôt intégré dans le corps professoral de la Faculté de médecine par une agrégation de bioéthique, la première et la seule en France.

Deux ans plus tôt, il avait pris en charge tous les enseignements de la Faculté comportant une réflexion philosophique, anthropologique ou éthique, notamment celui des « sciences humaines » en première année. Il organise aussi des rencontres avec des médecins et chercheurs des deux Facultés (libre et officielle) sur des sujets de bioéthique et publie plusieurs ouvrages d'éthique fondamentale[28]. En 2001, il succède à M. Falise comme directeur du centre d'éthique contemporaine de l'Université catholique, créé dix ans plus tôt, et qui regroupe l'éthique médicale, l'éthique économique et celle des sciences de l'ingénieur avec un rayonnement international.

En janvier 2002, le Fr. Cadoré est appelé à la haute responsabilité de la Province française des dominicains et doit donc solliciter sa mise en disponibilité. Ses successeurs à la Faculté n'étant pas médecins, auront un peu plus de peine à répondre à l'attente des étudiants, faute d'expérience personnelle : ils n'en ont que plus de mérite…

27.– M.-L. Lamau. *Soins palliatifs. Origine, inspiration, enjeux éthiques.* Centurion édit. Paris 1994, 288 p. Sous la direction de M.-L. Lamau, ouvrage collectif (40 auteurs) *Manuel de soins palliatifs.* Privat édit. 1994, 560 p. (Une troisième édition de ce *Manuel*, revue et augmentée par D. Jacquemin et D. de Broucker, vient de sortir aux éditions Dunod, Paris, 2009, 1000 p.)

28.– B. Cadoré. *L'expérience bioéthique de la responsabilité.* Catalyse éd., Louvain, 1994, 205 p. et B. Cadoré, *L'éthique clinique comme philosophie contextuelle.* Fides éd., Québec, 1997, 62 p.

Cette préoccupation éthique se traduit aussi par quelques manifestations ponctuelles, mais largement médiatisées. Ainsi dans le cadre des *Journées médicales de la Faculté*, deux tables rondes ont été consacrées à des problèmes d'actualité brûlante. Le 1er avril 1973, plus de 400 personnes assistent à la séance consacrée aux problèmes posés au corps médical par la loi Neuwirth sur la contraception. Malgré une tentative de sabotage de dernière heure, la réunion dirigée par le Pr Gaudefroy en présence du sénateur Lucien Neuwirth lui-même, de l'abbé Oraison, médecin, prêtre et psychanalyste, et des abbés Paul Guilluy, psychologue, et Gérard Mathon, moraliste, fut en tous points captivante. L'année suivante, ce sont encore 150 auditeurs qui assistent à la table ronde sur le médecin, le malade et la mort, animée par le Pr François Lhermitte, de Paris, avec des débats sur l'acharnement thérapeutique, l'euthanasie, la vérité due au malade.

Des conférences ouvertes au grand public sont également proposées, toujours très suivies, sur les soins palliatifs, les guérisons de Lourdes, l'action humanitaire, etc.

Dans les hôpitaux, l'éthique fait aussi irruption. Au Centre hospitalier Saint-Philibert s'est formé en 1986 un **comité d'éthique**, à l'instigation du Pr Pierre De Beer et avec la caution d'un conseiller spirituel en la personne de Mgr Jean-François Motte, ancien évêque auxiliaire de Cambrai. Mais sa charte de fondation et sa composition ne font pas l'unanimité au Conseil de la Faculté, qui lui reproche, entre autres, d'être trop fermé et d'ignorer totalement le Centre d'éthique médicale de l'Université. Il faudra plusieurs mois de discussions pour arriver à un accord. L'une des premières questions pratiques qu'il aborde est celle de la fécondation *in vitro* avec transplantation d'embryons dite FIV ou FIVETE. Mais elle avait déjà alerté les instances supérieures de l'Université. Dans les circonstances que voici.

C'est en Grande Bretagne qu'est née le 25 juillet 1978 Louise Brown, le premier « bébé éprouvette ». Quatre ans plus tard, en France à l'initiative des Prs Emile Papiernick et René Frydman, naît Amandine après une FIV réalisée à l'hôpital A. Béclère de Clamart. La technique comprend plusieurs temps : stimulation ovarienne destinée à obtenir plusieurs ovocytes, recueil des gamètes, fécondation in vitro, puis transfert des embryons dans l'utérus. Depuis plusieurs années, les Prs L. Corette et M. Gaudefroy, ainsi que le Dr D. Coliche, maîtrisent la technique de la stimulation ovarienne. Une réflexion est engagée avec les responsables de l'Université catholique, le recteur Michel Falise, le chanoine Jérôme Régnier, vice-recteur, le Père Gérard Mathon, professeur de morale à la faculté de théologie et le Père Charles Lefèvre, directeur du CIREC. Il en ressort un accord sur les conditions de mise en œuvre de la fécondation *in vitro* : couple stable, impossibilité de traiter autrement la stérilité, utilisation du sperme du conjoint, exclusion de toute élimination et de toute manipulation de l'embryon, réimplantation dans l'utérus de tous les embryons obtenus. La ponction des follicules se fait alors par coelioscopie (elle se fera plus tard sous échographie vaginale) ; la fécondation est réalisée dans le laboratoire de cytogénétique du Pr M. Deminatti au CHU et le transfert dans la cavité utérine à l'hôpital Calmette par un médecin du service.

Le 18 septembre 1986, la petite Emilie naît à Saint-Philibert : cette naissance du premier « bébé éprouvette catholique » fait sensation dans les médias et soulève un débat. Dès le 15 octobre, un communiqué du recteur et du vice-recteur rappelle les termes du protocole et en indique l'esprit : cette décision *nous semble dans la ligne de notre mission universitaire et chrétienne.* Ce type de Fivete homologue est généralement approuvé en France ; le Père Olivier de Dinechin, délégué de l'épiscopat pour les questions bioéthiques, déclare le 10 novembre que *la Fivete homologue est moralement acceptable.*

Cependant, à la même date, le cardinal Lustiger, archevêque de Paris, adresse une lettre aux responsables des cliniques et hôpitaux catholiques de son diocèse, précisant la position de l'Eglise et conseillant la prudence. Le 22 février 1987 est publiée l'*Instruction sur le respect de la vie humaine et la dignité de la procréation* dite *Donum vitae.* Rédigée par le cardinal Joseph Ratzinger, préfet de la Congrégation pour la doctrine de la foi et approuvée par le pape Jean-Paul II, elle rappelle que *la vie humaine est sacrée parce que dès son origine elle comporte l'action créatrice de Dieu. [...] Sans ignorer les légitimes aspirations des époux stériles,* elle s'oppose *à la dissociation des gestes qui sont destinés à la fécondation humaine par l'acte conjugal. [...] L'Eglise demeure opposée, du point de vue moral, à la fécondation homologue in vitro ; celle-ci est en elle-même illicite et contraire à la dignité de la procréation et de l'union conjugale, même quand tout est mis en œuvre pour éviter la mort de l'embryon humain.* L'instruction rejette les précautions éthiques prises par les différents centres d'obédience catholique dont celui de l'hôpital Saint-Philibert. Elle conclut en effet : *Une procédure de FIVETE homologue purifiée de toute compromission avec la pratique abortive de la destruction d'embryons et avec la masturbation demeure une technique moralement illicite, parce qu'elle prive la procréation humaine de la dignité qui lui est propre et qui lui est connaturelle.* C'est donc l'interdiction de toute technique de fécondation artificielle, y compris entre époux.

L'émotion est grande. Certains demandent l'application de l'Instruction romaine : ainsi le Pr Jérôme Lejeune, membre de l'Académie pontificale des Sciences, qui déclare : *la théologie du mariage commande l'interdiction de la fécondation in vitro.* A l'hôpital Notre Dame de Bon Secours à Paris, dirigé par les Sœurs Augustines hospitalières et où est né le premier bébé éprouvette en juin 1986, le chef du service de gynécologie et obstétrique démissionne après la décision du Conseil d'administration de cesser les activités de FIV et de diagnostic anténatal. A Metz, les religieuses quittent le service d'obstétrique de l'hôpital Sainte-Croix. Dans la région, l'Association catholique des infirmières et des médecins (ACIM) demande aux responsables de la Faculté catholique *de se soumettre au texte du Vatican,* de même que le Dr André Bataille, au nom du Cartel des groupements et des personnes pour le respect de la vie (anciennement *Laissez-les vivre*) et le correspondant de *Human Life International.*

Mais des voix discordantes se font aussi entendre ; une Instruction n'a pas valeur dogmatique. Le Comité Consultatif National d'Ethique s'est prononcé en 1986 en faveur de la fécondation *in vitro* ; le Pr Frydman dénonce une *grave erreur qui enferme l'Eglise dans une position dogmatique.* A Lille même, le Pr Deminatti, qui préside le Groupe d'application médicale de la fécondation *in vitro* (GAM-FIV) estime que *les religions ont été de tout temps dominées par des hommes, ces derniers étant jaloux de ce superbe pouvoir de la femme qui est de procréer.* Le Père Gérard Mathon, doyen de la faculté de théologie de Lille, ne craint pas de dénoncer cette *éthique à l'ancienne, celle des normes impératives qui bloquent toute discussion.* Le Comité d'éthique de l'hôpital Saint-Philibert regrette le manque de concertation et la décision tardive de la Congrégation. Ici en effet au début de 1987, une soixantaine de couples ont été retenus, sept grossesses obtenues sur 39 tentatives et trois enfants sont nés. Le Pr Corette se dit surpris ; rappelant les précautions prises en matière d'éthique, il souligne que ce qui compte pour lui, *c'est l'union du couple et l'expression de cet amour par le désir d'enfant. Dieu peut aussi intervenir dans l'éprouvette,* assure-t-il. En mai 1987, dans une conférence de presse, le recteur Falise répète les précautions prises, tandis que le chanoine Régnier déclare que *la FIVETE est une forme d'amour et d'engagement très exigeante pour le couple.*

Rapidement, les acteurs concernés dans les quatre universités catholiques d'Europe occidentale – Lille, Louvain la Neuve, Leuven et Nimègue – sollicitent le dialogue avec Rome, tant sur le fond que sur les applications pratiques du document. Le 22 avril 1987, une première rencontre réunit le cardinal Ratzinger et son second Mgr A. Bovone d'une part, Mgr J. Vilnet, évêque de Lille et chancelier de l'Université, et Mgr É. Marcus, évêque de Nantes d'autre part. Elle est particulièrement tendue. En décembre, est organisée une réunion entre les représentants de la Commission internationale de théologie et plusieurs théologiens, dont les Pères O. de Dinechin et G. Mathon ; elle reste sans effet : ce dernier estime que *c'est la lutte du pot de terre contre le pot de fer.*

Le 9 janvier 1988, se réunissent enfin à Rome les évêques chanceliers et les recteurs des quatre universités concernées avec les cardinaux Ratzinger et Baum, ce dernier comme préfet de la Congrégation pour l'éducation catholique, laquelle a sous sa juridiction les universités catholiques. Si l'ambiance est plus sereine, chacun reste sur ses positions ; Rome reste ferme, mais accepte de prolonger la discussion ; des contacts ultérieurs sont envisagés : ils n'auront jamais lieu.

Le 8 avril 1988 paraît en France un décret ministériel relatif aux activités de procréation médicalement assistée, faisant obligation aux établissements concernés de demander l'autorisation de poursuivre les activités engagées, autorisation subordonnée à l'avis d'une Commission nationale de médecine et de biologie de la reproduction.

Bon an mal an, après le départ en retraite du Pr L. Corette, le centre de FIV de l'hôpital Saint-Philibert poursuit donc son activité, mais en 1996 sa demande d'accréditation est refusée en raison d'une activité insuffisante, le nombre d'actes exigé devant atteindre au moins 200 par an. Elle est donc abandonnée.

La réflexion sur le fond s'est néanmoins poursuivie à partir du Centre d'éthique médicale de l'Université catholique, concrétisée par la sortie en 1994 d'un ouvrage aux éditions du Centurion, synthèse des réflexions personnelles ou collectives de 600 chrétiens[29].

Quant à la Société Saint-Luc, Saint-Côme, Saint-Damien, elle est devenue en octobre 1966 le **Centre Catholique des Médecins Français** (CCMF). Sa

29.– *Désirer un enfant. Enjeux éthiques des procréations médicalement assistées. Des chrétiens s'expriment.* Centurion, Paris, 1994, 191 p.

section lilloise a poursuivi ses réunions plus ou moins régulièrement, mais les médecins enseignants et anciens de la Faculté libre n'y sont plus majoritaires. Ils participeront néanmoins à l'organisation à Lille du Congrès national du CCMF en 1968 sur le thème : *médecins et malades à l'hôpital.*

En 1983, l'abbé Joseph Masselot, ancien aumônier des étudiants de la Catho de Lille, devenu aumônier national du CCMF, estime qu'il serait logique que la seule Faculté catholique de médecine de France soit représentée au sein du mouvement. Il demande donc au doyen Liefooghe de faire partie de son bureau. Ce dernier y restera jusqu'en 1999 et sera amené à présider le CCMF de 1992 à 1995. Il profitera de ce temps pour développer la réflexion éthique au sein du mouvement.

Et aujourd'hui ?

Les temps ont bien changé, les mentalités également. La sécularisation et la déchristianisation n'ont pas épargné nos institutions. La religion tend à devenir une affaire strictement personnelle.

Certes il n'y a plus de persécution ouverte, l'anticléricalisme n'est plus d'actualité, même si l'on relève de temps à autre quelques soubresauts d'une laïcité agressive...

L'Université catholique et sa Faculté de médecine restent porteuses d'un certain nombre de valeurs dont les jeunes reconnaissent le poids et l'intérêt.

Le temps n'est pas loin où le souci de « protection de la jeune fille » pouvait décider de l'inscription à la Faculté libre plutôt qu'à celle de l'Etat. C'est ainsi que la Faculté a anticipé la féminisation de ses effectifs et qu'elle reste en avance sur les autres de ce point de vue. (66 % en 2003).

L'attachement au respect absolu de la vie et de la personne humaine, proclamé avec constance par l'Institution, est reconnu comme positif. Mais l'engagement des enseignants et des médecins hospitaliers n'est plus conditionné par leurs convictions chrétiennes. Il leur est seulement demandé d'adhérer à quelques principes fondamentaux, tels que définis dans le préambule du Statut du corps médical hospitalier, élaboré en 1976 et confirmé en 1992. En voici la teneur :

En acceptant des fonctions dans l'un des établissements hospitaliers de l'Institut Catholique de Lille, les membres du Corps médical s'engagent à les assurer en référence au message chrétien comme le demandent les statuts fondamentaux de cet Institut.

Ceci implique entre autres :

1. *une attitude fondamentale de service à l'égard des malades et consultants accueillis dans cet établissement, dans le respect le plus total de leur personne et le souci de leur épanouissement,*
2. *la participation aux charges d'enseignement clinique liées à leur fonction, tant à l'égard des étudiants en médecine que des médecins, des internes et tous autres stagiaires,*
3. *l'engagement de maintenir au meilleur niveau leurs compétences personnelles,*

4. *le souci d'orienter leurs comportements et attitudes selon les exigences de leur conscience, éclairée à la lumière de l'Evangile, des enseignements du Magistère et, le cas échéant, des recommandations du ou des Comités d'éthique créés au sein de l'Institut Catholique.*

Il s'agit donc d'exigences minimales dont on veut espérer qu'elles sont effectivement mises en œuvre par toutes les personnes concernées.

Du côté des étudiants, aucune condition n'est plus imposée à l'admission. La tolérance et le respect des convictions personnelles sont désormais la règle : le Concile Vatican II est passé par là ! Le voile des religieuses ne gêne pas plus que celui des jeunes musulmanes. Les documents de présentation de la Faculté libre de médecine sont de plus en plus discrets sur son appartenance catholique ; tout au plus y est-il signalé qu'elle fait partie de l'Université catholique de Lille, mais dans nos régions, tous savent que le qualificatif de « libre » est l'équivalent de « catholique ».

Durant quelques années, un livret de stage a été remis aux étudiants à l'entrée de leurs stages hospitaliers. Il présentait en première page la *charte de l'étudiant hospitalier,* lui rappelant ses droits, mais aussi ses devoirs, vis-à-vis de lui-même, du personnel soignant et surtout des malades : respect de leur identité, de leur intégrité corporelle, de leur intimité. En exergue, cette phrase de St Vincent de Paul : *les malades sont nos maîtres.* On espérait ainsi éveiller les étudiants à une attitude éthique. La « charte » a été réduite récemment à quelques lignes, rappelant l'exigence du respect dû aux malades et celle du secret médical.

L'enseignement de la morale médicale se limite à la présentation du code légal de déontologie dont la teneur, il est vrai, s'inspire pour l'essentiel des valeurs chrétiennes. Mais en première année du premier cycle, le programme des sciences humaines comporte des réflexions philosophiques sur la santé, l'acte de soins, la médecine, dont la tonalité reste spiritualiste.

La vie religieuse des étudiants qui le souhaitent est entièrement prise en charge par l'aumônerie de l'université et la fête de saint Luc n'est plus que le prétexte à une soirée récréative.

A signaler néanmoins les actions entreprises par l'ACEM ou quelques groupes d'étudiants et d'étudiantes, actions concrètes de solidarité en faveur du tiers-monde, du quart-monde lillois ou d'œuvres humanitaires. L'une des plus constantes est la quête sur la voie publique au profit de la Fondation de cardiologie, effectuée lors de l'intégration des bizuths. Le « bizuthage » lui-même dont les dérapages ont pu défrayer naguère la chronique a changé de forme et de nom. Devenu « caduçage », il propose habituellement quelques activités de solidarité, notamment un don de sang.

Vers les années 1980, l'afflux d'étudiants dépassant nos capacités d'accueil avait justifié la mise en place d'une présélection, sur présentation d'un dossier comportant une lettre de motivation. Sans illusion sur la sincérité de ce document, il était intéressant de constater que presque toutes les lettres mettaient en avant la volonté de service, beaucoup plus rarement la curiosité intellectuelle, l'attrait pour la recherche, jamais – on s'en doute – l'aspect lucratif de la profession, déjà d'ailleurs en déclin à l'époque.

Cela étant, notre Faculté ne prétend pas posséder l'exclusivité de ces valeurs et, dans bien des facultés d'Etat, des actions semblables peuvent être proposées et organisées, à partir des aumôneries ou en dehors d'elles. La générosité n'est pas l'apanage des catholiques.

Au niveau de l'institution, l'accueil des étudiants étrangers, notamment ceux des pays émergents, continue à faire l'objet d'une attention particulière. La Faculté s'est orientée ces dernières années vers la formation de spécialistes par des stages diplômants (DIS : Diplômes Interuniversitaires de Spécialités) à la faveur de conventions avec les universités de leur pays d'origine.

La participation de quelques professeurs – trop peu sans doute – aux enseignements spécifiques de soins palliatifs ou d'éthique médicale reste acquise.

Il n'est pas jusqu'aux enseignants retraités qui ne continuent à offrir leurs services bénévoles à des pays meurtris ou démunis, ou à de jeunes universités privées, catholiques ou non. Missions humanitaires des Prs Paul Langeron au Mali, au Cameroun, au Cambodge, au Laos, au Vanuatu et en Syrie, Bertrand Vinchon en Inde, Michel et Roselyne Bayart au Cameroun. Missions d'enseignement au Viet Nam (Pr Cousin), en Haïti (Pr Cousin, J.Cl. Lemahieu), au Cameroun (Prs J. Cousin, A. Dutoit). L'esprit de service qui les a animés durant leur carrière n'est sans doute pas étranger à ces engagements.

Dans un autre registre, celui de la parole, il faudrait signaler aussi les multiples interventions d'enseignants et d'anciens enseignants de la Faculté sous forme de conférences et de débats sur des sujets à connotation éthique et devant des auditoires très divers, allant des Clubs Nord Madame de la région aux Congrès nationaux d'Ethique, en passant par des réunions ou des sessions d'enseignants des lycées et collèges. L'esprit « Catho » – ou pour mieux dire l'esprit de l'Evangile – s'exprime aussi par ces canaux.

Indiquons enfin que le « secteur santé » (Faculté de médecine, hôpitaux et écoles de santé) constitue aujourd'hui un pôle majeur de l'Université catholique. Depuis 1993, il organise chaque année une session commune très suivie sur un sujet médico-social dont la dimension éthique est toujours abordée avec clarté. Quelques thèmes de ces rencontres : le spina bifida, les toxicomanies, les conduites de dépendance, la qualité des soins en hôpital, secret professionnel et respect de la personne.

Toutes ces activités s'inscrivent effectivement dans les critères définis pour les Universités catholiques par la Constitution apostolique *Ex Corde Ecclesiae* publiée par le pape Jean-Paul II en 1990 : inspiration chrétienne des individus et de la communauté universitaire, réflexion continuelle à la lumière de la foi catholique sur la connaissance humaine, fidélité au message chrétien, engagement institutionnel au service du peuple de Dieu.

Tout ceci est-il suffisant pour justifier aujourd'hui le maintien, à grand prix, d'une Faculté libre de médecine ? Une étude récente conduite par le bureau de l'Association des anciens enseignants a tenté de dégager quelques éléments de réponse.

Elle fait d'abord un double constat : la Faculté libre n'a guère de justification quantitative. Former une centaine de médecins par an n'est guère significatif par rapport aux facultés officielles. Il est évident aussi que les motifs qui ont justifié sa création en 1876, *élever un rempart contre la science athée et matérialiste* sont aujourd'hui obsolètes, même si à l'athéisme militant de naguère s'est substituée une indifférence religieuse largement répandue (Qu'avons-nous encore besoin de Dieu ?), et si le matérialisme idéologique de l'époque s'est mué en un matérialisme pratique, qui privilégie l'avoir aux dépens de l'être !

Mais cette Faculté continue à exercer une attraction réelle – *nous plaisons*, écrit le Pr Marc Duhamel – témoignant sans nul doute d'un attachement quasi viscéral à une liberté, celle de l'enseignement supérieur, acquise en 1875. Elle répond à l'attente des familles qui lui confient leurs enfants. Depuis plusieurs décennies, les demandes d'inscription dépassent ses capacités d'accueil.

La grande majorité de ses élèves est issue de l'enseignement secondaire libre, fortement implanté dans la région. Beaucoup de familles lui restent fidèles, malgré la charge financière qui en résulte. Les raisons du choix sont sans doute rarement d'ordre religieux.

On apprécie la dimension « raisonnable » des promotions, qui permet une réelle convivialité. Certes, celle-ci est moindre que naguère, quand les promotions ne dépassaient pas quarante élèves, mais elle reste encore possible et appréciée, au moins à partir de la deuxième année d'études.

Retenons aussi sa capacité à former d'excellents praticiens généralistes, grâce notamment à son réseau d'anciens acceptant d'être « maîtres de stage » pour les plus jeunes. Ce fut de tout temps un des points forts de notre Faculté.

Enfin et surtout demeure la possibilité de développer des initiatives propres : modules d'enseignement originaux, ouverture précoce à l'éthique, sessions de prérentrée, entraide et tutorat, stages dans des pays en voie de développement, etc. L'ambiance culturelle et spirituelle très riche qu'offre par ailleurs l'Université catholique est aussi un atout précieux dont les étudiants devraient profiter plus largement.

À la Faculté elle-même de tirer le meilleur parti possible de ces quelques avantages et de témoigner par ses activités que l'intention première des fondateurs n'est pas trahie : vivre et répandre le message évangélique d'Amour et de service universel apporté dans ce monde il y a plus de deux mille ans.

Liste des recteurs de l'Institut catholique de Lille

Mgr Édouard HAUTCŒUR 1876-1888
Mgr Louis BAUNARD 1888-1908
Chan.L. RAMBURE, prorecteur 1903-1908
Mgr Alfred MARGERIN 1908-1919
Mgr Émile LESNE 1919-1940
Mgr Gaston DELÉPINE 1940-1949
Mgr Palémon GLORIEUX 1949-1958
Mgr Simon DELACROIX 1958-1959
Mgr Henri DUPONT, délégué du Conseil supérieur
Mgr Georges LECLERCQ 1959-1968
Chan. Gérard LEPOUTRE 1968-1971
Mgr Gérard LEMAN 1971-1979
Michel FALISE (laïc) 1979-1991
Gaston VANDECANDELAERE 1991-2003
Thérèse LEBRUN 2003-

Liste des doyens de la Faculté libre de médecine et de pharmacie de Lille

1876.................. Antoine BECHAMP (mis en congé en 1879, remplacé par le premier assesseur : Henri DESPLATS)

Déc.1881 .... nomination d'un vice-doyen : M. WINTREBERT

Jan. 1886 .... au décès de M. Wintrebert, Jean-Baptiste BOUCHAUD assure la présidence du Conseil de Faculté

Nov.1886 .... Henri DESPLATS

Sept.1890 .... Henry DURET

Déc. 1893 .... Gonzague EUSTACHE

Déc. 1896 .... Henri DESPLATS

Nov. 1899 .... Henry DURET

Nov. 1902 .... Henri DESPLATS

Nov. 1905 .... Henry DURET

Nov. 1908 .... Gonzague AUGIER

Nov. 1911 .... Ernest BALTUS

Août 1915 .... Agile DELASSUS

Nov.1922 ...... Ernest BALTUS

Nov.1926 .... Léonce THILLIEZ

Nov 1931 .... Emile CAMELOT

Nov.1934 .... Henry BILLET

Nov.1937 .... Carlos LEPOUTRE

Nov.1944 .... Léon LANGERON

Nov.1947 .... André LE GRAND

Avril 1951......... Louis COURTY

Nov. 1954 .... Antoine DELATTRE

Mars 1960 .... Jules DEREUX

Sept. 1963 .... Joseph CAMELOT

Juill. 1970 .... Jacques LIEFOOGHE

Juill. 1982 .... Philippe CHOTEAU

Juill. 1990 .... Jacques COUSIN

Juill. 1999 .... Albert DUTOIT

Juill. 2005 .... Gérard FORZY

Selon les Statuts fondamentaux de l'Université catholique, les doyens étaient nommés pour 3 ans, non renouvelables immédiatement. Cette règle n'a plus été appliquée après la guerre de 1914-18.

Liste des secrétaires généraux de la Faculté libre de médecine et de pharmacie de Lille

Dr Jean-Marie PASCAL 1963-1968

Jackie WACHEUX 1968-1971

François SCALBERT 1971-1985

Alain HIRIART 1985-1990

Claude SURUN 1990-2000

Pascal ROELAND 2000-2007

Isabelle MARTIN 2007

Index

Ouvrage composé par
ND
Achevé d'imprimer – mars 2010
Imprimerie bietlot — Charleroi
Dépôt légal — mars 2010
Ce livre est le 1 219e au catalogue des
Presses Universitaires du Septentrion
Villeneuve d'Ascq – France